普通高等教育一流本科课程建设成果教材

普通高等教育“十三五”规划教材

分子生物学

第二版

袁红雨 主编

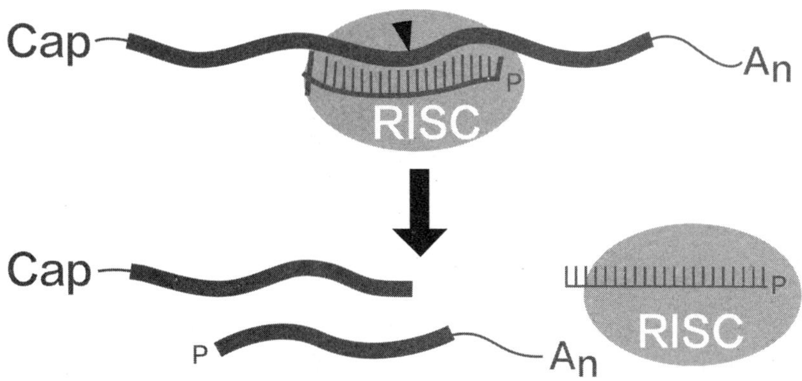

化学工业出版社

·北 京·

内容简介

本书系统介绍了分子生物学的基本理论和核心内容，全书共 10 章，分为 4 个部分。第 1 ~ 2 章着重介绍了核酸和基因组的结构；第 3 ~ 5 章讲述了 DNA 的复制、突变和重组；第 6 ~ 8 章系统分析了基因的表达过程，内容涉及 DNA 的转录、RNA 的转录后加工以及蛋白质的生物合成与加工；第 9 ~ 10 章论述了原核生物和真核生物的基因表达调控。

全书图文并茂，内容新颖，架构清晰，可供生命科学相关专业的本科生使用，也可供相关专业的教师和研究生使用。

图书在版编目（CIP）数据

分子生物学 / 袁红雨主编. —2 版. —北京：化学工业出版社，2022.9（2025.3重印）

普通高等教育“十三五”规划教材　普通高等教育一流本科课程建设成果教材

ISBN 978-7-122-41339-0

I. ①分… II. ①袁… III. ①分子生物学－高等学校－教材 IV. ①Q7

中国版本图书馆 CIP 数据核字（2022）第 074615 号

责任编辑：赵玉清　李建丽
文字编辑：周　倜
责任校对：田睿涵
装帧设计：李子姮

出版发行：化学工业出版社
（北京市东城区青年湖南街13号　邮政编码100011）
印　　装：大厂回族自治县聚鑫印刷有限责任公司
787mm × 1092mm　1/16　印张20　字数503千字
2025年 3 月北京第2版第3次印刷

购书咨询：010-64518888
售后服务：010-64518899
网　　址：http：//www.cip.com.cn
凡购买本书，如有缺损质量问题，本社销售中心负责调换。

定　　价：69.00 元

《分子生物学》（第二版）编写人员名单

主　　编　袁红雨

编写人员　（按姓名汉语拼音排序）

韩艳婷　李金涛　王　磊　谢素霞　徐永杰

闫明慧　袁红雨　袁　颖　张朋朋　张　伟

前言

《分子生物学》第 1 版于 2012 年 7 月出版，被部分高校选用作生命科学类本科教材。近 10 年来，分子生物学的理论和技术取得了一系列重要进展和重大突破，在解决人类发展面临的环境、资源和健康等重大问题方面展现出巨大的应用前景，为更深入系统地认识生命、更精确有效地改造生物体提供了前所未有的机遇。为了使教材能够跟上学科的发展步伐，教材编写团队对第 1 版进行补充和修订。在编写第 2 版时，我们立足于为同学们构建一个系统性强、架构清晰的分子生物学知识体系，既能涵盖分子生物学的基本事实、概念与理论，又能反映学科发展的进展和前沿。在章节内容上，力争做到层次分明，深入浅出，层层递进，增加可读性和实用性。

分子生物学是生命科学及其相关专业的核心课程。信阳师范学院生命科学学院于 2004 年开设分子生物学课程，教学团队积极开展教学改革与实践，在教学内容、教学形式和教学方法上做了多方面的探索，独具特色的教学方式，为学生学习专业知识以及毕业后的专业发展打下了坚实的基础，深受学生欢迎。分子生物学课程于 2011 年被选为河南省高等学校精品课程，2021 年入选河南省精品在线开放课程（省级一流线上课程建设），上线中国大学生慕课。

教材共 10 章，第 1～2 章主要介绍核酸和基因组的结构；第 3～5 章介绍 DNA 的复制、突变和重组的机理；第 6～8 章重点讲述基因表达，内容包括转录、转录后加工、翻译与翻译后加工；第 9～10 章分别介绍原核生物和真核生物的基因表达调控。第 2 版教材，在每一章的最后增加了知识拓展内容，或介绍分子生物学的热点问题，或者为分子生物学的重要概念提供历史和实验背景，介绍科学的发现过程，引导学生深度学习，并提高学习兴趣。本书由长期从事分子生物学、遗传学、生物信息学教学工作的老师参与修订，仍采用集体讨论、分别执笔的方式，主编负责全书的统筹规划和最终统稿。

由于编者水平的限制，缺点和不足在所难免，敬请广大读者批评指正。

目录

绪论

（1）分子生物学的概念

1938 年 Warren Weaver 在一份报告中首先提出了分子生物学的概念，用来描述利用物理学和化学理论及方法来解决基本的生物学问题，也就是寻找对生物学过程的分子解释。他提出这一概念的背景是生物化学和遗传学的发展改变了人们对生物系统的基本看法。生物化学家发现，在很多情况下，细胞提取物具有生物学活性，这说明生命活动遵循基本的物理学和化学的基本规律；遗传学家揭示了遗传的功能单位和结构单位是基因。但是，他们还不清楚遗传信息是如何存储在基因中的，基因是如何复制的，以及存储在基因中的遗传信息是如何决定生物体的性状。对这些问题的探索需要多学科的共同努力，其中包括生物化学、生物物理学、遗传学、微生物学等。多学科的交叉融合产生了一门新的学科——分子生物学，用化学和物理学的术语来解释遗传现象。

分子生物学（molecular biology）有两个层面的含义。从狭义上讲，分子生物学偏重研究基因，是从分子水平上研究基因的结构、功能和进化以及基因的复制、表达和调控规律的科学。从广义上讲，分子生物学是研究生命现象分子基础的科学。从这个意义上说，分子生物学与所有的生物学学科都会产生交叉融合，从而使分子生物学与生物学其他各分支之间的界限越来越不明显。由于一门课程需要有一个相对明晰的理论框架，我们将从狭义的分子生物学定义来构建其知识体系。

（2）分子生物学产生与发展

① 经典遗传学阶段　分子生物学是一门新兴的交叉学科，其起源可以追溯到 19 世纪中叶孟德尔以豌豆为实验材料进行的杂交实验。孟德尔的实验简洁明了，揭示了决定生物性状的遗传因子（基因）从一代传递到下一代最重要的遗传规律。

1900 年，孟德尔遗传定律被重新发现后，Walter Sutton 和 Theodor Boveri 注意到配子形成和受精过程中染色体的行为与遗传因子的行为相一致，并在此基础上，于 1903 年提出了遗传的染色体理论（chromosome theory of heredity），认为控制性状的基因位于染色体上，染色体是基因的载体。遗传学和细胞学的结合极大地推动了遗传学研究的发展。

1910 年，摩尔根通过果蝇杂交实验提出了基因的连锁和交换规律，证实了遗传的染色体理论，开发出了遗传作图技术。遗传作图的目的就是将基因定位在具体的染色体上，并利用重组率表示它们之间的距离。

② 遗传物质的分子本质及 DNA 双螺旋模型的建立　遗传学早期的研究路线具有由表及里的特征，具体表现为从性状到基因，然后将基因定位在染色体上。20 世纪前 40 年，遗传学领域的研究热点是遗传作图。然而，从 1900 年开始，遗传学家就开始思考我们现在称之为“分子生物学”的问题：基因的分子本质是什么，遗传信息是如何被编码在一种生物分子中的，基因是如何复制的，在一个突变体中遗传信息发生了怎样的改变，等等。但是，那时没有思考这些问题的出发点和实验操作的对象，要回答这些问题，必须首先研究清楚基因的化学本质。

1928 年英国学者 Frederick Griffith 利用肺炎双球菌感染家鼠时发现了细菌的转化现象。他把无毒、粗糙型的肺炎双球菌和热杀死的有毒、光滑型的肺炎双球菌混合后注射小鼠，意外发现小鼠感染致死，而且从小鼠的血液里面分离出产荚膜、光滑型的肺炎双球菌。1944 年，美国化学家 Oswald Avery 及其同事对肺炎双球菌的转化物质进行分离和鉴定，发现只有 DNA 才能将粗糙型的肺炎双球菌转化为光滑型的，直接证明了 DNA 是遗传物质的载体。支持他们结论的关键实验是所获得的高度纯化的活性组分可以被来自胰腺的脱氧核糖核酸酶所破坏。来自胰腺的 RNA 酶和各种蛋白酶对转化活性都没有影响。

1952 年，Alfred Hershey 和 Martha Chase 通过实验证实 T2 噬菌体的遗传物质是 DNA。T2 噬菌体由一个 DNA 核心和包裹着 DNA 起保护作用的蛋白质衣壳组成。他们将蛋白质衣壳用放射性同位素 ^{35}S 标记，核心区 DNA 用放射性同位素 ^{32}P 标记，然后检测哪种标记进入宿主细胞，并出现在子代噬菌体中。实验结果清楚地表明，只有 DNA 进入到宿主细胞中，蛋白质衣壳只吸附于细胞外，并且在子代噬菌体中能够检测到大量的亲本噬菌体的核酸。

1953 年，Francis Crick 和 James Watson 在 Rosalind Franklin 和 Maurice Wilkins 的 DNA X 射线晶体衍射分析数据以及 Erwin Chargoff 有关 DNA 组成的数量分析数据（A=T，G=C）的基础上，提出了 DNA 的双螺旋结构模型。DNA 的双螺旋结构模型为分子生物学奠定了坚实的基础，标志着分子生物学时代的开始。

在双螺旋，两条反向的 DNA 链通过碱基对之间的氢键结合在一起。这种碱基配对是高度特异的：腺嘌呤只与胸腺嘧啶配对，而鸟嘌呤与胞嘧啶配对。结果是，双螺旋的两条链的碱基序列形成了互补关系，其中任何一条链的 DNA 序列都严格地决定了其对应链的序列。双螺旋结构的发现，使基因不再是一种神秘的东西，它的活动不再是只能用遗传实验来研究。相反，它变成了一个可以操作的、真实的分子。同时，从理论上解决了关于基因复制的基本问题。

③ 理论体系形成阶段　根据 DNA 双螺旋结构模型，人们认为 DNA 是以半保留的方式进行复制的。1958 年，Matthew Meselson 和 Franklin Stahl 通过实验证明了半保留复制的正确性。20 世纪 60 年代，人们从大肠杆菌细胞中分离出与复制相关的酶和蛋白质，并对其功能进行了鉴定。在接下来的几年里，对真核生物基因组复制过程的研究也取得了相似的进展。DNA 通过半保留复制可以精确地完成自我复制，从而将遗传信息传递给子代，保证遗传信息的稳定性。

早在 20 世纪初，人们已经清楚蛋白质负责细胞内的大多数代谢活动。蛋白质催化有机物的降解，为细胞的生命活动提供能量。它们还参与将小分子聚合成更为复杂的大分子。还有一些蛋白质是细胞的关键组分，例如，结构蛋白使细胞保持一定的性状，并介导细胞的运动；某些膜蛋白可以在细胞膜上形成通道，控制小分子物质进出细胞；还有一些蛋白质属于调控蛋白，调节细胞对外部信号产生反应。

1941 年，George Wells Beadle 和 Edward Lawrie Tatum 通过研究红色面包霉营养缺陷突变体明确提出了“一个基因一个酶”假说（one gene–one enzyme hypothesis），并因此项成就，他们分享了 1958 年的诺贝尔生理学或医学奖。1957 年，英国科学家 Vernon Ingram，在对镰刀形贫血症（sickle cell anemia）的血红蛋白和正常的血红蛋白的氨基酸顺序作了比较研究后，发现基因的突变会直接影响到它所编码的蛋白质多肽链的氨基酸顺序，从而在基因与蛋白质之间建立了直接的联系。由于很多蛋白质包含几个不同的亚基，为了更准确地描述基因与蛋白质之间的关系，“一个基因一个酶”的假说，后来被修正为“一个基因一个多肽链”。

虽然 DNA 携带着决定多肽链氨基酸顺序的遗传信息，但实验表明在没有 DNA 存在的场所仍可进行蛋白质的合成，所以双螺旋本身不可能是蛋白质合成的模板。事实上，在所有的真核细胞中蛋白质的合成发生在细胞质中，而染色体 DNA 位于由核膜包裹的细胞核中。

在思考哪一种分子可以作为蛋白质合成的模板时，人们把目光转移到功能尚不清楚的 RNA 分子上。RNA 具有与 DNA 相似的结构与性质，它是由 4 种核苷酸通过 3',5'-磷酸二酯键相连形成的长链分子。在化学组成上，RNA 和 DNA 有两个差异：一是 DNA 中有脱氧核糖，而 RNA 中是核糖；二是 RNA 分子中没有胸腺嘧啶，而含有结构相似的尿嘧啶。

在二十世纪四十年代，人们发现 RNA 主要存在于细胞质中，并且，在蛋白质合成活跃的细胞中，RNA 的水平显著升高。到 1953 年秋，人们普遍认为 RNA 以 DNA 为模板合成后，被转移到细胞质，在那里决定着蛋白质的氨基酸顺序。1956 年，Francis Crick 提出了描述 DNA、RNA 和蛋白质三者关系的中心法则（central dogma）。根据中心法则，遗传信息从 DNA 流向 DNA（复制），从 DNA 流向 RNA（转录），从 RNA 流向蛋白质（翻译）。中心法则为分子生物学提供了一个理论框架，极大地促进了分子生物学的发展，在它的指导下，复制、转录和翻译的细节被阐明。中心法则还推动了基因工程的诞生和发展。

tRNA 是在 1957 年由 Paul C. Zamecnik 与 Mahlon B. Hoagland 发现的。1953 年，Zamecnik 及其同事最早成功地建立了无细胞蛋白质合成体系。利用该体系，放射性标记氨基酸技术可以用来跟踪新合成的、微量的蛋白质。几年后，Zamecnik 与 Hoagland 发现：被整合进蛋白质之前，氨基酸首先结合到我们现在所称的转运 tRNA（transfer RNA，tRNA）分子上。1965 年 Robert William Holley 测出了酵母丙氨酸 tRNA 的一级结构。每一 tRNA 都带有一段被称为反密码子的序列，在蛋白质合成过程中，反密码子与 mRNA 上的密码子互补配对。

1960 年，人们提出并证实了信使 RNA（messenger mRNA, mRNA）存在。受 T4 噬菌体侵染的大肠杆菌细胞停止合成自己的 RNA，只能合成 T4 噬菌体的 RNA。从受侵染的大肠杆菌细胞中分离出 T4 RNA 后，发现它是由 T4 DNA 转录而来，与大肠杆菌细胞中已存在的核糖体结合。由于它将 DNA 所携带的遗传信息带到蛋白质的合成场所——核糖体，指导蛋白质的合成，故称为信使 RNA。随着 mRNA 的发现，第一个能以 DNA 为模板转录 RNA 的酶很快就被分离出来。这种称为 RNA 聚合酶的酶以 DNA 为模板，利用 ATP、GTP、CTP 和 UTP 为模板合成 RNA。

从 1954 年开始，人们就在认真考虑遗传密码应该是什么，它们是如何行使功能的，并提出了共线性假设。共线性的意思是沿 DNA 链上排列的核苷酸组合编码沿多肽链上排列的氨基酸。Charles Yanofsky 和 Sydney Brenner 在 20 世纪 60 年代初期通过对细菌蛋白质的突变分析证实共线性的存在。1961 年 Crick 证明每条 DNA 链中的碱基每三个为一组，称为三联体，代表一个氨基酸。在以后的几年，Marshall Nirenberg 和 Har Gobind Khorana 从不同的途径破译了遗传密码。在 64 种密码子中，有 61 种编码氨基酸，另外三个是终止密码子，不代表任何氨基酸。Holley、Khorana 和 Nirenberg 分获 1968 年的诺贝尔生理学或医学奖。

1970 年前后，Howard Temin 和 David Baltimore 分别从 RNA 肿瘤病毒——劳氏肉瘤病毒（Rous sarcoma virus）和鼠白血病病毒（Murine leukemia virus）中发现了反转录酶。这种酶能够以 RNA 为模板合成 DNA，也就是说，遗传信息还可以从 RNA 反向传递到 DNA。反转录的发现极大地推动了分子生物学的深入发展，Temin 和 Baltimore 分享了 1975 年的诺贝尔生理学或医学奖。

④ 深入发展阶段 1970 年以后，分子生物学飞速发展，理论和技术体系不断扩大，取得了一系列重要的技术突破和研究成果，产生了 DNA 重组、DNA 测序、核酸印迹、单克隆抗体、

DNA 体外扩增、基因编辑以及动物的体细胞克隆等多项重要技术，而且取得了人类基因组测序、mRNA 疫苗、基因诊断与治疗、转基因动植物、人工合成染色体等重大成果。分子生物学的发展对整个生命科学乃至整个人类社会产生了深远影响。

重组 DNA 技术，又称基因工程，是一系列方法和技术的集合，主要步骤包括在体外将 DNA 分子插入到质粒或病毒载体，并将重组 DNA 分子导入宿主细胞，使之进行表达，产生人类所需要的物质，并能稳定遗传。从 20 世纪 60 年代末开始，限制性核酸内切酶和连接酶等工具酶的发现，质粒载体和噬菌体载体的利用，大肠杆菌转化系统的建立，终于在 70 年代中期诞生了重组 DNA 技术。这项技术使人们能够在实验室里对基因进行操作，例如，任意地对 DNA 进行切割和重组，将基因从一个有机体转移至另一个有机体，并使指定的基因在不同细胞中工作。重组 DNA 技术本质上是分子生物学原理的应用，对分子生物学的发展产生了深远影响。

1983 年，美国生物化学家 Kary Mullis 发明“聚合酶链反应”（polymerase chain reactions, PCR）。PCR 反应由一种热稳定的 DNA 聚合酶经三步反应，既高温变性、低温退火和适温延伸的循环，可以从极其微量的样品中特异性扩增引物之间的 DNA 序列，使基因工程又获得了一个新的工具。

20 世纪 90 年代以来，DNA 重组技术被越来越多地应用于基因组研究。随着人类和一些模式生物基因组计划的完成，一门新的学科——基因组学诞生了。基因组学是一门研究基因组的结构与功能的科学，内容涵盖基因组作图（包括遗传学图谱、物理学图谱、转录图谱）、核苷酸序列分析、基因定位和基因功能解析。各类物种基因组编码信息的大量获取，有助于研究诸多重要的科学问题：基因组中大致含有多少基因，它们的功能是什么，参与了哪些细胞生命活动，基因表达的调控，基因与基因之间的相互作用以及相同基因在不同细胞内或者不同生理下的差异表达等。

蛋白质组（proteome）是基因组表达的终产物，包括在特定时间存在于细胞中的所有蛋白质。蛋白质组被视为基因组和细胞生命活动的中间环节，它一方面是基因组表达的终点，另一方面是构成细胞生命的生化活动的起点，而蛋白质全部的生物学性质构成了生命的基础。在整体上研究细胞内蛋白质组的结构与功能及其活动规律的科学被称为蛋白质组学（proteomics）。

计算机和信息技术与分子生物学的结合产生了一门应用计算机和信息技术进行生物信息的获取、处理、存储、分配、分析和解释的前沿交叉学科——生物信息学（bioinformatics）。生物信息学的发展依赖于高通量数据的产生，例如基因组和转录组测序。生物信息学通过建立数据库，对庞大的数据进行存储和管理，并通过互联网进行分配；通过开发软件工具和算法对数据进行挖掘，例如，分析基因序列与疾病的关系，根据氨基酸序列预测蛋白质的结构，预测蛋白质之间的互作，辅助设计新型药物，根据个人的基因组序列开展个性化治疗等。起初，生物信息学研究目标相对单一，通过设计算法分析特定的数据，如基因序列或蛋白质的结构。然而，目前生物信息学的目标是整合的，致力于阐明不同类型数据的组合是如何被用来解释生命现象和疾病的发生。所以，生物信息学是一种从全基因组出发、从系统水平出发、基于数据整合、提出新假说、发现新规律的研究方法。

这些新兴学科共同构建起现代生命科学的理论框架，使人类能够从整体的角度，不同的层面（基因、转录、翻译、修饰等）认识从 DNA 到蛋白质、从基因到表型的发生过程。

知识框 结构生物学

结构生物学是一门研究生物大分子及其复合物的三维空间结构、动态过程和生物学功能的交叉性学科。结构生物学研究可以提供关于生物大分子原子空间排布、分子间相互作用以及生物大分子在行使其功能时的动态变化等方面的重要信息。由于生物大分子的结构与功能之间存在密切联系，解析重要生命活动过程中的生物大分子的原子结构，可以使人们更好地理解其复杂生物学功能背后的分子机制。

对大分子结构的实验解析主要有三种方法：X 射线晶体学（XRD）、核磁共振波谱学（NMR）和冷冻电子显微学技术（cryoEM）。这些技术可以获得大分子高分辨率结构图像。目前，最成功，也是使用最为广泛，在原子分辨率上解析大分子结构的方法是 X 射线晶体学方法。该方法利用 X 射线穿过高度有序的生物大分子三维晶体会发生衍射的原理来解析晶体中的分子结构，其关键要求是获得高度有序的三维晶体。只要制备出合适的晶体，采用 X 射线衍射技术几乎可以不受限制地对大分子的结构进行解析。

核磁共振光谱学通过测量生物大分子中特异的原子核自旋状态对高能磁场响应的变化来解析溶液中分子的结构，并且能够获得蛋白质结构的动态变化以及与其他分子发生相互作用的信息。虽然 NMR 不需要结晶，但需要较高浓度的样品，进行较长时间的数据采集，主要适合于解析分子质量在 50kDa 以下的蛋白质结构。

与 X 射线晶体学和核磁共振波谱学技术不同，冷冻电镜技术不需要结晶和大量的样品，并且在解析大分子复合体结构方面具有独特的优势，已成为结构生物学领域对大分子复合体结构进行研究的必备工具。近年来，电子显微镜领域的技术革新，包括直接电子探测装置的发明，生物样品迅速冷却方法的建立，复杂图像和数据处理软件的研发，以及计算机性能的提升，实现了冷冻电子显微镜学的“分辨率革命”。许多在应用其他生物物理学方法无法解析的复杂大分子复合物可在冷冻电子显微镜下很快被解析出高分辨率结构。利用原子分辨率冷冻电镜显微学，可以对最接近于生物环境的分子结构进行精细的分析，并与它们的功能紧密结合起来，进而解析这些生物大分子的结构变化及其调控机理。

最近开发的两款开源的人工智能程序，AlphaFold2 和 RosettaFold，能根据蛋白质的氨基酸序列准确地预测出目标蛋白质的三维结构。这两款软件的基本原理都是基于深度学习，利用神经网络，依托现有的大数据进行训练，也包括很多专业的算法。AlphaFold2 预测蛋白质结构的精度已经达到埃级，而 RosettaFold 在预测蛋白质复合体方面更具有优势。这些软件被认为是新的、革命性的工具，将极大推动人们对蛋白质/酶的结构和生化作用机理的理解，也会对生命科学、医药研究起到极大推动作用。

第 1 章
核酸的结构与性质

1869 年瑞士生物学家 Johann Friedrich Miescher 第一次从白细胞中得到了 DNA 的粗提物，然而，直到 1944 年 DNA 分子的生物学功能才被揭示。在这一年，加拿大细菌学家 Oswald Avery 和他的合作者发表了著名的肺炎双球菌转化实验。他们发现从光滑型的肺炎双球菌中提取的 DNA 可以转化粗糙型的肺炎双球菌，使后者具有形成荚膜的能力。他们的结论是 DNA 是遗传物质，遗传信息以某种方式由 DNA 编码。1952 年，Alfred Hershey 和 Martha Chase 通过噬菌体感染细菌实验进一步证实了这一结论。噬菌体由蛋白质外壳和 DNA 核心组成。Hershey 和 Chase 分别用 ^{32}P 和 ^{35}S 标记 DNA 和蛋白质，再用标记的噬菌体感染细菌，发现只有标记的 DNA 进入细菌细胞内，而标记的蛋白质则留在细胞外。进入到细菌细胞内的 DNA 作为噬菌体的遗传物质完成了噬菌体的复制和增殖。

1949 年生物化学家 Erwin Chargaff 用纸色谱技术分析了 DNA 的核苷酸组成，发现在所有不同来源的 DNA 样品中，A 残基的数目与 T 残基的数目相等，而 G 残基的数目与 C 残基的数目相等。1952 年，Rosalind Franklin 和 Maurice Wilkins 利用 X 射线衍射技术（X-ray diffraction）证实 DNA 具有双螺旋构象。1952 年，Alexander Todd 证明多核苷酸链是核苷酸通过 3′,5′-磷酸二酯键连接而成的。1953 年，James Watson 和 Francis Crick 根据 DNA 分子的理化分析及 X 射线衍射数据提出了 DNA 的双螺旋结构模型。该模型不但很好地解释了所有 DNA 的结构数据，也很好地解释了只有四种核苷酸简单重复构成的 DNA 是如何编码遗传信息的，以及遗传物质是如何复制的。DNA 的双螺旋结构学说为分子生物学的发展奠定了坚实的基础。

RNA 分子要比 DNA 短得多，起着传递遗传信息的作用。一些 RNA 具有酶的活性，在从核酸到蛋白质的信息传递中催化重要反应，具有重要的进化意义。目前所知的生物以及大多数病毒都以 DNA 作为遗传信息的载体，但也有少数病毒的遗传物质是 RNA。这类病毒既利用 RNA 携带遗传信息，又利用 RNA 传递遗传信息。

1.1 DNA 的结构

1.1.1 DNA 的化学组成

DNA 的组成单位是脱氧核苷酸（deoxynucleotide）。脱氧核苷酸有三个组成成分：一个磷酸基团（phosphate），一个 2′-脱氧核糖（2′-deoxyribose），一个碱基（base）。之所以叫做 2′-脱氧核糖是因为戊糖的第二位碳原子没有羟基，而是两个氢。为了区别于碱基上原子的位置，脱氧核糖上原子的位置在右上角都标以“′”。

1.1.1.1 碱基

构成 DNA 的碱基可以分为两类，嘌呤（purine）和嘧啶（pyrimidine）（图 1-1）。嘌呤为双环结构，包括腺嘌呤（adenine）和鸟嘌呤（guanine），这两种嘌呤有着相同的基本结构，只是附着的基团不同。而嘧啶为单环结构，包括胞嘧啶（cytosine）和胸腺嘧啶（thymine），它们同样有着相同的基本结构。可以用数字表示嘌呤和嘧啶环上的原子位置。

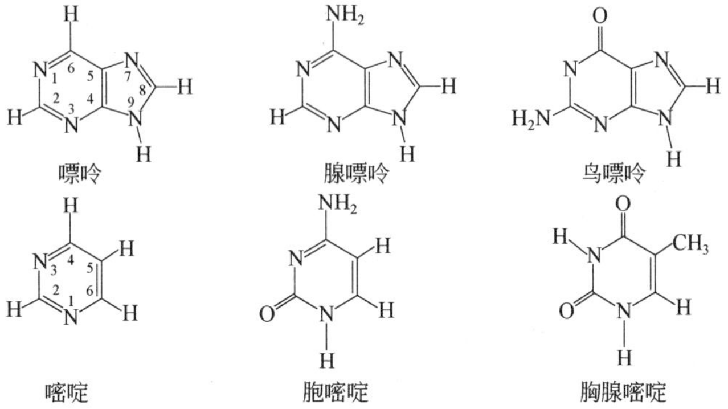

嘌呤　腺嘌呤　鸟嘌呤

嘧啶　胞嘧啶　胸腺嘧啶

图 1-1 DNA 中的四种碱基

1.1.1.2 脱氧核苷

在 DNA 分子中，嘌呤的 N9 和嘧啶的 N1 通过糖苷键与脱氧核糖结合形成 4 种脱氧核苷（deoxynucleoside），分别称为 2′-脱氧腺苷、2′-脱氧胸苷、2′-脱氧鸟苷和 2′-脱氧胞苷。

1.1.1.3 脱氧核苷酸与多核苷酸链

脱氧核苷酸由脱氧核苷和磷酸组成（图 1-2）。磷酸与脱氧核苷 5′-碳原子上的羟基缩水成 5′-脱氧核苷酸。细胞中的核苷酸可以含有一个、两个或者三个磷酸基团，但是，只有含有三个磷酸基团的核苷酸是 DNA 合成的底物，它们分别是 2′-脱氧腺苷-5′-三磷酸、2′-脱氧胞苷-5′-三磷酸、2′-脱氧鸟苷-5′-三磷酸和 2′-脱氧胸苷-5′-三磷酸。脱氧核苷单磷酸依次以磷酸二酯键相连形成多核苷酸链（polynucleotide），即一个核苷酸的 3′-羟基与另一核苷酸上的 5′-磷酸基形成磷酸二酯键（phosphodiester group）。多核苷酸链以磷酸二酯键为基础构成了规则的不断重复的糖-磷酸骨架，这是 DNA 结构的一个特点。多核苷酸链一端的核苷酸有一个游离的 5′-磷酸基团，另一端的核苷酸有一游离的 3′-羟基。所以，多核苷酸链是有极性的，其 5′-末端被看成是链的起点，这是因为遗传信息是从核苷酸链的 5′-末端开始阅读的。

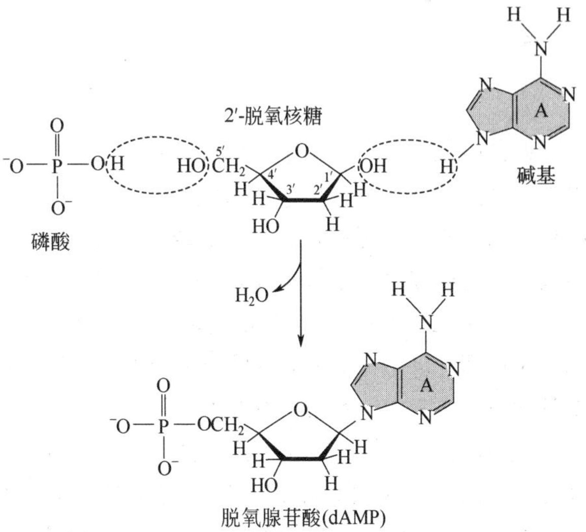

2′-脱氧核糖　磷酸　碱基　H_2O　脱氧腺苷酸(dAMP)

图 1-2 脱氧核苷酸的形成

1.1.2　DNA 双螺旋

DNA 双螺旋的两条反向平行的多核苷酸链绕同一中心轴相缠绕，形成右手螺旋（图 1-3）。磷酸与脱氧核糖构成的骨架位于双螺旋外侧，嘌呤与嘧啶伸向双螺旋的内侧。碱基平面与纵轴垂直，糖环平面与纵轴平行。

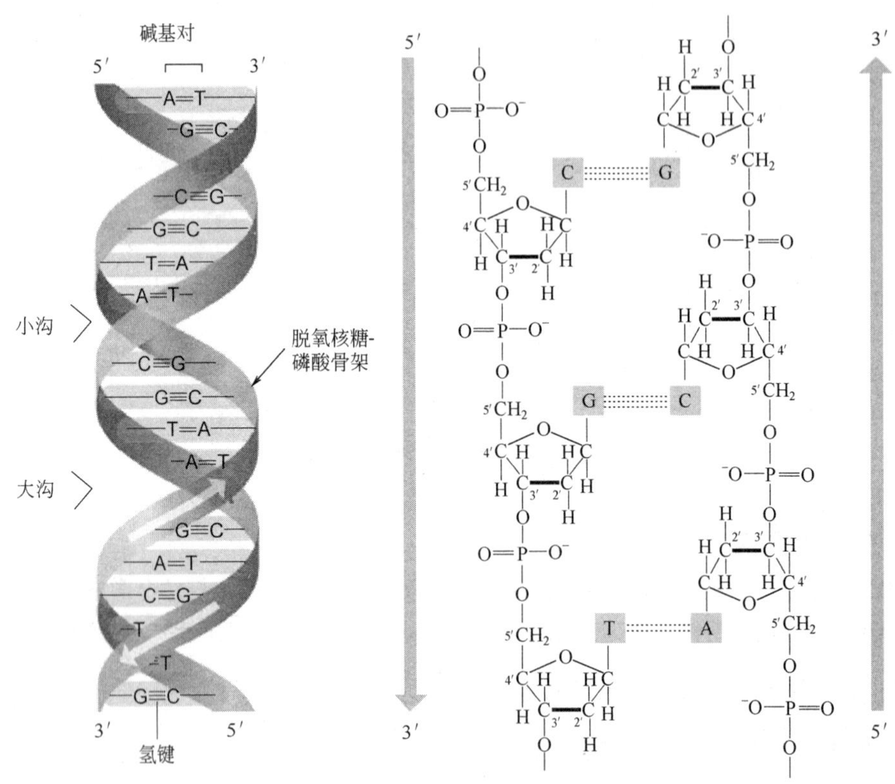

图 1-3　DNA 分子双螺旋模型

两条核苷酸链之间依靠碱基间的氢链结合在一起，形成碱基对（base pair，bp）。两条 DNA 单链之间的碱基配对高度特异：腺嘌呤只与胸腺嘧啶配对，而鸟嘌呤总是与胞嘧啶配对（图 1-4）。结果是双螺旋两条链的碱基序列形成互补关系（complementary），其中任何一条链的序列都严格决定了其对应链的序列。例如，如果一条链上的序列是 5′-ATGTC-3′，那么另一条链必然是互补序列 3′-TACAG-5′。这种互补关系赋予了 DNA 自我编码的性质，复制时，亲代 DNA 分子的每一条链都可以指导新链的合成，所产生的子代 DNA 分子是亲代 DNA 分子的完美拷贝。因此，碱基配对使得 DNA 分子能够被精确地复制。

碱基间的配对除了要求碱基之间形状的互补外，还要求碱基对之间氢供体和氢受体具有互补性。DNA 双链之间 G-C 和 A-T 配对可以保证碱基对之间氢供体和氢受体的互补性。从图 1-4 可以看出，腺嘌呤 C6 上的氨基基团与胸腺嘧啶 C4 上的羰基基团可以形成一个氢键；腺嘌呤 N1 和胸腺嘧啶的 N3 也形成一个氢键。鸟嘌呤与胞嘧啶之间可以形成 3 个氢键。设想试着使腺嘌呤和胞嘧啶配对，这样一个氢键受体（腺嘌呤的 N1）对着另一氢键受体（胞嘧啶的 N3）；同样，两个氢键供体，腺嘌呤的 C6 和胞嘧啶的 C4 上的氨基基团，也彼此相对，所以，A∶C 碱基配对是不稳定的，碱基对无法形成氢键（图 1-5）。

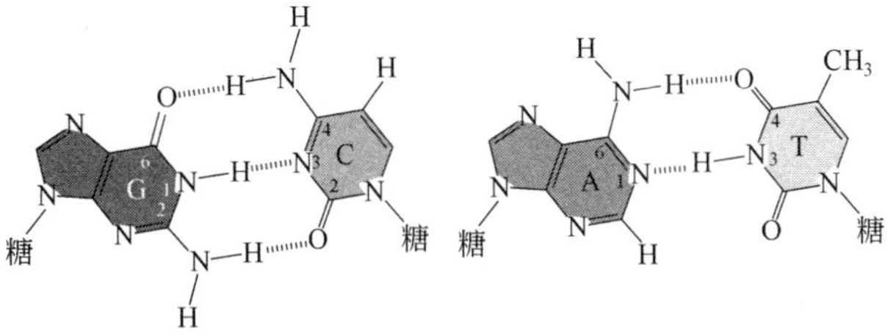

图1-4 DNA分子中的碱基配对

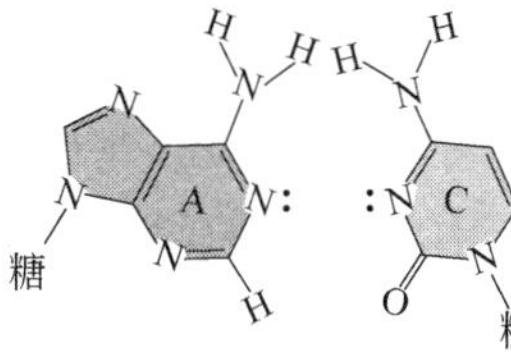

图1-5 A和C之间不能形成正确的氢键

氢键并不是稳定双螺旋的唯一因素。另一种维持双螺旋结构稳定性的重要作用力来自碱基间的堆积力。碱基是扁平、相对难溶于水的分子，它们以大致垂直于双螺旋轴的方向上下堆积，DNA链中相邻碱基之间电子云的相互作用对双螺旋的稳定性有重要影响。G-C对间的堆积力大于A-T对，这是G-C含量高的DNA比A-T含量高的DNA在热力学上更稳定的主要因素。碱基的堆积作用和氢键属于弱的非共价相互作用，两者之间彼此强化，堆积的碱基可以更容易地形成氢键，而通过氢键相连形成的碱基对，更易于发生堆积作用。如果其中的一个相互作用被消除，另一个会被减弱。

另外，DNA双链上的磷酸基团带负电荷，双链之间这种静电排斥力具有将双链推开的趋势。在生理状态下，介质中的阳离子或阳离子化合物可以中和磷酸基团的负电荷，有利于双螺旋的形成和稳定。

每圈螺旋含10个碱基对，碱基堆积距离为0.34 nm，双螺旋直径为2nm。DNA的两条单链彼此缠绕时，沿着双螺旋的走向形成两个交替分布的凹槽，一个是较宽、较深，称为大沟（major groove），另一个较窄、较浅，称为小沟（minor groove）[图1-6（b）]。每个碱基对的边缘都暴露于大沟和小沟之中。在大沟中，每一碱基对边缘的化学基团都有自身独特的分布模式。因此，蛋白质可以根据大沟中的化学基团的排列方式准确地区分A:T碱基对、T:A碱基对、G:C碱基对与C:G碱基对。这种区分非常重要，使得蛋白质无需解开双螺旋就可以识别DNA序列。

小沟的化学信息较少，对区分碱基对的作用不大。在小沟中，A:T碱基对与T:A碱基对，G:C碱基对与C:G碱基对看起来极其相似。另外由于体积较小，氨基酸的侧链不大能够进入小沟之中。

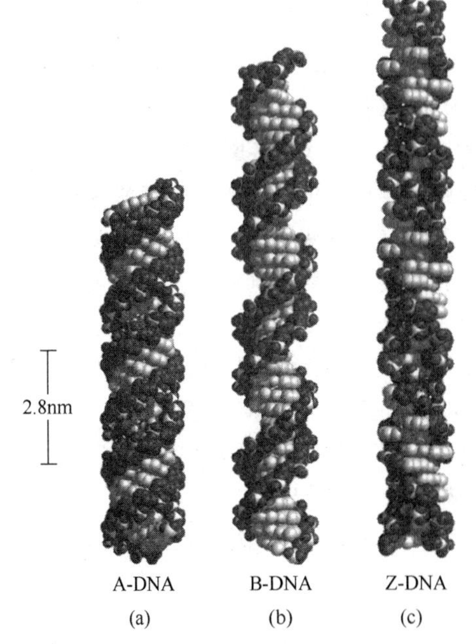

图1-6 A-DNA、B-DNA和Z-DNA

1.1.3 DNA结构的多态性

Watson和Crick提出的DNA双螺旋结构属于B型DNA（B-DNA），它是以从生理盐溶液中抽出的DNA纤维在92%相对湿度下的X射线衍射图谱为依据推测出来的，为最接近生理条件下的DNA一般结构。然而，以后的研究表明DNA的结构是动态的，能够以多重构象存在。

1.1.3.1　A-DNA

在高盐溶液或75%的相对湿度下，DNA倾向于形成A型DNA（A-DNA）[图1-6（a）]。A-DNA的直径是2.6nm，每个螺旋含11个碱基对，每个碱基对上升0.23nm。所以，与B-DNA相比，A-DNA的直径变粗，长度变短。另外，A-DNA的大沟变窄、变深，小沟变宽、变浅。由于大沟是DNA行使功能时蛋白质的主要识别位点，所以由B-DNA变为A-DNA后，蛋白质对DNA分子的识别也发生了相应变化。双链RNA和DNA-RNA杂合体会形成A型双螺旋。

1.1.3.2　Z-DNA

除了A-DNA和B-DNA以外，还发现有一种Z型DNA（Z-DNA）。A.Rich在研究CGCGCG寡聚体的结构时发现了这种类型的DNA。虽然，CGCGCG在晶体中也呈双螺旋结构，但它不是右手螺旋，而是左手螺旋（left handed），所以称做左旋DNA[图1-6（c）]。Z-DNA的螺距延长（4.5nm左右），直径变窄（1.8nm），每个螺旋含12个碱基对，每个碱基对上升0.38nm。另外，大沟已不复存在，小沟窄且深。在CGCGCG晶体中，磷酸基团在多核苷酸骨架上的分布呈Z字形，所以也称做Z-DNA。只有在高盐条件下，交替排列的嘌呤嘧啶链才会呈现左手螺旋构象，在低盐条件下，它们会形成典型的右手螺旋构象。左手DNA在细胞内可能只占很小一部分，其生理意义还不清楚，推测Z-DNA可能和基因表达的调控有关。

1.1.3.3　H-DNA

H-DNA是一种三股螺旋。能够形成三股螺旋的DNA序列呈镜像对称，并且一条链为多聚嘌呤核苷酸链，另一条链为多聚嘧啶核苷酸链。H-DNA的三股螺旋中的一条多聚嘌呤核苷酸链与一条多聚嘧啶核苷酸链形成双螺旋，另一条多聚嘧啶核苷酸链与多聚嘌呤核苷酸链同向平行，嵌入到双螺旋的大沟之中（图1-7）。第三股链的碱基与标准碱基对中的嘌呤形成Hoogsteen配对，即A=T、G=C^+配对（图1-8）。第三股链上的C必须质子化，与G形成两个氢键，因此三股螺旋易于在酸性条件下形成。另外，负超螺旋也有利于H-DNA的形成。在形成三股螺旋时，会有一条多聚嘌呤链被置换出来，保持单链状态。

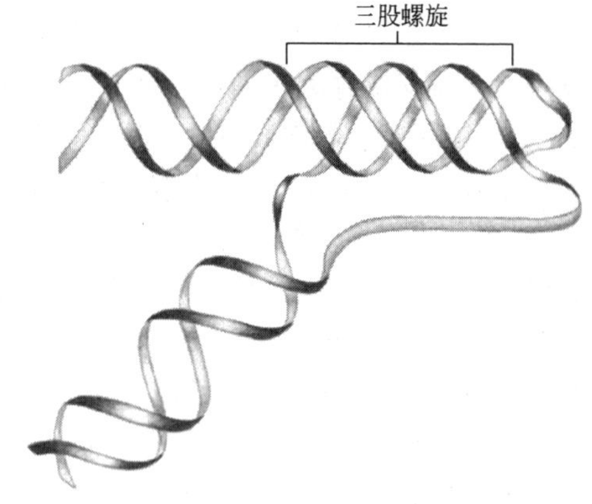

图1-7　H-DNA的结构模式图

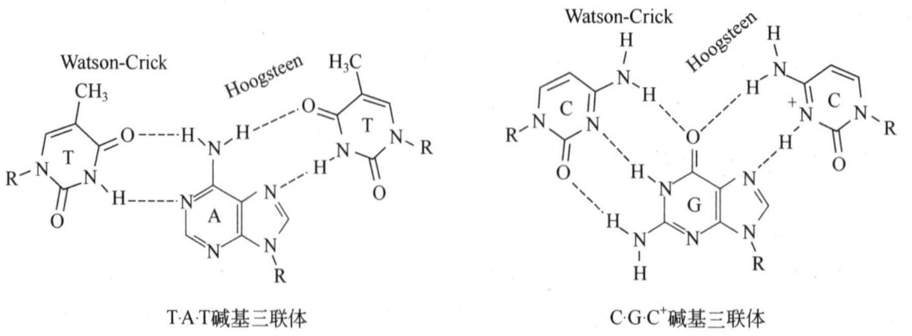

T·A·T碱基三联体　　C·G·C^+碱基三联体

图1-8　Hoogsteen碱基配对

尽管三股螺旋的形成受到的限制比双螺旋多，然而计算机搜索发现在天然的 DNA 分子中能够形成 H-DNA 的潜在序列比预期的要多，并且不是随机分布。例如$(CT/AG)_n$出现在许多基因的启动子、重组热点和复制起点中。如果删除启动子中的$(CT/AG)_n$，或者使其发生突变都会降低基因的表达，说明 H-DNA 具有某种生物学功能。

1.1.4 DNA 拓扑学

1.1.4.1 超螺旋 DNA

许多病毒 DNA 以及大多数细菌的染色体 DNA 都是环状分子。环状 DNA 也出现在真核生物的线粒体和叶绿体中。闭合环状 DNA 分子没有自由的末端。从细胞中分离出来的环状 DNA 分子，如果在 DNA 链上没有断裂，呈超螺旋结构（superhelix 或 supercoil）（图 1-9）。超螺旋 DNA 是 DNA 双螺旋进一步扭曲盘绕所形成的特定空间结构。

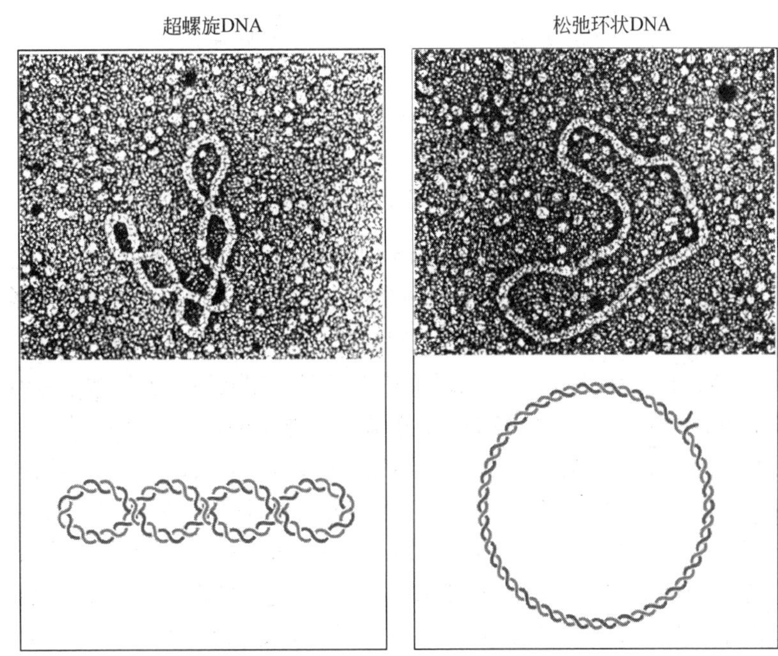

图 1-9 超螺旋 DNA 和松弛环状 DNA

超螺旋具有方向，左旋的超螺旋称为正超螺旋，右旋的超螺旋称为负超螺旋（图 1-10）。关于超螺旋的方向性，以一段 250bp 的线形 B-DNA 为例来加以讨论。这段 DNA 的螺旋数应为 25（250/10=25）。当将此线形 DNA 连接成环形时，形成的是松弛型 DNA（relaxed DNA）。但是，若将线形 DNA 的螺旋先拧松两周再连接成环形，这时闭合环形 DNA 两条链的互相缠绕次数比所预期的 B 型结构螺旋数要少，或者说是螺旋不足。这就造成这段 DNA 偏离最稳定的双螺旋结构，使 DNA 分子储存了更多的自由能，产生了热力学紧张状态。

这种结构扭力能够以两种方式消除：一种是形成解链环形 DNA（unwound circle DNA），它的螺旋数为 23，还含有一个解链后形成的环；另一种是形成超螺旋 DNA（superhelix DNA），它的螺旋数仍为 25，但同时具有两个右旋超螺旋（图 1-11）。这样可使螺旋不足的 DNA 中的相邻碱基对以最接近于 B 型结构的距离堆积，并使分开的碱基通过氢键重新形成配对形式。欠旋

（沿着 DNA 双螺旋相反的方向拧松双螺旋）引起的超螺旋为负超螺旋。但是，如果把上述线形 DNA 分子的一端沿着双螺旋的方向拧紧两圈（过旋），再连接成环，则会形成两个左旋的超螺旋，即正超螺旋。

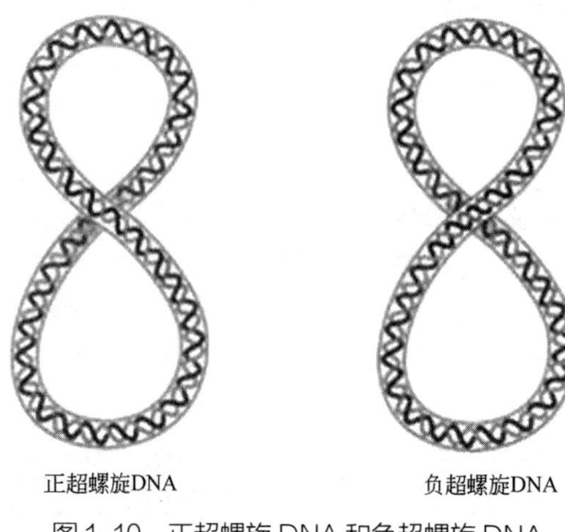

图 1-10　正超螺旋 DNA 和负超螺旋 DNA

1.1.4.2　超螺旋 DNA 的连环数、扭转数与缠绕数

当 DNA 是一个闭合环形分子，或者 DNA 被蛋白质所固定两链不能自由旋转时，才能保持超螺旋状态。如果在闭合环形 DNA 的一条链上有一个切口，切点处的 DNA 链自由旋转，就可使 DNA 分子由超螺旋状态恢复成松弛状态。一个共价闭合环状 DNA（covalently closed circular DNA，cccDNA）分子的超螺旋状态可以用扭转数、缠绕数和连环数来精确描述。扭转数（twist number，*Tw*）是指 DNA 分子的双螺旋的数目。缠绕数（writhe number, *Wr*）可看成 DNA 分子中超螺旋的个数。连环数（linking number，*Lk*）是指核糖磷酸骨架相互缠绕的次数，包括 DNA 分子的两条链在形成双螺旋时相互缠绕的次数（*Tw*），以及形成超螺旋时，双螺旋的轴彼此缠绕的次数（*Wr*）。在 cccDNA 分子中，扭转数和缠绕数是可以相互转换的。一个 cccDNA 分子在不破坏任何共价键的情况下，部分扭转数转变为缠绕数或者部分缠绕数转变为扭转数，唯一不变的是扭转数和缠绕数的和与连环数（linking number, *Lk*）相等（图 1-11），即

$$Lk = Tw + Wr$$

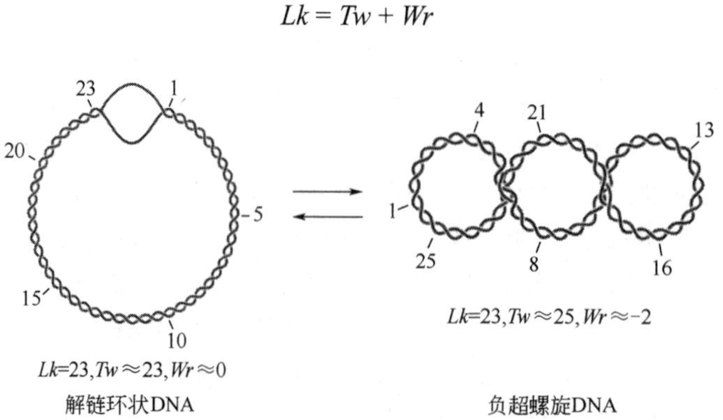

Lk=23, $Tw\approx$23, $Wr\approx$0
解链环状DNA

Lk=23, $Tw\approx$25, $Wr\approx$−2
负超螺旋DNA

图 1-11　共价闭合环状 DNA（cccDNA）的拓扑结构

1.1.4.3　缠绕型超螺旋 DNA 与螺线管型超螺旋 DNA

DNA 超螺旋存在缠绕型和螺线管型两种形式。双螺旋 DNA 的长轴自我交叉形成缠绕型超螺旋［图 1-12（a)］；双螺旋 DNA 长轴以螺线管的形式盘绕则形成螺线管型超螺旋［图 1-12（b)］。对于螺线管型超螺旋来说，左手超螺旋为负超螺旋。核小体形成时，DNA 双螺旋沿左手方向在组蛋白八聚体核心上缠绕 1.65 圈，连接 DNA 维持松弛状态。如果将 DNA 与组蛋白分离，DNA 将形成负超螺旋。因此，核小体可以被看成是稳定负超螺旋的结构。

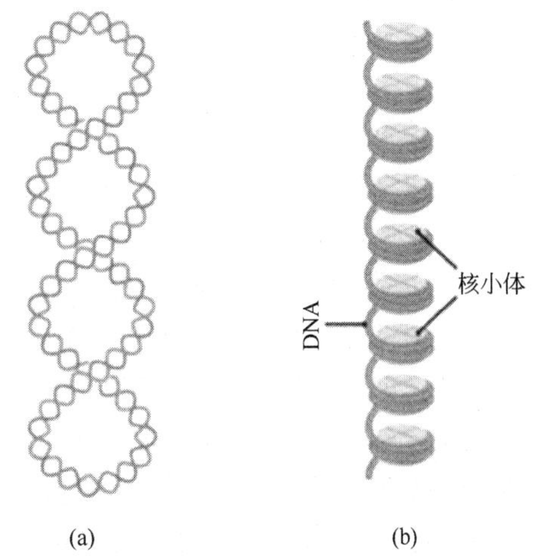

图 1-12　超螺旋 DNA 的两种缠绕方式

（a）缠绕型超螺旋 DNA；
（b）核小体，示螺线管型超螺旋 DNA

1.1.4.4　超螺旋密度

超螺旋的程度（图 1-13）可以用超螺旋密度（superhelical density）来衡量，用 σ 表示，定义为

$$\sigma = \Delta Lk/Lk^0$$

其中，ΔLk 表示与松弛闭合环状分子（Lk^0）相比，Lk 发生的变化，用 $Lk - Lk^0$ 表示。从细胞中分离出来的 DNA 分子的超螺旋密度约为–0.06，负值表示 DNA 分子是欠旋的，因此为负超螺旋。

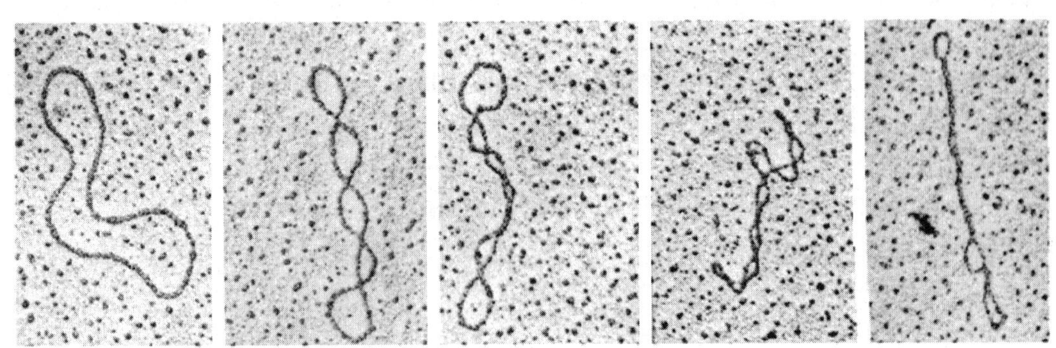

图 1-13　超螺旋 DNA 的电子显微照片（显示不同的超螺旋密度）

细胞内 DNA 分子形成负超螺旋的意义是什么？负超螺旋含有自由能，可以为打开双螺旋提供能量，使双链的解离过程得以顺利进行。因而，有利于转录和复制。目前仅在生活在极端高温环境（如温泉）中的嗜热微生物中发现了正超螺旋 DNA。在这种情况下，正超螺旋提供能量，阻止 DNA 在高温中发生链的分离，因而，嗜热微生物 DNA 双链的打开要比负超螺旋 DNA 需要更多的能量。

1.1.4.5　拓扑异构酶

生物体内的负超螺旋 DNA，并非是末端连接之前将 DNA 的两条链解开形成的，而是由 DNA 拓扑异构酶引入的。拓扑异构酶（topoisomerase）通过催化短暂切割 DNA 单链或双链，而将一种 DNA 拓扑异构体转化为另一种拓扑异构体。拓扑异构酶对于细胞的生存是必需的，它们参与复制、转录以及其他涉及DNA的生物学过程。根据拓扑异构酶是切割DNA分子的一条链还是两条链，拓扑异构酶可分为Ⅰ型和Ⅱ型两种基本类型。

（1）Ⅰ型拓扑异构酶

Ⅰ型拓扑异构酶的作用是使DNA暂时产生单链切口，让另一未被切割的单链在切口缝合之前穿过这一切口，每次连环数改变±1（图1-14）。Ⅰ型拓扑异构酶又进一步分成ⅠA和ⅠB两种亚型。

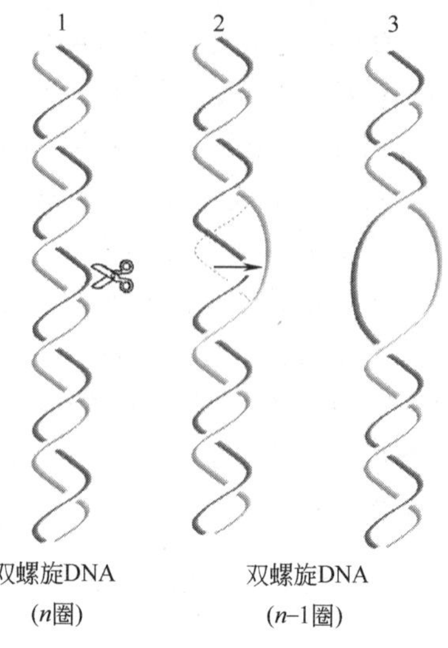

图1-14　拓扑异构酶Ⅰ通过切开单链DNA改变连环数

在图1-15中，ⅠA亚型拓扑异构酶与靶DNA结合形成紧密的复合物，其活性部位的酪氨酸残基进攻DNA骨架上的一个磷酸二酯键，导致DNA的一条链发生断裂，同时形成一个磷酸-酪氨酸连接，即拓扑异构酶通过磷酸-酪氨酸连接与切口的5′-末端共价相连。切口的另一侧则带有一个游离的3′-OH。这时，拓扑异构酶转换成开放的构象，使另一条完整的单链穿过切口。随着拓扑异构酶回到闭合的构象，断裂处游离的3′-OH攻击磷酸-酪氨酸连接，又重新形成磷酸二酯键，从而完成第二次转酯反应，并释放拓扑异构酶。第一次转酯反应形成的共价中间物保存了被断裂的磷酸二酯键中的能量，所以只要逆转原来的反应，断裂的磷酸二酯键就会被重新连接起来。所有拓扑异构酶催化的反应都是通过两次转酯反应完成的。ⅠA亚型拓扑异构酶通过松弛负超螺旋可以使细菌细胞的环状DNA维持最优的超螺旋密度，但不能松弛正超螺旋。

ⅠB亚型拓扑异构酶活性中心的酪氨酸残基与单链DNA断裂位点的3′-磷酸基团形成暂时的共价连接，人类的拓扑异构酶Ⅰ属于这种亚型。被切开的DNA单链，在切口处围绕另一条完整的链自由旋转。ⅠB亚型既可以松弛正超螺旋，也可以松弛负超螺旋，直至超螺旋完全消失。拓扑异构酶在催化链的断裂时，形成磷酸-酪氨酸连接，可以降低DNA不能发生重连，进而导致DNA断裂的风险。

（2）Ⅱ型拓扑异构酶

与Ⅰ型拓扑异构酶不同，Ⅱ型拓扑异构酶在DNA上产生一个瞬时的双链切口，并在切口闭合以前使另一双链DNA片段得以穿过，每次连环数改变±2。Ⅱ型拓扑异构酶的催化机制与Ⅰ型拓扑异构酶相同，但需要依靠ATP水解提供的能量来催化这一反应，这些能量主要用于改变拓扑异构酶-DNA复合物的构象，而并非用于断裂DNA链或使它们重新连接。

细菌中的旋转酶（gyrase）属于Ⅱ型拓扑异构酶，它可以利用ATP水解提供的能量向DNA分子引入负超螺旋（图1-16）。DNA旋转酶是一个由2个GyrA亚基和两个GyrB亚基组成的四聚体，其中GyrA的作用是催化DNA链的断裂和重连，而GyrB的作用是水解ATP为反应提供能量。旋转酶每分钟可以催化1000个超螺旋的形成，每向DNA分子引入一个超螺旋，旋转酶即发生一次构象的改变，产生一种无活性的形式。酶的激活需要水解1分子的ATP。

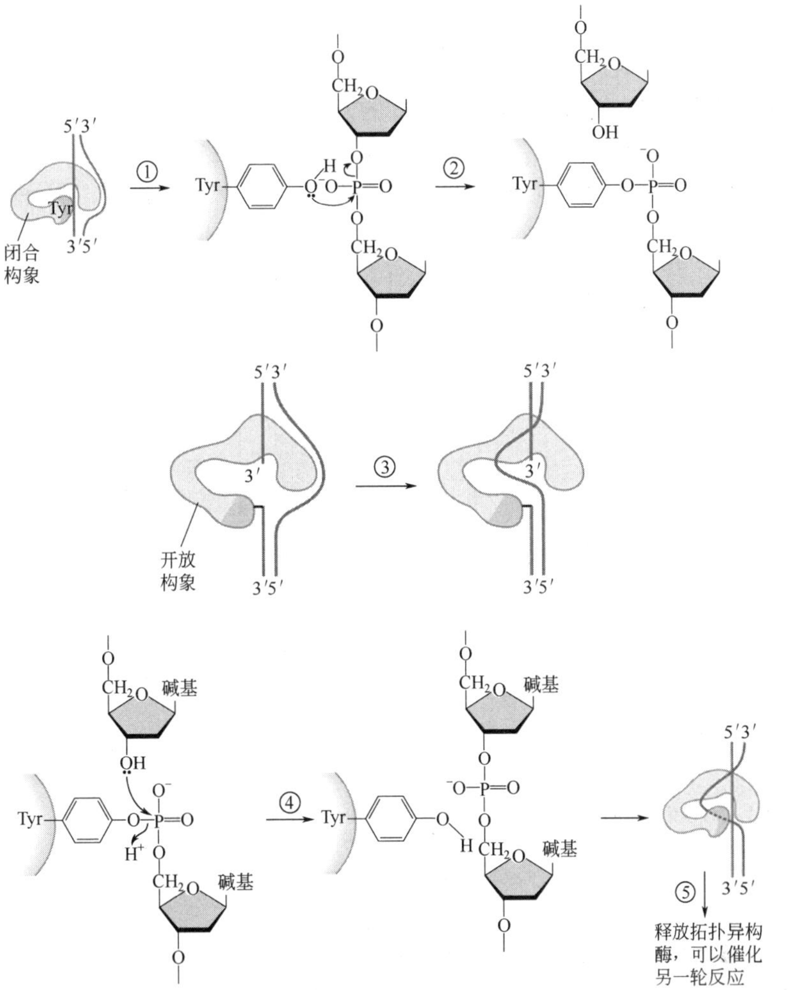

闭合构象

开放构象

释放拓扑异构酶，可以催化另一轮反应

图1-15 拓扑异构酶Ⅰ的催化机制

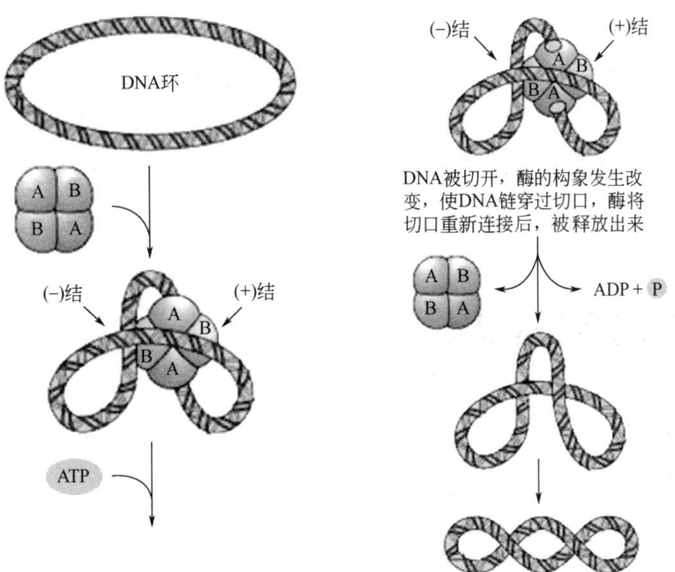

图1-16 细菌旋转酶的作用机制

1.1.4.6 嵌入剂

能够插入双螺旋 DNA 相邻碱基对平面之间的分子称为嵌入剂。溴化乙锭是实验室中经常使用的一种嵌入剂。这是一种平面状、带正电的多环芳香族化合物［图 1-17（a）］，在紫外线下，会发荧光，嵌入 DNA 后荧光强度显著增强。因此，溴化乙锭通常用来作为染料检测 DNA 的存在。

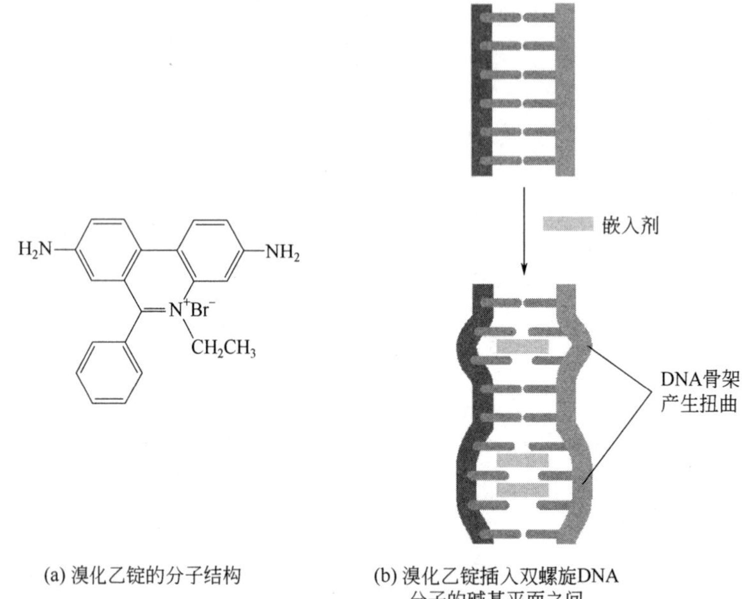

(a) 溴化乙锭的分子结构

(b) 溴化乙锭插入双螺旋DNA分子的碱基平面之间

图 1-17 嵌入剂

嵌入剂插入到 DNA 分子后，会增加相邻碱基对之间的距离，扭曲磷酸-核糖骨架［图 1-17（b）］，影响 DNA 的复制和转录，并诱发突变的发生。嵌入剂还会降低双螺旋的程度，导致 DNA 拓扑学上的改变。例如，当溴化乙锭嵌入 2 个碱基对之间时，引起 DNA 解旋 26°，使得碱基对之间的夹角由通常的 36° 转变为 10°。对于 cccDNA 来说，溴化乙锭嵌入前后，双螺旋的连环数不发生变化，根据 $Lk = Tw + Wr$，Tw 的减少必须由 Wr 的增加来补偿。如果最初环状 DNA 为负超螺旋，加入溴化乙锭将增加 Wr，也就是说溴化乙锭的加入可以降低超螺旋的程度。如果加入足量的溴化乙锭，负超螺旋将变成 0；若再加入更多的溴化乙锭，Wr 将大于 0，此时 DNA 将变成正超螺旋。

1.2 DNA 的变性和复性

1.2.1 DNA 变性

DNA 分子由稳定的双螺旋结构松解为无规则线性结构的现象称为 DNA 的变性（denaturation）。DNA 变性时，维持双螺旋稳定性的氢键断裂，碱基间的堆积力遭到破坏，但不涉及多核苷酸链共价键的断裂（图 1-18）。

1.2.1.1 影响 DNA 变性的因素

凡能破坏双螺旋稳定性的各种物理或化学因素，例如，加热、极端的 pH、低离子强度、尿素、甲酰胺等，都可破坏双螺旋结构，引起核酸分子变性。

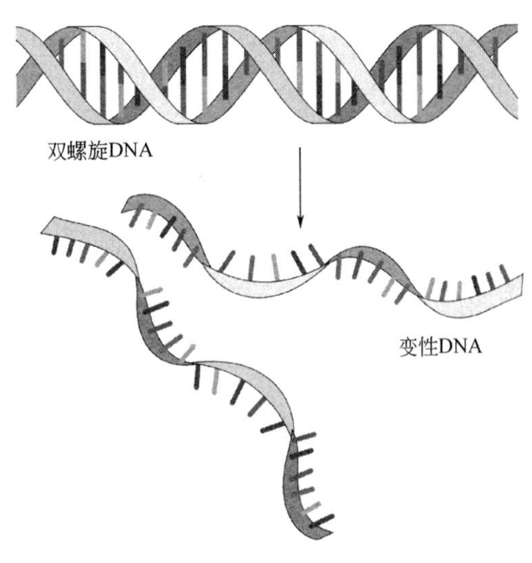

图 1-18 DNA 变性示意图

常用的 DNA 变性方法主要有热变性和碱变性。热变性使用得十分广泛，热量使核酸分子热运动加快，增加了碱基的分子内能，破坏了氢键和碱基堆积力，最终破坏核酸分子的双螺旋结构，引起核酸分子变性。然而，高温可能引起磷酸二酯键的断裂，得到长短不一的单链 DNA。而碱变性方法则没这个缺点，在 pH 为 11.3 时，碱基去质子化，全部氢键都被破坏，DNA 完全变成单链的变性 DNA。由于 DNA 对碱的水解有着很好的抵抗作用，这种方法也常常被用来制备变性 DNA。酸也可以使 DNA 变性，但在实验中很少被采用，原因是酸可以导致嘌呤从 DNA 骨架上脱落，即所谓的脱嘌呤作用。

尿素和甲酰胺可以使 DNA 变性，它们可以与 DNA 分子的碱基形成氢键。配对碱基之间的能量非常低，容易发生断裂，然而，断裂的氢键会快速重新形成。变性剂可以改变这种平衡，它们与骨架上没有配对的碱基形成氢键，阻止其与另一条链上互补的碱基重新形成氢键。

甲醛可以和碱基的—NH_2 基团发生反应，从而消除它们形成氢键的能力。加入甲醛可以造成 DNA 分子缓慢不可逆的变性，这说明 DNA 双螺旋中，对应位置上互补的碱基可以在配对状态和不配对状态之间相互转变，只有这样，甲醛才能与碱基上的氨基发生反应。

1.2.1.2 DNA 变性曲线和熔解温度

20 世纪 50 年代，通过研究 DNA 的变性，人们对双螺旋的特性有了深刻的认识。DNA 分子具有吸收 250～280nm 波长紫外线的特性，其吸收峰值在 260nm 处，碱基是造成吸收的主要原因。在双螺旋 DNA 中，碱基有规则地堆积在一起，致使双螺旋的光吸收值比单链 DNA 低。双链 DNA 的光吸收值是 1.0 时，相同浓度的单链 DNA 的光吸收值是 1.37。因此，DNA 发生变性时溶液的光吸收值在 260nm 处会显著增强，这种现象称为增色效应（hyperchromic effect）。这样，通过检测 DNA 溶液紫外吸收率可以对 DNA 的变性过程进行监控。

对双链 DNA 进行加热变性，当温度升高到一定高度时，DNA 溶液在 260nm 处的吸光值突然上升至最高值，随后即使温度继续升高，吸光值也不再明显变化。若以温度对 DNA 溶液的紫外吸光率作图，得到的 DNA 变性曲线呈 S 形（图 1-19），不难看出光吸收的急剧增加发生在一个相对较窄的温度范围内。通常将核酸加热变性过程中，紫外光吸收值达到最大值的 50%时的温度称为核酸的解链温度，由于这一现象和结晶的熔解相类似，又称熔解温度（melting temperature，T_m）。在熔点处，DNA 光吸收的急剧增加说明 DNA 的变性是一个高度协同、类似于拉链一样的过程。

1.2.1.3　影响 T_m 值的因素

T_m 值随 DNA 的碱基组成和实验条件的不同而不同。T_m 值极大地取决于 DNA 中 G+C 的百分含量，DNA 中 G+C 的百分含量越高，DNA 的 T_m 值越高（图 1-20）。这是因为 G∶C 碱基对之间有 3 个氢键，而 A∶T 碱基对之间只有两个氢键，更重要的是，G∶C 碱基对与相邻碱基对之间的堆积力比 A∶T 碱基对之间的堆积力更大。

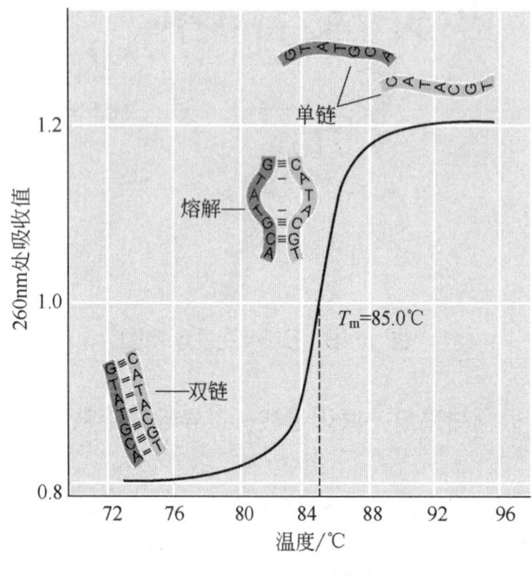

图 1-19　DNA 变性曲线

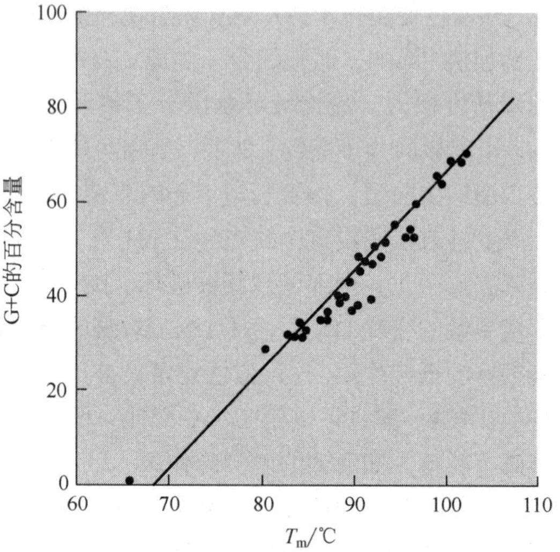

图 1-20　DNA 的解链温度与 G+C 百分含量的关系

T_m 值的大小还取决于溶液中的离子强度。由于磷酸基团带负电荷，DNA 分子的两条单链之间存在着排斥作用。如果骨架上的负电荷不被屏蔽，两条链就会因为相互之间的排斥作用而彼此分开。当缓冲液中的盐离子浓度降低时，T_m 值迅速下降。事实上，在蒸馏水中，DNA 在室温下就会发生变性。原因是当不存在盐离子时，两条链彼此排斥。加入盐溶液后，带正电荷的阳离子将屏蔽带负电荷的磷酸基团，最终所有的磷酸基团都将被屏蔽，两条链之间的排斥作用就不再发生，这大约出现在 0.2mol/L 的生理盐浓度下。然而，随着氯化钠浓度的升高，T_m 值也随之升高，嘌呤与嘧啶的可溶性降低，从而增加了疏水作用。

1.2.2　复性

复性指变性 DNA 在适当条件下，两条互补链全部或部分恢复到天然双螺旋结构的现象，它是变性的一种逆转过程。

1.2.2.1　复性过程

热变性 DNA 一般经缓慢冷却后即可复性，此过程又称为退火（annealing）。复性是从单链分子间的随机碰撞开始的，与变性相比，复性是一个缓慢的过程，其限速步骤是互补单链之间的局部区域的正确碰撞，并形成双螺旋核心，这一过程称为成核作用（nucleation）。一旦形成了双螺旋核心，两条单链的其余部分就会像拉拉链那样，迅速形成双螺旋。因此，复性的限制因素是分子间的碰撞过程，部分变性的 DNA 分子会迅速复性，原因是不需要这样一个碰撞过程。

1.2.2.2　影响复性的因素

DNA 分子的浓度和大小影响复性的速度。DNA 的浓度直接影响单链分子间的碰撞频率，浓度高时互补序列之间相互碰撞的机会增加，复性速度快。分子量大的线性单链其扩散速度受到妨碍，减少了互补序列之间发生碰撞的机会，因此小片段 DNA 比大片段 DNA 更容易复性。

温度也会影响复性的速度，低温不仅减少互补链的碰撞机会，而且使已经错配的片段难以解开。所以，必须有足够高的温度以破坏单链 DNA 分子中形成的链内氢键。然而，温度又不能过高，否则双链之间的氢键就不能形成和维持。一般认为比 T_m 低 20～25℃的温度是复性的最佳条件，越远离此温度，复性速度就越慢。复性时温度下降必须是一缓慢过程，若在超过 T_m 的温度下迅速冷却至低温（如 4℃以下），复性几乎是不可能的，核酸实验中经常以此方式保持 DNA 的变性（单链）状态。

溶液的离子强度也影响复性的速度。DNA 溶液必须有足够高的盐浓度，以消除两条链上磷酸基团之间的静电斥力。一般情况，盐浓度越高，复性速度越快。

1.2.2.3　分子杂交

两条来源不同，但含有互补序列的单链核酸分子形成杂合双链（heteroduplex）的过程称为分子杂交（hybridization）。在进行分子杂交时，首先在一定条件下使核酸变性（通常是升高温度），然后再在适当的条件下复性。杂交可以发生于 DNA 与 DNA 之间，也可以发生于 RNA 与 RNA 之间，以及 DNA 与 RNA 之间（图 1-21）。分子杂交是分子生物学最常用的技术之一，常常被用来检测核酸分子中是否存在特定的序列。

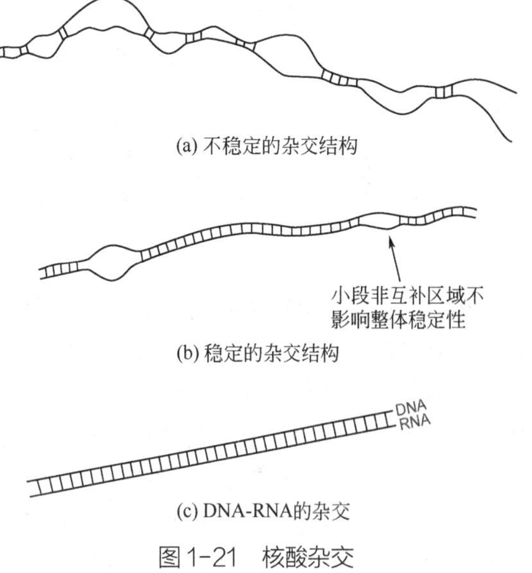

图 1-21　核酸杂交

1.3　RNA 结构

RNA 和 DNA 结构上的主要区别有三点：第一，RNA 骨架含有核糖而不是 2′-脱氧核糖，与脱氧核糖相比，核糖的 2′-位置上带有一个羟基；第二，DNA 中的胸腺嘧啶被 RNA 中的尿嘧啶所取代，尿嘧啶有着和胸腺嘧啶相同的单环结构，但是缺少 5-甲基基团，胸腺嘧啶实际上是 5-甲基尿嘧啶；第三，RNA 通常以单链形式存在，除少数病毒外，RNA 不是遗传物质，因此没有必要作为模板进行复制。

与胸腺嘧啶一样，尿嘧啶与腺嘌呤配对。既然胸腺嘧啶与尿嘧啶在结构和配对性质上都十分相似，那么为什么在进化中，DNA 分子中出现的是胸腺嘧啶，而不是尿嘧啶？正如将在第 4 章中所讲到的，胞嘧啶会发生自发的脱氨作用，胞嘧啶脱氨产生的是尿嘧啶，细胞中的 DNA 修复系统，会把尿嘧啶恢复成胞嘧啶。如果，DNA 分子中含有尿嘧啶，细胞中的监控系统就不能识别胞嘧啶脱氨产生的尿嘧啶，从而会导致突变。

尽管 RNA 是单链分子，它依然可以形成局部双螺旋，这是因为 RNA 链频繁发生自身折叠，从而使链内的互补序列形成碱基配对区。除了 A∶U 配对和 C∶G 配对外，RNA 还具有额外的非 Watson-Crick 碱基配对，如 G∶U 碱基对，这一特征使 RNA 更易于形成双螺旋结构。RNA 分子自身折叠形成双螺旋时，不配对的序列以发卡（hairpin）、凸起（bulge）、内部环（interior loop）等形式游离于双链区之外（图 1-22）。

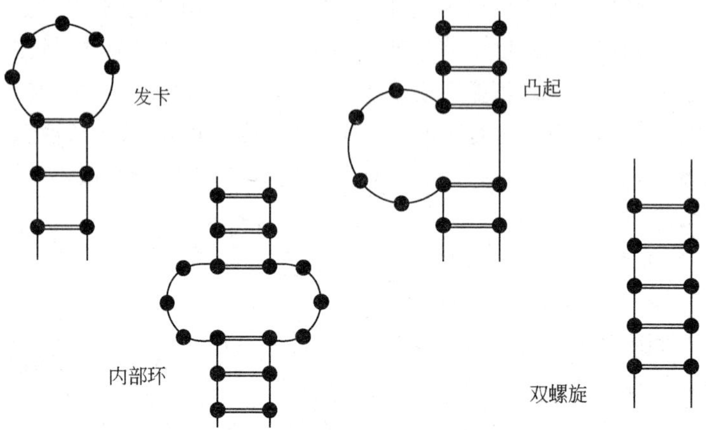

图 1-22　RNA 分子的几种二级结构

RNA 骨架上 2′-OH 的存在阻止 RNA 形成 B 型螺旋。双螺旋 RNA 更类似于 A 型 DNA。它的小沟宽且浅而易于接近；而大沟狭且深，与其相互作用的蛋白质的氨基酸侧链难以接近它。所以 RNA 不适合与蛋白质进行序列特异性的相互作用。然而，在很多情况下，蛋白质可以与 RNA 发生序列特异性结合，这往往依赖于蛋白质对发卡环、凸环等结构的识别。

RNA 分子中的核苷酸排列顺序称为核酸的一级结构。单链核苷酸自身折叠形成的由单链区、茎环结构、内部环、双链区等元件组成的平面结构，称为 RNA 的二级结构。RNA 的二级结构主要由核酸链不同区段碱基间的氢键维系。在二级结构的基础上，核酸链再次折叠形成的高级结构称为 RNA 的三级结构。由于没有规则螺旋的限制，因此 RNA 可以形成大量的三级结构。

三级结构的元件包括假节结构、三链结构、环-环结合以及螺旋-环结合。假节结构是指茎环结构环区上的碱基与茎环结构外侧的碱基配对形成的由两个茎和两个环构成的假节（图 1-23）。环-环结合可以看成是特殊的假节结构。螺旋-环结合可以看成是特殊的三链结构。在三级结构形成时，原来相距很远的两个核苷酸相互接近并形成碱基对。这种碱基配对在三级结构的维系中起着重要作用。

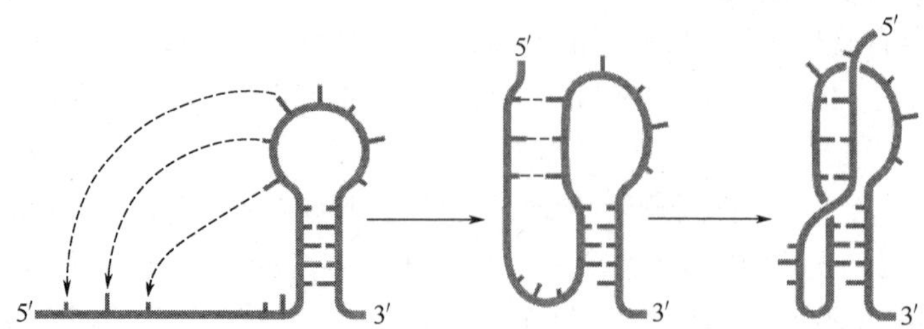

图 1-23　RNA 分子的假节结构

细胞内的 RNA 行使多种生物学功能。mRNA 是蛋白质生物合成的模板，tRNA 运载氨基酸并识别 mRNA 的密码子，rRNA 是核糖体的组成部分。此外，snRNA 参与 mRNA 的剪接，snoRNA 参与 rRNA 成熟加工，gRNA 参与 RNA 编辑，SRP-RNA 参与蛋白质的分泌，端粒酶 RNA 参与染色体端粒的合成等。此外，RNA 还是一种调节分子，通过碱基配对与某些 mRNA 结合，干扰靶 mRNA 的翻译。最后，一些 RNA 具有酶学活性（包括核糖体 RNA），能够催化细胞基本的生物化学反应。

知识拓展　核酸的修饰

细胞可以对 DNA 和 RNA 进行多种形式的化学修饰，已鉴定出的 DNA 修饰类型超过了 17 种，RNA 的修饰类型更是超过了 160 种。DNA 和 RNA 的化学修饰增加了基因表达调控的层次，具有重要的生物学功能，对这些修饰作用研究促使了表观基因组学（epigenomics）和表观转录组学（epitranscriptomics）的建立和发展。

在高等真核生物基因组 DNA 中，胞嘧啶第 5 位碳原子的甲基化（5-甲基胞嘧啶，5-methylcytosine 或 m^5C）是丰度最高的 DNA 修饰类型，也被称为“第 5 种碱基”。胞嘧啶的甲基化主要发生在 CpG 二核苷酸中，还有一小部分发生在 CHG 和 CHH 序列中（在这里，H 代表 A、T 或者 C）。真核生物 DNA 的甲基化通常与基因表达的抑制有关。原核生物基因组 DNA 存在另一种甲基化修饰，即腺嘌呤第六位氮原子的甲基化形成 N^6-甲基腺嘌呤。在细菌中，m^6A 是一种十分重要的标记，在 DNA 的修复、复制以及细胞防御中发挥重要作用。最近发现 m^6A 也普遍存在于真核生物基因组中，而且承担着重要的生物学功能。

RNA 分子的化学修饰更加多样（图 1）。腺嘌呤 N^6 的甲基化是高等真核生物 mRNA 分子内部的一种最为常见的修饰方式。在哺乳动物的转录组中，m^6A 出现在 mRNA 三核苷酸序列 G（m^6A）C（占 70%）和 A（m^6A）C（占 30%）中，但是每个三核苷酸序列的甲基化比例会有很大的变化。m^6A 具有重要的生物学功能，图 2 表示腺嘌呤 N^6 的甲基化、去甲基化，以及 m^6A 依赖的翻译调控及 mRNA 降解。mRNA 分子的修饰还包括假尿嘧啶化和胞嘧啶第 5 位碳原子的甲基化等。假尿嘧啶化指的是尿嘧啶（U）的化学结构发生改变形成假尿嘧啶（ψ）。事实上，假尿嘧啶化是 RNA 分子中最为普遍的一种修饰方式。

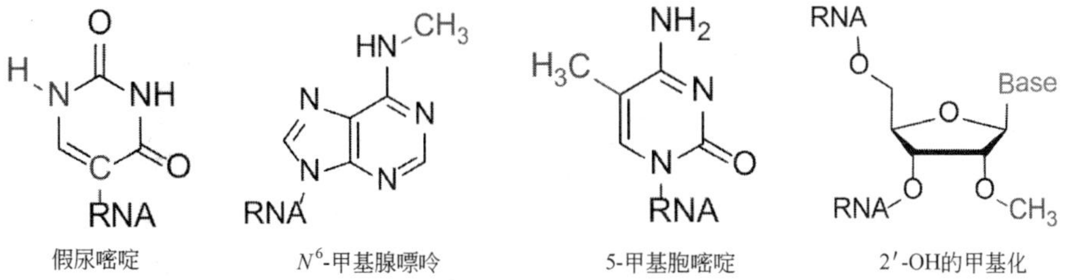

假尿嘧啶　　N^6-甲基腺嘌呤　　5-甲基胞嘧啶　　2′-OH的甲基化

图1　RNA 的几种化学修饰

ncRNA 的修饰作用同样会影响基因的表达。例如，酿酒酵母有 74 个基因参与了细胞质 tRNA 分子 36 个位点上的大约 25 种修饰反应，这些修饰作用影响着 tRNA 的稳定性和翻译的效率。snRNA（small nuclear RNA）是剪接体的组成成分，也存在广泛的转录后修饰作用，其中 2′-OH 的甲基化和假尿嘧啶化是两种主要的修饰方式。这些修饰作用可以改变 snRNA 分子的结构稳定性、碱基的堆积作用，以及氢键的形成，并在 snRNP 复合体的组装、剪接体的形成，以及剪接过程中发挥关键作用。

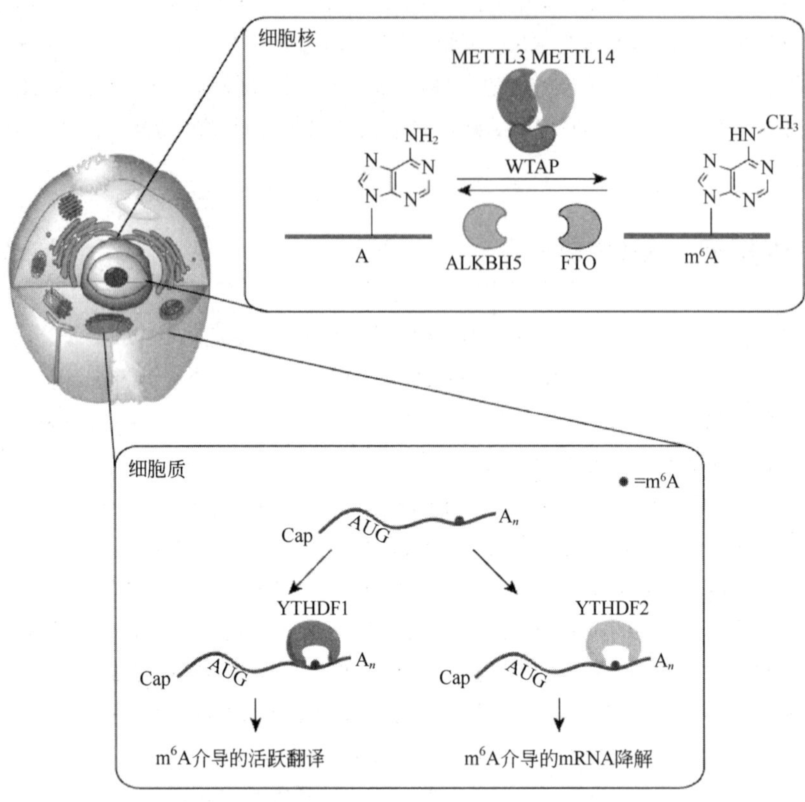

图 2 N^6-甲基腺嘌呤（m^6A）及其生物学作用

在细胞核内，METTL3、METTL14 和 WTAP 构成的酶复合体催化腺嘌呤 N^6 的甲基化，而由 ALKBH5 和 FTO 构成的复合体催化 m^6A 的去甲基化作用；在细胞质中，YTHDF1 和 YTHDF2 特异性地结合 m^6A，分别介导 m^6A 依赖性的翻译调控和 mRNA 降解

第 2 章 基因组 DNA 和染色体

生命是由基因组（genome）决定的，基因组携带着构建和维持生物体生命活动所需的所有生物信息。基因组一词最早出现在 1922 年，指的是单倍体细胞中所含的整套染色体。现在基因组指的是细胞或生物体中所有的 DNA，包括所有的基因和基因间隔区。

生命世界有两种类型的生物，即真核生物（eukaryote）和原核生物（prokaryote）。真核生物细胞具有由膜围成的间隔区，包括细胞核和细胞器。原核生物细胞缺少广泛的内部间隔区。根据其遗传特征和生化特征可把原核生物分为真细菌（eubacteria）和古细菌（archaebacteria）两种截然不同的类型。原核生物和真核生物的基因组完全不同，因此有必要将它们分开论述。

无论是原核生物还是真核生物的基因组 DNA 都是和蛋白质结合在一起的，每条 DNA 及其结合蛋白质构成了一条染色体。典型的原核细胞的染色体呈环状，仅有一个拷贝。然而，当原核细胞快速分裂时，染色体上正在复制的区域会存在 2 个甚至 4 个拷贝。真核细胞都含有多条线状染色体。大多数真核生物的体细胞是二倍体的，也就是说，体细胞中每条染色体都有两个拷贝，一个来自母本，一个来自父本。同一染色体的两个拷贝又称同源染色体（homolog）。二倍体细胞经过减数分裂形成的单倍体细胞，只含有一对同源染色体中的一条，单倍体细胞（例如，精子和卵子）可以参与有性生殖。如果细胞中每一条染色体具有 2 个以上的拷贝，则称为多倍体（polyploid）。

DNA 被包装成染色体具有多方面的功能。例如，DNA 被有效压缩，以适应细胞的容量；在染色体中，DNA 非常稳定，可以保证 DNA 的编码信息忠实地传递下去；只有被包装成染色体后，基因组 DNA 在每次细胞分裂时才能有效地传递给两个子细胞；在染色体中，DNA 按照一定的方式被组织起来，有助于 DNA 行使转录、重组以及其他功能。

2.1 原核生物的基因组和染色体

2.1.1 原核生物基因组的遗传结构

绝大多数原核生物的基因组由一个单一的环状 DNA 分子组成。与真核生物相比，原核生物基因组要小得多，所含的基因数目也少得多。例如，大肠杆菌（*Escherichia coli*）的基因组为 4 639kb，只是酵母基因组的 2/5；大肠杆菌的基因组只有 4397 个基因，而酵母的基因组包含约 6 000 个基因。

原核生物基因组的结构紧密，表现为：①基因间隔区较短；②缺乏断裂基因，除少数几个例外（主要是古细菌），原核生物中没有断裂基因；③缺少重复序列，原核生物基因组中没有相当于真核生物基因组中那样高拷贝、全基因组分布的重复序列。总之，在大肠杆菌的基因组中，非编码序列占比少，仅占整个基因组序列的 11%，以小片段的形式分布于整个基因组中。

原核生物基因组的另一个特征是存在操纵子。在原核生物的基因组中，功能相关的基因往往丛集在一起，形成一个转录单位，被转录成一条多顺反子 RNA，翻译产生的一组蛋白质参与同一个生化过程。例如，大肠杆菌的乳糖操纵子含有 3 个基因，参与将二糖（乳糖）转化为单糖（葡萄糖和半乳糖）的代谢途径（详见 9.1.1.1）。通常在大肠杆菌生活的环境里不含乳糖，所以在大多数时间里，操纵子并不表达，不产生利用乳糖的酶。当环境中存在乳糖时，操纵子开启，3 个基因一起表达，协同合成利用乳糖的酶。

2.1.2 原核生物的染色体

与大多数细菌一样，大肠杆菌的染色体 DNA 呈环状，周长是 1.6mm。大肠杆菌细胞长约 2μm，宽约 0.5～1μm。游离的大肠杆菌染色体 DNA 将形成无规则的螺旋，其体积大约是细菌细胞的 1000 倍。因此，细菌染色体 DNA 必须经过高度压缩才能适应细胞的体积。

细菌的染色体 DNA 聚集在一起，在细菌细胞内形成一个较为致密的区域，称为类核或拟核（nucleoid）。可以把类核完整地从细菌细胞中分离出来。这种结构由蛋白质和一条超螺旋 DNA 组成，其中还含有一些 RNA 成分。用蛋白酶或 RNA 酶处理，可使类核由致密变得松散，表明蛋白质和 RNA 起到了稳定类核的作用。

在类核中存在着一个蛋白质核心，染色体 DNA 围绕蛋白质核心形成 40～50 个长度大约是 100kb 的环。环的两端以某种方式固定在类核的蛋白质核心上，因此每一个环在拓扑学上是一个独立的结构域（domain）（图 2-1）。在电子显微镜下，可以观察到有些结构域清晰地含有超螺旋，而另一些结构域则呈松弛状态，这可能是 DNA 断裂导致了超螺旋的消失。超螺旋也有助于 DNA 的压缩。

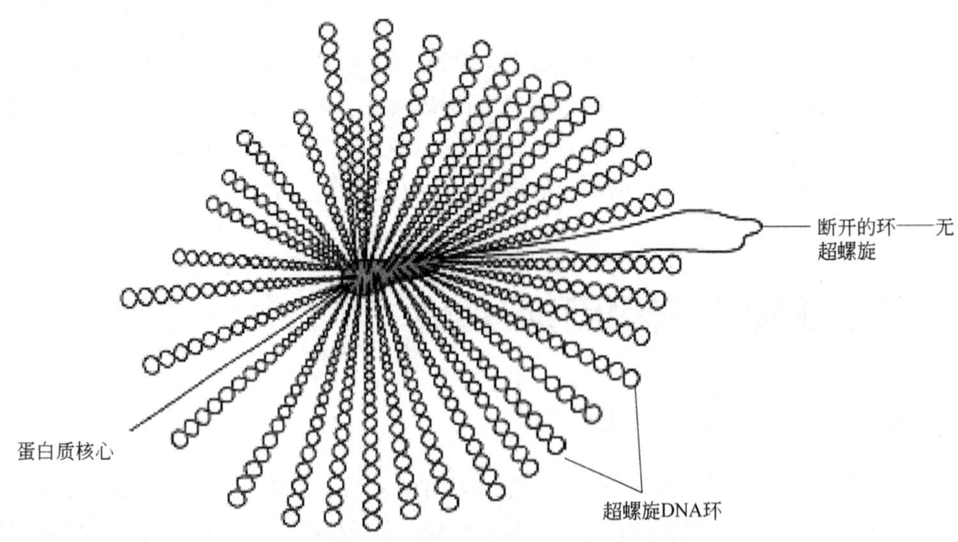

图 2-1 大肠杆菌类核的结构模型

40～50 个 DNA 超螺旋从蛋白质核心呈放射状伸出，其中一个环由于 DNA 链的断裂，超螺旋消失

对原核生物的染色体进行压缩和组织的蛋白质被称为拟核相关蛋白（nucleoid-associated proteins，NAPs）。按照功能，可以把 NAPs 分成两类。一类与 DNA 结合后，能使 DNA 发生弯

曲，包括 HU（heat unstable protein）、Fis（factor for inversion stimulation）和整合宿主因子（integration host factor，IHF）[图 2-2（a）]。

另一类 NAPs 可以在 DNA 双螺旋之间形成连接，导致形成环状 DNA [图 2-2（b）]。其中，数量最多的是 H-NS（histone-like nucleoid structuring）蛋白。H-NS 由 136 个氨基酸残基组成，含有 3 个结构域，其中 C 端结构域与 DNA 结合，这种结合是序列非特异性的，但倾向于识别弯曲的 DNA。H-NS 的 N 端结构域是二聚体化结构域，通过 N 端结构域的相互作用形成 H-NS 二聚体（图 2-3）。N 端结构域和 C 端结构域之间是柔性的连接区。每个大肠杆菌细胞大约含有 20000 个 H-NS 二聚体，它们与 DNA 紧密结合，对 DNA 进行大规模压缩。在大肠杆菌细胞中过表达 H-NS 可以造成拟核的过度压缩。

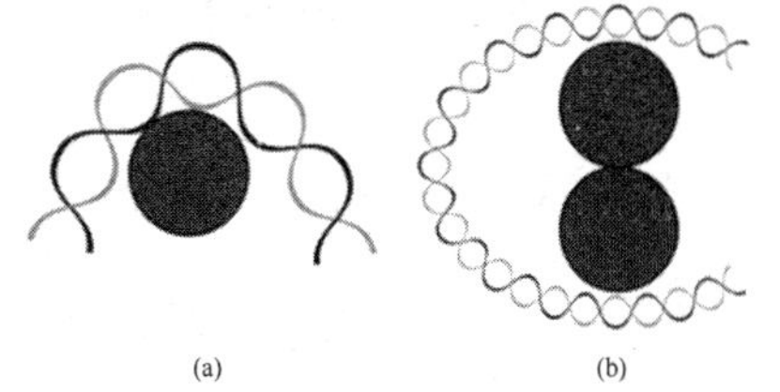

图 2-2　两类拟核相关蛋白

SMC（structural maintenance of chromosome）蛋白也可与不同位点的 DNA 双螺旋结合，导致双螺旋形成几 kb 的绊环，在原核生物染色体的压缩中起着重要作用。但是与 H-NS 蛋白不同，SMC 蛋白为一种高分子量的多肽链，由超过 1000 个氨基酸残基组成，并且在进化上高度保守，广泛分布于原核生物和真核生物。SMC 蛋白 N 端结构域和 C 端结构域之间的连接区被一个球状的绞合结构域分成两个臂（图 2-4）。SMC 蛋白的连接区发生相互作用，导致多肽链在绞合结构域处发生回折，形成反向平行的螺旋卷曲，并使 N 末端结构域和 C 端结构域结合在一起形成头状的 ATPase 结构域。两个 SMC 蛋白通过绞合结构域形成一个有活性的二聚体。

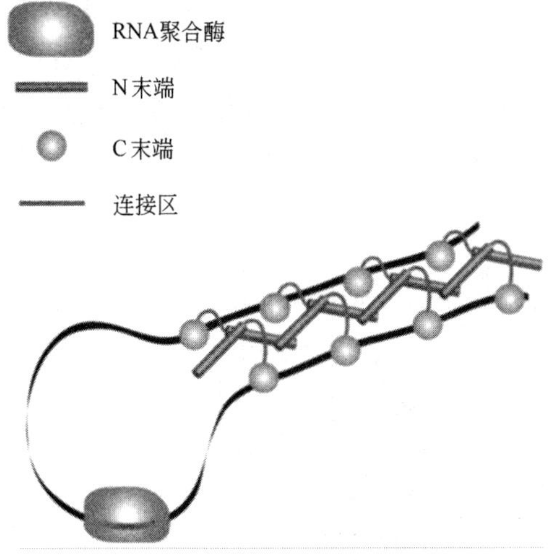

图 2-3　H-NS 二聚体对细菌的染色体 DNA 进行压缩

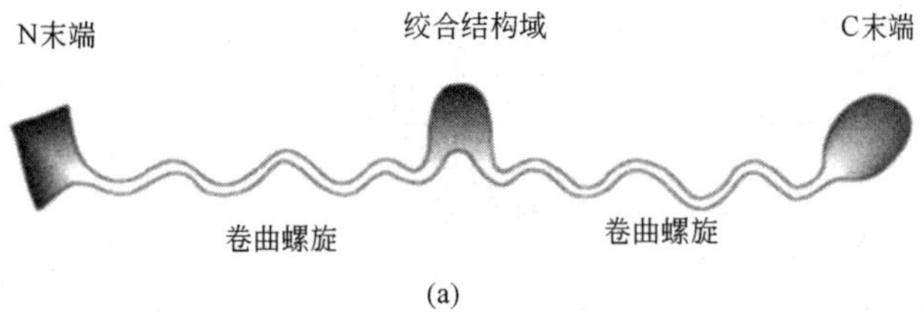

(a)

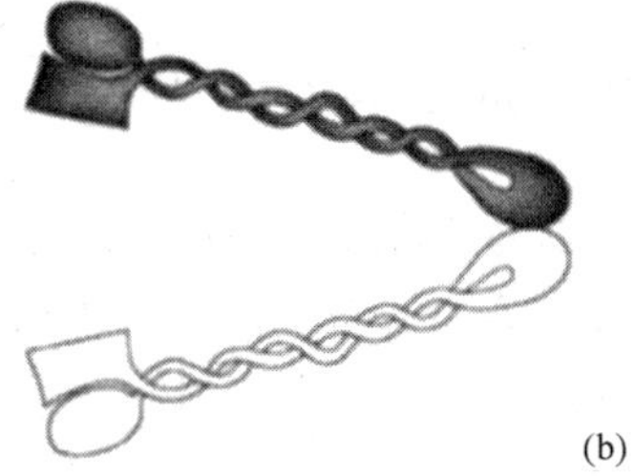
(b)

图 2-4　SMC 蛋白的一般结构以及 SMC 二聚体形成模型

2.2 真核生物的基因组

2.2.1 真核生物的C值矛盾与非编码DNA

每一种生物单倍体基因组的DNA总量被称为C值（C value）。一个生物物种的C值是恒定的。随着生物的进化，生物体的结构和功能越来越复杂，其C值就越大：酿酒酵母的基因组为12Mb，最简单的多细胞生物线虫的基因组有100Mb，果蝇基因组的大小为180Mb，而人类基因组的大小为3200Mb。DNA的含量与有机体之间存在这样的关系并不难理解，随着有机体变得越来越复杂，有机体需要更大的基因组来容纳更多的遗传信息。

在很多情况下，不同生物种类之间基因组大小的差异并不能用生物已知的进化地位来解释（图2-5）。许多复杂性相近的生物体其基因组大小却显著不同，例如，同为被子植物，DNA含量可相差几个数量级。还存在不同生物C值的大小与进化等级完全相反的现象，如软骨鱼类的C值比硬骨鱼、爬行类、鸟类和哺乳类都要高。鸟类是由爬行动物进化而来的，但是鸟类DNA的最高含量竟然与爬行类DNA的最低含量相同。这种C值往往与种系进化的复杂性不一致的现象称为C值矛盾（C-value paradox）。

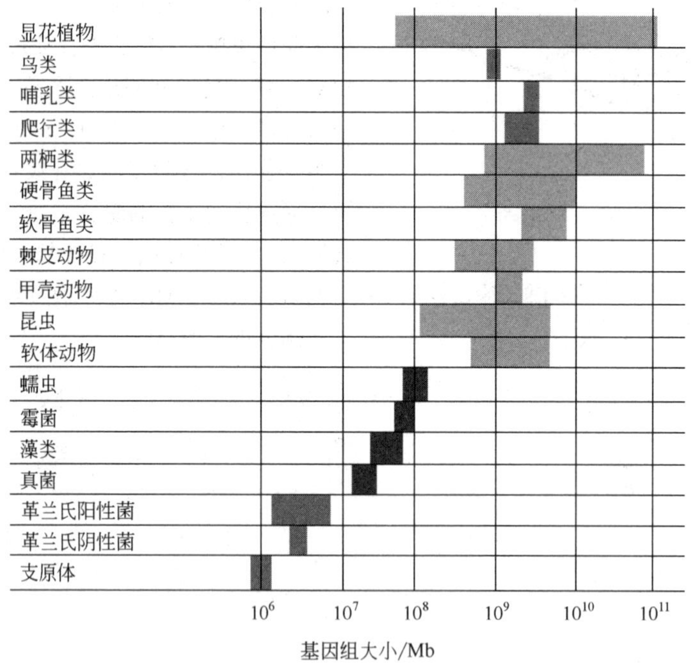

图2-5 不同种类生物基因组DNA的C值

为什么会出现C值矛盾呢？原因在于真核生物的基因组中存在着大量的非编码DNA。甚至是较为原始的真核生物，例如酵母，其非编码DNA几乎占整个基因组DNA的50%。在高等的真核生物的基因组中，非编码DNA所占的比例就更高了。哺乳动物，例如小鼠和人，大约有20000～30000个基因分布在3000Mb的基因组DNA上，这意味着超过85%的DNA序列是非编码DNA。

2.2.2 真核生物基因组的序列组分

真核生物的基因组序列可以划分为基因和基因间隔区（intergenic）。基因是携带遗传信息并将遗传信息从一代传向下一代的结构和功能单位。从分子水平上看，基因是 DNA 分子上一段特定的核苷酸序列，决定着一个特定多肽链的氨基酸序列，或者一个特定 RNA 的核苷酸序列。基因间隔区是指基因之间的序列，在基因间隔区中存在大量的重复序列。

2.2.2.1 基因的类型和结构

（1）基因的类型

根据编码产物可将基因分为编码蛋白质的基因和编码 RNA 的基因两种类型。编码蛋白质的基因又称为结构基因，它决定多肽链的一级结构，结构基因的突变可导致多肽链一级结构的改变。RNA 基因的最终表达产物为各种类型的 RNA，由于这些 RNA 不编码蛋白质，又被称为非编码 RNA（non-coding RNA）。

非编码 RNA 可以再分为持家 RNA（house-keeping RNA）和调控 RNA（regulatory RNA）。持家 RNA 在细胞的生命活动中恒定表达，其功能是维持基本生命活动所必需的，包括参与蛋白质生物合成的 rRNA 和 tRNA。调控 RNA 包括调控基因表达的微小 RNA（microRNA，miRNA），以及对多种生物学过程进行调控的长链非编码 RNA（long non-coding RNA，lncRNA）等。

（2）基因的结构

在这里主要介绍真核生物结构基因的结构，真核生物 RNA 基因的结构将在以后的章节中逐一介绍。真核生物结构基因的编码序列中间插有与氨基酸编码无关的 DNA 间隔区。基因的编码区称为外显子（exon），间隔序列称为内含子（intron），具有内含子的基因称为断裂基因（split gene）。表达时，断裂基因首先被转录成初级转录产物，即前体 mRNA。然后，前体 mRNA 经过加工，删除内含子，外显子按顺序连接起来，形成一个连续的读码框。基因的非编码区还包括 5′-非翻译区（5′-untranslated region，5′-UTR）和 3′-非翻译区（3′-untranslated region，3′-UTR）（图 2-6）。非编码区不会被翻译，但是对基因遗传信息的表达却是必需的。

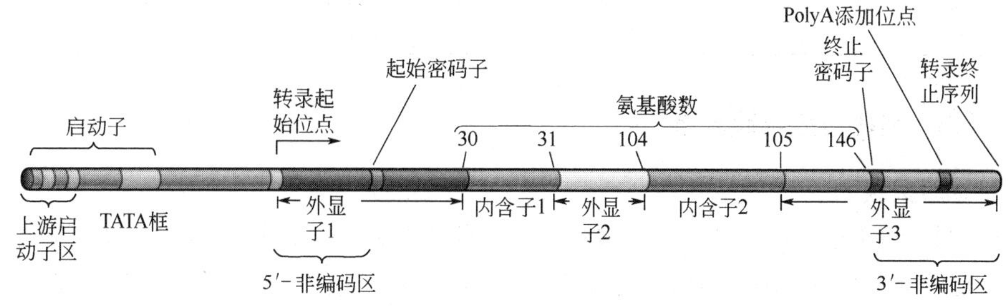

图 2-6 基因的结构

基因起始位点上游的启动子（promoter）序列是 RNA 聚合酶的识别位点，RNA 聚合酶与之结合并启动转录。在真核生物中，mRNA 的 3′-端有一段非常保守的序列与 3′-端的加工和多聚腺苷酰化有关，称为加尾信号，该序列同样介导 mRNA 转录的终止作用。

2.2.2.2 基因的大小和密度

（1）基因的大小

真核生物的基因包括外显子和内含子。在高等真核生物的基因中，外显子所占的比例很小。

例如，人的一个基因的平均转录长度大约为 27 kb，而编码蛋白质的区段平均仅为 1.3 kb。可以看出，人的基因平均仅有 5%的序列直接参与了氨基酸序列的编码，而其他 95%都由内含子构成。正是由于这个原因，真核生物基因的大小主要取决于内含子的大小和数目，而与外显子的大小没有必然的联系。

在不同的基因中，内含子的数目变化很大，有些断裂基因含有一个或少数几个内含子，如珠蛋白基因；某些基因含有较多的内含子，如人类编码一种骨骼肌蛋白（tintin）的基因具有 178 个外显子。不同内含子之间在大小上也有很大的差别，从几百 bp 到几万 bp 不等。

进化过程中，断裂基因首先出现在低等的真核生物中。简单的真核生物内含子较少，长度都很短。例如，在酿酒酵母中，仅有 3.5%的基因有内含子，而且没有一个内含子大于 1 kb。在高等真核生物中，绝大多数基因是断裂基因，内含子的数目也显著增加。

（2）基因的密度

可用每 Mb 基因组 DNA 所含的基因的平均数目来表示。生物体的复杂性与基因的密度之间大致存在一种负相关的关系：生物体复杂性越低，其基因组中的基因密度越高（表 2-1）。目前发现基因密度最高的生物体是病毒。在某些情况下，病毒利用 DNA 的两条链来编码相互重叠的基因。原核生物的基因密度也非常高，大肠杆菌 4.6Mb 基因组中大约分布着 4400 个基因，平均每 Mb 基因组 DNA 上有 950 个基因。与原核生物相比，真核生物的基因密度较低且变化大。最简单的真核生物酿酒酵母的基因密度与原核生物的非常接近，为 480 个基因/Mb。人的基因密度估计是原核生物的 1/50。果蝇的基因组中的基因密度介于酵母和人之间。

表 2-1　几种生物体基因密度的比较

物种	基因组大小/Mb	基因数目	基因密度/（个/Mb）
大肠杆菌	4.6	4400	950
酿酒酵母	12	5800	480
果蝇	180	13700	80
人类	3300	25000	7

2.2.2.3　基因家族与超家族

（1）基因家族

真核生物基因组中来源相同、结构相似、功能相关的一组基因组成一个基因家族（gene family）。它们是由祖先基因倍增后，发生趋异进化形成的。基因家族的各个成员可以聚集一起，形成串联基因簇，也可以分散在不同的染色体上。

已知人类的血红蛋白由两条 α-珠蛋白链和两条 β-珠蛋白链组成。人类的 α-珠蛋白由 16 号染色体上的一个小的多基因家族编码，这些基因聚集在一起形成一个基因簇。α-珠蛋白基因簇长 30kb 左右，含有 3 个功能基因、3 个假基因和一个功能未知的基因，它们的排列顺序如图 2-7（a）所示。β-珠蛋白由 11 号染色体上的另一个多基因家族编码。β-珠蛋白基因簇的长度超过 50kb，含有 5 个功能基因和一个假基因，其基因排列顺序如图 2-7（b）所示。α-珠蛋白基因家族和 β-珠蛋白基因家族的假基因，是由功能基因突变而来的，具有与功能基因相似的序列，但已不能产生有功能的蛋白质。

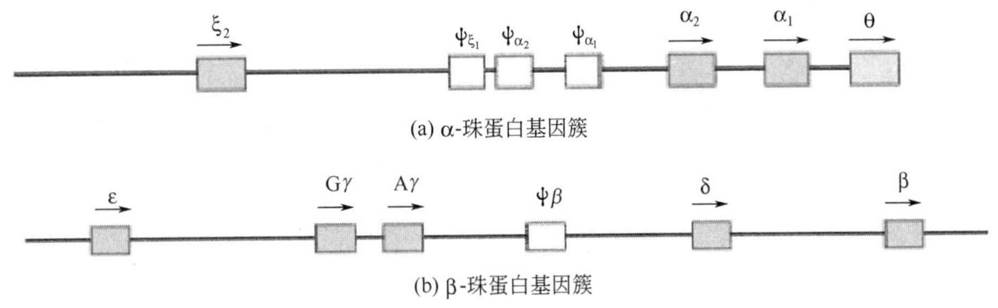

图 2-7　人 α-珠蛋白和 β-珠蛋白基因簇

在 α-珠蛋白基因簇和 β-珠蛋白基因簇中，基因的排列顺序与它们在个体发育中的表达顺序相同（图 2-8）。例如，β-珠蛋白基因簇的 ε 在胚胎早期表达，Gγ 和 Aγ（它们只有一个氨基酸的差别）在胎儿期表达，δ 和 β 在成人期表达。α-珠蛋白基因簇的 ξ 在胚胎早期表达，$α_2$ 在胎儿期表达，$α_1$ 在成人期表达。人们认为，表达的珠蛋白生化特性的不同，正好反映了人体发育不同阶段中血红蛋白所起生理作用的细微差别。胎儿需要从母体血液中获取氧分子，由两个 α 和两个 γ 亚基构成的血红蛋白与氧分子的结合能力比两个 α 和两个 β 亚基构成的血红蛋白强。

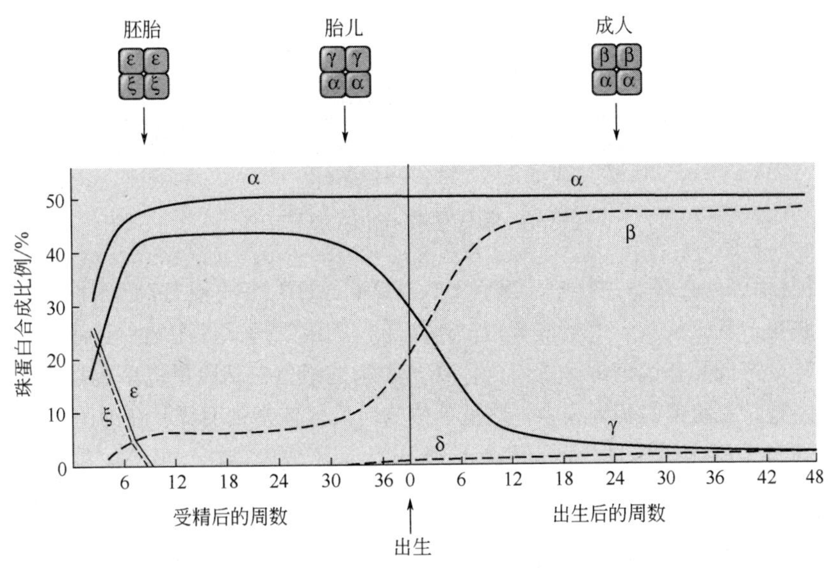

图 2-8　人类 α-珠蛋白和 β-珠蛋白基因家族各成员在个体发育中的表达顺序

（2）基因超家族

基因超家族（gene superfamily）是指祖先基因经过分阶段的连续倍增产生的一组相关基因。在功能上，超家族成员之间存在一定的相关性，结构上有相似性，但是从序列上已经很难辨认出它们之间的同源关系。例如，免疫球蛋白基因、T 细胞受体基因、HLA 基因等构成的基因超家族。珠蛋白超家族的成员除了 α-珠蛋白基因家族和 β-珠蛋白基因家族外，还包括肌红蛋白基因和脑红蛋白基因等。在哺乳动物中，G 蛋白偶联的受体超家族由多种激素和神经递质的受体组成，通过 G 蛋白介导胞外和胞内之间信号传递，它们彼此间的序列相似性很低，但都具有 7 个 α 螺旋组成的跨膜区（详见 10.5.2.3）。

（3）重复基因

重复基因（repetitive genes）指主要存在于真核生物基因组中的多拷贝基因，如组蛋白基因、

rRNA 基因、tRNA 基因等，这些基因往往参与细胞最基本的生命活动。重复基因的存在具有重要的生物学意义。例如，在 DNA 复制过程中，组蛋白也需要成倍增加，而且在 DNA 合成一小段后，组蛋白马上就要与其结合，这就要求有大量的组蛋白基因存在，从而使细胞能够在较短的时间内合成大量的组蛋白。重复基因属于简单多基因家族的例子，这些家族是基因倍增产生的，在进化过程中，家族成员保持了序列的一致性，但进化机制尚未完全阐明。

① rRNA 基因　真核生物的 rRNA 基因呈簇排列，一个 rRNA 基因簇含有很多个转录单位。在一个转录单位中编码 18S、5.8S 和 28S rRNA 的序列被称为转录间隔区的非编码序列隔开（图 2-9）。转录单位之间为非转录间隔区。人类基因组有 280 个拷贝的 rRNA 基因，被组织成 5 个基因簇分布于 13、14、15、21 和 22 号染色体的核仁组织区，每个基因簇含有 50～70 个 rRNA 基因的重复单位。

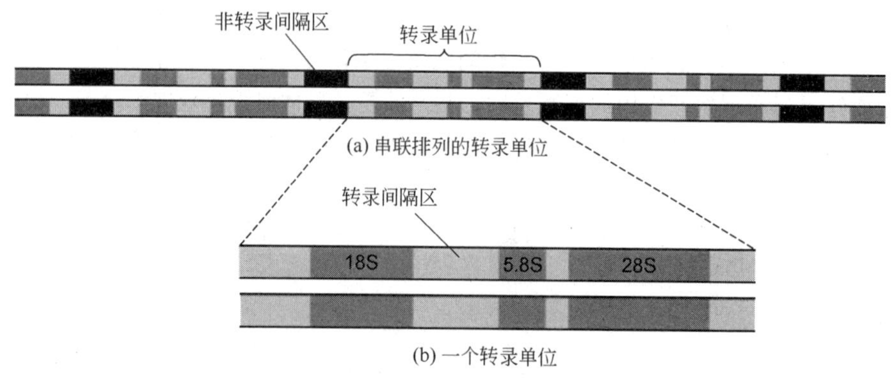

图 2-9　真核生物 rDNA 重复单位

② 组蛋白基因　在许多生物中，编码 H1、H2A、H2B、H3 和 H4 这 5 种组蛋白的基因彼此靠近，串联在一起，构成一个重复单位。重复单位的组织形式因生物种类而异，表现为基因排列次序、转录方向和基因间隔区的差异。许多生物的组蛋白基因重复单位常常聚集在一起，构成一个基因簇。在组蛋白基因簇中，重复单位的拷贝数依物种而异，在海胆中约有 300～600 个，果蝇中约有 100 个。但是，鸟类和哺乳类 hDNA 不成簇存在。所有的组蛋白基因都无内含子。

2.2.2.4　基因组中的重复序列

在高等生物中，单拷贝序列只是总 DNA 的一个组成部分。人类基因组 65%的序列为单一序列，而蛙中的单拷贝序列仅占 22%，其余的序列为各种各样的重复序列（repetitive sequences）。重复基因属于基因组中的中度重复序列。

按照在染色体上的排列方式，重复序列可分为串联重复序列（tandem repeats）和散布重复序列（interspersed repeats）（图 2-10）。串联重复序列的重复单元一个接一个地串联在一起，成簇存在；而散布重复序列的重复单元分散在整个基因组中，因此又称为全基因组重复序列（genome-wide repeats）。

（1）串联重复序列

① 卫星 DNA　由一些完全相同或相似的寡聚核苷酸序列串联在一起形成的简单序列 DNA，长度可能有几百 kb。一个基因组可能含有几种不同类型的简单序列 DNA，各自含有一个不同的重复单位。由巨大数量的串联重复序列构成的简单序列 DNA 可能有着不同于主体基

因组 DNA 的碱基组成。如果是这样的话，简单序列 DNA 就会有着与基因组其他序列不同的浮力密度，因为 DNA 的浮力密度是由其碱基组成决定的。当用密度梯度离心法分离基因组 DNA 时，含有简单序列 DNA 的片段就会形成不同于主带的卫星带（satellite band），所以简单序列 DNA 又叫卫星 DNA（satellite DNA）（图 2-11）。有些高度重复 DNA 的碱基组成与主带 DNA 相差不大，则不能通过浮力密度梯度离心法分离，但可以通过其他方法鉴定（如限制性作图），这样的 DNA 序列称为隐蔽卫星 DNA（cryptic satellite DNA）。

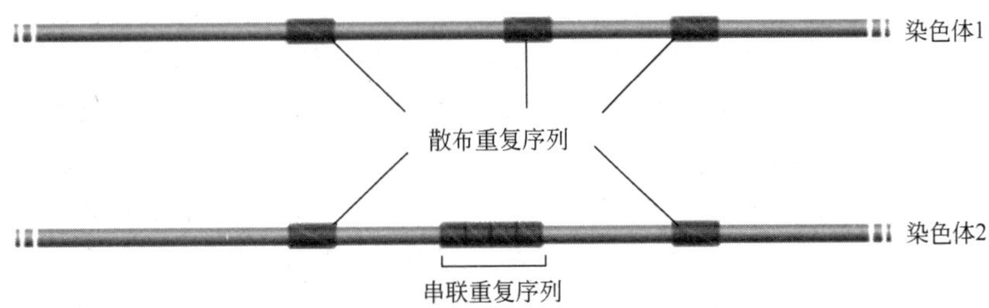

图 2-10　串联重复序列与散布重复序列

由于卫星 DNA 一般集中分布在染色体的特定区段，因此常用原位杂交（*in situ* hybridization）方法进行定位。大部分卫星 DNA 分布在染色体着丝粒、着丝粒周边区或近端粒区（图 2-12），被压缩成异染色质，是转录惰性区。

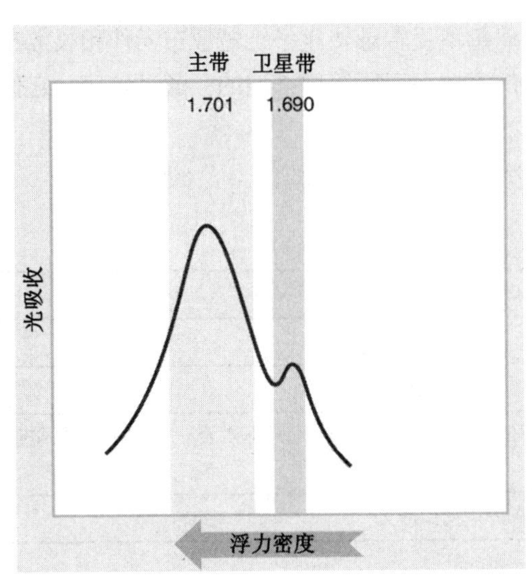

图 2-11　小鼠的基因组 DNA 片段化后经 CsCl 密度梯度离心，形成一个主带和一个卫星带

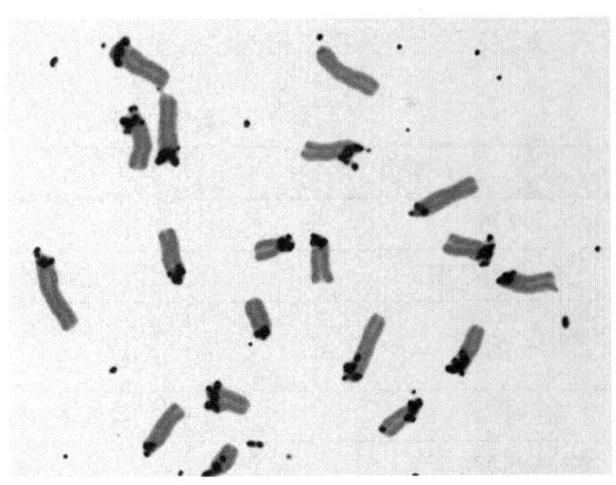

图 2-12　以小鼠卫星 DNA 为探针的原位杂交

② 小卫星 DNA　小卫星（minisatellites）DNA 是由短的重复单位串联在一起形成的一段 DNA 序列。小卫星 DNA 重复单位的拷贝数远比卫星 DNA 少。在真核生物基因组中存在两种形式的小卫星 DNA。一种是端粒 DNA，它是染色体的末端序列，由数百个拷贝短的重复单位串联而成。人的端粒 DNA 长 3～20kb，重复单位是 TTAGGG。

另一种小卫星 DNA 被称为可变数目串联重复（variable number tandem repeat, VNTR）。一个典型的 VNTR 由 5～50 个拷贝的串联重复序列构成，重复单位的长度是 10～100bp。在哺乳动物中，VNTR 比较常见，分散于整个基因组。由于不等交换，在不同个体基因组的相同位点上以及同一基因组的不同位点上，重复单位的拷贝数都不相同。一些高变的 VNTR，有多达 1000 种等位形式，可以用于 DNA 指纹分析。利用 *Hin*f Ⅰ等在重复序列中不存在切点的限制酶切割基因组 DNA，以重复单位中的核心序列作为探针进行 DNA 印迹分析，得到的杂交带型在个体之间是不同的，被称为 DNA 指纹（DNA fingerprint）。

③ 微卫星 DNA　微卫星 DNA 是一些重复单位更短的串联重复序列，也称为短串联重复（short tandem repeat，STR）。重复单位一般由 1～6 个核苷酸组成，可串联成长度为 50～100bp 的微卫星序列。微卫星 DNA 是真核生物基因组重复序列中的主要组成部分之一，均匀遍布于基因组中。微卫星 DNA 的拷贝数在个体间呈现高度变异，因而具有高度多态性。在人类基因组中，CA 重复的微卫星 DNA 普遍存在，平均每 36kb 一个，占人类基因组的 0.25%。AT 重复（平均 50kb 一个）和 AG 重复（平均 125kb 一个）也是较为常见的二核苷酸重复。但是 CG 重复非常稀少，平均 1Mb 一个。A 和 T 单核苷酸重复也非常普遍，但是 G 和 C 单核苷酸重复出现的频率比较低。三核苷酸和四核苷酸重复非常稀少，但它们有高度的多态性，可以被开发成分子标记。人群中任何两个人若干位点的微卫星 DNA 组合几乎都不相同，所以微卫星 DNA 也可用于 DNA 指纹分析。

一般将小卫星 DNA 和微卫星 DNA 的多态性统称为简单序列长度多态性（simple sequence length polymorphism），它产生于同一位点重复单位重复次数的差异。

（2）散布重复序列

真核生物的散布重复序列包括 DNA 转座子、病毒型反转录转座子、短散布元件和长散布元件等。散布重复序列是通过转座（transposition）的方式在基因组中扩增的，通过转座，它们可以在距原序列较远的位置产生一个重复的拷贝。

表 2-2 总结了真核生物基因组中的各种序列组分。

表 2-2　真核生物基因组的序列组分（以人类基因组为例）

种类	特性
单拷贝序列	
蛋白质编码基因	包括上游调控区、外显子和内含子
RNA 基因	编码 snRNA、snoRNA、7SL RNA、Xist RNA 及一系列小分子调控 RNA
基因间 DNA	约 1/4 的基因间 DNA 为单拷贝序列
散布重复序列	
假基因	
短散布重复序列	
Alu 元件（300bp）	约 1000000 拷贝
MIR 家族（平均约 130bp）	约 400000 拷贝
长散布元件	
LINE-1 家族（平均约 800bp）	约 200000～500000 拷贝
LINE-2（平均约 250bp）	约 270000 拷贝
类病毒元件（500～1300bp）	约 250000 拷贝

续表

种类	特性
DNA 转座子（平均约 250bp）	约 200000 拷贝
串联重复序列	
rRNA 基因	形成 5 个基因簇，每个基因簇大约由 50 个串联重复单位组成，分布于 5 条不同的染色体上
tRNA 基因	多拷贝基因
端粒 DNA	几 kb 的重复序列，重复单位的长度为 6bp
小卫星 DNA	0.1～20kb 的重复序列，重复单位的长度为 5～50bp，在染色体上的位置靠近端粒
卫星 DNA	100kb 或更长的重复序列，重复单位的长度为 20～200bp，大多位于着丝粒附近
超大卫星 DNA	100kb 或更长的串联重复序列，重复单位的长度为 1～5kb，位于染色体的不同区域

2.3　真核生物的染色体和染色质

在细胞分裂间期，由 DNA 和组蛋白构成的复合体称为染色质（chromatin）。在分裂期，染色质转变成具有一定形态结构的染色体，每一个染色体具有一条巨大的线性 DNA 分子。

2.3.1　组蛋白

真核细胞中含有 5 种组蛋白（histone）——H1、H2A、H2B、H3 和 H4。组蛋白的氨基酸组成十分特殊，富含带正电的氨基酸，在各种组蛋白中有超过 20%的氨基酸残基为赖氨酸和精氨酸。H1 为连接组蛋白，分子质量约为 20 kDa，由球形的中央结构域、N 端臂和 C 端臂构成。H2A、H2B、H3 和 H4 是相对较小的蛋白质，分子质量一般为 11～15kDa，它们构成核小体的核心，被称为核心组蛋白。每种核心组蛋白包括一个由约 80 个氨基酸残基构成的保守区域，称为组蛋白折叠域（histone fold domain）（图 2-13），该区域由 3 个 α 螺旋组成，螺旋间由短的无规则的环隔开。每个核心组蛋白有一个 N 端延伸，称为“尾巴”，这是因为它没有一个确定的结构。组蛋白 N 端尾巴上含有许多修饰化位点，修饰作用包括赖氨酸的乙酰化和甲基化，以及丝氨酸残基上的磷酸化。这些修饰，特别是乙酰化可以调节染色质的结构与功能，是表观遗传学研究的重要内容。

4 种核心组蛋白没有种属和组织特异性，在进化上十分保守，特别是 H3 和 H4 是已知蛋白质中最为保守的。牛和豌豆的分歧时间已有 3 亿年的历史，但是它们的 H4 组蛋白只有两个氨基酸的差异，而 H3 组蛋白之间也只有 4 个氨基酸的差异。这种现象反映出这些组蛋白分子在生物学功能上的重要性。H1 组蛋白的中心球形结构域在进化上保守，而 N 端和 C 端两个“臂”的氨基酸序列变异较大，所以 H1 在进化上不如核心组蛋白保守。H1 组蛋白有一定的种属和组织特异性，在哺乳动物细胞中，H1 约有 6 种密切相关的亚型，氨基酸顺序稍有不同。

组蛋白带正电荷，能够与 DNA 分子上带负电荷的磷酸基团通过静电引力结合在一起。这种静电引力是稳定染色质最主要的因素。如果将染色质置于浓度较高的盐溶液（2mol/L NaCl）中，染色质将解离成游离的组蛋白和 DNA，这是因为盐溶液破坏了这种静电引力。

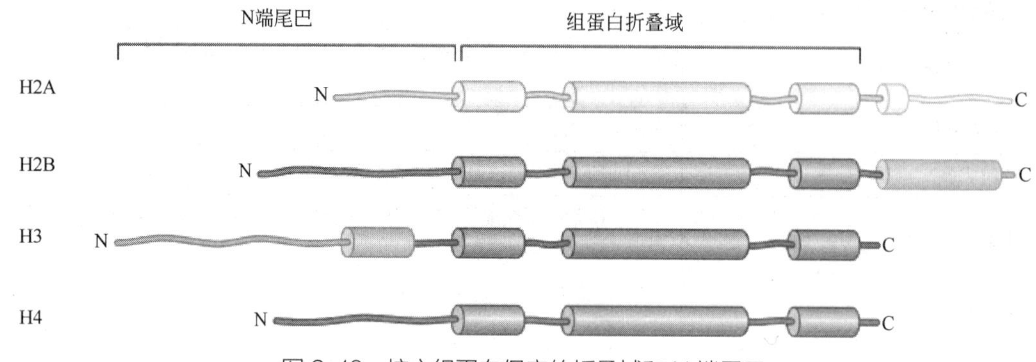

图 2-13　核心组蛋白保守的折叠域和 N 端尾巴

2.3.2　核小体

在细胞周期中，染色质的结构不断发生着变化。在间期细胞中，染色质呈松散状态，但也不是散布在整个细胞核中。构成一条染色体的染色质似乎集中在细胞核的一个区域。在分裂期，染色质要逐步压缩成具有一定形态结构的染色体。把染色体分离出来，并使其逐渐解压缩，然后在电子显微镜下观察处于不同压缩状态的染色体，发现染色质的基本结构是一种 10nm 粗的纤维，就像一根细线上串联着许多有一定间隔的小珠状颗粒（图 2-14）。染色体就是由这种串珠状结构多层次压缩而成的。

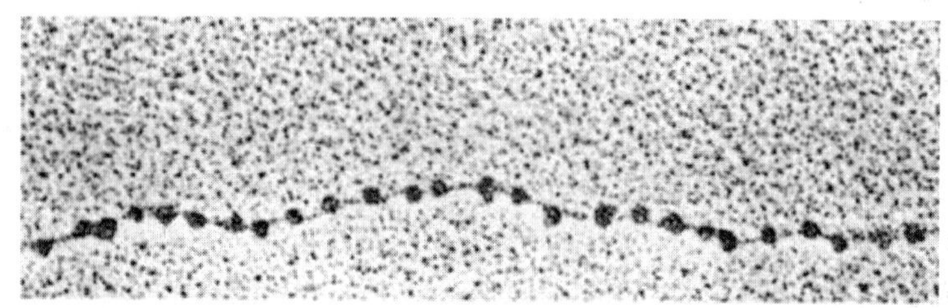

图 2-14　在低盐亲水介质中展开的染色质，示串珠状的核小体

电镜下的小珠状结构称为核小体（nucleosome），由 DNA 和组蛋白组成。每个核小体包括 200bp DNA，缠绕在一个由组蛋白 H2A、H2B、H3 和 H4 各两分子组成的圆盘状八聚体核心上（图 2-15）。根据对微球菌核酸酶的敏感性，核小体 DNA 被分为核心 DNA 和连接 DNA。微球菌核酸酶能迅速地剪切无蛋白质保护的 DNA 序列，而对结合有蛋白质的 DNA 序列的剪切效率很差。核心 DNA 的长度为 147bp，在组蛋白八聚体上以左手方式缠绕 1.65 圈，形成核小体。两个核小体之间的 DNA 称为连接 DNA（linker DNA）。不同物种的核心 DNA 的长度相同，但连接 DNA 的长度是可变的，从 20～60bp 不等。连接组蛋白 H1 的两个臂分别与核小体一端的连接 DNA 以及核心 DNA 的中部结合，使 DNA 更紧密地盘绕在组蛋白核心上（图 2-15）。

核小体组装是一个有序的过程，核心组蛋白首先在溶液中形成中间组装体。H3 和 H4 通过折叠域的互作形成一个异源二聚体，两个 H3-H4 二聚体形成一个四聚体。H2A 和 H2B 在溶液中也是通过折叠域的相互作用形成异源二聚体，但不形成四聚体。核小体组装时，$(H3\text{-}H4)_2$四聚体与核心DNA中间的60bp区段相互作用，并与核心DNA进出核小体的片段结合，造成DNA高度弯曲。结合到DNA上的$(H3\text{-}H4)_2$四聚体再与两个拷贝的H2A-H2B二聚体结合完成核小体的组装。

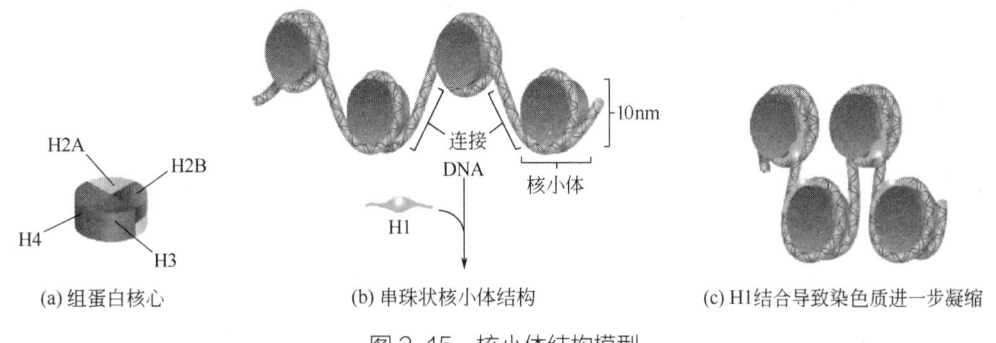

(a) 组蛋白核心　(b) 串珠状核小体结构　(c) H1结合导致染色质进一步凝缩

图2-15　核小体结构模型

核小体结构可视为染色体DNA的一级包装，由直径2nm的DNA双螺旋绕组蛋白形成直径10nm的核小体“串珠”结构。若以每碱基对沿螺旋中轴上升0.34nm计，200bp DNA（一个核小体的DNA片段）的伸展长度为68nm，形成核小体后仅为10nm（核小体直径），其长度压缩了6～7倍。在低离子强度和去H1组蛋白的条件下，电镜下可清晰地看到染色体一级包装的核小体纤维。

2.3.3　从核小体到中期染色体

巨大的细胞核DNA分子要包装成染色体需经多层次的结构变化才能实现。若增大离子强度，并保留H1，通过电镜可观察到10nm纤维会折叠成30nm纤维，这种结构代表了DNA压缩的第二个层次，反映了细胞核染色质结构。目前，主要有两种模型来描述30nm纤维的结构。一种是螺线管模型（solenoidal model），该模型认为核小体纤维盘绕成一种中空螺线管，其外径为30nm，每圈含6个核小体，螺线管的形成使DNA一级包装又压缩了6倍［图2-16（a）］。H1组蛋白在维持毗邻核小体的紧密度及核小体纤维折转形成螺线管中起了重要作用。DNA包装为核小体和30nm纤维共同导致DNA的线性长度压缩了约40倍。

30nm纤维的另一种结构模型是锯齿模型（zigzag model）［图2-16（b）］。该模型认为，当DNA从一个核小体延伸到另一个核小体时，连接DNA笔直地穿过30nm粗纤维的中心轴将核小体依次串联起来，核小体排列成两个相互缠绕的螺旋。在螺线管模型中，连接DNA环绕着螺旋管的中心轴，而不是穿过中心轴。

30nm纤维需要进一步折叠才能成为染色体，但是折叠的细节尚不清楚。20世纪70年代，Laemmli等用2mol/L NaCl溶液或硫酸葡聚糖加肝素处理Hela细胞中期染色体，除去组蛋白和大部分非组蛋白后，在电镜下观察到由非组蛋白构成的染色体骨架（chromosome scaffold）和由骨架伸展出的无数DNA侧环组成的晕圈（图2-17）。据此，1993年Freeman等提出了30nm螺旋管与染色体骨架相结合的染色体包装模型（图2-18）。一般认为30nm纤维围绕染色体骨架形成40～90kb的环，环的基部与柔韧的染色体骨架相连，形成伸展的间期染色体。染色体骨架螺旋化，并进一步压缩成中期染色体（图2-19）。

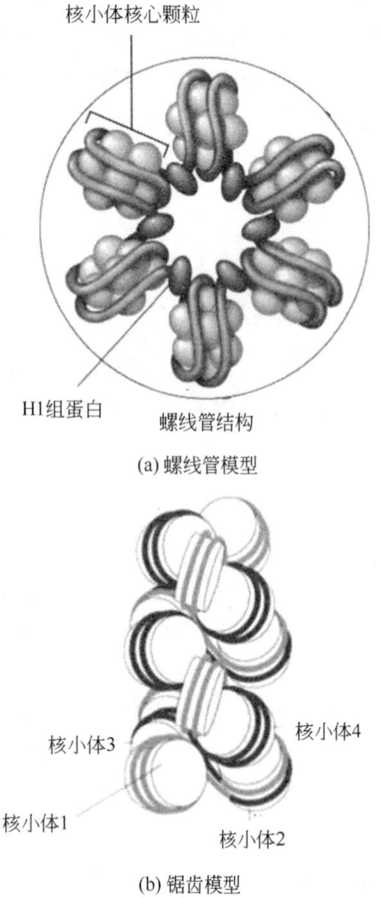

核小体核心颗粒
H1组蛋白
螺线管结构
(a) 螺线管模型
核小体3
核小体4
核小体1
核小体2
(b) 锯齿模型
图 2-16 30nm 染色质纤维的两种模型

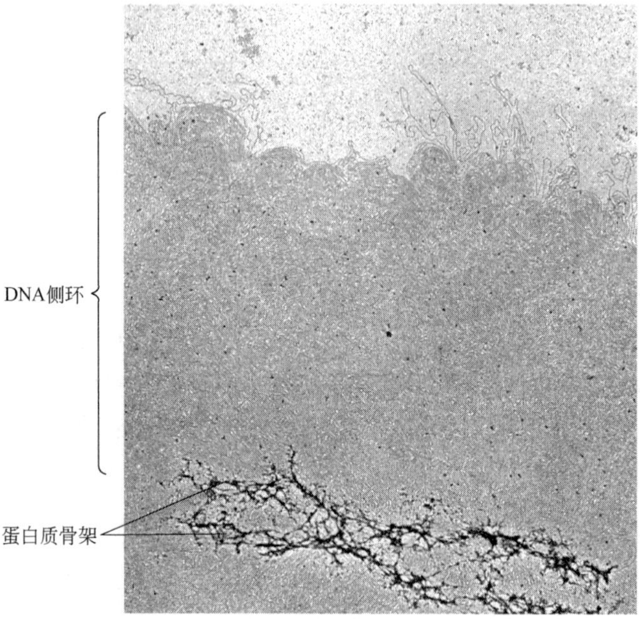

DNA侧环
蛋白质骨架
图 2-17 Hela 细胞去除组蛋白后的中期染色体电镜照片

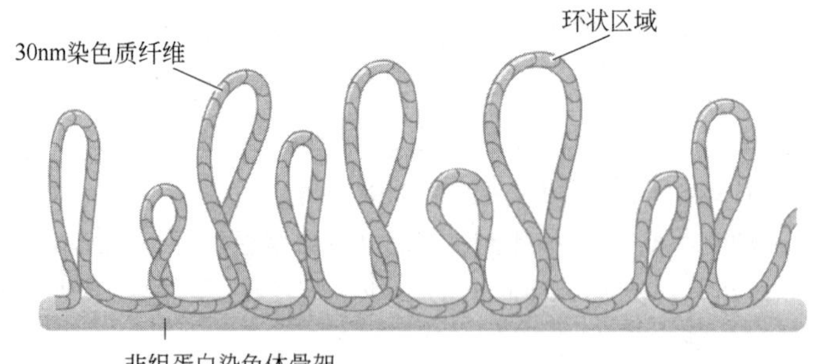

环状区域
30nm染色质纤维
非组蛋白染色体骨架
图 2-18 30nm 染色质纤维围绕染色体骨架盘绕成环

目前发现有两类蛋白质参与染色体骨架的形成。一类是拓扑异构酶Ⅱ（topo Ⅱ），它结合在侧环的基部，使侧环在拓扑异构学上彼此独立。另一类是 SMC（structural maintenance of chromosome）蛋白。两个 SMC 亚基（SMC2 和 SMC4）与 3 个调节亚基构成的复合体称为凝集蛋白（condensin），它们在有丝分裂染色体的装配和分离中发挥着关键作用。SMC 蛋白具有 ATPase 活性，在体外，通过水解 ATP，可以诱导 DNA 形成超螺旋以及染色质环。

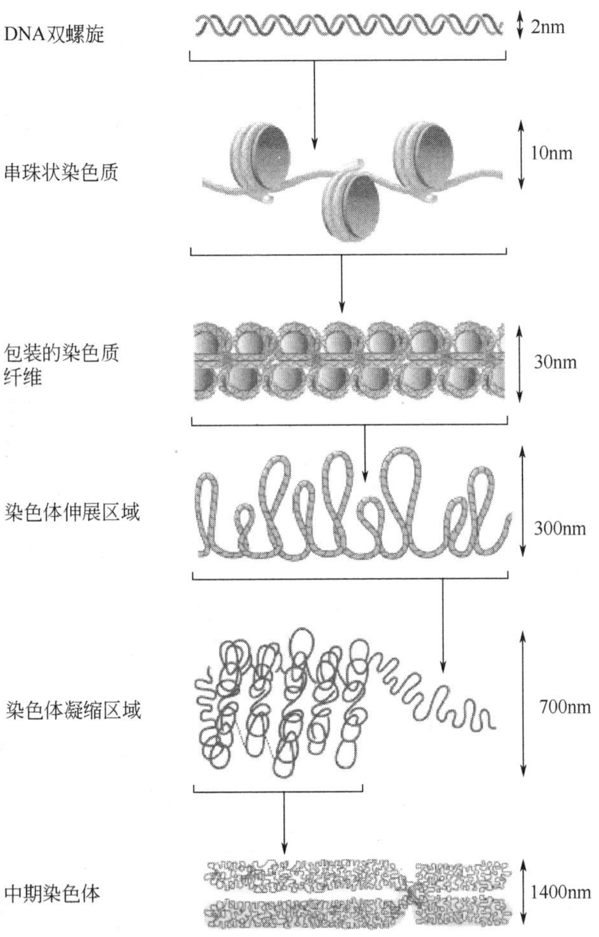

图 2-19　染色体的包装过程

2.3.4　异染色质与常染色质

中期染色体是真核细胞中 DNA 压缩程度最高的状态，只有在核分裂时才出现。分裂结束后，染色体松散开来，形成看不到单个结构的染色质。用光学显微镜观察间期细胞核时，可以看到着色深浅不同的区域（图 2-20）。深的区域主要集中在核的周边，称为异染色质（heterochromatin），结构相对致密。异染色质又分为组成型异染色质（constitutive heterochromatin）和兼性异染色质（facultative heterochromatin）两种。组成型异染色质的 DNA 不含基因，一直保持压缩状态。着丝粒、端粒以及某些染色体的特定区域（例如，人的大部分 Y 染色体）属于组成型异染色质。

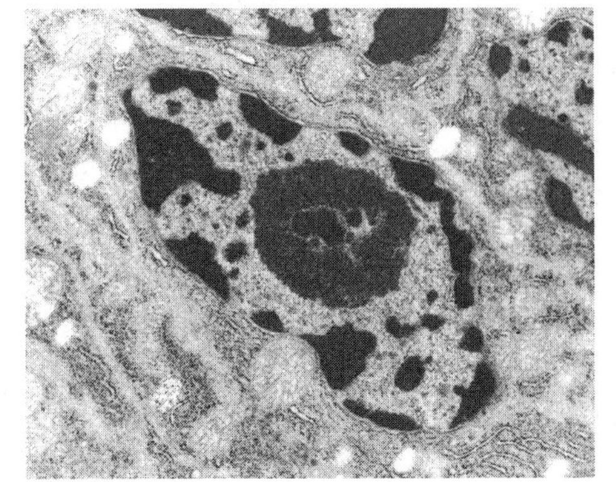

图 2-20　异染色质与常染色质

与组成型异染色质不同，兼性异染色质（facultative heterochromatin）无永久特性，仅在部分细胞的部分时间出现。兼性异染色质含有基因，但这些基因因位于异染色质区而失活。例如，哺乳类雌性个体的体细胞有 2 条 X 染色体，到间期一条变成异染色质，位于这条 X 染色体上的基因就全部失活。

常染色质在间期相对疏松，在整个细胞核中分散存在，且染色较弱（图 2-20）。一般认为异染色质的结构高度致密，参与基因表达的蛋白质不能接近 DNA，因此无转录活性。相反，常染色质允许参与基因表达的蛋白质与 DNA 结合，有转录活性。

2.3.5 真核生物染色体 DNA 上的几个重要元件

真核生物的染色体 DNA 上有几个重要的元件，分别是指导染色体 DNA 复制起始的复制起点，细胞分裂时引导染色体进入子细胞的着丝粒，以及负责保护和复制线性染色体末端的端粒（图 2-21）。这三种元件对于细胞分裂过程中染色体的正确复制和分离至关重要。

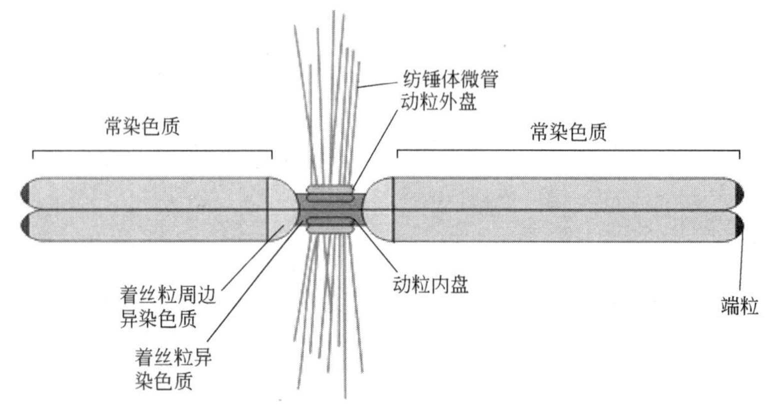

图 2-21　染色体结构模型

2.3.5.1 复制起点

复制起点（origin of replication）是 DNA 复制机器组装和复制开始的位点，一般来说位于非编码区。真核生物染色体 DNA 有多个复制起点，例如，酵母第三号染色体是已知真核生物最小的染色体之一，总共携带 180 个基因，含有 19 个复制起点。不同生物的复制起点有 2 个共同的特征：第一，含有起始子蛋白的结合位点，此位点是组装复制起始机器的核心序列；第二，含有一段富含 AT 的 DNA 序列，此段序列容易解旋。

起始子蛋白是复制起始中涉及的唯一序列特异性 DNA 结合蛋白，在复制起始过程中，一般执行 3 种功能。第一，与复制起点处的特异性序列结合；第二，起始子蛋白与复制起始所需的其他因子相互作用，指导它们在复制起点处的组装；第三，一些起始子蛋白与 DNA 结合后，它们就扭曲或者解旋其结合位点附近的 DNA 区域。

酵母的一个复制起点大约由 150 个碱基对构成，含有一个起始位点识别复合体（origin recognition complex，ORC）的结合位点和一个解旋区，有些复制起点还有一个 Abf1 的结合位点（图 2-22）。ORC 的作用是起始 DNA 的合成，而 Abf1 的作用是促进 ORC 与 DNA 结合。

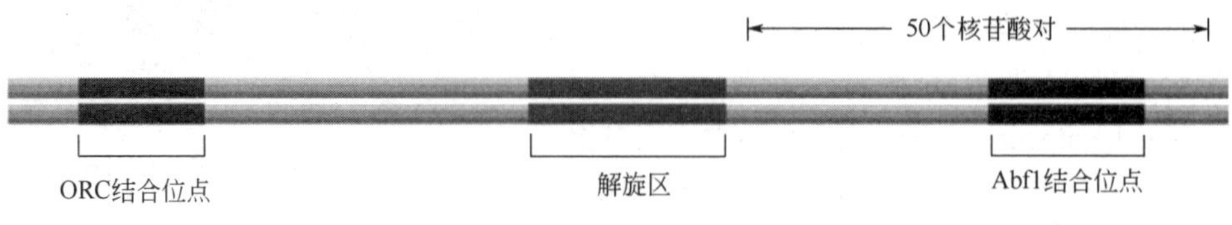

图 2-22　酵母的复制起点

2.3.5.2　着丝粒

着丝粒（centromere）是染色体上染色很淡的缢缩区，由一条染色体复制产生的两个姐妹染色单体在此部位相联系。着丝粒指导一个称为动粒（kinetochore）的蛋白质复合体的形成。纺锤体微管附着在动粒上，在有丝分裂后期拉动姐妹染色单体相互远离，进入两个子代细胞。因此，着丝粒是 DNA 复制后染色体正确分离所必需的。

一些生物的着丝粒 DNA 已被测序，发现它主要由重复序列构成。人类着丝粒 DNA 称为 α-卫星 DNA（alphoid DNA），由 171bp 重复单位串联而成，构成了着丝粒异染色质的主体部分。实际上，人类的着丝粒 DNA 呈现一种层级组织结构。一个 171bp 的序列首尾相连重复若干次，形成一个更高级的重复单位，其中 171bp 的重复单位之间具有 50%～70%的序列一致性。更高级的重复单位，再发生几百至几千次的重复就形成了 α-卫星 DNA（图 2-23）。

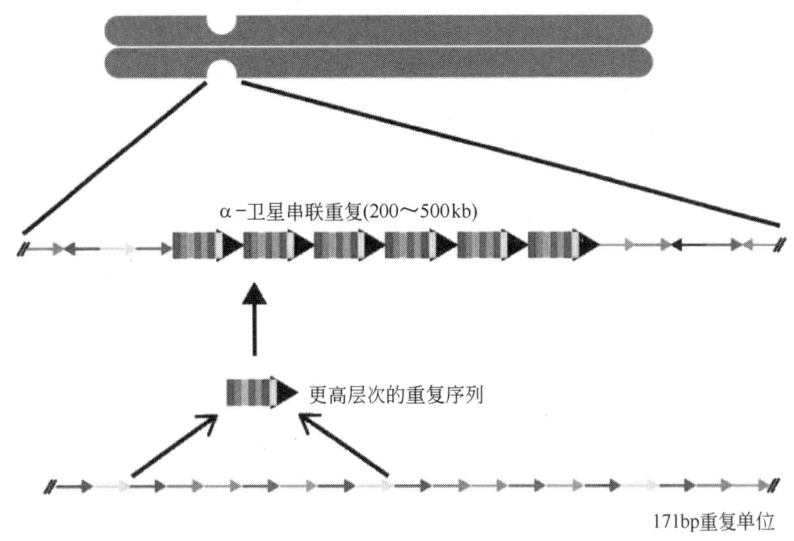

图 2-23　人类着丝粒的遗传结构

着丝粒的大小和组成在不同生物间变化很大。人类染色体着丝粒的大小从 240kb 到几 Mb 不等，而酿酒酵母能够使酵母人工染色体有效分离的最小着丝粒区域只有 125bp。着丝粒 DNA 与组蛋白装配成着丝粒染色质。着丝粒特异性组蛋白取代通常的 H3，与 H2A、H2B 和 H4 一起构成组蛋白八聚体核心，着丝粒 DNA 缠绕在八聚体上形成着丝粒核小体，这些核小体分布在正常的核小体之间。人类的 H3 组蛋白变构体是 CENPA（centromere protein A），它取代 H3 组蛋白形成的着丝粒核小体是动粒组装的位点（图 2-24）。与 H3 相比，CENPA 含有较长的 N 端尾，但含有相似的组蛋白折叠域，所以 CENPA 取代 H3 不太可能改变核小

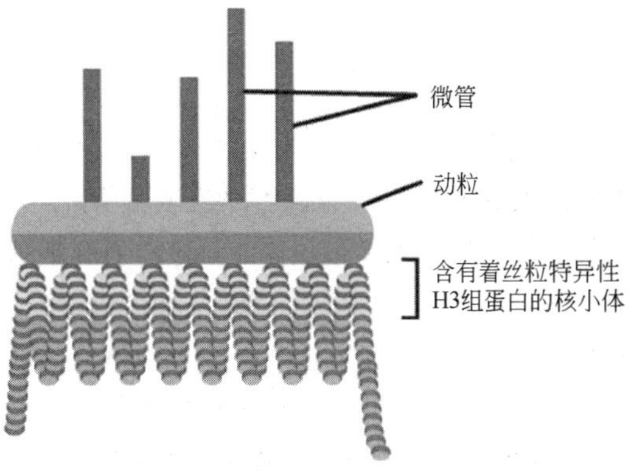

图 2-24　含有着丝粒特异性 H3 组蛋白的核小体指导动粒的组装

体的核心结构。然而，CENPA 延长的尾巴可以为动粒的组装提供结合位点。在酿酒酵母中，Cse4 取代 H3 参与组蛋白核心的形成。编码组蛋白变构体的基因不同于编码标准组蛋白的基因，它们在进化过程中不像组蛋白基因那样保守。

2.3.5.3 端粒

端粒（telomere）是真核生物染色体的末端，由端粒 DNA 和蛋白质构成。端粒可以维持染色体末端的稳定性，防止线性 DNA 末端发生降解以及染色体末端的融合。染色体断裂产生的末端具有“黏性”，会使不同的染色体粘连在一起，然而，染色体的天然末端是稳定的。端粒还能使线性 DNA 分子的末端得以复制，从而解决了线性 DNA 分子的“末端复制问题”（详见 3.4.3）。

端粒 DNA 由简单序列串联重复而成，并且具有一个 3′-突出端（3′-overhang）。重复单位的长度通常为 6～8bp，例如，四膜虫端粒 DNA 的重复单位是 TTGGGG，哺乳动物端粒 DNA 的重复单位是 TTAGGG。端粒 DNA 的一条链富含 G，并且富含 G 的 DNA 单链的走向是 5′→3′方向，构成端粒 DNA 的 3′-末端［图 2-25（a）］。

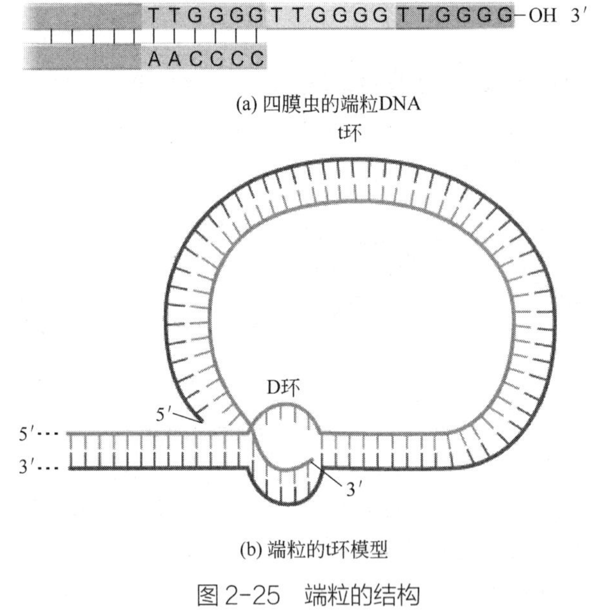

图 2-25 端粒的结构

人类染色体的端粒长度是 5～15kb，主要由双链 DNA 组成，以 30～200nt 长的 3′-突出末端结束。绝大多数真核生物的染色体在末端回折，形成的环称为 t 环（telomere-loop）［图 2-25（b）］。这种结构首先在人类染色体的端粒中被观察到，它的大小与端粒 DNA 的长度有关。t 环的形成需要端粒重复序列和 3′-末端的单链区。这些 DNA 序列募集一系列端粒 DNA 特异性结合蛋白介导 t 环的形成。图 2-25（b）为人类染色体 t 环形成的模式图，3′-末端的单链区侵入端粒 DNA 的双螺旋区，并置换出双螺旋的一条单链。然后，这条被置换出的单链被单链结合蛋白 POT1（protection of telomeres）覆盖。其他的多亚基蛋白质复合体结合在双链区，其中一些蛋白质的功能已经被阐明。它们中有些催化 DNA 的弯曲，有些参与调节端粒 DNA 的长度，还有一些主要起保护作用。

2.4 核外基因组

2.4.1 质粒基因组

2.4.1.1 质粒的基本特征

（1）质粒的拷贝数

质粒是独立于细胞染色体之外、自主复制的 DNA 分子。质粒 DNA 通常是环状双链，主要存在于细菌中。不同的质粒在宿主细胞中的拷贝数变化很大。有些质粒，如 F 质粒，在一个细胞中存在一个或两个拷贝，这种类型的质粒称为严紧型质粒（stringent plasmid）；有些则存在很多拷贝，例如 ColE 质粒的拷贝数多达 50 个或更多，这种类型的质粒称为松弛型质粒（relaxed plasmid）。质粒，尤其是松弛型质粒，经过结构改造，已成为基因工程中最常用的载体。质粒的大小也有很大的变化。大肠杆菌的F质粒是一个中等大小的质粒，大约是大肠杆菌染色体DNA 的 1%。大多数多拷贝质粒要小得多，ColE 质粒的大小仅为 F 质粒的十分之一。

（2）质粒 DNA 编码的表型

因大小不同，质粒能够编码几种或者几百种蛋白质。质粒很少编码细胞生长必需的产物，如 RNA 聚合酶、核糖体的亚基或者三羧酸循环中的酶。然而，质粒携带的基因通常会使细菌获得在某种特定条件下的选择优势，如使宿主细胞能够利用稀有碳源（比如甲苯），或者对重金属或抗生素产生抗性，或者合成毒素杀死周围的敏感性菌株。不具有任何可识别表型的质粒称为隐蔽质粒（cryptic plasmid）。或许，隐蔽质粒所携带的基因的功能尚未得到鉴定。

（3）质粒的宿主范围

一种质粒的宿主范围包括这种质粒能够在其中复制的所有类型的细菌。宿主范围通常是由质粒的 *ori* 区决定的。不同质粒的宿主范围变化很大。有些质粒只能存在于几种密切相关的细菌中，例如，F 质粒仅能生存于大肠杆菌和相关的肠道细菌中。也有一些质粒的宿主范围很宽，例如 P 家族的质粒能够生存于几百种不同的细菌中。宽宿主范围质粒能够编码起始复制所需的所有蛋白质，所以不依赖于宿主细胞来提供这些功能，并且它们还能够在不同类型的细胞中表达这些基因。显然，宽宿主范围的质粒的启动子和核糖体结合位点能够被很多细菌识别。

（4）质粒 DNA 的转移

部分质粒可自主地从一个宿主细胞移动到另一个宿主细胞，这一特点称为质粒的可移动性。许多中等大小的质粒，如 F 质粒和 P 质粒，具备这一性质，因而被称为 Tra^+（transfer positive）。质粒的转移涉及的基因超过 30 个，小型质粒，例如 ColE 质粒，没有足够的 DNA 来容纳转移所必需的基因，因此不能独立地转移。然而，很多小型质粒，包括 ColE 质粒，可以在 Tra^+质粒编码的蛋白质的作用下，从一个细胞传递到另一个细胞，这种现象称为质粒 DNA 的迁移作用（mobilization），具有迁移作用的质粒称为 Mob^+（mobilization positive）。一些具有转移性质的质粒（例如，F 质粒）也能够转移染色体上的基因。

当质粒 DNA 从供体细胞向受体细胞发生转移时，质粒 DNA 的一条链在 *oriT*（origin of transfer）位点被一种质粒编码的特异性核酸内切酶切断。*oriT* 不同于质粒的复制起点 *oriV*。一种质粒编码的专一性的解旋酶将断裂的链从质粒上剥离出来，然后被转移至受体细胞。一旦整条链进入了受体细胞，两个末端重新连接起来，又形成一个环状 DNA 分子。在供体细胞内，当旧链不断地被解旋酶从质粒 DNA 上分离出来时，通常会从断裂的 3′-OH 开始合成一条新的互补链。

① *tra* 基因　接合是一个非常复杂的过程，与质粒 DNA 转移有关的一组基因称为 *tra*（transfer）基因。大多数 *tra* 基因的产物参与菌毛（pilus）的形成。菌毛是从细胞表面伸出的丝状附属物，借助于菌毛，供体和受体菌形成杂交对，菌毛同时也可以成为某些噬菌体的吸附位点。菌毛由一种 *tra* 基因编码的菌毛蛋白（pilin）装配而成。许多 *tra* 基因的编码产物则参与将菌毛蛋白运出细胞，并在细胞表面装配成菌毛的过程。还有一些 *tra* 基因的编码产物，例如核酸内切酶、解旋酶和引物酶直接参与 DNA 的转移。引物酶在质粒 DNA 转移的过程中通过合成 RNA 引物，引发互补链的合成。

② *tra* 基因的表达调控　*tra* 基因的转录依赖于 *traJ* 基因编码的一种转录激活蛋白。如果 *traJ* 一直被转录，其他 *tra* 基因的编码产物就会持续合成，细胞表面的菌毛就会一直存在。然而，通常情况下，*traJ* 的表达被 *finP* 和 *finO* 两个质粒基因的表达产物所抑制。*finP* 基因的启动子位于 *traJ* 基因的内部，以相反的方向组成型表达一种反义 RNA。FinP RNA 与 *traJ* 转录产物互补配对，抑制了转录激活蛋白 TraJ 的合成。FinO 蛋白的作用是稳定 FinP RNA。

很多天然质粒只有在进入细胞后的短时间内进行高效传递，随后就平静下来，只发生零星的转移。这是因为通常情况下，*tra* 基因被抑制，没有菌毛蛋白的合成和其他 *tra* 基因的作用，细胞的表面就会失去菌毛。菌毛是某些类型的噬菌体的吸附位点，如果群体中所有的细菌一直都携带菌毛，噬菌体就会快速繁殖，侵染和杀死所有携带质粒的细菌。

在一些细胞中，偶尔抑制作用被解除，使少部分的细胞能够转移质粒 DNA。*tra* 基因周期性地表达，可能并不会阻止质粒在群体中的快速传递。当含有质粒的细胞群体遇到一个不含质粒的群体，携带质粒的细胞最终会表达 *tra* 基因，然后质粒被转移到另一个细胞。当质粒首次进入一个新细胞，*tra* 基因的有效表达使质粒从一个细胞向另一个细胞级联传递。结果，质粒会占领群体中的大多数细胞。

F 质粒是第一个被发现的具有转移性的质粒，它的发现与 *finO* 基因的插入失活有关。由于 IS*3* 的插入，F 因子自身成为一个组成型表达 *tra* 基因的突变体。结果，含有 F 因子的菌株的表面总是带有菌毛，能够不断地向受体菌传递 F 因子。

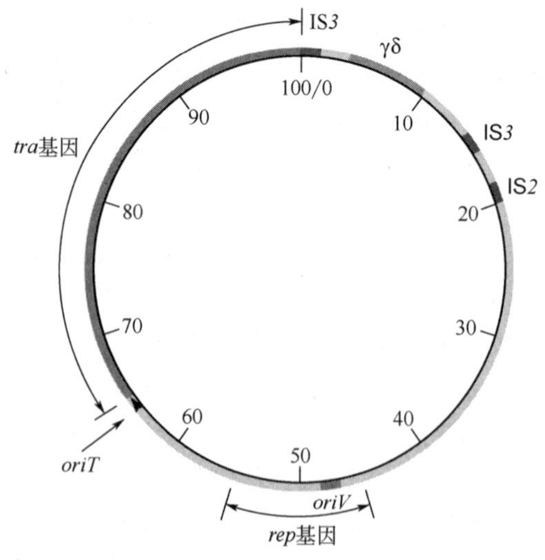

图 2-26　F 质粒

IS*2* 和 IS*3* 为插入序列；γδ 又称 Tn*100*，为一转座子；*tra* 基因编码的蛋白质参与鞭毛的生成；*rep* 基因编码的蛋白质参与 DNA 的复制；*oriV* 是环状 DNA 的复制起点；*oriT* 是滚环复制的起点

2.4.1.2　质粒的种类

根据质粒的主要特征可以把质粒分为以下 5 类：

① 致育质粒或称 F 质粒：仅携带转移基因，除了能够促进质粒通过有性接合转移外，不具备其他特征，如大肠杆菌的 F 质粒（图 2-26）。

② 耐药性质粒（或称 R 质粒）：携带能赋予宿主细菌对某一种或多种抗生素抗性的基因。

③ Col 质粒：编码大肠杆菌素，这是一种能够杀死其他细菌的蛋白质。大肠杆菌携带的

ColE1 质粒属于此类质粒。

④ 降解质粒：使宿主菌能够代谢一些通常情况下无法利用的分子，如甲苯和水杨酸。假单胞菌中的 TOL 质粒属于此类质粒。

⑤ 毒性质粒：赋予宿主菌致病性，比如根瘤农杆菌中的 Ti 质粒能够在双子叶植物中诱导根瘤菌。

2.4.2 线粒体基因组

细胞核 DNA 和线粒体 DNA（mitochondrion DNA，mtDNA）有着不同的起源。根据内共生学说（endosymbiosis），线粒体基因组来自于被真核细胞的祖先内吞的原核细胞的环状 DNA。在长期的进化过程中，线粒体丢失了很多作为细胞器不必要的基因，并且许多必需的基因被转移到细胞核，结果，线粒体只有很少的 DNA 被保留了下来。例如，人类的线粒体 DNA 只有 13 个蛋白质编码基因，它们均编码呼吸链组分蛋白，呼吸链是线粒体的主要生化特征。mtDNA 还编码 12S 和 16S 两种 rRNA，以及 22 种 tRNA（图 2-27）。其他的呼吸链蛋白、DNA 和 RNA 聚合酶、核糖体蛋白以及一些调控因子都由核基因编码，在细胞质合成后被转运到线粒体。mtDNA 序列向细胞核的转移是一个持续的过程，但是并非所有转移到细胞核内的线粒体基因都是有功能的。在人类的核基因组中存在数百个线粒体来源的假基因。

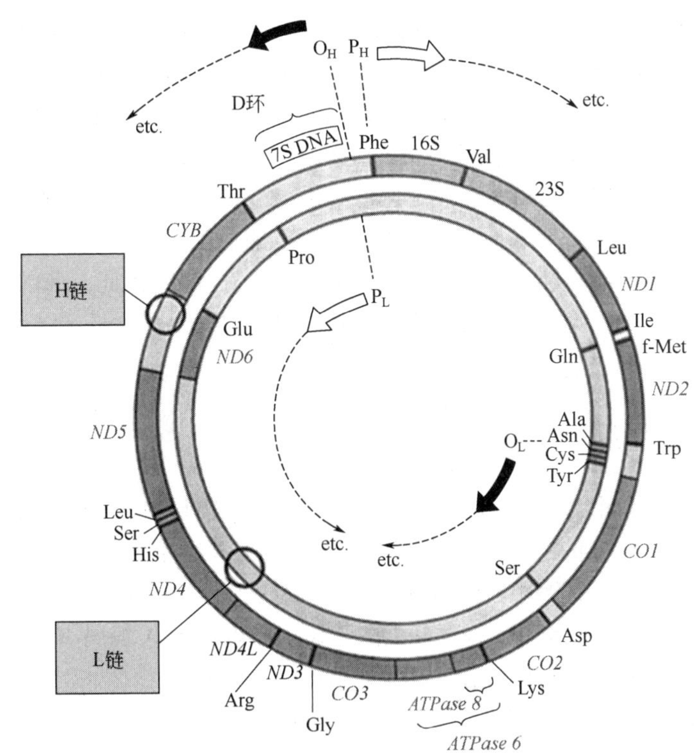

图 2-27　人类线粒体基因组

O_H 和 O_L：重链和轻链合成的起始位点；P_H 和 P_L：重链和轻链转录的起始位点和方向

人类的 mtDNA 为环状双链 DNA 分子，大小为 16569bp，每个细胞（卵细胞和精细胞除外）通常有 100～1000 个 mtDNA。mtDNA 的两条链由不同的碱基组成，一条链富含 G，称为重链

（H 链）；另一条链富含 C，称为轻链（L 链）。人类 mtDNA 的 37 个基因，重链编码 28 个，轻链编码 9 个。mtDNA 没有内含子，所有的编码序列都是连续的。mtDNA 上有一段 1121bp 的非编码序列，称为取代环（D-loop），含有重链的复制起点，以及 H 链和 L 链转录的启动子。从两个启动子开始的转录沿环状 mtDNA 移动，产生一条多顺反子 RNA，经过转录后加工形成成熟的 rRNA、tRNA 和 mRNA。

酿酒酵母（*S. cerevisiae*）线粒体基因组的结构与人类的线粒体基因组明显不同。哺乳动物线粒体基因组最为致密，不含内含子，除取代环外只有 87 个核苷酸不参与编码，并且许多基因的序列是重叠的。酿酒酵母的 mtDNA 随株系的不同而不同，平均约为 80kb，基因间有大段非编码序列间隔，并且细胞色素 b 和细胞色素氧化酶 I 的编码基因含有内含子。

植物细胞的线粒体基因组的大小差别很大，最小的为 100kb 左右，大部分由非编码序列组成，且有许多短的同源序列。同源序列之间的重组会产生较小的亚基因组环状 DNA，与完整的“主”基因组共存于线粒体内，因此植物线粒体基因组的研究更为困难。

植物和动物线粒体基因组的组织结构存在显著不同。动物线粒体基因的排列方式非常保守，但基因之间的同源性却很低，有人将动物线粒体基因列入演变剧烈的基因；而植物中的情况完全不同，植物线粒体基因在不同植物中高度保守，但这些基因在 mtDNA 上的排列方式却有很大的变异，即使是亲缘关系很近的物种之间，基因排列方式上仍存在显著差异。

mtDNA 可用于分子系统发生研究（molecular phylogenetic studies）。与细胞核 DNA 相比，mtDNA 作为生物种系发生的“分子钟”（molecular clock）有其自身的优点。它的基因组小，拷贝数多，容易分析。mtDNA 基本上都来自卵细胞，所以 mtDNA 是母性遗传（maternal inheritance），且在亲子代之间传递时不发生重组，因此具有相同 mtDNA 序列的个体必定来自同一位供体的雌性祖先。mtDNA 突变率高，是核 DNA 的 10 倍左右。mtDNA 的不同区段有着不同的进化速率，通常进化速率最大的是控制区；蛋白质编码基因中的细胞色素氧化酶 I（cytochrome oxidase Ⅰ，COⅠ）、COⅡ和 NADH 脱氢酶亚基 5（NADH dehydrogenase subunit 5）基因次之；核糖体 RNA 较保守；进化速率最慢的是 tRNA。因此，mtDNA 可被用来分析同一物种内不同个体及不同群体之间的遗传关系，也可以被用来分析亲缘关系较近的不同物种之间的系统关系。

2.4.3 叶绿体基因组

叶绿体基因组也是闭合环状双链 DNA 分子，被子植物叶绿体 DNA（chloroplast DNA，ctDNA）大小在 120～217kb 之间。每个植物细胞含有许多叶绿体，而每个叶绿体通常含有几十个拷贝的 ctDNA，这使一个叶细胞中 ctDNA 的拷贝数达到成千上万。ctDNA 不含 5-甲基胞嘧啶，这一特征可被用作鉴定 ctDNA 及其纯度的依据。已知 ctDNA 编码 100 多种基因，这些基因可分为 3 类：叶绿体遗传系统基因，包括编码 rRNA、tRNA、核糖体蛋白以及翻译起始因子的基因；光合系统基因，这是一类与光反应、暗反应有关的基因；与氨基酸、脂质、色素生物合成有关的基因。

大多数植物的 ctDNA 具有两个大片段反向重复序列（inverted repeated sequence，IR）。这类植物的叶绿体 rRNA 基因均为双拷贝，对称分布于两个 IR 序列上，它们的 ctDNA 被两个 IR 序列分成大、小两个单拷贝区。

根据 ctDNA 中 IR 序列的拷贝数和排列形式，可以把 ctDNA 分为 3 种类型：Ⅰ型只有单拷贝rRNA基因，如松科、豆科（豌豆和蚕豆）的ctDNA；Ⅱ型含有反向重复序列，大多数被子植物，如水稻、玉米、烟草等的ctDNA均属此类；Ⅲ型含有IR串联重复序列，如部分裸子植物含有3个IR序列，即有3套rRNA基因。植物叶绿体基因组的大小主要取决于IR序列的长度和拷贝数，其次是单拷贝区的大小。

大多数植物的叶绿体基因组存在操纵子结构模式，若干基因排列在一起，组成一个多顺反子转录单位。例如，编码光系统Ⅱ和细胞色素b_6/f蛋白复合体的4个基因*psbB-psbH-petB-petD*组成一个操纵子，编码ATP合酶亚基的4个基因*atpI-atpH-atpF-atpA*组成一个操纵子等。有些叶绿体基因的启动子与原核生物的启动子类似，具有保守的–10区和–35区，用突变改变–10区和–35区核苷酸序列中的一个或几个碱基，通常会降低其在体外转录的活性。许多叶绿体基因有内含子，与核基因的内含子相比，叶绿体基因中的内含子往往比较长。有些内含子还存在ORF结构，可能与剪接加工有关。叶绿体基因组中的内含子可以分成两类：一类是处于tRNA反密码子环上的内含子，与酵母核tRNA基因的内含子类似；另一类是蛋白质基因中的内含子，与线粒体基因的内含子类似。

知识拓展　人类基因组计划

1985年美国能源部发起的“人类基因组计划”，于1990年正式启动，计划15年（1990～2005年）完成，其主要目标是获得人类基因组由30亿个碱基对组成的核苷酸序列，其他目标包括绘制人类基因组的遗传图谱和物理图谱，以及获得生物医学研究领域的关键模式生物的基因组图谱和序列。人类基因组计划是现代科学发展史上的里程碑，也塑造了国际科学界合作范例。

一种生物的基因组的长度超过十亿个碱基对，而每一次测序至多能测出750bp，所以要得到基因组序列，需要把零散的序列拼接起来。在序列拼接阶段，需要以基因组图谱作为指导。基因组图谱包含遗传图谱与物理图谱两种类型。人类基因组计划的最初目标之一是完成一份遗传图谱的绘制工作，其密度至少为1Mb一个标记。这一目标于1994年完成，2年后一篇相关的研究论文发表，遗传图的密度达到600kb一个标记。这张图是以5426个AC微卫星为标记物构建的。选择AC微卫星作为遗传标记有两个理由：第一，它们在基因组中出现较为频繁，每1 Mb DNA就有几个，能满足高密度作图所需的高覆盖率；第二，这种微卫星是高度可变的，每个微卫星在群体中有几个等位基因，显示出高度的杂合性，有利于开展遗传分析。

人类基因组计划中的物理图谱绘制于1996年完成。物理图谱是指应用分子生物学技术直接检测DNA分子上的特征性序列，从而构建出显示各种标记序列位置的图谱，反映的是基因组中标记间的实际距离，其图距通常以kb或Mb表示。人类基因组计划采用了序列标记位点作图法（sequence tagged site mapping）进行物理作图。序列标记位点指的是一段短的DNA序列，易于检测，并且染色体或基因组上有唯一的定位。STS作图除了需要标记物以外，还需要覆盖整条染色体或整个基因组、彼此重叠的DNA片段。最终，人类基因组计划将20104个表达序列标签（expressed sequence tags，EST）定位于基因组上，其中大部分，共19000个，是通过放射性杂交体组定位的，其余通过YAC文库定位。20104个EST定位于16345个不同的位点，表明部分EST可能来自同一基因。平均作图密度是每183kb一个标记。

人类基因组计划采用了逐步克隆测序技术路线（clone by clone sequencing）（图1）。在测序阶段使用的是含有300000个克隆的BAC文库。首先，将BAC克隆用限制酶处理获得指纹，然后按照指纹重叠方法组建BAC克隆重叠群。根据克隆重叠群所含有的STS标记，将BAC克隆重叠群标定在物理图上，构成了“序列准备图”（sequence ready map）。因此，在测序之前BAC克隆的物理位置是已知的，这是测序阶段的基础。我国承担的人类基因组测序任务为1%，位于3号染色体的短臂自D3S3610标记至端粒的区段中，约由3000万个碱基对组成。染色体的这一部分由已知的BAC克隆覆盖。然后，对每个BAC克隆的插入序列进行鸟枪法测序，并进行组装。接下来，要把BAC插入片段的顺序与BAC克隆指纹对比，将已阅读的顺序锚定在物理图上。

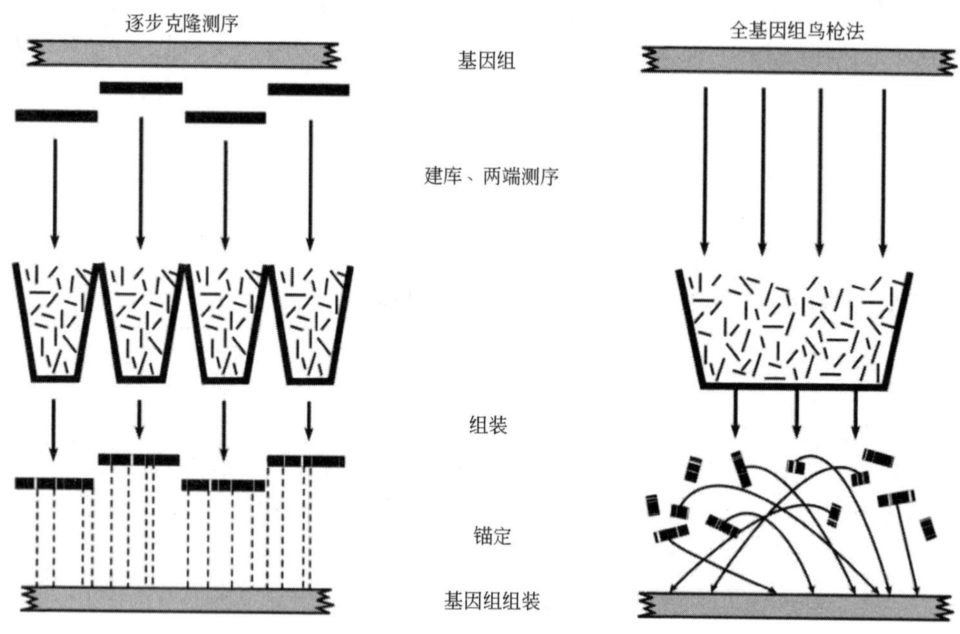

图1　真核生物基因组测序的两种策略

1998年5月美国Celera Genomics公司参与到人类基因组测序的竞争中，他们采取了全基因组鸟枪法测序（whole genome shotgun sequencing）的技术路线（图1）。首先，将基因组断裂成大约2kb的片段，建库后，进行两端测序，但在序列的组装阶段，充分利用了基因组图谱，尤其是大量STS标记确立了序列组装的基点，可使随机测序获得的序列重叠群准确锚定在基因组图上。

2000年6月，国际人类基因组计划和Celera Genomics公司共同完成了人类基因组草图的绘制，并于2001年2月分别在*Nature*和*Science*杂志上公布了基因组序列的工作草图，即完成90%以上的序列，有约1%的出错率。2003年4月，人类基因组计划提前2年完成，最终获得的人类基因组序列图覆盖了人类基因组99%的区域，准确率达到99.99%。目前人类参考基因组的版本（GRCh38.p13）由32.7亿核苷酸组成，含有19116个核蛋白质编码基因。

“人类基因组计划”建立起来的策略、思想与技术，形成了生命科学领域新的学科——基因组学。

第 3 章 DNA 的复制

DNA 复制是指在细胞分裂之前，亲代细胞基因组 DNA 的加倍过程。这样，细胞分裂结束时，每个子代细胞都会得到一套完整的、与亲代细胞完全相同的基因组 DNA。当 DNA 的双螺旋结构被揭示时，人们就认识到 DNA 分子的两条单链彼此互补可以作为复制的基础，也就是每个亲代 DNA 分子双链中的任一条链都可以作为模板指导合成子代 DNA 的互补链。

本章介绍 DNA 复制所涉及的一些基本问题，例如，DNA 复制是如何起始、延伸和终止的；参与 DNA 合成的酶有哪些，它们的作用是什么；使 DNA 复制和细胞分裂相互协调的机制又是什么。

3.1 DNA 复制的一般特征

3.1.1 半保留复制

在复制过程中，DNA 的两条链首先分开，然后 DNA 聚合酶以每条亲本链为模板，按碱基互补配对原则选择脱氧核糖核苷三磷酸，催化子链的合成。复制结束后，每个子代 DNA 的一条链来自亲代 DNA，另一条链则是新合成的，并且，新形成的两个 DNA 分子与原来的 DNA 分子的碱基序列完全相同。这种复制方式称为半保留复制（semiconservative replication）（图 3-1）。

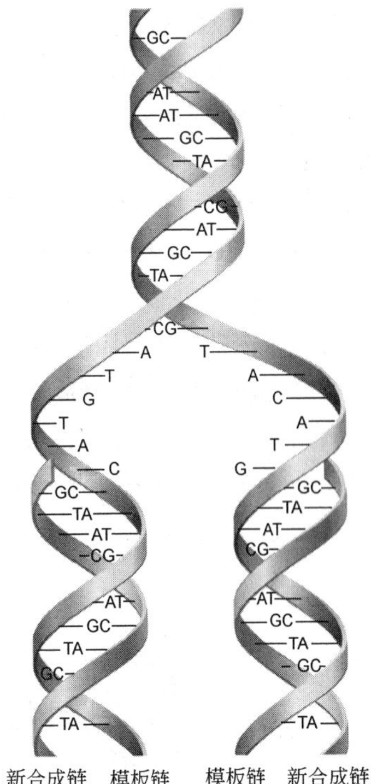

图 3-1 DNA 的半保留复制

1958 年，M. Meselson 和 F. W. Stahl 采用同位素 ^{15}N 标记 DNA 分子证明了 DNA 是半保留复制的（图 3-2）。^{15}N 的掺入会导致 DNA 分子密度显著增加，这样就可以通过密度梯度离心将亲本链和子代链区分开来。首先，用含有 $^{15}NH_4Cl$ 的培养基培养大肠杆菌，使亲代的 DNA 双链都标记上 ^{15}N，提取样品的 DNA 进行 CsCl 密度梯度离心，发现只在离心管底部形成一条带位。然后将生长在 $^{15}NH_4Cl$ 培养基的 *E.coli* 转移到含有唯一氮源，但密度较低的 ^{14}N（$^{14}NH_4Cl$）培养基中培养一代，使新合成的链中所含的 N 原子皆为 ^{14}N。提取样品中的 DNA，采用密度梯度离心的方法进行分析。若是半保留复制，应只出现一种中等密度的带，由 ^{15}N 标记的亲本链和 ^{14}N 标记的子链互补而成。

实验结果显示离心管中只出现一条带，位于中部，表明实验结果与半保留复制模型完全吻合。若将 *E.coli* 再放入 ^{14}N 培养基中培养一代，按半保留复制模型应有两种双螺旋 DNA，一种为 $^{14}N/^{14}N$ 双螺旋 DNA，另一种为 $^{14}N/^{15}N$ 双螺旋 DNA。密度梯度离心得到两个 DNA 条带，比例相等，一条位于上部（低密度带），一条位于中部（中密度带），符合半保留复制的预期。当 *E.coli* 在 ^{14}N 培养基上生长 3 代，离心以后，轻链 DNA 和杂种 DNA 的比例为 3∶1。

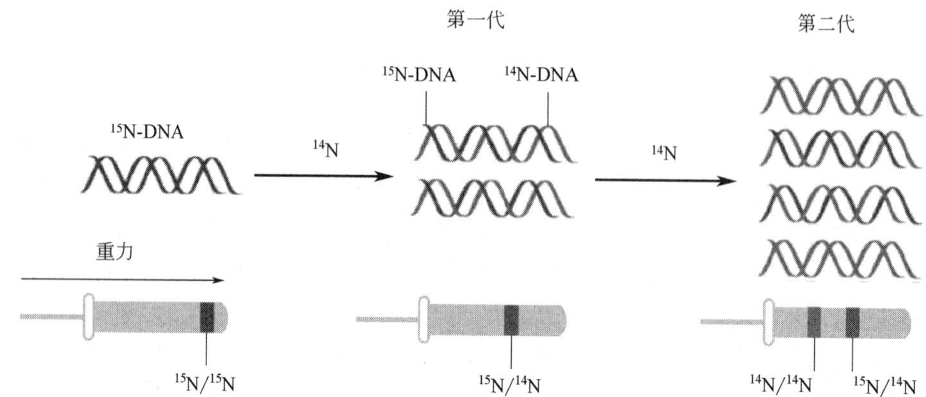

图 3-2　Meselson 和 Stahl 的 DNA 复制实验

3.1.2　双向复制

作为一个单位进行自主复制的一段 DNA 称为复制子（replicon）。复制通常是从复制子的一个固定位点开始的，这种起始 DNA 复制的序列叫做复制起点（origin of replication）。DNA 复制时，双螺旋的两条链在复制起点处解开，形成两条模板链。一旦复制开始，就会在 DNA 分子上形成两个复制叉（replication fork）。复制叉是 DNA 分子上正在进行 DNA 合成的区域，呈分叉状的“Y”形结构，在复制叉处 DNA 聚合酶以两条相互分离的亲本链为模板分别指导两条子链的合成。复制叉沿着 DNA 分子向两个相反的方向移动，因此复制是双向的。原核生物的染色体，以及很多噬菌体和病毒的 DNA 分子都是环状的，它们作为单个复制子完成复制。大肠杆菌的环状双链 DNA 分子复制到一半时的形状看起来像希腊字母“θ”，因此又称 θ 形复制（图 3-3）。少数 DNA 分子进行的是单向复制，例如大肠杆菌质粒 ColE1 的复制就是单向的，只形成一个复制叉。

真核生物染色体的线状 DNA 含有多个复制子，每一个复制子都有自己的复制起点。一个典型的哺乳动物细胞有 50000～500000 个复制子，复制子的长度为 40～200kb。正在复制的真核生物基因组 DNA 分子上，会形成许多复制泡。随着复制叉沿着 DNA 分子向两个方向移动，复制泡不断变大，最终，两个相邻复制泡的复制叉会相遇、融合，完成 DNA 的复制（图 3-4）。

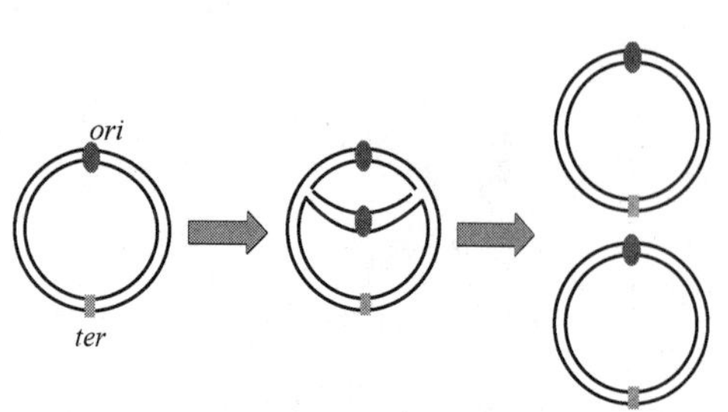

图 3-3　θ 形复制模型

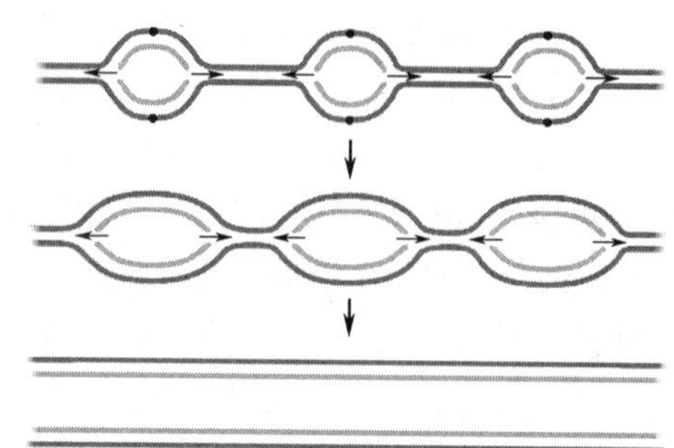

图 3-4　真核生物 DNA 的多个复制叉结构

3.1.3　DNA 合成的引发

已知的 DNA 聚合酶都只能延伸已经存在的 DNA 链，而不能从头启动 DNA 链的合成，这是因为它在合成 DNA 时需要一个自由的 3′-OH。那么，一个新的 DNA 链的合成是如何开始的？研究发现，DNA 复制时还需要另外一种酶来合成一段 RNA 作为合成 DNA 的引物（primer）。在细菌中，负责引物合成的酶为引物酶（primase），这是一种与转录不相关的 RNA 聚合酶（图 3-5）。一旦引物合成完毕就由 DNA 聚合酶取代引物酶继续链的合成。

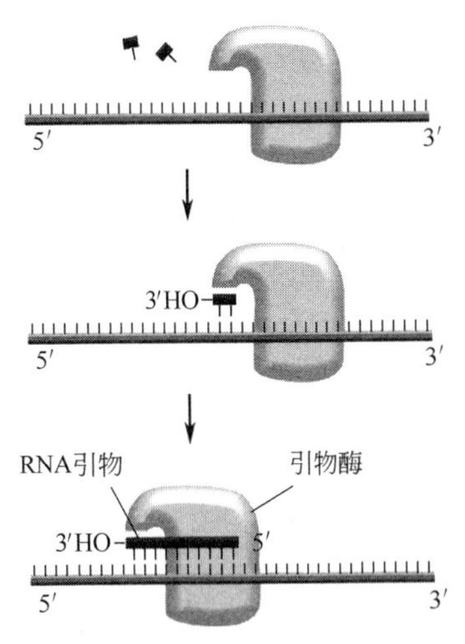

图 3-5　引物的合成

3.1.4　半不连续复制

在复制叉处，两条亲本链均作为模板指导新生链的合成。DNA 分子的两条链是反向平行的，而 DNA 复制时无论以哪条链作为模板，新链的合成都是按 5′→3′ 方向进行的，所以只有一条新生链能够沿着复制叉运动的方向连续复制。另一条新生链由于延伸的方向与复制叉前进的方向相反，必须分段合成（图 3-6），这些片段于 1969 年首先从大肠杆菌中分离出来，被称为冈崎片段（Okazaki fragment）。在细菌中，冈崎片段长约 1000～2000 个核苷酸；在真核生物中，相应片段的长度可能要短得多，由 100～400 个核苷酸组成。这些冈崎片段再由 DNA 连接酶连成完整的 DNA 链，因此冈崎片段是 DNA 复制中短暂出现的中间产物。连续合成的新生链被称为前导链（leading strand），不连续合成的新生链被称为后随链（lagging strand），这种前导链连续复制，而后随链不连续复制的现象在生物界普遍存在，称为 DNA 的半不连续复制。

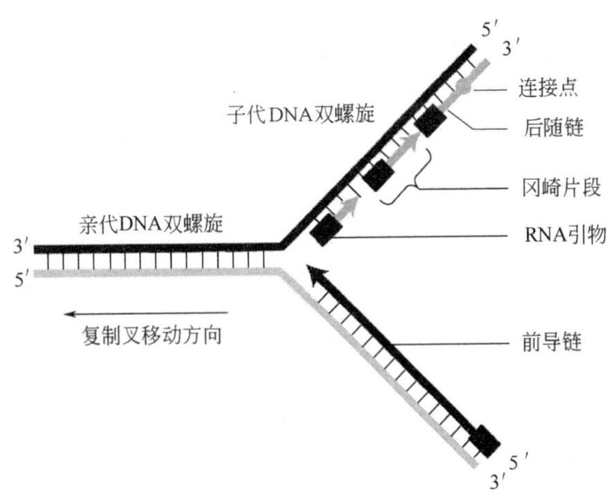

图 3-6　DNA 分子的半不连续复制

3.2　DNA 聚合酶

3.2.1　DNA 合成的化学基础

DNA 聚合酶在催化 DNA 合成时，需要 4 种脱氧核糖核苷三磷酸——dGTP、dCTP、dATP

和 dTTP。dNTP 分子 2′-脱氧核糖上的 5′-羟基连接有 3 个磷酸基团，靠近脱氧核糖的磷酸基团称为 α-磷酸，而中间和最外侧的磷酸基团分别称为 β-磷酸和 γ-磷酸。

DNA 的合成还需要模板和引物。模板是一条单链 DNA 序列，引物是一条短的与模板序列互补配对的 RNA 或 DNA 序列。带有引物的模板称为引物-模板接头（primer-template junction）。DNA 聚合酶催化引物的 3′-OH 亲核进攻与模板链互补配对的 dNTP 的 α-磷酸基团，形成一个磷酸二酯键，同时释放出一个焦磷酸（图 3-7）。焦磷酸酶将焦磷酸快速水解，因此核苷酸的添加和焦磷酸水解的净结果是 2 个高能磷酸酯键的断裂，从而为聚合反应提供了驱动力。酶的专一性表现为进入到活性中心的 dNTP 必须与模板 DNA 碱基正确配对时才有催化作用。

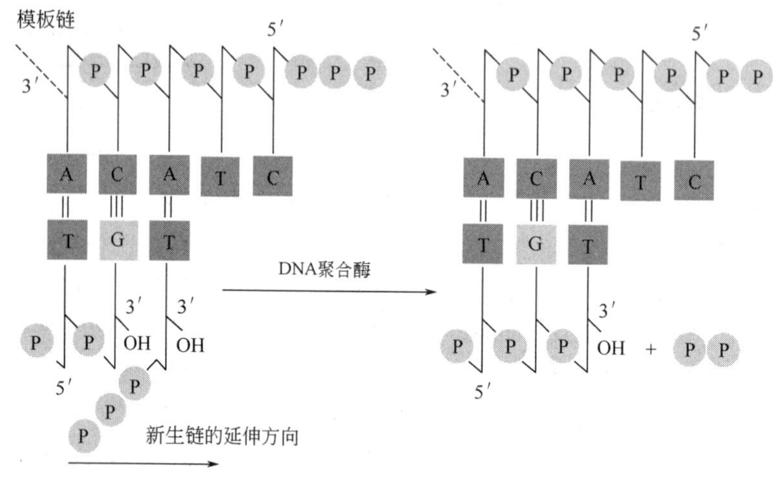

图 3-7　DNA 的合成机制

3.2.2　DNA 聚合酶的催化机制

3.2.2.1　DNA 聚合酶的 5′→3′聚合酶活性

DNA 聚合酶就像一个半握的右手，握住引物-模板接头（图 3-8）。活性位点位于手指和拇指之间的裂隙中。单链模板在活性位点强烈弯曲后，绕过手指结构域，而不是从拇指和手指之间穿过。在活性位点处的弯曲使模板链上需要被复制的碱基得到充分暴露，从而对模板碱基的选择变得更加明确。DNA 聚合酶的这一区域通过 2 个保守的天冬氨酸残基结合 2 个二价阳离子（通常是 Mg^{2+}和 Zn^{2+}）。第一个金属离子与引物的 3′-OH 发生相互作用，使得 O 与 H 之间的连接变弱，从而产生一个亲核的 3′-O^-，而第二个金属离子与进入的 dNTP 的三个磷酸基团发生相互作用，并稳定释放出来的焦磷酸（图 3-9）。

DNA 聚合酶的活性中心能够催化 4 种脱氧核苷三磷酸添加到引物的 3′-OH 末端，这是因为 DNA 聚合酶监测的是进入活性中心的核苷酸能否与模板链上的碱基形成 A∶T 或 G∶C 碱基对，而不是核苷酸本身。

一旦新进入的 dNTP 与模板之间形成正确的碱基配对，手指区域即发生移动，聚合酶从开放的构象变成闭合的构象，使得手指结构域上几个保守的氨基酸残基与配对的 dNTP 形成几个重要的相互作用，促使 dNTP 准确定位。这时，引物的 3′-OH 和脱氧核苷三磷酸的 α-磷酸基团处于最佳的反应位置，并在两个金属离子的介导下完成催化反应。

如果不能形成正确的碱基配对，底物间则形成不利于发生反应的位置关系，使得核苷酸的添加效率极大地降低，这是一个动力学选择的实例。动力学选择是指酶对几种可能的底物具有催化选择性，只有当正确的底物存在时，共价键形成的速率才显著增加。

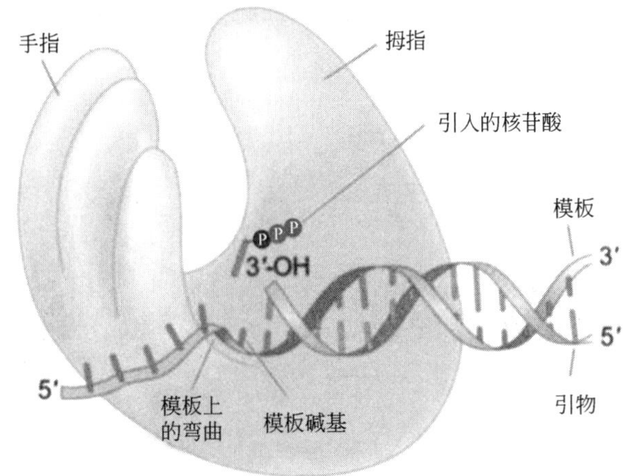

图 3-8　DNA 聚合酶的三维结构及模板 DNA 穿过聚合酶的路径

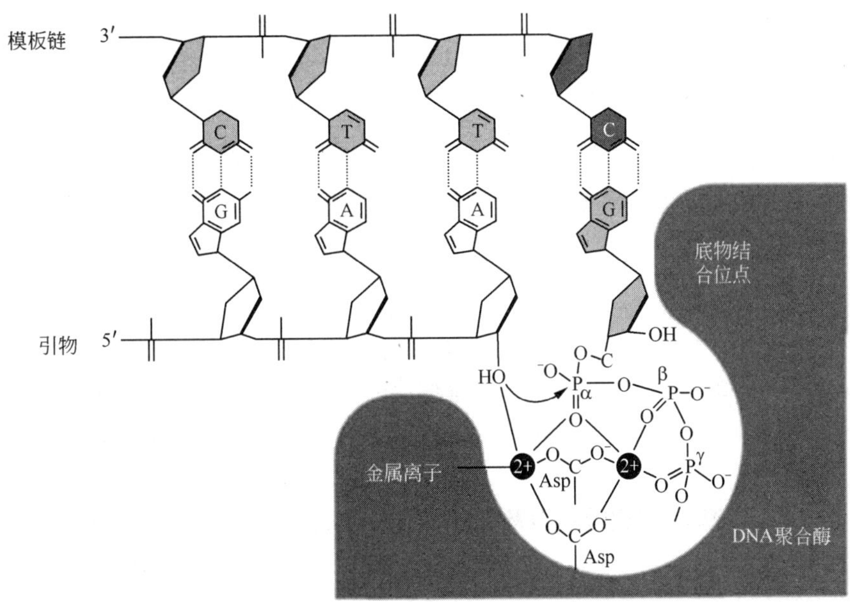

图 3-9　DNA 聚合酶活性中心的两个金属离子催化核苷酸的添加

DNA 聚合酶能够高效地区分核糖核苷三磷酸（rNTP）和脱氧核糖核苷三磷酸（dNTP）。虽然细胞内 rNTP 的浓度比 dNTP 高约 10 倍，但它们掺入的速率却是 dNTP 的 1/1000。这种分辨力是通过空间位阻实现的。在 DNA 聚合酶中，核苷酸的结合口袋非常小，带有 2′-OH 的 rNTP 进入后，会与口袋中的氨基酸残基发生碰撞，导致 rNTP 的 α-磷酸基团错位，以及引物 3′-OH 的定位发生偏差，极大地降低了催化速率。事实上，将分辨器氨基酸替换成侧链基团较小的氨基酸，DNA 聚合酶对 dNTP 和 rNTP 的分辨力会显著降低。

3.2.2.2　DNA 聚合酶的 3′→5′核酸外切酶活性

除了催化磷酸二酯键的形成外，手掌区域还负责检查最新添加的核苷酸碱基配对的准确性。

聚合酶的这一区域与新合成的DNA小沟中的碱基对形成大量的氢键，从而稳定着新生链的3′-末端序列与模板链形成的双链结构。如果新添加的核苷酸是错误的，DNA合成的速度会降低，同时3′-末端3～4个核苷酸与模板链脱离，并结合到一个独立的核酸酶活性位点上，在那里错配的核苷酸将被切除（图3-10）。

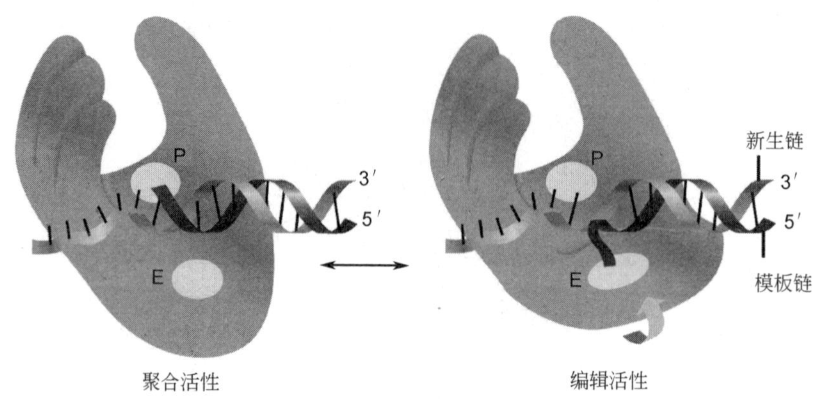

图3-10　DNA聚合酶校对核酸外切酶活性

聚合酶的这种3′→5′核酸外切酶活性能够识别并切除DNA生长链3′-末端与模板DNA不配对的核苷酸，因此这种活性又称为校对（proofreading）。DNA聚合酶的校对活性使DNA复制的忠实度提高了两个数量级，因此对于维持DNA复制的真实性至关重要。

3.2.2.3　DNA聚合酶的延伸性

聚合酶每次与引物-模板接头结合时，能够持续添加核苷酸。DNA聚合酶的持续合成能力，又称延伸性（processivity），被定义为每次聚合酶与引物-模板结合后，在脱离模板之前所能添加的核苷酸的平均数。每个DNA聚合酶都有其特征性的延伸能力，范围从每次结合仅添加几个核苷酸到添加50000多个核苷酸不等。低延伸性聚合酶与模板的结合不紧密，只能合成小片段DNA；与之相反，高延伸性聚合酶与模板的结合紧密，可以合成较长的DNA序列（图3-11）。

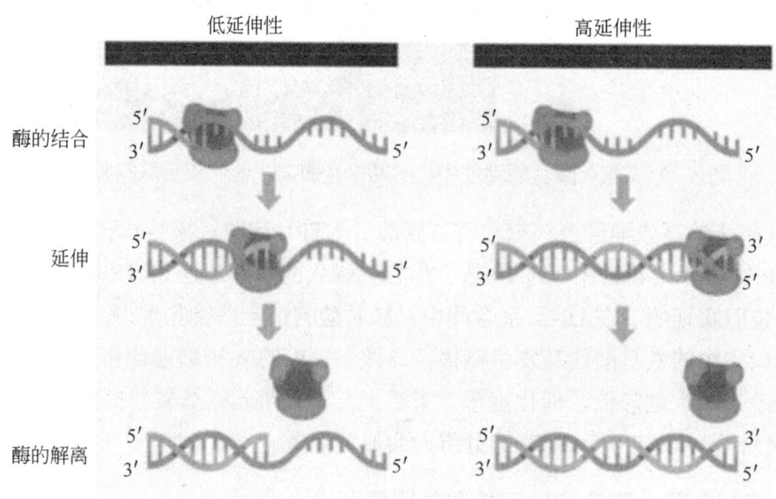

图3-11　DNA聚合酶的延伸性

3.2.3　原核生物 DNA 聚合酶

已从大肠杆菌细胞中分离出了 5 种 DNA 聚合酶。对于 *E.coli* 基因组 DNA 复制至关重要的 DNA 聚合酶有两种：DNA 聚合酶Ⅲ（DNA Pol Ⅲ）和 DNA 聚合酶Ⅰ（DNA Pol Ⅰ）。其中，DNA Pol Ⅲ是催化链延伸反应的主要聚合酶，而 DNA 聚合酶Ⅰ专门用于 RNA 引物的去除，以及引物移除后缺口的填补。DNA 聚合酶Ⅱ、Ⅳ和Ⅴ主要参与 DNA 修复和 DNA 跨损伤合成，将在第 5 章中予以讨论。

3.2.3.1　DNA 聚合酶Ⅰ

DNA 聚合酶Ⅰ为一条由 928 个氨基酸残基组成的多肽链，分子质量为 109kDa，由 *polA* 基因编码。DNA Pol Ⅰ呈球形，直径为 6.5nm，为 DNA 直径的 3 倍左右，每个大肠杆菌细胞内约有 400 个 DNA 聚合酶Ⅰ分子。DNA Pol Ⅰ属于低延伸性聚合酶，每次与引物-模板结合仅能添加 20～100 个核苷酸。DNA Pol Ⅰ是一种多功能酶，除了具有 5′→3′聚合酶活性外，还具有 3′→5′核酸外切酶活性和 5′→3′核酸外切酶活性。DNA Pol Ⅰ利用其 3′→5′核酸外切酶活性识别和切除生长链 3′-末端不配对的核苷酸，提高 DNA 合成的准确性（图 3-12）。

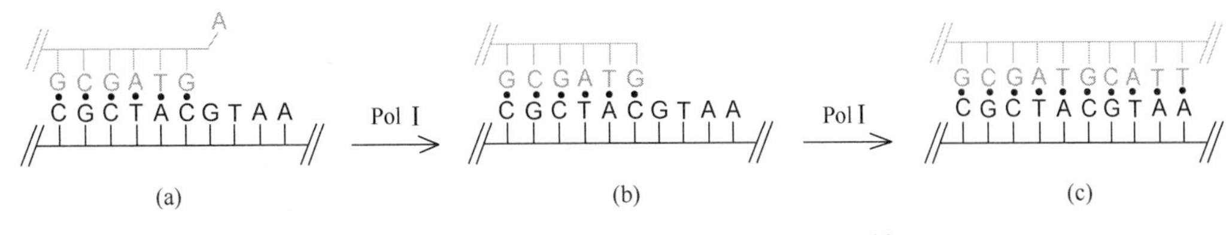

图 3-12　DNA 聚合酶Ⅰ的 3′→5′ 校对活性

DNA 聚合酶Ⅰ的 5′→3′核酸外切酶活性表现为从 DNA 链的 5′-末端向 3′-末端水解已配对的核苷酸，本质是切断磷酸二酯键，每次能切除 10 个核苷酸。如果在双链 DNA 分子上引入一个缺口，DNA 聚合酶Ⅰ能够在缺口的 3′-OH 末端起始 DNA 的复制反应，同时除去 5′-末端的核苷酸（5′→3′核酸外切酶活性），于是缺口就沿 5′→3′方向移动，这种反应叫做缺口平移（nick translation）（图 3-13）。这种酶活性在 DNA 损伤的修复中可能起重要作用，对冈崎片段 5′-末端 RNA 引物的去除也是必需的。

用枯草杆菌蛋白酶可将 DNA Pol Ⅰ水解成大小两个片段。大片段含有 605 个氨基酸残基（324～928），又称为 Klenow 片段或 Klenow 酶，含有大、小两个结构域，其中，较大的结构域具有 5′→3′聚合酶活性，较小的结构域具有 3′→5′核酸外切酶活性。小片段含有 323 个氨基酸残基（1～323），具有 5′→3′核酸外切酶活性。

3.2.3.2　DNA 聚合酶 Ⅲ

DNA 聚合酶Ⅲ由 10 种不同的亚基构成，其中 α、ε 和 θ 亚基构成核心酶（core enzyme）。α 亚基具有 5′→3′聚合酶活性，ε 亚基具有 3′→5′核酸外切酶活性，θ 亚基功能尚不清楚，可能仅仅起结构上的作用，使两个核心亚基以及其他各辅助亚基装备在一起。DNA 聚合酶Ⅲ具有两个拷贝的核心酶。

聚合酶的第 2 个组成部分是两个拷贝、半环状的 β 亚基围绕 DNA 双螺旋形成一个环状夹子（图 3-14）。一旦 β 亚基二聚体与 DNA 紧密结合，它的作用就像一个“滑动夹子”携带着核心酶沿着 DNA 链自由滑动。这样，聚合酶的活性位点就可以一直定位在生长链的 3′-OH 末端。另一方面，核心酶与滑动夹子结合后，其持续合成 DNA 的能力也显著提高。

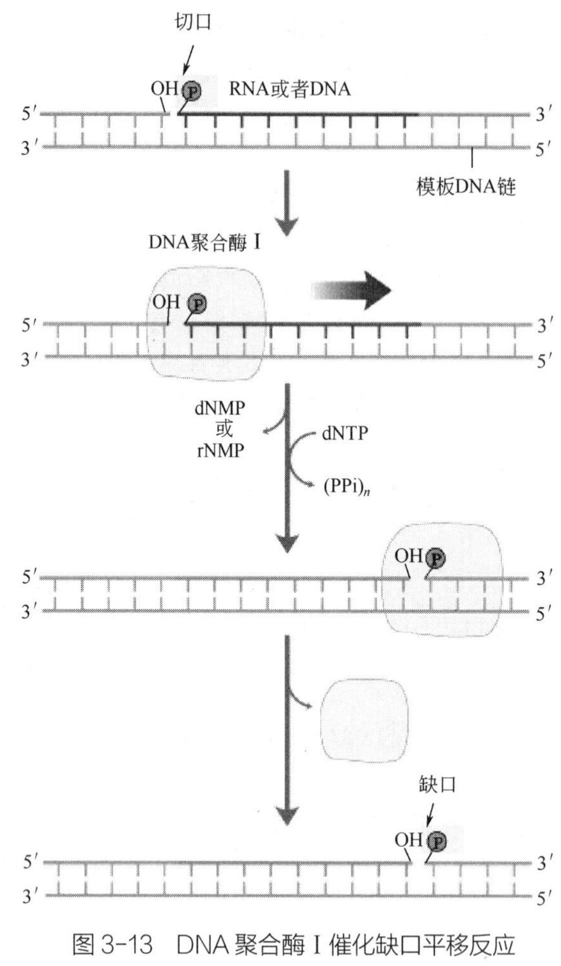

图 3-13 DNA 聚合酶 I 催化缺口平移反应

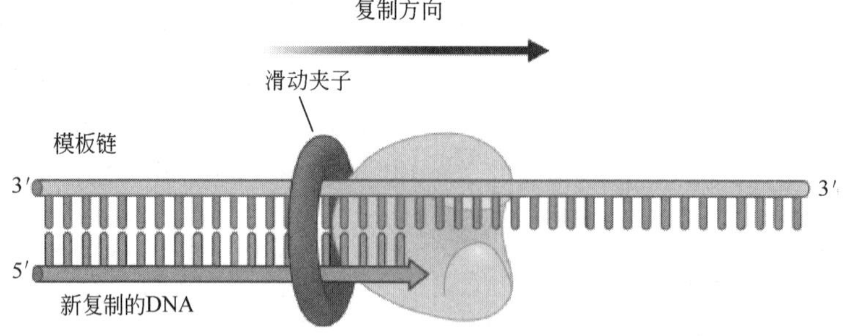

图 3-14 DNA 聚合酶核心酶与环绕引物-模板接头上的滑动夹子结合

与滑动夹子的结合是如何改变DNA聚合酶的延伸能力的呢？在无滑动夹子的情况下，DNA 聚合酶平均每聚合 20～100 个核苷酸就会从 DNA 模板上脱落下来。在有滑动夹子的情况下，DNA 聚合酶仍经常地离开引物-模板接头，但是与滑动夹子的紧密结合使其能够迅速地重新结合到同一引物-模板接头上，继续合成 DNA，从而大大增加了 DNA 聚合酶的延伸性。

聚合酶的第 3 个组成部分是由 5 个亚基（γ、δ、δ′、χ 和 ψ）构成的一个所谓的 γ 复合体，又称夹子装载因子（clamp loader）。它催化滑动夹子打开，并将其结合在引物-模板接头上，这一过程需要能量。夹子装载因子在与 ATP 结合之前不能与滑动夹子结合，与 ATP 结合以后，夹子装载因子的构象发生改变，与滑动夹子结合，打开滑动夹子，并将其环套在引物-模板双螺旋上。滑动夹子与引物-模板结合后，导致 ATP 水解，使夹子装载因子与滑动夹子脱离。

最后，两个拷贝的 τ 亚基分别与两个核心酶结合，在夹子装载因子和核心酶之间发挥桥梁作用（图 3-15）。

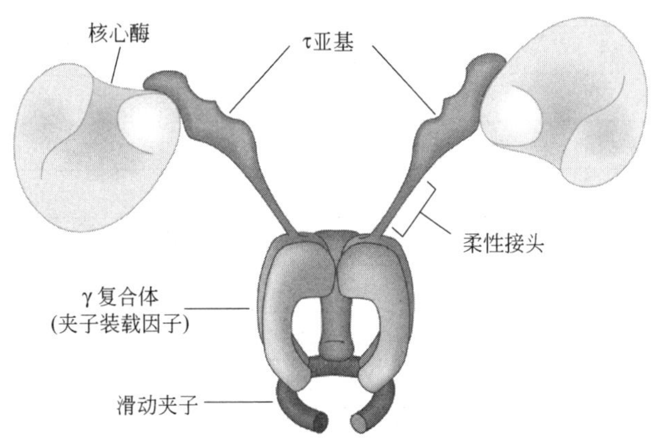

图 3-15　DNA 聚合酶III全酶

3.2.4　真核生物 DNA 聚合酶

真核细胞的 DNA 聚合酶通常在 15 种以上，负责基因组复制的 DNA 聚合酶有 DNA Pol δ、DNA Pol ε 和 DNA Pol α/引物酶。DNA Pol α/引物酶参与新链合成的起始，首先由引物酶合成 RNA 引物，产生的引物立即被 DNA Pol α 延伸。但是，DNA Pol α 的延伸能力相对较低，很快被高延伸性的 DNA Pol δ和 DNA Pol ε 所取代。DNA Pol δ或 DNA Pol ε 取代 DNA Pol α/引物酶的过程称为聚合酶的切换（polymerase switch），所以，在真核细胞的复制叉上有 3 种不同的 DNA 聚合酶在工作。DNA Pol δ和 DNA Pol ε 特异性地复制不同的链，在复制叉上，DNA Pol δ合成后随链，而 DNA Pol ε 合成前导链。如同在细菌细胞中那样，真核生物其他的 DNA 聚合酶大多参与 DNA 的修复。

3.3　大肠杆菌染色体 DNA 的复制

E.coli 基因组 DNA 就是一个环状的复制子，其复制的过程已十分清楚。与所有的 DNA 复制一样，*E.coli* 基因组 DNA 的复制也可以分为起始、延伸和终止三个阶段。起始阶段涉及复制机器在染色体 DNA 复制起点的组装。有几种蛋白质参与了复制机器的组装，但不参与以后的复制过程。在延伸阶段，前导链连续合成，但后随链的合成是不连续的。复制的最后阶段是复制的终止，两个反向移动的复制叉在环状 DNA 分子大约与复制起点相对的位置上相遇，完成 DNA 的复制，在这一阶段也需要几种蛋白质的参与。表 3-1 总结了大肠杆菌 DNA 复制所涉及的主要蛋白质。

表 3-1 参与大肠杆菌 DNA 复制的主要蛋白质

蛋白质	基因	主要功能
DnaA	*dnaA*	复制起始因子，与复制起始区 *oriC* 结合起始复制
DnaB	*dnaB*	解开 DNA 双螺旋
DnaC	*dnaC*	募集 DnaB 蛋白到复制叉
SSB	*ssb*	单链结合蛋白
引物酶	*dnaG*	合成 RNA 引物
Pol Ⅰ	*polA*	切除引物，填补冈崎片段之间的缺口
Pol Ⅲ		DNA 聚合酶Ⅲ全酶
α	*dnaE*	链的延伸
ε	*dnaQ*	3′→5′核酸外切酶活性
θ	*holE*	未知，核心酶的一个亚基
β	*dnaN*	滑动夹子
τ	*dnaX*	滑动夹子装载因子的一个亚基，与核心酶结合
γ	*dnaX*	滑动夹子装载因子的一个亚基
δ	*holA*	滑动夹子装载因子的一个亚基
δ′	*holB*	滑动夹子装载因子的一个亚基
χ	*holC*	滑动夹子装载因子的一个亚基
ψ	*holD*	滑动夹子装载因子的一个亚基
DNA 连接酶	*lig*	缝合相邻的冈崎片段
DNA 旋转酶		向 DNA 分子引入负超螺旋，消除复制叉前进中的拓扑学障碍
α	*gyrA*	切断 DNA 双螺旋的两条链，并催化切口重新连接
β	*gyrB*	水解 ATP
Tus 蛋白	*tus*	结合终止子序列，以极性的方式阻止复制叉移动
拓扑异构酶Ⅳ		解开连环体
A	*parC*	切断 DNA 双螺旋的两条链，并催化切口重新连接
B	*parE*	水解 ATP

3.3.1 复制的起始

大肠杆菌的复制起点称为 *oriC*。将大肠杆菌的染色体 DNA 随机断裂后插入到缺乏复制起点的质粒中，由于质粒上含有选择标记，凡能存活的克隆，质粒中都含有一段控制 DNA 复制的序列。通过缺失分析鉴定出大肠杆菌的复制起点约 245bp，含有 9bp（TTATNCACA）和 13bp（GATCTNTTNTTTT）两种短的重复基序（图 3-16）。9bp 基序共有 5 个拷贝，为 DnaA 蛋白的结合位点，又称 DnaA 盒（DnaA box）。13bp 基序共有 3 个拷贝，富含 AT，是复制起点首先解旋的位置，又称 DNA 解旋元件（DNA unwinding element，DUE）。

复制的起始经历以下步骤。首先，DnaA 同 ATP 结合后，与 *oriC* 内的 9bp 基序发生序列特异性的结合，并最终导致 *oriC* 在 AT 丰富区处打开 DNA 双螺旋。DnaA 蛋白作用的机制还不清楚，一种模型设想结合在复制起点处的 DnaA 蛋白通过与其他 DnaA 的相互作用，形成一种由同源多聚体构成的管状结构，DNA 在其表面缠绕所产生的扭转张力导致了双螺旋解开。

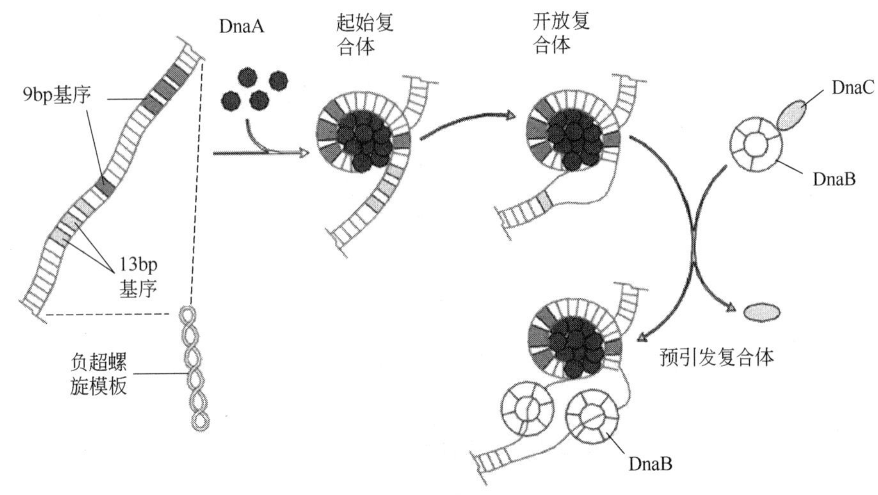

图 3-16　*E.coli* DNA 复制的起始

下一步是解旋酶的装载。DnaB 蛋白是大肠杆菌细胞中主要的解旋酶（helicase），为一由 6 个亚基组成的环状结构，其作用是解开 DNA 双螺旋。DnaB 蛋白在 DnaC 蛋白协助下环套在被解开的两条单链上。具体过程是 DNA 双链打开以后，DnaA 蛋白和单链 DNA 募集由 6 个 DnaB 亚基和 6 个 DnaC 亚基构成的复合体。DnaC 为 DnaB 蛋白装载因子，催化 DnaB 蛋白解环，并环套在起始位点单链 DNA 上。在 DnaB 和 DnaC 蛋白复合体中，DNA 解旋酶保持非活性状态。

然后，DnaB 蛋白募集 DnaG 蛋白（引物酶）到起始位点，引物酶在两条单链模板上，合成前导链的 RNA 引物。引物的合成导致 DnaC 水解与之结合的 ATP，并从复合体中释放出来，同时激活 DnaB 的解旋酶活性。

起始的最后一步是 DNA 聚合酶Ⅲ通过与引物-模板接头及解旋酶的相互作用而被引导至复制起始位点上，滑动夹子环套在前导链的引物-模板接头上，结合在滑动夹子上的核心酶开始工作，复制进入延伸阶段。

3.3.2　复制的延伸

一旦复制起始，复制叉就沿着 DNA 分子前进，合成与亲本链互补的新链。新生链的合成由 DNA 聚合酶催化完成。

3.3.2.1　DNA 解旋

在复制叉处，DNA 解旋酶利用 ATP 水解释放的能量，在后随链模板上沿着 5′→3′方向运动打开 DNA 双螺旋（图 3-17）。打开的单链 DNA 随即被单链结合蛋白（ssDNA-binding protein，SSB）所覆盖。SSB 与单链 DNA 的结合有协同效应，即一个 SSB 与单链 DNA 结合会促进另一个 SSB 结合。这种协同效应有利于 SSB 快速与单链 DNA 结合，使其处于伸直状态，以利于作为模板指导 DNA 合成。

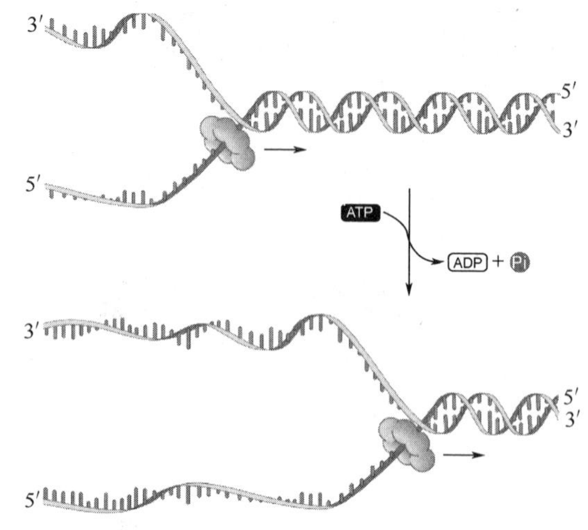

图 3-17　DNA 解旋酶打开 DNA 双螺旋的两条链

3.3.2.2　复制叉上前导链和后随链的合成

在复制叉处前导链被连续合成，而后随链是不连续合成的。如图 3-18 所示，DNA 解旋酶在后随链模板上沿着 5′→3′方向运动。DNA 聚合酶Ⅲ全酶通过 τ 亚基和解旋酶相互作用，两个 τ 亚基分别与一个核心酶结合，其中一个核心酶复制前导链，另一个核心酶复制后随链［图 3-18（a）］。引物酶周期性地与 DNA 解旋酶结合，并在后随链模板上合成新的 RNA 引物［图 3-18（b）］。

当负责后随链合成的核心酶完成一个冈崎片段的合成后，其构象发生了改变，降低了与滑动夹子以及 DNA 的亲和力，于是从滑动夹子和 DNA 上脱落下来［图 3-18（c）］。随后，DNA 聚合酶Ⅲ的滑动夹子装载因子识别并在新形成的引物-模板接头位置上组装新的滑动夹子［图 3-18（d）］。夹子装载因子在向引物-模板接头安装滑动夹子后，结合在τ亚基上的 ATP 被水解，夹子装载因子脱离滑动夹子，滑动夹子就可以自由地与核心酶结合。核心酶与新组装的滑动夹子结合，起始下一个冈崎片段的合成［图 3-18（e）］。

3.3.2.3　复制体

复制叉上与 DNA 复制有关的各种蛋白质相互作用，形成的一种复合体称为复制体（replisome）。复制体的各种组分都可单独行使其功能，但是当聚集在一起时，它们的活动因相互作用而彼此协调。除了 DNA 聚合酶全酶各亚基之间的相互作用外，DNA 解旋酶与 DNA 聚合酶Ⅲ全酶之间的相互作用尤为关键。解旋酶与夹子装载因子的τ亚基相互作用使解旋酶的活性增加 25 倍。因此，如果 DNA 解旋酶与 DNA 聚合酶分离，其速度将减慢下来。在这种情况下，DNA 聚合酶的复制速度快于解旋酶打开 DNA 双螺旋的速度，这使得聚合酶Ⅲ全酶能够赶上 DNA 解旋酶，重新形成一个完整的复制体。

第二种重要的相互作用发生在 DNA 解旋酶与引物酶之间。引物酶与解旋酶之间的结合并不紧密。在约每秒一次的间隔中，引物酶与解旋酶和 SSB 覆盖的单链 DNA 结合并合成新的 RNA 引物。虽然 DNA 解旋酶与引物酶之间的相互作用相对较弱，但是这种相互作用大大激发了引物酶的功能。

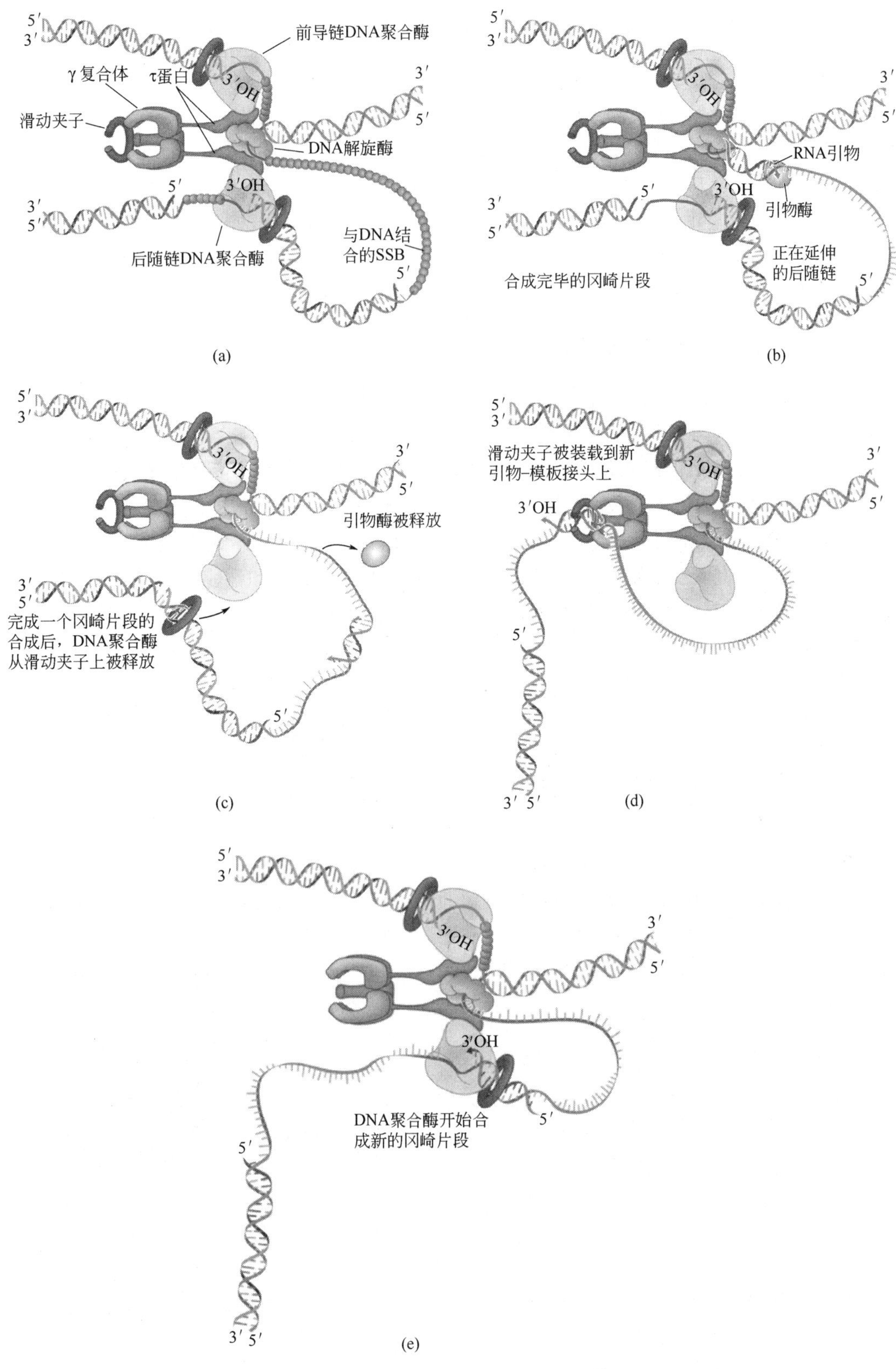

图 3-18　*E.coli* DNA 复制的延伸

3.3.2.4 冈崎片段的连接

新合成的冈崎片段与上一个冈崎片段被一切口分开。冈崎片段的 RNA 引物长约 10～12 个核苷酸，而它的 DNA 部分长约 1000～2000bp。DNA 聚合酶 I 与切口结合，利用其 5′→3′核酸外切酶活性切去上一个冈崎片段的 RNA 部分，同时延伸新生成的冈崎片段的 3′-OH 末端，这一过程相当于缺口平移。当 RNA 引物被切除后，两个毗邻的冈崎片段的 5′-P 和 3′-OH 之间在 DNA 连接酶催化下形成一个磷酸二酯键，从而把冈崎片段连接成连续的、不含 RNA 序列的后随链（图 3-19）。连接酶在催化连接反应时需要能量，细菌来源的 DNA 连接酶以 NAD^+ 作为能源，真核细胞、病毒和噬菌体的连接酶利用 ATP 作能源。

3.3.2.5 拓扑异构酶除去 DNA 解旋时产生的超螺旋

DNA 分子的两条单链通过氢键结合在一起并且相互缠绕形成双螺旋结构，在复制的过程中两条亲本链不能简单地解开。随着复制叉的前进，其前方的双螺旋要形成正超螺旋。细菌的染色体 DNA 以负超螺旋的形式存在，因此一开始形成的正超螺旋会被负超螺旋抵消。然而，当染色体 DNA 复制了大约 5%时，原有的负超螺旋就会被用尽。随后形成的正超螺旋必须被消除，否则会影响 DNA 双链的进一步分离。DNA 旋转酶（DNA gyrase）是一种 II 型拓扑异构酶，它负责向 DNA 分子引入负超螺旋，迅速消除 DNA 解旋引起的超螺旋的积累（图 3-20）。喹诺酮（quinolone）类抗生素（例如，萘啶酮酸和环丙沙星）通过作用于 II 型拓扑异构酶，特别是旋转酶，抑制细菌 DNA 的复制，并最终杀死细菌。

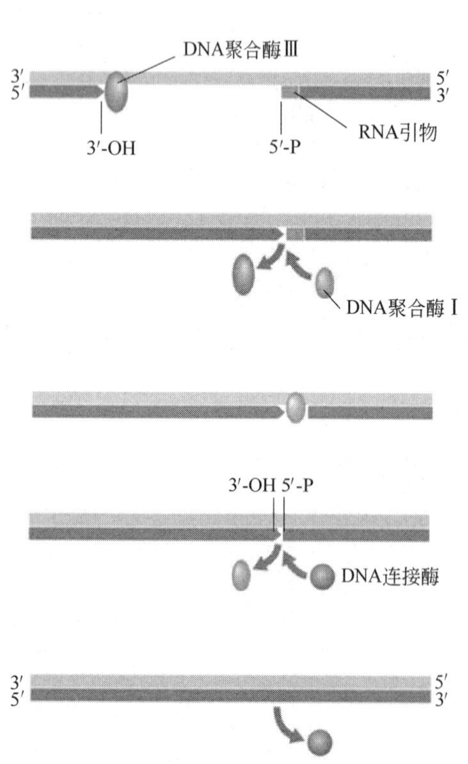

图 3-19 相邻的冈崎片段之间的连接

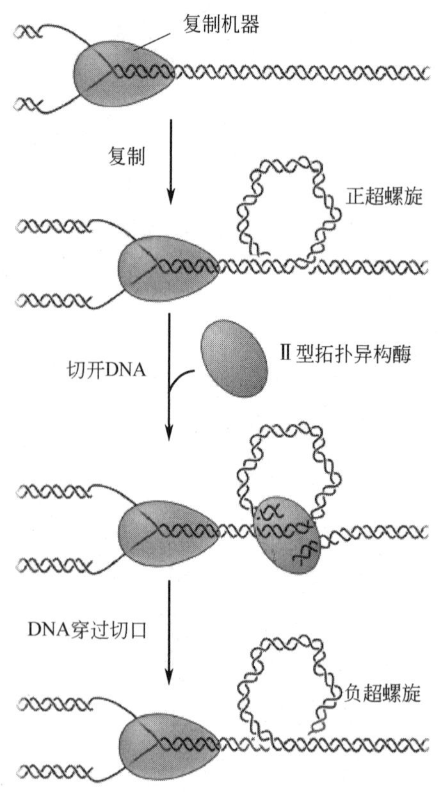

图 3-20 拓扑异构酶在 DNA 复制过程中的作用

3.3.3　复制的终止

细菌基因组的复制是从单一位点双向进行的，两个复制叉在复制终止区相遇。大肠杆菌的复制终止区域位于环状染色体上与复制起点相对的一侧。在这一区域存在若干个终止位点（*Ter*），它们分成两组，按照不同的方向排列在染色体上［图 3-21（a)］，制造了一个复制叉“陷阱”。复制叉可以进入该区域，但不能出去，原因是 *Ter* 位点只在一个方向上发挥作用。当序列特异性 DNA 结合蛋白 Tus（terminus utilization substance）与终止位点结合后，只阻断沿一个方向前进的复制叉，而对沿另一个方向前进的复制叉不起作用［图 3-21（b)］。例如，*TerB* 只阻断沿顺时针方向移动的复制叉，*TerA* 只阻断沿逆时针方向移动的复制叉。当复制叉在终止位点相遇时，DNA 的复制就停止了。那些位于终止区尚未复制的序列会在两条亲本链分开以后，通过修复合成的方式填补。复制结束时，两个环状子代 DNA 分子是以连环体的形式套在一起的。在细胞分裂之前，环套在一起的两个 DNA 分子必须分开，然后被分配给两个子细胞。在大肠杆菌细胞中，连环体的拆分由拓扑异构酶Ⅳ负责完成。拓扑异构酶Ⅳ实际上是一种Ⅱ型拓扑异构酶，其作用方式类似于旋转酶。

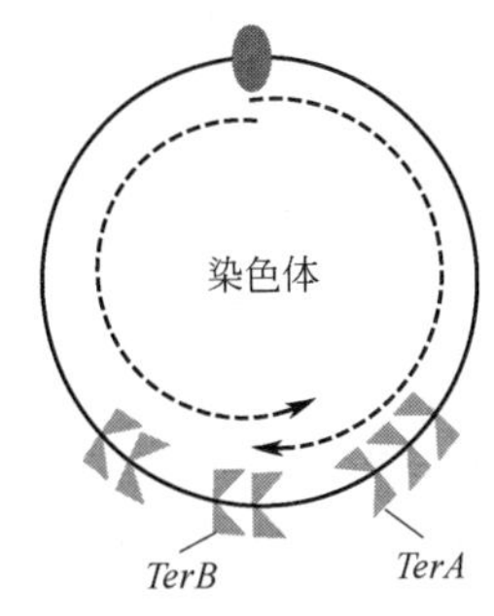

(a) 大肠杆菌的复制终止区

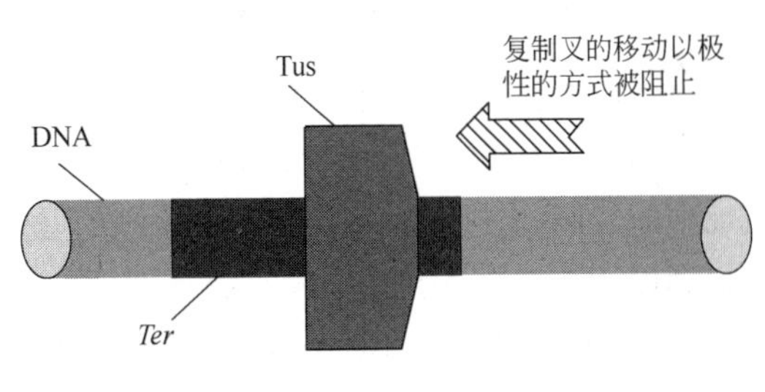

(b) Tus与终止位点结合后，阻断一个方向上的复制叉前进

图 3-21　*E.coli* 基因组 DNA 复制的终止

3.3.4　复制起始调控

Dam 甲基化酶能够识别 GATC 序列，并使其中的 A 甲基化，生成 N^6-甲基腺嘌呤。大肠杆菌染色体 DNA 的 *oriC* 含有 11 个拷贝的 GATC 序列。在 DNA 复制之前，染色体 DNA 上的每一 GATC 序列，包括 *oriC* 区域中的 GATC，都被甲基化。新复制的 GATC 位点呈半甲基化状态，即旧链是甲基化的，但新链尚未被甲基化（图 3-22)。基因组大部分区域的半甲基化状态维持 1～2min，半甲基化指导的碱基错配修复系统可以利用这段短暂的时间修复错配的碱基（见 4.2.4)。*oriC* 位点的完全甲基化速度比较慢，需要 10～15 min。新复制、半甲基化的 *oriC* 可被 SeqA 蛋白识别。SeqA 与半甲基化的 GATC 紧密结合极大地降低了 GATC 序列的甲基化速率，并阻止 DnaA 蛋白与复制起点的结合。当 SeqA 偶尔从 GATC 位点上脱离时，

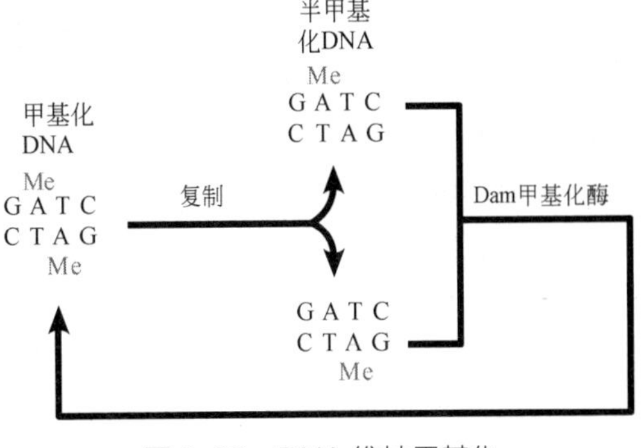

图 3-22　DNA 维持甲基化

序列即被 DNA 甲基转移酶完全甲基化，防止了 SeqA 的重新结合。当 GATC 被完全甲基化之后，DnaA 蛋白能进行结合并指导新一轮 DNA 的复制。

细菌 DNA 的复制叉移动的速度比较恒定，大约是每分钟 50000bp。大肠杆菌完成复制需要 40min，但是在营养丰富的培养基中，大肠杆菌每 20min 即可分裂一次。这是因为大肠杆菌染色体 DNA 一轮复制尚未完成时，复制过的部分就开始了第二轮复制。因此，正在复制的大肠杆菌染色体 DNA 上会出现多个复制叉。

3.4　真核生物基因组 DNA 的复制

没有一种真核生物的复制过程的所有细节被系统地研究过，人们对真核生物复制的知识来自对不同复制系统的研究，尤其是对酿酒酵母和真核生物 SV40 病毒的复制系统的研究。酿酒酵母特别适合研究复制的起始，而 SV40 病毒的复制系统特别适合研究体外参与链延伸的酶。

3.4.1　SV40 DNA 的复制

SV40 病毒最初是从野生猴子的肾细胞培养物中分离出来的一种 DNA 病毒。SV40 病毒的基因组为一约 5.2kb 双链环状 DNA，进入细胞核后会形成核小体。SV40 DNA 的复制发生在宿主细胞的 S 期，几乎完全利用宿主蛋白，特别适合在体外进行研究，因此，为研究哺乳动物 DNA 的复制提供了非常好的模型。

与大肠杆菌基因组 DNA 复制的起始过程一样，SV40 DNA 复制的起始也发生在一个特定的位点（复制起点）上。病毒编码的 T 抗原首先与复制起点结合，启动复制起始复合体的组装，并最终导致 SV40 DNA 在复制起点富含 AT 的区段解旋，形成复制泡。大 T 抗原是一种多功能的蛋白质，具有解旋酶活性，可以与单链 DNA 结合，利用水解 ATP 释放的能量，进一步打开 DNA 双链。与其他许多解旋酶不同，大 T 抗原沿前导链模板，按 3′→5′方向移动，推动复制叉前进（图 3-23）。

大 T 抗原还能与一系列细胞蛋白相互作用，其中包括 DNA 聚合酶 α/引物酶和单链 DNA 结合蛋白 RPA（replication protein A）。在真核细胞中，引物酶与 DNA Pol α 形成一个复合物，这个复合物在复制起点与单链模板结合，并合成 8～10 nt 的 RNA 引物。接着，RNA 引物被 DNA Pol α 延伸一小段距离（15～20nt）。DNA Pol α 的延伸能力相对较低，无 3′→5′核酸外切酶活性，因此无校对能力，由 Pol α/引物酶合成的 RNA 引物和短的 DNA 片段称为起始子 DNA（initiator DNA）。

在复制叉处，前导链和后随链的合成相互协调，但为了便于学习，我们将这两个过程分开考虑。我们首先学习前导链的合成过程。起始子 DNA 被合成后，会发生聚合酶的切换反应，即 DNA Pol ε 取代 DNA Pol α/引物酶，延伸起始子 DNA。与 DNA Pol α 不同，DNA Pol ε 具有 3′→5′核酸外切酶活性。

发生聚合酶切换时，由 5 种亚基组成的细胞复制因子 C（replication factor C，RFC）结合到引物-模板接头上。这种结合，一方面破坏了 DNA Pol α 与 RPA 的相互作用，使 DNA Pol α/引物酶从模板链上释放出来；另一方面催化由增殖细胞核抗原（proliferating cell nuclear antigen，PCNA）构成的滑动夹子环套在引物-模板接头上，然后 DNA Pol ε 与 PCNA 结合。PCNA 的作用与大肠杆菌的 β 亚基一样，可以稳定 DNA Pol ε 与模板链的结合，增强其延伸能力。RFC 无论在亚基组成、一级结构，还是在功能上都类似于大肠杆菌的γ复合体，所以也是一种夹子装载因子。

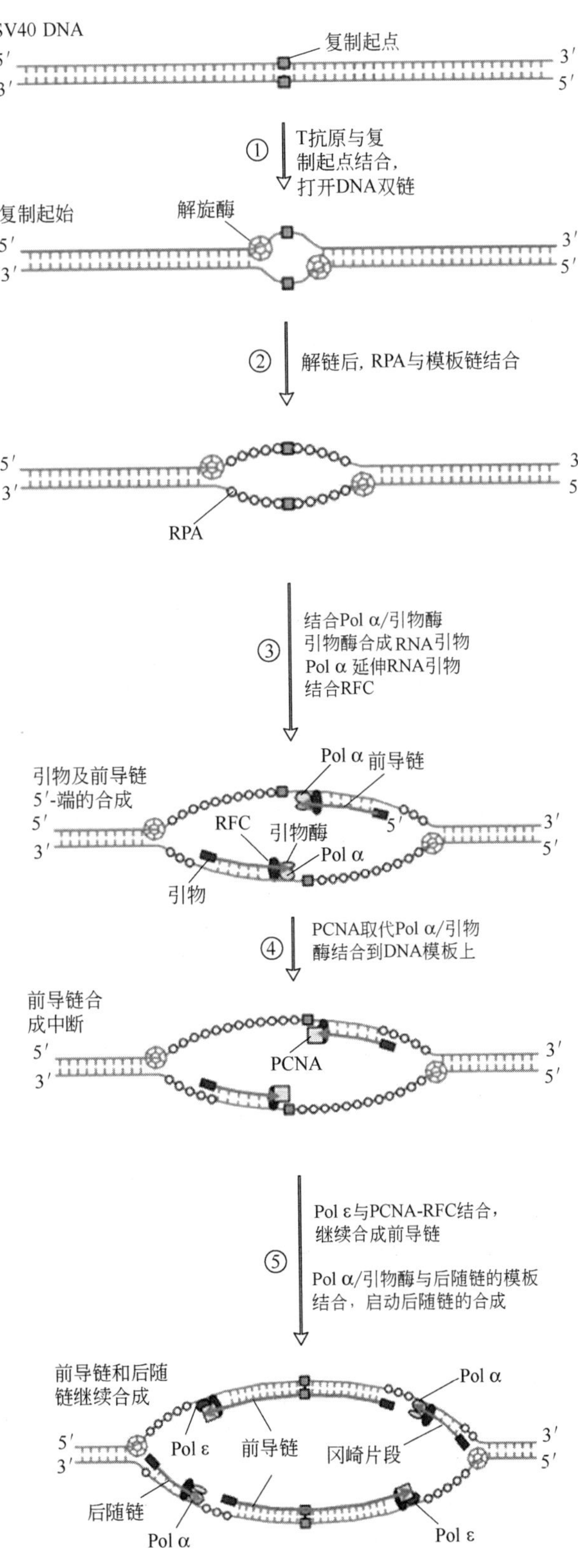

图3-23　SV40 DNA的复制模型

后随链的合成分为冈崎片段的合成和连接两个阶段。随着复制机器的移动，复制泡逐渐增大，在后随链的模板上出现 DNA Pol α/引物酶结合位点。DNA Pol α/引物酶合成起始子 DNA。接着发生聚合酶切换反应，DNA Pol δ 取代 DNA Pol α/引物酶，这一过程与先导链合成中所描述的一样。当新合成的冈崎片段的 3′-端遇到前一个冈崎片段的 5′-末端时，DNA Pol δ/PCNA 复合物从 DNA 上释放下来。

引物的去除通过两个步骤，首先由 RNase H1 降解大部分 RNA 引物。由于 RNase H1 断裂两个核糖核苷酸之间的磷酸二酯键，因此，会留下单个核糖核苷酸连接到冈崎片段上。最后一个核糖核苷酸则由 FEN-Ⅰ除去。引物去除后留下的缺口由 Pol δ 用邻近的冈崎片段作为引物负责填充。DNA 连接酶Ⅰ将两个相邻的 DNA 片段连接起来，形成大分子 DNA 链。拓扑异构酶Ⅰ负责清除复制叉移动形成的正超螺旋，拓扑异构酶Ⅱa 和Ⅱb 负责连环体的拆分。参与 SV40 DNA 体外合成的蛋白质见表 3-2。

表 3-2　体外 SV40 DNA 复制所需的蛋白质

蛋白质	功能
大 T 抗原	识别复制起始位点；打开 DNA 双螺旋；解旋酶；引发复合体装载蛋白
RPA	单链 DNA 结合蛋白；促进复制起点解旋；刺激 Pol α/引物酶；与 RFC 和 PCNA 相互作用刺激 DNA 聚合酶 δ
Pol α/引物酶	起始前导链和后随链的合成
Pol ε	完成前导链的合成
Pol δ	完成后随链的合成
RFC	Polδ 和 ε 的辅助因子；PCNA 装载因子；DNA 依赖的 ATP 酶活性
PCNA	Polδ 和 ε 的辅助因子；增加 DNA 聚合酶的进行性
topo Ⅰ	消除 DNA 复制时在复制叉前方形成的正超螺旋
topo Ⅱa 和 topo Ⅱb	复制结束后，拆分两个环套在一起的子代 DNA 分子
RNase H1	切除 RNA 引物
FEN-Ⅰ	5′→3′ 核酸外切酶，切除冈崎片段 5′-末端的核苷酸
DNA 连接酶Ⅰ	连接冈崎片段

3.4.2　核小体的组装

真核生物的 DNA 分子与组蛋白结合形成染色质。染色质的复制涉及 DNA 的复制，以及新合成的 DNA 分子重新包装进核小体。DNA 分子在复制时，核小体解体为亚组装部件，但 H3-H4 四聚体并不从 DNA 分子上释放，而是随机地与两个子代双螺旋之一结合。但是，H2A-H2B 二聚体则被释放出来，成为游离的组分，然后再参与新的核小体的组装［图 3-24（a）］。在体内，需要一些染色质组装因子指导组蛋白在 DNA 分子上装配成核小体。这些因子是带负电的蛋白质，与 H3-H4 四聚体或 H2A-H2B 二聚体形成复合体，并护送它们到核小体的组装位点，因此又被称为组蛋白伴侣（histone chaperone）。如图 3-24（b）所示，CAF-1 和 NAP-1 分别伴随游离的 H3-H4 四聚体和 H2A-H2B 二聚体移动到新复制 DNA 的分子上，并将结合的组蛋白转移给 DNA。CAF-1 因子通过与 DNA 滑动夹子的相互作用被引导至新复制的 DNA 链上。子链上新组装的核小体的组蛋白可能全部来自亲代核小体，或者全部是新合成的组蛋白，但是大部分新组装的核小体是由亲代组蛋白和新合成的组蛋白构成的。

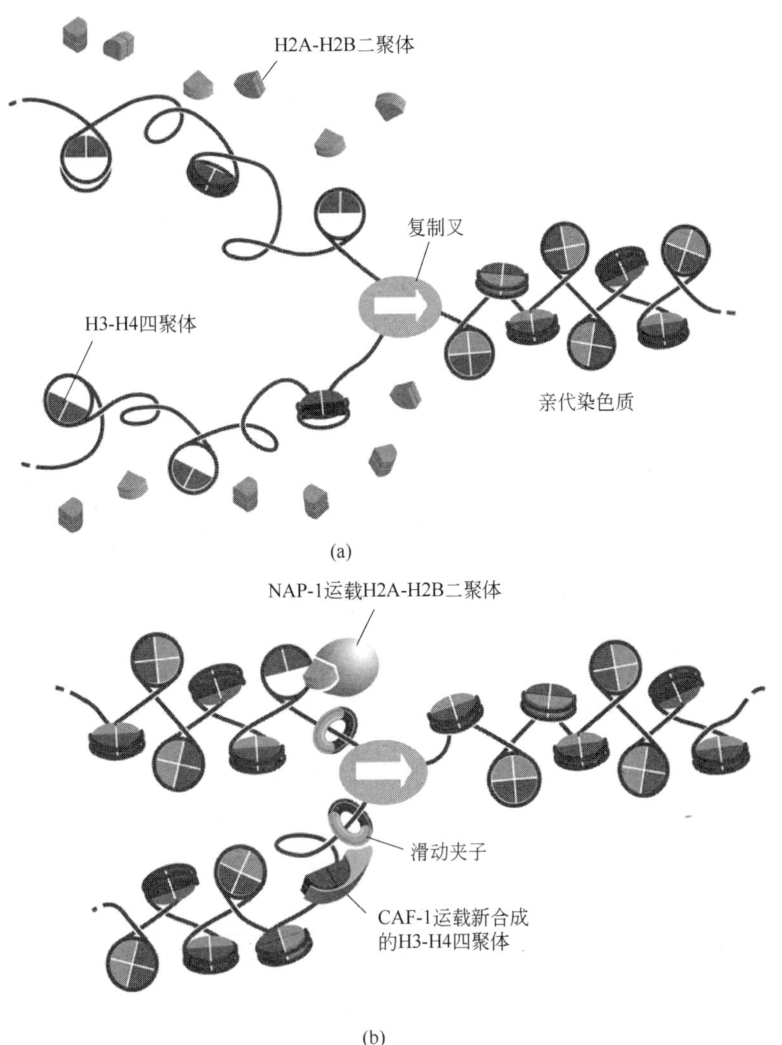

图 3-24　DNA 复制后核小体快速组装

（a）复制叉经过时，核小体解体成亚组装部件，H3-H4 四聚体在两条子代 DNA 分子上随机分布，而 H2A-H2B 二聚体脱离 DNA 分子；

（b）组蛋白伴侣将组蛋白运送至新合成的 DNA 分子上，参与核小体的装配

亲代 H3-H4 四聚体在子代染色体上的随机分布，可以导致子代染色体获得与亲代染色体相同的修饰模式，而组蛋白的修饰方式携带有表观遗传的信息。图 3-25 描述了组蛋白 N 端尾甲基化模式在亲代和子代染色体传递的一种机制。某些甲基化酶复合体特异性地识别组蛋白 N 端尾上的一个甲基化位点，然后催化邻近核小体的组蛋白在相同的位点上发生甲基化反应。

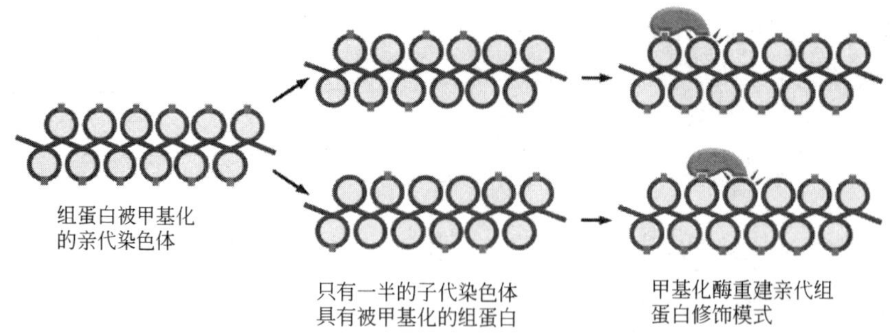

图 3-25 组蛋白修饰方式的维持

3.4.3 端粒 DNA 复制

对于线形 DNA 分子来说，后随链的不连续合成导致模板链的 3′-末端不能被复制。这是由 DNA 聚合酶的性质决定的。DNA 聚合酶需要一段短的 RNA 引物起始 DNA 的合成，然后按照 5′→3′方向延伸引物。在 DNA 分子的末端，RNA 引物被删除后不能通过标准途径修复缺口，致使后随链要比模板链短一截（图 3-26）。如果不能解决线形 DNA 复制的末端问题，伴随着细胞分裂，染色体会逐渐变短。到 20 世纪 80 年代，越来越多的证据表明细胞能够通过延长它们的端粒 DNA 来解决末端复制问题。

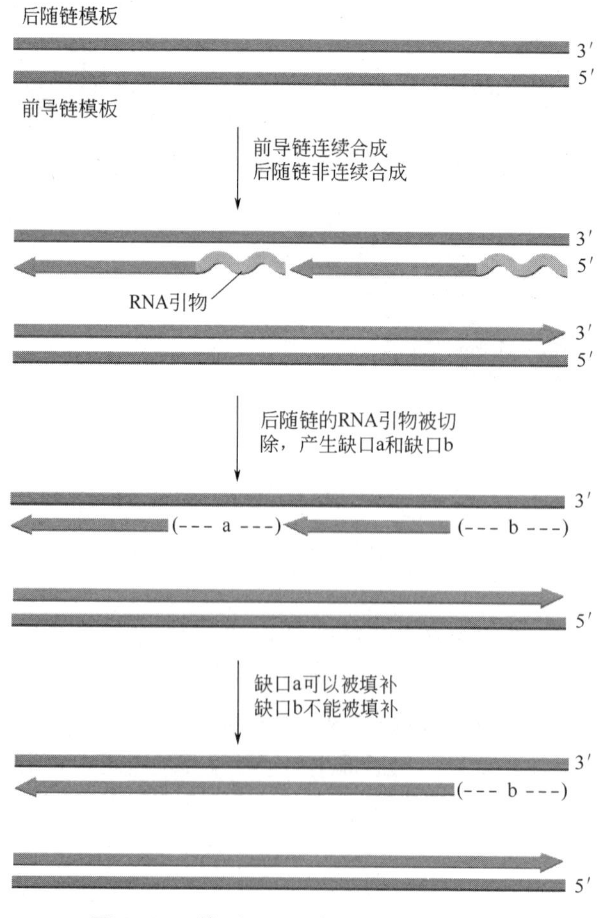

图 3-26 线形 DNA 分子的末端复制问题

真核生物染色体的末端称为端粒。端粒 DNA 由首尾相连富含 TG 的重复 DNA 序列构成，并且均具有一 3′-单链拖尾末端。端粒 DNA 的这种独特结构，使端粒酶（telomerase）能够延伸其单链末端。端粒酶是催化端粒 DNA 合成的酶，由蛋白质及 RNA 组成。端粒酶的蛋白质组分具有反转录酶活性，而它的 RNA 组分含有与端粒重复 DNA 互补的区段。端粒酶能以自身携带的 RNA 为模板，反转录合成端粒 DNA。如图 3-27 所示，通过延伸与移位交替进行，端粒酶反复将重复单位加到突出的 3′-末端上。这样，通过提供一个延伸的 3′-端，端粒酶为后随链的复制提供了额外的模板。其互补链则像一般的后随链那样合成，最终留下 3′-突出端。

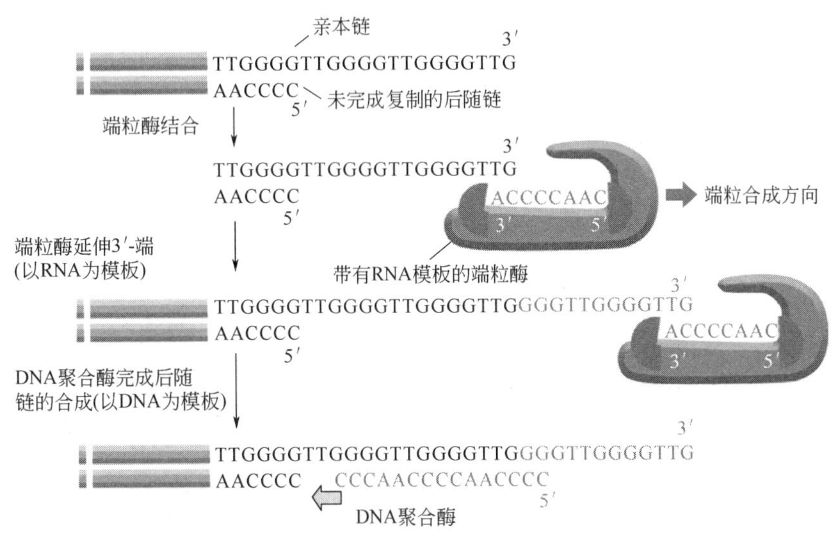

图 3-27　端粒 DNA 的复制过程

虽然端粒酶在理论上能无限延伸端粒 DNA，但是每种生物的端粒 DNA 的平均长度是一定的。与端粒双链区域结合的蛋白质对端粒的长度进行精确的调控，这些蛋白质作为弱的阻遏物可以抑制端粒酶的活性。当端粒 DNA 含有几个拷贝的重复单位时，这些蛋白质几乎不与端粒结合，端粒酶延伸端粒 DNA。随着端粒变长，这些蛋白质将在端粒上积聚，并抑制端粒酶的活性。另外，端粒 DNA 由重复序列构成，意味着细胞能承受相当程度端粒长度的变化。

3.4.4　真核生物基因组复制的调控

细胞从前一次分裂结束起到下一次分裂结束为止的活动过程称为细胞周期（cell cycle），分为间期与分裂期（M）两个阶段。间期又分为三个时期，即 DNA 合成前期（G_1 期）、DNA 合成期（S 期）与 DNA 合成后期（G_2 期）。在 G_1 期，细胞为 DNA 的复制做好准备。S 期是基因组的复制期，在 S 期 DNA 经过复制而含量增加一倍。G_2 期是 DNA 复制完毕，有丝分裂开始之前的时期。在细胞周期中，S 期与 M 期必须协调，这一点非常重要，只有这样，基因组才能在有丝分裂前完全复制且只复制一次。

对酿酒酵母的研究使人们认识到基因组 DNA 的复制是如何进行调控的。酵母染色体的复制起点被称为自主复制顺序（autonomously replicating sequences，ARS）。像所有真核生物的染色体一样，每一酵母染色体含有多个复制起点。在酿酒酵母的 17 个染色体中，大约有 400 个复制起点，其中一些复制起点已经被仔细地研究过。在酵母的复制起点上常见 3 种元件。A 元件和 B1 元件是起始位点识别复合体（origin recognition complex，ORC）的结合位点，B2 序列促进 DNA 解旋酶和其他复制因子的结合。

在酵母细胞中，ORC 与复制起点的结合很紧密，事实上在整个细胞周期中，ORC 一直保持着与 ARS 的结合状态。在 G_1 期的早期，ORC 募集两个解旋酶装载因子（Cdc6 和 Cdt1）。ORC 和装载因子共同募集到 Mcm，形成前复制复合体（pre-replicative complex，pre-RC）（图 3-28）。Mcm 是一种六聚体的 DNA 解旋酶，在真核生物复制叉上解开 DNA 双螺旋。pre-RC 的形成并不导致起始位点 DNA 立即被解旋或者 DNA 聚合酶的募集，而是只有在细胞从细胞周期的 G_1 期到达 S 期后，G_1 期形成的 pre-RC 才被激活，并启动复制的起始。

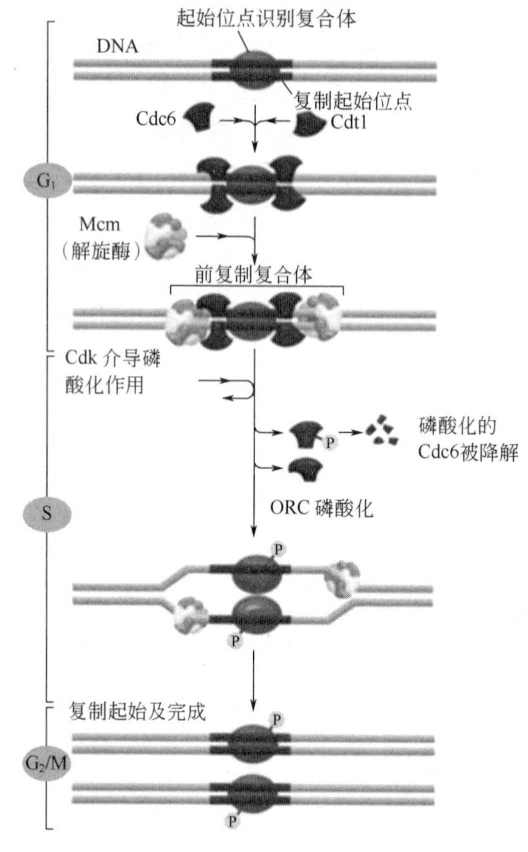

图 3-28　真核生物 DNA 复制的起始，显示每个复制起点在细胞周期中只被激活一次

进入 S 期后，细胞周期素依赖型蛋白激酶（cyclin-dependent kinase，Cdk）磷酸化所有的复制蛋白，导致复制体的进一步组装以及复制的起始。这些被募集的蛋白质包括 DNA 聚合酶 α/引物酶、DNA 聚合酶 δ 和 DNA 聚合酶 ε。

S-Cdk 不但能够引发 DNA 复制，还能够阻止复制后的 DNA 分子在 S 期被再次复制。复制开始以后，S-Cdk 促使 Cdc6 和 Cdt1 与 ORC 分离，从而导致 pre-RC 的解体，避免了从同一起始位点开始新一轮的 DNA 复制。通过磷酸化 Cdc6，S-Cdk 引发游离的 Cdc6 快速降解。S-Cdk 还使一部分 Mcm 磷酸化。磷酸化的 Mcm 被转运出细胞核，保证 Mcm 蛋白复合体不能与复制起始位点结合。S-Cdk 还阻止 Cdc6 和 Mcm 蛋白在任一起始位点的组装。

在整个 G_2 期和分裂期的早期，细胞一直维持着很高的 S-Cdk 活性，防止 DNA 分子的再次复制。在有丝分裂的末期，细胞内所有的 Cdk 活性都降为零。Cdc6 和 Mcm 蛋白的去磷酸化，使得 pre-RC 能够再次装备，为新一轮的 DNA 复制做好准备。

3.5　滚环复制与 D 环复制

3.5.1　滚环复制

3.5.1.1　滚环复制的过程

环状 DNA 分子除了能够进行“θ”形复制外，还能进行滚环复制（rolling-circle replication）

[图 3-29 (a)]。在进行滚环复制时，需要在双链环状 DNA 分子一条链的特定位点上产生一个切口，切口的 3′-OH 末端围绕着另一条环状模板被 DNA 聚合酶延伸。随着新生链的延伸，旧链不断地被置换出来，因此整个结构看起来像一个滚环。新生链延伸一周后，被置换的链达到一个复制子的长度，连续延伸则可以产生多个复制子组成的连环体 (concatemer)。被置换出的单链也可以作为模板合成互补链形成双链体。某些噬菌体 DNA 和质粒 DNA 是以滚环的方式进行复制的。滚环复制也存在于真核生物细胞，例如，某些两栖类卵母细胞内的 rDNA 和哺乳动物细胞内的二氢叶酸还原酶基因，在特定的情况下通过滚环复制，在较短的时间内迅速增加目标基因的拷贝数。

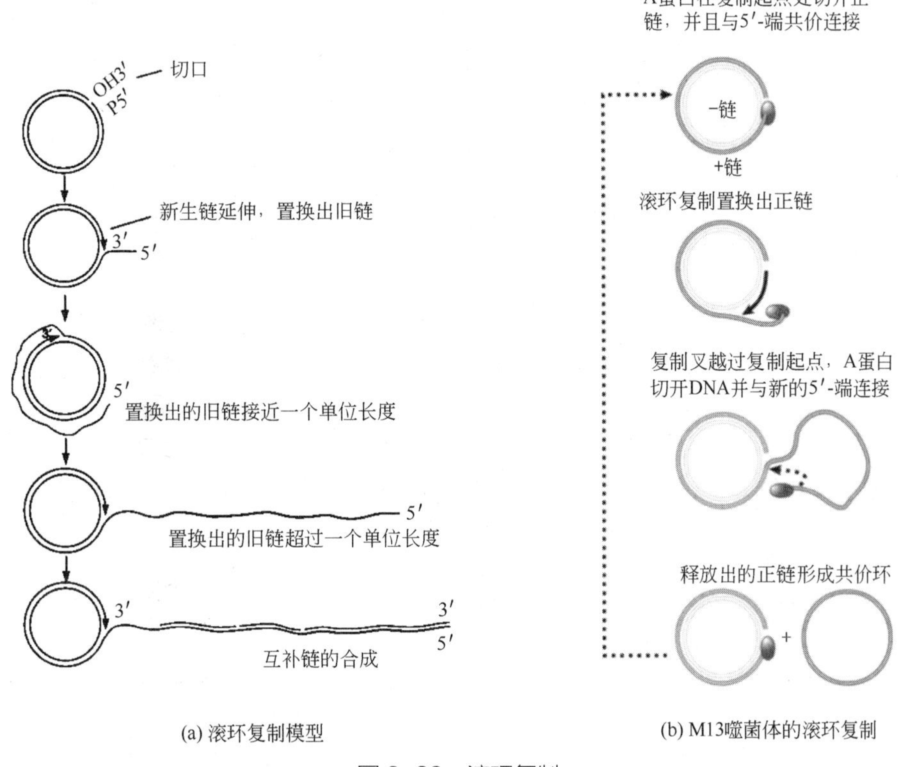

(a) 滚环复制模型　　(b) M13噬菌体的滚环复制

图 3-29　滚环复制

3.5.1.2　M13 噬菌体的滚环复制

M13 噬菌体的基因组 DNA 为一种单链环状 DNA，又称正链 DNA。当进入大肠杆菌细胞后，宿主细胞的 RNA 聚合酶识别基因组 DNA 上的一个发卡结构，并转录出一段 RNA 分子，从而破坏了发卡结构，转录亦告终止。然后，DNA 聚合酶Ⅲ以转录出的 RNA 作为引物合成互补链（负链），最终形成双链环状 DNA 分子，这是单链基因组 DNA 在细胞内复制过程中产生的一种中间体，又称复制型（replicative form，RF）DNA 分子。随后，RF 分子进行 θ 形复制产生更多的 RF DNA 分子。

当细胞内的 RF DNA 分子积累到一定的数目，便开始进行滚环复制。首先，由噬菌体基因组编码的 A 蛋白（protein A）在双链 DNA 特定位点上切开（+）链，产生一个游离的 3′-OH 和一个与 A 蛋白上一个特定的酪氨酸残基共价连接的 5′-磷酸基团，这一位点又称为复制起点 [图

3-29（b）]。接着宿主细胞的 DNA 聚合酶Ⅲ以（–）链作为模板延伸 3′-末端合成新的（+）链，同时原来的（+）链被不断地置换出来，直到复制叉重新抵达复制起点，于是一条完整的（+）链被合成出来。此时，A 蛋白再次识别起始位点，并切割（+）链，释放出一个完整的 M13 基因组 DNA，而 A 蛋白又与滚环的 5′-磷酸基团共价连接，开始下一轮循环。

3.5.1.3 λ 噬菌体 DNA 的滚环复制

λ 噬菌体 DNA 经过滚环复制产生的是由多个基因组拷贝串联形成的连环体。存在于 λ 噬菌体头部结构中的 DNA 是一种双链、线性 DNA，但是在分子的两端各有一段由 12 个核苷酸组成的单链序列，称为 *cos* 位点。这两个单链 DNA 片段是互补的，当 λ DNA 进入大肠杆菌细胞后，两个单链末端互补配对，于是线性 DNA 闭合成环［图 3-30（a）]。闭合环状 DNA 分子首先进行的是 θ 形复制，到了感染的后期，λ DNA 开始进行滚环复制。λ DNA 滚环复制的起始与 M13 噬菌体类似，环状 DNA 分子的一条链被切断，自由的 3′-末端作为引物起始合成一条新链，随着新链的延伸，原来的旧链被置换出来［图 3-30（b）]。

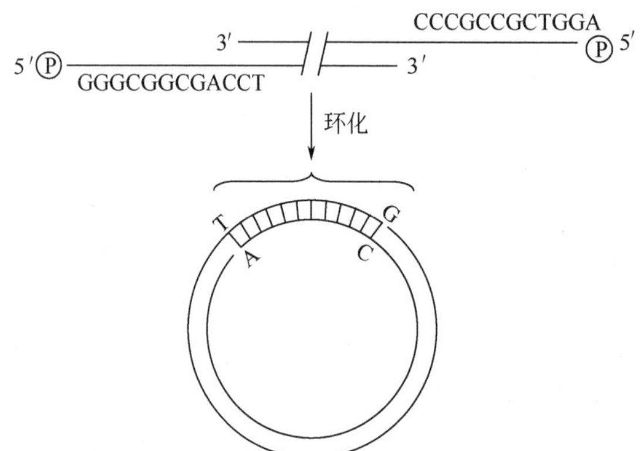

(a) 线性λDNA分子的两端为互补的单链末端，进入宿主细胞后，环化成环状DNA

(b) 滚环复制

图 3-30 λDNA 的滚环复制

与 M13 噬菌体不同的是被置换出的旧链作为模板合成一条互补链，形成双链 DNA。另外，当复制叉沿着环状模板滚动一周时，被置换出的一个基因组长度的旧链并不从滚环结构上释放出来，而是随着复制叉的连续滚动，形成一个由多个拷贝的线性基因组 DNA 前后串联在一起的连环体，相邻的基因组 DNA 由 *cos* 位点隔开。*cos* 位点是一种限制性核酸内切酶的识别序列，该内切酶是 λ DNA 分子中基因 A 的表达产物，能够在 *cos* 位点处交错切开双链 DNA 分子，形成单链的黏性末端，并与其他一些蛋白质一起，将每个 λ 基因组包裹进噬菌体的头部。

3.5.2　D 环复制

叶绿体和线粒体 DNA 采用的是 D 环复制。动物细胞的线粒体 DNA 为双链环状 DNA，DNA 两条链的密度并不相同，一条链因富含 G 而具有较高的密度，所以被称为重链（heavy strand，H strand）；另一条链因富含 C 而具有较低的密度，因而被称为轻链（light strand，L strand）。线粒体 DNA 的复制是非对称的，每一个 DNA 分子有两个相距很远的复制起始区，即 O_H 和 O_L（图 3-31）。前者用于 H 链的合成，后者用于 L 链的合成。两条链的合成都需要先合成 RNA 引物，但都是连续合成的。

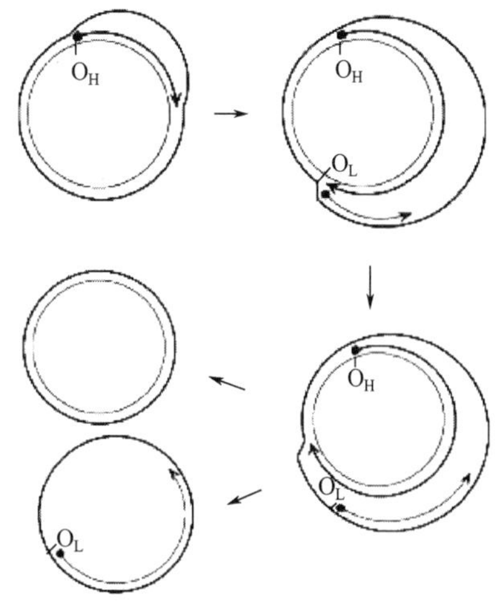

图 3-31　D 环复制

O_H 首先被启动，先合成 H 链。新合成的 H 链一边延伸，一边取代原来的 H 链。被取代的 H 链以单链环的形式游离出来，形成取代环（displacement-loop），即 D 环。当 H 链合成到约 2/3 时，O_L 暴露出来，由此启动 L 链的合成。在 L 链的合成尚未完成时，两个子代 DNA 分子即发生分离，随后完成 L 链的合成。

3.6　反转录与反转录病毒

以 RNA 为模板合成 DNA 的过程称为反转录（reverse transcription）。反转录在真核生物和原核生物中普遍存在，真核生物端粒 DNA 的合成就是一种由端粒酶催化的反转录反应。某些 RNA 病毒也携带一种依赖 RNA 的 DNA 聚合酶，称为反转录酶（reverse transcriptase，RT）。含有反转录酶的 RNA 病毒称为反转录病毒（retrovirus）。

3.6.1　反转录病毒的结构

反转录病毒颗粒可分为被膜、衣壳和病毒核心三部分（图 3-32）。被膜来源于宿主的细胞膜，其上结合有病毒基因组编码的糖蛋白。成熟的糖蛋白被切割成表面糖蛋白（surface glycoprotein，SU）和跨膜蛋白（transmembrance protein，TM）两条多肽链。外膜糖蛋白通过二硫键固定在跨膜蛋白上。病毒被膜脂双层的内表面结合有基质蛋白（matrix protein，MA）。被膜内为由衣壳蛋白（capsid protein）组成的衣壳。衣壳内有 RNA 基因组，其上结合有核质蛋白（nucleoprotein，NC）、反转录酶、整合酶（integrase，IN）

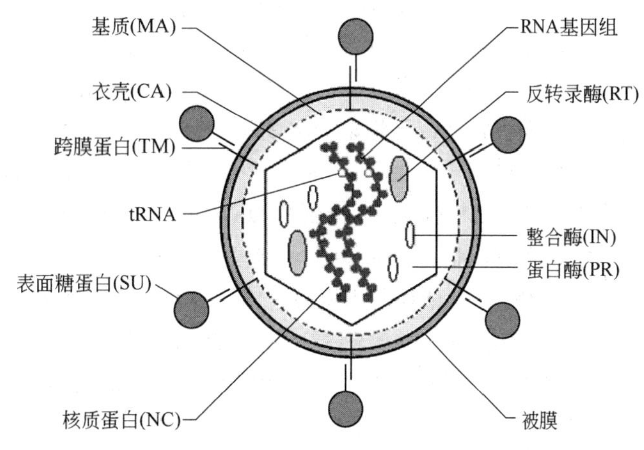

图 3-32　反转录病毒的结构

和蛋白酶。

3.6.2　反转录病毒的基因组

所有反转录病毒的基因组都由两条相同的正链 RNA 组成，RNA 的 5′-末端有一帽子结构，3′-端有 Poly(A)尾。病毒基因组 RNA 具有末端正向重复，称为 R 区，其长度在不同的病毒中存在差异，从 18～250nt 不等。在 5′-端的 R 片段之后是 75～250nt 的非编码区，称为 U5 区。3′-端的 R 区段之前是 200～1200nt 的非编码区，称为 U3 区，含有负责转录的启动子。另外，病毒基因组还有一个引物结合位点（primer binding site，PBS），这是一段由 18nt 构成的序列，与引物 tRNA 的 3′-端互补（图 3-33）。

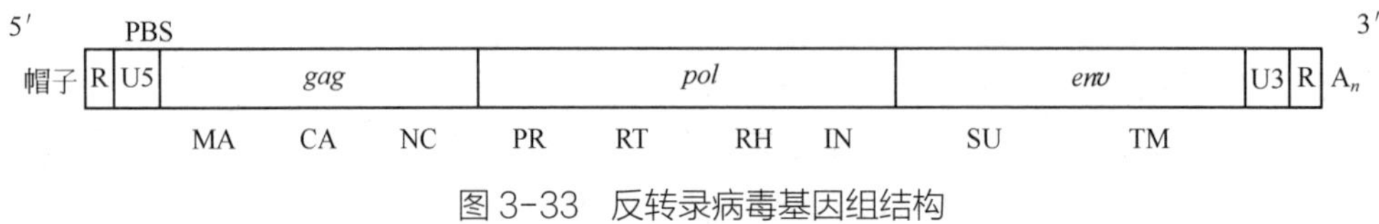

图 3-33　反转录病毒基因组结构

一个典型的反转录病毒基因组包含 3 个基因：*gag* 编码基质蛋白、衣壳蛋白和核质蛋白；*pol* 基因编码基因组复制所需的反转录酶和整合酶；*env* 编码外膜糖蛋白和跨膜蛋白。在所有的反转录病毒中，这三个基因的排列顺序是固定的，即 5′-*gag*-*pol*-*env*-3′。在不同类型的反转录病毒中，蛋白酶由 *gag* ORF 的 3′-部分和 *pol* ORF 的 5′-部分编码，或者由 *gag* 和 *pol* 中的一个 ORF 编码。

3.6.3　反转录过程

反转录酶催化产生病毒 RNA 的双链 DNA 拷贝，与病毒 RNA 互补的那条 DNA 链称为负链，另一条 DNA 链称为正链。反转录酶还具有 RNase H 活性，能够特异性切割 RNA-DNA 杂交分子中的 RNA 链。

与所有 DNA 聚合酶一样，反转录酶也需要一个与模板退火的引物起始 DNA 的合成。起始负链 DNA 合成的引物是宿主细胞的一种空载的 tRNA。它的 3′-端与 U5 附近的引物结合位点互补配对（图 3-34）。反转录酶延伸引物至模板 RNA 的 5′-末端。由于 PBS 紧靠基因组 RNA 的 5′-末端，所以在这一阶段合成的 cDNA 并不长。

在反转录过程中，RT 利用其 RNase H 活性切割 RNA-DNA 双链体中的 RNA 单链后，U5-R DNA 以单链的形式被释放。这条 U5-R DNA 单链随后与病毒 RNA 分子另一端的 R 区配对，这是第一次模板转换，又称第一次跳跃。

一旦完成第一次跳跃，与 RNA 3′-端结合的 U5-R DNA 单链就可以作为引物，以剩余的 RNA 为模板继续 DNA 的合成，得到的 DNA 单链终止于 PBS 的 3′-端。与此同时，RT 的 RNase H 活性水解模板链，但由于 RNA 基因组上有一段短的（约 10 nt）聚腺嘌呤片段（poly purine tract，PPT）对 RNase H 的作用不敏感，因而会暂时留下作为正链 DNA 合成的引物。

PPT 引物的延伸将复制 U3、R、U5 和 PBS 序列。一旦 tRNA 引物从负链 cDNA 上移除，随即发生第二次跳跃，正链上的 PBS 序列与负链上的 PBS 序列互补配对。然后，正链 DNA 和负链 DNA 互为模板完成全长双链 cDNA 的合成。以基因组 RNA 为模板合成的双链 cDNA 具有由 U3、R 和 U5 构成的长末端重复（long terminal repeat，LTR）（图 3-34）。

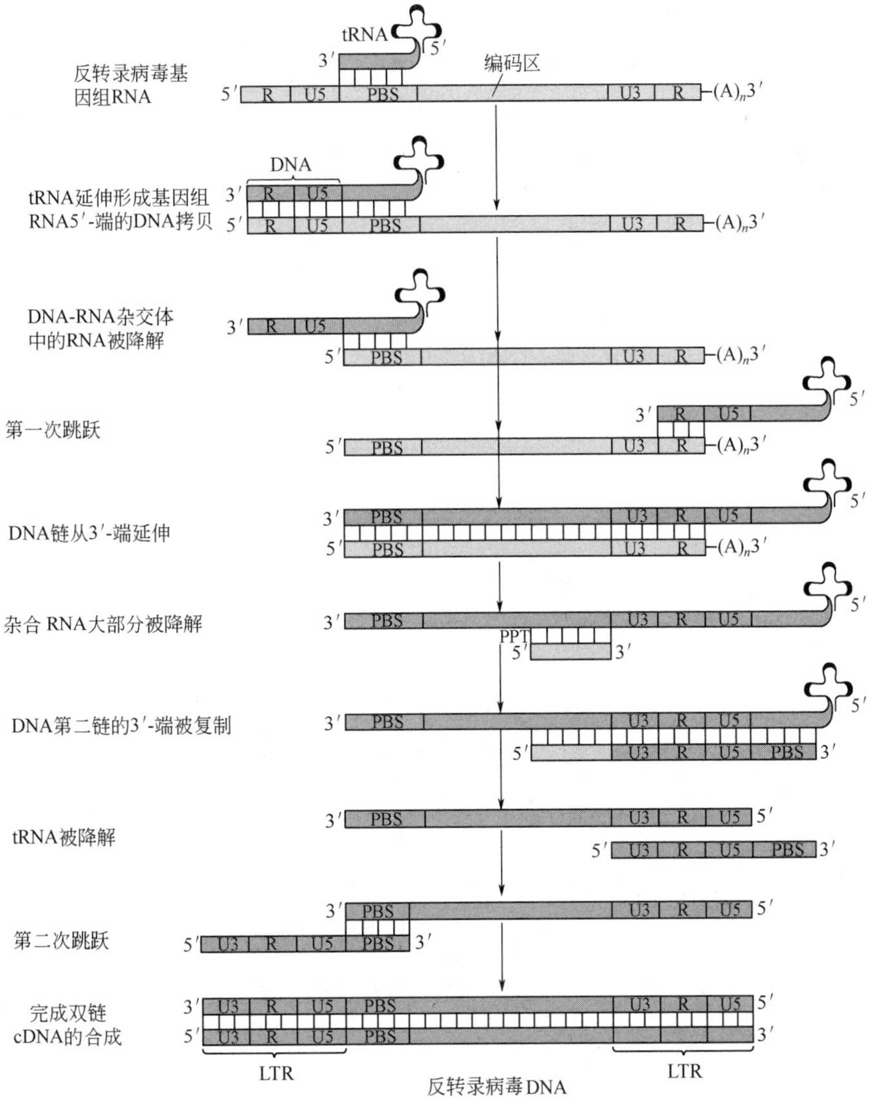

图3-34 反转录病毒基因组的反转录过程

由反转录产生的病毒 DNA 被反转录病毒携带的整合酶直接插入到宿主的染色体中。病毒 DNA 的整合机制与转座子的转座过程相似，将在第 5 章中详细介绍。

知识拓展 聚合酶链反应

聚合酶链反应（polymerase chain reaction，PCR）是一种在模拟 DNA 复制反应的基础上对一个 DNA 分子某一特定区域进行选择性扩增的方法。PCR 反应体系包括：①模板，其上待扩增的序列称为靶序列；②一对特异性引物，它们是人工合成的单链 DNA 片段，与靶序列的两端互补；③耐热 DNA 聚合酶，用于延伸引物合成 DNA，PCR 反应中常用的 DNA 聚合酶是 Taq DNA 聚合酶；④四种脱氧核糖核苷三磷酸，dATP、dGTP、dCTP 和 dTTP 是 DNA 合成的前体分子。此外，PCR 需要一种能够迅速对反应体系进行加热和冷却的设备——PCR 仪，从而有效控制模板的变性温度、引物与模板的退火温度和引物的延伸温度。

PCR 的每一循环包括变性、退火和延伸 3 个步骤，经过 25～30 次循环后，就会获得目的片段的大量拷贝（图 1）。PCR 的出现被认为是自然科学的一个重大突破，该项技术在生命科学、医学诊断、法医学和农业科学等领域有着广泛而重要的应用，实际上，许多分子生物学研究方案都是以 PCR 为基础设计的。

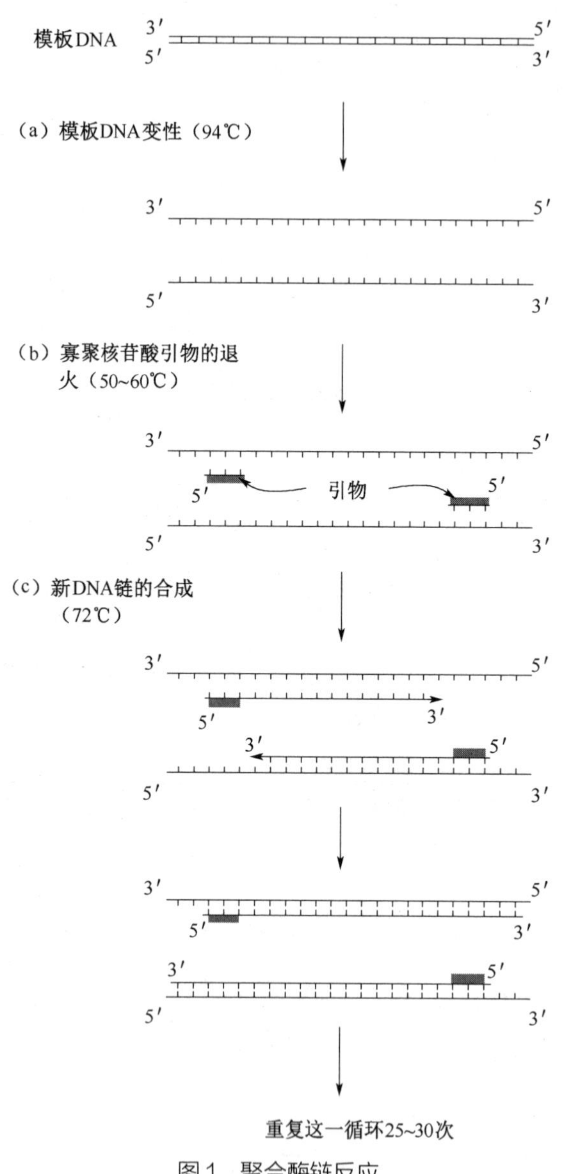

图1 聚合酶链反应

PCR 技术是在一系列开创性工作的基础上产生的。1953 年，Watson 和 Crick 发现了 DNA 分子的双螺旋结构，并设想了 DNA 复制的可能机制。1957 年，Arthur Kornberg 在研究 DNA 复制机制时，发现了 DNA 聚合酶，这种酶在复制模板链时需要引物，并且只沿一个方向合成 DNA 链。1971 年，Gobind Khorana 和他的团队开展了 DNA 修复合成的研究工作，他们利用人工合成的引物和模板指导 DNA 聚合酶合成目的基因片段。由于反应只采用了一条引物，因此这项技术并不能实现对靶序列的指数扩增。几乎在同一时间，Khorana 实验室的 Kjell Kleppe 设想采用一对引物对 DNA 片段进行扩增，这就是 PCR 的雏形。

1977 年，Frederick Sanger 发明了 DNA 测序的方法，测序反应需要 DNA 聚合酶、一条引物及 4 种脱氧核糖核苷酸前体。因此，到了 1980 年，PCR 扩增所需的组分都已具备。然而，直到 1983 年，美国 Cetus 公司的 Kary Mullis 在 Sanger 的 DNA 测序方法的基础上，设计了一项新的技术。与 Sanger 的测序反应不同，Mullis 在体外反应体系里面添加了一对引物，它们分别与 DNA 双螺旋的两条链互补配对。当引物与模板链杂交后，一条引物的 3′-末端对着另一条引物的 3′-末端，界定着扩增的区域（图 1）。他认为重复使用 DNA 聚合酶可以触发导致靶序列指数扩增的链反应。

Mullis 通过实验不断验证他的想法，后来还在反应中引入了热循环。1984 年，Mullis 与 Cetus 的遗传突变分析团队开始扩增基因组 DNA。一开始扩增效果并不理想，通过凝胶电泳检测不到扩增产物，但可以采用 Southern 印迹证实目标 DNA 得到了扩增。扩增产物被成功克隆和测序后，PCR 技术及其应用被申请专利，1987 年专利获得授权。研究团队通过设计新的引物来不断提高扩增反应的特异性，最终成功地用凝胶电泳技术检测到了扩增产物。

1969 年 Thomas Brock 从黄石国家公园分离出一种新的嗜热菌——*Thermus aquaticus*，来自这种古细菌的 DNA 聚合酶，即 Taq 聚合酶，能够承受极高的温度。Cetus 公司的 Susanne Stoffel 和 David Gelfand 在 1985 年秋天将 Taq DNA 聚合酶分离出来，Randy Saiki 证实 Taq 聚合酶非常适合应用于 PCR 反应。1985 年底，Perkin-Elmer 和 Cetus 成立了一个联合公司为 PCR 技术研发试剂和设备，1987 年 11 月以 Taq 聚合酶为基础的 PCR 仪和 AmpliTaq DNA 聚合酶开始在市面上销售。从此，PCR 技术成为了一种常规技术，在生物科学领域得到了广泛应用。

第 4 章 DNA 的突变和修复

DNA 作为遗传信息的主要物质基础，在一代代传递过程中保持相对稳定。然而，偶然发生的 DNA 复制差错和化学损伤可以导致 DNA 序列的改变。尽管 DNA 复制机器可以通过多种机制来保证复制的忠实性，但仍会有复制错误逃过检测，在新合成的 DNA 链上错误插入的碱基，最终可能会被固定下来形成突变。DNA 损伤可以自发地发生（例如，DNA 脱嘌呤作用），也可以被内部因素（例如，活性氧）或外部因素（紫外线、X 射线、化学诱变剂等）诱导发生。

细胞的 DNA 修复系统可以通过多种途径在 DNA 复制之前对损伤进行修复。如果在复制之前，损伤没有得到修复，复制机器在复制带有损伤的模板链时，会产生更多的错误，所以 DNA 损伤可以提高突变率。在多细胞生物中，只有发生在生殖细胞中的突变，才有可能在种群中保留下来，对基因组的进化产生影响。体细胞基因组的改变在进化上的意义并不重要，但可能会影响生物体的功能。

4.1 DNA 突变

4.1.1 突变的主要类型

突变（mutation）是指 DNA 碱基序列永久的、可遗传的改变，而带有突变的基因、细胞或个体称为突变体（mutant）。碱基序列的变化可以分为下面几种主要类型：①碱基替换（base substitution），即 DNA 分子中一个碱基被另一个碱基替代；②插入（insertion），涉及一个或多个碱基插入到 DNA 序列中；③缺失（deletion），涉及 DNA 序列上一个或多个碱基的缺失；④倒位（inversion），一段碱基序列发生倒转，但仍保留在原来的位置上；⑤重复（duplication），一段碱基序列发生一次重复；⑥易位（translocation），一段碱基序列从原来的位置移出，并插入到基因组的另一位置。

下面主要论述发生在蛋白质编码区中的突变对基因功能的影响。然而，突变也可以出现在 tRNA、rRNA 或者其他非编码 RNA 基因中，这些突变会对核糖体的功能、RNA 剪接或其他关键过程产生显著影响。另外，突变也可能落在基因的启动子或者其他调控元件中。这些调控位点对基因的表达至关重要，如果发生突变，则会对基因的表达模式产生影响。

4.1.1.1 碱基替换

碱基替换又称点突变（point mutation），是一种最为简单的突变形式，可分为转换（transition）和颠换（transversion）两种类型。前者指嘌呤与嘌呤之间，或嘧啶与嘧啶之间的替换；后者指嘌呤与嘧啶之间的替换。

根据碱基替换对多肽链中氨基酸顺序的影响，点突变又可以分为以下三种类型：

（1）**同义突变**

有时 DNA 的一个碱基对的改变并不会影响它所编码的蛋白质的氨基酸序列，这是因为改变前和改变后的密码子是简并密码子，它们编码同一种氨基酸，因此这种基因突变又称为同义突变（synonymous mutation）。在表 4-1 中，密码子 TAT 的第三位 T 被 C 取代而成为 TAC，但 TAT 和 TAC 都编码酪氨酸，翻译成的多肽链没有变化。

表 4-1　点突变

类型	定义	例子	突变的后果
		TAT TGG CTA GTA CAT Tyr–Trp–Leu–Val–His	
同义突变	核苷酸序列发生了变化，但并不影响密码子所编码的氨基酸	TAC TGG CTA GTA CAT Tyr–Trp–Leu–Val–His	核苷酸序列发生了变化，但氨基酸序列不发生改变
错义突变	核苷酸序列的改变，导致密码子编码的氨基酸也发生了变化	TAT TGT CTA GTA CAT Tyr–Cys–Leu–Val–His	蛋白质的一级结构发生了变化
无义突变	核苷酸序列的改变，使编码氨基酸的密码子转变为终止密码子	TAT TGA CTA GTA CAT Tyr STOP	翻译提前终止，生成截短了的多肽链
移码突变	插入或者删除一个或几个碱基，导致读码框发生改变	TAT TCG GCT AGT ACA Tyr–Ser–Ala–Ser–Thr	使插入或缺失位点下游的氨基酸序列发生根本的改变

（2）**错义突变**

由于碱基对的改变，而使决定某一氨基酸的密码子变为决定另一种氨基酸的密码子的基因突变叫错义突变（missense mutation）。在表 4-1 中，编码色氨酸的密码子（TGG）被编码丝氨酸的密码子（TGT）所取代。这种基因突变有可能使它所编码的蛋白质部分或完全失活。假设密码子 GUA 变为 GAA，这将会导致缬氨酸被谷氨酸所取代。缬氨酸的侧链基团是疏水性的，体积较大；而谷氨酸的侧链基团是带负电荷的亲水基团，体积较小。所以，在大多数情况下，谷氨酸取代缬氨酸将会严重影响蛋白质的功能，甚至导致蛋白质完全失活。

如果所涉及的氨基酸残基位于蛋白质的表面，而且不参与和其他分子的相互作用或者对蛋白质的溶解性不产生大的影响，那么，这种氨基酸替代的后果可能并不严重。还有一些错义突变造成的氨基酸替代并不影响蛋白质的功能，称之为中性突变。例如密码子 AGG 突变为 AAG，导致 Lys 取代了 Arg，这两种氨基酸都是碱性氨基酸，性质十分相似，所以蛋白质的功能并不发生重大的改变。中性突变连同同义突变一起又被称为沉默突变（silent mutation）。

错义突变的一种十分有用的类型是温度敏感突变（temperature sensitive mutation）。顾名思义，突变的蛋白质在低温下能够正确折叠，但是在高温下不稳定，呈伸展状态。因此，蛋白质在许可温度（permissive temperature）下有活性，在较高的温度或称非许可温度（nonpermissive temperature）下没有活性。温度敏感突变的一个例子是果蝇的 *para* (*ts*)突变，这种突变影响钠离子通道蛋白的作用。钠离子通道与神经冲动的传导有关，在限制温度下突变蛋白没有活性，果蝇处于麻痹状态。在较低的温度下，果蝇能够正常飞行。

很多基因的产物无论在任何条件下对细胞的生存都是必需的，例如编码 RNA 聚合酶、核糖体蛋白质、DNA 连接酶和解旋酶的基因，这类基因发生突变常常具有致死效应。温度敏感突变体则可以用来研究这些必需基因的功能。在许可温度下，突变体能够正常生长；在非许可温度下，用于分析突变对基因功能的影响。

（3）无义突变

由于某个碱基替代使决定某一氨基酸的密码子变成一个终止密码子的突变叫无义突变（nonsense mutation）（表 4-1）。其中密码子改变为 UAG 的无义突变又叫琥珀突变（amber mutation），改变为 UAA 的无义突变又叫赭石突变（ochre mutation）。无义突变使多肽链的合成提前终止，产生截短的蛋白质，这样的蛋白质常常是没有活性的。

突变也可以把终止密码子转变成编码某一氨基酸的有义密码子，造成终止信号的通读（readthrough），结果是多肽链的 C 末端添加了一段氨基酸序列。对于大多数蛋白质而言，C 末端延伸一段短的氨基酸序列，并不影响它们的功能，但是过长的延伸会影响蛋白质的折叠，降低蛋白质的活性。

4.1.1.2 移码突变

读码框内的碱基序列在指导蛋白质合成时，是按照三联体密码子阅读的，即三个连续的碱基对应于多肽链中的一个氨基酸。密码子是连续的，中间没有任何停顿。因此，基因的编码序列中插入或者缺失一个或两个碱基，会使 DNA 的阅读框架发生改变，导致插入或缺失部位之后的所有密码子都跟着发生变化，产生一种截短的或异常的多肽链，这种突变称为移码突变（frameshift mutations）（表 4-1）。移码突变常常会彻底破坏编码蛋白质的功能，除非移码突变发生在读码框的远端。

然而，一次插入（或者缺失）三个碱基会添加（或者删除）一个完整的密码子，阅读框并不发生改变。这时，除了添加或缺失一个氨基酸残基，蛋白质的其他部分并未发生变化。如果添加（或缺失）的氨基酸不在蛋白质的功能区，仍能产生功能蛋白。一个或少数几个碱基的插入或缺失也归为点突变。

4.1.1.3 缺失突变

在这里讨论的缺失突变指的是大片段缺失。缺失通常用“△”或者 DE 表示，因此△（*argF-lacZ*）或者 DE（*argF-lacZ*）代表大肠杆菌染色体从 *argF* 至 *lacZ* 的区域发生了缺失。大的缺失可以移除一个基因的部分序列、整个基因，甚至几个基因。显然，移除一个基因，细胞就不能合成这个基因所编码的蛋白质。如果这种蛋白质是细胞生命活动所必需的，那么缺失是致死的。缺失也可能移除基因的调控区，根据被移除的精确的区域，基因的表达可以降低，也可以升高。例如，缺失移除了调控序列上一个阻遏蛋白的结合位点，相关基因的活性将升高。所以，DNA 缺失也能提高基因的表达水平。如果移除的是没有功能的 DNA，如基因间的非编码序列或者基因中的内含子，缺失可能没有明显的表型效应。

缺失突变比想象的要常见得多。大肠杆菌大约 5%的自发突变是缺失突变。尽管细菌缺少内含子，基因间隔区也非常短，大肠杆菌的基因组仍会发生非致死性的大范围缺失。主要原因是细菌的很多基因只是在一定的环境条件下是必需的，例如，大肠杆菌的整个乳糖操纵子被删除，只会阻止细菌不能利用乳糖作为碳源，除此之外，并无其他有害的效应。

4.1.1.4 插入突变

通常情况下，大多数的插入突变是由可移动因子插入到 DNA 分子中引起的。可移动因子包括 DNA 转座子、反转录转座子及某些可以整合到宿主染色体上的病毒。插入可用“:: ”符号表示，例如 *lacZ*:: Tn*10* 就表示转座子 Tn*10* 插入到了 *lacZ* 基因中。可移动因子的长度通常为几 kb，如此大的遗传元件插入到靶基因中，可以彻底破坏基因的功能。

转座子和病毒的基因组通常含有多个转录终止子，介导转录的终止。当这些遗传元件插入到细菌操纵子的一个结构基因中时，除了导致该基因的插入失活外，还会阻止其下游基因的表达，这种现象称为极性，原因是插入元件中的终止子序列阻挡了 RNA 聚合酶转录下游基因。

偶尔，插入突变也可以激活一个基因。如果插入的位置是一个阻遏蛋白的识别位点，阻遏蛋白将不能再与调控序列结合，于是基因被活化。另外，有几种转座子的末端带有驱动外侧基因表达的启动子序列。这样的转座子插入到新的位置，可能会激活原来沉默的基因。基因组中有一种隐蔽基因，它们能够编码功能性产物，但由于启动子的缺损不能表达。例如，大肠杆菌的 *bgl* 操纵子在野生型菌株中没有活性，但是，当转座子刚好插入到操纵子的上游时，其携带的朝向外侧的启动子会重新激活该操纵子的表达。

4.1.1.5 DNA 重排

DNA 重排包括倒位、易位和重复。如果倒位发生在基因内部，通常导致基因失活；如果倒位片段的两个末端序列落在基因间隔区，这时倒位片段携带的基因将保持完整，但是相对于染色体的其余部分，基因的方向发生了倒转，倒位对基因功能产生的影响可能并不显著。

易位指一段 DNA 序列离开原初的位置，插入到同一条染色体的另一位置，或者插入到另一条染色体上。如果是一个完整的基因连同其调控序列一起发生了易位，基因仍保持其功能，易位造成的危害较小。然而，如果基因的一个片段发生了易位，并插入到另一个基因的内部，将造成两个基因失活。

如果重复发生在一个基因的内部，将会破坏该基因的功能；如果是携带一个或几个完整基因的 DNA 片段发生重复，将导致基因拷贝数的增加。基因重复，以及随后发生的序列趋异被认为是新基因产生的重要途径。

4.1.2 突变的产生

依据产生的过程，突变可分为自发突变（spontaneous mutation）和诱发突变（induced mutation）。由内在因素引起的突变称为自发突变。由外在因素，如化学诱变剂、放射线等，引起的突变称为诱发突变。

4.1.2.1 自发突变

（1）DNA 聚合酶复制差错引起的自发突变

DNA 聚合酶在维持 DNA 复制忠实性方面最为重要，它根据模板链的核苷酸序列，按照 Watson-Crick 碱基配对原则选择正确的核苷酸。如果选择的核苷酸与模板链上的核苷酸不匹配，则加以抛弃，重新挑选；如果选择的核苷酸与模板链上的核苷酸互补，则保留下来，并催化与前一个核苷酸形成 3′, 5′-磷酸二酯键。另外，DNA 聚合酶还具有校对活性，能够切除新插入的错误核苷酸。尽管聚合酶的校对活性极大地增加了 DNA 合成的精确度，然而有些错误掺入的核苷酸仍有可能逃脱检测，与模板链形成错配，并在下一轮复制时，导致 DNA 序列中产生一个永久的改变（图 4-1）。

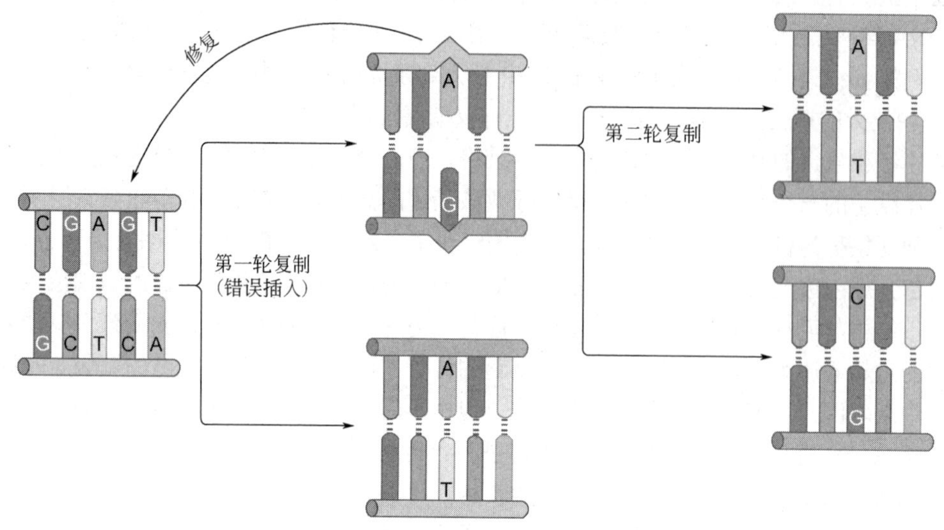

图 4-1　DNA 复制错误掺入的碱基导致点突变

细菌先导链和后随链的出错率是不对等的，后随链大约是先导链的 20 倍，原因可能是 DNA 聚合酶 I 的校对功能弱于 DNA 聚合酶III。后随链是不连续合成的，各个冈崎片段的 RNA 引物被切除后留下的缺口由 DNA 聚合酶 I 填补，而先导链均由聚合酶III负责合成。

除造成点突变外，DNA 聚合酶自发性错误也会以非常低的频率产生插入或缺失突变。当复制叉遇到短的串联重复序列时，模板链与新生链之间有时会发生相对移动，导致部分模板链被重复复制或者被遗漏，其结果是新生链上的重复单位的数目发生了变化，这种现象称为复制滑移（replication slippage）（图 4-2）。这是微卫星多态性产生的主要原因。

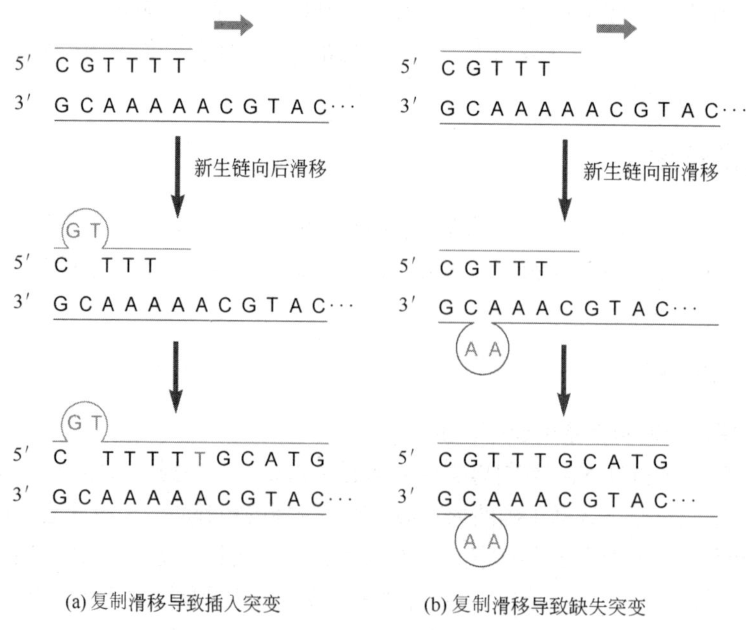

图 4-2　复制滑移导致插入或缺失突变

发生在短串联重复序列处的链的滑移可能与人类三核苷酸重复序列扩增疾病（trinucleotide repeat expansion disease）的发生有关。例如，在人的 HD 基因中存在 5′-CAG-3′三核苷酸的串联重复，编码蛋白质产物中的多聚谷氨酰胺。正常人的 HD 基因含 6～35 个 CAG；亨廷顿氏病（Huntington' disease）人的 HD 基因的 CAG 数量扩增至 36～121 个拷贝，增加了多聚谷氨酰胺的长度，造成蛋白质功能障碍。一些与智力缺陷有关的疾病与基因前导区的三核苷酸扩增引起的染色体脆性位点（fragile site）有关。

（2）碱基的互变异构引起的自发突变

碱基的互变异构有时也会导致突变的发生。DNA 分子中的碱基都存在两种互变异构体，它们处于动态平衡之中，每一种碱基都可以从一种异构体转变为另一种异构体。鸟嘌呤和胸腺嘧啶存在酮式和烯醇式两种互变异构体，平衡更倾向于酮式（图 4-3）；腺嘌呤和胞嘧啶有氨基和亚氨基两种互变异构体，平衡更倾向于氨基形式。烯醇式鸟嘌呤优先与 T 配对，而烯醇式胸腺嘧啶优先与 G 配对。腺嘌呤罕见的亚氨基互变异构体优先与 C 配对，胞嘧啶的两种互变异构体都与 G 配对。

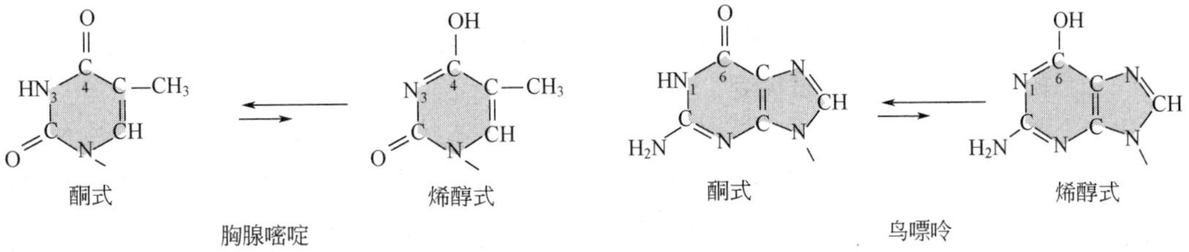

酮式　烯醇式　胸腺嘧啶　酮式　烯醇式　鸟嘌呤

图 4-3　碱基的互变异构

DNA 复制时，碱基因互变异构导致的配对性质的改变也会诱导突变的发生。图 4-4 表示，在复制叉到达的关键时刻，模板上的 G 偶然地从酮式变为烯醇式，与 T 而不是与 C 配对。DNA 再复制一次产生的两个子代双螺旋中的一个将带有突变。由于正常碱基形成异构体的概率很低，所以自发突变的频率也很低，一般为 10^{-10}～10^{-6}。如果某一碱基类似物能以较高的频率产生异构体，当掺入 DNA 分子后，就能提高突变率。

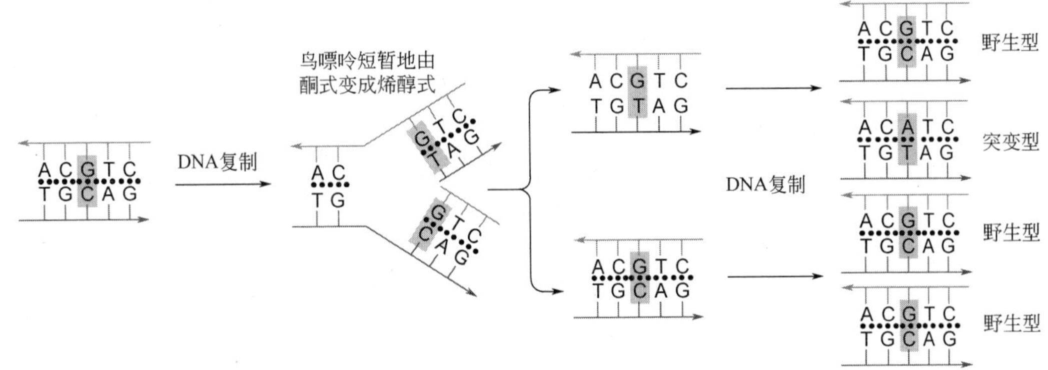

图 4-4　DNA 复制时模板上的 G 从酮式变为烯醇式导致碱基转换

（3）DNA 的化学不稳定性引起的自发突变

在正常的生理条件下，腺嘌呤、鸟嘌呤尤其是胞嘧啶可以自发地发生脱氨基作用（deamination），脱去嘌呤环或嘧啶环上的氨基（图 4-5）。胞嘧啶脱氨基产生尿嘧啶，因此复制时在新生链对应位点上插入的是腺嘌呤而不是鸟嘌呤。腺嘌呤自发脱氨基转变成次黄嘌呤(hypoxanthine)，优先与胞嘧啶配对，而不是与胸腺嘧啶配对。因此，腺嘌呤和胞嘧啶的脱氨基作用可以造成突变。鸟嘌呤脱氨基后变成了黄嘌呤（xanthine），由于黄嘌呤仍与胞嘧啶配对，但它们之间只形成两个氢键，因此鸟嘌呤的脱氨基作用并不能引起突变。

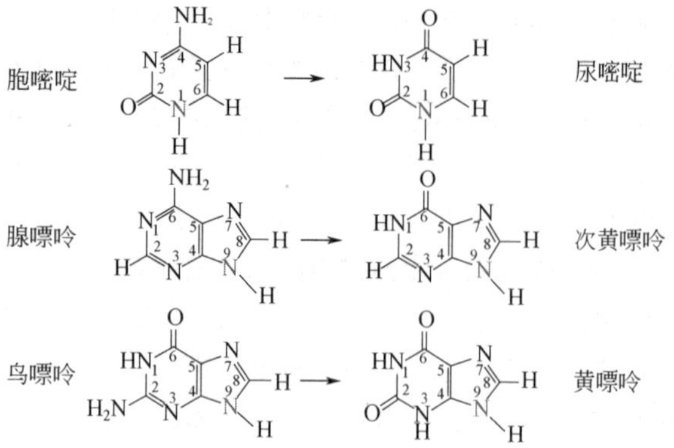

图 4-5　DNA 分子的脱氨基作用

DNA 分子中连接碱基与脱氧核糖的共价键偶尔会发生自发断裂，产生一个无碱基（apurinic/apyrimidinic，AP）位点。与嘧啶相比，嘌呤更容易从 DNA 骨架上脱落。在 DNA 合成过程中，当复制机器遇到无碱基位点时会在新生链对应的位点插入一个错误的碱基，导致碱基替换，或者越过 AP 位点直接复制下一个完整的核苷酸，导致碱基的缺失。

（4）错配和重组造成的自发突变

在两个密切相关的 DNA 序列之间可以发生同源重组。DNA 的缺失、倒位、易位和重复可能来自于基因组中相似序列之间的错配以及随后发生的重组。同一 DNA 分子的两个同向重复序列之间的错误配对使它们之间的序列形成一个独立的环，两个配对序列之间的交换又使环状部分从原来的 DNA 分子上切割下来，而原来的 DNA 分子则产生相应的缺失［图 4-6 (a)］。图 4-6（b）表示同一 DNA 分子上的两个反向重复序列发生配对形成的茎环结构。随后的重组将导致反向重复序列之间的部分发生倒位。大肠杆菌染色体含有 7 个拷贝的 rRNA 基因。有一些大肠杆菌菌株，染色体上两个 rRNA 操纵子之间的序列发生了倒位。这些菌株能够存活，但生长速度比正常的菌株要慢一些。

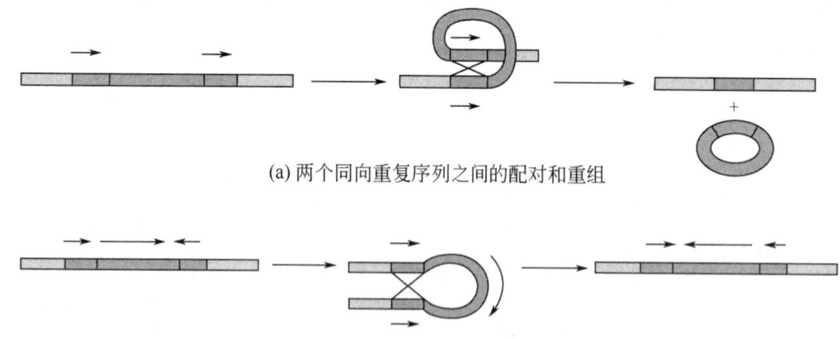

(a) 两个同向重复序列之间的配对和重组

(b) 两个反向重复序列之间的配对和重组

图 4-6　DNA 重排

4.1.2.2　诱发突变

某些物理或化学因素可以提高突变率，这些能够导致突变发生的物理或化学因素称为诱变剂（mutagen）。诱变剂会对 DNA 分子造成损伤。如果损伤在 DNA 复制之前还没有被细胞内的修复系统所修复，在 DNA 复制过程中，当复制叉抵达损伤部位时，常常发生复制错误，从而引起突变。不同的诱变剂以不同的方式对 DNA 分子产生损伤，因而诱导突变的途径可能各不相同。需要指出的是对 DNA 造成损伤的因素并不一定都是诱变剂，比如造成 DNA 断裂的断裂剂，这种类型的损伤可阻遏复制，导致细胞死亡。

（1）物理诱变剂

高频率的电磁辐射，包括紫外线、X 射线和 γ 射线，可以对 DNA 造成损伤。紫外线是波长为 100～400nm 的电磁辐射，属于非电离辐射，直接作用于 DNA。DNA 分子的碱基在 254nm 左右有一个吸收峰，靠近这一波长的紫外线能够被有效吸收，光子被吸收后会激活碱基，产生额外的化学键。紫外线通常引起相邻的嘧啶碱基发生共价交联产生二聚体，尤其是当相邻的两个嘧啶碱基是胸腺嘧啶的时候，会形成环丁烷二聚体（图 4-7）。紫外线诱导形成的另一种嘧啶二聚体是 6，4-光产物（6，4-photoproduct），由两个相邻嘧啶的 C4 和 C6 共价连接而成。6，4-光产物约占二聚体总数的 20%，但是具有更强的诱变效果。

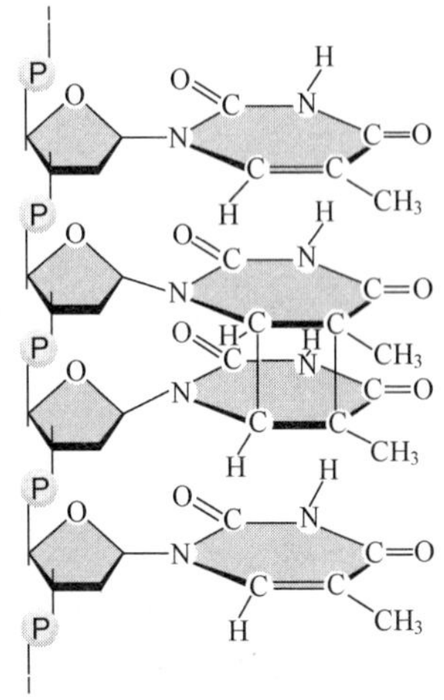

图 4-7　UV 辐射诱导胸腺嘧啶二聚体的产生

X 射线和 γ 射线是电离辐射，它们作用于水分子及其他细胞内分子产生离子和自由基，尤其是羟自由基（hydroxyl radical）。具有高度反应活性的自由基会对 DNA 分子产生广泛的损伤。X 射线和 γ 射线也可以直接作用于 DNA，对 DNA 产生损伤。在分子生物学发展的早期，X 射线经常被用来在实验室诱发突变。X 射线倾向于产生多种突变，并且常常造成 DNA 重排，例如缺失、倒转和易位。

加热可以促进碱基和戊糖之间 *N*-糖苷键的水解，导致 DNA 分子上出现 AP 位点，其中嘌呤更容易从 DNA 分子上脱落。AP 位点处的糖-磷酸基团不稳定，很快被切除，在双链 DNA 分子上留下一个缺口。双链 DNA 分子上的缺口一般没有诱变作用，因为这种损伤可以被有效修复。事实上，在人的一个细胞中，每天会形成 10 000 个 AP 位点。但是，在某些情况下，缺口可以产生突变，比如大肠杆菌细胞中的 SOS 反应被激活时。

（2）化学诱变剂

① 碱基类似物　碱基类似物（base analog）指化学结构与核酸分子的正常碱基类似的化合物。在 DNA 合成过程中，碱基类似物可取代正常的碱基添加到新生链的 3′-末端，而不被 DNA 聚合酶的 3′→5′核酸外切酶活性所切除。如果是单纯的碱基替代，并不会引发突变，因为在下一轮 DNA 复制时又可以产生正常的 DNA 分子。然而，碱基类似物以更高的频率发生酮式和烯醇式的互变异构，或者形成两种形式的氢键，这就使碱基类似物具有了诱变作用。

5-溴尿嘧啶（5-bromouracil，5-BU 或 BU）和 2-氨基嘌呤（2-aminopurine，2-AP）是实验室常见的两种碱基类似物。5-溴尿嘧啶通常以酮式结构存在，是胸腺嘧啶的结构类似物，与 A 配对［图 4-8（a)］。但它有时能以烯醇式结构存在，与 G 配对。DNA 复制时，BU 以通常的酮式结构取代 T 与模板上的 A 配对掺入到 DNA 分子中。在下一轮复制中，酮式结构可以转变成烯醇式结构，与 G 配对［图 4-8（b)］。再经过一轮的复制，G 与 C 配对，引起 T∶A 至 C∶G 的转换（图 4-9）。DNA 复制时 BU 也可以取代 C 与 G 配对，产生 G∶C 至 A∶T 的转换，但这种能力较弱。不管哪种情况，BU 掺入到 DNA 分子后，必须经过两轮复制才能产生稳定的可遗传的突变。

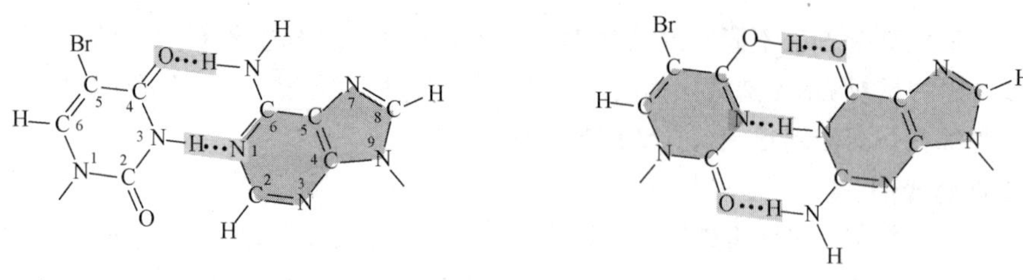

图 4-8　5-溴尿嘧啶能与鸟嘌呤错配

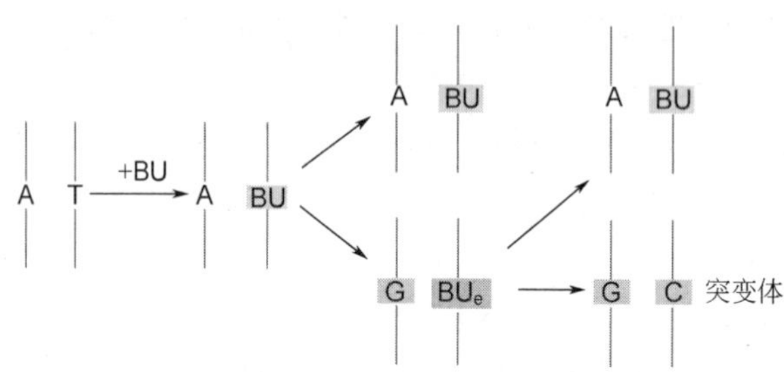

图 4-9　5-溴尿嘧啶诱发的点突变

2-AP 是腺嘌呤的结构类似物，DNA 复制时它能代替 A 进入 DNA 分子中与 T 配对，形成两个氢键，结合得较为牢固；它也能与 C 形成只有一个氢键的碱基对，结合得较弱（图 4-10）。随后，经 DNA 复制，C 与 G 配对完成 A∶T 至 G∶C 的转换，且这种转换多是单方向的，因为 2-氨基嘌呤较难代替 G 而与 C 配对。

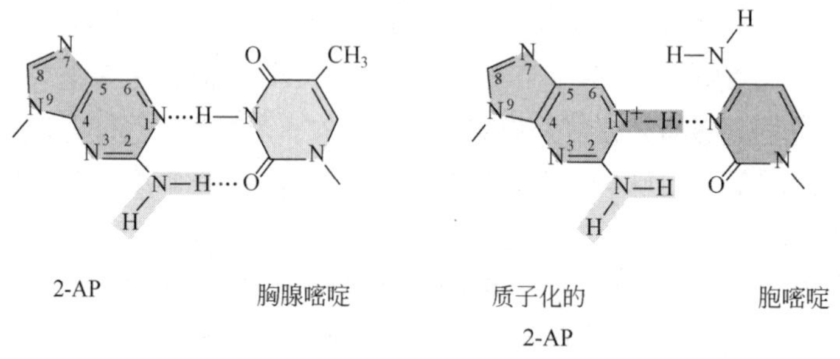

图 4-10　2-AP∶T 和 2-AP∶C 碱基对

② 脱氨剂　许多化学诱变剂能以不同的方式修饰 DNA 分子的碱基，改变其配对性质而引起突变。脱氨剂（deamination agent）可以除去碱基上的氨基，改变其配对性质，造成碱基替换。脱氨基作用也可以自发地发生，但是一些化学物质，例如亚硝酸（nitrous acid），可以促进腺嘌呤、胞嘧啶和鸟嘌呤脱氨基作用的发生。

③ 烷化剂　烷化剂（alkylating agent）是一类能够向碱基上添加烷基基团的诱变剂。最常用的有甲基磺酸乙酯（EMS）、甲基磺酸甲酯（MMS）和亚硝基胍（NTG）等［图 4-11（a）］。碱基的许多活性基团都能被烷化剂攻击，其中鸟嘌呤的 N^7 和腺嘌呤的 N^3 是最容易受到攻击的位点［图 4-11（b）］。碱基被烷基化后配对性质会发生改变，例如鸟嘌呤 N^7 被乙基化后就不再与胞嘧啶配对，而改与胸腺嘧啶配对，结果会使 G∶C 对转变成 A∶T 对。烷化鸟嘌呤的糖苷键不稳定，容易脱落形成 DNA 上无碱基的位点。鸟嘌呤的 O^6 被甲基化后，形成的 O^6-甲基鸟嘌

呤与 T 配对。O^6-甲基鸟嘌呤具有特殊的诱变能力，因为双螺旋没有表现出明显的变形，这样的 DNA 损伤很难被普通的修复系统所识别。

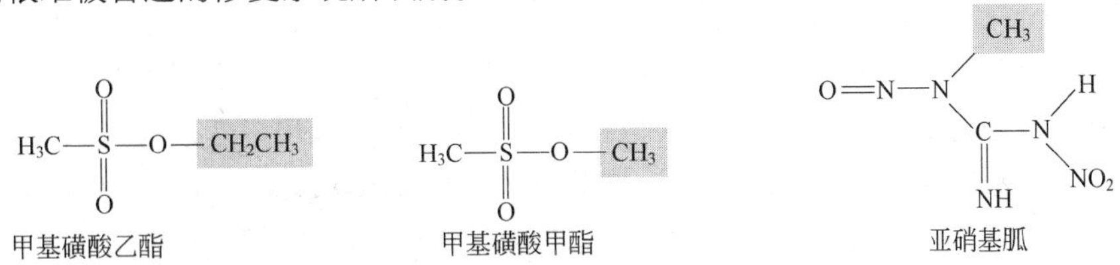

甲基磺酸乙酯　甲基磺酸甲酯　亚硝基胍

(a) 几种常见的烷化剂

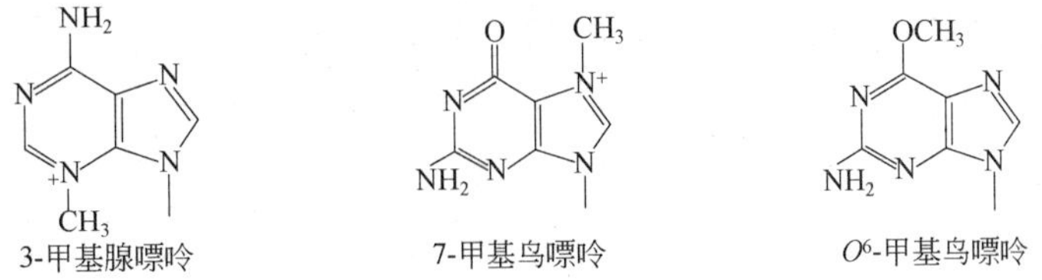

3-甲基腺嘌呤　7-甲基鸟嘌呤　O^6-甲基鸟嘌呤

(b) 几种烷化的碱基

图 4-11　烷化剂及烷化碱基

④ 嵌入剂　吖啶橙（acridine orange）、原黄素（proflavine）和溴化乙锭（ethidium bromide）等吖啶类染料能够有效诱导移码突变（图 4-12）。吖啶类化合物是一种平面多环分子，其大小和形状与一个嘌呤-嘧啶碱基对相当，因此能够插入 DNA 分子中两个相邻的碱基对之间，使得原来相邻的碱基对分开一定的距离，致使 DNA 在复制时增加或缺失一个碱基，造成移码突变。

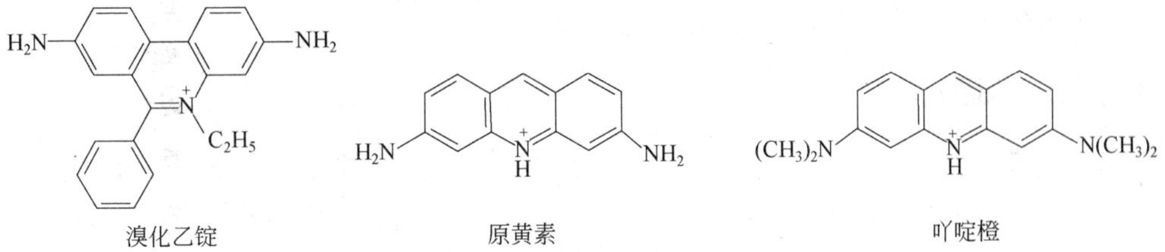

溴化乙锭　原黄素　吖啶橙

图 4-12　溴化乙锭、原黄素和吖啶橙的分子结构

⑤ 活性氧　DNA 易受到活性氧（O_2^-、H_2O_2 和 OH·）的攻击。与分子氧相比，活性氧携带了更多的电子，具有更高的反应活性。细胞内的活性氧既可以由细胞内的正常代谢途径产生，也可以由环境因子诱导产生。这些自由基可在许多位点上攻击 DNA，产生多种类型的氧化损伤，其中鸟嘌呤氧化后产生的 8-氧代鸟嘌呤（8-oxo-G）（图 4-13），有着强烈的致变效应，因为它既能与腺嘌呤也能与胞嘧啶配对。如果在复制的时候与腺嘌呤配对，则产生 G∶C 到 T∶A 的颠换，这是人类癌症中最常见的突变之一。因此，电离辐射和氧化剂的致癌效应可能与它们诱导产生的自由基把鸟嘌呤转化为氧代鸟嘌呤有关。

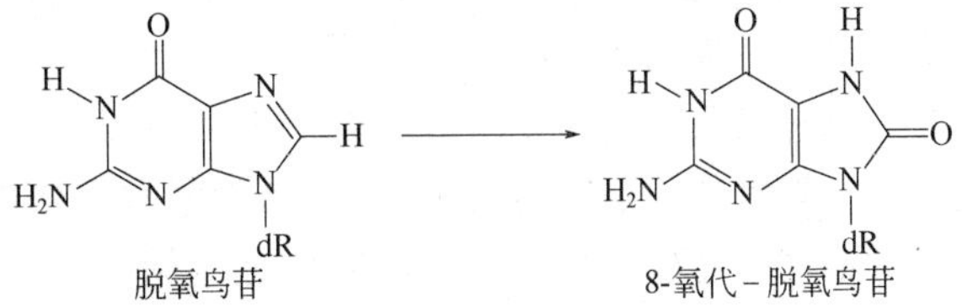

脱氧鸟苷　8-氧代-脱氧鸟苷

图 4-13　鸟嘌呤被氧化为氧代鸟嘌呤

4.1.3 正向突变、回复突变与突变的校正

到目前为止，我们所讨论的突变都属于正向突变（forward mutation），也就是导致野生型性状发生改变的突变。相反的过程也可以发生，这种使突变型性状恢复到野生型性状的突变称为回复突变（reverse mutation）。回复突变可以自发地发生，也可以用诱变剂处理增加其发生的频率。回复突变产生的机制十分复杂，最简单的情形是第二次突变与第一次突变发生在同一位点，并且恢复了野生型碱基序列，这是真正的回复突变。然而，真正的回复突变很少发生，大多数回复突变都发生在基因组的另一位点。因此，第二次突变并未恢复野生型的碱基序列，只是抑制了第一次突变的表型效应。第二次突变与原初突变可以发生在同一基因之中，也可以发生在不同的基因之中，前者称为基因内抑制（intragenic suppression），后者称为基因间抑制（intergenic suppression）。

4.1.3.1 基因内抑制

错义突变所造成的表型性状的改变可能是因为突变影响到了蛋白质的空间结构，进而导致蛋白质活性的丧失。假设，一种蛋白质空间结构的形成完全取决于多肽链上两个特定氨基酸残基之间的静电吸引作用。如果突变导致其中一个带正电荷的氨基酸残基被一带负电荷的氨基酸残基所取代，蛋白质就不能正确折叠。但是，如果第二次突变使另一带负电荷的氨基酸残基被一带正电荷的氨基酸残基取代，蛋白质就会重新折叠成正确的构象。

移码突变的回复突变通常发生在同一基因的另一个位点上，并且回复突变位点靠近原初突变位点，只有这样两个突变位点之间才会有很少的氨基酸发生改变，这时两个突变位点之间的氨基酸序列发生改变不会对蛋白质的功能产生显著影响。

4.1.3.2 基因间抑制

无义突变可以被发生在另一基因上的突变所抑制。无义抑制突变通常是一个 tRNA 基因突变，导致其反密码子发生改变，结果产生一种能够识别终止密码子的 tRNA。在图 4-14 中，野生型基因的一个酪氨酸密码子 UAC 突变成一个终止密码子 UAG，突变基因编码一条无活性的蛋白质片段。在这个例子中，细胞内无义突变的抑制突变发生在亮氨酸 tRNA 基因内，使 $tRNA^{Leu}$ 的反密码子由 3′-AAC-5′转变成了 3′-AUC-5′。于是，这种突变型的 tRNA 能够把 UAG 读成亮氨酸的密码子。像这样能够将终止密码子解读成有义密码子的突变型 tRNA 称为抑制 tRNA（suppressor-tRNA）。

抑制 tRNA 的产生并不会影响对读码框中有义密码子的识别。对应于一种密码子细胞往往有多个拷贝的 tRNA 基因，所以即使其中一个拷贝发生了突变，也不会影响 tRNA 对密码子的识别。抑制突变至少在微生物中相当普遍，人们在细菌的谷氨酰胺、亮氨酸、丝氨酸、酪氨酸和色氨酸 tRNA 基因中发现了抑制突变。由抑制 tRNA 插入的氨基酸可能就是原来的氨基酸，这时蛋白质的功能得到了完全的恢复。或者，抑制 tRNA 在突变位点插入了另外一种氨基酸，使得突变基因产生了一个有部分活性的蛋白质。

在蛋白质合成过程中，终止密码子由释放因子识别，抑制 tRNA 和释放因子对终止密码子的识别存在竞争关系。因此，抑制作用是不完全的，抑制效率通常只有 10%～40%，但这样的抑制效率足以满足细胞生命活动的需要。然而，抑制 tRNA 也能识别未突变基因的终止密码子，造成通读，产生延长的多肽链。携带抑制突变的细胞生长速度比正常的细胞要慢也就不足为奇

了。事实上，只有细菌和低等的真核生物（例如酵母）能够容忍抑制突变，在昆虫和哺乳动物中，抑制突变是致死的。

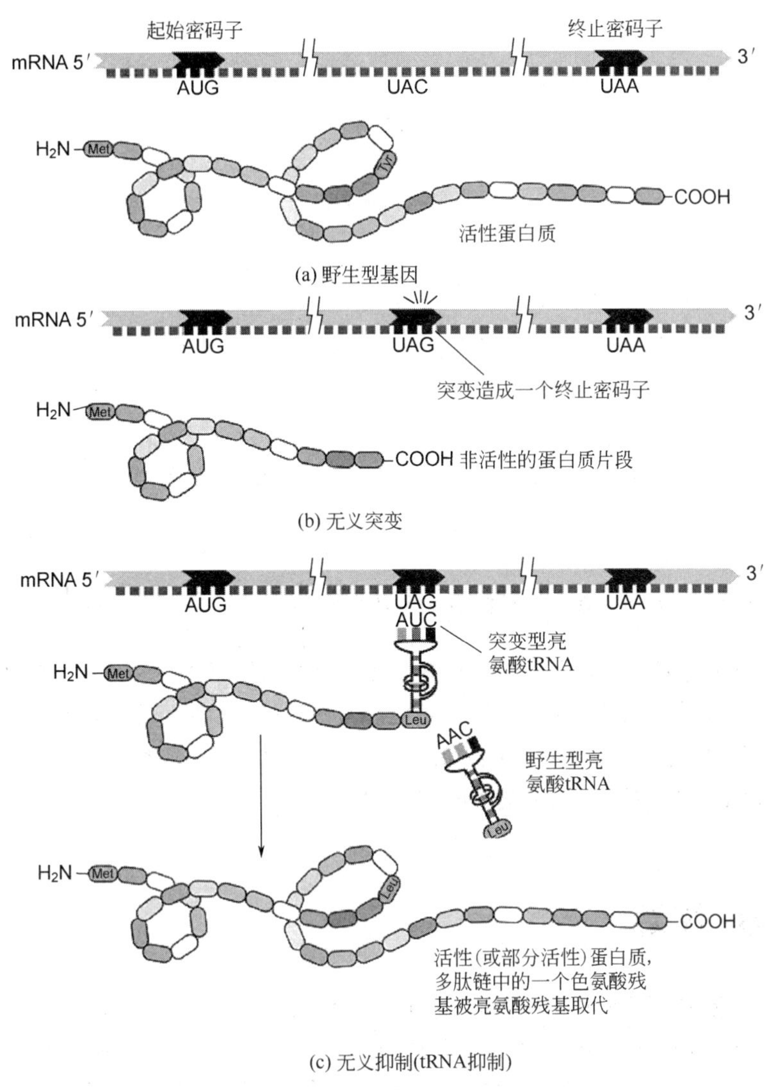

图 4-14　无义抑制

在细菌中，也会偶尔发现移码抑制 tRNA（frameshift suppressor tRNA）。这些突变的 tRNA 具有扩大了的反密码子环和四个碱基组成的反密码子，能够识别 mRNA 分子上的四个碱基，因此可以消除一个碱基插入引起的突变效应。

4.1.4　突变热点

突变可以发生在基因组中的任一位点。但是在基因组中，一些位点发生突变的概率比随机分布所估计的要高出许多，可能是预期的 10 倍，甚至是 100 倍，这些位点被称为突变热点（hot spot），发生在热点上的突变常常是相同的。

大多数热点是 DNA 分子中的 5-甲基胞嘧啶位点。5-甲基胞嘧啶是 DNA 分子中胞嘧啶的修饰产物，在 DNA 分子中与鸟嘌呤正确配对。然而，5-甲基胞嘧啶常常发生自发脱氨基形成胸腺嘧啶，导致 G∶T 对的产生，在双链 DNA 分子中产生了一个错配。当 DNA 复制时，在一个子代 DNA 分子中，T∶A 对取代 C∶G 对，导致突变的发生（图 4-15）。

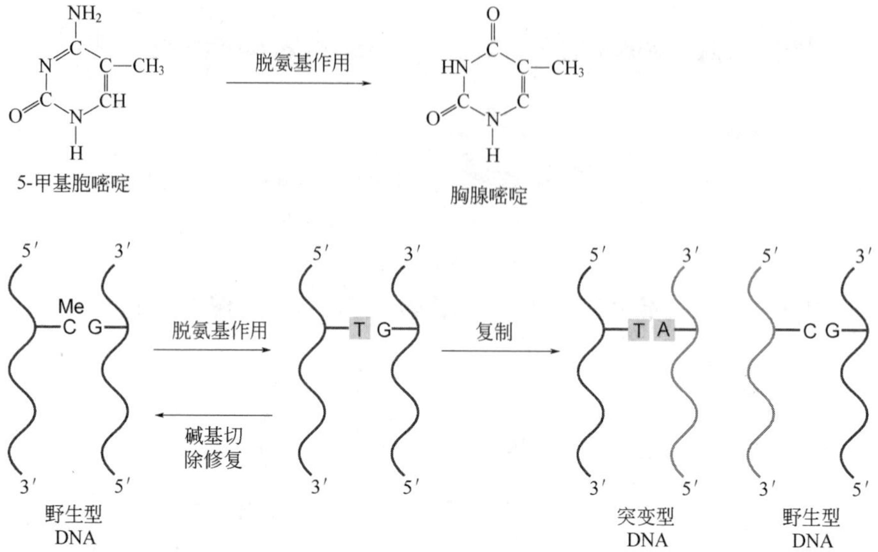

图 4-15 5-甲基胞嘧啶脱氨基产生胸腺嘧啶，如果不被修复，将导致 C：G 对向 T：A 对的转换

突变热点的形成还有其他原因。如前所述，短的串联重复序列在 DNA 复制时会发生链的滑移，造成重复单位的插入或缺失。因此，短的串联重复序列也是突变的热点。例如，大肠杆菌 *lac I* 基因中有三个连续的 CTGG 序列，很容易产生一个 CTGG 序列的插入突变或缺失突变。另外，两个相邻的相似序列常常会介导 DNA 的重排。

4.2 DNA 修复

如前所述，一系列物理或化学因素可以对 DNA 造成化学损伤，这些因素包括化学诱变剂、辐射以及 DNA 分子自发的化学反应等。有些类型的 DNA 损伤，如胸腺嘧啶二聚体或 DNA 骨架的断裂，使得 DNA 不能再作为复制和转录的模板。还有一些损伤虽然不会阻止复制和转录的进行，但是可引起碱基错配，在下一轮复制之后导致 DNA 序列的永久改变。细胞在进化过程中，形成了多种修复机制（表 4-2），它们能够有效地识别并修复损伤，从而维护了基因组的稳定性。

表 4-2 大肠杆菌的几种 DNA 修复系统

类型	损伤	酶
错配修复	复制错误	MutS、MutL 和 MutH
光复活修复	嘧啶二聚体	DNA 光解酶
碱基切除修复	受损的碱基	DNA 糖基化酶
核苷酸切除修复	嘧啶二聚体、碱基上大的加合物	UvrA、UvrB、UvrC 和 UvrD
双链断裂修复	双链断裂	RecA 和 RecBCD
跨损伤 DNA 合成	嘧啶二聚体、脱嘌呤位点	UmuC 和 UmuD′

4.2.1 光复活

在可见光存在的情况下，DNA 光解酶（DNA photolyase）可以把环丁烷嘧啶二聚体分解为单体。DNA 光解酶，又称光复活酶（photoreactivating enzyme），在黑暗中结合到环丁烷嘧啶二聚体上，吸收可见光后被激活，裂解嘧啶二聚体，然后与 DNA 分子脱离（图 4-16）。从光复活修复过程可以看出，光解酶不是将嘧啶二聚体替换掉，而是将两个嘧啶环之间的非正常化学键切开，恢复到原来的形式。由于这种修复作用只在可见光下才会发生，所以称为光复活（photoreactivation）。6-4 光产物光解酶受光激活后，可以修复 6-4 损伤。光复活是第一种被阐明的 DNA 修复机制，广泛存在于各类有机体中，但是在人类和有胎盘的哺乳动物中尚未发现这种修复机制。

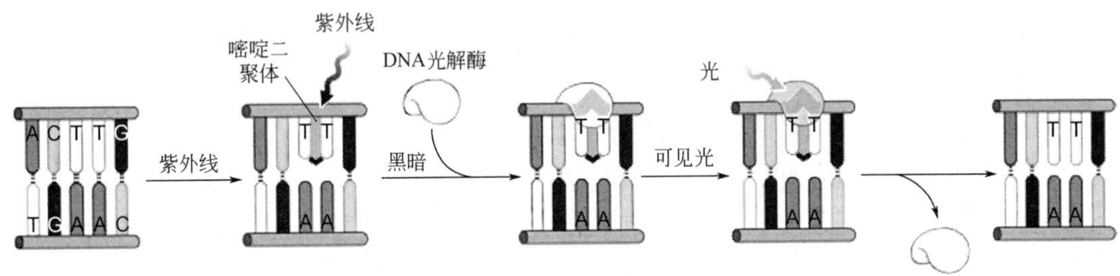

图 4-16 光复活作用

4.2.2 烷基的转移

一些酶可将烷基从核苷酸转移到自身的多肽链上。例如，人类细胞中的一种 O^6-甲基鸟嘌呤 DNA 甲基转移酶（O^6-methylguanine DNA methyltransferase）能直接将鸟嘌呤 O^6 位上的甲基转移到蛋白质特定的半胱氨酸残基上直接修复损伤的 DNA（图 4-17）。大肠杆菌的 Ada（adaptation to alkylation）蛋白可以通过位于多肽链 N 末端和 C 末端的两个活性中心去除 DNA 分子上的甲基基团。当甲基化碱基的甲基基团被转移至 Ada 靠近 C 末端的一个位点上时，Ada 蛋白失活并被降解。Ada 蛋白亦能修复甲基化的磷酸二酯键，这时甲基基团从 DNA 骨架的磷酸基团上转移至 Ada 蛋白靠近 N 末端的一个特定位点上。靠近 N 末端的甲基化作用将 Ada 蛋白转化为转录激活因子，增强几个与 DNA 烷基化修复有关的基因的转录。

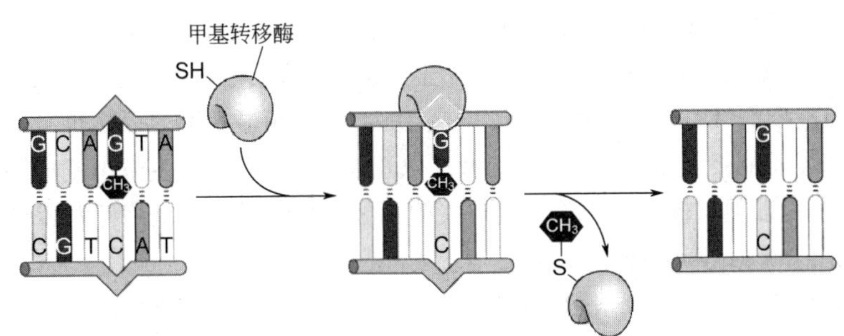

图 4-17 烷基化碱基的直接修复

DNA 光解酶和烷基转移酶直接作用于 DNA 的损伤部位，把受到损伤的核苷酸恢复到原初的状态，因此上述两种修复机制又称直接修复（direct repair）。对于大多数生物来说，直接修复仅仅是 DNA 修复机制的次要组成部分。例如，在人类基因序列草图中仅包含一个编码参与直接修复的基因，即编码 O^6-甲基鸟嘌呤 DNA 甲基转移酶的 *MGMT* 基因，而至少有 40 多个参与切除修复途径的基因。

4.2.3 切除修复

4.2.3.1 碱基切除修复

碱基切除修复是清除 DNA 分子中受损碱基的一种主要方法。首先 DNA 糖基化酶（glycosylases）切断脱氨碱基、甲基化碱基和氧化碱基等非正常碱基与脱氧核糖之间的糖苷键，在 DNA 上产生一个无嘌呤（apurinic）或无嘧啶（apyrimidinic）位点（AP 位点）（图 4-18）。细胞内的 AP 核酸内切酶，附着在 AP 位点上，切断 AP 位点 5′-侧的磷酸二酯键，形成一个游离的 3′-OH 末端。DNA 聚合酶 I 利用其 5′→3′核酸外切酶活性切去 AP 位点及其下游的一段核苷酸序列，同时延伸 3′-OH 末端填补缺口。DNA 连接酶将新合成的 DNA 片段的 3′-末端与原有 DNA 的 5′-末端连接起来，完成修复过程。

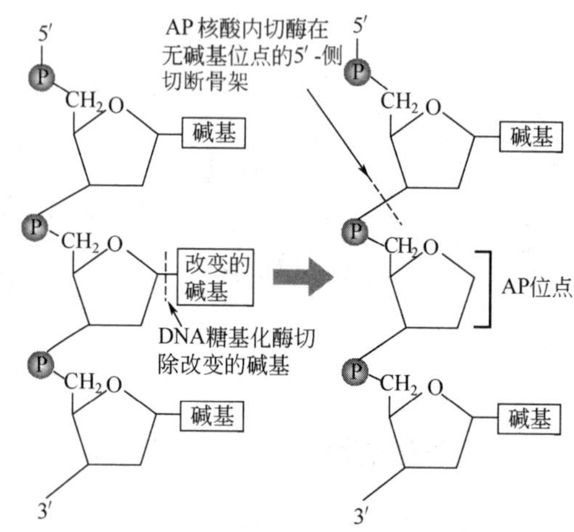

图 4-18 碱基切除修复

大多数生物能够通过碱基切除修复来处理脱氨碱基、氧化碱基和甲基化碱基。不同的受损碱基由专一性的 DNA 糖基化酶负责切除。胞嘧啶脱氨产生的尿嘧啶由尿嘧啶-*N*-糖基化酶（uracil-*N*-glycosylase）从 DNA 分子上切除。8-氧代鸟嘌呤（8-oxoguanine）是鸟嘌呤的氧化产物，具有很强的诱变性，一种特异性的 DNA 糖基化酶 MutM 蛋白将 8-氧代鸟嘌呤从 DNA 分子上切除。另一种 DNA 糖基化酶 MutY 负责切除与 8-氧代鸟嘌呤配对的 A。MutT 为 8-氧代-dGTP 酶，能水解 8-氧代-dGTP 的两个磷酸基团，生成 8-氧代-dGMP，防止 8-氧代-dGTP 作为 DNA 合成的前体掺入到新合成的 DNA 分子中。

4.2.3.2 核苷酸切除修复

核苷酸切除修复（nucleotide excision repair，NER）系统可以修复包括环丁烷嘧啶二聚体、6-4 光产物和几类碱基加成物在内的一系列损伤。尽管这些损伤也可以通过其他途径得到修复，但 NER 是一种主要的修复手段。其他能够引起 DNA 产生明显变形的损伤也可以通过该途径进行修复，但 NER 不能修复 DNA 上的错配碱基以及仅造成 DNA 产生微小变形的碱基类似物和甲基化碱基。研究发现与核苷酸切除修复有关的基因发生缺损会降低细菌对紫外线的抗性，因此这类基因就用 *uvr*（UV resistance）表示。

核苷酸切除修复需要移除一段包括损伤在内的单链核苷酸序列，然后再通过 DNA 聚合酶把产生的单链缺口填补上（图 4-19）。修复过程需要多种酶的一系列作用（表 4-3），其中包括 UvrA、UvrB、UvrC 和 UvrD。由 2 个 UvrA 亚基和 1 个 UvrB 亚基构成的复合体非特异性地结合在 DNA 分子上，并沿 DNA 分子滑动，对其进行扫描，此过程需要 ATP 水解。UvrA 负责检测双螺旋中的扭曲，一旦遇到扭曲，UvrA 就退出复合体。然后，UvrB 募集 UvrC，UvrC 在损伤位点的两侧各产生一个单链切口，一个位于损伤位点 5′-末端 8 个核苷酸处，另一个位于损伤 3′-末端 4 或 5 个核苷酸处。UvrD 是一种解旋酶（又称 DNA-helicase Ⅱ），它与 5′-断裂位点结合解开两个切口之间的 DNA 双螺旋，导致一段短的带有损伤的 ssDNA 和 UvrC 被释放出来。此时 UvrB 仍结合于另一条单链 DNA 分子上，可能是防止单链被降解，也可能是指导 DNA 聚合酶 Ⅰ 与缺口的 3′-OH 结合，合成一段新的核苷酸片段填补缺口。最后一个磷酸二酯键由 DNA 连接酶催化形成。

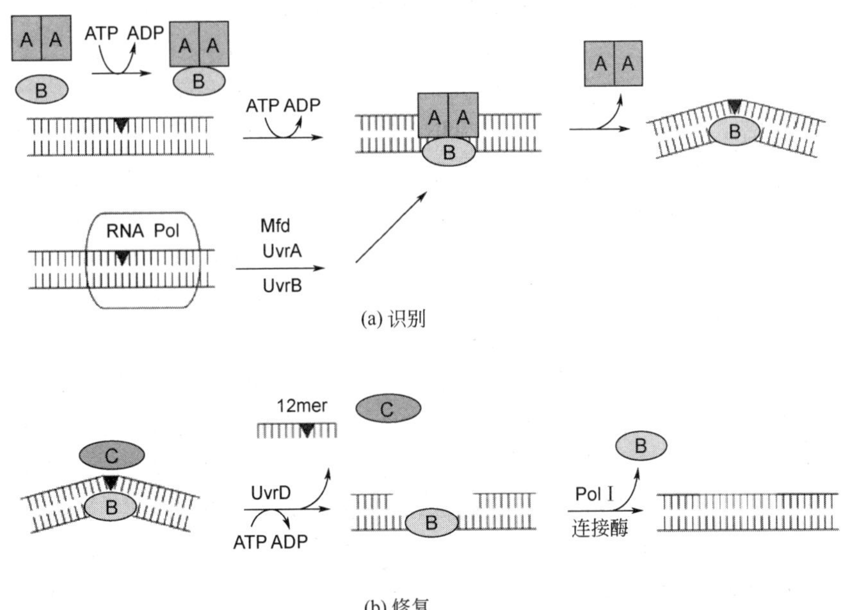

图 4-19　大肠杆菌的核苷酸切除修复系统

表 4-3　原核细胞 NER 系统的主要蛋白质及其功能

蛋白质	功能
UvrA	检测 DNA 分子上的扭曲
UvrB	在损伤处打开 DNA 双链，募集 UvrC
UvrC	具有 DNA 内切酶活性，在损伤位点两侧各产生一个单链切口
UvrD	DNA 解旋酶Ⅱ，通过解链移去两个切口之间带有损伤的 DNA 片段
Pol Ⅰ	填补缺口
DNA 连接酶	缝合 DNA 链上的切口

当正在进行转录的 RNA 聚合酶遇到 DNA 损伤时，RNA 聚合酶的移动受阻，RNA 合成终止。这时，细胞的修复系统将优先修复模板链上的损伤。在细菌细胞中，转录修复偶联因子（transcription-repair coupling factor，TRCF）检测到受阻的 RNA 聚合酶后，使 RNA 聚合酶与模板脱离，并指导 UvrAB 与受阻位点结合，启动切除修复。转录偶联修复的意义在于它将修复酶集中于正在被活跃转录的基因上。

4.2.4　错配修复

DNA 聚合酶的 3′→5′核酸外切酶活性可将错误掺入的核苷酸去除。聚合酶的这种校正功能将 DNA 复制的忠实度提高 100 倍。然而，DNA 聚合酶的校正作用并非绝对安全，有些错误插入的核苷酸会逃脱检测，并在新生链与模板链之间形成错误配对。在下一轮复制时，错误插入的核苷酸将指导与其互补的核苷酸插入到新合成的链中，结果导致 DNA 序列产生一个永久性改变。

DNA 的错配修复（mismatch repair）系统可以检测到 DNA 复制时错误插入并漏过校正检验的任何碱基，并对之进行修复，将 DNA 合成的精确性又提高了 2～3 个数量级，对维护 DNA 复制的正确性十分重要。由于复制中出现的错配碱基存在于子链中，该系统必须在复制叉通过之后有一种能够识别亲本链与子链的方法，以保证只从子链中纠正错配的碱基。

大肠杆菌染色体 DNA 是被甲基化的。DNA 腺嘌呤甲基化酶（DNA adenine methylase，Dam）将 GATC 序列中的 A 修饰成 N^6-甲基腺嘌呤。DNA 胞嘧啶甲基化酶（DNA cytosine methylase，Dcm）将 CCAGG 和 CCTGG 中的 C 转换成 5-甲基胞嘧啶。这三种序列都是回文序列，所以 DNA 分子两条链的甲基化程度是相同的。这些甲基化碱基并不干扰碱基间的正常配对，N^6-甲基腺嘌呤和 5-甲基胞嘧啶仍分别与 T 和 G 形成正确的碱基配对。类似的情况是尿嘧啶和胸腺嘧啶（即 5-甲基尿嘧啶）都与 A 配对。

刚完成复制的 DNA，旧链是甲基化的，新合成的链未被甲基化。Dam 和 Dcm 甲基化酶需要花费几分钟的时间来完成对新链的修饰作用。DNA 分子的半甲基化状态使修复系统能够正确区分 DNA 分子的旧链和新链。细菌细胞中的各种修复系统正是利用这段时间，对 DNA 进行检查，寻找错误掺入的碱基。另外，子代双螺旋 DNA 分子保持一段时间的半甲基化状态还与新一轮 DNA 复制起始的控制有关（详见 3.3.4）。不同种类的细菌可能有不同的识别序列，但是它们通过甲基化来识别新链和旧链的原理都是相同的。

MutSHL 修复系统是大肠杆菌主要的错配修复系统，它通过判断 GATC 序列是否发生甲基化来区分新生链和模板链。大肠杆菌中许多与 DNA 修复有关的基因用 *mut*（mutator）表示，原因是这些基因发生突变会导致有机体的突变率增高。在 MutSHL 修复系统中，错配碱基是由 MutS 二聚体负责检测的（图 4-20）。MutS 二聚体扫描 DNA，与错配位点结合后，MutS 自身的构象也会发生变化，并募集 MutL，这是一个依赖 ATP 的过程。接着，MutL 与结合在半甲基化位点的 MutH 发生互作，并激活 MutH 的核酸内切酶活性。

MutH 被激活后，选择性地将未甲基化的链切开，切口位于 GATC 的 5′-端。核酸外切酶在解旋酶（UvrD）及 SSB 蛋白的协作下，从切口处开始降解包括错配碱基在内的一段碱基序列。如果切口位于错配位点的 3′-端，此步骤由核酸外切酶 I 负责完成（图 4-21）。如果切口位于错配位点的 5′-端，则由能够从 5′→3′方向降解核酸链的核酸外切酶Ⅶ或 RecJ 执行。最后，DNA 聚合酶Ⅲ和 DNA 连接酶根据亲本链的序列填补子链上被切除的部分，包括错配的碱基。大肠杆菌 MutSHL 修复系统的主要蛋白质及其功能见表 4-4。

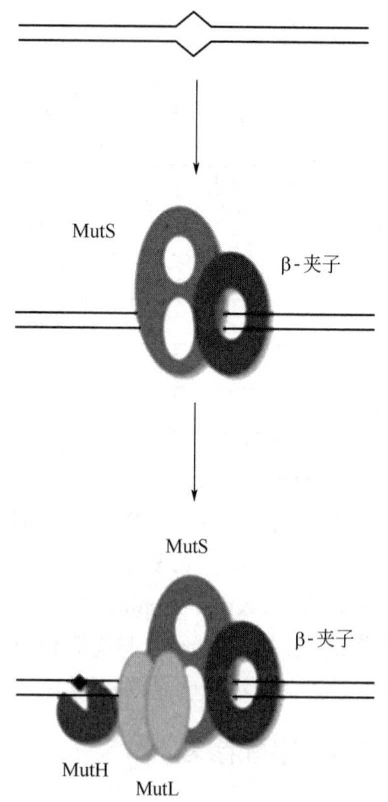

图 4-20　大肠杆菌的 MutSHL 修复系统

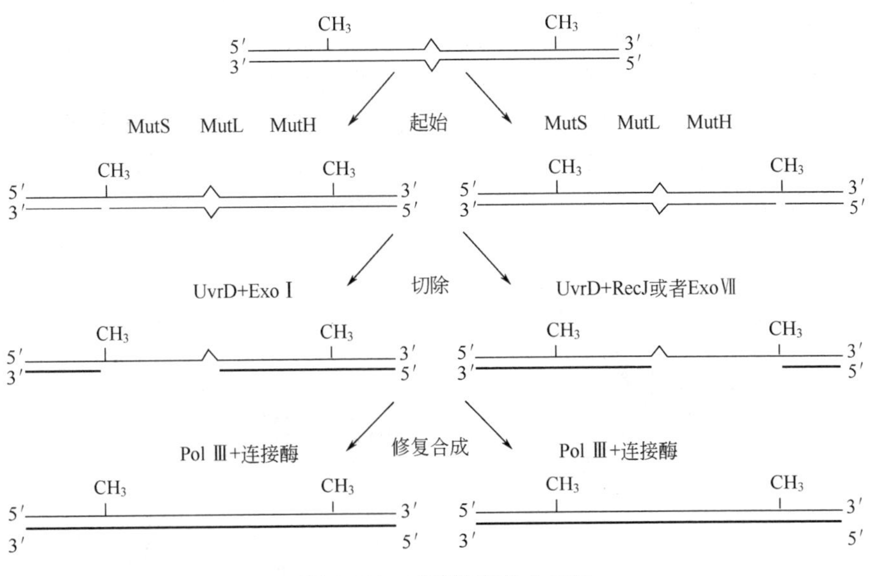

图 4-21　错配修复的方向性

表 4-4　大肠杆菌 MutSHL 修复系统的主要蛋白质及其功能

蛋白质	功能
MutS	识别错配碱基
MutL	激活 MutH、UvrD，募集核酸外切酶及 SSB 等
MutH	选择性地切割新合成的链
UvrD	3′→5′解旋酶
Exo Ⅶ，RecJ	5′→3′核酸外切酶
Exo I	3′→5′核酸外切酶
DNA 聚合酶III	DNA 合成
DNA 连接酶	缝合 DNA 链上的切口

4.2.5　极小补丁修复

5-甲基胞嘧啶脱氨生成胸腺嘧啶，而胸腺嘧啶为 DNA 的天然碱基，常常不被修复。因此，5-甲基胞嘧啶是基因组中的突变热点。然而，大肠杆菌中绝大多数由 Dcm 甲基化酶催化形成的 5-甲基胞嘧啶出现在 CC(A/T)GG 序列中。在这两种序列中，一旦出现 T 取代 C 与 G 配对的情况，T 就被去除。一种专一性的核酸内切酶切断 T:G 错配碱基对 T 一侧的磷酸二酯键。DNA 聚合酶 I 移去一小段核苷酸序列，其中包括错配的 T，并合成一段正确的核苷酸序列取而代之。这一修复系统有时又称为极小补丁修复（very short patch repair），起始极小补丁修复的核酸内切酶被称为 Vsr 核酸内切酶。

4.2.6　重组修复

在讨论重组修复机制之前，有必要先分析一下胸腺嘧啶二聚体对 DNA 复制的影响。当聚合酶III遇到模板链上的胸腺嘧啶二聚体时，会停顿下来，然后在其下游重启 DNA 的合成，于是新生链在二聚体对应的位置上出现一个缺口。该缺口可用图 4-22 所示的 DNA 重组途径进行填补：①受损 DNA 复制时，一条子代 DNA 分子在损伤的对应部位出现缺口；②另一条子代 DNA 分子完整的母链 DNA 上与缺口对应的片段通过重组被用于填补子链上的缺口，但是母链 DNA 会形成一个新的缺口；③母链上的缺口再以另一条子链 DNA 为模板，经 DNA 聚合酶催化合成一新的 DNA 片段进行填补，最后由 DNA 连接酶连接，完成修补。

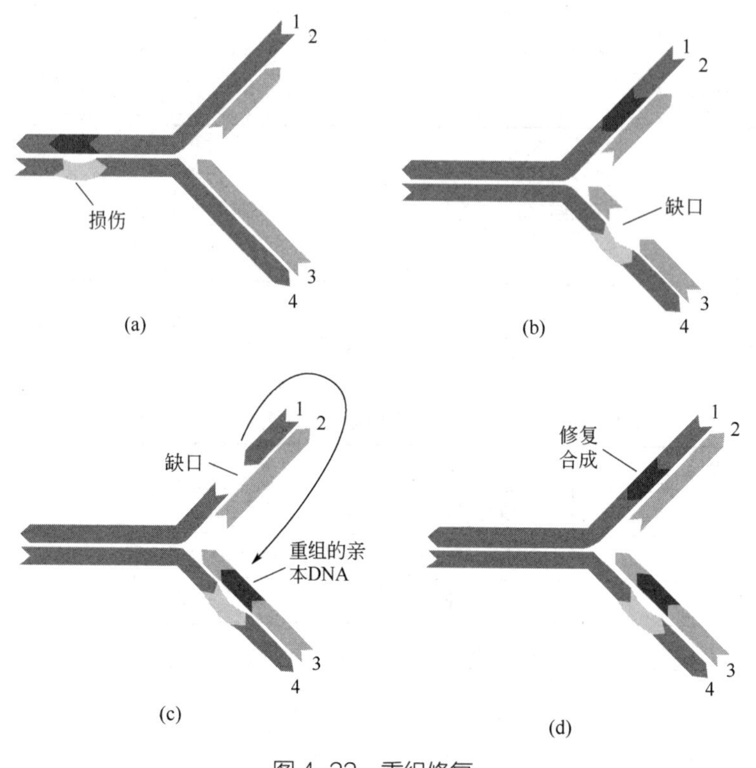

图 4-22 重组修复

重组修复并不能去除损伤，损伤仍然保留在原来的位置，但是重组修复能使细胞完成 DNA 复制，并且新合成的子链是完整的。经多次复制后，损伤就被“冲淡”了，在子代细胞中只有一个细胞带有损伤 DNA。重组修复机制对于细胞处理不易或者不能被修复的损伤有着特殊的意义。

4.2.7 SOS 反应

当 DNA 受到严重损伤，染色体 DNA 的复制和细胞的分裂受到抑制时，细胞会产生 SOS 反应：超过 40 个与 DNA 损伤修复、DNA 复制以及突变产生有关的基因的表达水平升高，细胞的 DNA 修复能力得到加强，并且在 SOS 反应的晚期，还会出现 DNA 的跨损伤合成（translesion synthesis，TLS），导致 DNA 突变的产生。SOS 反应的意义在于当 DNA 受到严重损伤时，可以提高细胞的存活率。

4.2.7.1 SOS 反应的诱导

在正常的细胞内，SOS 基因的表达为阻遏蛋白 LexA 所抑制（图 4-23）。LexA 以二聚体的形式与 SOS 基因启动子区的 SOS 框［5′-TACTG$(TA)_5$CAGTA-3′］结合，抑制了基因的转录起始。然而，此时细胞中的某些 SOS 基因产物也能维持在相当高的水平，这是因为有些基因具有另一个不受 LexA 调控的启动子，或者基因的 SOS 框的碱基序列与共有序列的出入比较大，LexA 与之结合得不是十分牢固。

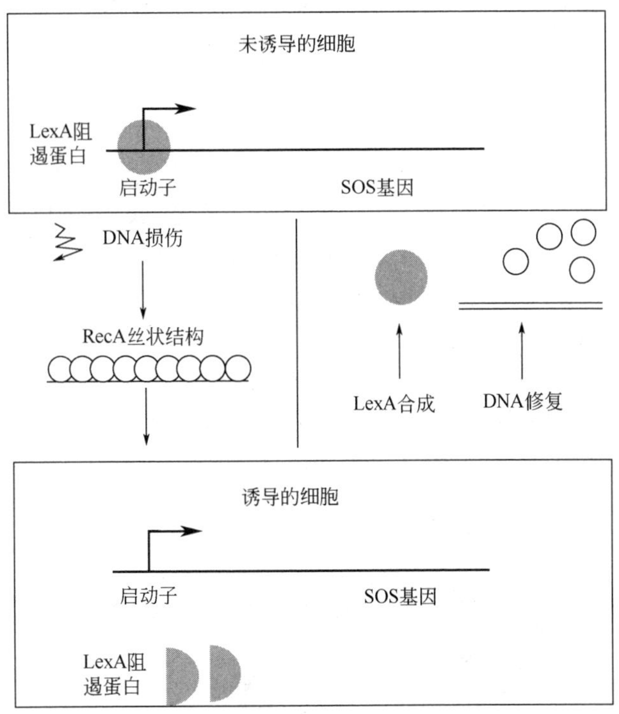

图 4-23 RecA 和 LexA 对 SOS 系统的调控作用

当 DNA 受到严重损伤后，细胞启动的切除修复和重组修复导致细胞内累积了一定数量的单链 DNA。RecA 蛋白因与单链 DNA 结合而被活化。活化后的 RecA 蛋白再与 LexA 结合，引起 LexA 发生自体切割，解除 LexA 对 SOS 基因的阻遏作用（图 4-23），诱发 SOS 反应。

在 SOS 反应中，SOS 基因是按照一定的顺序被诱导表达的。SOS 基因的表达时间由 LexA 与启动子的亲和力决定。首先被诱导表达的基因包括 LexA 阻遏蛋白基因、参与核苷酸切除修复的基因 *uvrAB* 和 *uvrD*、参与重组修复的基因 *ruvAB*、编码 Pol Ⅱ和 Pol Ⅳ的基因 *polB* 和 *dinB*，以及编码产物抑制 UmuD 被加工成 UmuD′的基因 *din I*。大肠杆菌细胞受到紫外线照射后，DNA 的合成会受到短暂的抑制，但是细胞会很快重新启动 DNA 的合成，Pol Ⅱ和 Pol Ⅳ参与 DNA 合成受阻后的恢复，它们都具有跨损伤合成的能力。UmuD′是 Pol Ⅴ的一个亚基，所以 DinI 蛋白的功能是延迟差错倾向性 DNA 聚合酶Ⅴ的形成。

recA 和 *recN* 代表第二批被诱导的基因，它们的编码产物参与重组修复。以 *sulA* 和 *umuDC* 为代表的第 3 组基因最后被激活。*umuDC* 操纵子被激活后细胞会进行 DNA 跨损伤合成。SulA 的作用是抑制细胞的分裂。如果 DNA 的复制速度恢复到正常，这 3 类基因按照与激活相反的顺序依次被关闭。相反，如果细胞仍不能修复 DNA 损伤，原噬菌体将被诱导裂解细胞。

4.2.7.2 DNA 跨损伤合成

DNA 聚合酶按照它们的氨基酸序列的相似性可划分成若干家族，大肠杆菌的 Pol Ⅳ和Ⅴ均属于 DNA 聚合酶的 Y 家族。Y 家族成员有两个明显的特征：一是在未受损伤的 DNA 模板上进行低保真度 DNA 合成；二是进行跨损伤合成。Y 家族成员催化的跨损伤合成有高度的易错性，易引起突变，属于差错倾向性 DNA 聚合酶（error prone polymerase），而且进行性极低。Pol Ⅳ由 *dinB* 基因编码；Pol Ⅴ由 1 个拷贝的 UmuC 和 2 个拷贝的被截短的 UmuD（UmuD′）组装而成。这两种 DNA 聚合酶都是基因组 DNA 受到严重损伤时，被诱导合成，属于 SOS 反应的组成部分。

其中，*umuC* 和 *umuD*（UV-induced mutagenesis, umu）属于同一个操纵子，转录方向是 D→C。如上所述，与其他 SOS 基因一样，*umuC* 和 *umuD* 基因在正常情况下被 LexA 阻遏。当 DNA 受到损伤、复制受阻时，与单链 DNA 结合的 RecA 不但促进 LexA 的自体切割，同样也能促进 UmuD 发生自体切割，形成 UmuD′。只是 RecA 促进 UmuD 切割的效率相当低，这就保证了 UmuD 的自体切割只在 SOS 反应的晚期才会发生。

在损伤位点，DNA 聚合酶Ⅴ取代停顿下来的 DNA 聚合酶Ⅲ复制 DNA 的损伤区（图 4-24）。这种 DNA 聚合酶虽然是模板依赖性的，但是它们向新生链的 3′-末端添加核苷酸时并不依赖碱基配对原则，容易将错误的碱基插入到新生链中，并且缺乏 3′→5′核酸外切酶活性。Pol Ⅴ的延伸性极低，在损伤位点的另一侧，DNA 聚合酶Ⅲ迅速取代 DNA 聚合酶Ⅴ进行 DNA 合成。

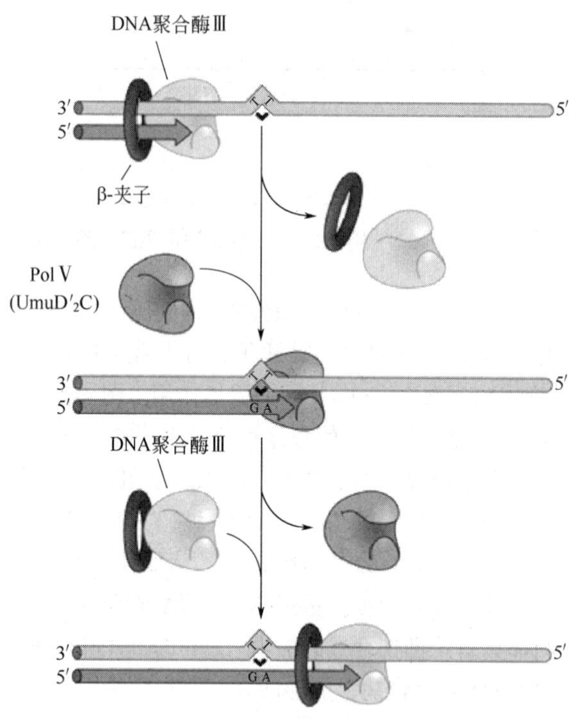

图 4-24　DNA 聚合酶Ⅴ的跨损伤合成

4.2.8　真核生物的 DNA 修复

4.2.8.1　DNA 修复缺陷与人类遗传疾病

前面已讲述的细菌的 DNA 修复系统多数也存在于动物细胞中。然而，人们对这些修复系统在真核细胞中的工作细节并不十分清楚，在多数情况下，只是在真核细胞中发现了细菌修复系统中功能蛋白的同源物。人类修复系统的缺陷往往会造成各种各样的健康问题，特别是修复系统的缺失造成的高突变率会诱发癌症的发生。

例如，人类的 *hMSH2*（human MutS homologue 2）基因的编码产物非常类似于大肠杆菌的 MutS 蛋白。该基因的缺陷会极大地增加几种癌症的发生率。这类病人的基因组具有较高频率的短的插入和缺失突变。在正常情况下，这些突变会被错配修复系统所纠正。当在大肠杆菌细胞中表达人类正常的 *hMSH2* 基因时，细菌的突变率会升高，这显然是因为 hMSH2 干扰了 MutS 的作用。*BRCA1* 基因的缺陷使人对乳腺癌和卵巢癌易感。BRCA1 蛋白参与双链断裂修复和转录偶联的切除修复。如果 *BRCA1* 基因发生突变，这些修复过程就无法进行。

着色性干皮病（xeroderma pigmentosum, XP）是一种由核苷酸切除修复系统缺陷引起的隐性遗传疾病。大约 10 个参与核苷酸切除修复的基因中的任何一个发生突变都会引起着色性干皮病。核苷酸切除修复是人类细胞修复环丁烷嘧啶二聚体和其他光产物的唯一途径，所以患者的皮肤对太阳光和紫外线照射极度敏感，伴随着多种皮肤癌的产生。

4.2.8.2 真核生物核苷酸切除修复

真核细胞和大肠杆菌的核苷酸切除修复的原理基本相同，但是对损伤的检测、切除和修复更为复杂，涉及 25 个或者更多的多肽，其中，主要的蛋白质见表 4-5。真核生物核苷酸切除修复也分为基因组 NER（global genome NER，GGR）和转录偶联 NER（transcription coupled NER，TCR）。GGR 可以修复基因组任一位置的损伤（图 4-25），而 TCR 优先修复转录模板链上的损伤。GGR 和 TCR 只在损伤的识别机制方面存在区别，一旦转录因子（TFⅡH）被募集到损伤位点，两种修复途径将利用相同的步骤完成整个修复反应。

表 4-5 参与真核生物 NER 系统的主要蛋白质

蛋白质	功能
XPC-hHR23B	检测 DNA 分子上的扭曲
XPB	DNA 解旋酶，TFⅡH 的组分
XPD	DNA 解旋酶，TFⅡH 的组分
XPA	优先结合受损伤的 DNA
RPA	与未受损伤的单链 DNA 结合
XPF/ERCC1	核酸内切酶，在损伤部位的 5′-侧切断 DNA 链
XPG	核酸内切酶，在损伤部位的 3′-侧切断 DNA 链
DNA Polδ/ε	DNA 修复合成
DNA 连接酶 I	缝合 DNA 链上的切口
CSA	与 CSB 一起参与起始 TCR
CSB	与 CSA 一起参与起始 TCR

在 GGR 中，XPC-hHR23B 异二聚体识别并结合双螺旋中由于损伤而产生的扭曲（图 4-25），功能上类似于 *E.coli* 的 UvrA。某些情况下，XPC-hHR23B 与损伤位点的亲和力较低，需要受损 DNA 结合蛋白（damaged DNA binding protein，DDB）的参与才能启动 NER。然后，由 XPC-hHR23B 募集 TFⅡH 至损伤位点。TCR 由停顿在损伤位点 5′-端的 RNA 聚合酶引发，然后由 CSA 和 CSB 取代 GGR 中的 XPC-hHR23B 将 THⅡF 募集至受阻的 RNA 聚合酶。

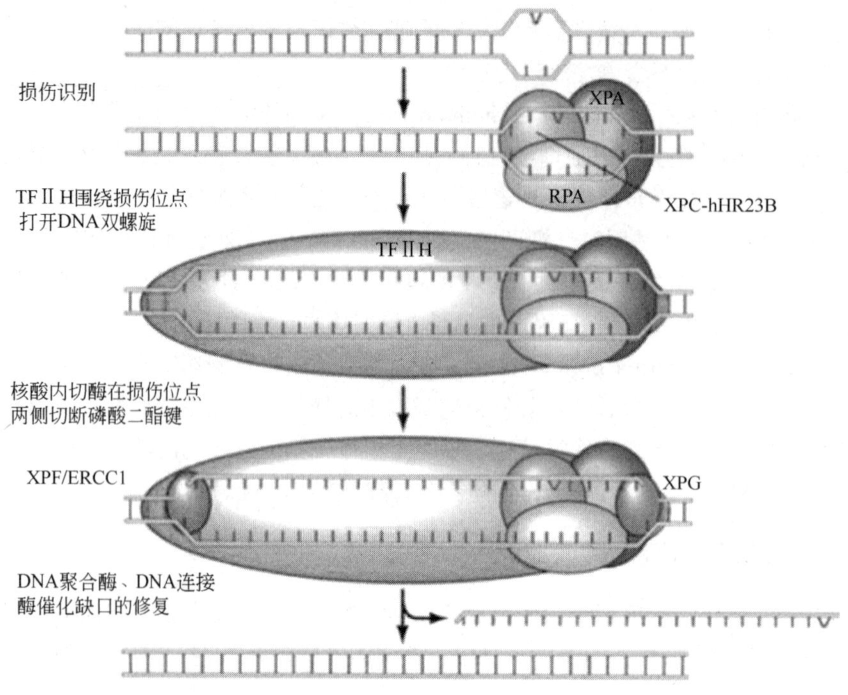

图 4-25 哺乳动物细胞的 GGR

TFⅡH 为一种多亚基复合体，其中包括 XPB 和 XPD 两种亚基。XPB 和 XPD 具有解旋酶活性，围绕受损位点打开 DNA 双螺旋。XPA 和 RPA 作为单链结合蛋白与解离的 2 条单链结合，其中 XPA 优先与受损单链结合，而 RPA 与未受损的单链结合保护其免受核酸酶的切割，并募集 DNA 聚合酶进行修复合成。随后，XPG 和 XPF/ERCC1 被招募到已解链的损伤部位，分别在损伤位点的 3′-侧和 5′-侧切开 DNA 链。XPG 首先进行切割，切点距损伤位点 2～8nt；XPF/ERCC1 后切割，切点距损伤位点 15～24nt。XPB/XPD 解旋酶协助被切下的一段包含损伤的核苷酸片段从双螺旋中释放出来。

由 DNA 聚合酶 δ 或者 ε 与 PCNA 一起进行修补合成，填补缺口。连接酶 I 将新合成 DNA 链的 3′-末端与原初 DNA 链的 5′-末端共价连接，完成核苷酸的切除修复。

4.2.8.3 双链断裂修复

电离辐射和一些化学诱变剂可以造成 DNA 双链断裂。一些生物学过程也会产生双链断裂。例如，一些转座子发生转座时，首先要从原来的位置上切割下来，然后再被插入到一个新的位点，这样就会在原来的位点上留下一个双链断裂。在所有的 DNA 损伤中，DSB 对细胞最为有害。如果不被修复，DNA 的断裂将引起多种有害后果，如阻断复制、引起染色体缺失等，进而导致细胞死亡或肿瘤转化。

真核细胞主要通过两种机制来修复这种形式的断裂（图 4-26）：第一种机制是同源重组，即利用同源染色体或姊妹染色单体上的相应序列来修复断裂；第二种机制称为非同源末端连接（non-homologous end joining，NHEJ），顾名思义，双链断裂的两个末端不需要同源性就能直接连接起来。在细菌和低等真核生物中，双链断裂主要由同源重组进行修复。然而，在哺乳动物细胞中，NHEJ 是一种主要的双链断裂修复方式，缺乏这种修复方式的突变体对导致 DNA 断裂的电离辐射和化学试剂极度敏感。

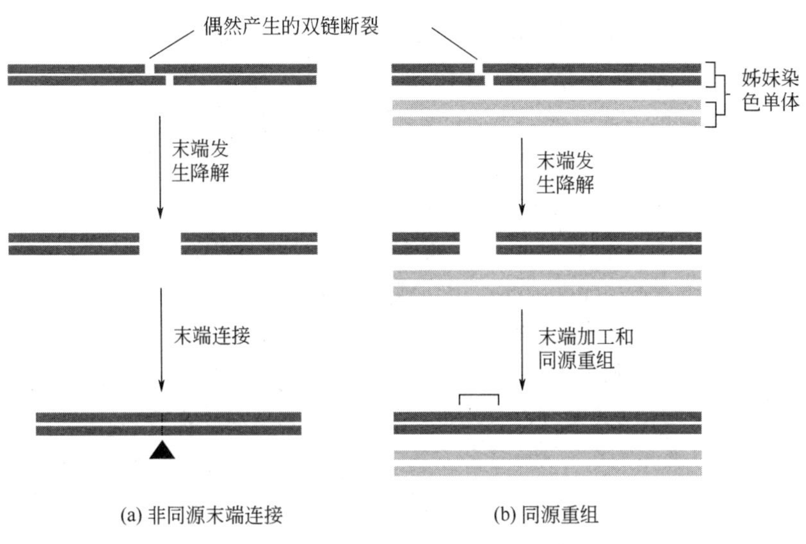

图 4-26　双链断裂修复

至少已鉴定出 7 种蛋白质参与 NHEJ，分别是 Ku70 和 Ku80、DNA 依赖型蛋白激酶催化亚基（DNA-PK$_{CS}$）、Artemis 蛋白、XRCC4 蛋白、XLF 和 DNA 连接酶Ⅳ（表 4-6）。Ku70 和 Ku80 构成一个异二聚体，结合到双链断裂的末端。除了保护末端不被核酸外切酶降解外，Ku70/Ku80 二聚体还募集 DNA-PK$_{CS}$ 形成一个 DNA 依赖型蛋白激酶（DNA-PK），同时被募集的还有 Artemis 蛋白。四聚体蛋白在双链末端的装配，激活了 DNA-PK$_{CS}$ 的激酶活性，使 Artemis 蛋白磷酸化，并激活其核酸酶活性。Artemis 蛋白被激活后，即开始加工 DNA 的末端，创造出连接酶的有效底物。最后一步是 DNA 连接酶Ⅳ复合体催化已加工好的 DNA 末端的连接，连接酶复合体由连接酶与两个辅助蛋白 XLF 和 XRCC4 组成。

表 4-6　参与哺乳动物细胞非同源末端连接的主要蛋白质

蛋白质	功能
Ku70	与 Ku80 一起构成异源二聚体，结合到断裂的末端，并募集 DNA-PK$_{CS}$
Ku80	与 Ku70 一起构成异源二聚体，结合到断裂的末端，并募集 DNA-PK$_{CS}$
DNA-PK$_{CS}$	DNA 依赖型蛋白激酶催化亚基
Artemis 蛋白	受 DNA-PK 调控的核酸酶，对断裂的末端进行加工
XRCC4 蛋白	连接酶复合体的一个辅助亚基
XLF	连接酶复合体的一个辅助亚基
DNA 连接酶Ⅳ	连接酶复合体的一个亚基，催化双链断裂的重新连接

知识拓展　着色性干皮病与哺乳动物核苷酸切除修复

20 世纪 60 年代早期，Robert Painter 发明了一种放射自显影技术，用来研究[^{3}H]胸腺嘧啶在哺乳动物细胞 DNA 中的掺入情况。当用[^{3}H]胸腺嘧啶处理 S 期细胞时，会有大量[^{3}H]胸腺嘧啶掺入到 DNA 分子中；而处于其他时期的细胞很难有放射性标记的掺入。然而，如果先用 UV

照射非S期细胞，可以观察到细胞DNA中会掺入低水平[^{3}H]胸腺嘧啶。Painter等人认为这种非程序DNA合成（unscheduled DNA synthesis）与DNA修复有关。

James E. Cleaver是Painter实验室的一位青年研究人员，他怀疑哺乳动物细胞的非程序DNA合成与核苷酸切除修复有关，因为他了解到细菌的核苷酸切除修复系统涉及DNA的修复合成。他希望分离UV敏感型哺乳动物细胞系，然后通过证明这些细胞系在受到UV照射后不能进行非程序DNA合成，来证实他的假设。当他着手分离这样的细胞系时，碰巧在报纸上看到一篇介绍着色性干皮病（xeroderma pigmentosum，XP）的文章。

这是一种常染色体隐性遗传病。XP患儿的父母携带有XP突变，却没有表现出明显的症状。但是XP儿童对太阳光非常敏感，太阳光照射会导致皮肤损伤，甚至发生皮肤癌。阳光照射与XP儿童皮肤癌发病率之间的关系可以解释为：正常的细胞可以修复阳光引起的皮肤细胞DNA的损伤，而XP细胞因缺乏核苷酸切除修复系统，所以不能修复DNA损伤，从而导致皮肤对阳光敏感，易患皮肤癌。因此，Cleaver推断XP细胞可以被用来验证哺乳动物细胞是否含有核苷酸切除修复系统。与预期结果一致，XP细胞受紫外线照射后，不能掺入[^{3}H]胸腺嘧啶。

Dirk Bootsma和他的同事在20世纪70年代早期发现来自不同XP患者的细胞的DNA修复水平差别很大，说明这些XP患者可能是不同基因突变引起的。为了证实这一假设，他们把来自不同XP患者的成纤维细胞（如，XP-A细胞和XP-B细胞）进行融合，发现融合细胞不再对UV超敏感，并且能够进行非程序DNA合成。这些融合实验证明一个XP细胞能够合成核苷酸切除修复系统中另一个XP细胞所不能合成的一种蛋白质。例如，XP-A细胞能够合成正常的XPB蛋白，而XP-B细胞能够合成XPA蛋白。他们把收集来的所有XP细胞系进行细胞融合实验，发现人类细胞有7个基因（*XPA*～*XPG*）编码参与核苷酸切除修复的多肽链。

20世纪80～90年代，不同的研究团队克隆了哺乳动物核苷酸切除修复系统中的许多基因，并对其功能进行了研究。哺乳动物核苷酸切除修复的策略与细菌相似，第一步涉及对DNA损伤的识别。然后，核酸内切酶在损伤的两侧各产生一个单链切口。带有损伤的寡核苷酸区段被移除后，细胞通过合成新的DNA将缺口填补上。尽管核苷酸切除修复的整体策略在细菌和哺乳动物细胞中是保守的，但是哺乳动物细胞中的NER更加复杂。

第5章 DNA的重组

DNA 分子的断裂和重新连接所导致的遗传信息的重新组合称为重组（recombination），重组的产物称为重组 DNA（recombinant DNA）。由于重组，一个 DNA 分子的遗传信息可以和另一个DNA分子的遗传信息结合在一起，也可以改变一条DNA分子上遗传信息的排列方式。DNA重组广泛存在于各类生物中，说明重组对物种生存具有重要意义。通过重组实现基因的重新组合使物种能够更快地适应环境，加快进化的过程。此外，DNA 重组还参与许多重要的生物学过程，例如，重组在 DNA 损伤修复和突变中发挥重要作用。

DNA 重组包括同源重组（homologous recombination）、位点特异性重组（site-specific recombination）和转座（transposition）三种形式。同源重组是更为普遍的一种重组机制，它可以发生在任何两个相同或相似的 DNA 序列之间，涉及两个 DNA 分子在相同区域的断裂和重新连接。位点特异性重组发生在 DNA 分子特定的序列之间，需要重组酶介导，发生的概率相对较小。转座是一种特殊的重组，通过转座，特定的遗传因子可以从 DNA 分子的一个位点移动到另一个位点。

5.1 同源重组

同源重组发生在两个同源 DNA 分子之间。在真核细胞减数分裂过程中，同源重组使同源染色体在第一次核分裂之前，彼此配对，是同源染色体正确排列和分离的基础，并导致同源染色体之间的基因交换。同源重组同样在接合、转导或转化后外源 DNA 与细菌基因组 DNA 的整合中发挥作用。

5.1.1 同源重组的分子模型

5.1.1.1 Holliday 模型

1964 年 Robin Holliday 提出的重组模型是人们从分子水平上认识重组的基础。如图 5-1 所示，两条同源 DNA 分子彼此并排对齐，相互配对的 DNA 中两个方向相同的单链在相同位置上同时被 DNA 核酸内切酶切开。在切口处要发生链的入侵与交换，结果是一个切口的 3′-末端与另一切口的 5′-末端连接在一起，在两个 DNA 分子之间形成一个单链交叉。被交叉连接在一起的两个 DNA 分子称为 Holliday 中间体（Holliday intermediate）。

Holliday 交叉可以发生移动，称为分支迁移（branch migration）。分支迁移导致在两个 DNA 分子中形成异源双链区（heteroduplex），该区段的两条单链分别来自两个不同的 DNA 分子。因为参与重组的两条同源 DNA 分子的碱基序列并非完全一致，异源双链区往往含有错配的碱基。

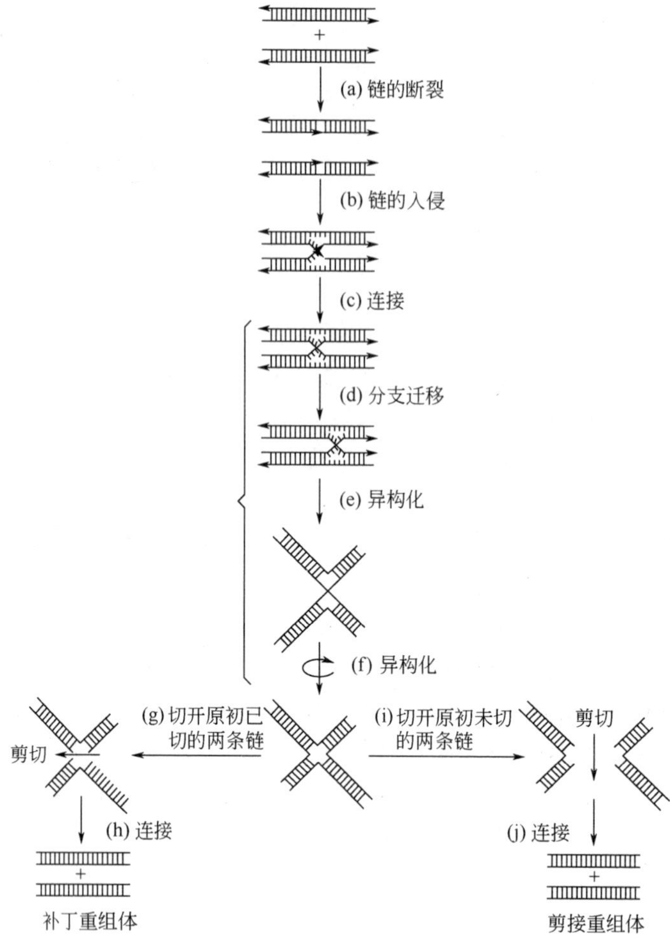

图 5-1　同源重组的 Holliday 模型

链交换所形成的连接分子必须进行拆分，才能形成两个独立的双链分子，这需要再产生两个切口。拆分之前，Holliday 中间体要发生异构化。这时，Holliday 中间体的两个臂沿交叉旋转，形成一种开放的结构。如果切割发生在当初未切的 2 条链上，那么原来的 4 个链均被切开，释放出剪接重组 DNA（splice recombinant DNA），即一个亲本双链 DNA 通过一段异源双链区与另一个亲本双链 DNA 共价连接。因此，纵向切割会导致异源双链区两侧的序列发生重组。

如果切割发生在当初被切的两条链上，连接分子拆分后将形成补丁重组体（patch recombinant）。分开的两个 DNA 分子除保留了一段异源双链 DNA 外，均完整无缺。因此，连接 DNA 分子无论如何拆分，所形成的两个独立的 DNA 分子总有一段异源双链区，但是异源双链区两侧的重组未必发生。

Holliday 模型很好地解释了 DNA 链的入侵、Holliday 交叉的形成、分支迁移、带有异源双链区的中间体的形成以及中间体的拆分等同源重组的核心过程，并且这些概念仍被保留在后来的同源重组模型中。但它仍然存在不足，例如，它没有解释 2 个同源 DNA 分子是如何配对的，以及如何在 2 条 DNA 分子的对应位点形成单链切口。后来，人们还了解到同源重组起始于双链断裂，或者 DNA 分子上的一个缺口。

5.1.1.2 Meselson-Radding 模型

Matthew Meselson 和 Charles Radding 对 Holliday 模型提出了修改。在 Meselson-Radding 重组模型（图 5-2）中，仅在一个双螺旋上产生单链切口。DNA 聚合酶利用切口处 3′-OH 合成的新链把原有的链逐步置换出来，使之成为以 5′-P 为末端的单链区。随后游离的 DNA 单链侵入另一条 DNA 双螺旋中，取代它的同源单链并与其互补链配对形成异源双链区，被置换的单链形成 D 环（D-loop）。D 环单链区随后被切除，两个 DNA 分子在 DNA 连接酶的作用下形成 Holliday 交叉。与 Holliday 模型不同，此时只在一条 DNA 分子上出现异源双链区。如果发生分支迁移，在两条双螺旋上均出现异源双链区。随后发生的连接分子的拆解过程与 Holliday 模型一样。

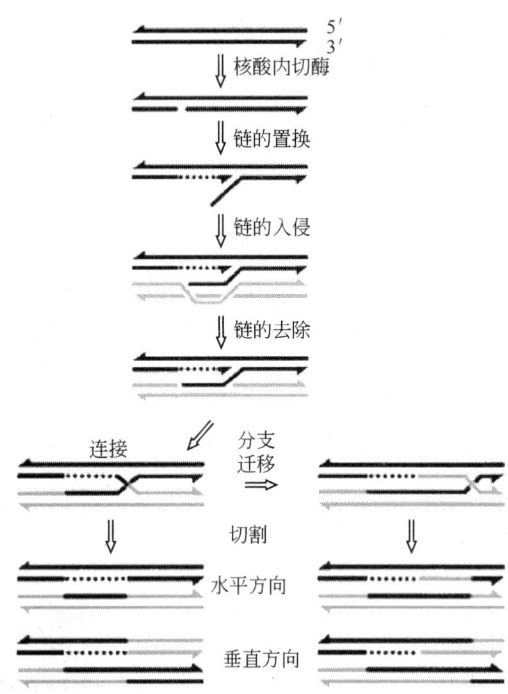

图 5-2 同源重组的 Meselson-Radding 模型

Meselson-Radding 模型解释了同源重组中某些 Holliday 模型不易解释的现象，但也明显存在着不足。该模型不能解释为什么通过同源重组可以修复双链断裂。另外，研究表明，链的入侵是带有 3′-OH 末端，而不是带有 5′-P 末端的单链 DNA 启动的。最后，在 Meselson-Radding 模型中，断裂的链为同源重组中的信息供体，但是来自遗传学的证据表明，断裂的链是遗传信息的受体。

5.1.1.3 同源重组的双链断裂修复模型

利用携带有酵母基因但缺少复制起始位点的重组质粒转化酵母细胞，人们获得了更多关于同源重组的信息。因为缺少复制起始位点，重组质粒只有通过同源重组整合到酵母的基因组时，其携带的酵母基因才能传递给子代细胞。如果先用限制性核酸内切酶将质粒上的酵母基因的两条链切断，再进行遗传转化，转化频率要比未切开的质粒高出许多，并且在所有的转化子中，质粒都整合到了酵母的染色体 DNA 中。用一对限制性核酸内切酶切割重组质粒上同一个基因，除去基因内部的一段序列后，再进行遗传转化，在整合过程中，缺口会得到修复。这些实验表明双链断裂可以促进同源重组。

1983 年，Jack Szotak 根据 DNA 双链断裂也会引发同源重组这一现象，提出了同源重组的双链断裂修复（double-stand break repair，DSBR）模型（图 5-3）。根据该模型，重组时两个彼此配对的 DNA 分子中的一个发生双链断裂，而另一个保持完整。双链断裂后，在核酸外切酶的作用下，切口被扩大，并且形成两个 3′-单链末端。其中一个单链末端侵入另一双螺旋的同源区，并取代其中的一条链，形成 D 环和非对称的异源双链区。随着侵入链被 DNA 聚合酶延伸，D 环不断扩大，当 D 环的长度超过断裂 DNA 分子上被降解的区域，断裂 DNA 分子的另一 3′-单链末端就与 D 环退火，并作为引物被 DNA 聚合酶延伸。结果，断裂受体 DNA 分子上被降解的区域就以另一 DNA 分子上的同源区为模板得到了修复，同时形成两个分支点，分支点会沿着 DNA 移动，发生分支迁移。最终 Holliday 结构被拆分，形成两个独立的 DNA 分子，从而结束重组事件。同样地，依据拆分 Holliday 结构时所剪切的 DNA 链，可以最终决定 DNA 分子重组位点两侧的基因是否发生交换。

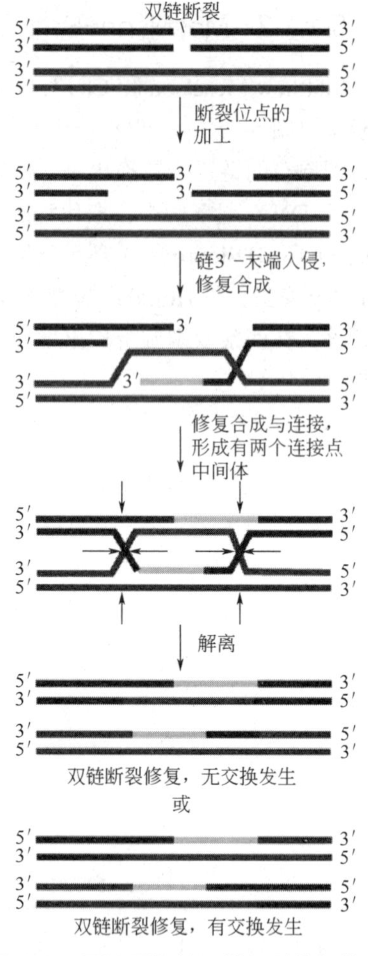

图 5-3 同源重组的双链断裂修复模型

双链断裂修复模型可以解释真菌减数分裂重组的许多特点，后来的研究证实在减数分裂过程中能够形成双链断裂，并且形成的双链断裂可以诱导同源重组。

5.1.1.4 Holliday 中间体

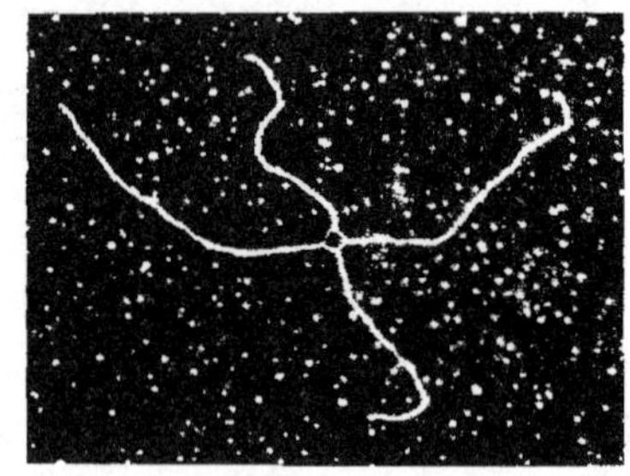
图 5-4 电镜下的 Holliday 中间体

电镜观察从细菌和动物细胞中分离出正在发生重组的质粒和病毒 DNA，可以发现与 Holliday 中间体类似的交叉和围绕着交叉点旋转形成的 Holliday 异构体（图 5-4）。因此，无论重组的起始机制是什么，两个相连的 DNA 分子之间的交叉都要发生迁移，并且 Holliday 结构要围绕交叉点发生旋转形成异构体。

5.1.2 大肠杆菌的同源重组

通过遗传分析，在大肠杆菌细胞中发现了 3 种重组途径，即 RecBCD、RecE 和 RecF 途径。以下步骤为这 3 种途径所共有：①产生一个具有 3′-OH 末端的单链 DNA；②单链 DNA 侵入其同源双链 DNA 分子；③形成 Holliday 中间体，并发生分支迁移；④核酸内切酶对中间体进行切割，连接后产生重组体；⑤3 种重组途径均需要 RecA 蛋白。在这里主要介绍由 RecBCD 酶复合体发动的重组途径，这也是大肠杆菌中最重要的同源重组途径。

5.1.2.1　RecBCD 酶复合体催化单链 DNA 的形成

RecBCD 由 3 个亚基组成，具有 3′→5′核酸外切酶活性、5′→3′核酸外切酶活性以及 DNA 解旋酶活性。RecBCD 结合到 DNA 分子的双链断裂处，利用其解旋酶活性打开 DNA 双链，并利用其核酸外切酶活性降解两条单链。但是，RecBCD 对两条单链的降解速度是不一致的，它优先降解 3′-末端链。一个正在被 RecBCD 加工的 DNA 的末端会形成一个单链环和一个 5′-端拖尾（图 5-5）。

RecBCD 的酶活性受重组热点 Chi 的调节。Chi 位点是大肠杆菌基因组中的一种不对称的 8 bp 核苷酸序列（5′-GCTGGTGG-3′），能够改变 RecBCD 的酶活性。一旦遇到 Chi 序列，RecBCD 的 3′→5′核酸外切酶活性就会受到抑制，5′→3′核酸外切酶活性被激活，由原来优先降解 3′-末端，改变为只降解 5′-末端，但是它的解旋酶活性未受到影响，结果产生 3′-末端带有 Chi 位点的 ssDNA（图 5-5）。因此，Chi 是重组的热点。

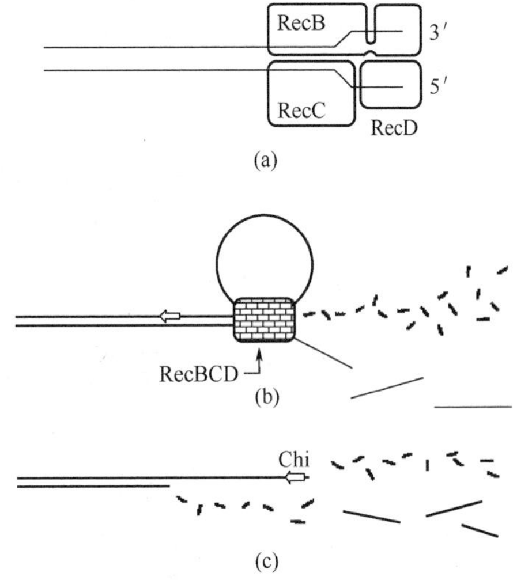

图 5-5　RecBCD 催化形成 3′-末端带有 Chi 位点的单链 DNA

5.1.2.2　RecA 蛋白促进单链 DNA 与双链 DNA 进行链的交换

不论实际机制如何，RecBCD 的作用产生了游离的 3′ -单链末端，这一游离末端将侵入另一双链 DNA 分子。单链的侵入由 RecA 蛋白介导，这是一种单链 DNA 结合蛋白，参与大肠杆菌中所有的同源重组事件。它催化一个双链 DNA 分子的 3′-单链末端侵入另一个双链 DNA 分子，形成异源双链区，同时置换出同源单链，形成 Holliday 结构（图 5-6）。

RecA 介导的链交换可以分为三个阶段: ①RecA 聚集在 ssDNA 上形成丝状结构的联会前阶段; ②RecA-ssDNA 寻找同源双链 DNA 分子并与之配对的联会阶段，在这一阶段可能形成三股螺旋（triplex）结构，入侵的 ssDNA 位于完整螺旋的大沟之中; ③发生链的交换，形成连接分子的阶段，入侵的单链置换出双链中的同源单链，同时产生一个长的异源双链区。

5.1.2.3　分支迁移和 Holliday 中间体的拆分

分支迁移由结合在 Holliday 交叉上的 RuvA 和 RuvB 蛋白催化。RuvA 以四聚体的形式识别并结合到 Holliday 交叉上，然后募集 RuvB 蛋白。RuvB 为催化分支迁移的解旋酶，利用 ATP 水解释放的能量催化分支迁移。与多数解旋酶一样，RuvB 也是一种环状六聚体，其特别之处在于 RuvB 优先结合双链 DNA，而不是单链 DNA。

RuvC 蛋白是一种特殊的核酸内切酶，在重组中的作用是促进 Holliday 连接的分离，故又称拆分酶。如图 5-7 所示，RuvC 同源二聚体以对称的方式结合在 Holliday 交叉上，催化断裂反应，切开极性相同的两条单链，拆分 Holliday 中间体。中间体能够以两种方式被解离，但只有一种方式产生重组 DNA。

RuvC 对 DNA 的切割具有一定的序列特异性，切割反应发生在 5′-A/TTT↓G/C-3′的第二个 T 之后。该序列在 DNA 分子中频繁出现，平均每 64 个核苷酸出现一次。RuvC 对序列的选择性，要求在拆分之前必须发生分支迁移。如果切割反应没有一定的序列特异性，Holliday 交叉一旦形成，可能就会立即被 RuvC 切割。

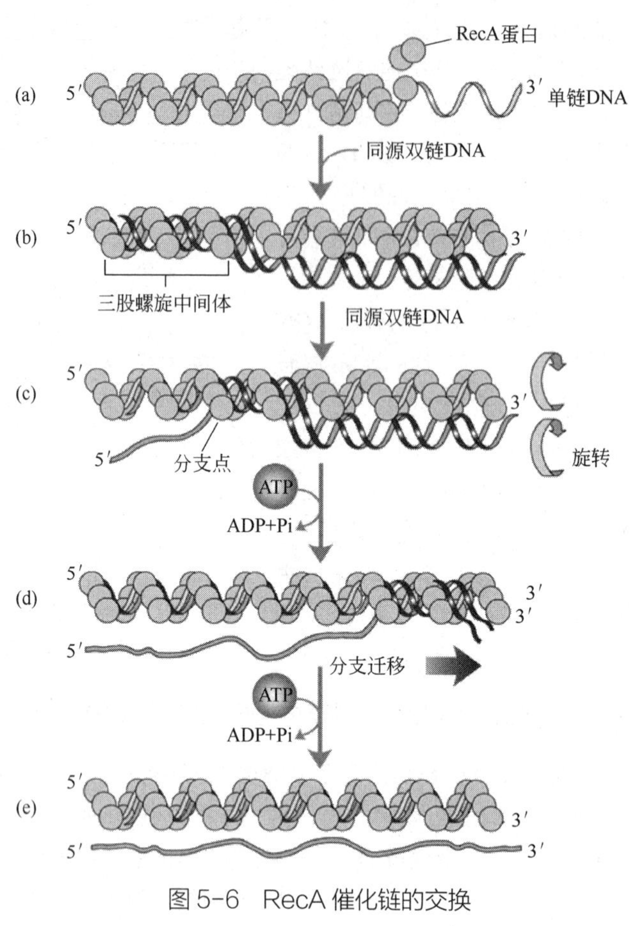

图 5-6　RecA 催化链的交换

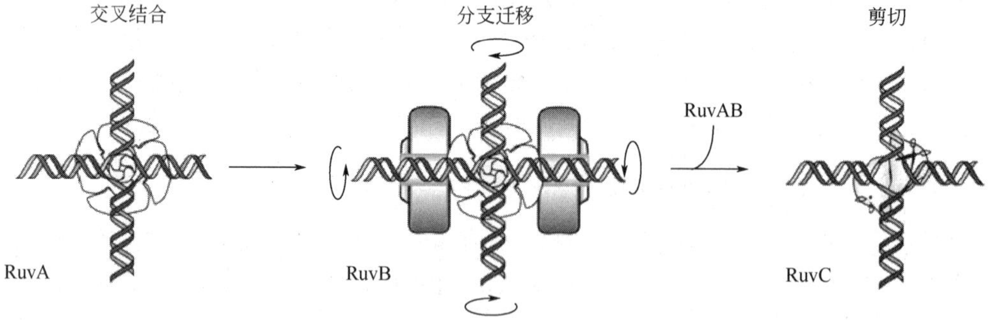

图 5-7　RuvA、RuvB 和 RuvC 在同源重组中的作用

5.1.3　真核细胞的同源重组

发生在减数分裂过程中的同源重组有两方面的重要作用。一是确保同源染色体能够正确配对，而同源染色体的联会是生殖细胞形成时染色体数目减半的基础。另外，减数分裂重组也常常引起非姊妹染色单体之间的交换，结果是亲本 DNA 分子上的等位基因在下一代发生了重新排列。

减数分裂重组是由染色体 DNA 双链断裂启动的（图 5-8）。在减数分裂的前期 I 同源染色体开始配对的时候，Spo11 蛋白在染色体的多个位置上切断 DNA。Spo11 的切割位点在染色体上并非随机分布，而是多分布于染色体上核小体包装疏松的区域。Spo11 蛋白由两个亚基组成，每个亚基上特异的酪氨酸残基分别进攻 DNA 分子两条单链上的磷酸二酯键，从而切断 DNA 双链，并且在断裂处形成磷酸-酪氨酸连接，所以 Spo11 与拓扑异构酶及下面要讲到的位点特异性重组酶具有同样的性质。

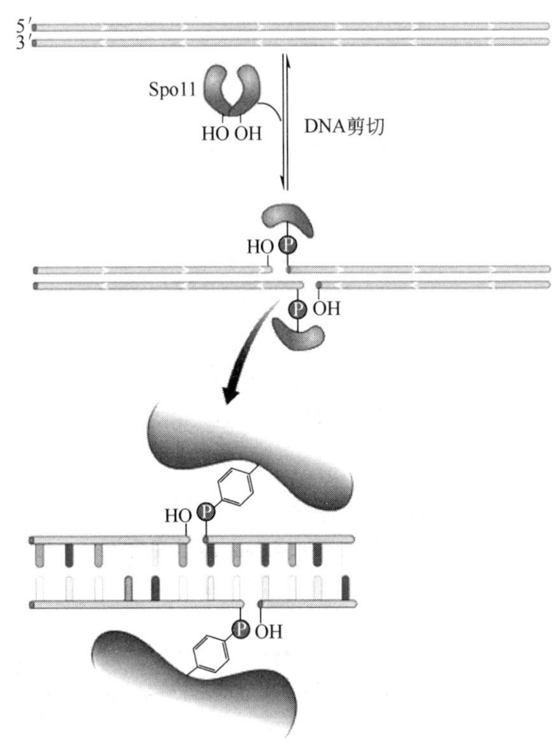

图 5-8 Spo11 蛋白在染色体 DNA 分子上产生双链断裂

接着，MRX 酶复合体对双链断裂进行加工。MRX 酶复合体由 Mre11、Rad50 和 Xrs2 三个亚基组成，并以三个亚基的首字母命名。Mre11 具有单链核酸内切酶活性以及 5′→3′核酸外切酶活性。MRX 首先利用其解旋酶活性和单链核酸内切酶活性，在靠近双链断裂处切断与 Spo11 共价连接的单链，这一反应释放出一段寡核苷酸以及与其共价连接的 Spo11；再利用其 5′→3′核酸外切酶活性降解 DNA，生成 3′-单链末端，其长度通常可达 1 kb 或更长（图 5-9）。

Rad51 和 Dmc1 是在真核细胞中发现的两种与细菌 RecA 同源的蛋白质，它们介导链的交换，在减数分裂重组中发挥重要作用。Rad51 在进行有丝分裂和减数分裂的细胞中广泛表达，而 Dmc1 则仅在细胞进入减数分裂时被表达，依赖 Dmc1 的重组倾向于发生在非姊妹染色单体之间。

除了鉴定出引起 DNA 双链断裂的 Spo11、生成 3′-单链末端的 MRX 以及介导链交换的蛋白质外，还发现了许多其他的蛋白质参与这一过程，例如，酵母的 Rad52 和 Mus81。Rad52 通过抵抗 RPA 的作用而启动 Rad51 蛋白丝的组装。因此，Rad52 与大肠杆菌的 RecBCD 蛋白有相似的活性，RecBCD 蛋白可以帮助 RecA 结合在原本被 SSB 所结合的单链 DNA 上，而 Mus81 是一种特殊的核酸内切酶，它与 Mms4 形成的复合体可能是拆分 Holliday 中间体的酶。

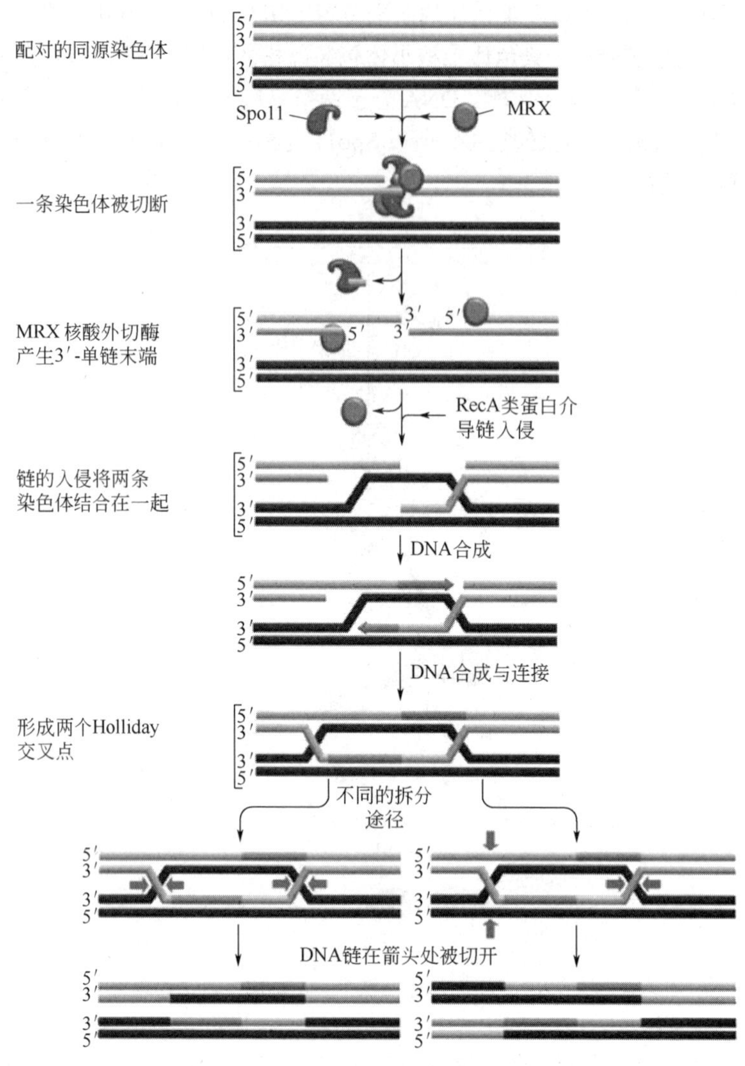

图 5-9　减数分裂时的同源重组途径

5.1.4　接合型转换

同源重组除了能够促进 DNA 配对、DNA 修复和遗传交换外，还能够改变基因在染色体上的位置，这种类型的重组有时是为了调节基因的表达。

酿酒酵母是一种单细胞真核生物，它既能以单倍体（haploid）形式也能以二倍体（diploid）形式进行繁殖（图 5-10）。单倍体酵母有 a 和 α 两种接合型。当 a 和 α 细胞接近时，它们能够进行融合形成一个 a/α 二倍体细胞。二倍体细胞经过减数分裂又形成 2 个单倍体 a 细胞和 2 个单倍体 α 细胞。相同接合型的细胞则不能发生融合。

单倍体细胞的接合型由位于第三染色体接合型基因座（mating-type locus, MAT locus）上的等位基因决定。在 a 型细胞中，出现在 *MAT* 基因座上的是 *a1* 基因；而在 α 型细胞中，出现在 *MAT* 基因座上的是 *α1* 和 *α2* 基因（图 5-11）。

接合型可以发生转换，a 型可以转换成 α 型，α 型也可以转换成 a 型。无论以什么类型开始，在几代之后，群体中就会产生很多两种接合型的细胞。接合型的转换是通过重组实现的。各种类型的细胞除了位于 *MAT* 基因座上有转录活性的 *a* 基因或 *α* 基因以外，还有一套无转录活性的 *a* 基因和 *α* 基因分别存在于 *MAT* 座的两侧。这些额外的拷贝无转录活性，因为在这些基因的上游存在一个沉默子，它们所在的基因座 *HMR*（hidden MAT right）和 *HML*（hidden MAT left）被称为沉默盒（silent cassettes）。它们的功能是为改变细胞的结合类型提供遗传信息。与之对应，*MAT* 座位上存在 *a* 或 *α* 的活性盒（active cassette）。接合型转换需要通过同源重组使遗传信息从 *HM* 基因座转换到 *MAT* 基因座。

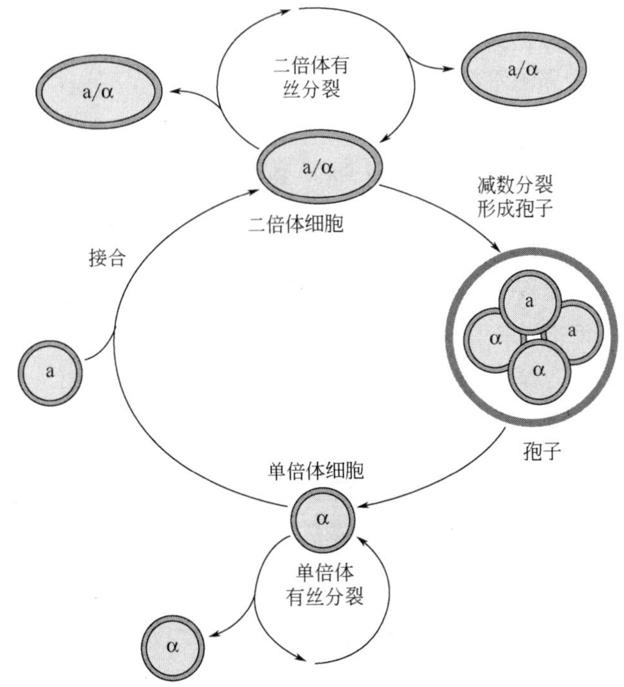

图 5-10　酿酒酵母的生活周期

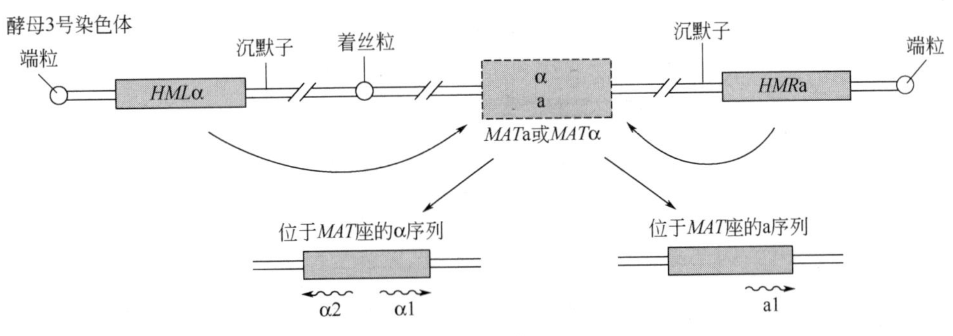

图 5-11　酵母的交配型转换

接合型转换始于 *MAT* 基因座的双链断裂，这个反应由特异的 DNA 核酸内切酶——HO 核酸内切酶（homing endonucleases）来完成。HO 是一种序列特异性的核酸内切酶，在酵母基因组中只有 *MAT* 基因座上携带有 HO 的识别序列（图 5-12）。

HO 在 *MAT* 基因座引起断裂后，利用其 5′→3′的 DNA 核酸外切酶活性切割 DNA，产生 3′-单链末端。接着 3′-单链尾巴被 Rad1 蛋白包裹。这种被 Rad1 包裹的单链 DNA 末端寻找染色体上的同源区域，选择性地侵入 *HMR* 或 *HML* 基因座。如果 *MAT* 基因座的 DNA 序列是 *a*，侵入会发生在含有 *α* 序列的 *HML* 基因座；反之，如果 *MAT* 带有 *α* 基因，侵入则会发生在含有 *a* 序列的 *HMR* 基因座。被选择的 *HM* 基因座的信息会取代 *MAT* 基因座上原有的信息，从而导致接合型转换。

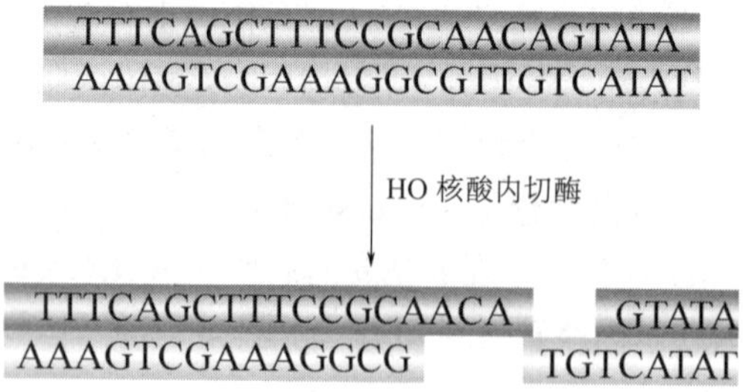

TTTCAGCTTTCCGCAACAGTATA
AAAGTCGAAAGGCGTTGTCATAT
HO 核酸内切酶
TTTCAGCTTTCCGCAACA
GTATA
AAAGTCGAAAGGCG
TGTCATAT

图 5-12　HO 核酸内切酶的识别位点为一个 24 bp 碱基序列

由于在交配型转换中，从未观察到交换产物的存在，人们提出了一个新的重组模型，即合成依赖型链退火（synthesis-dependent strand annealing，SDSA）来解释交配型转换（图 5-13）。在这个模型中，首先由 HO 在重组位点引入 DSB，双链断裂位点经过 MRX 复合体的切割加工，产生 3′-单链末端，Rad51 与 3′-单链末端结合，形成 Rad51 DNA 蛋白丝，并介导链的入侵，侵入的 3′-端作为引物在 Ya 侧翼的同源区域启动 DNA 合成，复制完整的 Ya 序列。与普通的 DNA 复制不同，新合成的链从模板链上被置换出来，在被第二个末端捕获后，作为模板完成 Ya 第二条链的合成。需要指出的是，第二个末端的 Ya 序列非同源的部分只有在被切除之后，才能作为 Ya 第二条链合成的引物。最终 *MAT* 位点的原有序列被供体序列所取代，而供体位点的序列保持不变。

HMLa
MATα
HO 剪切
5′ →3′ 切割DNA
装备Rad51蛋白丝
链的入侵
拷贝供体DNA
置换新合成的链
链切除
第二链的合成
HMLa
MATa

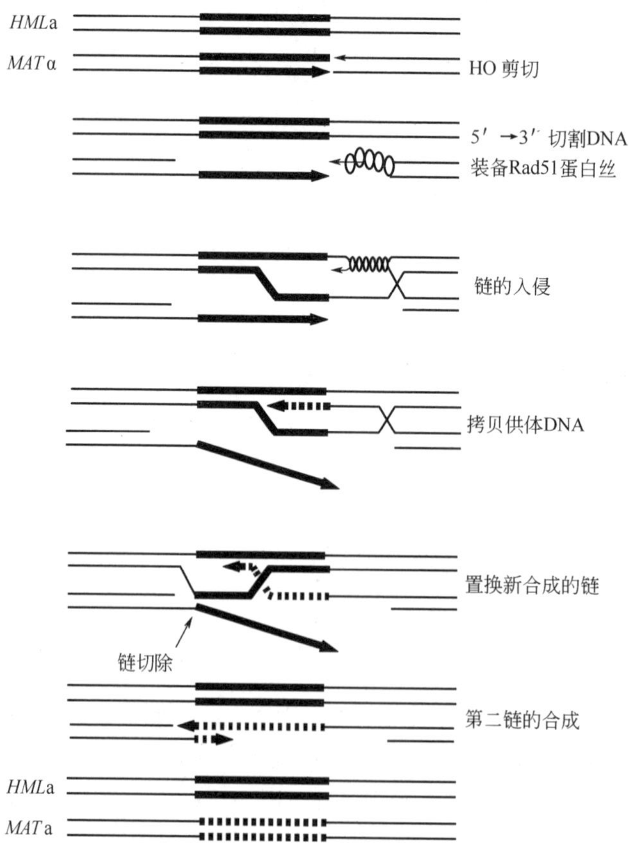

图 5-13　交配型转换的重组模型

5.1.5　基因转换

DNA 重组模型都是依据在重组过程中要形成异源双链区这一事实提出来的。人们在研究真菌的基因转换（gene conversion）时首先意识到了在 DNA 重组时会形成异源双链区。为了说明基因转换，在这里首先介绍一下真菌的有性生殖周期。两个基因型不同的单倍体细胞融合形成一个二倍体的杂合子。杂合子经过减数分裂形成 4 个单倍体的孢子，它们在子囊中呈线性排列。有时，紧接着减数分裂之后是一次有丝分裂，产生 8 个线性排列的子囊孢子。如果杂合子的基因型为 *Aa* 的话，经过减数分裂和一次有丝分裂所产生的 8 个子囊孢子应呈现 4:4 的分离比。然而，人们发现 *A* 与 *a* 的分离比并不总是预期的 4:4，有时会出现异常的分离比，例如，6:2、5:3 等，这种现象称为基因转换，即基因的一种等位形式转变成了另一种等位形式。

重组时产生的异源双链区中的错配碱基在修复时会导致基因转换的发生（图 5-14）。在重组过程中，假如链的侵入或分支迁移包括 *A*/*a* 基因，那么在异源双链区中，一条链为 *A* 基因的序列，另一条链为 *a* 基因的序列。细胞的错配修复系统将随机校正异源双链区中的错配碱基。因此，修复后双链体是带有 *A* 基因序列还是 *a* 基因序列，取决于哪条链被修复系统所修复，这就会产生基因转换。

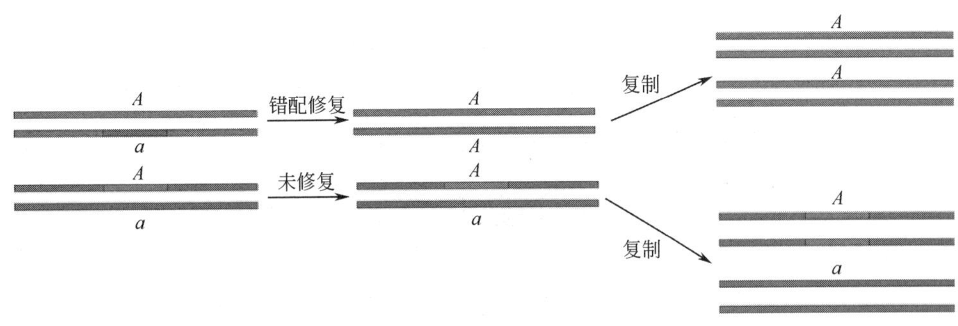

图 5-14　基因转换

5.2　保守性位点特异性重组

5.2.1　保守性位点特异性重组发生在特定的 DNA 序列之间

保守性位点特异性重组（conservative site-specific recombination, CSSR）是发生在两个特定位点之间的重组，不依赖于 DNA 顺序的同源性，由能识别特异 DNA 序列的蛋白质介导。每个重组位点由一对对称的重组酶识别序列及两者之间短的非对称序列组成，这种非对称序列又称为交换区，DNA 的断裂和重新连接（链的交换）就发生在这里（图 5-15）。

位点特异性重组可以分解成一系列步骤。重组酶与两个重组位点结合，然后两个结合有重组酶的重组位点配对形成一个联会复合体，在联会复合体中交换区并排对齐。重组酶催化切割、链的交换以及重新连接。最终，联会复合体分离，释放出两个重组产物（图 5-15）。

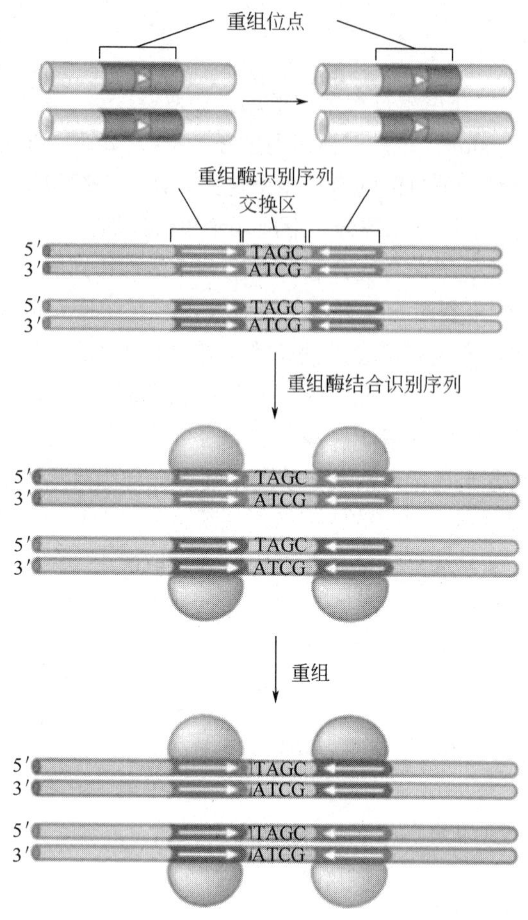

图 5-15　保守性位点特异性重组

5.2.2　CSSR 可以产生 3 种不同类型的 DNA 重排

由于交换区是不对称的，所以每个重组位点都带有特定的极性。CSSR 能够产生整合、切除和倒位 3 种不同类型的 DNA 重排。当两个重组位点分别位于两个不同的 DNA 分子上时，重组会导致一个 DNA 分子在特定的位点插入另一个 DNA 分子［图 5-16（a）］；两个重组位点位于同一 DNA 分子上，且方向相反时，重组会导致两个位点之间的 DNA 片段的倒位［图 5-16（b）］；两个重组位点位于同一 DNA 分子上，且方向相同时，重组会导致两个位点之间 DNA 片段的缺失［图 5-16（c）］。这三种形式的重排具有一系列的生物学作用，例如噬菌体的整合与切除、共整合体的解离、基因表达模式的改变等。

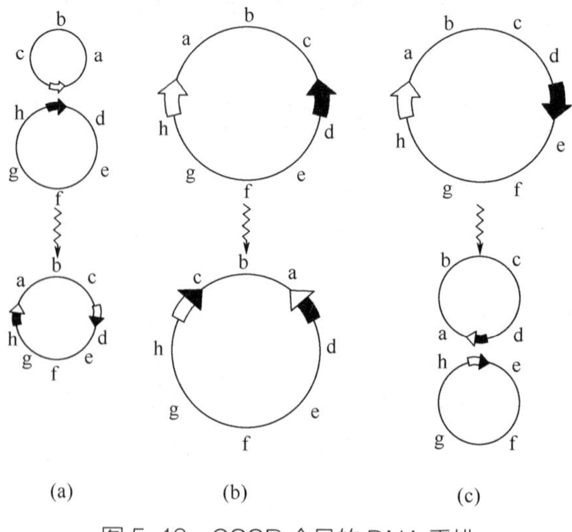

图 5-16　CSSR 介导的 DNA 重排

5.2.3 位点特异性重组酶

位点特异性重组酶（recombinase）能够识别 DNA 分子上要发生重组的特定序列，并把这些位点衔接起来，形成联会复合体。在这个联会复合体中，重组酶催化 DNA 分子的断裂和重新连接，从而产生 DNA 重排。重组酶是通过转酯机制催化 DNA 分子的断裂和重新连接的，在这一过程中，并不发生 DNA 的降解或者合成，也不需要外部能量，如 ATP 水解释放的能量，这也是保守性位点特异性重组这一名称中“保守性”的意义。

位点特异性重组酶共有两个家族：丝氨酸重组酶（serine recombinase）和酪氨酸重组酶（tyrosine recombinase）。这两种酶在切割 DNA 时，都会形成蛋白质-DNA 共价连接的中间体。对于丝氨酸重组酶而言，酶活性位点的丝氨酸残基的侧链对重组位点的一个特定的磷酸二酯键进行攻击，该反应向重组位点引入一个单链断裂，同时形成一个磷酸-丝氨酸连接（图 5-17）。对于酪氨酸重组酶来说，则是其活性位点上的酪氨酸残基的侧链攻击 DNA。

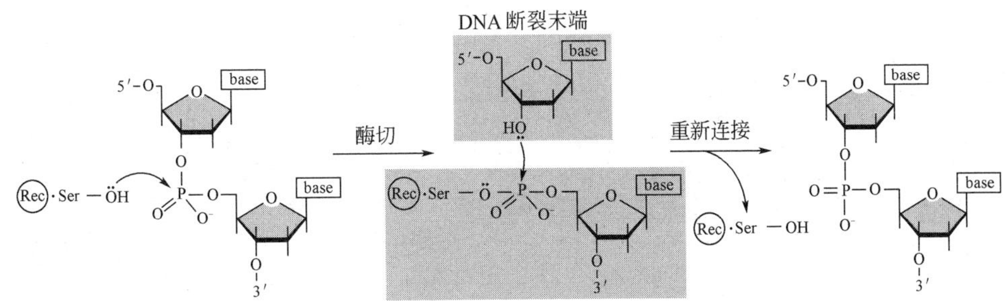

图 5-17 重组酶-DNA 共价结合体

5.2.3.1 丝氨酸重组酶

丝氨酸重组酶在交换区产生双链断裂，在链的交换发生之前，所有的四条链均被切断。如图 5-18 所示，丝氨酸重组酶以二聚体的形式与 DNA 分子上的一对重组酶识别位点结合，然后形成一个四聚体，并将两个重组位点拉在一起形成联会复合体。在联合复合体中，所有四个亚基同时被激活，将 4 条单链全部切断。重组酶的活性位点丝氨酸残基与 5′-磷酸基团共价连接，暴露出 3′-OH 基团。在交换区两条单链的断裂位点相差 2bp，下一步是上面的 R2 片段和下面的 R3 片段相互之间旋转 180°。一旦 DNA 片段发生交换，每个断裂位点的 3′-OH 就会攻击近侧的磷酸-丝氨酸连接，重新形成磷酸二酯键，产生重排的 DNA 产物，同时释放出重组酶。

5.2.3.2 酪氨酸重组酶

和丝氨酸重组酶不同，酪氨酸重组酶一次只切断双螺旋的一条链，在链的交换发生以后，第二条链才被切开，这样就会产生 Holliday 交叉。如图 5-19 所示，酪氨酸重组酶催化的重组反应同样需要 4 个分子的重组酶，每个亚基断裂一条 DNA 单链。重组开始时，酪氨酸重组酶亚基 R1 和 R3 分别在两个 DNA 分子上各产生一个单链断裂，同时，活性位点的酪氨酸残基与断裂位点的磷酸基团通过共价键连接。一个断裂位点的 5′-OH 攻击另一个 DNA 分子上的蛋白质-DNA 共价连接，形成 Holliday 交叉。两个 DNA 分子第二条链的交换机制与上面相同，但是通过 R2 和 R4 亚基完成的，两次切割位点之间相距 6～11bp，通过两次交换完成重组过程。

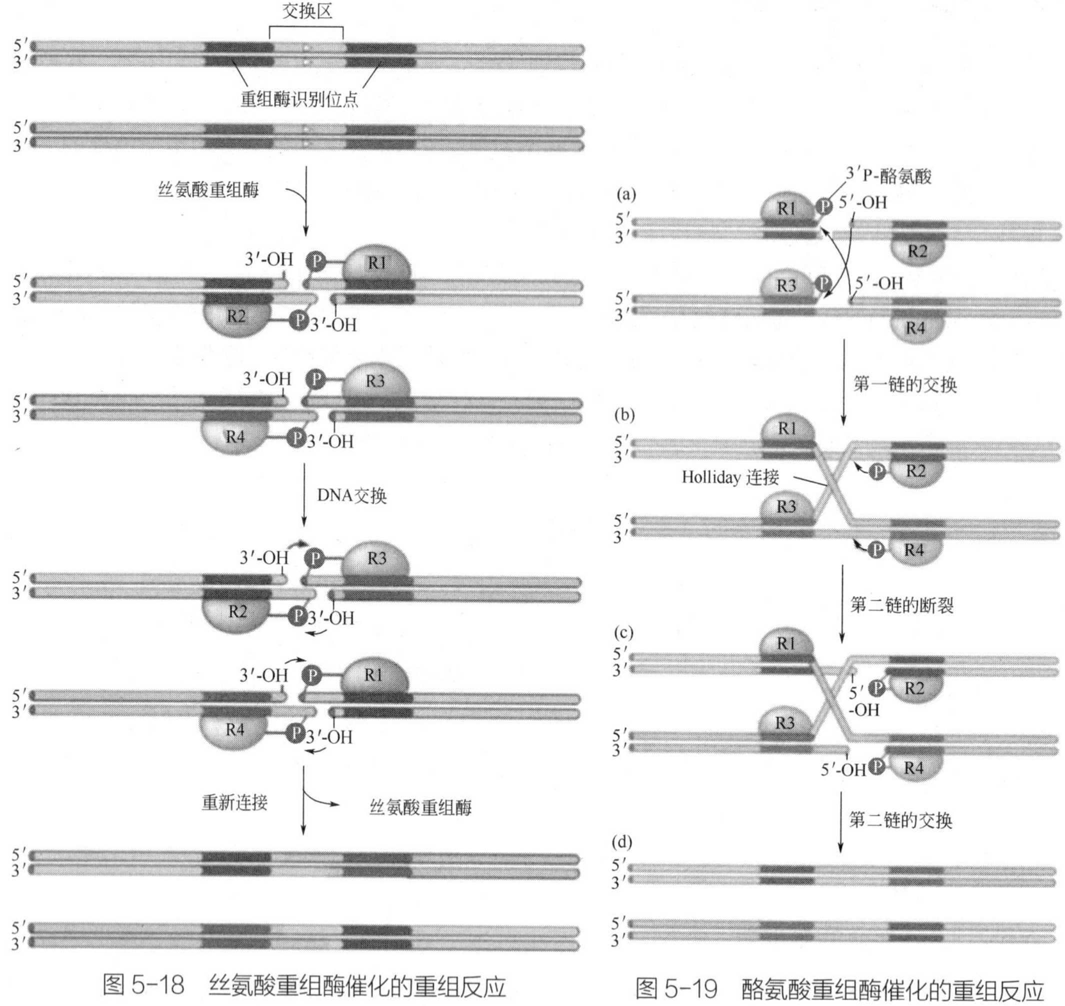

图 5-18　丝氨酸重组酶催化的重组反应

图 5-19　酪氨酸重组酶催化的重组反应

5.2.4　位点特异性重组在生物学过程中的作用

5.2.4.1　λ 噬菌体的整合与切除

λ 噬菌体 DNA 侵入大肠杆菌细胞后，面临着裂解生长和溶原生长的选择。要进入溶原状态，游离的 λ 噬菌体 DNA 要插入到宿主的染色体 DNA 中去，这个过程称为整合（integration）。由溶原生长进入裂解生长，λDNA 又必须从宿主染色体上切除下来，这个过程称为外切（excision）。整合和外切均需要通过细菌 DNA 和 λDNA 特定位点之间的重组来实现，这些位点称为 *att* 位点（attachment site）。

如图 5-20 所示大肠杆菌 DNA 上的 *att* 位点叫做 *attB*，由 B、O 和 B′三个序列组分构成。λDNA 上的 *att* 位点称为 *attP*，由 P、O 和 P′三个序列组分构成。“O” 序列为 *attB* 和 *attP* 所共有，被称为核心序列，长 15bp，重组就发生在此序列上。B 和 B′分别代表 *attB* 的核心序列两侧的序列；P 和 P′则代表 *attP* 的核心序列两侧的序列。P 和 P′序列的长度分别是 150bp 和 90bp，它们对重组是必需的，为一系列参与重组的蛋白质的结合位点。线状 λDNA 进入大肠杆菌细胞后，通过末端 *cos* 位点的配对，立即变成环状分子。重组时，它插入到细菌染色体中呈线状。原噬菌体两端的 *att* 位点是由重组产生的 BOP′和 POB′。

催化整合反应的酶由 λ 基因组编码，称为整合酶（integrase，Int）。两分子的整合酶在 *attP* 和 *attB* 的核心序列的对应位点上各产生一个单链切口，切口处的 3′-磷酸基团与整合酶活性位点的酪氨酸共价连接（图 5-21）。断裂 DNA 的 5′-OH 各自进攻另一 DNA 分子上的磷酸-酪氨酸连接，从而实现第一次单链交换，并形成 Holliday 中间体。接着，第二对整合酶分子分别在核心序列上切开另外两条 DNA 单链，启动第二次链的交换，交换机制与第一对单链的交换机制相同，因此该重组系统需要 4 分子的整合酶，每一分子负责切开两条双链体中的一条链。整合反应还需要辅助蛋白的参与，这些辅助蛋白控制着重组进行的方向和效率。其中一种辅助蛋白为整合宿主因子（integration host factor，IHF），该蛋白质含有两个亚基，均由宿主基因编码。当重组完成后，环形的噬菌体基因组稳定地整合到宿主染色体上，并在噬菌体和宿主 DNA 的结合处产生 *attL* 和 *attP* 两个杂交位点。

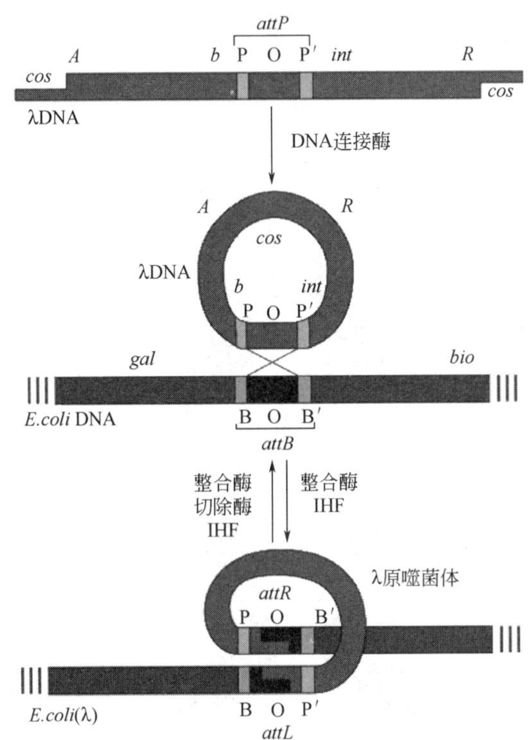

图 5-20　发生在 λ 噬菌体和宿主基因组 DNA 之间的位点特异性重组，导致 λ 噬菌体整合到宿主染色体 DNA 中；*attL* 和 *attR* 之间的位点特异性重组导致原噬菌体与宿主染色体 DNA 脱离

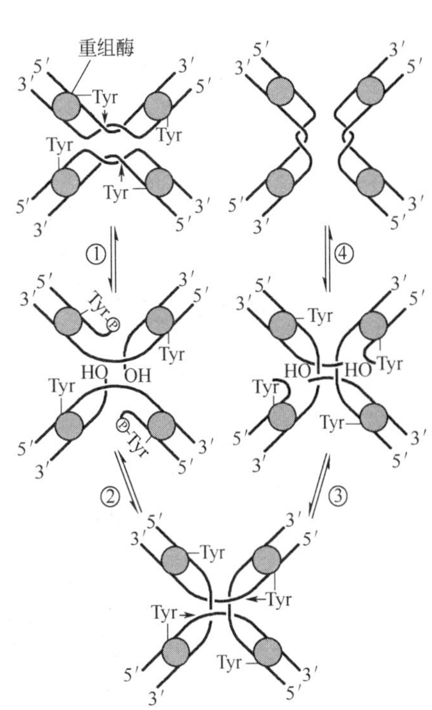

图 5-21　λ 噬菌体整合酶的作用机制

如果受到诱导，原噬菌体将从细菌基因组中切除。λ 噬菌体的切除需要另外一种由噬菌体编码的辅助蛋白 Xis 的参与。与 IHF 的功能类似，Xis 结合到特定的 DNA 序列上，造成 DNA 的弯曲，促进重组的发生。Xis、λInt 和 IHF 结合到 *attR* 上，构成蛋白质-DNA 复合体，并与聚集在 *attL* 上的蛋白质发生相互作用，使 *attL* 位点和 *attR* 位点结合在一起。发生在这两个位点上的重组使病毒 DNA 分子从宿主染色体上被切除下来。Xis 仅仅在噬菌体启动进入裂解性生长的情况下才开始表达。在切除过程中，Xis 作为辅助因子起到刺激的作用，在整合过程中起到抑制因子的作用，这种双重的功能保证了在 Xis 存在的情况下噬菌体的基因组能够从宿主染色体

上被切除，并保持游离状态。

5.2.4.2　位点特异性重组将多聚体 DNA 分子转换成单体

细菌的染色体和质粒为环状 DNA 分子，环状 DNA 分子在复制的过程中或者复制后，发生的同源重组事件，会在子代 DNA 分子之间产生交叉，奇数交叉导致环状二聚体的形成。在细胞分裂时，二聚体不能正常分离，最终造成细胞死亡。

在大肠杆菌和大多数细菌中，二聚体可以通过 XerCD-*dif* 位点特异性重组进行拆分。XerC 和 XerD 为酪氨酸重组酶，作用于一个 28bp 的重组位点（*dif*）。*dif* 位点的中央为 6bp 交换区，交换区的两侧分别是 11bp 的 XerC 和 XerD 的结合位点。*dif* 位于染色体复制的终止区域，每条染色体上只有一个 *dif* 位点，当染色体形成二聚体时，二聚体携带有两个 *dif* 位点。XerCD-*dif* 联合复合体由两个 XerC 和两个 XerD 组成，它们分别与两个 *dif* 位点结合，催化两个 *dif* 位点之间的重组，使一个二聚体解离成两个单体（图 5-22）。

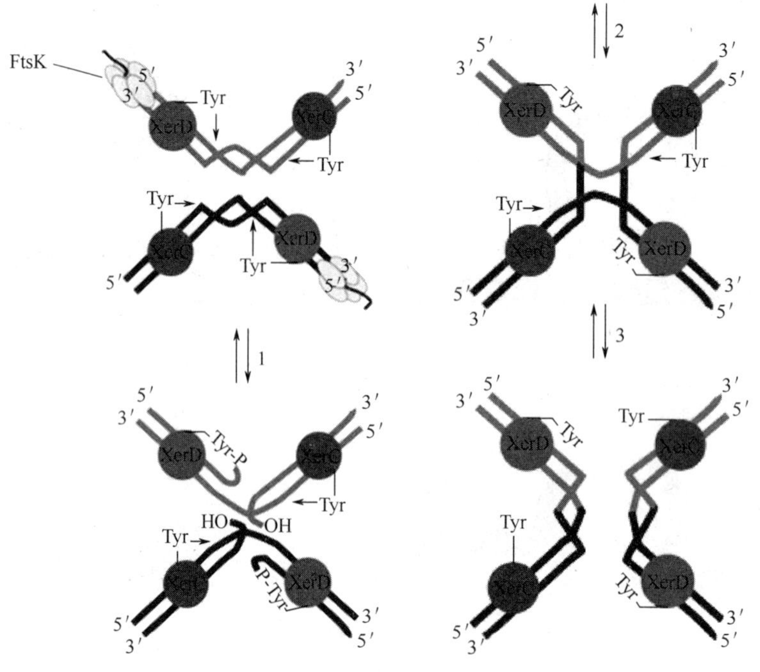

图 5-22　Xer 介导 *dif* 位点重组的途径

FtsK 对 XerCD 介导的位点特异性重组进行调控，协调染色体的分离与细胞的分裂。FtsK 是一个膜结合蛋白，被定为在隔膜上。它还是一个沿 DNA 移动的 ATP 酶。当 FtsK 沿 DNA 移动与 XerCD/*dif* 联会复合体发生相互作用时，XerD 被激活，催化第一链的重组，产生 Holliday 中间体。这一反应完成后，XerC 催化第二链的交换反应，最终使二聚体解离（图 5-22）。

5.3　转座

在生物的基因组中存在一类特殊的 DNA 序列，它们能够作为独立的单位从基因组的一个位置移动到另一个位置，这种能够改变自身位置的 DNA 序列被称为转座子（transposons）。1951 年，美国遗传学家 McClintock 首先在玉米中发现了转座子，20 年后人们又从细菌中分离出了转座子，现在我们知道转座子存在于地球上的一切生物中。事实上，在真核生物中由转座子衍生的序列占据了物种基因组中的很大一部分，例如人和玉米基因组的 50%以上是由转座相关序列组成的。

所有的转座子都有两个基本特征。第一，转座子的两端为反向重复序列（inverted repeat，IR）。第二，转座子至少含有一个编码转座酶（transposase）的基因。转座酶是转座子转座所必需的，一方面，转座酶识别转座子的末端反向重复序列，催化反向重复序列所界定的转座子从基因组的一个位置移动到另一个位置；另一方面，转座酶还要识别宿主细胞 DNA 分子上的靶序列作为转座子新的插入位点，靶序列的长度通常是 3～9bp，一般由奇数个碱基对组成，以 9 个碱基对最为普遍。

由于靶序列的长度较短，特异性不高，因此，转座的发生就有一定的随机性。转座子可能会插入到基因内部，造成基因完全失活；也可能会插入到一个基因的调控序列，造成该基因表达的改变。因此，转座子是许多物种新突变的主要来源，也是产生导致人类遗传疾病突变的一个重要原因。很多转座子还携带有与转座不相关的基因，例如抗生素抗性基因、毒性基因等。这些基因位于转座子内，随转座子一起移动，对基因组的进化产生了十分重要的影响。

根据转座子的结构及其转座机制，可将其分为 3 个家族，即 DNA 转座子、病毒型反转录转座子和非病毒型反转录转座子。DNA 转座子在转座的过程中一直保持 DNA 的形态，后两种反转录转座子的移位都需要一个暂时性的 RNA 中间体。表 5-1 总结了转座子的主要类型。

表 5-1　转座子的主要类型

种类	结构特点	转座机制	例子
DNA 介导的转座			
插入序列	结构简单，两端为倒转重复序列，内部含有转座酶基因	转座子从原来的位点切除后，插入到一个新位点	IS*1*、IS*2*、IS*3*
复合转座子	两端为 IS 元件，中央区携带有耐药性基因	转座子从原来的位点切除后，插入到一个新位点	Tn*5*、Tn*10*、Tn*7*
TnA 转座子家族	两端为倒转重复序列，内部的结构基因不止一个，通常有转座酶、解离酶和抗生素抗性基因	转座时，转座子被复制，转座的是原转座子的一个拷贝	Tn*3*、Tn*501*、γδ
Mu 噬菌体	为一种细菌病毒，噬菌体 DNA 的两端为倒转重复序列，内部携带有与噬菌体增殖有关的基因，其中包括编码转座酶的基因	转座时，转座子被复制，转座的是原转座子的一个拷贝	Mu 噬菌体
真核生物 DNA 转座子	两端为倒转重复序列，中间的编码区具有内含子	转座子从原来的位点切除后，插入到一个新位点	*P* 因子（果蝇）、*Ac* 和 *Ds* 元件（玉米）、T*c1*/*mariner* 家族
RNA 介导的转座			
病毒型反转录转座子	两侧为 250～600bp 的长末端重复（LTR），内部含有反转录酶、整合酶和类反转录病毒的 Gag 蛋白的编码区	RNA 聚合酶 II 从左侧 LTR 中的启动子起始转录，转录产物反转录成 cDNA 后，插入到靶位点	*Ty* 因子（酵母）、*Copia* 因子（果蝇）

续表

种类	结构特点	转座机制	例子
非病毒型反转录转座子	两侧为非编码区（UTR），内部有两个 *ORF*，3′-UTR 的末端连接一串长度不等的 AT 碱基对	RNA 聚合酶III从内部启动子开始转录生成 RNA，ORF2 编码的蛋白质利用其核酸内切酶活性切断靶 DNA，起始靶位点引导的反转录过程	LINE（哺乳动物）、SINE（哺乳动物）

5.3.1 DNA 转座子

5.3.1.1 细菌的 DNA 转座子

（1）插入序列

插入序列（insertion sequences, IS）是最简单的转座子。典型的插入序列长 750～1500bp，具有 10～40 bp 长的末端反向重复序列（inverted repeat，IR）（表 5-2），但两者之间并非完全匹配。所有的 IS 元件都含有一个编码区，编码的转座酶能识别 IS 元件的末端重复序列，介导转座的发生（图 5-23）。末端重复序列的完整性对 IS 元件的转座十分重要，转座酶对 IS 元件两个边界的识别保证了 IS 元件作为一个整体在基因组中移动。

表 5-2 *E.coli* 的几种插入序列

IS 类别	长度/bp	IR 长度/bp	靶位点长度/bp	染色体上的拷贝数	F 质粒上的拷贝数
IS*1*	786	23	9	5～8	
IS*2*	1327	41	5	5	1
IS*3*	1258	40	3	5	2
IS*4*	1426	18	11～14	1～2	
IS*5*	1195	16	4	丰富	
IS*10*	1329	22	9		

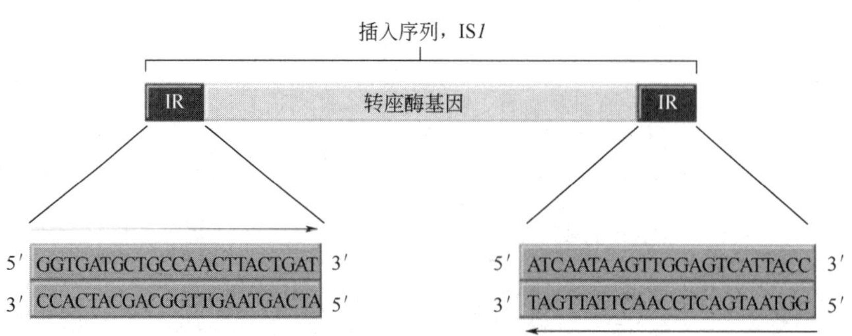

图 5-23 IS*1* 的结构

IS 元件位于细菌的染色体上，也存在于噬菌体和质粒 DNA 分子中。在大肠杆菌的染色体中发现了几个拷贝的 IS*1*、IS*2* 和 IS*3*。F 因子中没有 IS*1*，但有一个拷贝的 IS*2* 和两个拷贝的 IS*3*。当质粒和染色体上具有相同的 IS 元件时，质粒可以通过同源重组整合到宿主细胞的染色体上。

插入序列最初是因为移动到靶基因内部造成基因插入失活而被发现的。这种插入突变通常造成基因的功能完全丧失，如果是插入到操纵子的结构基因中，还会造成下游基因的表达受阻，此现象被称为极性效应（polar effect）。

（2）复合转座子

复合转座子（composite transposon）的中心区携带有耐药性标记，两侧是被称为模块（module）的 IS 元件或类 IS 元件（图 5-24）。每个 IS 元件都具有以倒转重复序列为末端的一般结构，所以复合转座子的两个末端也是同样的倒转重复序列。有些复合转座子两侧的 IS 序列是相同的，在另一些例子中，模块高度同源但并不相同。与 IS 序列一样，复合转座子的转座也会在靶基因组中产生短的正向重复。表 5-3 列出了几种复合转座子。

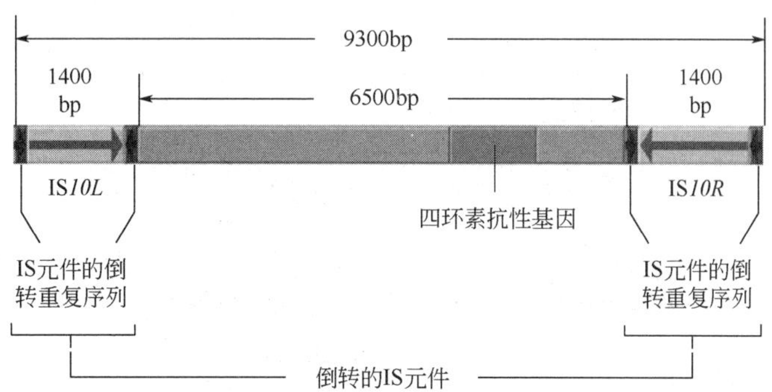

图 5-24 复合转座子 Tn*10*的结构

表 5-3 几种复合转座子

转座子	抗性标记	长度/bp	IS 模块
Tn*5*	卡那霉素抗性基因	5700	IS*50*
Tn*9*	氯霉素抗性基因	2638	IS*1*
Tn*10*	四环素抗性基因	9300	IS*10*

两个属于同一类型的 IS 元件可转座它们之间的任何序列。当两个 IS 元件彼此接近时，IS 元件以及夹在它们之间的序列有可能发展成为复合转座子。很多质粒看起来像是通过 IS 元件以及夹在它们之间的基因装配起来的，比如携带多种抗生素抗性基因的 R 质粒。R 质粒上的许多抗性基因的两侧都有 IS 元件，在图 5-25 中，四环素抗性基因夹在两个 IS*3* 序列之间，IS*1* 位于多个抗性基因的两翼。显然，R 质粒上的抗性基因是通过 IS 元件从其他 DNA 分子上转座过来的。

（3）TnA 转座子家族

TnA 转座子家族的两端为倒转重复序列，但缺乏末端 IS 组件，内部通常有转座酶、解离酶和抗生素抗性基因。例如，Tn*3* 的两个末端为 38bp 的反向重复序列，两个反向重复序列之间分布着 3 个基因（图 5-26）。其中，*bla* 编码 β-内酰胺酶（β-lactamase），使宿主菌对氨苄青霉素产生抗性。*tnpA* 编码转座酶，在转座过程中识别 Tn*3* 的倒转重复序列。*tnpR* 的编码产物具有两种功能，一是作为基因表达的阻遏物，阻遏 *tnpA* 和其自身的转录。TnpR 蛋白还具有解离酶的功能，介导 Tn*3* 共整合结构的解离。*tnpA* 和 *tnpR* 基因之间有一个富含 A/T 的内部顺式控制区（又称内部解离位点），TnpR 的两种功能就是通过和此区的结合来实现的。

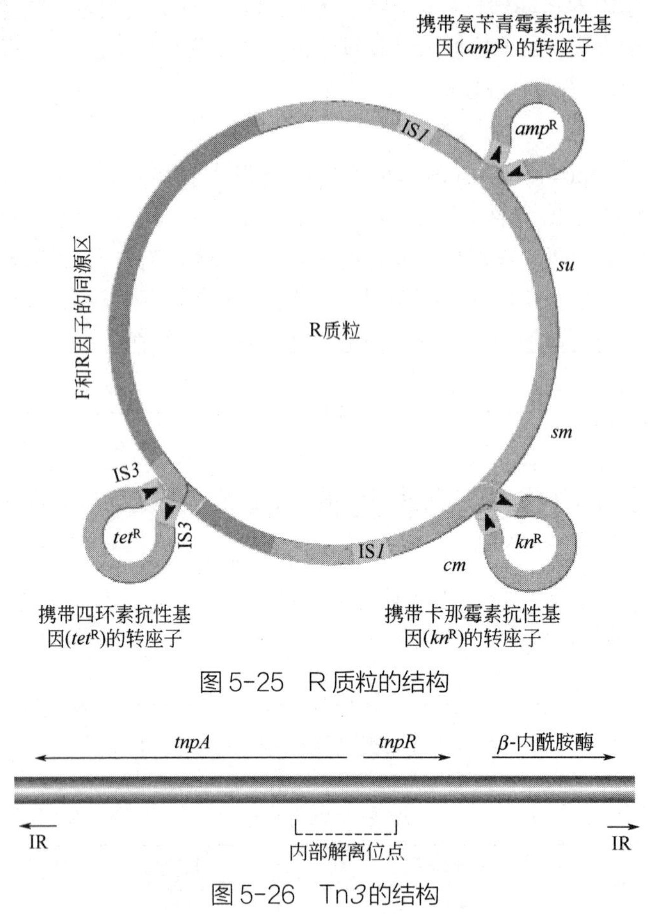

图 5-25　R 质粒的结构

图 5-26　Tn*3*的结构

5.3.1.2　真核生物的 DNA 转座子

（1）玉米的控制因子

玉米籽粒的颜色是由多个基因控制的，其中任何一个基因发生突变都会导致无色籽粒的形成。McClintock 仔细研究了导致白色籽粒上形成紫色斑点的不稳定突变，她认为紫色斑点不是常规突变产生的，而是一种可移动的控制因子在起作用。

基因型为 *c*/*c* 的玉米植株结白色的籽粒，而基因型为 *C*/_的植株结紫色籽粒。如果基因型为 *c*/*c* 的籽粒在发育的某个阶段，一个细胞的 *c* 基因回复突变为 *C*，细胞将产生紫色素，最终在白色籽粒上形成一个紫色斑点。在籽粒发育的过程中，回复突变发生得越早，紫色斑点就越大。

McClintock 认为原来的 *c* 突变是由一个被称为解离因子（dissociator，*Ds*）的控制因子插入到 *C* 基因内部引起的，然而 *Ds* 自身不能移动。激活因子（activator，*Ac*）是另外一种可移动的控制因子，它能够激活 *Ds* 插入到 *C* 基因或其他基因，也能使 *Ds* 从靶基因中转出，使得突变基因回复突变成野生型基因，这就是著名的 *Ac*-*Ds* 系统（图 5-27）。

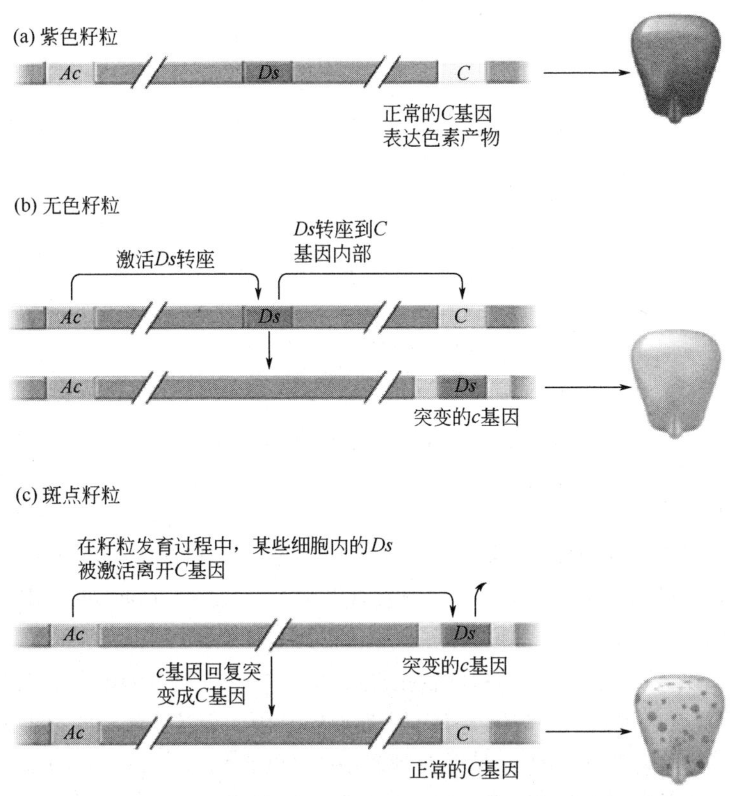

图5-27 玉米的 *Ac-Ds* 系统

在 *Ac-Ds* 系统中，*Ac* 为自主型转座子，这类转座子本身携带转座酶基因，可以自主转座。*Ac* 全长 4563bp，两端是 11bp 的反向重复序列［图 5-28（a）］。*Ac* 具有一个转录单位，产生一个 3.5kb mRNA，编码一个由 807 个氨基酸残基组成的转座酶。*Ac* 转座会产生 8bp 靶序列重复。

Ds 为非自主型转座子，这类转座子本身不具有编码转座酶的基因，需要在自主型转座子提供转座酶的情况下才能发生转座。非自主型转座子一般为自主型转座子的缺失体［图 5-28（b）］。目前发现的几种 *Ds* 转座子，均为 *Ac* 的缺失体。它们共同的特征是缺失了 *Ac* 中一段编码转座酶的序列，由于缺失的程度不同，就形成了不同的 *Ds* 转座子。因此，*Ds* 发生转座，需要 *Ac* 提供转座酶。

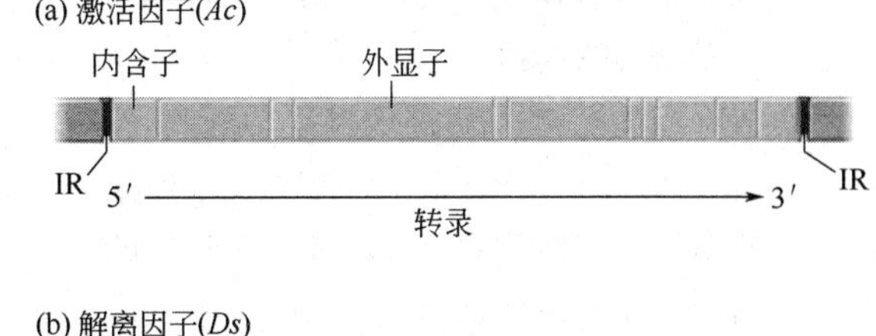

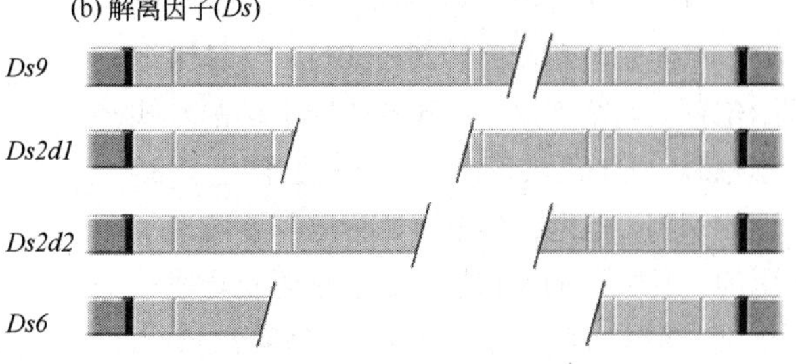

图5-28 *Ac* 和 *Ds* 的结构比较

（2）果蝇中的 *P* 因子

P 因子是果蝇中的转座子。完整的 *P* 因子的长度是 2907bp，两端为 31bp 的反向重复序列，其中央区编码的转座酶为细菌 IS 序列转座酶的类似物（图 5-29），因此，完整的 *P* 因子能够自主转座。*P* 因子转座时会导致靶 DNA 复制产生 8bp 正向重复序列。带有内部缺失的 *P* 因子经常出现。某些较短的 *P* 因子失去了产生转座酶的能

力，因此不能自主转座，但可以被完整 *P* 因子编码的酶反式激活。

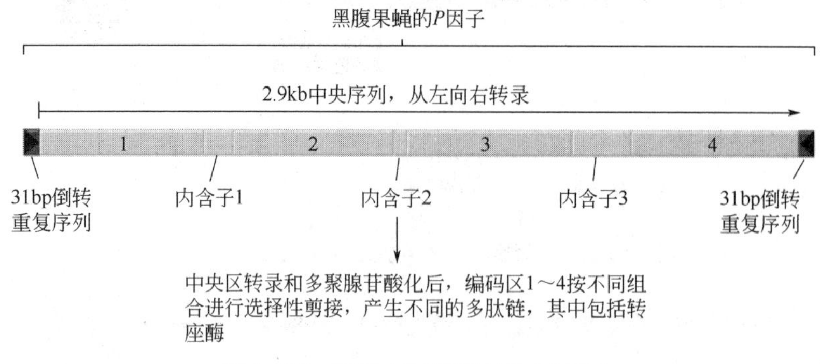

图 5-29 果蝇 *P* 因子的结构示意图

（3）T*c1*/*mariner* 因子

T*c1*/*mariner* 家族是真核细胞中最常见的 DNA 转座子。来自线虫 *C.elegans* 的 T*c1* 因子和来自果蝇的 *mariner* 是 T*c1*/*mariner* 家族中最早发现的两个成员。T*c1*/*mariner* 家族的成员在真菌、植物、非脊椎动物和脊椎动物中都很普遍。

T*c1*/*mariner* 转座子是已知最简单的自主型转座子之一。它们的长度通常在 1300～2500bp 之间，两端为反向重复序列，中央区含有一个转座酶基因，该转座酶属于 DDE 蛋白超家族。T*c1*/*mariner* 因子的移动是通过剪切-粘贴机制实现的（见 5.3.1.3）。T*c1*/*mariner* 移动后留下的断裂通常被真核生物的双链断裂修复系统修复。修复反应通常会在原先的位点插入几个额外的碱基对，这些短小的插入 DNA 为转座子“途经”这里后，在基因组上留下的踪迹，因此又被称为“脚印”。

5.3.1.3 DNA 转座子转座的分子机制

DNA 转座子可以通过两种机制进行转座，一种是剪切-粘贴转座（cut-and-paste transposition），另一种是复制型转座。在剪切-粘贴转座中，转座元件从供体位点上切下来，然后插到靶位点上。在复制型转座中，转座子被复制，转座的 DNA 序列是原座因子的一个拷贝，而不是它本身。因此，复制型转座伴随着转座子拷贝数的增加。

（1）剪切-粘贴转座

首先介绍剪切-粘贴转座的过程。开始转座时，转座酶与转座子两端的反向重复序列结合，并使两个末端彼此靠近，形成一个稳定的联会复合体，又称转座体（图 5-30）。

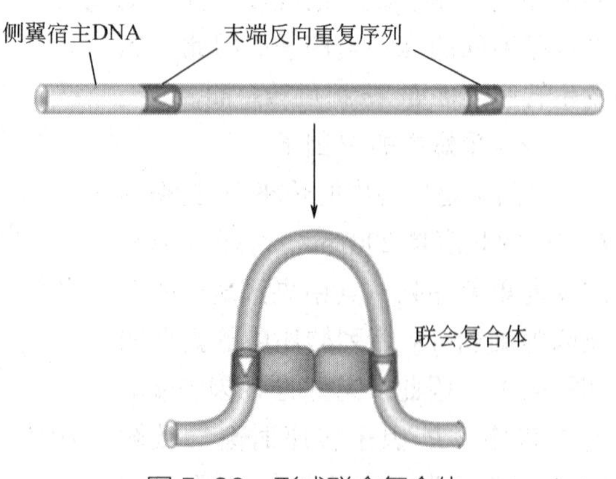

图 5-30 形成联会复合体

下一步是转座酶将转座子 DNA 从基因组原始位置上切割下来。不同的转座子切割方式各不相同。①Tn*7* 转座时，首先发生转座子 3′-末端的切割，但是，5′-末端的释放需要转座子编码的一种特殊的蛋白质 TnA，它切断转座子 5′-末端与宿主 DNA 之间的磷酸二酯键。TnA 的结构与核酸内切酶很相似，它与 Tn*7* 编码的转座酶（TnB）组装在一起，共同作用将转座子从原来的位点上切割下来［图 5-31（a）］。②对于 Tn*5* 和 Tn*10* 来说，转座酶先切断转座子 3′-末端的磷酸二酯键，释放出转座子的 3′-OH 末端。然后，转座酶催化切口处转座子游离的 3′-OH 直接攻击另一条 DNA 链，结果转座子的末端产生一个发卡。最终，发卡也要被转座酶打开，形成一个标准的双链 DNA 断裂［图 5-31（b）］。③真核生物 *Hermes* 转座子（来自于家蝇）首先切开的是转座子 5′-末端的磷酸二酯键。在切口处，宿主序列游离的 3′-OH 攻击双螺旋的另一条 DNA 链，导致宿主 DNA 的断裂末端形成一个发卡，并释放出转座子的 3′-OH 末端［图 5-31（c）］。

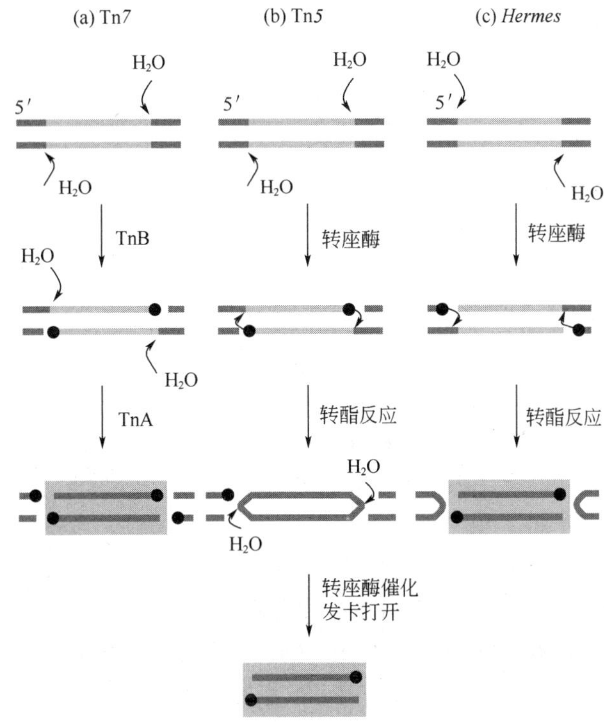

图 5-31 将转座子从原初位置上切除的三种机制

切割后的联会复合体，捕捉到一个靶 DNA 分子，被释放出的转座子的两个 3′-OH 末端以交错的方式分别攻击靶 DNA 分子的两条链，结果是转座子末端的 3′-OH 基团与靶 DNA 的 5′-磷酸基团形成共价键，转座子就这样被整合到 DNA 分子中，这一转酯反应称为链的转移（strand transfer）（图 5-32）。对大多数转座子来说，靶 DNA 可以是任意序列。转座体确保转座子的两个 3′-OH 末端一起进攻同一靶位点的两条链，两条链上被攻击的位点通常相隔几个碱基，这个距离对每种转座子来说都是固定的。链的转移发生完毕，在新的位置上，转座子的两侧各有一个单链缺口，缺口被细胞的 DNA 修复系统修复后，造成靶序列的正向重复。剪切-粘贴转座使转座子原初的位点上产生双链断裂，它必须被修复以维持宿主基因组的完整性。双链断裂可以通过同源重组途径修复，也可以通过 NHEJ 途径修复。

（2）复制型转座

进行复制型转座的转座子除了具有编码转座酶的基因外，还具有编码解离酶（resolvase）的基因以及解离酶的作用位点，即内部解离位点（internal resolution site，IRS）。复制型转座的第一步是转座酶与转座子的两端结合装配成一个转座体。第二步是转座酶在转座子的两侧各产生一个单链切口，使得转座子序列的两个 3′-OH 末端得以释放。与剪切-粘贴转座不同，这时转座子 DNA 并不从原来的序列上被切割下来。

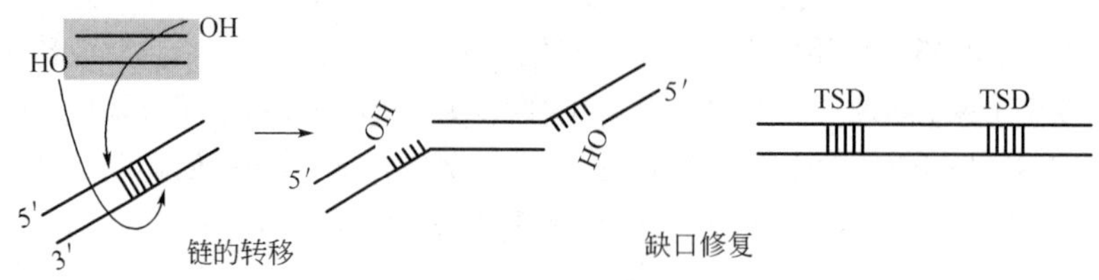

图 5-32 切下来的转座子通过链的转移插入到新的靶位点

然后，转座子 DNA 的 3′-OH 末端通过链的转移反应与靶 DNA 的 5′-末端连接在一起（图 5-33），这一机制与前面的剪切-粘贴机制相同。但是，这里产生的是双交叉的 DNA 分子。在此中间体中，转座子的 3′-末端被共价连接到新的靶位点，而 5′-末端仍连接在原处。

两个 DNA 交叉成为复制叉结构，以断开的靶 DNA 的 3′-末端为引物，从两个方向复制转座子，产生两个拷贝的转座子 DNA。复制结束后，新合成的链的 3′-末端与供体 DNA 上游离的 5′-末端连接形成共整合体（cointegrate）。最后一步是共整合体的解离，产生两个拷贝的转座子，一个在供体位点上，另一个在靶位点上。

这一模型解释了为什么复制型转座会形成共整合体。当复制沿两个方向通过转座子后，供体 DNA 和受体 DNA 相互连接在一起，两个 DNA 分子被两个转座子隔开。该模型还解释了为什么受体分子中有一段很短的、被称为靶序列的 DNA 会被复制，使插入的转座子位于两个重复的靶序列之间。

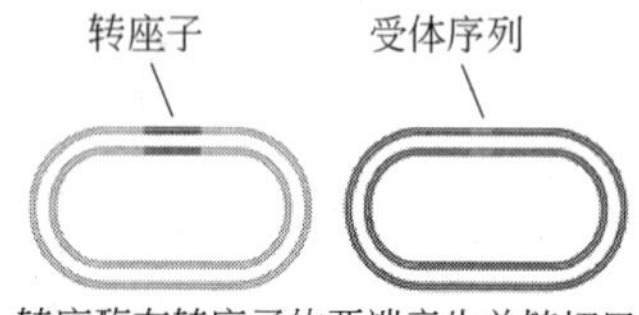

转座酶在转座子的两端产生单链切口，释放出转座子的3′-OH末端

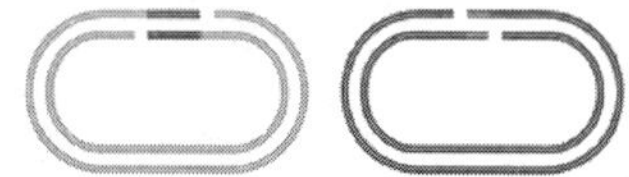

单链转移形成两个复制叉

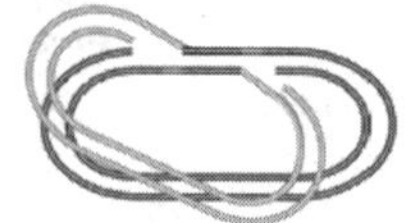

复制后产生共整合体

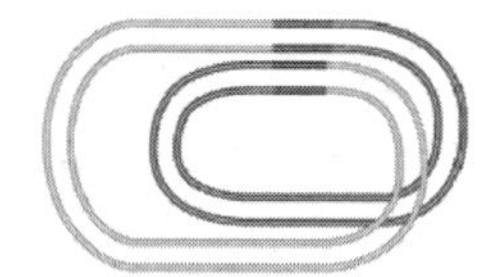

转座子位于两个复制子的交界处

图 5-33 复制型转座的分子机制

5.3.1.4 转座频率的调控

转座频率的调节对于转座子来说十分重要，一个转座子必须能维持一个最低转座频率才能存活，若转座频率太高会损伤宿主细胞。因此，每个转座子都有调控其转座频率的机制。

（1）Tn*10* 的转座调控

转座酶在转座过程中发挥着关键作用，一些转座子可以通过控制转座酶的合成调控转座发生的频率。细胞内的转座酶浓度很低，例如 Tn*10* 的转座酶在每一世代每个细胞中的数量低于一个分子，转座很少发生。Tn*10* 是一种复合型转座子，由 3 个功能模块组成。最外面的两个模块分别是 IS*10*L（左侧）和 IS*10*R（右侧），中央模块携带有四环素抗性基因。IS*10*R 具有编码转座酶的基因，转座酶能够识别 IS*10*R、IS*10*L 和 Tn*10* 的末端反向重复序列。IS*10*L 的序列与 IS*10*R 十分相似，但它不能编码有功能的转座酶。

Tn*10* 利用反义 RNA（antisense RNA）机制来限制转座酶的合成，调控转座发生的频率。

如图 5-34 所示，靠近 IS*10*R 的右侧末端有两个启动子，它们利用宿主 RNA 聚合酶指导两个方向上的 RNA 合成。P_{IN} 指导向 IS*10*R 内部的转录，转录产物翻译产生转座酶。P_{OUT} 指导向 IS*10*R 外侧的转录，产生一个由 69 个核苷酸构成的转录产物。在细胞内，P_{OUT} 的转录产物比 P_{IN} 的转录产物要多出 100 倍以上，原因是 P_{OUT} 是比 P_{IN} 更强的启动子，并且 P_{OUT} 的转录产物比 P_{IN} 的转录产物更为稳定。这两种 RNA 在 5′-端有一重叠区，通过重叠区的互补配对，P_{OUT} 转录产物可以封闭 P_{IN} 转录产物上的核糖体结合位点，阻止转座酶的合成。

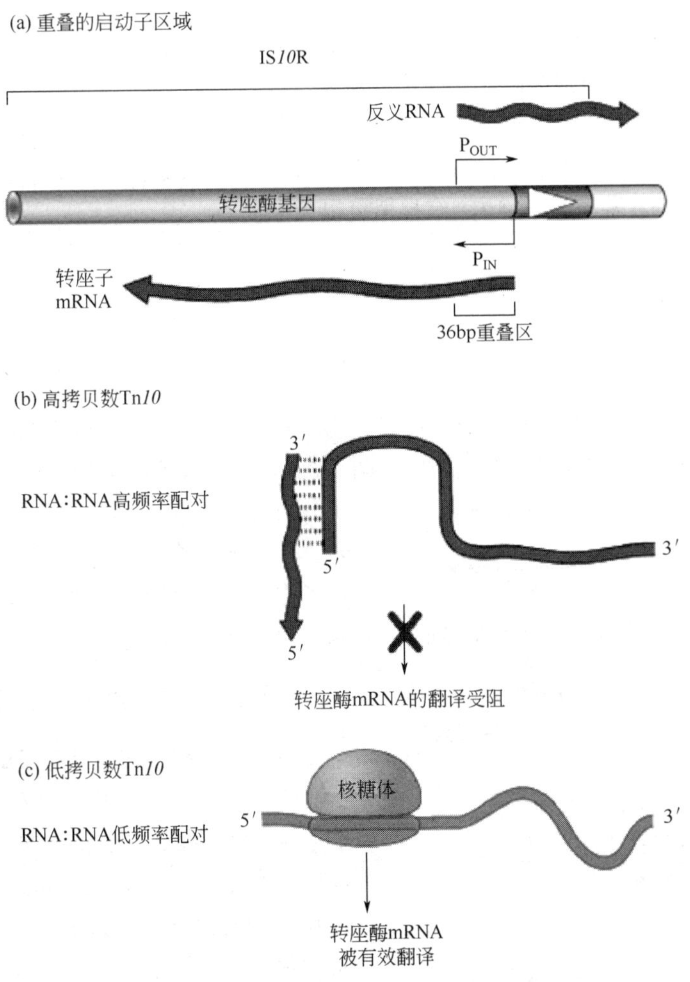

图 5-34　Tn*10* 转座酶表达的反义调节

细胞 Tn*10* 的拷贝数越多，反义 RNA 也就越多，两种 RNA 的配对就会频繁发生，转座酶的合成就会受到限制，Tn*10* 的转座就受到抑制。相反，如果细胞内仅有一个 Tn*10* 拷贝，反义 RNA 的水平就会很低，两种 RNA 发生配对的机会很小，转座酶就能有效合成，转座发生的频率就会大大增加。这种现象称为多拷贝抑制。

限制转座子转座频率的第二个途径是把转座过程局限在细胞周期的某一特定阶段（图 5-35）。Tn*10* 的两个末端反向重复序列，以及转座酶基因的启动子中各有一个 GATC 位点。我们知道，新合成的 DNA 分子的 GATC 位点是半甲基化的。RNA 聚合酶和转座酶与半甲基化序列的结合能力要比与完全甲基化序列的结合能力强。所以，半甲基化的 DNA 不但能够激活 Tn*10* 的转座酶基因的启动子，还能够增强转座子末端的活性。结果，在复制叉经过后的短暂间期，Tn*10* 更容易发生转座。

（2）*P* 因子的转座调控

真核生物的转座子也会通过多种途径对转座进行调控，其中一种途径是形成截短的转座酶。果蝇的 *P* 因子采用了这种调控方式。*P* 因子携带的转座酶基因含有 4 个外显子，转录后，通过拼接产生连续的读码框。宿主细胞编码的一种拼接蛋白可以抑制外显子 2 和 3 之间内含子的切除。这种拼接抑制蛋白导致一种截短的转座酶的形成，而这种截短的蛋白质可以抑制 *P* 因子的转座。因为这种拼接抑制蛋白只在宿主的体细胞内表达，所以转座被限制在种质系细胞内，在那里可以产生有功能的转座酶。

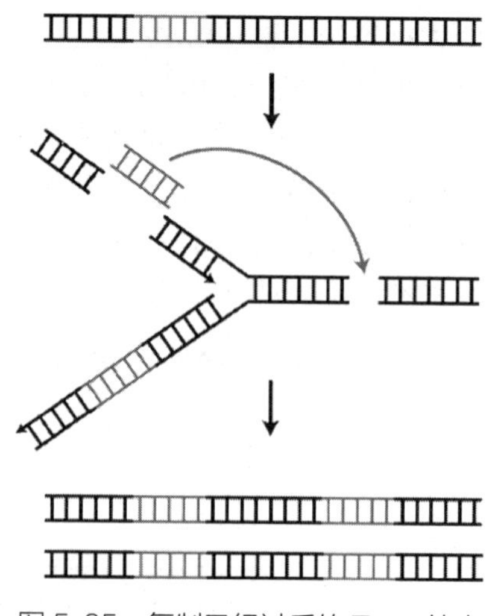

图 5-35 复制叉经过后的 Tn*10* 转座

5.3.2 反转录转座子

所有真核生物，从酵母到人类，都含有反转录转座子（retrotransposons）。这是一类通过 DNA-RNA-DNA 方式进行转座的可移动因子，即转座子经转录产生相应的 RNA，再反转录生成新的转座子 DNA，最终整合到基因组中（图 5-36）。反转录转座子根据其结构和转座方式，可分为含 LTR 的反转录转座子和不含 LTR 的反转录转座子 2 个主要类群。含 LTR 的反转录转座子称病毒型反转录转座子，不含 LTR 的称非病毒型反转录转座子。

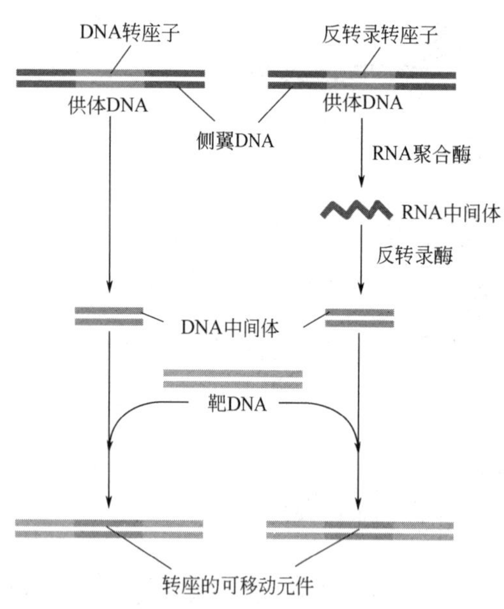

图 5-36 两种转座方式的比较

5.3.2.1 病毒型反转录转座子

（1）病毒型反转录转座子的结构特征

这类转座子在结构上与反转录病毒的基因组十分相似，都具有 250～600bp 正向末端重复，也称长末端重复（long terminal repeats，LTR）。在两个 LTR 之间含有两个阅读框：*gag* 和 *pol*。*gag* ORF 编码一种结构蛋白，参与细胞内病毒样颗粒的形成。*pol* ORF 编码 PR、IN 和 RT，它们催化反转录和 cDNA 的整合。反转录转座子的 LTR 含有转录的启动子和终止信号，可以划分为 U3、R 和 U5 三个功能区。U3 含有增强子和启动子区，R 含有转录的起始和终止位点。转录从 5′-LTR 的 U3/R 边界开始到 3′-LTR R/U5 终止，所产生的 RNA 分子的两端为 R 区。

LTR 反转录转座子是高等植物基因组的一种主要成分，在玉米基因组中所占的比重超过 50%，在小麦基因组中所占的比重超过 90%。这类反转录转座子与反转录病毒的基本区别在于 LTR 反转录转座子缺少反转录病毒的被膜蛋白（envelope，env）基因，因此不能形成有感染能力的胞外病毒粒子，而只能形成局限于宿主细胞内的病毒样颗粒（virus-like particles，VLPs）。

（2）酵母的反转录转座子

Ty 是酵母转座子（transponson yeast）的缩写。*Ty* 因子具有 LTR 意味着它们的转座方式类似于反转录病毒的反转录过程。Gerald Fink 及其同事通过两个巧妙的实验证实了 *Ty* 因子由 RNA 介导转座。他们首先将 *Ty* 因子置于半乳糖启动子的下游，使 *Ty* 因子的转录受半乳糖的诱导，然后把重组质粒导入酵母细胞。如果培养基中没有半乳糖，几乎观察不到转座现象；反之，如果向培养基中加入半乳糖，则可以促进 *Ty* 因子的转座。在另外一个类似的实验中，他们将一个内含子插入到 *Ty* 序列内部，使用半乳糖诱导转录后，发现新的位置上出现的转座子拷贝已丢失了内含子。这表明 *Ty* 因子的确是通过 RNA 进行转座的，否则它的转座不可能受到半乳糖的诱导，更不可能丢掉内含子序列。

人们对反转录转座子转座机理的认识主要来自对酵母 *Ty* 因子的研究。酵母基因组的 *Ty* 因子可归为 *Ty1/copia* 和 *Ty3/gypsy* 两种不同的类型。*Ty1* 长 6.3kb，两端有 334bp 的正向重复，又叫做 δ 序列（图 5-37）。在细胞内 *Ty* 因子可被转录成 2 种 Poly(A)$^+$ RNA，其含量占单倍酵母细胞总 mRNA 的 5%以上。这两种 RNA 的转录都是由左边 δ 序列内部的启动子起始的，一个在 5kb 之后终止；另一个在 5.7kb 之后终止，位于右端的 δ 序列内。

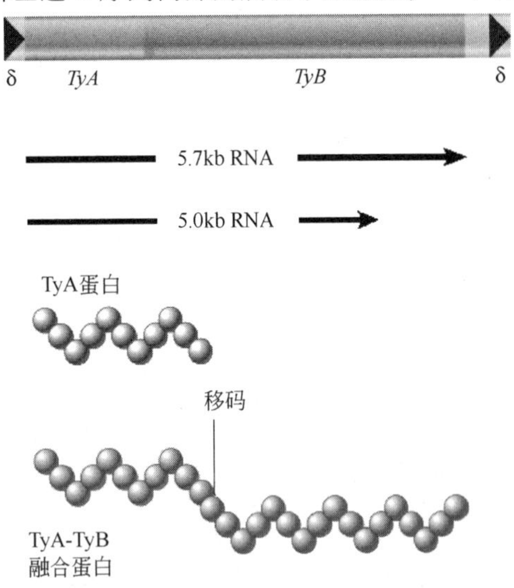

图 5-37 *Ty1* 反转录转座子的结构和表达

Ty1 因子含有两个阅读框，*TyA*（相当于反转录病毒的 *gag* 基因）编码一种 DNA 结合蛋白，*TyB*（相当于反转录病毒的 *pol* 基因）依次编码蛋白酶、整合酶和反转录酶。*TyB* 位于 *TyA* 的下游，两个基因重叠 38bp。*TyA* 阅读框的翻译从起始密码子开始，到终止密码子结束。*TyB* 基因的翻译也是从 *TyA* 的起始密码子开始的，但是要通过特殊的移框机制跳过 *TyA* 基因的终止密码子，将两个阅读框融合在一起，最终翻译成的是 TyA-TyB 融合蛋白。

对于 *Ty1* 因子来说，一个 7 核苷酸序列 CUU-AGG-C 就足以促使框移的发生。这一核苷酸序列是如何造成核糖体改变阅读框的呢？研究发现正在解读密码子 CUU 的核糖体会产生停顿，因为识别下一个密码子（AGG）的精氨酰-tRNA 在细胞中非常稀少。此时，核糖体的 P 位点被与 CUU 结合的肽酰-tRNA 所占据。核糖体停顿的时候，肽酰-tRNA 会沿 mRNA 向前滑动一个碱基，即从 CUU 密码子滑动到重叠的 UUA 密码子，这就产生了移框突变，肽链的延伸过程随即按新的阅读框继续进行，合成融合蛋白 TyA-TyB。如果密码子 AGG 被 $tRNA^{Arg}$ 识别，则不会发生框移，翻译终止于 TyA 的终止密码子。*TyA* 和 *TyB* 编码产物的最终比例大约为 20∶1。

Ty3 的长度是 5.4kb，两侧 LTR 的长度为 340bp，中央区含有两个重叠的 ORF：*gag3* 和 *pol3*。*gag3* 编码两种主要的结构蛋白——衣壳蛋白（CA）和核质蛋白（NC）；*pol3* 依次编码蛋白酶、反转录酶和整合酶。起初合成的蛋白质为 Gag3 及 Gag3-Pol3 多蛋白前体，它们与转座子 RNA 在细胞质组装成类病毒颗粒。接着，多蛋白前体被蛋白酶加工，形成成熟的类病毒颗粒，相当于成熟的反转录病毒颗粒。RNA 被反转录成 cDNA，转运至细胞核后，整合到染色体 DNA 中。

Ty mRNA 指导合成的蛋白质可以介导反转录转座，但是由于缺乏反转录病毒 *env* 基因，*Ty* RNA 在细胞内并不能装配成有感染性的病毒颗粒，但可以形成所谓的类病毒颗粒。

（3）病毒型反转录转座子的转座机制

转座周期开始于反转录转座子DNA的转录。转录从5′-LTR的U3/R边界开始到3′-LTR-R/U5终止，由宿主细胞的RNA聚合酶Ⅱ催化，所产生的RNA分子的两端为R区。在反转录酶的催化下，RNA分子被反转录成cDNA。反转录过程与反转录病毒的cDNA合成机理相同（见3.6.3）。最终，反转录转座子的cDNA序列要被重组到宿主的基因组DNA中，使宿主基因组增加一个拷贝的反转录转座子，催化这一过程的酶就是整合酶。

在催化整合反应时，整合酶首先结合到cDNA的末端，然后从每条单链的3′-端切下几个核苷酸，这一过程与转座酶催化的DNA转座子的第一步断裂反应相同。因为，cDNA的5′-端是游离的，因此无需切断第二单链的机制。接下来，整合酶催化的单链转移反应，将cDNA插入到宿主基因组的靶位点上（图5-38）。病毒DNA 5′-端的几个拖尾碱基被切除后，靶位点上cDNA两侧的缺口由DNA聚合酶和连接酶修复，并产生靶位点的重复。因此，DNA转座子和反转录转座子的转座涉及转座子DNA（或者反转录转座子cDNA）3′-端的断裂，以及单链转移反应。

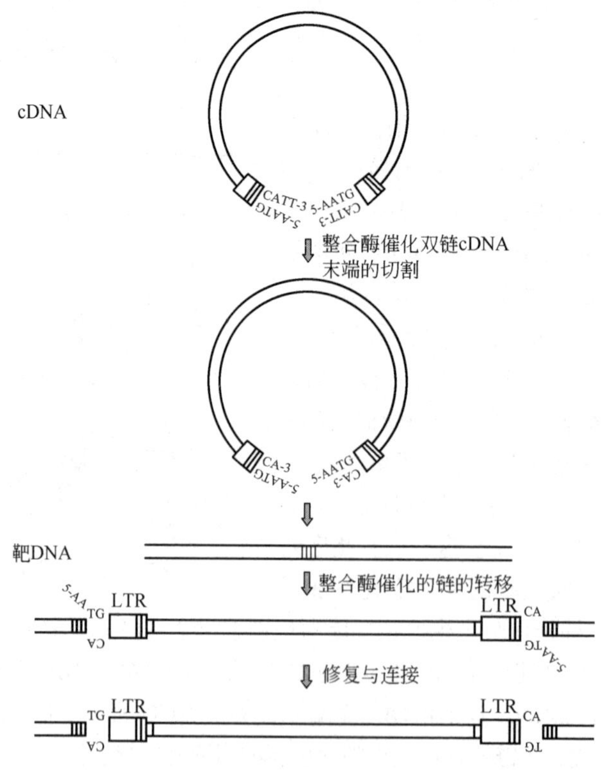

图5-38 病毒型反转录转座子的整合

（4）转座酶和整合酶同属于一个蛋白超家族

高分辨率结构显示出许多不同的转座酶和整合酶的催化结构域有着相同的三维结构，包含三个进化上保守的氨基酸残基——两个天冬氨酸（D）和一个谷氨酸（E），它们结合两个二价阳离子，催化链的切割以及链的转移。

转座酶是一种序列专一性的核酸酶和单链转移酶，通过催化一系列的步骤完成转座过程：①转座酶识别并结合转座子末端的倒转重复序列。②促使转座子的末端配对形成转座体。③在每一个末端切断一条（Mu转座酶和整合酶）或二条链（第一条被切开后，释放的3′-OH攻击另一条链，切开两条链，同时形成一个发卡）。如果首先发生的是转座子的 3′-末端被切割，例如 Tn*5* 转座，则在转座子的末端形成发卡。如果转座子的 5′-末端被首先切割，例如 *hAT* 转座和 V(D)J 重组，则在侧翼 DNA 的末端形成发卡。④捕捉靶 DNA。⑤介导链的转移将转座子插入到新的位点。

5.3.2.2 非病毒型反转录转座子

长散布元件（long interspersed element，LINE）和短散布元件（short interspersed element，SINE）是哺乳动物基因组中最丰富的中度重复 DNA。它们均属于非病毒型反转录转座子，即以 RNA 为中间体进行转座，但没有长末端重复。在人类基因组中，LINE 的全长为 6～7 kb，SINE 的长度约为 300bp。

（1）长散布元件

哺乳动物基因组中最丰富的 LINE 是 L1 家族。L1 元件缺少 LTR，其 3′-末端具有一串长度不等的 A/T 碱基对，该序列起源于真核生物 mRNA 的 Poly(A)［图 5-39（a）］。人类基因组大约有 100000 份的 L1，约占人类总 DNA 的 5%，甚至更多。完整的 L1 元件长 6.5kb，其 5′-UTR 含有的内部启动子使其能被 RNA 聚合酶Ⅲ转录。尽管启动子在 5′-UTR 内，但它指导的 RNA 合成却起始于转座子的第一个核苷酸。L1 含两个阅读框，ORF1 的编码产物以序列专一性方式结合到 L1 RNA 上，同时与 ORF2 的编码产物结合。ORF2 的编码产物具备核酸内切酶和反转录酶活性。L1 元件两侧为短的靶序列正向重复。在人类基因组中，绝大多数 L1 都是长短不一的缺失突变体。完整的 L1 大约只有 3000 个拷贝，而含有两个有功能的 ORF 的 L1 则更少。

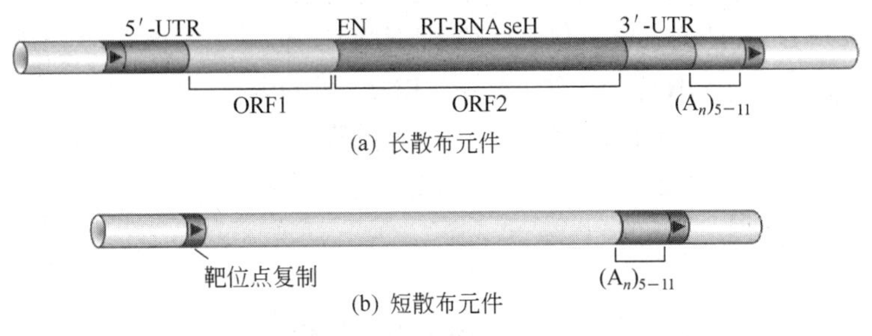

图 5-39 LINE 和 SINE 的遗传结构

L1 偶尔会产生一个新的拷贝，并插入到基因组的某一位点。曾经发现人类第 22 号染色体上的一个完整的 L1 转座到 X 染色体上凝血因子Ⅷ的基因中，导致了贫血病的发生。这一有活性的 L1 拷贝也存在于大猩猩基因组的相同位点上，说明在灵长类几百万年的进化历程中，该拷贝一直潜伏在基因组的同一位置上。

（2）短散布元件

SINE 的长度小于 0.5kb，具有一个内部 RNA 聚合酶Ⅲ启动子和一个富含 A/T 的 3′-末端，两侧为靶 DNA 倍增形成的短正向重复序列［图 5-39（b）］。短散布元件具有 3′-聚腺苷酸序列，表明其转座机制可能与 LINE 相同。但是，由于 SINE 没有编码核酸内切酶和反转录酶的基因，为非自主型反转录转座子，其转座可能由 LINE 编码的蛋白质介导。根据来源，SINE 可以分为两类，即起源于 tRNA 的短散布元件和起源于 7SL RNA 的短散布元件。多数的短散布元件家族都起源于 tRNA，起源于 7SL RNA 的短散布元件包括灵长类的 *Alu* 家族和啮齿类的 *B1* 家族。所以，SINE 是一类返座假基因。

Alu 家族是一组散布在人类基因中的中度重复序列，每一拷贝的长度约为 300bp，在人类基因组中大约有一百万个拷贝，占人类基因组的 10%左右，因每一拷贝中有一个 *Alu* Ⅰ的识别位点而得名。人类的 *Alu* 家族起源于一个 130bp 序列的一次串联重复，因此由左、右两个单体组成，二者之间由一富含腺嘌呤的连接区隔开（图 5-40）。与左侧单体相比，右边的单体中存在一个 31bp 的插入。*Alu* 序列同样具有一个 3′-聚腺苷酸序列，两侧具有正向的靶序列重复。*Alu* 家族的每一个成员与共有序列平均有 80%的一致性。啮齿类的 *B1* 家族的长度是 130bp，相当于人类 *Alu* 序列的一个单体，并且序列间有 70%～80%的一致性。

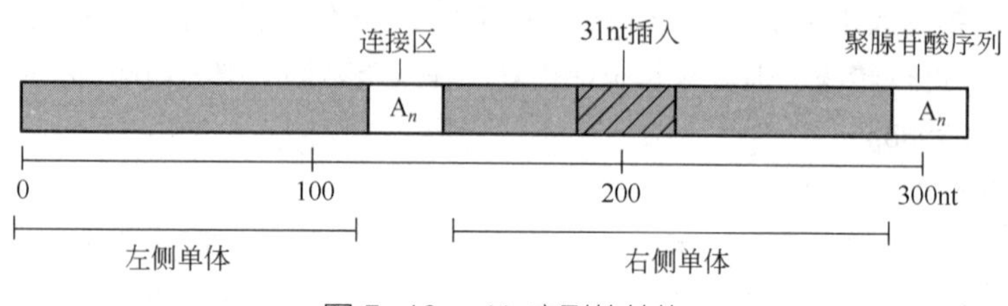

图 5-40 *Alu* 序列的结构

（3）非病毒型反转录转座子的转座机制

如图 5-41 所示，L1 元件在 RNA 聚合酶的作用下转录成 L1 RNA。L1 RNA 被转运到细胞质指导 ORF1 和 ORF2 两种蛋白质的合成。这些蛋白质保持与编码它们的 RNA 相结合，促进转座子自身的转座。在细胞质中形成的蛋白质-L1 RNA 复合体重新进入细胞核。已知 ORF2 蛋白具备核酸内切酶和反转录酶两种活性，这种蛋白质在靶位点上切开 DNA 的一条链，起始反转录和整合反应。反转录酶以切割位点的 3′-OH 作为引物，以 L1 RNA 为模板合成 cDNA 第一链。后续的转座反应包括 L1 RNA 的降解、cDNA 第二链的合成及 DNA 的连接与修复等步骤，最终形成一个新插入的 L1 元件。

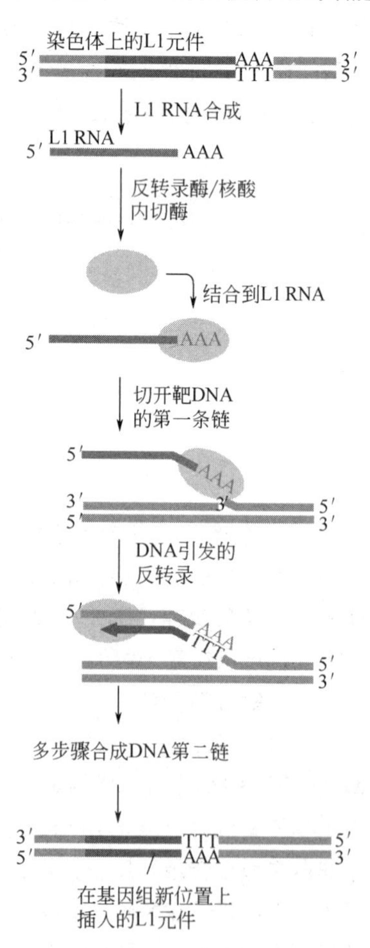

图 5-41 L1 元件的转座机制

（4）加工后假基因

假基因（pseudogene）是一类与功能基因相关，但有缺陷的 DNA 序列。最初，在非洲爪蟾 DNA 中克隆了一个 5S rRNA 基因的相关序列。与功能基因相比，该序列的 5′-端有一 16bp 的缺失以及 14bp 的错配，于是就将这个截短的 5S rRNA 基因的同源物描述为假基因。

根据是否保留相应功能基因的间隔序列（如内含子），假基因可以分为两大类。一类保留了间隔序列，例如珠蛋白家族的假基因，称为未经加工的假基因。一个功能基因发生一次重复产生两个相同的拷贝，这两个拷贝可能都保持了它们原有的功能，使有机体产生更多的产物。或者，一个拷贝由于有害突变的发生，失去其功能而成为假基因。

另一类假基因缺少间隔序列，称为加工后假基因（processed pseudogene）或返座假基因（retropseudogene）。大多数返座假基因具有以下 4 个特征：①完全缺失存在于功能基因中的间隔序列；②只与功能基因的转录产物相似，没有功能基因的 5′-端调控序列；③3′-端具有 Poly (A)尾；④两端常含有 7～21bp 的靶序列正向重复。与未经加工的假基因一样，反转录假基因本身存在多种遗传缺陷，包括阅读框中的无义突变，以及核苷酸的插入或缺失导致阅读框的移码。

返座假基因的特征明显提示这些序列来自于成熟 mRNA（图 5-42），由 LINE 编码的蛋白质介导转座。尽管细胞 RNA 会发生转座，但这是一个稀有现象。避免这一过程的基本机制是 LINE 编码的蛋白质在翻译时迅速地结合到自己的 RNA 上，其催化的反转录和整合反应对编码自己的 RNA 表现出很强的偏好性。

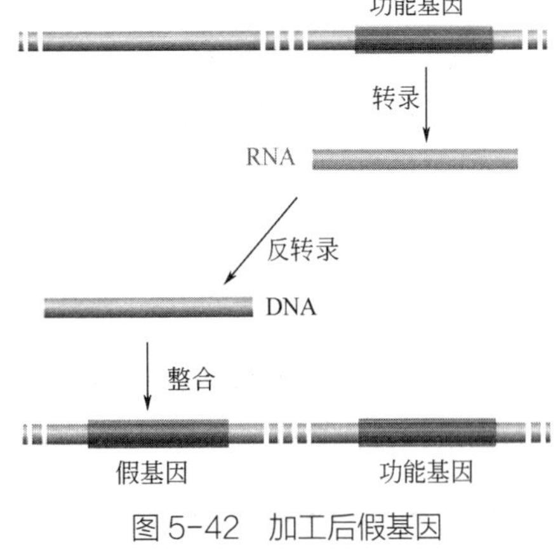

图 5-42　加工后假基因

5.3.3　V(D)J 重组产生抗体的多样性

5.3.3.1　抗体的分子结构

针对各种各样的病原体和抗原，脊椎动物的免疫系统产生数量巨大的 T 细胞受体和抗体。细胞用于产生多种多样的抗体和 T 细胞受体的基本机制就是被称为 V(D)J 重组的一种特殊的重排反应。在学习这一过程之前，有必要先了解一下抗体分子的结构。

所有的抗体都具有相似的结构，为一种由 2 条相同的重链和 2 条相同的轻链组成的“Y”形分子（图 5-43）。哺乳动物有 5 类抗体，IgA、IgD、IgE、IgG 和 IgM，每类抗体含有一种不同类型的重链。这 5 种类型抗体的重链分别是 α、δ、ε、γ 和 μ。抗体分子具有 λ 和 κ 两种轻链，它们的恒定区和可变区的氨基酸序列都不相同，但拥有 λ 或 κ 轻链的抗体并没有功能上的差别。

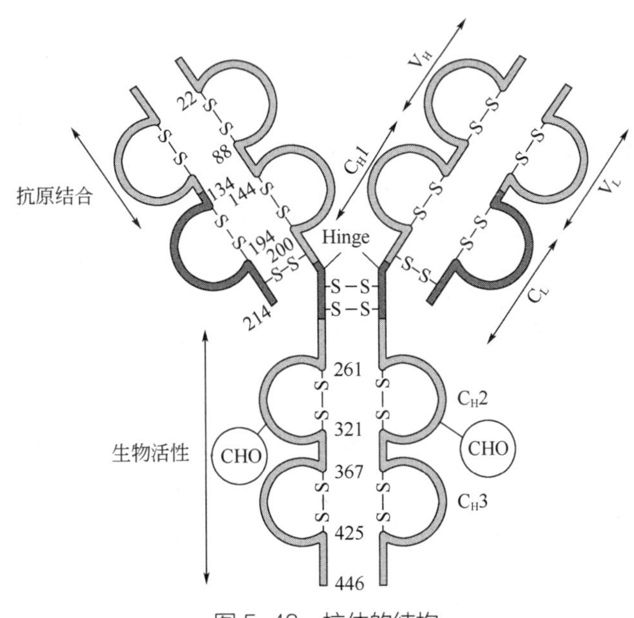

图 5-43　抗体的结构

抗体的每条轻链有两个区，分别是氨基端的可变区（variable region，V_L）和羧基端的恒定区（constant region，C_L），它们各占轻链长度的 1/2。每条重链有 4 个区，分别是氨基端的一个可变区 V_H，以及羧基端的三个恒定区 C_H1、C_H2 和 C_H3。重链的可变区与恒定区分别占重链长度的 1/4 和 3/4。在抗体中，轻链和重链之间，以及重链和重链之间都有二硫键相连接。轻链和重链的每一个可变区和恒定区的长度大约是 110 个氨基酸残基，含有一个链内二硫键，折叠成一个致密的结构域。

抗体的抗原结合专一性是由抗体的 V_L 区和 V_H 区决定的。重链与轻链的 V 区配对产生两个相同的抗原结合位点，位于 Y 字形两臂的顶端。V_L 区和 V_H 区序列上的可变性为抗原结合位点的多样性提供了基础。可变区中氨基酸序列的变化主要集中于 3 个高变区（hypervariable region），其他相对恒定的区域称为构架区（framework region）。每个高变区中仅有 5～10 个氨基酸残基参与形成抗原结合位点。

5.3.3.2 抗体基因的结构及其重排

抗体基因是在 B 细胞发育过程中，由彼此分离的基因片段通过一系列序列特异性重排组装而成的。20 世纪 70 年代，分子生物学家比较了小鼠的早期胚胎 DNA 和小鼠的一种 B 细胞瘤 DNA，发现轻链可变区和恒定区的编码序列处于肿瘤细胞 DNA 的同一个限制性片段上，但是这两个编码序列位于胚胎细胞 DNA 不同的限制性片段上（图 5-44）。小鼠的早期胚胎细胞不产生抗体，B 细胞瘤只产生一种抗体，故在 B 细胞发育的某一阶段编码抗体分子的 DNA 序列发生了重排。现在我们知道发生在抗体基因座上的 DNA 重排不仅形成了一个有功能的抗体基因，还改变了基因的启动子与增强子以及沉默子之间的相对位置，从而激活了基因的转录。另外，基因片段的连接还可以通过多种途径增加抗原结合位点的多样性。

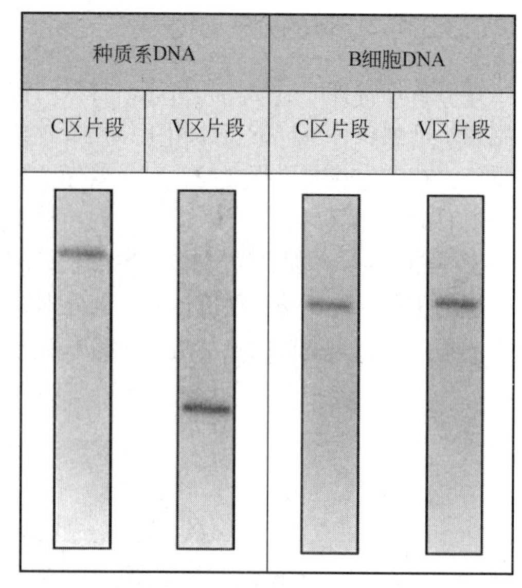

图 5-44 在 B 细胞发育过程中，编码抗体分子的 DNA 序列发生重排

（1）抗体基因座的结构

人类基因组中并不存在编码免疫球蛋白重链和轻链的完整基因，相反这些多肽链的编码信息储存于不同的 DNA 片段之中。例如，在人类的种质系 DNA 上 κ 基因座大约由 100 个 V 区（V region）、5 个 J 区（J region）和一个 C 区（C region）构成［图 5-45（a）］。每个 V 区含有一个编码免疫球蛋白前导链的 L 片段和一个编码可变区的 V 片段，L 片段和 V 片段之间是内含子。每一 V 区大约 400bp 长，相邻的 V 区之间约相距 7kb，这样 100 个 V 区将占据 740kb 的区段。每一 J 区大约 30bp 长，编码可变区 C 端的 12～14 个氨基酸。5 个 J 区在 DNA 分子上大约占据 1.4kb 的区段。3′-J 区和单一的 C 区之间为一 2.4kb 的间隔区。V 区和 J 区的数目随哺乳动物物种的不同而不同，但是 V 区数目总是比 J 区多得多。

λ 基因座由两部分组成，即 L-V 基因片段和 J-C 基因片段。L 区编码 λ 链的前导序列，V 区编码可变区，它们被一内含子分开。J 区非常短，编码可变区最后一段氨基酸，C 区编码恒定区，它们之间也被一个内含子分开［图 5-45（b）］。

重链基因座则由 4 个区段组成，包含一个额外的 D 区（diversity region），该片段位于 V 区和 J 区之间。另外，重链基因座具有多种类型的稳定区片段（C_μ、C_γ 等）［图 5-45（c）］。

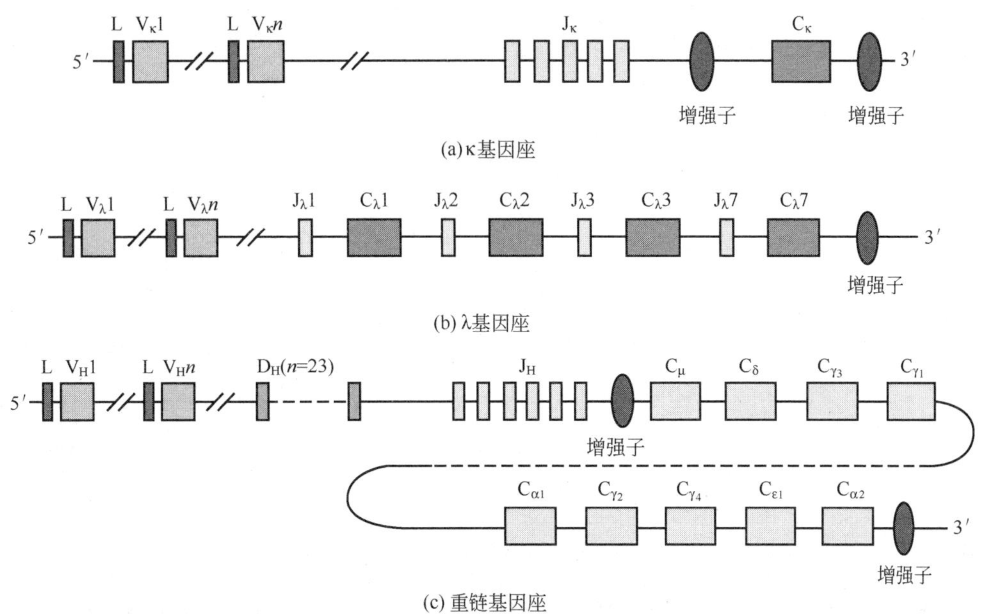

图 5-45　抗体重链和轻链基因座的结构

（2）抗体基因座的重排

B 淋巴细胞发育时，抗体基因座需要通过位点专一性重组才能形成一个有功能的基因座。如图 5-46（a）所示，κ 基因座通过重组使一个 V 区和一个 J 区连接在一起。一旦 V 和 J 连接在一起，就产生了一个有功能的轻链基因。重组时，V 区和 J 区之间的组合是随机的，因此，人类的种质系 DNA 能够编码 500 种不同的 κ 轻链。重排后有功能的 κ 基因含有 3 个外显子。5′-端是 L 片段，编码的前导肽指导新合成的多肽链进入内质网，然后进入细胞的分泌途径。前导肽在翻译后的加工过程中被去除。第二个片段编码轻链的 V 区。第三个片段位于基因的 3′-端，编码 C 区。

形成一个有功能的重链基因就需要进行两次重组反应［图 5-46（b）］：第一次发生在 D 区和 J 区之间；第二次发生在 V 区和 D-J 区段之间。V 区和 D 区，以及 D 区和 J 区之间的连接都是随机的。可变区由 3 个，而不是由 2 个基因区段编码，极大地提高了组合的多样性。在人类的种质系 DNA 上，大约有 100 个 V 区、30 个 D 区和 6 个 J 区，所以通过重组可以产生 18000 种重链。另外，在重链基因重排开始时，二条染色体上都发生 D 区移位到 J 区而发生 D-J 连接。在此以后，只有其中一条染色体上的 V 区与 D-J 区段连接。V 区的 5′-端含有启动子，J 和 C 基因片段之间的内含子中含有转录增强子。如果一条染色体 V 与 D-J 重排无效（non-productive），另一条染色体的 V 基因片段开始发生移位，与 D-J 基因片段连接。

5.3.3.3　V(D)J 重组的分子机制

被 V(D)J 重组所组装的基因片段的侧翼为重组信号序列（recombination signal sequence，RSS）。RSS 参与的重组反应将这些基因片段连接在一起，组装成一个完整的基因。每一 RSS 由两个保守的基序及它们之间的间隔区组成（图 5-47）。其中，一个保守基序长 7bp，另一个长 9bp。因间隔区的长度不同，RSS 又分成两类，一种类型的间隔区长 12bp，另一种类型的间隔区长 23bp，重组总是发生在这两种 RSS 之间。

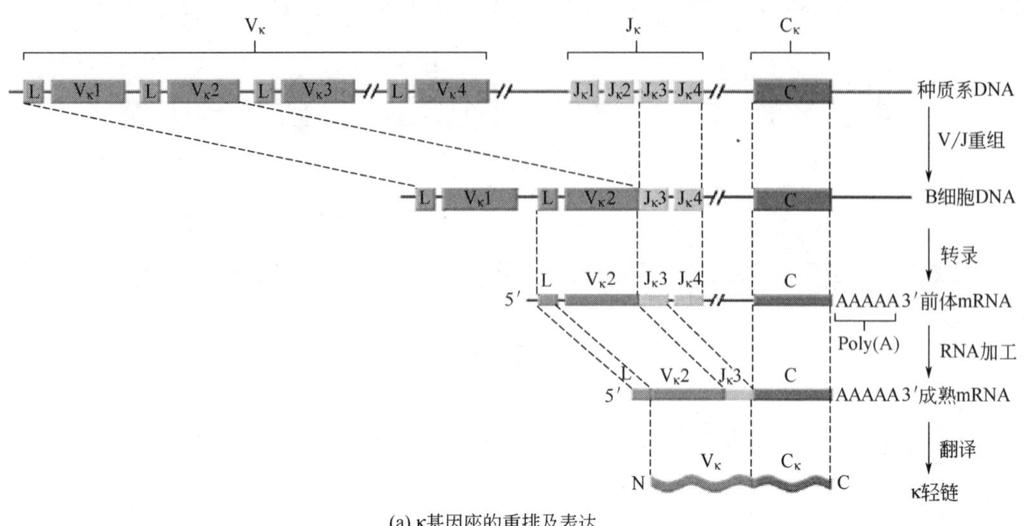

(a) κ基因座的重排及表达

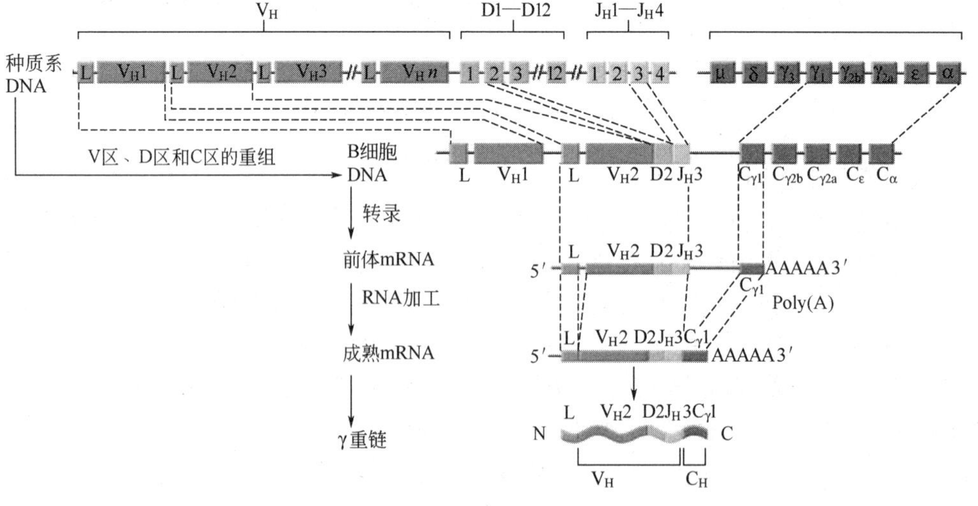

(b) 重链基因座的重排及表达

图 5-46　免疫球蛋白基因座的重排及表达

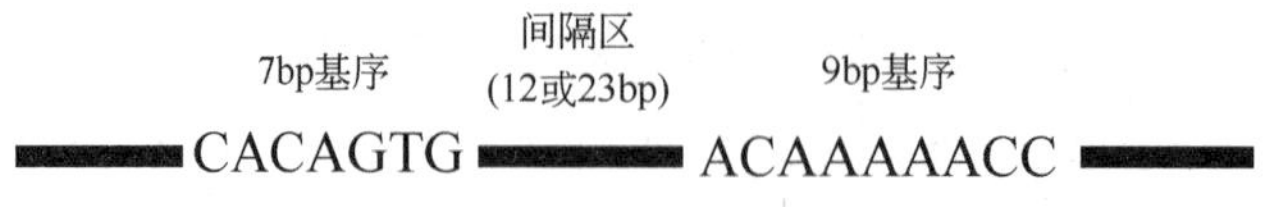

图 5-47　重组信号序列

介导 V(D)J 重组的酶由 RAG-1 和 RAG-2［RAG 是重组激活基因（recombination activating gene）的缩写］构成。RAG 蛋白质的作用方式与转座酶类似，它们识别 RSS，然后将两个参与重组的信号序列拉在一起，形成蛋白质-DNA 复合体。复合体中的 RAG-1 在 RSS 和编码区之间产生一个单链切口，形成一个自由的 3′-OH 基团，接着该 3′-OH 攻击 DNA 双螺旋的另一条链，转酯反应的结果是编码区的末端形成一个发卡，而重组信号末端是正常的双链断裂（图 5-48）。尽管单链切口可以独立地发生在任一个 RAG-RSS 复合体中，但是转酯反应必须发生在包含

12-RSS 和 23-RSS 的联合复合体中，这就为重组只发生在两种不同的 RSS 之间提供了分子基础，这种现象称为 12/23 规则。V 区和 J 区的 RSS 含有 23 bp 的间隔区，而 D 区的 RSS 含有 12bp 的间隔区，这就保证了 V 区和 D 区连接，D 区与 J 区相连。*RAG* 基因仅在发育的淋巴细胞中表达，这样就使重排发生在淋巴细胞中。

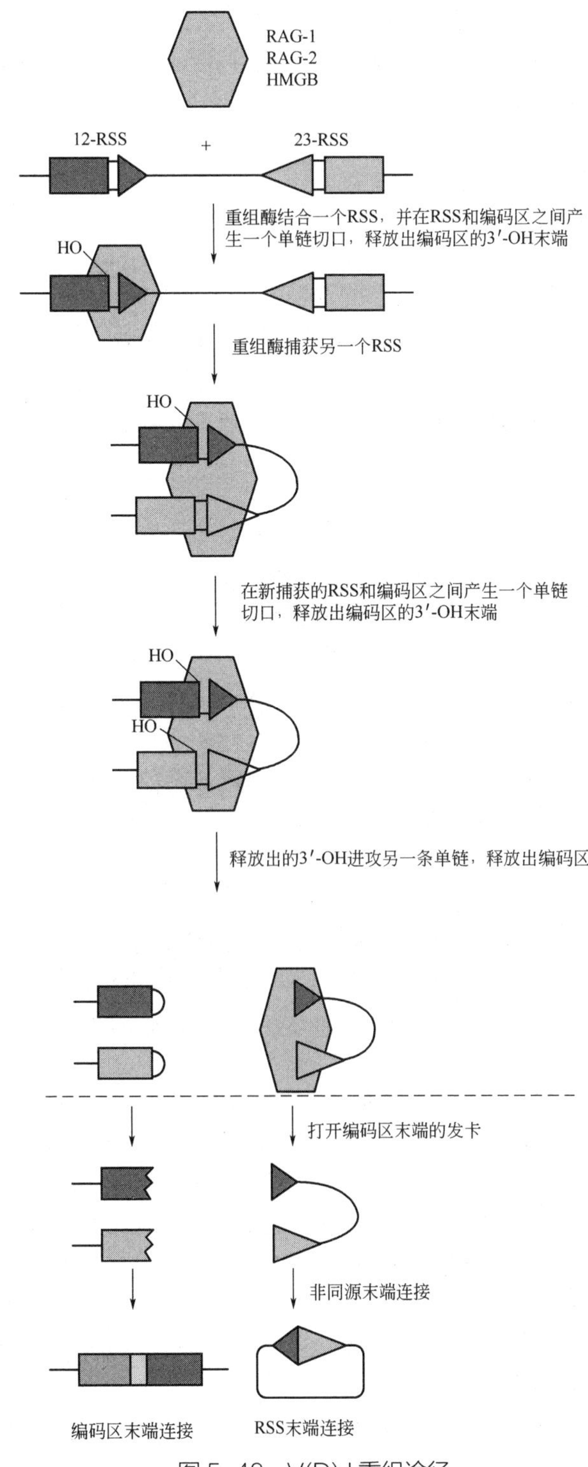

图 5-48　V(D)J 重组途径

V(D)J 重组反应的下一阶段是两个编码区末端的连接以及两个信号末端的连接。两个编码区连接之前，首先需要打开编码区末端的发卡结构，这一步由 Artemis 核酸内切酶催化完成。接下来，细胞通过 NHEJ 途径将两个编码区连接起来。由于发卡的打开及随后对末端的加工会导致若干核苷酸的增减，而增加或丢失的核苷酸的数目是随机的，因此，仅有三分之一的重组事件会产生有功能的基因。尽管编码区连接的多样性导致了大量的无功能基因的形成，但是对产生广泛的适应性免疫应答反应具有重要意义。与编码区的末端不同，RSS 的末端连接相对精确，所形成的环状分子被细胞丢弃。

5.3.4　Mu 噬菌体

5.3.4.1　Mu 噬菌体的复制

Mu 噬菌体既是一种细菌的病毒，又是一种转座子。Mu DNA 进入大肠杆菌细胞后，在转座酶的催化下，通过转座随机插入到宿主的染色体中（图 5-49）。换而言之，整个 Mu 基因组就是一个转座子。如果 Mu 插入到宿主基因中，将导致基因的插入失活。由于这种病毒在侵染细胞时会造成宿主细胞频繁地发生突变，早期的研究者就把这种病毒命名为 Mu 噬菌体（mutator phage）。

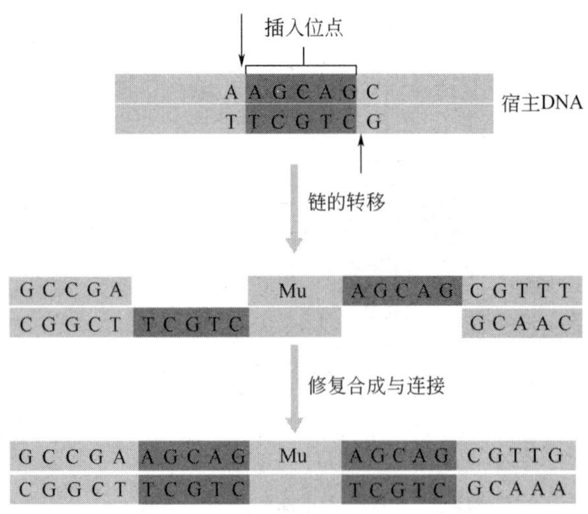

图 5-49　Mu 通过转座整合到宿主基因组 DNA

像很多噬菌体一样，Mu 能够以静止状态的前噬菌体形式存在，也可以裂解细胞。Mu 噬菌体在进行裂解生长时，以复制型转座的形式进行复制（图 5-50）。Mu 噬菌体在经过多次转座后，它的很多拷贝插入到宿主 DNA 分子中，导致很多宿主细胞的基因遭到破坏，于是宿主细胞不可避免地死亡。与其他病毒不同的是，从未发现 Mu 作为一个独立的 DNA 进行复制。被包装成病毒颗粒的 DNA 片段，含有一个完整的 Mu 基因组，但是在基因组 DNA 的两端各连接有一小段宿主细胞的 DNA。因此，即使是在病毒颗粒内，Mu DNA 依然插入到宿主细胞的 DNA 中。当病毒的 DNA 侵入一个新的宿主细胞时，Mu 基因组通过转座脱离宿主 DNA。Mu DNA 从未独立地存在过，它是一个真正的转座子。

很多其他种类的病毒也会整合到宿主的 DNA 分子中。然而，这些病毒不是以转座的形式进行复制的，并且病毒 DNA 以独立的形式被包装成病毒颗粒，并不携带宿主的 DNA 分子，因此它们都不是转座子。

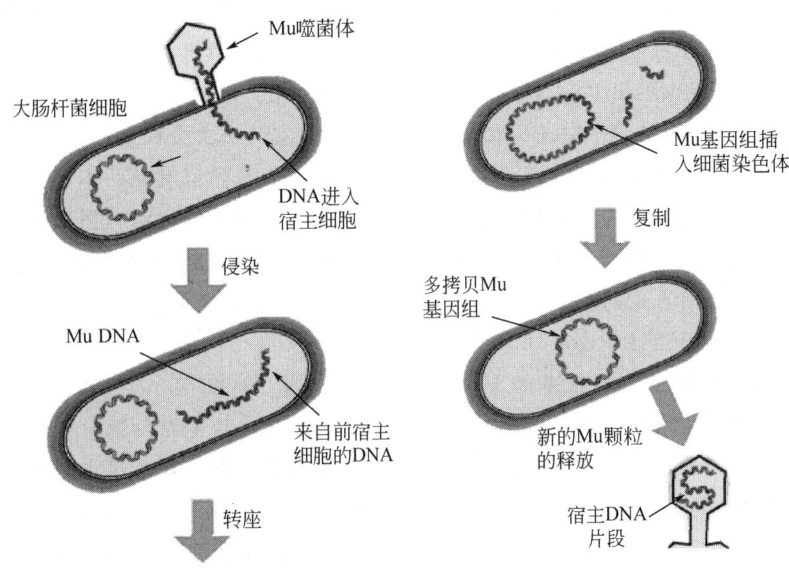

图 5-50　Mu 噬菌体通过转座进行复制

5.3.4.2　Mu 噬菌体的转座目标免疫

Mu 噬菌体可以整合到宿主染色体的许多位点，在此过程中，很少表现出靶序列的特异性。尽管 Mu 仅表现出有限的靶序列的特异性，但是靠近 Mu 末端的宿主染色体 DNA 序列以及转座子自身的 DNA 序列很少被选择作为插入的靶位点，这种现象称为转座目标免疫（transposition target immunity）。Mu 的靶目标免疫涉及两个噬菌体编码的蛋白质，MuA 和 MuB 之间的互作，以及 MuB 沿 DNA 分子分布的模式。

转座酶 MuA 与 Mu DNA 末端结合，并使两个末端聚集在一起，组装成转座体。然而，转座的发生还需要 MuB 蛋白的参与。MuB 为一种 ATP 依赖的 DNA 结合蛋白，在 ATP 存在的情况下，MuB 组装成寡聚体，并以非特异性的方式结合在 DNA 上，它们通过激活转座体的链转移反应，促进转座反应发生在 MuB 结合位点附近。另一方面，MuA 可以刺激 MuB 的 ATPase 活性，导致 MuB 脱离 DNA 分子。因而，MuB 的结合位点通常远离 Mu DNA 的末端，导致转座发生在距结合有 MuA 的 Mu DNA 末端至少几 kb 的位置。结合在 Mu DNA 末端的 MuA 可以保护附近的 DNA 不被 Mu 噬菌体插入，从而避免了转座子插入到自身的 DNA 序列中。

知识拓展　转座子的发现

在转座子发现以前，人们认为基因像串珠一样，在染色体上有固定的位置，并沿染色体按照一定的顺序呈线性排列。在 20 世纪 40 年代后期，Barbara McClintock 对这一概念提出了挑战。她发现，在玉米中，一个特定的染色体断裂事件总是发生在 9 号染色体的相同座位上，她将该座位称为 Dissociation，或者 *Ds*。McClintock 用了几年的时间来研究 *Ds* 位点，发现 *Ds* 可以改变自身在染色体上的位置。进一步研究还发现，这一座位发生的染色体断裂事件需要另一个显性位点，该位点也可以起始自身的转座。McClintock 把这一新发现的座位称为 Activator，或者

Ac，并且证实位于不同位点上的 *Ac* 元件，甚至不同染色体上的 *Ac* 元件，都可以激活 *Ds* 引起的染色体断裂。McClintock 还注意到 *Ac* 和 *Ds* 发生转座时，它们在新位点的插入会导致不稳定的基因突变，即转座子可以从突变位点移走，从而恢复基因的功能。

1950 年，McClintock 在 PNAS 上发表了一篇经典论文，用她多年的实验数据，来说明 *Ac* 和 *Ds* 是可以转座的。1951 年，McClintock 在冷泉港实验室的一次会议上介绍了她的研究成果。她的报告并没有得到大家的热烈反应和认可，相反，大多数科学家对她的工作持批判和怀疑的态度，因为转座的概念并不符合当时的遗传学理论框架。数十年的遗传作图数据表明基因在染色体上的位置是固定的，因此研究人员很难接受基因能够在基因组内移动的观点。McClintock 对突变的描述也与当时人们对突变的认识不一致，那时人们认为突变会造成基因的永久性失活，而不会在活性状态和无活性状态之间来回转换。

20 年后，McClintock 在冷泉港的工作终于得到了认可。1967 年，在 McClintock 正式退休之前，人们在噬菌体中发现了可移动的遗传元件。这种元件很快也在细菌中发现，并最终在果蝇中得到证实。科学界逐渐认识到转座子并非玉米所特有的，而是在各种生物体中普遍存在。到了 20 世纪 80 年代，*Ac* 和 *Ds* 转座子也被克隆和分离出来。*Ac* 元件编码一种介导自身转座的酶，即转座酶。*Ds* 元件是 *Ac* 元件的内部缺失突变体，它的转座需要 *Ac* 编码的转座酶的催化。McClintock 对所观察到的现象提出的极具想象力和创造力的解释得到了人们的由衷赞叹，她被授予美国政府的最高科学奖——国家科学奖（the National Medal of Science），并于 1983 年独立获得了诺贝尔生理学或医学奖，此时距离她 1950 年发表跳跃基因学说，已过去了 30 多年。

第6章 DNA的转录

转录是以DNA为模板酶促合成RNA的过程，是基因表达全过程的第一步，并最终导致由基因编码的蛋白质的合成。转录在化学和酶学上与DNA的复制非常相似，二者都是通过酶的作用合成一条与模板DNA链互补的多核苷酸链。催化转录的酶是RNA聚合酶，该酶在DNA模板链的指导下，按照碱基配对原则，向生长中的RNA链的3′-末端共价添加与模板链互补的核糖核苷酸。因此，RNA链是沿5′→3′方向合成的，并且新合成的RNA链与DNA模板链反向平行（图6-1）。

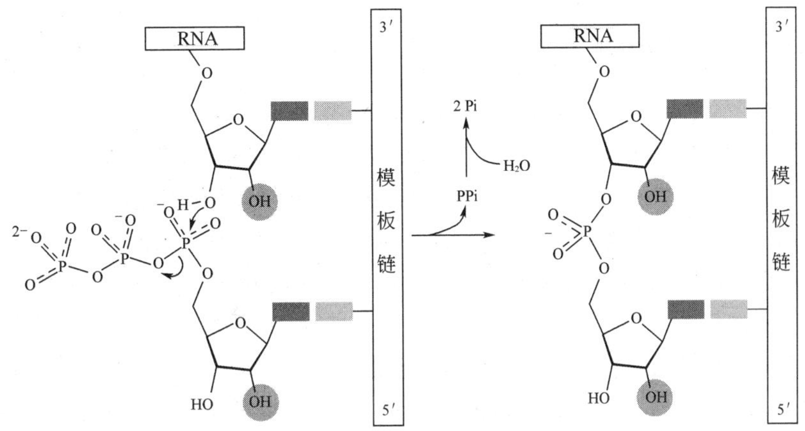

图6-1 RNA聚合酶的作用机制

转录与DNA复制也存在许多不同点：

① 转录发生在DNA分子某些特定的区域，而不是以整个DNA分子作为模板。转录时，RNA聚合酶首先与DNA分子上的启动子结合，并局部打开DNA双螺旋，暴露出模板链。然后，聚合酶从一个特定的核苷酸处起始RNA链的合成。这一位点称为转录起始位点，被定义为基因序列的+1位置，新生RNA链的第一个碱基通常是腺嘌呤。

② 转录时，RNA聚合酶局部解开DNA双螺旋形成一个转录泡。双链DNA中也只有一条链被用来指导RNA合成，这条链被称为模板链，又叫反义链（antisense strand）；与RNA序列相同的那条链被称为有义链（sense strand）或称编码链（coding strand）。

③ RNA聚合酶能够起始链的合成，因此RNA合成不需要引物。正在延伸的RNA链，只有最新合成的一段3′-端序列与模板链保持互补状态，其余的序列从模板链上解离下来。在转录泡的后面，非模板链与模板链重新形成双螺旋（图6-2）。

④ 转录的终止也发生在DNA分子上特定的区域，即终止子（terminator）处。在原核生物中终止子经常含有反向互补序列，被转录后在RNA产物上形成发卡结构，导致RNA聚合酶停顿并随即终止转录。

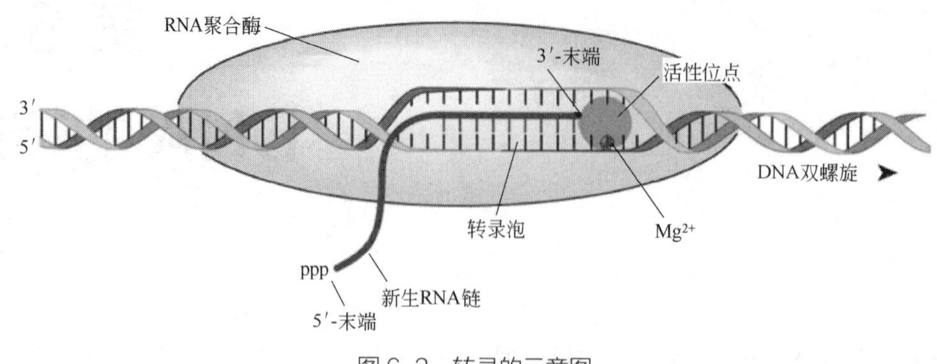

图 6-2　转录的示意图

6.1　原核生物的转录机制

6.1.1　大肠杆菌 RNA 聚合酶

大肠杆菌 RNA 聚合酶分为核心酶和全酶两种形式。全酶（holoenzyme）由 2 个 α 亚基、1 个 β 亚基、1 个 β′亚基、1 个 ω 亚基和 1 个 σ 亚基组成（$\alpha_2\beta\beta'\omega\sigma$）（表 6-1）。σ 因子参与转录的起始，它的作用是识别基因的启动子区域，引导 RNA 聚合酶正确地起始转录。在转录进入延伸阶段后，σ 因子就从转录复合体上释放出来，因此不参与转录的延伸过程。不含 σ 因子的酶称为核心酶（即 $\alpha_2\beta\beta'\omega$），负责转录的延伸。RNA 聚合酶的 α 亚基形成两个功能域，分别是氨基末端结构域（αNTD）和羧基末端结构域（αCTD），两个结构域之间是大约 14 个氨基酸组成的连接区。αNTD 参与核心酶的形成，而 αCTD 是游离的，可以和其他蛋白质或调控元件发生相互作用。β 和 β′是 RNA 聚合酶两个最大的亚基，它们与 α 亚基二聚体结合，构成 RNA 聚合酶的催化中心。ω 亚基是核心酶中最小的亚基，对于酶的组装和稳定具有促进作用。

表 6-1　*E.coli* RNA 聚合酶全酶的组成及其功能分工

亚基	基因	大小/kDa	亚基数目	功能
α	*RopA*	36	2	N 端结构域参与聚合酶的组装；C 端结构域参与和调控蛋白及调控元件的相互作用
β	*RopB*	151	1	与 β′一起构成催化中心
β′	*RopC*	155	1	与模板 DNA 结合，与 β 亚基一起构成催化中心
ω	*RopZ*	11	1	促进酶的组装
σ^{70}	*RopD*	70	1	启动子识别

大肠杆菌的 RNA 聚合酶总体上像一只蟹爪，蟹爪的两个钳子主要由 β 和 β′亚基构成。钳子的基部有活性中心裂隙（active center cleft），酶的活性位点就位于活性中心裂隙之中。聚合酶催化核苷酸的添加，需要两个二价金属离子。活性中心裂隙中 3 个保守的天冬氨酸残基紧密结合一个 Mg^{2+}，它作用于生长链的 3′-OH，使得 O 和 H 之间的连接变弱，从而产生一个亲核的 $3'\text{-}O^-$。第二个离子是 NTP 进入活性中心裂隙带入的，聚合反应发生后，与焦磷酸一起释放。另外，RNA

聚合酶还有多种次级通道通向酶的内部，允许 DNA、RNA 和 NTP 进出活性中心裂隙（图 6-3）。

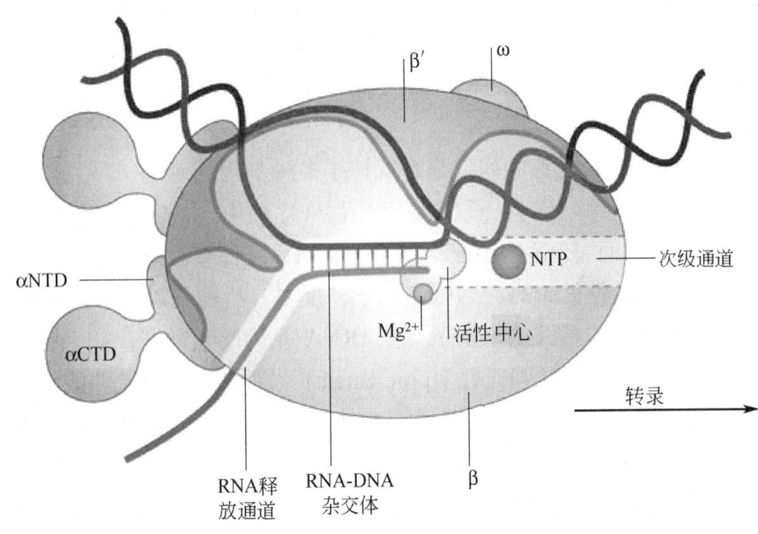

图 6-3 RNA 聚合酶的结构

6.1.2 σ^{70}启动子

启动子是 DNA 分子上 RNA 聚合酶首先结合的序列。大肠杆菌至少有 7 种 σ 因子，其中最常见的是 σ^{70}（因其分子质量为 70kDa 而得命），它参与 *E.coli* 与细胞基本生命活动有关的基因的转录，因此又称为看家 σ 因子（housekeeping σ）。其他的 σ 因子与细胞应对不利的环境条件有关。σ^{70} 所识别的启动子的长度是 40～60bp。通过比较不同基因的启动子序列，人们在启动子中发现了两个 6bp 的保守序列，一个在−10 位置，另一个在−35 位置（图 6-4）。“−”表示该序列位于转录起始位点的上游。

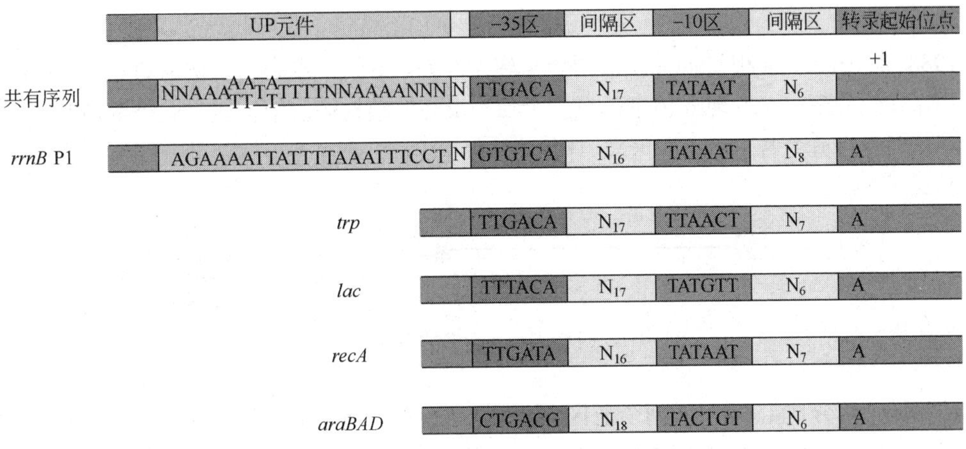

图 6-4 原核生物的几种启动子序列

−10 序列在许多大肠杆菌基因的启动子中都存在，其中心位于转录起始位点上游大约 10bp 处，有时也称为 Pribnow 框，因为它是由 Pribnow 于 1975 年首先发现的。−10 框的共有序列是 TATAAT，距转录起始位点 5～8bp。所谓共有序列是指在一组相似的 DNA 序列中，特定位置上出现频率最高的核苷酸构成的序列。–10 区是转录起始阶段聚合酶启动 DNA 解旋的区域。

–35 区位于–10 区的上游，也是一段保守的六聚体序列，其共有序列是 TTGACA。–35 区被认为是 RNA 聚合酶最初识别的序列，在高效启动子中非常保守。–35 区和–10 区之间的距离非常重要，实验表明，当两个序列之间的距离为 17bp 时转录效率最高。在 90%的启动子中，二者之间的距离为 16～19bp。

需要指出的是，启动子的共有序列是综合统计了多种基因的启动子序列以后得出的结果。很少有基因的启动子与共有序列完全一致。在两个保守序列中，–10 区前两个碱基（TA）和最后一个碱基（T）最保守，而–35 区的前三个碱基（TTG）最保守。一个基因的启动子序列与共有序列越相近，启动子的活性就越高，为强启动子；反之，活性就越低，为弱启动子。

在一些转录活性比较强的基因的启动子（如 rRNA 基因的启动子）中，在–35 序列的上游还有一段富含 AT 的序列，称为增强元件（up-element）（图 6-4）。该元件能够显著提高转录效率。实验证明，RNA 聚合酶通过其 α 亚基上的 CTD 与 UP 元件的相互作用促进聚合酶与启动子的结合。

90%的基因的转录起始位点是嘌呤，A 比 G 更常见。起始位点两侧的碱基通常是 C 和 T（如 CAT 或 CGT）。起始位点附近的序列也可影响转录的起始。

6.1.3 原核生物的转录周期

与 DNA 复制一样，转录也可分为起始、延伸和终止三个阶段。

6.1.3.1 转录的起始

（1）闭合式复合体的形成

细菌的 RNA 聚合酶核心酶可以与 DNA 分子发生非特异性结合，从 DNA 分子的末端，或者 DNA 分子的切口处起始转录。在全酶中，σ 因子识别启动子序列，促进 DNA 解旋。转录起始的第一步是 σ 因子介导 RNA 聚合酶全酶与处于双螺旋状态的启动子结合，形成闭合式复合体。

1988 年，Helmann 和 Chamberlin 对参与转录起始、专门负责启动子识别的 σ 因子的结构与功能作了详细的研究，发现 σ 因子具有 4 个独立折叠的结构域，结构域之间是柔韧的连接区，每个结构域又可分为若干更小的区域（图 6-5）。

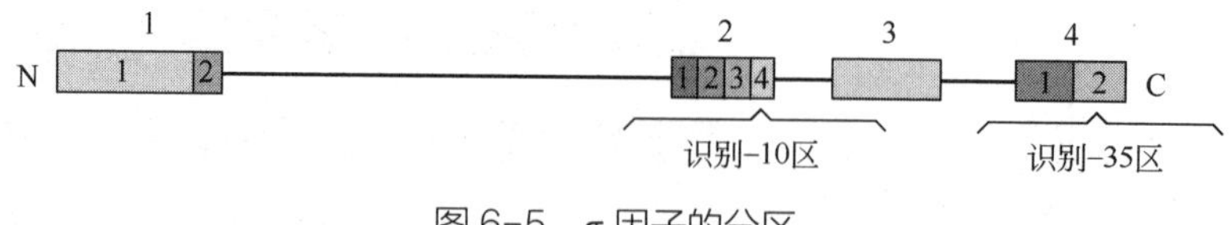

图 6-5 σ 因子的分区

结构域 1 可分成 1.1 和 1.2 两个亚区。结构域 2 存在于所有的 σ 因子中，是 σ 因子最为保守的区域，又分为 4 个亚区（2.1～2.4），其中 2.1 和 2.2 最为保守，参与和核心酶的相互作用；2.3 在结构上类似于单链 DNA 结合蛋白，与双链 DNA 的解旋有关；2.4 形成 α 螺旋，负责识别启动子的–10 区。结构域 3 参与和核心酶及 DNA 的结合。结构域 4 可分为两个亚区（4.1 和 4.2），其中 4.2 含有螺旋-转角-螺旋基序，负责与启动子的–35 区结合，该基序的一个螺旋插入到–35 区的大沟中并与大沟之中的碱基发生相互作用，另一个螺旋从大沟的顶部横向穿过，与 DNA

骨架结合。

游离的σ因子呈现一种致密的结构，1.1亚区与4区发生相互作用阻止了游离的σ因子单独与启动子结合。但是当σ因子与核心酶结合后，其构象会发生深刻的变化，连接区伸展开来，而各个结构域仍保持折叠状态，并暴露出DNA结合位点。这时，σ因子才能与启动子结合（图6-6）。

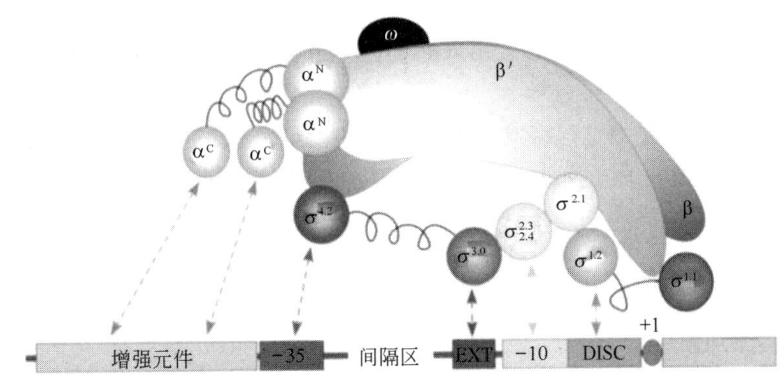

图6-6 σ和α亚基与启动子相互作用将RNA聚合酶结合在启动子上

α亚基的CTD识别增强元件，而σ因子的亚区2和亚区4分别识别启动子的–10区和–35区；EXT位于−10区的上游，为一短序列元件，存在于某些缺乏−35区的启动子中，被称为“延长的−10区域元件”；DISC位于−10区和转录起始位点之间，为一新发现的序列元件，被称为鉴别子（discriminator）

（2）开放式复合体的形成

当RNA聚合酶与启动子区紧密结合后，要发生异构化作用，结果是围绕转录起始位点解开一小段DNA双螺旋，这一解离事件发生在−11和+2之间，形成开放式复合体（open complex）。−10区的A_{11}在解链过程中发挥着至关重要的作用，它也是−10区最为保守的碱基。双螺旋的熔解可能起始于−10区的A_{11}从双螺旋内部翻转出来并落入σ因子表面的一个疏水性的口袋，然后，向下游扩展到+2的位置，涉及σ因子与−10区复杂的相互作用。从闭合式复合体转变为开放式复合体的异构化作用并不需要ATP水解提供能量，而是DNA-酶复合体的构象自发地转变成一种能量上更加有利的形式。

从闭合式复合体向开放式复合体转变的异构化作用中，可以观察到聚合酶的结构发生了两个显著的变化。一是位于聚合酶前部的钳子紧紧地钳压在下游DNA上。二是σ因子的1.1亚区的位置发生了移动。在未结合DNA时，1.1亚区位于全酶的活性中心裂隙内部；在开放式复合体中，1.1亚区移动到酶的外部，使DNA可以进入到活性中心裂隙中。与DNA类似，1.1亚区处于高度的负电荷状态，因此被称为DNA分子的模拟物（molecular mimic）。活性中心裂隙呈高度的正电荷状态，既可以被1.1亚区占据，也可以被DNA占据。

（3）无效起始

开放式复合体一旦形成，NTP通过聚合酶的NTP摄入通道，进入活性中心位点，聚合酶即开始合成RNA。通常，聚合酶首先会合成并释放一系列长度小于10个核苷酸的RNA分子，这一阶段称为无效起始（abortive initiation）。无效起始的发生可能与σ因子的3.2亚区有关，该区域作为RNA的分子模拟物，位于开放式复合体的RNA出口通道。当转录产物一旦达到10 nt，就必须像线一样穿过RNA出口通道，同时把3.2亚区从通道中逐出，这个过程需要聚合酶尝试几次才能成功。

那么，在无效起始阶段，酶的活性中心又是如何沿模板链移动的呢？已有的实验表明，是聚合酶将下游的 DNA 拉入酶的内部，并将其解链成“泡”状结构，同时，活性中心沿模板链移动，合成短的 RNA 分子，这一过程称为蜷缩（scrunching）。

（4）启动子逃离

转录起始的最后阶段是启动子逃离。一旦聚合酶成功地合成一条超过 10nt 的 RNA，一个稳定的三元复合体就形成了，这是一个包括聚合酶、DNA 模板和生长中的 RNA 链的复合体。这时，σ 因子与 RNA 聚合酶脱离，转录延伸因子 NusA 与核心酶结合，RNA 聚合酶离开启动子，转录也由起始阶段进入延伸阶段。释放出来的 σ 因子可以重新与核心酶结合，再次启动新一轮的转录。

发生启动子逃离时，蜷缩过程将发生逆转，即在蜷缩时解离的 DNA 又重新聚合，转录“泡”的大小从 22～24nt 萎缩成 12～14nt，这个过程释放的能量可以使聚合酶与启动子脱离，并使 σ 因子离开核心酶。

6.1.3.2 转录的延伸

（1）核苷酸添加循环

在延伸过程中，下游 DNA 从两个钳子之间的裂隙进入核心酶内部，并且在活性中心裂隙内两条链被分开（图 6-3）。非模板链通过非模板链通道离开活性中心裂隙并从聚合酶的表面经过。模板链则穿过活性中心裂隙，并通过模板链通道离开。在聚合酶的后面两条单链又重新恢复双链状态。

新生链每延伸一个核苷酸，核心酶就会沿 DNA 模板向下游移动一个核苷酸的距离，这样就会空出 NTP 的结合位点；核苷三磷酸通过其固定的 NTP 摄取通道进入活性位点；当新进入的 NTP 与模板链上的碱基互补配对时，聚合酶催化生长链的 3′-OH 的一对电子取代与模板链配对的 NTP 上的焦磷酸基团，形成 3′,5′-磷酸二酯键。以上三个步骤构成了在延伸阶段核苷酸的添加循环。

聚合酶移动的速度大约是每秒 30 个核苷酸。进入活性位点的 NTP 可以提供足够的能量催化磷酸二酯键的形成，并且推动核心酶向下游移动一个核苷酸的距离。在活性中心裂隙中，新生的 RNA 链只通过其 3′-端一段短的核苷酸序列（8nt 或 9nt 长）与模板链形成 RNA-DNA 杂合体，其余部分则与模板链剥离，并从 RNA 出口通道离开 RNA 聚合酶。图 6-7 表示延伸过程的各个阶段，以及在 RNA 聚合酶中 RNA 链和模板链的位置关系。

（2）转录的停顿

RNA 聚合酶并非以固定的速度合成转录产物。相反，转录是不连续的过程，由快速的延伸过程间隔以短暂的停顿。这时，聚合酶的活性位点发生了结构重排。延伸过程在模板的某些位置出现停顿，具有非常重要的生物学意义，有助于协调转录和翻译，使调控蛋白能够与延伸复合体发生相互作用，还可能会导致转录的停滞（转录完全停止，但是延伸复合体未发生解离），甚至转录的终止（延伸复合体彻底脱离 DNA 分子，并释放出新生的 RNA 链）。造成转录停顿的因素很多，包括停顿位点附近的碱基序列、上游转录产物形成发卡结构、延伸复合体的后移等。

（3）RNA 聚合酶的校对作用

如果有错误的核苷酸添加到新生 RNA 链的 3′-OH 末端，RNA 聚合酶可以通过两种校对活性切除错误的核苷酸。第一种称为焦磷酸化编辑（pyrophosphorolytic editing），该反应是形成磷酸二酯键的逆向反应，RNA 聚合酶通过催化 PPi 的重新加入，使错误掺入的核糖核苷酸以核糖核苷三磷酸的形式被去除。然后，RNA 聚合酶再催化一个正确的核苷酸添加到新生链的 3′-末端。需要注意的是 RNA 聚合酶通过这种方式，既可以除去 3′-末端与模板不配对的核苷酸，也能除去与模板正确配对的核苷酸。然而由于不配对的核苷酸会使 RNA 聚合酶停顿更长的时间，所以焦磷酸化编辑常常切除新生链 3′-末端错误添加的核苷酸。

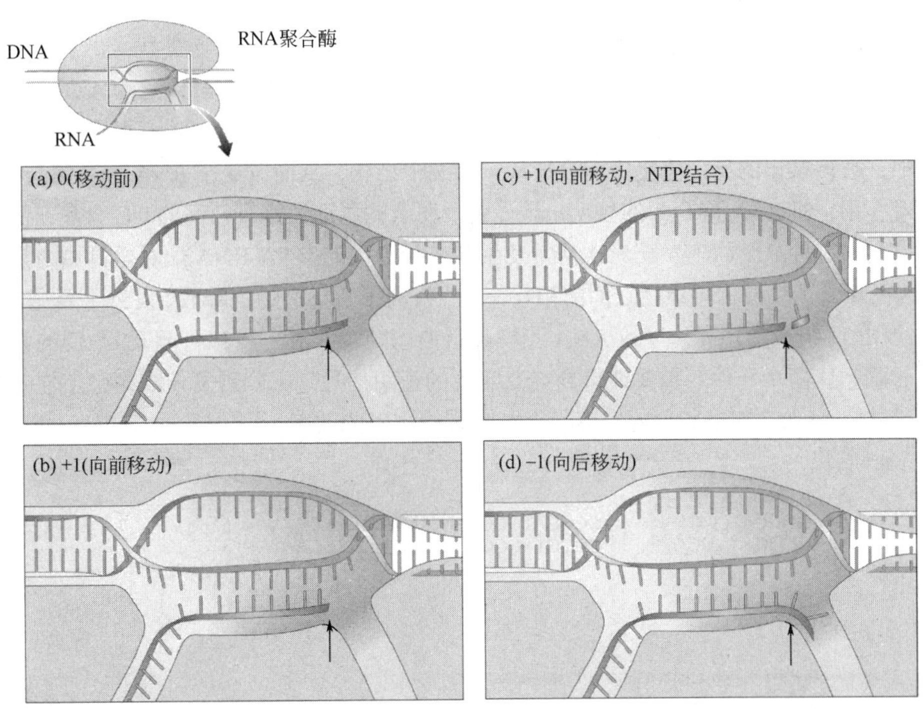

图 6-7　模板链和 RNA 链在 RNA 聚合酶转录延伸复合体中的位置关系

（a）新生 RNA 链的 3′-末端通过 9 个碱基与模板链互补配对；（b）RNA 聚合酶向前移动一个碱基的距离，空出 NTP 的结合位点；（c）进入酶活性中心的 NTP 与模板链配对；（d）如果新掺入的核苷酸不正确，RNA 聚合酶向后移动一个碱基的距离，同时利用水解编辑的机制切去错误的核苷酸

第二种校对机制称为水解编辑（hydrolytic editing）。当 DNA-RNA 杂合区中出现错配时，RNA 聚合酶停顿下来，并发生短距离后退，使 RNA 的 3′-末端部分脱离酶的活性中心位点。这时，RNA 聚合酶会切断 RNA 产物，去除含有错误碱基的核苷酸序列，从而使转录本的 3′-OH 末端重新定位于聚合酶的活性中心。RNA 聚合酶的活性位点能够催化这种切割反应，但是切割的速度十分缓慢。

（4）Gre 转录延伸因子

GreA 和 GreB 能够促进 RNA 聚合酶催化的切割反应。这种切割反应不但可以增强 RNA 聚合酶的水解编辑功能，还能够作为延伸因子（elongation factor）使 RNA 聚合酶进行高效的延伸反应。GreA 和 GreB 的主要组成部分是由两个 α 螺旋及其之间的转角构成的一个针状结构，这种结构通过聚合酶的第二通道（NTP 摄入通道，以及 RNA 聚合酶后退时，从模板链上剥离出的 RNA 序列离开聚合酶内部的通道）插入到停滞状态的 RNA 聚合酶的内部，针状结构尖端的转角序列包含一个天冬氨酸和一个谷氨酸，据认为，这两个酸性氨基酸与活性中心的镁离子相互作用，促进了聚合酶的核酸酶活性，切割转录本 3′-端从模板链剥离出的部分。

6.1.3.3　转录的终止

当 RNA 聚合酶在转录的过程中遇到 DNA 分子上的终止信号时，会停止 RNA 的合成，释放出转录本，并与模板脱离，开始下一轮的转录，这一过程称为转录的终止。在细菌中存在两种不同的转录终止机制，一种终止方式不需要 Rho 因子的参与，称为 Rho 非依赖型终止；另一种需要 Rho 因子的参与，称为 Rho 依赖型终止。

（1）Rho 非依赖型终止

介导 Rho 非依赖型终止的 DNA 序列称为 Rho 非依赖型终止子。该类型终止子含有一段短的倒转重复序列，其后紧接一串 T（图 6-8）。这些终止子元件只有被转录之后才会引发转录的终止反应，也就是说，它们是以 RNA 而不是 DNA 的形式起作用。当 RNA 聚合酶在转录终止子序列时，被转录出的反向重复序列会形成一种发卡结构，从而改变了 RNA 聚合酶与 RNA 之间的相互作用，使 RNA 聚合酶的移动出现停顿。发卡的茎部通常有较高的 GC 含量，使其有较高的稳定性，这种 RNA-RNA 配对比通常发生在转录泡内的 DNA-RNA 配对更具热力学上的有利性，因而降低了模板和转录物之间的相互作用，有利于转录产物的释放。发卡之后通常是 8～10 个主要由 U 组成的序列，导致 RNA 和模板链的弱结合，进一步有利于 RNA 链的解离，从而终止转录。这两个元件的重要性得到突变实验的证明：凡是影响到发卡结构稳定性的突变，或者改变 dA∶rU 杂合双链长度的突变都会影响到终止子的效率。

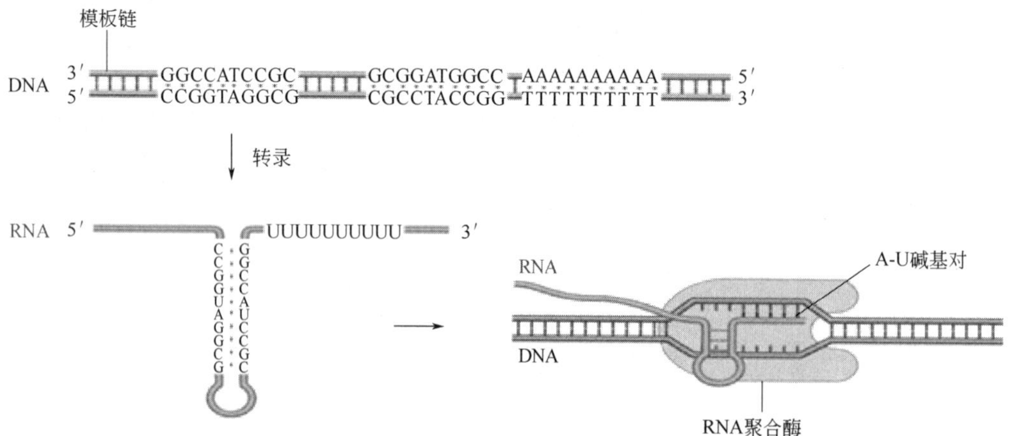

图 6-8　Rho 非依赖型转录终止

（2）Rho 依赖型终止

有些基因的终止序列转录后形成的发卡结构不如前者稳定，并且模板中没有一串 A，需要一个辅助的蛋白质因子 Rho 才能有效地终止转录。Rho 是一个由 6 个相同亚基组成的环状蛋白，在转录的延伸阶段，结合到单链 RNA 的特定位点上，然后利用水解 ATP 所产生的能量沿 RNA 链移动追赶前面的聚合酶。当终止子序列被转录时，RNA 形成的发卡结构使聚合酶停顿下来，导致 Rho 因子追上 RNA 聚合酶。这时，它作为一种解旋酶，打开模板和转录产物之间的氢键，造成转录终止（图 6-9）。

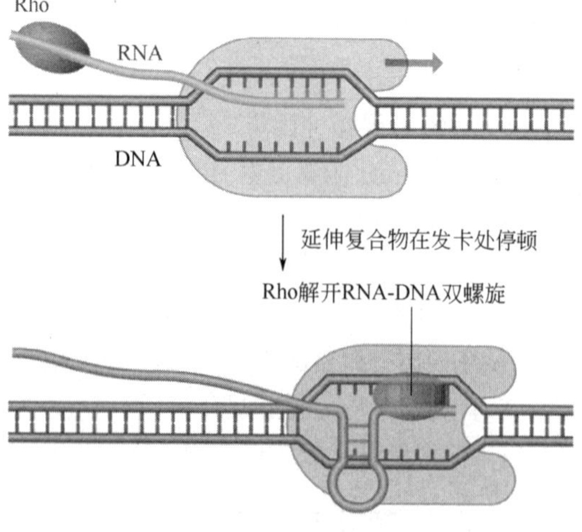

图 6-9　Rho 依赖型终止

6.2　真核生物的转录机制

6.2.1　真核生物 RNA 聚合酶

在真核细胞的细胞核中，有三种 RNA 聚合酶，分别是 RNA 聚合酶Ⅰ、Ⅱ和Ⅲ。这三种 RNA 聚合酶最早是依据它们从 DEAE-纤维素柱上洗脱的先后顺序而命名的。后来发现不同生物的三种 RNA 聚合酶的洗脱顺序不尽相同，因而改用对 α-鹅膏蕈碱（α-amanitin）的敏感性的不同加以区分。不同的 RNA 聚合酶负责合成不同性质的 RNA，而这些 RNA 的模板有时被称为 Pol Ⅰ、Ⅱ和Ⅲ基因。

RNA 聚合酶Ⅰ合成 5.8S rRNA、18S rRNA 和 28S rRNA，存在于核仁中，对 α-鹅膏蕈碱不敏感。RNA 聚合酶Ⅱ合成所有的 mRNA 以及部分 snRNA，存在于核质中，对 α-鹅膏蕈碱非常敏感。RNA 聚合酶Ⅲ合成 tRNA、5S rRNA 和某些 snRNA，也存在于核质中，对 α-鹅膏蕈碱中度敏感。细胞核三种 RNA 聚合酶的主要差别见表 6-2。

表 6-2　真核生物三种 RNA 聚合酶

类型	细胞中的定位	对 α-鹅膏蕈碱的敏感性	功能
RNA聚合酶Ⅰ	核仁	不敏感	5.8S、18S 和 28S rRNA 的合成
RNA聚合酶Ⅱ	核质	高度敏感	mRNA、snoRNA、miRNA、部分 snRNA 的合成
RNA聚合酶Ⅲ	核质	中度敏感	5S rRNA、tRNA、没有帽子结构的 snRNA、7SL RNA、端粒 RNA 等的合成

每种真核细胞 RNA 聚合酶都由两个大亚基和若干个小亚基组成，其中一些亚基为两种或三种 RNA 聚合酶所共有。三种 RNA 聚合酶的核心亚基和大肠杆菌 RNA 聚合酶核心酶的 β′、β、α 和 ω 亚基在序列上有同源性。例如，RNA 聚合酶Ⅱ两个大亚基（RPB1 和 RPB2）与 *E.coli* RNA 聚合酶的两个大亚基（β′和 β）同源。同时，RPB3 和 RPB11 与 α 亚基同源，RPB6 与 ω 亚基同源。各种来源的 RNA 聚合酶的核心亚基在氨基酸序列上的广泛同源性，说明这种酶在进化的早期就出现了，并且相当保守。三种 RNA 聚合酶还含有 4 个共同的亚基，以及 3～7 个酶特异性小亚基（图 6-10）。

所有的真核生物都含有三种 RNA 聚合酶，但是在植物中还存在另外两种 RNA 聚合酶，分别是 RNA 聚合酶Ⅳ和 RNA 聚合酶Ⅴ。这两种 RNA 聚合酶与 RNA 聚合酶Ⅱ密切相关，均由 12 个亚基组成。在拟南芥中，RNA 聚合酶Ⅱ、Ⅳ和Ⅴ拥有 6 个相同的亚基。RNA 聚合酶Ⅳ和Ⅴ其余的亚基与 RNA 聚合酶Ⅱ相应的亚基也密切相关。在植物中，RNA 聚合酶Ⅳ和Ⅴ的转录产物参与形成抑制性的染色质结构（见第 10 章）。

与原核生物的 RNA 聚合酶不同，真核生物 RNA 聚合酶本身不能直接识别启动子，必须借助于转录因子才能结合到启动子上。

所有 RNA Pol Ⅱ的最大的亚基的 C 端都含有一段由七肽单位（Tyr-Ser-Pro-Thr-Ser-Pro-Ser）串联重复形成的一个尾巴，称为羧基末端结构域（carboxyl-terminal domain，CTD）。酵母的 Pol Ⅱ的 CTD 中有 27 个七肽重复，小鼠有 52 个重复，人类有 53 个重复。CTD 通过一个连接区与酶的主体相连接，Pol Ⅰ和Ⅲ均无此重复序列。

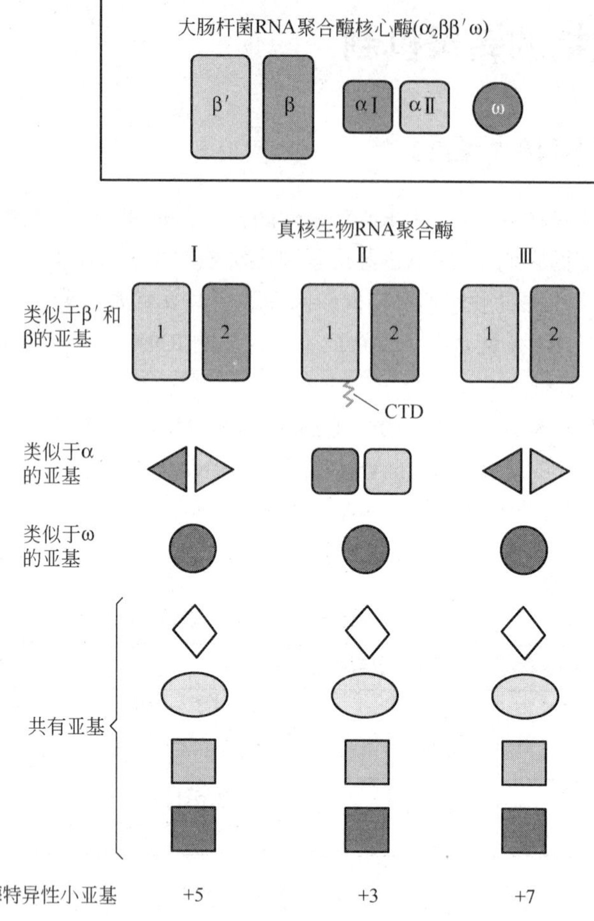

图 6-10　真核生物三种 RNA 聚合酶的组成

6.2.2　RNA 聚合酶 II 基因的转录

RNA 聚合酶Ⅱ负责转录编码蛋白质的结构基因。在细胞内，结构基因的表达受各种顺式元件的控制，这些元件可以组装成启动子、增强子和沉默子等。

6.2.2.1　RNA 聚合酶Ⅱ的启动子

RNA 聚合酶Ⅱ的启动子分为核心启动子（core promoter）和上游启动子元件（upstream promoter elements）。

（1）核心启动子

核心启动子是体外 RNA 聚合酶Ⅱ精确起始转录所需的最少一组序列元件，因此又称基本启动子（图 6-11）。已在 Pol Ⅱ的核心启动子中发现了四种元件，分别是 TATA 框、TFⅡB 识别元件（TFIIB recognition element，BRE）、起始框（initiator box，Inr）和下游启动子元件（downstream promoter element，DPE）。一个启动子通常只含有其中的 2～3 个元件。

转录起始位点上游 25～30bp 处的 TATA 框是最先确定的核心启动子元件，其共有序列是 TATA(A/T)A(A/T)。TFⅡD 的 TBP 亚基与 TATA 框结合，启动转录起始复合体的组装，从而决定着 RNA 聚合酶Ⅱ的结合位置以及转录的正确起始。起始框是转录起始位点附近的序列，许

多基因起始框的 + 1 位置是 A，一致序列是 PyPyAN(T/A)PyPy（Py 代表嘧啶），但一致性不强。起始框也是 TFⅡD 的结合位点，可以单独作为转录起始复合体的组装位点，或者与 TATA 框一起决定着转录的起始。下游启动子元件位于 Inr 下游，总是在+28 和+32 区域，一致序列是 PuG(A/T)CGTG（Pu 代表嘌呤）。有些真核生物基因含有一个起始框，但没有 TATA 框。下游启动子元件存在于不含 TATA 框的启动子中，也是 TFⅡD 的结合位点，删除下游启动子元件会极大地降低启动子的转录效率。BRE 是 TFⅡB 的识别元件，紧靠在 TATA 框的上游或下游，一致序列是(G/C)(G/C)PuCGCCC。大约一半的启动子在−25～−35 的位置有一个 TATA 盒，横跨转录起始位点有一个 Inr。另一半启动子含有 Inr 和位于+28～+34 区域的 DPE。

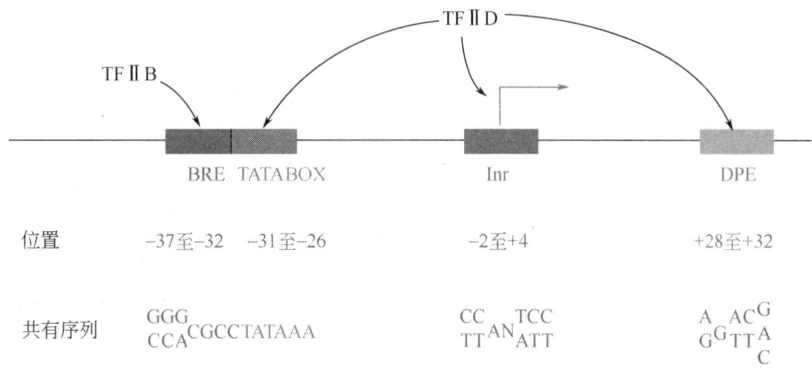

图 6-11 RNA 聚合酶Ⅱ的核心启动子

（2）上游启动子元件

RNA 聚合酶Ⅱ在体内进行有效转录还需要位于核心启动子上游的调控元件。上游启动子元件的长度通常是 5～10bp，位于转录起始位点上游 50～200bp 处，又称启动子近端元件（promoter proximal elements），有别于更远处的增强子元件（图 6-12）。它们或者极大地提高基因的转录效率或者决定着基因表达的组织特异性。一个启动子可以具有多个上游启动子元件，同一个上游启动子元件也可以出现在不同的启动子中；另外，它们在不同启动子中的位置也不尽相同（图 6-12）。每一个蛋白质编码基因都有自己特征性的、由一组特定元件组成的调控序列，转录激活因子（transcriptional activators）与上游启动子元件结合，对转录过程进行调节（见第 10 章）。

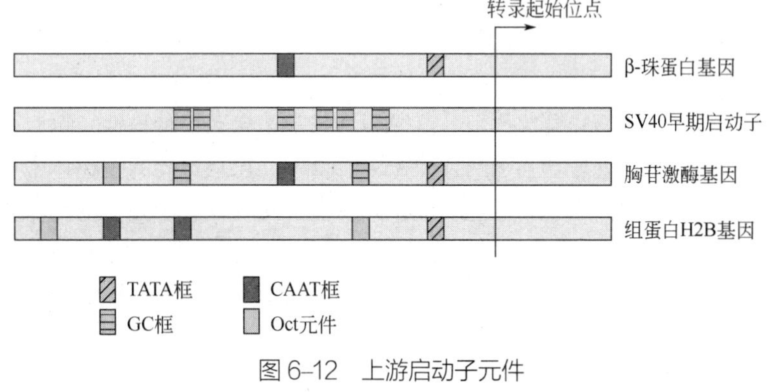

图 6-12 上游启动子元件

常见的上游启动子元件包括 GC 框、CAAT 框、Oct 元件等。GC 框是真核生物Ⅱ型启动子中的一个常见元件，其共有序列是 GGGCGG。在转录起始位点上游 40～100bp 处可以有几个拷贝的 GC 框。看家基因的启动子常常带有几个拷贝的 GC 框，而那些在一种或几种细胞中选择性表达的基因往往缺乏这样的 GC 丰富序列。很多结构基因的启动子含有一个称为 CAAT 框的保守序列，位于−70～−90bp 处，其一致序列是 GGNCAATCT。尽管启动子的作用是单向的，但是 GC 框和 CAAT 框能够在两个方向上发挥作用。这两种元件的作用是提高转录的效率，但并不决定转录的特异性。Oct 元件（ATTTGCAT，或者 ATGCAAAT）也存在于很多基因的启动子和增强子中。在哺乳动物中，Oct 元件似乎是决定免疫球蛋白轻链基因和重链基因在 B 细胞中特异性表达的主要因素。一些上游启动子元件可以被几种特异性的转录因子识别。在这种情况下，不同的转录因子存在于不同的组织中。例如，转录因子 Oct-1 和 Oct-2 均识别 Oct 元件。Oct-1 存在于所有的组织中，但 Oct-2 仅存在于免疫细胞中，激活编码免疫球蛋白的基因。

6.2.2.2 增强子

除核心启动子和上游启动子元件以外，真核生物基因的表达还受远端调控区的调控，比较常见的有增强子、沉默子、基因座控制区等。这里重点介绍增强子，其他调控元件将在第 10 章介绍。

SV40 的基因组只含有早期和晚期两个转录单位，它们从同一控制区起始，沿相反的方向转录。早期转录单位编码病毒 DNA 复制所必需的 T 抗原。在细胞核内，病毒的衣壳脱去不久，早期转录单位即被激活。早期转录单位的核心启动子含有 TATA 盒，上游启动子元件含有 6 个 GC 框。在 SV40 早期启动子的上游，有一段 200bp 的 DNA 片段可以明显增强启动子的活性（图 6-13）。该片段含有两个 72bp 长的重复序列，它们不是启动子的一部分，不能起始转录，但能增强或促进基因的转录起始。若除去这两段序列，基因的表达水平会大大地降低。这种通过启动子来增强基因转录的序列称为增强子（enhancer）。大多数受调控的基因的表达都需要增强子，而持家基因的表达不需要增强子。

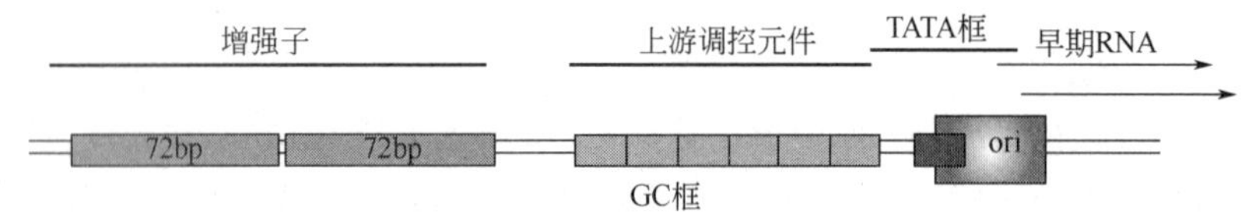

图 6-13　SV40 早期启动子和增强子

研究者曾把 β-珠蛋白基因置于带有上述 72bp 序列的质粒 DNA 分子上，发现它在体内的转录水平提高了 200 倍。而且，无论这段 72bp 序列放在转录起始位点上游 1400bp 或下游 3300bp 处，它都有增强转录的作用。这说明增强子无启动子特异性，可以从基因的上游或下游远距离发挥作用，并且与增强子的方向无关。目前，已从不同的生物体中鉴定出很多种不同类型的增强子，跨度从大约 50bp 至 1.5kb，具有多种特异性转录因子的结合元件，其中一些元件，例如 CCAAT 框和 GC 框，也是启动子的上游元件。每一种增强子是这些调控元件的特征性组合。一个细胞必须含有与增强子元件或者上游启动子元件结合的激活蛋白才能使启动子控制的基因高水平表达，因此增强子具有细胞或组织专一性。

6.2.2.3 转录起始

（1）通用转录因子与基本转录

所有的真核生物 RNA 聚合酶自身均不能识别启动子，它们需要转录因子的辅助才能与启动子结合，起始体外转录。RNA 聚合酶Ⅱ进行体外基本转录（basal transcription）所必需的转录因子称为通用转录因子（表 6-3），基本转录的起始依赖于转录因子、启动子和 RNA 聚合酶Ⅱ之间的相互作用。正是通过这种复杂的相互作用，转录因子和 RNA 聚合酶Ⅱ按照特定的时空顺序组建成前转录起始复合体（preinitiation complex，PIC）。前转录起始复合体决定着转录的起始位点和转录的方向。在通用转录因子和 RNA 聚合酶Ⅱ构成的最小的转录机器中，RNA 聚合酶Ⅱ催化的转录水平远低于细胞内的转录水平。

表 6-3　RNA 聚合酶Ⅱ的通用转录因子

转录因子	亚基数目	功能
TFⅡD	1TBP	与 TATA 框结合，形成一个 TFⅡB 的结合平台
	12 TAFs	与核心启动子结合；调节 TBP 与 TATA 框的结合
TFⅡA	3	稳定 TBP 和 TAF 与启动子的结合
TFⅡB	1	募集 RNA 聚合酶Ⅱ；确定转录起始位点
TFⅡF	2	参与 RNA 聚合酶Ⅱ的募集；与非模板链结合
TFⅡE	2	协助募集 TFⅡH；调节 TFⅡH 的活性
TFⅡH	9	具有 ATPase、解旋酶及 CTD 激酶活性；促进启动子解链和清空

（2）前转录起始复合体在核心启动子上的组装

TFⅡD 的 TATA 结合蛋白（TATA binding protein，TBP）与 TATA 框的结合则是前转录起始复合体组装过程的第一步（图 6-14）。复合体中的转录因子不仅募集 RNA 聚合酶Ⅱ并介导它与 DNA 的结合，而且提供解旋酶、ATPase 和蛋白激酶等在内的启动转录起始所必需的各种活性。

TFⅡD 的 TBP 亚基为一种序列特异性 DNA 结合蛋白，呈马鞍形（saddle shaped）结构，作用于 DNA 的小沟。马鞍形结构的内部与 TATA 框结合，使 DNA 发生弯曲变形，为其他转录因子和聚合酶的组装提供了一个平台。因此，TBP 的功能是识别启动子的核心元件，并在前转录起始复合体的装配中起核心作用，复合体中的其他亚基称为 TAFs（TBP-associated factors）。TFⅡD 是唯一一个单独与核心启动子发生特异性结合的通用转录因子，TFⅡD 也参与缺乏 TATA 盒的基因的转录起始，这时与启动子调控元件 Ire 和 DPE 结合的是 TAFs。从酵母到人类所有真核生物的 TFⅡD 都含有 10 多个必需的核心 TAFs，它们在进化中高度保守。

TFIIA 与 TFⅡD 结合，稳定 TFⅡD-DNA 复合体。在体外转录中，TFⅡD 被纯化后，就不再需要 TFⅡA 了。在细胞中，TFⅡA 的作用似乎是通过与 TFⅡD 的结合阻止转录抑制因子与 TFⅡD 的结合，从而消除它们对转录的抑制作

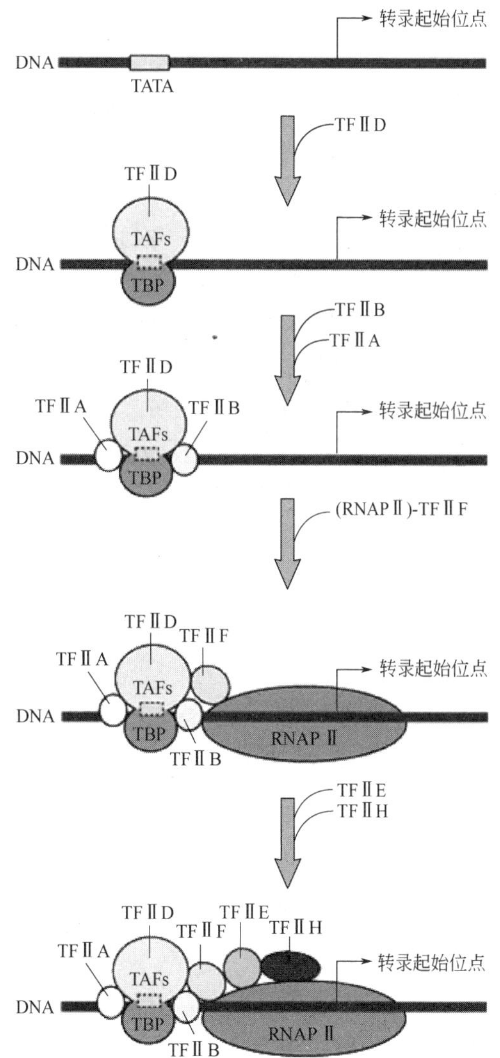

图6-14　前转录起始复合体在 TATA 框处的组装

用，让前转录起始复合体的组装过程得以继续，所以TFⅡA更像一种调节蛋白。

一旦TFⅡD与DNA结合，另一个转录因子TFⅡB就会与TFⅡD结合，而TFⅡB又可以与RNA聚合酶结合。这是转录起始过程中的重要一步，因为通过与TFⅡD和RNA聚合酶的相互作用，TFⅡB引导RNA聚合酶Ⅱ和另一转录因子TFⅡF一起加入到起始复合体中，并正确定位。TFⅡF在通用转录因子中比较特殊，只有它能够与RNA聚合酶Ⅱ形成稳定的复合体，其作用是帮助RNA聚合酶与启动子的结合，稳定DNA-TBP-TFⅡB复合体，并且还在转录的延伸阶段起作用。体外研究表明，TBP和TFⅡB介导RNA聚合酶Ⅱ准确定位。

在TFⅡF的协助下，TFⅡE和TFⅡH按顺序迅速结合到复合体上。这些蛋白质因子是体外转录所必需的。TFⅡH是一个大的由多个亚基构成的蛋白质复合体。与其他的通用转录因子不同，TFⅡH具有多种催化活性，包括DNA依赖性ATPase、DNA解旋酶和丝氨酸/苏氨酸激酶活性。TFⅡH的激酶活性使RNA聚合酶Ⅱ的羧基末端结构域磷酸化。TFⅡE的作用是引导TFⅡH与起始复合体结合，并对TFⅡH的解旋酶活性和激酶活性进行调节。

（3）开放式复合体的形成、无效起始及启动子逃离

由通用转录因子和RNA聚合酶Ⅱ等组成的前转录起始复合体在启动子处装配完成后，DNA双螺旋在转录起始位点打开，形成开放式复合体。一旦开放式复合体建立起来，两个起始核苷三磷酸与模板链互补配对，并在RNA聚合酶的催化下形成第一个磷酸二酯键。与细菌中的过程相似，在聚合酶离开启动子进入延伸阶段之前，有一个无效起始时期。在无效起始过程中，聚合酶合成并释放一系列短的转录产物。对于酵母的RNA聚合酶Ⅱ来说，当新生的RNA的长度到了23nt就能形成稳定的转录延伸复合体（transcription elongation complex，TEC）。

转录起始的最后阶段是启动子逃离。RNA聚合酶Ⅱ以低磷酸化的形式被募集到启动子，而在转录的过程中CTD是高度磷酸化的。在转录的起始阶段，CTD的Ser-5被TFⅡH的激酶活性磷酸化，诱导启动子清空（图6-15）。根据一个简单的模型，CTD的磷酸化可以破坏聚合酶与通用转录因子之间的相互作用，促使RNA聚合酶脱离起始复合体，进入转录区。RNA聚合酶Ⅱ一旦离开启动子，除TFⅡD仍留在核心启动子外，其他转录因子与DNA脱离，留下的TFⅡD可启动第二轮转录起始，这意味着与首轮起始相比，转录重新起始的速度要快得多。

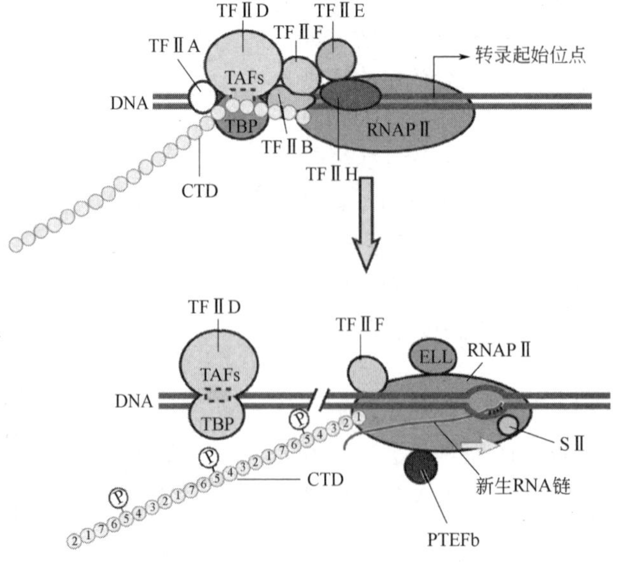

图6-15 CTD的磷酸化与启动子清空

对于只含起始元件不含TATA框的启动子来说，TBP功能与它在RNA聚合酶Ⅰ和RNA聚合酶Ⅲ启动子中的作用类似，似乎是通过另一个与起始元件结合的蛋白质的相互作用来确定转录起点的位置。其他的转录因子和RNA聚合酶在启动子上依次装配，形成前转录起始复合体。

6.2.2.4　转录的延伸

（1）转录延伸因子

在转录的延伸阶段，RNA聚合酶Ⅱ会在DNA模板的某些位点出现停顿（pausing）或停滞（arrest）。聚合酶必须有效地克服这些障碍才能最终完成转录过程。有一系列的转录延伸因子与RNA聚合酶Ⅱ发生相互作用，可以促进转录。它们的作用方式包括：通过抑制RNA聚合酶Ⅱ停顿的时间或者停顿出现的频率（例如，真核生物的TFⅡF、ELL及Elongin）；重新激活处于停滞状态的RNA聚合酶Ⅱ（例如，TFⅡS）；促进染色质模板的转录（例如FACT和染色质重塑复合体），提高转录延伸的总体速度。

① TFⅡS　停滞被认为是RNA聚合酶Ⅱ沿着DNA模板向后滑动造成的。聚合酶的移位使RNA链的3′-末端部分偏离酶的活性中心。与停顿不同，处于停滞状态的RNA聚合酶不能自发地重新启动转录，必须在转录延伸因子的协助下，切除一段新生的RNA链后，转录才会重新开始。这时，在活性位点处，新产生的3′-末端与模板链配对（图6-16）。因此，TFⅡS是一种通过激发RNA聚合酶Ⅱ固有的核酸内切酶活性，对RNA分子进行切割的延伸因子。

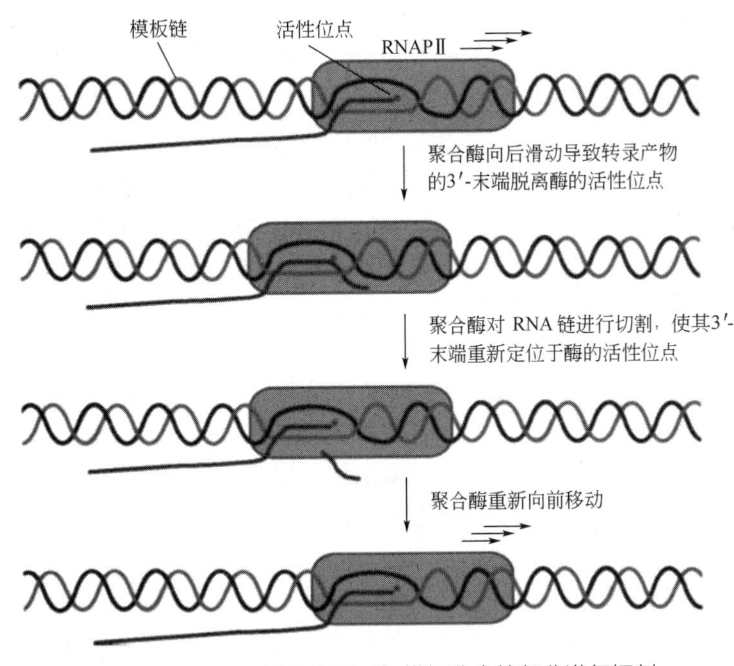

图6-16　RNA聚合酶Ⅱ对与模板分离的部分进行切割

除了拯救转录的停滞，TFⅡS还能够诱导RNA聚合酶Ⅱ的校对活性。RNA聚合酶Ⅱ偶尔也会把错误的核苷酸添加到RNA新生链的3′-末端，形成一个错配，使DNA-RNA杂合双链产生变形，降低了延伸复合体的稳定性，于是，RNA聚合酶Ⅱ沿模板链后退一小段距离。TFⅡS结合到停滞的复合体上，并通过一个指状结构域从聚合酶上的第二通道伸进RNA聚合酶Ⅱ的活性位点，诱导活性位点构象发生变化，使其由核苷酰转移酶活性转变为核酸酶活性，并从RNA

分子上切下一段 3′-端序列，其中包括错配的核苷酸。由于新产生的 3′-末端重新位于活性中心位点，使转录得以重新开始。所以，TFⅡS 介导的切割反应对于处于停顿状态的 RNA 聚合酶Ⅱ重新开始有效转录至关重要。真核生物的 TFⅡS 在进化中高度保守，在功能上，相当于原核生物的 GreA 和 GreB。

② 促进染色质转录因子　在真核生物的细胞核中，DNA 与组蛋白结合成核小体结构。为了使延伸复合体通过核小体，细胞进化出专门的延伸因子。例如，促进染色质转录（facilitates chromatin transcription，FACT）因子使染色质模板进行的转录更加有效。核小体组蛋白八聚体是由两个 H2A·H2B 二聚体和一个 H3·H4 四聚体组成。FACT 可以通过挪开一个 H2A·H2B 二聚体而拆分组蛋白核心，也可以放回 H2A·H2B 二聚体而重新组装组蛋白核心。在转录的延伸过程中，FACT 挪开一个 H2A·H2B 二聚体，使得聚合酶通过核小体。在聚合酶通过后，又将 H2A·H2B 二聚体立即放回到组蛋白六聚体中，形成完整的核小体。这样，FACT 一方面促进了 RNA 聚合酶Ⅱ通过核小体，另一方面又维持了染色质结构的完整性。

（2）转录延伸的调控

有很多基因，在转录开始后不久， RNA 聚合酶Ⅱ会出现停顿现象，这一过程称为启动子近端停顿（promoter-proximal pausing）。已发现两种延伸因子，即 DSIF（DRB sensitivity-inducing factor）和 NELF（negative elongation factor），联合介导了这一过程。

在转录起始后不久，DSIF 即与 RNA 聚合酶Ⅱ结合。DSIF 由 Spt5 和 Spt4 两个亚基构成，Spt5 与 RNA 聚合酶Ⅱ的结合位点在进化中高度保守。在转录的起始阶段，RNA 聚合酶Ⅱ的 Spt5 的结合区域被通用转录因子所占据，阻止了 DSIF 与聚合酶的结合。启动子逃离导致起始因子的释放，暴露出 Spt5 的作用界面，使 Spt5 与延伸复合体得以结合。另外，Spt5 在 RNA 聚合酶Ⅱ上的结合位点靠近 RNA 出口通道，当新生 RNA 链从延伸复合体中伸出后，Spt5 与新生 RNA 链的结合，进一步稳定了 Spt5 与聚合酶的相互作用。因此，Spt5 与 RNA 聚合酶Ⅱ的结合发生在启动子逃离后不久，新生 RNA 分子的长度为 18～20 nt 的时候。DSIF/Spt5 本身对转录具有促进作用，为一正的延伸因子。Spt5 之所以在延伸的早期能够介导 RNA 聚合酶Ⅱ停顿，是因为它向延伸复合体募集了 NELF（图 6-17）。

NELF 由四个亚基组成，它识别 Spt5 与 RNA 聚合酶Ⅱ的作用界面，并与延伸复合体结合阻止转录的延伸。NELF 通过两种机制介导 RNA 聚合酶Ⅱ的启动子近端停顿：NELF 与聚合酶上 TFⅡS 的结合区域发生广泛的相互作用，因此，NELF 与聚合酶的结合致使聚合酶停滞得不到拯救；另外，NELF 的结合使停顿造成的聚合酶活性位点构象的改变变得更加稳定，进一步阻止了延伸反应。RNA 聚合酶Ⅱ由停顿状态转向有效转录涉及 NELF 与聚合酶的脱离，这一过程与 P-TEFb 介导的 Spt5 磷酸化有关。

转录延伸因子 P-TEFb（positive transcription elongation factor b）促进 RNA 聚合酶从停顿状态释放出来，进入有效延伸阶段。P-TEFb 磷酸化 DSIF 的 Spt5 亚基，诱发了 NELF 脱离 RNA 聚合酶Ⅱ，使 RNA 聚合酶重新被激活，开始有效转录。这时，Spt5 仍与 RNA 聚合酶Ⅱ保持着结合状态，促进转录的延伸。P-TEFb 还可以磷酸化 CTD 的 Ser-2，而 CTD Ser-2 的磷酸化被认为是 RNA 聚合酶Ⅱ进行高效延伸的标志。生物化学研究表明，只有当 CTD 的 Ser-7 发生磷酸化后，Ser-2 的磷酸化才能有效发生。因此，P-TEFb 磷酸化 Ser-2 被限制在转录周期的特定阶段。

6.2.2.5 转录的终止

mRNA 分子上的加尾信号同时指导转录的终止反应。当加尾信号被传送到延伸复合体时，

TEC 的构象会发生相应的变化，导致具有抗转录终止作用的延伸因子（Paf1C、PC4）脱离 TEC。同时，与转录终止反应有关的蛋白质因子（例如 Xrn2）与 TEC 结合。mRNA 的 3′-端一旦发生切割反应，Xrn2 就结合到下游 RNA 分子的 5′-末端。Xrn2 是一种 5′→3′核酸外切酶，它一边降解 RNA，一边追赶 RNA 聚合酶Ⅱ，这一过程可能需要 RNA/DNA 解旋酶 SETX 的协助。当 Xrn2 赶上 RNA 聚合酶Ⅱ，会介导 RNA 聚合酶Ⅱ与模板脱离终止转录过程。

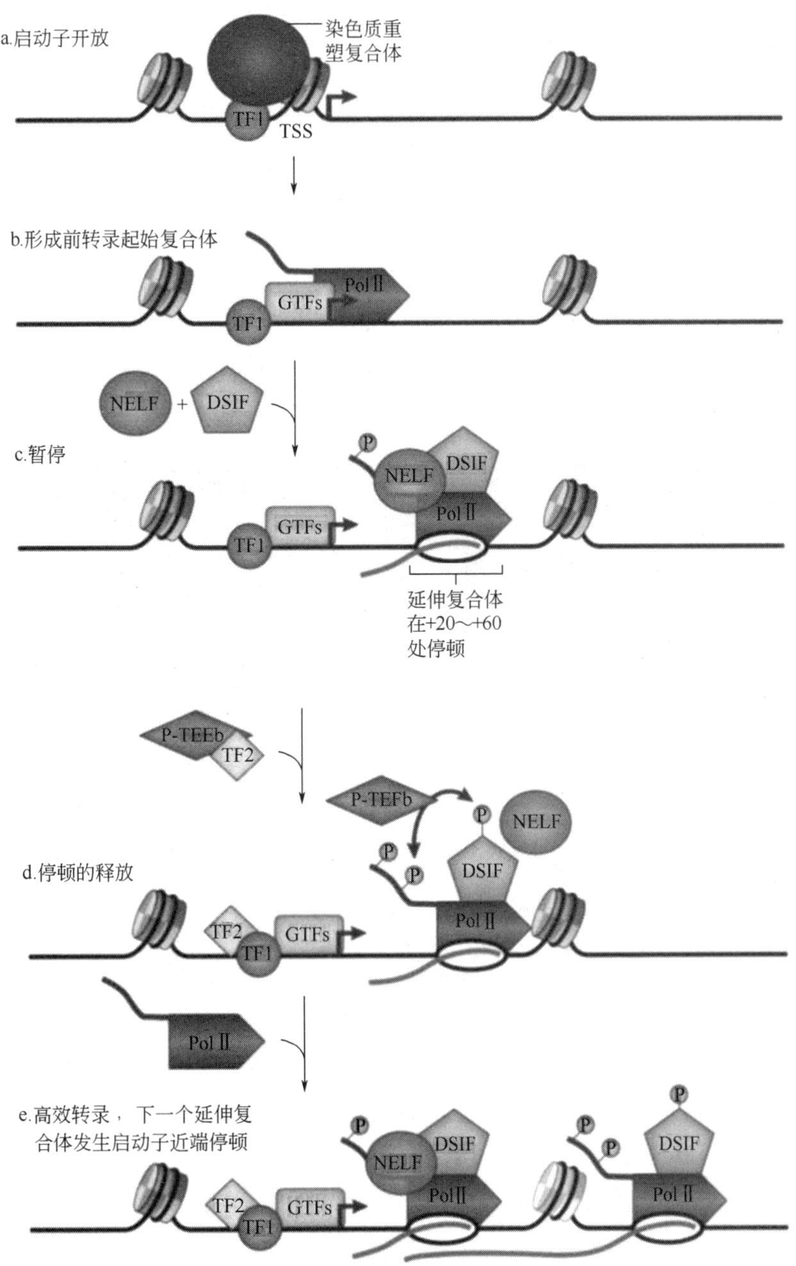

图 6-17　转录的启动子近端停顿与释放

6.2.3　RNA 聚合酶 I 基因的转录

6.2.3.1　核糖体 RNA 基因

rRNA 是细胞内占优势的转录产物，占细胞 RNA 总量的 80%～90%。真核细胞中有 4 种 rRNA，分别是 5S、5.8S、18S 和 28S rRNA。在真核细胞基因组中，18S、5.8S 和 28S rRNA 基因构成一个转录单位，由 RNA 聚合酶 I 负责转录。5S rRNA 则单独由 RNA 聚合酶III转录。

rRNA 基因属于中度重复序列，集中成簇。人类细胞含有约 400 个拷贝的 rRNA 基因，聚集成 5 个 rRNA 基因簇，分布在不同的染色体上。每一基因簇含有许多转录单位，转录单位之间是非转录间隔区。真核生物 rDNA 的编码区在各物种间显示很强的保守性，但是基因间的非转录间隔区和转录间隔区在长度和序列上变异很大。非转录间隔区含有启动子序列，控制 rRNA 基因的转录，并且存在与转录终止有关的信号。

每一 rRNA 基因簇被称为一个核仁组织者区（nucleolar organizer region）。经过有丝分裂后形成的子细胞，要重新开始 rRNA 的合成，并在 rRNA 基因所在的染色体部位出现小核仁（tiny nucleoli）。在 rRNA 合成活跃的细胞中，一个转录单位由许多 RNA 聚合酶在进行转录。延伸中的 rRNA 转录产物从 rDNA 上伸出，在转录单位的起始处可以观察到短的转录产物，随着转录的进行，转录物逐渐伸长直至转录单位的末端，形成“圣诞树”样结构（Christmas tree structures）（图 6-18）。

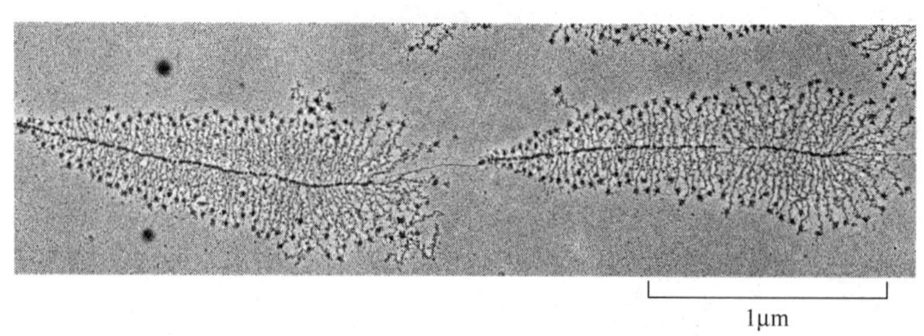

(a) 正在进行转录的rRNA基因，呈“圣诞树”样结构

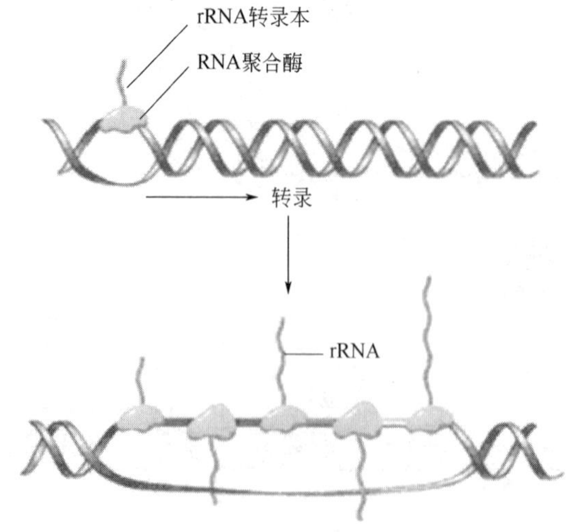

(b) 根据电镜照片绘制的模式图

图 6-18　rDNA 的转录

6.2.3.2 RNA Pol Ⅰ启动子及转录的起始

人类的 rRNA 基因的启动子由核心启动子元件（core promoter element，CPE）和上游控制元件（upstream control element，UCE）两个部分构成（图 6-19）。核心启动子元件包括转录起始位点，跨越从–45 到 + 20 之间的区域，可以单独起始转录。位于–180～–107 的上游控制元件，无论是在体内还是在体外，都可以显著提高转录效率。两种元件密切相关，二者有 85% 的序列一致性，并且富含 GC。围绕转录起始位点的序列富含 AT，被称为 rRNA 起始框（rInr）。这段序列在不同的物种中普遍存在，由于富含 AT，启动子在这一区域易于解旋。

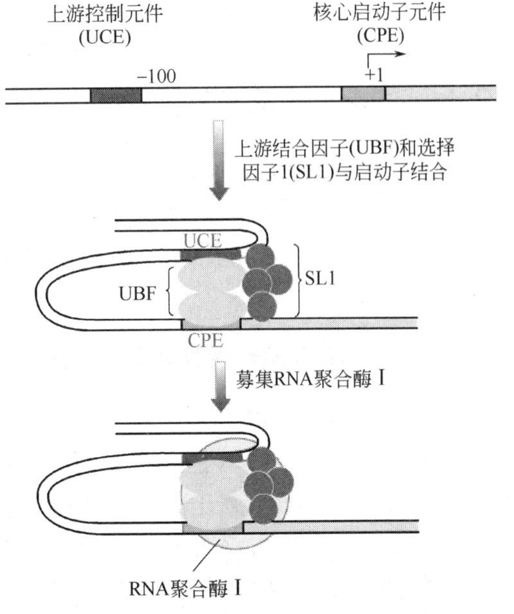

图 6–19 rRNA 基因的启动子结构及转录的起始

rRNA 基因启动子具有高度的种属专一性。不同种属的 rRNA 基因缺少普遍适用的保守启动子顺序。来自某一种属的 rRNA 基因一般不能在其他种属的细胞中转录。例如，人类的 rRNA 基因不能被小鼠的 RNA 聚合酶Ⅰ转录装置转录，反之亦然。

RNA 聚合酶Ⅰ起始转录需要两种辅助因子，即上游结合因子（upstream binding factor，UBF）和选择因子 1（selectivity factor 1，SL1）。UBF 是一种 DNA 序列特异性结合蛋白，以二聚体的形式与 UCE 和核心启动子结合，启动转录起始复合体的装配，因此也被称为装配因子（assembly factor）。在 UBF 与启动子结合后，SL1 与 UBF-DNA 复合体结合。SL1 的主要作用是引导 RNA 聚合酶Ⅰ在 rRNA 基因启动子上正确定位，从而使转录在正确的位置起始，因此 SL1 又称为定位因子（positional factor）。SL1 至少由 4 个亚基组成，其中一个亚基是 TBP（TATA binding protein），其他三个亚基叫做 TBP 相关因子（TBP associated factor，TAF）。RNA 聚合酶Ⅰ通过其伴随因子 Rrn3 与 SL1 相互作用形成前转录起始复合体（preinitiation complex，PIC）。此时，启动子转换到“开启”状态，转录起始。随后，Rrn3 脱离 PIC 并失去活性，导致聚合酶脱离启动子。转录进入延伸阶段。此时，尽管 RNA 聚合酶Ⅰ离开了启动子，但 UBF 和 SL1 仍然保留在启动子区域，可募集下一个 RNA 聚合酶Ⅰ于同一位点再一次启动转录。

6.2.3.3 RNA 聚合酶Ⅰ转录的延伸和终止

至少发现有一个延伸因子 TFⅡS 与延伸复合体结合，所以 TFⅡS 参与了 RNA 聚合酶Ⅱ和 RNA 聚合酶Ⅰ的延伸过程。转录的延伸过程一直进行下去，直到遇到转录的终止序列。

哺乳动物 rRNA 基因的终止子位于前体 rRNA 转录区的下游，被称作 Sal 盒（图 6-20）。小鼠的 Sal 盒为一在非转录间隔区重复 10 次的 18 bp 基序，而人类的 Sal 盒较短，为 11 bp 基序。Sal 盒是转录终止因子（transcription termination factor-1，TTF-1）的识别位点。TTF-1 与 Sal 盒结合导致 RNA 聚合酶Ⅰ的停顿，但不会造成三元复合体的解体。新生 RNA 链和 RNA 聚合酶Ⅰ与模板脱离还需要 Pol Ⅰ转录释放因子（Pol Ⅰ transcription release factor，PTRF）和转录释放元件（transcription release element）。转录释放元件为一富含 T 的序列，位于 Sal 盒的上游，是转录终止的地方。很可能 PTRF 与新生 RNA 链 3′-末端的一串 U 结合，促进了新生 RNA 链的释放。所以，RNA 聚合酶 I 的转录终止包含两个步骤，第一步是 TTF-1 与 Sal 结合导致转录的停顿，第二步是 PTRF 介导新生的 RNA 链和 RNA 聚合酶 I 与模板脱离。

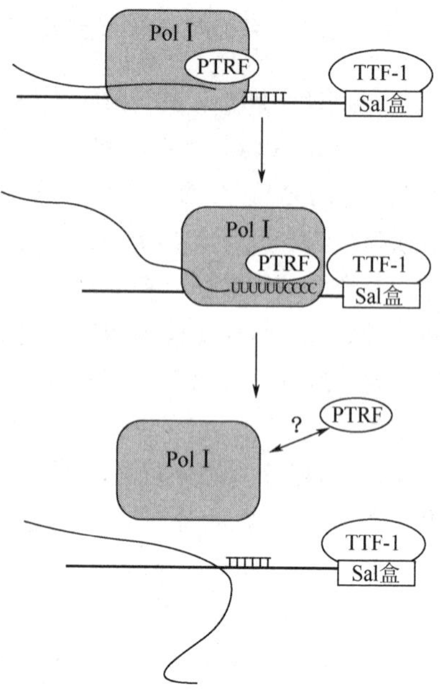

图 6-20　rRNA 基因转录的终止

6.2.4　RNA 聚合酶Ⅲ基因的转录

RNA 聚合酶III是三种 RNA 聚合酶中最大的一种，至少由 16 种不同的亚基组成，负责多种细胞核和细胞质小 RNA 的转录，包括 5S rRNA、tRNA、U6 snRNA 和 7SL RNA 等。

6.2.4.1　RNA 聚合酶Ⅲ基因的启动子

RNA 聚合酶III识别的启动子有三种不同的类型。

Ⅰ型启动子为 5S rRNA 的启动子，位于转录起始位点下游，转录区的内部，属于内部启动子。启动子被分成 A 框和 C 框两个部分，A 框位于 +50～+65，C 框位于 +81～+99［图 6-21（a)］。

Ⅱ型启动子为 tRNA 基因的启动子，也属于内部启动子，位于转录起始位点之后，由两个非常保守的序列构成，分别被称为 A 框（5′-TGGCNNAGTGG-3′）和 B 框（5′-GGTTCGANNCC-3′）［图 6-21（b)］。同时这两个序列还编码 tRNA 的 D 环和 TψC 环，这意味着 tRNA 基因内的两个高度保守序列同时也是启动子序列。

Ⅲ类启动子为 U6 snRNA、7SK RNA、7SL RNA 和 H1 RNA 基因的启动子，位于转录起始位点的上游，属于外部启动子。这类启动子含有三种元件，分别是紧靠在起始位点上游的 TATA 框，以及 TATA 上游的近端序列元件（proximal sequence element, PSE）和远端序列元件（distal sequence element，DSE）［图 6-21（c)］。

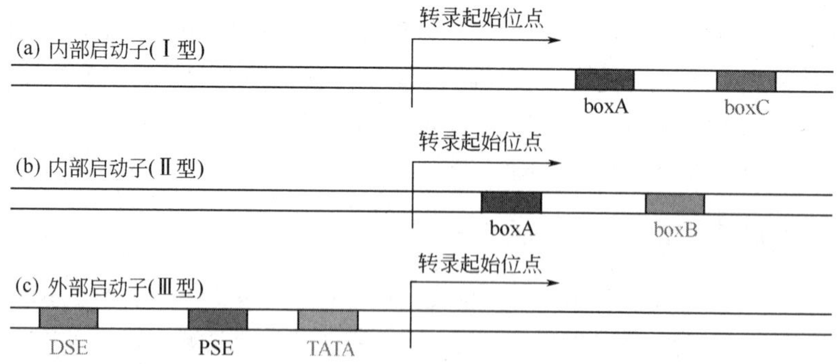

图 6-21　RNA 聚合酶III的启动子

6.2.4.2　RNA 聚合酶III基因转录的起始

含有Ⅰ型启动子基因的转录需要 3 种转录因子，即 TFIIIA、TFIIIB 和 TFIIIC。首先是 TFIIIA 与启动子的 C 框结合（图 6-22）。TFIIIA 由一条多肽链组成，含有锌指结构，与启动子结合后，招募 TFIIIC 与启动子结合。TFIIIC 是一个很大的蛋白质复合体，由 6 个亚基构成，其大小相当于 RNA 聚合酶III。随后，TFIIIB 被招募到转录起始位点附近。最后，RNA 聚合酶III通过与 TFIIIB 相互作用而被招募到转录起始复合体中，起始转录。TFIIIB 由 TBP 和 TAFs 组成。大多数 I 型启动子缺少 TATA 盒，因此 TFIIIB 是通过与 TFIIIC 的互作而被募集到启动子上的。

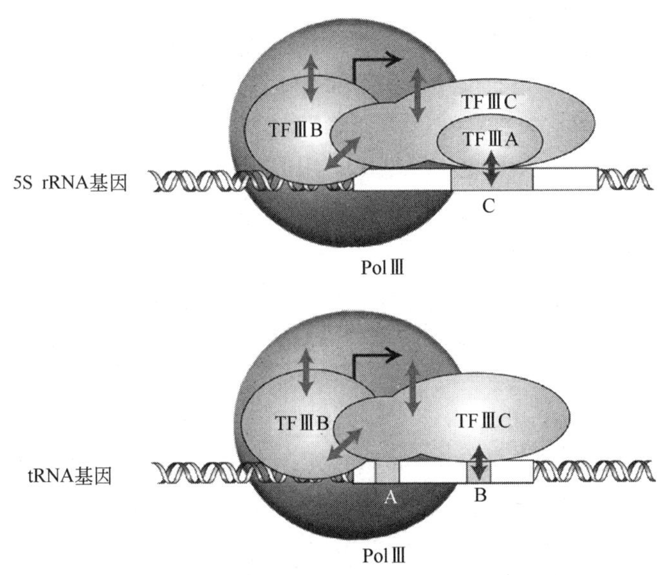

图 6-22 tRNA 和 5S rRNA 基因的启动子及转录因子

含有II型启动子基因的转录仅需要 2 种转录因子，即 TFIIIC 和 TFIIIB。转录因子 TFIIIC 负责与 tRNA 基因启动子的 A 框和 B 框结合（图 6-22）。TFIIIB 在 TFIIIC 的作用下结合到 A 框上游约 50bp 的位置，促使 RNA 聚合酶III与转录起始位点结合并起始转录。体外研究表明，酵母 TFIIIB 与模板结合后，即使在转录系统中除去 TFIIIC，TFIIIB 也能够单独募集 RNA 聚合酶重新起始 tRNA 基因的转录，因此 TFIIIC 是一个指导 TFIIIB 在 DNA 分子上定位的装配因子，TFIIIB 则是指导 RNA 聚合酶III与 DNA 结合的定位因子。

含有III型启动子基因的转录需要两种转录因子，即 TFIIIB 和 snRNA 激活蛋白复合体（snRNA activating protein complex，SNAPc）。SNAPc 与 PSE 结合。然后，在 SNAPc 的介导下，TFIIIB 通过其 TBP 亚基与启动子的 TATA 框结合。实际上 TBP 就是识别 TATA 框的亚基，TFIIIB 中的其他亚基称为 TBP 相关因子（TBP associated factor，TBF）。TBP 及其相关因子的作用是保证 RNA 聚合酶III的准确定位。远端序列元件结合其他的蛋白质因子，提高转录效率。

6.2.4.3 RNA 聚合酶III基因转录的延伸和终止

一旦前转录起始复合体在启动子处装配完毕，转录开始进入延伸阶段。RNA 聚合酶III转录机器打开转录起始位点附近的 DNA 序列，最前面的两个核苷酸与暴露的模板链配对，链的延伸便开始了。几乎所有的 RNA 聚合酶III从启动子逃离时，没有出现显著停顿。RNA 聚合酶III转录延伸复合体与 RNA 聚合酶 II 转录延伸复合体催化转录的速度大致相同，然而，与 Pol II 转录延伸复合体不同的是 RNA 聚合酶III转录延伸复合体似乎不需要延伸因子参与延伸过程。但是，RNA 聚合酶III含有一个与 TF II S 高度同源的亚基，或许是这个亚基消除了对 TF II S 的需求。

与内部启动子结合的转录因子似乎并没有对转录产生阻遏作用。并且，RNA 聚合酶多次通过转录单位，并没有使转录因子离开结合位点。可能的解释是，RNA 聚合酶在通过转录单位时，短暂地置换转录因子，但是通过与其他转录起始因子的相互作用，被置换的转录因子保持着与启动子的结合。

RNA 聚合酶Ⅲ负责三类 RNA 的合成。尽管这三类基因的启动子结构各不相同，但是它们的终止子序列是一致的，为一串长度不同的胸腺嘧啶核苷酸。RNA 聚合酶Ⅲ能够精确、有效地识别这段富含 T 的一致序列，并终止转录。终止反应主要由 RNA 聚合酶Ⅲ两个特有的亚基（C37 和 C53）介导。C37-C53 异二聚体能够降低 Pol Ⅲ的转录速度，延长其在终止子序列处的停顿时间，这有利于新生 RNA 链的释放。缺少 C37-C53 异二聚体的 RNA 聚合酶Ⅲ不能有效终止 RNA 的合成，造成终止子的通读。

知识拓展　人类严重急性呼吸综合征冠状病毒

冠状病毒（Coronaviruses，CoVs）呈球形，为一种包膜病毒（图 1）。病毒编码的结构蛋白，例如刺突蛋白（spike，S）、膜糖蛋白（membrane，M）和包膜蛋白（envelope，E）等镶嵌在病毒的包膜中。核衣壳蛋白（nucleocapsid，N）与病毒的基因组 RNA 结合，位于病毒颗粒的中央，形成核衣壳。冠状病毒的基因组约为 26～32kb，属于大型单股正链 RNA 基因组（图 2）。在结构上，病毒基因组 RNA 类似于真核生物的 mRNA，具有 5′-端帽子结构和 3′-端 Poly（A）尾巴。病毒基因的 5′-非翻译区和 3′-非翻译区含有 RNA 合成所必需的顺式作用 RNA 二级结构。

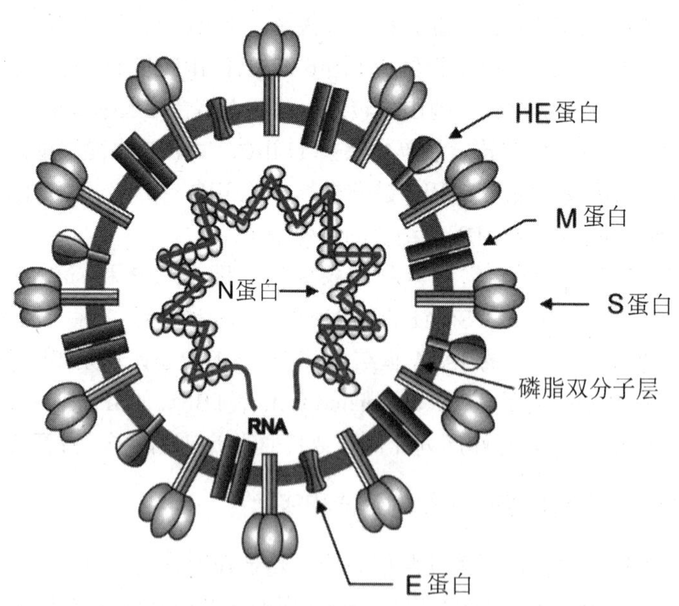

图 1　冠状病毒的结构示意图

已经发现 7 种人类冠状病毒（HCoVs），其中，HCoV-229E、HCoV- OC43、HCoV- NL63 和 HCoV- HKU1 只造成季节性轻微的呼吸道感染，表现出普通感冒症状。与之形成鲜明对比的是，严重急性呼吸综合征冠状病毒（severe acute respiratory syndrome coronavirus，SARS-CoV）、中东呼吸综合征冠状病毒（middle east respiratory syndrome coronavirus，MERS-CoV）和新型冠

状病毒（severe acute respiratory syndrome coronavirus 2，SARS-CoV-2）具有高度致病性。这三种病毒通过侵染支气管上皮细胞、肺细胞、上呼吸道细胞感染人体，并且会发展成严重的、威胁生命的呼吸系统疾病以及肺部损伤。

5′-UTR　ORF1a　ORF1b　S　E M　N　3′-UTR

图 2　人类冠状病毒的基因组

ORF1a 和 ORF1b 的翻译产生 2 种多聚蛋白，即 pp1a 和 pp1ab。pp1ab 合成来自于 ORF1a 和 ORF1b 重叠区发生的–1 位核糖体程序化移码。两种多聚蛋白被自身编码的蛋白酶切割后释放出 16 种非结构蛋白（nonstructural protein），这些非结构蛋白组成了病毒复制转录复合体（RTC），负责 RNA 基因组的复制与转录，其中包括 RNA 依赖的 RNA 聚合酶（RNA-dependent RNA polymerase RdRP）。基因组 3′-端约 1/3 的序列编码 4 种主要的结构蛋白

冠状病毒侵染细胞的第一步涉及病毒的刺突蛋白与细胞膜受体的特异性结合。S 蛋白是一种高度糖基化的蛋白质，在病毒颗粒的表面形成同源三聚体，介导 CoVs 进入宿主细胞。S 蛋白形成 S1 和 S2 两个功能上独立的结构域，位于 S1 结构域上的受体结合域（receptor-binding domain，RBD）介导病毒与宿主细胞受体结合，而 S2 结构域介导病毒包膜与细胞膜的融合，使病毒颗粒的基因组 RNA 释放到细胞内。

几种病毒的受体已经被鉴定出来，包括人类的氨肽酶 N（aminopeptidase N，APN；HCoV-229E）、血管紧张素转换酶 2（angiotensin-converting enzyme 2，ACE2；HCoV-NL63、SARS-CoV 和 SARS-CoV-2）及二肽基肽酶（dipeptidyl peptidase 4，DPP4；MERS-CoV）。宿主细胞受体的分布决定着病毒的嗜性和致病性。

流行病学调查及进化分析表明，蝙蝠携带的冠状病毒是 SARS-CoV 的祖先病毒，果子狸体内检测到了与 SARS-CoV 相近的病毒，但是 SARS-CoV 在野生的果子狸与饲养的果子狸之间并没有广泛传播，说明果子狸不是病毒的源头，而是 SARS-CoV 的中间寄主，病毒出现了从蝙蝠到小型哺乳动物，并最终到人类的跨物种传播。事实上，SARS-CoV 在发生遗传改变感染人类之前，已经在蝙蝠中传播很久了。

单峰驼的 MERS-CoV 病毒株几乎与人类的 MERS-CoV 病毒株相同，所以 MERS-CoV 可能是从骆驼传给人类的。MERS-CoV 可能 30 年前就在骆驼中存在了，因为在 1983 年采集的骆驼样本中就有针对 MERS-CoV 的抗体。从蝙蝠中分离出了 MERS-CoV 相关病毒，说明 MERS-CoV 可能来源于蝙蝠。在蝙蝠中流行的 MERS-CoV 相关病毒的 RBD 发生的变异导致了 MERS-CoV 病毒株系的出现。MERS-CoV 能够通过结合人类的 DPP4 而感染人类。

SARS-CoV-2 与从中菊头蝠中分离出来的一种蝙蝠病毒（CoVRaTG13）在序列上存在 96.2%的一致性。利用全长基因组、刺突蛋白基因、RdRp 基因的序列进行的亲缘关系分析显示，RaTG13 与 SARS-CoV-2 的亲缘关系最为接近，并形成一个独立于其他 SARSr-CoVs 的分支，说明蝙蝠最有可能是储存宿主。由于蝙蝠和人类之间的生态隔离，其他动物可能起着中间宿主，或者放大宿主的功能，使 SARS-CoV-2 获得传播到人类的能力。

第 7 章 RNA 的转录后加工

在细胞内由 RNA 聚合酶合成的初级转录产物（primary transcript）往往需要经过一系列的加工，才能转变为成熟的 RNA 分子。RNA 加工包括 5′-端和 3′-端的切割和特殊结构的形成、修饰、剪接和编辑等过程。

原核生物的 mRNA 一经转录通常立即进行翻译，一般不进行转录后加工。但是稳定 RNA（tRNA 和 rRNA）都要经过一系列的加工才能成为有活性的分子。真核生物由于存在细胞核结构，转录与翻译在时间上和空间上被分隔开来，其 RNA 前体的加工过程极为复杂。并且，真核生物的大多数基因为断裂基因，其编码区是不连续的，被非编码区打断，转录后需要通过剪接使编码区成为连续的序列。另外，真核生物同一种前体 mRNA 通过外显子的不同连接方式可以形成两种或两种以上的 mRNA。因此，对真核生物来讲，RNA 的加工尤为重要。

7.1 真核生物前体 mRNA 的加工

真核生物结构基因的初级转录产物称为前体 mRNA，经过 5′-端加帽、3′-端剪切及加多聚 A 尾、剪接和甲基化产生出成熟的 mRNA 分子（图 7-1）。

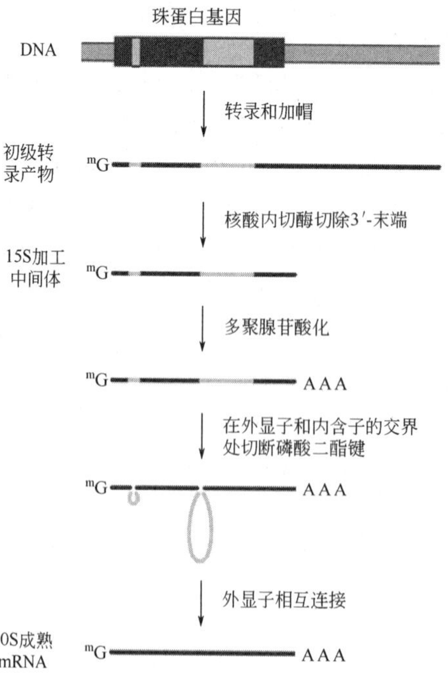

图 7-1　真核生物前体 mRNA 的一般加工过程

7.1.1　5′-端加帽

7.1.1.1　帽子的类型及加帽的过程

绝大多数真核生物的 mRNA 和某些 snRNA 都有帽子结构。如图 7-2 所示，mRNA 的帽子本质上是一个通过 5′, 5′-三磷酸酯键与 mRNA 第一个核苷酸相连接的 7-甲基鸟嘌呤核苷酸。帽子有三种形式，7-甲基鸟嘌呤核苷酸是酵母中一种最常见的形式，称为 0 型帽子。在高等真核生物中 5′-端还会发生更多的修饰，转录产物的第一个核苷酸的 2′-OH 被甲基化，形成Ⅰ型帽子。脊椎动物转录产物的第二个核苷酸的 2′-OH 也被甲基化，形成Ⅱ型帽子。帽子可以被焦磷酸酶切除，而不能被磷酸二酯酶切除。

加帽是一个多步骤的加工过程（图 7-3）。加帽反应的第一步是 RNA 5′-端的 γ-磷酸基团被 RNA 5′-三磷酸酯酶（triphosphatase）去除。然后在鸟苷酰转移酶的作用下，RNA 5′-末端核苷酸的 β-磷酸基团亲核进攻 GTP 的 α-磷酸基团，产生 5′-5′对接的三磷酸桥，同时释放出焦磷酸。最后一步反应是鸟嘌呤-7-甲基转移酶将一个甲基基团加到鸟嘌呤环的第 7 位 N 原子上，使鸟嘌呤转变成 7-甲基鸟嘌呤，该反应的甲基供体为 *S*-腺苷甲硫氨酸。如果 mRNA 的第一个碱基是腺嘌呤，嘌呤环第 6 位 C 原子上的氨基也可能被甲基化。以上三步反应产生的是 0 型帽子，Ⅰ型和Ⅱ型帽子由 2′-*O*-甲基转移酶催化产生，甲基供体仍为 *S*-腺苷甲硫氨酸。

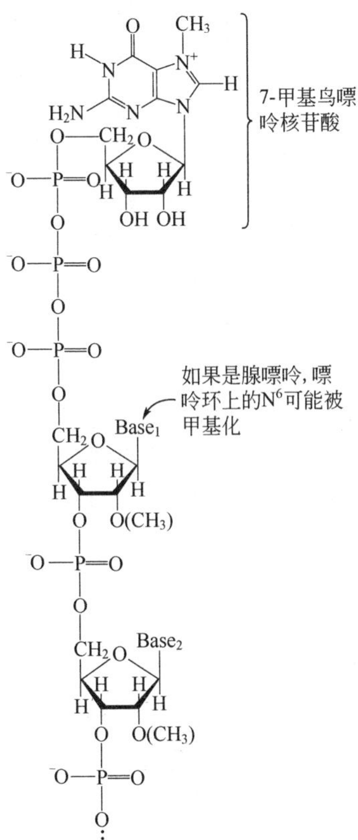

图 7-2　真核生物 mRNA 的 5′-端帽子

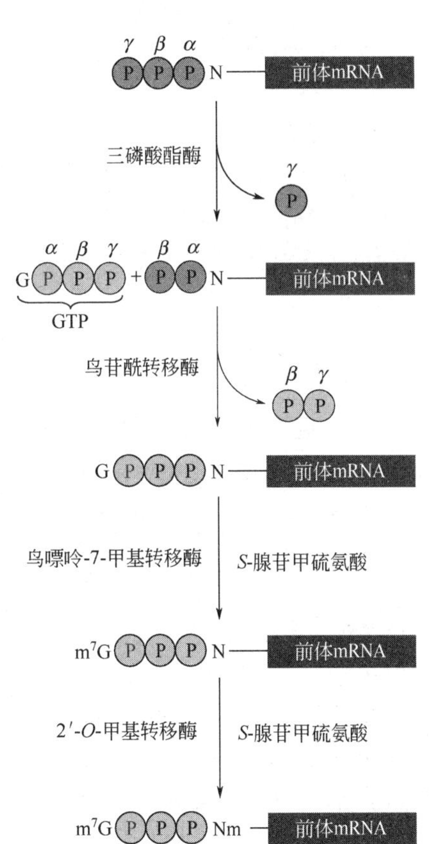

图 7-3　真核生物前体 mRNA 的加帽反应

新生转录产物的 5′-端从 RNA 聚合酶Ⅱ的出口通道伸出时就会被添加帽子。当转录从起始阶段向延伸阶段转换时，RNA 聚合酶Ⅱ的 CTD 重复基序第 5 位的丝氨酸被 TFⅡH 磷酸化。这一磷酸化反应起始了一系列的过程，首先是通用转录因子的释放与启动子的逃离，转录从起始阶段进入延伸阶段，然后是募集 RNA 5′-三磷酸酯酶和鸟苷酰转移酶等加工因子至磷酸化的 CTD。在哺乳动物中，一种双功能蛋白质同时具有 RNA 5′-三磷酸酯酶和鸟苷酰转移酶的活性。这种双功能蛋白质（RNA 5′-三磷酸酯酶/鸟苷酰转移酶）又被称为加帽酶（capping enzyme，CE）。当新生的转录本的长度达到 20～30 个核苷酸时，转录本的 5′-端从聚合酶的 RNA 释放通道伸出后，CE 便催化 5′-端的加帽作用。接着，甲基转移酶将甲基基团从 *S*-腺苷甲硫氨酸转移至鸟嘌呤帽子的 N7 上，形成 5′-m^7G。帽子形成以后，帽结合复合体（cap binding complex，CBC）与帽子结合，并且在以后的转录、加工以及向细胞质转运过程中一直保持着结合状态。一旦加帽作用完成，一种特异性的蛋白磷酸酶将 CTD 第 5 位的丝氨酸上的磷酸基团去除，导致 RNA 5′-三磷酸酯酶/鸟苷酰转移酶从 CTD 上释放出来。RNA 聚合酶Ⅰ和Ⅲ由于不含 CTD，所以它们的转录产物的 5′-端不会添加帽子。

7.1.1.2 帽子的功能

帽子的功能主要表现在以下 4 个方面：

① 阻止 mRNA 的降解：真核生物细胞内存在许多 RNA 酶，它们可从 5′-端攻击游离的 RNA 分子。当 mRNA 的 5′-端加上 m^7G 帽子后，可阻止 RNase 的切割，延长 mRNA 的半衰期。

② 提高翻译效率：真核生物 mRNA 必须通过 5′-帽结合蛋白才能接触核糖体，起始翻译。缺少加帽的 mRNA 由于不能被 5′-帽结合蛋白识别，其翻译效率只有加帽的 mRNA 的 1/20。

③ 作为进出细胞核的识别标记：凡由 RNA 聚合酶Ⅱ转录的 RNA 均在 5′-端加帽，其中包括 snRNA，这是 RNA 分子进出细胞核的识别标记。U6 snRNA 由 RNA 聚合酶Ⅲ转录，其 5′-端保留 3 个磷酸基团，无帽子结构，因而不能输出细胞核。

④ 提高 mRNA 的剪接效率：5′-帽结合蛋白涉及第一个内含子剪接复合物的形成，直接影响 mRNA 的剪接效率。

7.1.2 3′-端加尾

RNA 聚合酶Ⅱ转录的终止是一个复杂的过程，涉及：①前体 mRNA 在切割和多聚腺苷酰化位点被切断；②在新产生的 3′-末端添加 Poly(A)尾巴；③转录在切割和多聚腺苷酰化位点的下游终止，RNA 聚合酶Ⅱ释放出一段转录产物，并与模板脱离，开始下一轮的转录。

7.1.2.1 加尾信号与加尾反应

真核细胞成熟 mRNA 3′-端的多聚腺苷酸尾巴并非由 DNA 编码，而是在 mRNA 3′-端成熟的过程中由 Poly(A)聚合酶添加到 mRNA 分子上的。前体 mRNA 3′-端的加工需要信号序列的指导。如图 7-4（a）所示，在哺乳动物中，第一个信号元件是加尾信号 AAUAAA，位于切割位点上游 10～30 个核苷酸。第二个信号元件是切割和多聚腺苷酰化位点下游一个富含 GU 或 U 的序列，该元件距切割和多聚腺苷酰化位点≤30 个核苷酸，含有一个或几个拷贝的 5 个连续的 U（常常被一个 G 打断）。

mRNA 3′-端加尾实际上涉及切割和加尾两种性质不同的反应，并且有多种蛋白质的参与［图 7-4（b）］。切割和多聚腺苷酰化特异性因子（cleavage and polyadenylation specificity factor，CPSF）与加尾信号 5′-AAUAAA-3′结合。切割激发因子（cleavage stimulation factor，CstF）特异性地附着于 Poly(A)添加位点下游的 GU/U 序列。CPSF 和 CstF 发生相互作用使它们之间的序列环化。切割因子Ⅰ（cleavage factor Ⅰ，CFⅠ）和切割因子Ⅱ（cleavage factor Ⅱ，CFⅡ）与 RNA 结合，并对其进行切割，切割位点位于两个加尾信号之间。Poly(A)聚合酶在新生的 3′-OH 上连续添加腺苷酸，形成 Poly(A)尾巴。Poly(A)聚合酶是一种特殊的 RNA 聚合酶，它不需要 DNA 模板，对 ATP 有亲和性。Poly(A)结合蛋白（Poly A binding protein，PABP）与新生的多聚 A 尾结合，一方面能提高 Poly(A)聚合酶的进行性，刺激多聚 A 尾的延伸，另一方面对尾巴具有保护作用。

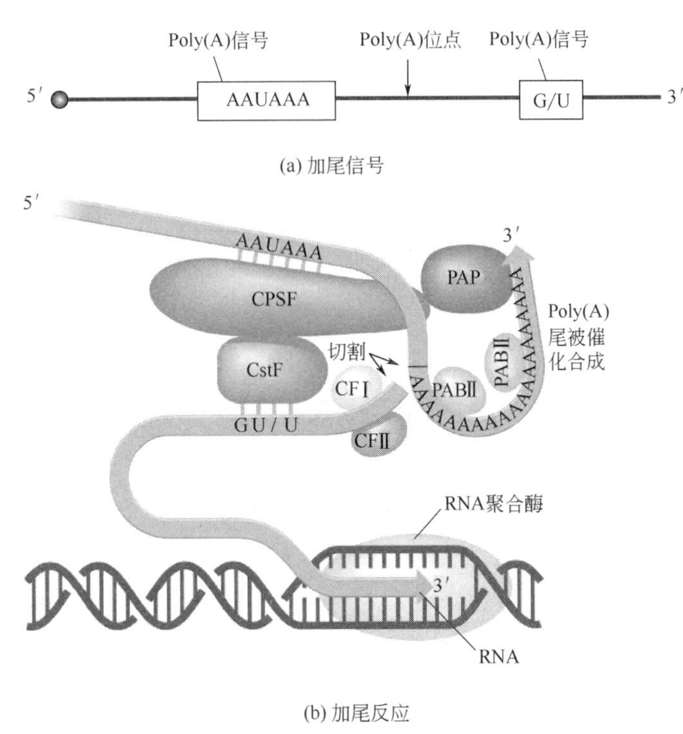

图 7-4　3′-端加尾

7.1.2.2　加尾反应与转录过程相偶联

3′-端加尾也发生在转录过程中，并最终导致转录的终止。在延伸阶段的早期发生的加帽反应，会刺激 CTD 第二位丝氨酸残基发生磷酸化反应。该位点的磷酸化不但能够促进转录的延伸，并且参与了对 CPSF 和 CstF 的募集。当加尾信号被转录后，与 CTD 结合的 CPSF 和 CstF 便转移到 mRAN 分子上，切割和多聚腺苷酰化机器的其他组分同时被募集，先引起 RNA 的切割，接着发生多聚腺苷酰化反应。多聚腺苷酰化反应最终还导致了 RNA 聚合酶Ⅱ转录的终止。转录本 3′-端的切割与多聚腺苷酰化与转录的终止相联系，从而保证了转录终止时，转录本的 3′-端得到了适当的加工。

7.1.3　剪接

真核生物的基因常常是不连续的，即编码区被非编码区所打断，具有这种结构的基因称为断裂基因（split gene）。其中，编码区称为外显子（exon），非编码区称为内含子（intron）。高等真核生物比低等真核生物含有更多的内含子，并且内含子也要更长一些。如低等真核生物酵母的 6000 多个基因中，总共只有 239 个内含子，而哺乳动物细胞的许多基因包含 50 个以上的内含子。外显子和内含子一同被转录，形成一个 mRNA 前体分子。在细胞核中，内含子要被切除，外显子按照正确的顺序被连接在一起，才能形成一个有功能的成熟的 mRNA 分子，此过程称为剪接（splicing）（图 7-5）。

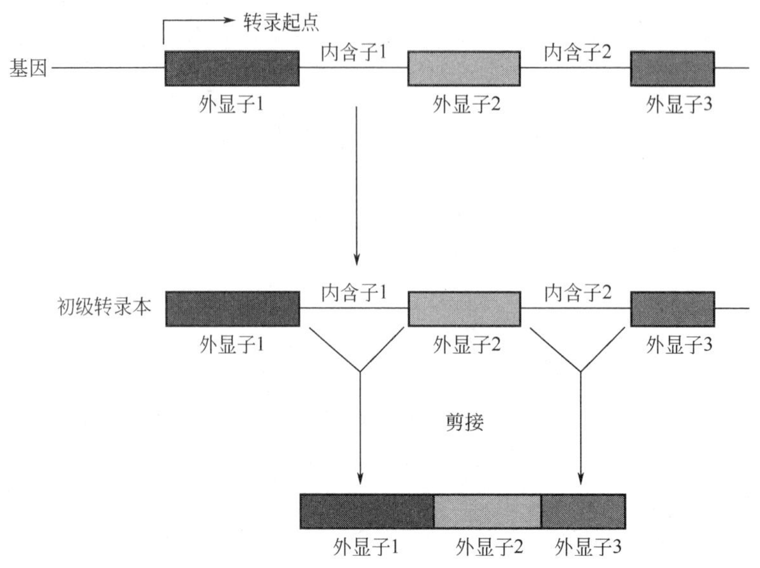

图 7-5　真核生物前体 mRNA 的剪接

7.1.3.1　内含子的发现

RNA 剪接是在研究腺病毒的 mRNA 时被发现的（图 7-6）。研究者通过凝胶电泳从细胞质 Poly(A) RNA 中分离出了病毒衣壳蛋白六邻体的 mRNA。为了找到编码六邻体 mRNA 的病毒基因组区段，他们把分离出的 mRNA 与病毒 DNA 杂交，然后通过电镜观察 RNA-DNA 杂交体，结果发现了 3 个单链 DNA 环（A、B、C），它们相当于六邻体基因的三个内含子。基因组中的内含子序列在成熟的六邻体 mRNA 中不存在，所以杂交后内含子环凸出来。

从受到侵染的细胞的细胞核中分离出的 RNA 与病毒基因组 DNA 杂交时，发现了三种六邻体 mRNA，分别是与病毒 DNA 共线的 Poly(A) RNA（初级转录产物）、具有一个内含子 RNA 及具有两个内含子的 RNA（加工中间体）。于是，人们认识到，初级转录产物在被加工成成熟的 mRNA 过程中，内含子要被去除，外显子被连接在一起。对于短的转录单位，剪接发生在 mRNA 加尾之后，但是对于含有多个内含子的初级转录产物，剪接在转录结束之前就开始了。

7.1.3.2　剪接信号

在比较大量真核生物的内含子序列后，人们发现了控制剪接反应的几种顺式元件。如图 7-7 所示，内含子与外显子的两个边界序列非常保守，分别称为 5′-剪接位点（5′ splice site，5′-SS）和 3′-剪接位点（3′ splice site，3′-SS）。由于内含子 5′-端起始的两个核苷酸总是 GU，3′-端最后的两个核苷酸总是 AG，这类内含子也因此被称为“GU-AG”内含子，它们都以相同的机制进行剪接。高等真核生物内含子的 3′-剪接位点上游不远处有一个富含嘧啶的区域，在嘧啶丰富区上游还有一段被称为分支位点的保守序列，其一致序列是 CUA/GAC/U。这些信号序列对剪接反应的发生至关重要，如果发生突变，内含子将不再被切除。

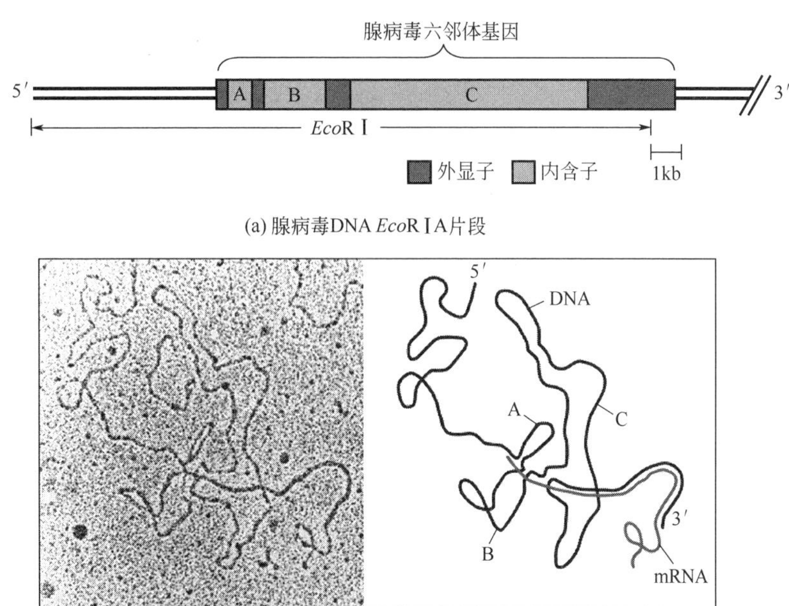

图 7-6　腺病毒六邻体 mRNA 与其 DNA 杂交

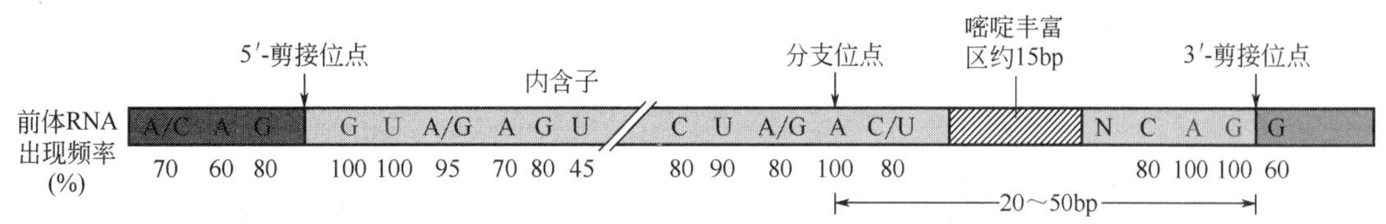

图 7-7　指导真核生物前体 mRNA 剪接反应的信号序列

7.1.3.3　内含子剪接的两次转酯反应

在剪接反应中，内含子是以一种套索结构（lariat structure）的形式被切除的，即内含子 5′-端的鸟苷酸依靠 2′,5′-磷酸二酯键与分支位点腺苷酸连接在一起。套索结构的发现使人们认识到，内含子的剪接是通过两次转酯反应完成的（图 7-8）。在第一次转酯反应中，分支位点 A 的 2′-OH 进攻 5′-剪接位点，使其断裂，释放出上游外显子，同时这个 A 与内含子的第一个核苷酸（G）形成 2′,5′-磷酸二酯键，内含子自身成环，形成套索结构。3′-剪接位点的断裂依赖于第二次转酯反应。上游外显子的 3′-OH 末端攻击 3′-剪接位点的磷酸二酯键，促使其断裂，使上游外显子的 3′-OH 和下游外显子的 5′-磷酸基团连接起来，并释放出内含子，完成剪接过程。被切除的内含子随后变成线性分子，随即被降解。

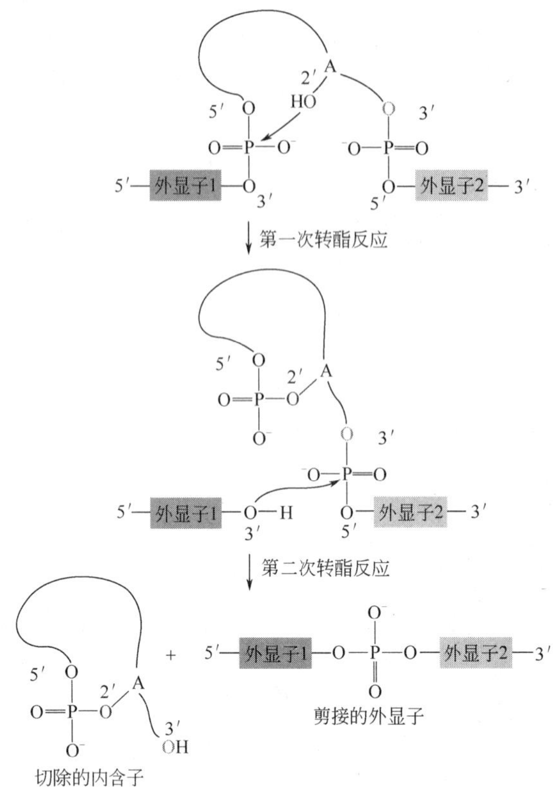

图 7-8 前体 mRNA 剪接的两次转酯反应

7.1.3.4 参与剪接反应的反式因子

哺乳动物的细胞核中存在一类富含尿嘧啶的小 RNA 分子（100～300nt），被称为 snRNA（small nuclear RNA），它们与蛋白质结合形成核内小核糖核蛋白（small nuclear ribonucleoprotein，snRNP）。有 5 种 snRNP（U1、U2、U4、U5 和 U6）与其他蛋白质因子一起按严格的程序组装成剪接体（spliceosome），催化完成发生在 3 个位点之间的两步转酯反应。

剪接体的组装是一个非常复杂的过程，涉及 RNA-RNA、RNA-蛋白质及蛋白质-蛋白质之间的相互作用。U1 snRNA 5′-端含有与 5′-剪接位点互补的序列［图 7-9（a）］。在剪接体组装的早期，U1 snRNA 与前体 mRNA 的 5′-剪接位点通过互补序列间的碱基配对发生相互作用。在酿酒酵母中，几乎所有内含子分支位点序列都是 UACUAAC（最后一个 A 为分支位点），除了分支位点 A 之外，该序列与 U2 snRNA 的内部序列互补。两个序列之间的碱基配对，致使不参与碱基配对的分支位点腺嘌呤向外凸出，有利于它的 2′-OH 参与第一次转酯反应［图 7-9（b）］。

U2 snRNA 与 U6 snRNA 之间也存在互补序列，可以形成两段双螺旋［图 7-9（b）］。U2 snRNP 和 U6 snRNP 间的 RNA-RNA 相互作用能够把 5′-剪接位点和分支位点拉到一起，因为 U6 snRNA 也含有一段与 5′-剪接位点互补的序列，并且在剪接体组装的后期 U6 snRNA 取代 U1 snRNA 与 5′-剪接位点结合。U4 snRNP、U5 snRNP 和 U6 snRNP 相互结合形成一个 U4/U6·U5 三聚体，其中，U6 snRNA 和 U4 snRNA 有很长的互补片段，两种 snRNP 通过 RNA-RNA 相互作用形成紧密的复合体，U5 snRNP 与 U4 snRNP 和 U6 snRNP 之间存在蛋白质-蛋白质互作。U5 snRNP 并没有任何与剪接信号互补的序列，在剪接反应中，它能够与上游外显子和下游外显子结合，防止第一次转酯反应释放出的 5′-外显子脱离剪接体，并有助于将两个相邻的外显子并置在一起（表 7-1）。

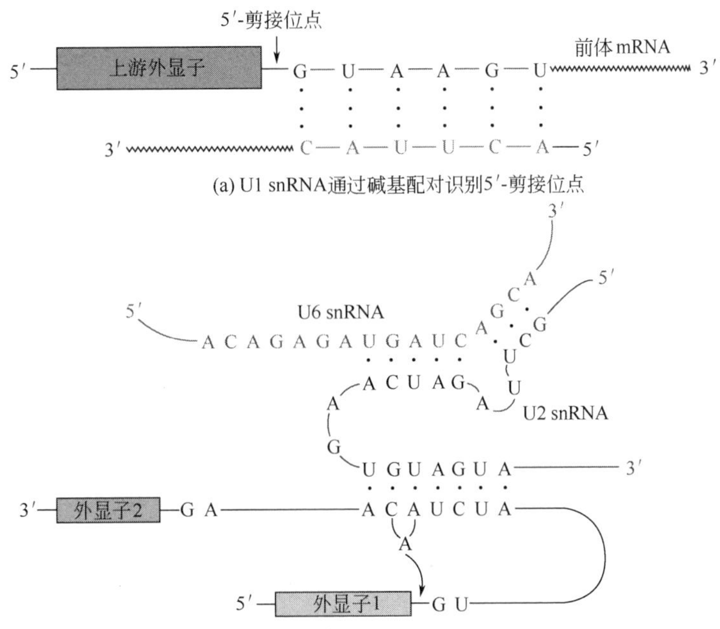

图7-9　剪接体各组分之间的相互作用

表7-1　参与拼接反应的5种snRNA

snRNA	互补性	功能
U1	5′-SS	识别和结合5′-SS
U2	分支位点，U6 snRNA	识别分支位点；在剪接体组装中，也与U6 snRNA配对
U4	U6 snRNA	与U6结合并抑制其活性
U5	上游外显子和下游外显子	通过介导依赖于ATP的重排，将相邻的外显子并置在一起，为第二次转酯反应创造条件
U6	U4、U2和5′-SS	介导重排，将5′-SS与分支位点拉在一起

7.1.3.5　剪接过程

在剪接体装配的起始阶段，U1 snRNP通过RNA-RNA碱基配对结合至5′-剪接位点，U2辅助因子（U2 auxiliary factor，U2AF）的一个亚基与多聚嘧啶区结合，另一个亚基与3′-剪接位点结合。在U2AF的协助下，分支结合蛋白（branch binding protein，BBP）结合到分支位点。在U1 snRNP和U2AF的协助下，U2 snRNP取代BBP结合到分支位点。U2 snRNA与分支位点处的碱基序列配对，形成一段双股螺旋，由于分支位点腺苷酸不参与配对，所以被挤出来成为单个碱基凸出。然后，U4 snRNP、U6 snRNP和U5 snRNP三聚体结合到复合体上，形成剪接体（spliceosome）。在三聚体中U4 snRNP和U6 snRNP通过其RNA互补配对结合在一起，而U5 snRNP通过蛋白质相互作用松散结合。

接下来，剪接体发生重构，U1 snRNP和U4 snRNP离开剪接体，U6 snRNP取代U1与5′-剪接位点结合（图7-10）。U4 snRNP的释放解除了其对U6的封阻作用，于是U6和U2通过RNA-RNA配对发生相互作用，将前体mRNA的5′-剪接位点与分支位点拉到一起，并形成催化中心，完成第一次转酯反应。发生在5′-和3′-剪接位点的第二次转酯反应需要U5 snRNP的参与。

最后的步骤是剪接体的解体和 mRNA 产物的释放。起初 snRNP 仍然与内含子形成的套索结构结合在一起，随着套索的快速降解，snRNP 又进入下一轮循环。

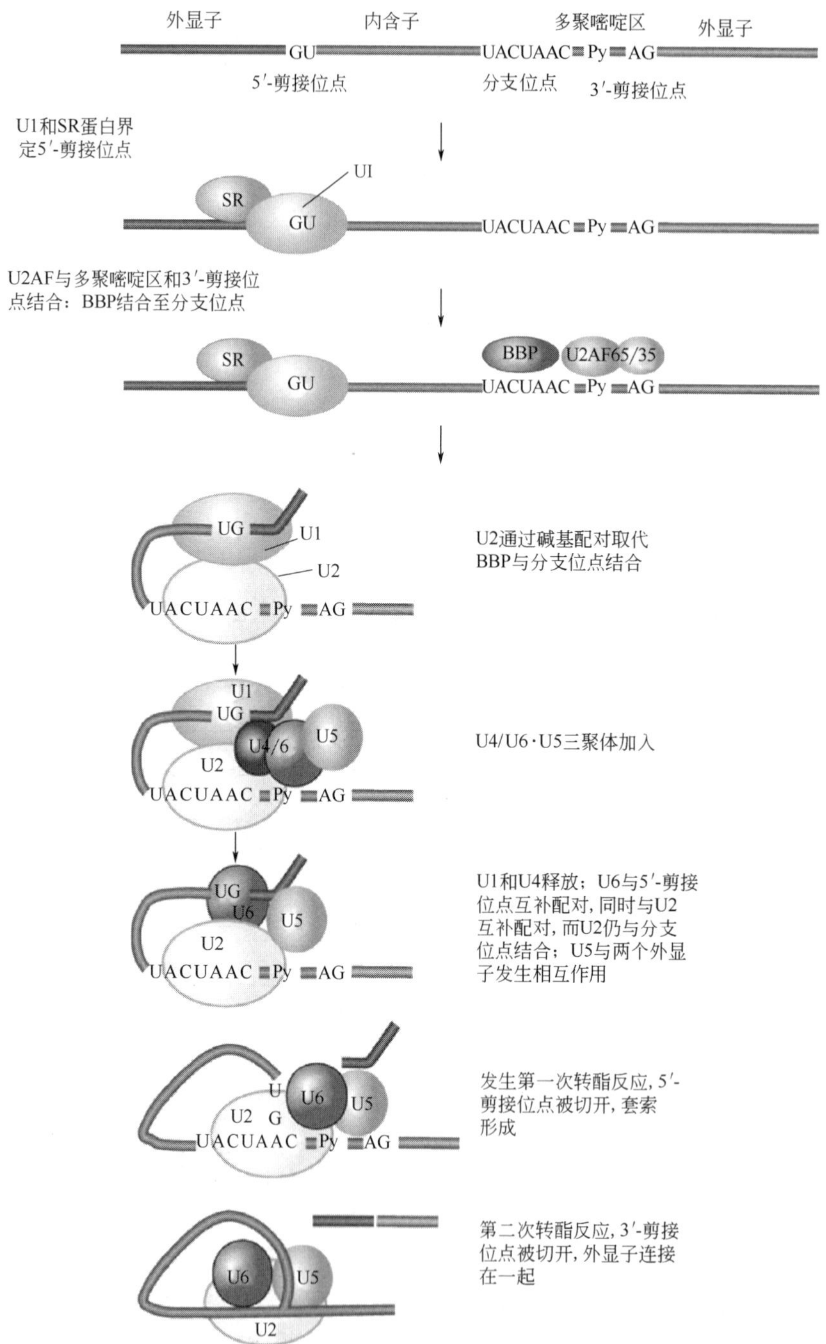

图 7-10　前体 mRNA 的剪接过程

7.1.3.6　剪接位点的选择

在内含子的剪接过程中，剪接装置必须识别正确的剪接位点，以保证外显子在剪接过程中不被丢失，同时隐蔽的剪接位点（cryptic splice site）要被忽略。所谓隐蔽的剪接位点是指前体

mRNA 上与真正的剪接位点相似的序列。存在于外显子中的所谓外显子剪接增强因子（exonic splicing enhancer，ESE）在剪接位点的选择中发挥重要作用，它可以提高剪接效率，保证剪接的精确性。ESE 是 SR 蛋白的结合位点。这类蛋白质因其 C 端结构域中有一个富含 Ser(S)和 Arg（R）的区域而得名。SR 蛋白的 N 端含有一个或两个 RNA 识别基序（RNA recognition motifs，RRM），RRM 是序列特异性的 RNA 结合位点，而 SR 结构域参与蛋白质-蛋白质互作。与 ESE 位点结合的 SR 蛋白将 U2AF 蛋白引导至 3′-剪接位点，并将 U1 snRNP 引导至 5′-剪接位点，从而起始剪接体的组装（图 7-11）。

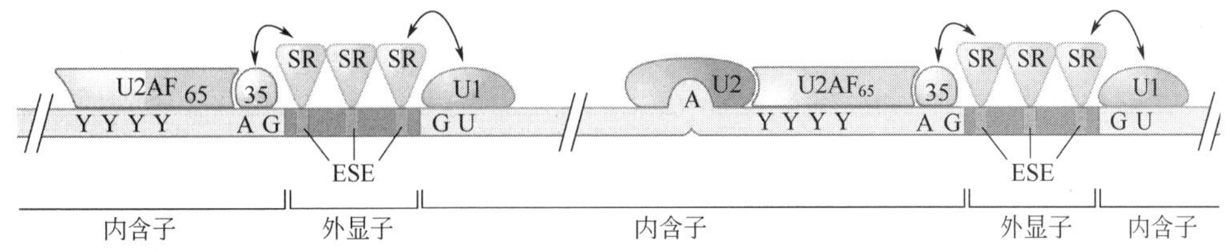

图 7-11　SR 蛋白将剪接体成分引导至 5′-和 3′-剪接位点

7.1.3.7　剪接与转录偶联

在前体 mRNA 的合成过程中，剪接就开始了。整个剪接过程通常会持续到转录结束以后。有证据表明 CTD 参与了前体 mRNA 的剪接过程。例如，CTD 被截短后，细胞的剪接效率就会降低。由于位置靠近转录产物的出口通道，被磷酸化的 CTD 可以募集并向剪接位点和分支位点转移 snRNP、SR 蛋白和其他的剪接因子。CTD 的位置靠近转录产物的出口通道，可以募集并向剪接位点和分支位点转移 snRNP、SR 蛋白和其他的剪接因子。因而，CTD 在剪接中的作用是促进剪接体的组装，以及剪接体或者其他剪接因子与剪接位点的相互作用。

也有一些剪切过程发生在转录结束以后，这时转录本已经发生了加帽反应、切割与多聚腺苷酰化反应，并从 DNA 分子上释放出来。剪接反应是发生在转录中，还是发生在转录后，可能与染色质的结构有关。例如，包装紧密的核小体会降低转录延伸的速度，为剪接反应提供充足的时间。然而，当延伸反应以更快的速度进行时，在某个内含子被切除之前，转录就结束了。

7.1.3.8　选择性剪接

有些基因的初级转录产物经剪接只产生一种成熟的 mRNA。还有一些基因的初级转录产物经过不同的剪接途径，产生多种成熟的 mRNA，继而产生功能不同的蛋白质。一般把一个前体 mRNA 经过不同的剪接途径所产生的相关，但不相同的成熟 mRNA 的过程称为选择性剪接（alternative splicing），或称为可变剪接。选择性剪接是在转录后加工水平上对基因表达进行调控的重要方式，直接决定着蛋白质结构和功能的多样性。

如图 7-12 所示，SV40 病毒的 T 抗原基因的初级转录产物通过选择性剪接，产生两种不同的 mRNA，一种编码 T 抗原，另一种编码 t 抗原。T 抗原基因有两个外显子，其内含子具有两个不同的 5′-剪接位点。如果选择前面的 5′-剪接位点，外显子 1 和外显子 2 直接连接，二者之间的内含子被除去，形成编码 T 抗原的 mRNA。如果选择后面的 5′-剪接位点，则一部分内含子序列被保留，形成编码 t 抗原的 mRNA。因为在保留下来的内含子序列中具有一个与外显子 1 同框的终止密码子，所以 t 抗原要比 T 抗原小。

已发现了多种形式的选择性剪接，较常见的有以下几种（图 7-13）：内含子可以被选择性保留或切除［图 7-13（a)］；选择不同的 5′-或 3′-SS 进行选择性剪接［图 7-13（b)、(c)］；选择不同的转录起始位点，在这种情况下基因具有两个启动子，而启动子的选择取决于细胞专一性的转录因子［图 7-13（d）］；选择不同的转录终止位点，这时基因有两个加尾信号，加尾信号的选择取决于细胞的类型［图 7-13（e）］；内部外显子被选择性保留或切除［图 7-13（f）］；多个外显子可以进行不同组合的选择性剪接［图 7-13（g）］。

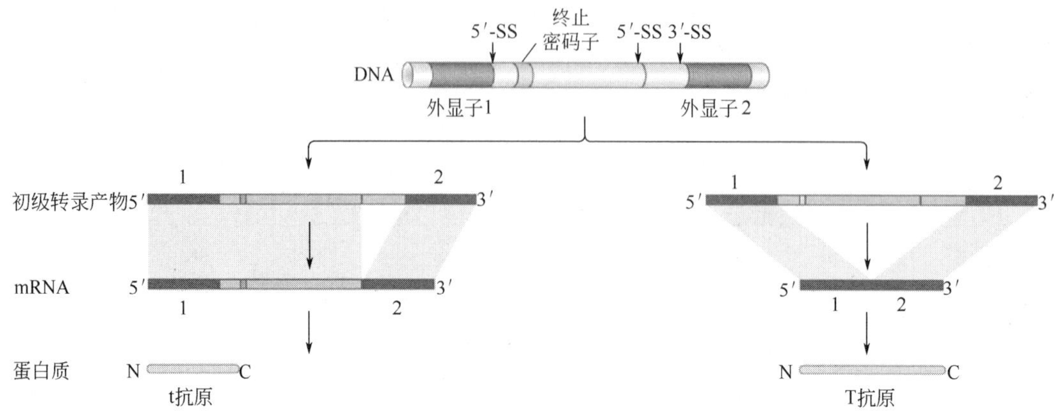

图 7-12　病毒 SV40-T 抗原 mRNA 的两种剪接方式

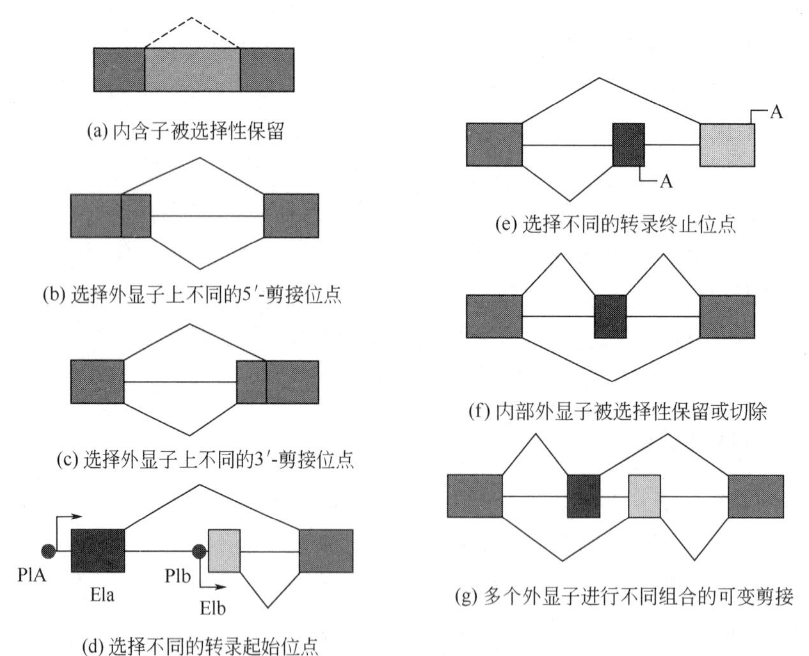

图 7-13　选择性剪接的类型

在真核生物中，选择性剪接非常普遍。当果蝇的基因组序列草图完成以后，人们发现果蝇的基因数目比线虫的基因数目还要少，尽管果蝇的解剖学结构要比线虫复杂得多。生物的表型最终是由蛋白质决定的，有机体组织结构的复杂性反映着蛋白质组的多样性。果蝇基因组的基因数目与它的蛋白质组的蛋白质数目之间不一致的现象可用 mRNA 的选择性剪接来解释。mRNA 选择性剪接极大地丰富了蛋白质组的多样性。根据人类蛋白质组的大小，预计人类的基因数目是 80000～100000 个，然而人类基因组草图顺序只给出了大约 35000 个基因。在人类中，高达 95%的多外显子基因进行可变剪接，编码在细胞过程中具有不同功能的蛋白质。

7.1.3.9　反式剪接

同一 RNA 分子的内含子被除去，外显子连接在一起的剪接方式称为顺式剪接（*cis*-splicing）。然而，剪接也可以发生在不同的 RNA 分子之间，我们把不同 RNA 分子上的两个外显子剪接在一起的剪接过程称为反式剪接（*tran*-splicing）。

秀丽线虫约 70%的基因的 mRNA 具有相同的 22nt 前导序列。该序列来自于一个 100nt 的剪接前导 RNA（spliced lead RNA，SL RNA），通过反式剪接被添加到 mRNA 的 5′-端，因此，该序列又称为剪接前导序列（spliced leader，SL）。除线虫以外，反式剪接还出现在某些原生动物（例如，锥虫）、扁形动物、水螅和原始的脊索动物中。SL RNA 为一种小分子 RNA，长约 45～140 nt，含有一 5′-剪接位点，但没有 3′-剪接位点。5′-剪接位点将 SL RNA 分成两段，5′-端的剪接前导序列和 3′-端的内含子样组分。编码 SL RNA 的基因没有内含子，为串联重复基因，由 RNA 聚合酶Ⅱ负责转录。

反式剪接也是由剪接体催化完成的，但参与反式剪接的剪接体由 U2、U4、U5 和 U6 snRNP 组成，不包括 U1 snRNP。如图 7-14 所示，与除去内含子的顺式剪接一样，反式剪接也涉及两步转酯反应。首先，前体 mRNA 分支位点 A 的 2′-OH 亲核进攻 SL RNA 的 5′-剪接位点，使剪接前导序列游离出来，同时形成一个类似于套索结构的分支分子。然后，剪接前导序列的 3′-OH 亲核进攻 3′-剪接位点，于是前导序列和前体 mRNA 的外显子连接在一起，并释放出分支分子。大约 15%的秀丽线虫基因和所有的锥虫基因被组织成多顺反子结构，转录后形成多顺反子 RNA。通过反式剪接，多顺反子 mRNA 能够被切割成单顺反子 mRNA 作为翻译的模板。锥虫的基因没有内含子，所以在锥虫中只有反式剪接；线虫的基因有内含子，也存在非反式剪接的基因。

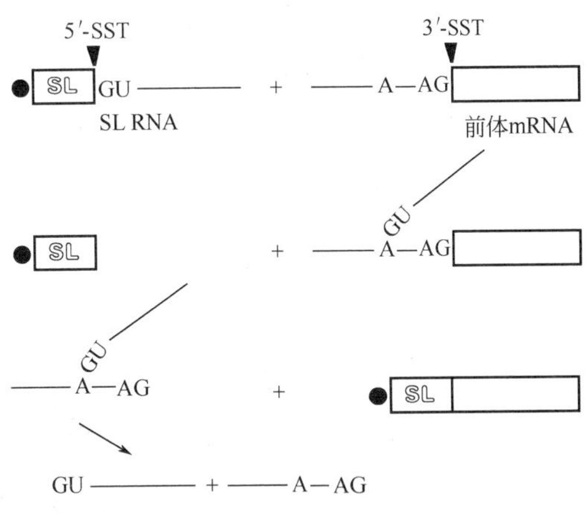

图 7-14　mRNA 反式剪接

7.1.4　RNA 编辑

RNA 编辑（RNA editing）是 RNA 加工的另一种形式，它通过碱基替换、插入或删除使原始转录产物核苷酸序列被更改。RNA 编辑允许细胞以一种系统的、可调控的方式对遗传信息进行重新编码。表 7-2 总结了 RNA 编辑的主要类型。

表 7-2　RNA 编辑

有机体	编辑类型	发生的部位
锥虫（原生动物）	尿嘧啶的插入及删除	多种线粒体 mRNA
陆生植物	C→U 的转换	多种线粒体和叶绿体 mRNA、tRNA、rRNA
黏菌	胞嘧啶的插入	多种线粒体 mRNA
哺乳动物	C→U 的转换	载脂蛋白 B mRNA、NF1 mRNA（编码一种肿瘤抑制蛋白）
	A→I 的转换	多种 tRNA、谷胱氨酸受体 mRNA
果蝇	A→I 的转换	钙离子和钠离子通道的 mRNA

7.1.4.1　碱基替换

位点特异性脱氨作用会导致 mRNA 中一个特定的胞嘧啶转变为尿嘧啶。人体载脂蛋白基因编码一条由 4563 个氨基酸组成的多肽链，叫做载脂蛋白 B100（apolipoprotein B100），由肝细胞合成后分泌到血液。ApoB100 参与极低密度脂蛋白（very low density lipoprotein，VLDL）和低密度脂蛋白（low density lipoprotein，LDL）颗粒的组装，负责将脂类（包括胆固醇）运送到身体的各个部位。在小肠细胞中，该 mRNA 的第 2153 位密码子 CAA 中的胞嘧啶在脱氨酶的作用下转化为尿嘧啶，使这个编码谷氨酰胺的密码子转变成一个终止密码子，引起翻译终止，形成截短的蛋白质（图 7-15）。催化 ApoB48 mRNA 在特定位点脱氨的胞嘧啶脱氨酶已经被鉴定出来，它能够结合在编辑位点附近，催化胞嘧啶脱氨生成尿嘧啶。这种编辑酶只在肠细胞中表达，而不在肝细胞中表达。

ApoB48 参与食物中脂肪的吸收。由于缺少 ApoB100 上与 LDL 受体结合的区段，ApoB48 运输的脂肪主要被肝细胞吸收，而由 ApoB100 组装而成的 VLDL 和 LDL 颗粒则把胆固醇运送到身体的各个部位，通过 LDL 受体被细胞吸收。

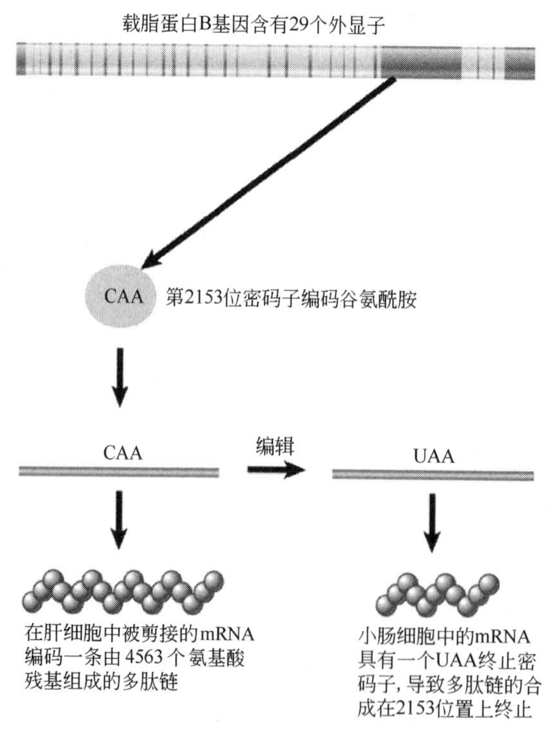

图 7-15　人类载脂蛋白前体 mRNA 以组织特异性的方式进行的 RNA 编辑

在哺乳动物细胞中，还存在 A 至 I 的编辑形式。mRNA 特定位置上的腺嘌呤在 dsRNA 腺嘌呤脱氨酶的作用下发生脱氨作用形成次黄嘌呤（图 7-16）。编辑的专一性是由修饰位点与邻近的内含子形成的双链区决定的。在这种情况下，内含子序列实际上影响着成熟 mRNA 最终的编码序列，并且编辑一定是发生在内含子被删除之前。在翻译过程中，mRNA 上的 I 被解读成 G，因此这种编辑方式如果发生在编码区将会改变蛋白质的氨基酸序列。

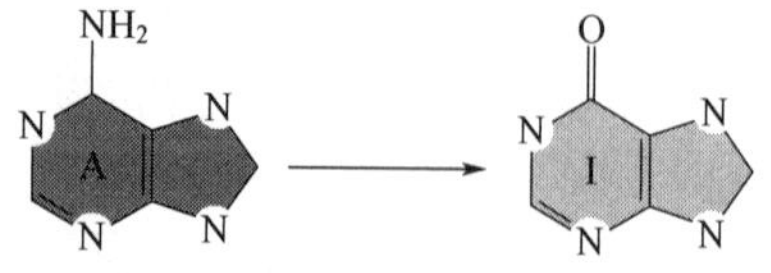

图 7-16　腺嘌呤脱氨转变成次黄嘌呤

多数主要植物类群的线粒体和叶绿体mRNA要经过C至U和U至C的编辑过程才能成为成熟的RNA。大多数情况下，编辑将导致编码蛋白质氨基酸序列的改变，而这种改变对于产生有完全活性的蛋白质是必需的。然而，也会偶尔观察到沉默编辑。例如，烟草叶绿体的*atpA*基因初级转录产物中的密码子CUC被编辑成CUU，它们都编码丝氨酸。

7.1.4.2　gRNA指导的尿嘧啶的插入或删除

锥虫常常通过插入或移除碱基的方式来编辑它的线粒体mRNA。在锥虫的线粒体内，很多基因的前体 RNA 在加工的过程中，需要在特定的位点插入或删除尿嘧啶核苷酸。这些基因的读码框原本并不正确，它们的转录产物只有经过编辑才能形成正确的读码框。如果锥虫不对其mRNA进行编辑，形成的将是有缺陷的蛋白质。图7-17表示锥虫*cox II*（细胞色素c氧化酶亚基II）基因的初级转录产物在其5′-端插入4个尿嘧啶。正是这些插入抑制了原来的基因移码，形成了完整的读码框，产生有活性的coxII。

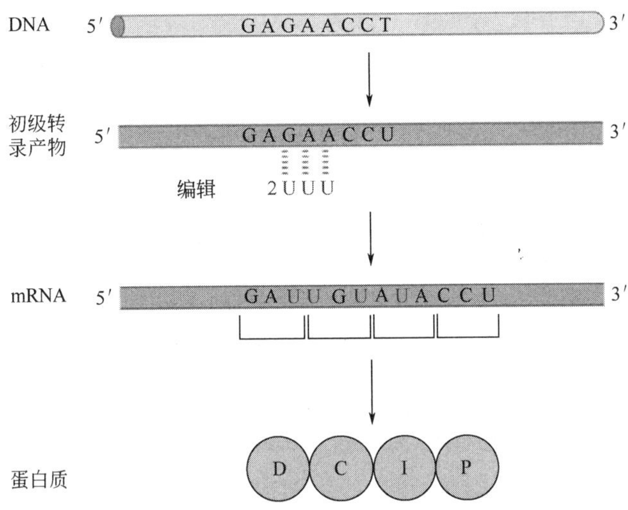

图7-17　锥虫*cox II*前体mRNA上插入4个尿嘧啶

如图7-18所示，尿嘧啶是在引导RNA（guide RNA，gRNA）的指导下插入到前体RNA中去的。gRNA长40～80nt，由线粒体基因组独立编码。每种gRNA都可以分为三个区：第一区位于5′-端，称为"锚定区"，负责引导gRNA到达mRNA的目标区域；第二区为编辑区，用来精确定位 mRNA 上尿嘧啶的插入位置；第三区位于3′-端，是一段多聚尿嘧啶的序列，其作用尚不清楚。编辑时，在锚定区的指导下，编辑区与mRNA分子的靶序列配对，形成RNA-RNA双链体，但是在gRNA编辑区上一些不参与配对的嘌呤核苷酸形成突出的单链环，它们是编辑的模板。一种核酸内切酶识别并切开mRNA链上与单链环相对的一个磷酸二酯键（图7-18），在mRNA链上产生一个缺口。3′-末端尿苷酰转移酶（3′-terminal uridylyl transferase，TUTase）将尿苷酰添加到缺口的3′-OH末端。缺口被填补后，由RNA连接酶再把RNA连接起来。很多gRNA与编辑后的序列杂交，因此锥虫线粒体mRNA的编辑从3′→5′方向逐步进行，每一步需要一种不同的gRNA与编辑过的区域结合。

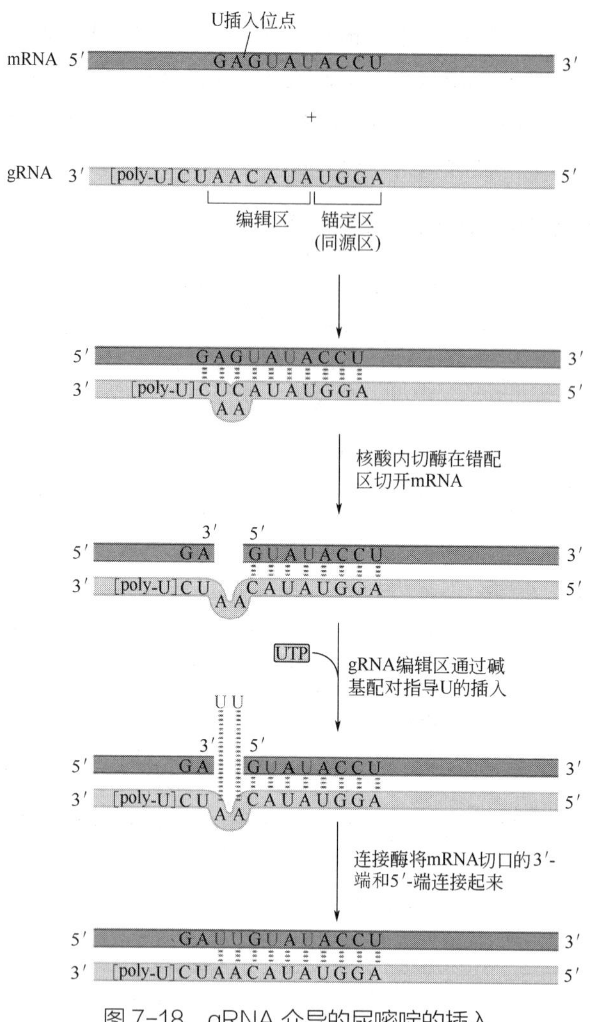

图 7-18　gRNA 介导的尿嘧啶的插入

7.1.5　mRNA 运出细胞核

mRNA 的加工发生在细胞核中，而翻译发生在细胞质中。因此，加工完毕的 mRNA 必须穿过核膜进入细胞质，才能指导蛋白质的合成。真核生物的细胞核被两层核膜包裹。核膜上有很多核孔，它们是分子进出细胞核的通道。已鉴定出一系列的蛋白质，它们在细胞核内与 RNA 结合，并伴随着 RNA 进入细胞质，被认为在介导 RNA 通过核孔进入细胞质的过程中发挥关键作用。

转录常常发生在临近核孔的区域，以利于 mRNA 在完成加工后向细胞质的转运。在细胞核内，REC（RNA exporter complex）与成熟的 mRNA 结合，介导了上述的转运过程。REC 为一异二聚体，在酵母中由 Mex67 和 Mtr2（在高等真核生物中，则被称为 NXF1 和 NXT1）组成，通过参与加帽、拼接和多聚腺苷酰化的加工因子被募集到成熟的 mRNA 分子上。

例如，REC 可以被 SR 蛋白募集，然而，这一过程受到 SR 蛋白的磷酸化修饰的调控。SR 蛋白以磷酸化的形式与前体 mRNA 的 ESE 结合，磷酸化的 SR 蛋白并不募集 REC。伴随着剪接反应的发生，SR 蛋白发生脱磷酸化作用。脱磷酸化的 SR 蛋白可以结合 REC，促进 mRNA 向细胞质的转运。这样，就可以避免带有内含子的 RNA 被运送到细胞质。

在高等真核生物中还存在其他的 REC 募集途径。在细胞核内，一种称为 TREX（transcriptionexport）的蛋白质复合体首先被结合在 mRNA 5′-端的帽结合复合体募集到 mRNA 分子上，然后，TREX 再募集 REC，从而导致 mRNA 的 5′-端首先穿过核孔，快速起始 mRNA 的翻译。

参与切割与加尾反应的 CPSF 也可以向 mRNA 的 3′-端募集 REC 复合体。总之，由参与 5′-端加帽、剪接和 3′-端加尾的 RNA 加工因子来募集 REC，有助于保证经过正确加工的 mRNA 才能够被运出细胞核。进入细胞质后，REC 与 mRNA 分离，避免 mRNA 被重新运入细胞核。

7.2　mRNA 降解

7.2.1　原核生物 mRNA 的降解

信使 RNA 存在的时间相对较短，在细菌细胞中其半衰期通常只有几分钟，不与核糖体结合的 mRNA 尤其容易被降解。细菌具有多种核酸酶参与 tRNA 和 rRNA 的加工，以及 mRNA 的降解。这些核酸酶在功能上可以相互替代，所以仅丢失一种核酸酶的突变体仍能生存。细菌 mRNA 的降解过程可分为两个阶段：首先，一种核酸内切酶，通常是核酸酶 E 切断 mRNA5′-端没有被核糖体保护的区域；然后，核酸外切酶沿 3′→5′方向降解被切下来的片段。总体上 mRNA 是沿 5′→3′方向降解的，原因是核酸酶跟在核糖体后发挥作用。

7.2.2　真核生物 mRNA 的降解

如上所述，mRNA 的加工与转录相偶联，以保证经过正确加工的 mRNA 才能被转运到细胞质。在某一环节，没有被正确加工的 mRNA，例如错误剪接的 mRNA，将在细胞核内降解。在细胞核中，一种称为外切酶复合体（exosome）的多蛋白复合体负责对错误剪接的 mRNA 和剪接下来的内含子进行降解。exosome 具有 3′→5′核酸外切酶活性，从 RNA 分子的 3′-端起始降解过程。

在细胞质，功能性 mRNA 降解的主要方式是去腺苷酰化依赖性去帽的 mRNA 降解途径，其过程是先降解 mRNA 的 Poly(A)尾巴，一旦 Poly(A)被截短至 12～20nt，mRNA 的 5′-端帽子即被切除，然后核酸外切酶沿 5′→3′方向降解 mRNA（图 7-19）。另外，当 mRNA 的尾巴被降解后，核酸外切酶也可以沿 3′→5′方向降解 mRNA。核酸内切酶也可以从内部切断 mRNA 启动降解过程，断裂的 mRNA 分别由 3′→5′核酸外切酶和 5′→3′核酸外切酶负责降解。

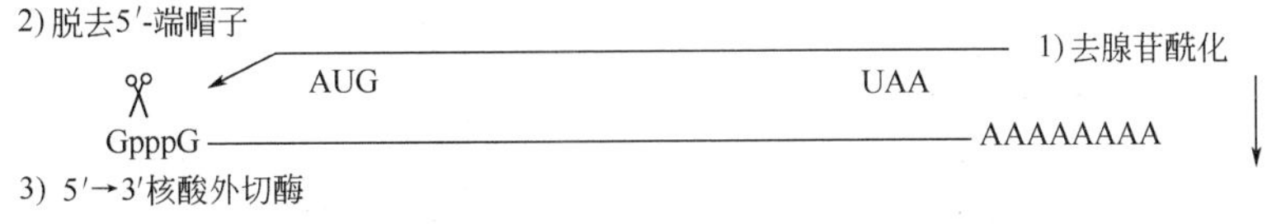

图 7-19　酵母去腺苷酰化依赖性去帽的 mRNA 降解途径

在细胞质，mRNA 的降解发生在一种被称为 P 小体（processing body，P-body）的非膜性颗粒状结构中。脱帽（decapping）是 mRNA 降解过程中的关键步骤，这一过程由位于 P 小体内由 Dcp1 和 Dcp2 构成的异二聚体介导，其中 Dcp1 是脱帽激活蛋白，而 Dcp2 负责催化脱帽反应。含有提前终止密码子的 mRNA 以及无终止密码子的 mRNA 等异常的 mRNA 的降解和翻译紧密联系，它们的降解途径将在第 8 章（见 8.10）中介绍。

7.3 前体 rRNA 和前体 tRNA 的加工

无论是在真核细胞还是在原核细胞内，rRNA 和 tRNA 基因的初级转录产物必须经过一系列的加工才能成为成熟的 RNA 分子。

7.3.1 原核生物前体 rRNA 的加工

E.coli 共有三种 rRNA，分别是 5S rRNA、16S rRNA 和 23S rRNA。这 3 种 rRNA 基因和 1～4 个 tRNA 基因组成一个操纵子（*rrn* operon），大肠杆菌中共有 7 个这样的操纵子，它们散布在大肠杆菌的基因组中。在每个操纵子中，rRNA 基因的相对位置是固定的：16S rRNA 基因、间隔 tRNA 基因、23S rRNA 基因和 5S rRNA 基因（图 7-20）。有 4 个 *rrn* 操纵子在 16S 和 23S rRNA 基因之间有一个 tRNA 基因，另外 3 个 *rrn* 操纵子在这一位置含有两个 tRNA 基因。有时在 5S 序列和 3′-末端之间还存在另外的 tRNA 基因。

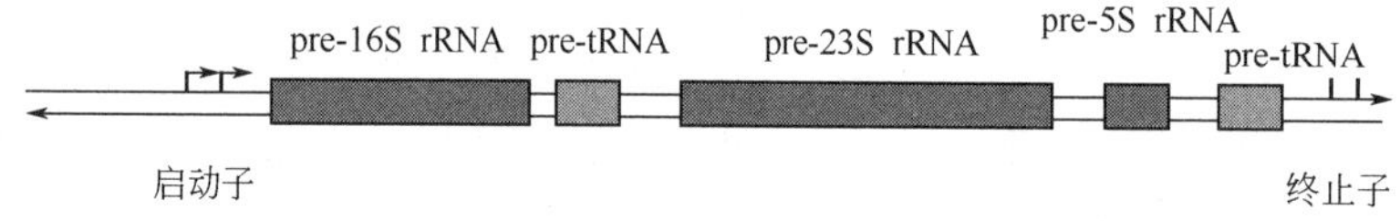

图 7-20　大肠杆菌 rRNA 操纵子的组织结构

rRNA 操纵子的初级转录产物的沉降系数为 30S，长度约为 6000nt，但通常存在的时间很短。三种 rRNA 通过剪切从共转录产物中释放出来，然后进行修剪，以除去两端多余的核苷酸序列。此外，三种 rRNA 还需要进行某些特定的修饰反应。所以，原核生物的 rRNA 前体的加工反应主要包括剪切、修剪和核苷酸的修饰。

7.3.1.1 原核生物前体 rRNA 的剪切和修剪

初级转录产物形成之后，甚至在转录过程中，前体 rRNA 通过链内互补序列间的碱基配对折叠形成一些茎环结构（图 7-21）。一些蛋白质与茎环结构结合形成核糖核蛋白复合体。许多这样的蛋白质会保持与 RNA 的结合状态并最终成为核糖体的一部分。

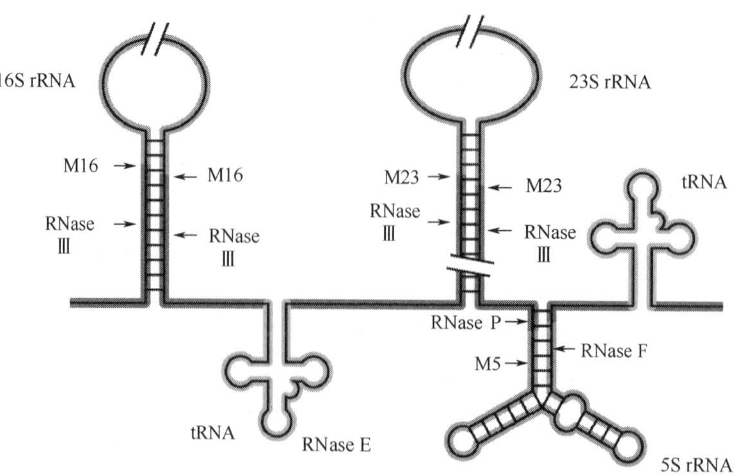

图 7-21　大肠杆菌前体 rRNA 的剪切和修剪

在 rRNA 前体中，23S、16S 和 5S rRNA 的两侧都是反向重复序列，可以形成双螺旋结构，从而使 23S、16S 和 5S rRNA 环出。RNase Ⅲ为双链特异性 RNA 核酸内切酶，它识别双螺旋上的特定位点并对其进行交错切割，释放出 23S 和 16S rRNA 前体。5S rRNA 前体由核酸内切酶 RNase P 和 F 切割产生。核酸内切酶切割产生的 rRNA 前体的 5′-和 3′-端都携带有额外的核苷酸序列，这些序列由细胞内 5′→3′ 核酸外切酶和 3′→5′核酸外切酶切除后，形成成熟的 rRNA 分子（图 7-21）。

7.3.1.2　原核生物前体 rRNA 的修饰

原核生物 rRNA 的修饰方式包括碱基的甲基化、核糖 2′-OH 的甲基化，以及将尿嘧啶转化为假尿嘧啶。一种 rRNA 所有拷贝相同位置上要发生同样的修饰作用。大多数修饰发生在 rRNA 的重要功能区，如肽酰转移酶活性中心、解码中心、tRNA 结合位点（即核糖体的 A、P 和 E 位），以及核糖体大亚基和小亚基相互作用的界面上，并且在进化中表现出高度保守性，说明 rRNA 的修饰在调节核糖体功能方面起着重要作用。在细菌中，修饰酶直接结合特定的序列和（或）结构，对其中的特定的核苷酸进行修饰。

7.3.2　真核生物前体 rRNA 的加工

7.3.2.1　真核生物前体 rRNA 剪切和修剪

真核细胞的 5S rRNA 由 Pol Ⅲ转录，几乎不需要加工。其余 3 种（18S、5.8S 和 28S rRNA）由 Pol Ⅰ从 rDNA 上转录为一条前体分子。各种真核细胞的 rRNA 初级转录产物的大小是一定的，酵母的为 7 000 nt，哺乳动物的为 13 500 nt。前体中含有 18S、5.8S 和 28S rRNA 序列各一个拷贝。

图 7-22 显示了酵母细胞成熟的 rRNA 分子是如何通过核酸内切酶的剪切反应和核酸外切酶的修剪反应从前体中释放出来。尽管作用次序可能不同，但在所有真核细胞中的反应基本类似，rRNA 分子的 5′-端大多由核酸内切酶催化的剪切反应直接产生，3′-端大多需要在切割之后由核酸外切酶催化的 3′→5′的修剪反应产生。最后 5.8S rRNA 还要和 28S rRNA 互补配对。

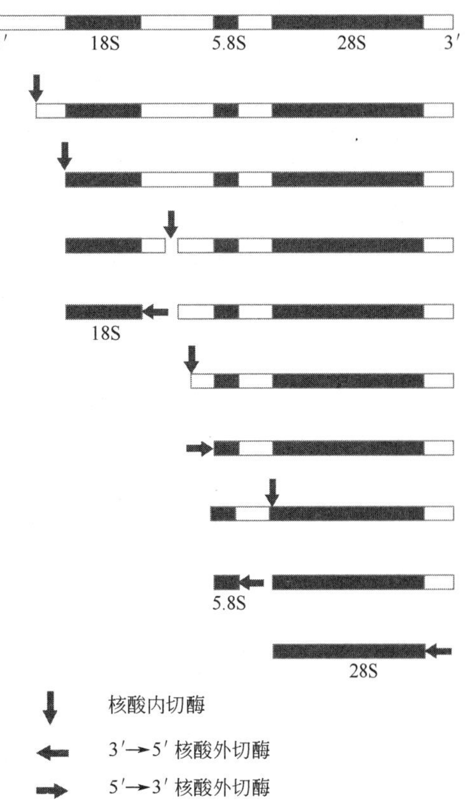

图 7-22　真核生物 rRNA 前体的剪切与修剪

7.3.2.2　真核生物前体 rRNA 的修饰

真核生物前体 rRNA 修饰方式主要包括核糖 2′-OH 的甲基化及尿嘧啶转变成假尿嘧啶，也存在少量的碱基甲基化作用。人前体 rRNA 要进行 106 次甲基化和 95 次假尿嘧啶化，每一种修饰都发生在特定的位置上。酵母 rRNA 的修饰碱基的数量大约是人类 rRNA 的一半。细胞的一种 rRNA 的所有拷贝的修饰方式都是相同的，并且被修饰的核苷酸的位置在不同的种属中具有某种程度的相似性，甚至修饰的方式在原核细胞和真核细胞中也很相似。

与原核生物不同，真核生物前体 rRNA 核糖 2′-OH 的甲基化以及假尿嘧啶化采用 RNA 指导的机制识别特定的核苷酸序列，从而保证修饰作用的专一性。指导真核生物前体 rRNA 修饰的 RNA 分子为核仁小 RNA（small nucleolar RNA, snoRNA），这类 RNA 分子长 70～100nt，位于核仁中。已知有两组 snoRNA 与 rRNA 的修饰有关，它们与蛋白质构成 snoRNP 复合体，复合体中含有催化甲基化或假尿嘧啶化反应所需的酶，snoRNA 的作用则是确定核糖甲基化和假尿嘧啶化的位置。

其中一组 snoRNA 分子具有两个保守序列，分别称为 C 框（RUGAUGA，R 代表任何一个嘌呤）和 D 框（CUGA），被称为 C/D 型 snoRNA。C 框和 D 框分别靠近 RNA 分子的 5′-端和 3′-端，在 D 框的上游，邻近 D 框处有一短的反义序列，它与 rRNA 上一段特异性序列互补配对，决定着前体 rRNA 甲基化位置。通常 rRNA 分子上与 snoRNA D 框上游第 5 个核苷酸配对的那个核苷酸会被甲基化（图 7-23）。C 框和 D 框本身可能是甲基化酶的识别信号，使甲基化酶作用于正确的核苷酸。

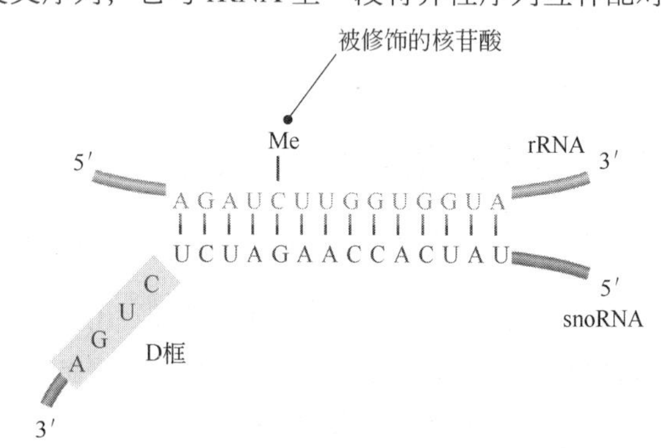

图 7-23　C/D 型 snoRNA 指导的 2′-OH 甲基化反应

另一组 snoRNA 指导前体 rRNA 分子中特定的尿嘧啶向假尿嘧啶转换。这类 snoRNA 含有两小段保守序列和一对茎环结构，其中一个保守序列是 ACA 核苷酸三联体，位于 RNA 的 3′-末端，另一个保守序列位于一对茎环结构之间，为 H 盒（ANANNA），所以被称为 H/ACA 型 snoRNA。两个茎环结构的双螺旋区有与前体 rRNA 互补的序列，图 7-24 显示了它们与前体 rRNA 配对之后所产生的结构。每个配对区中都有两个不配对的碱基，其中一个尿苷转换成假尿苷。

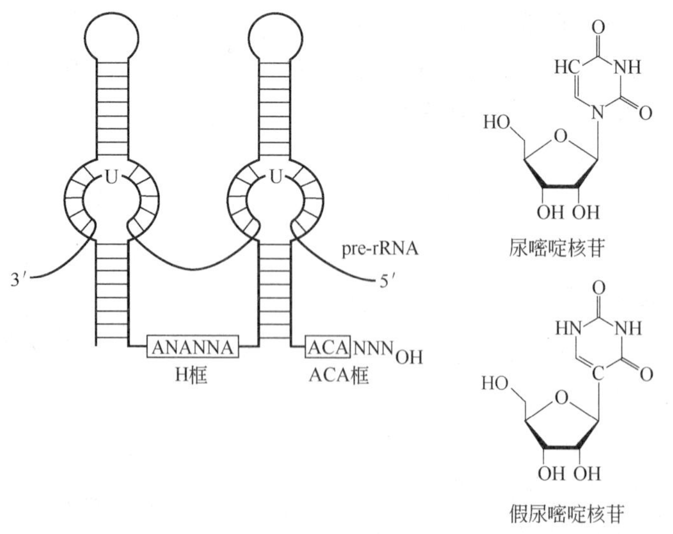

图 7-24　H/ACA 型 snoRNA 指导的尿嘧啶向假尿嘧啶的转换

仅有一部分 snoRNA 是由独立的基因转录而来，其基因侧翼含有启动子、终止子等顺式调控元件，基因为单拷贝，随机分布于染色体中，一般由 RNA 聚合酶Ⅱ转录。而大多数 snoRNA 是由其他基因的内含子序列编码的，剪接后通过切割内含子将 snoRNA 释放出来。

7.3.2.3　Ⅰ型内含子的自我剪接

人们在四膜虫中发现了一段位于 26S rRNA 基因内部的间隔顺序［图 7-25（a）］，该序列在转录后必须被切除。体外实验证明，前体 rRNA 无需任何蛋白质的帮助可以自行准确切除其内含子，这也是首次发现的具有催化活性的 RNA。

该内含子的切除包括 2 次转酯反应，第一次转酯反应由一个游离的鸟苷或鸟苷酸作为辅助因子引发。辅助因子的 3′-OH 攻击 5′-剪接位点的磷酸二酯键，将其断裂。同时，鸟嘌呤核苷或核苷酸与内含子的 5′-端形成新的磷酸二酯键。紧接着，刚刚暴露出来的上游外显子的 3′-OH 攻击 3′-剪接位点的磷酸二酯键使其断裂，内含子随之被切除，两个外显子连接在一起［图 7-25（b）］。两次转酯反应紧密偶联，观察不到游离的外显子的存在。在转酯反应中一个磷酸二酯键直接转化成另一个磷酸二酯键，因此反应不需要水解 ATP 或 GTP 提供能量。虽然，催化活性是 RNA 本身的性质，但在体内会有蛋白质的参与，其作用是稳定 RNA 的结构。

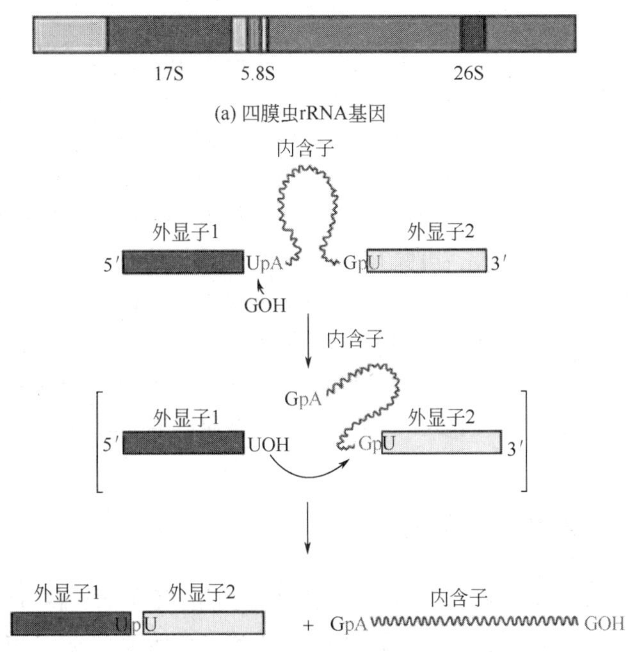

图 7-25　四膜虫 rRNA 基因的结构及内含子的自我剪接

图 7-26 显示切除下来的内含子 3′-端的 G414 攻击 A16 或 U20 5′-端的磷酸二酯键，形成两种环形分子（C-15 或者 C-19），同时释放一个 15nt 或 19nt 的线性片段。两种环形分子可通过水解一个特定的磷酸二酯键（G414-A16 或 G414-U20）重新线性化，生成两种线性分子（L-15 RNA 和 L-19 RNA）。L-15 RNA 仍具有活性，其 3′-末端可再次攻击 U20 5′-端的磷酸二酯键，形成 C-19 环形分子。自我剪切反应的最终产物 L-19 RNA 具有酶活性，可以通过催化水解反应和连接反应将两分子的五聚胞嘧啶核苷酸转化为一分子的四聚胞嘧啶核苷酸和一分子的六聚胞嘧啶核苷酸。像这样具有酶学性质的 RNA 分子称为核酶（ribozyme）。

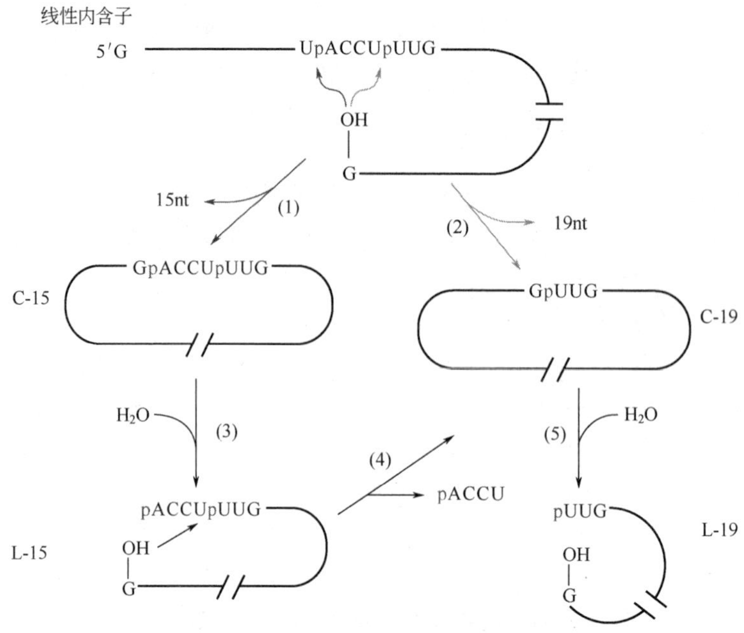

图 7-26 四膜虫 rRNA 内含子的环化与逆环化

生物大分子化合物共有三种，即 DNA、RNA 和蛋白质。DNA 可以携带遗传信息，但不是功能分子，它的复制需要蛋白质的催化。蛋白质是重要的功能分子，它催化了生物体内的大多数反应，但不携带遗传信息。蛋白质的生物合成需要利用 DNA 携带的遗传信息。核酶的发现使人们认识到 RNA 具有双重功能，可像 DNA 那样携带遗传信息，又像蛋白质那样催化化学反应。不需要借助其他生物大分子，RNA 就可以完成自我复制。因此，生命起源过程中，最早出现的、可以自我复制的生命体可能是由 RNA 组成的，这就是所谓“RNA 世界”的假说。随着生命的不断进化，原始 RNA 的两种功能分别交给 DNA 和蛋白质，因为 DNA 作为遗传物质更加稳定，而蛋白质作为酶更加灵活多样，那些至今仍然保留催化活性的 RNA 似乎是这种进化历程的“活化石”。

7.3.3 原核生物前体 tRNA 的加工

原核生物 tRNA 基因的转录单元大多数是多顺反子的。不但同一种 tRNA 基因的几个拷贝可以组成一个转录单位，不同的 tRNA 基因也可以构成一个转录单位，还有一些 tRNA 基因可以和 rRNA 基因组成转录单位。从转录单位产生的前体 tRNA 经过一系列加工释放出成熟的 tRNA 分子。

图 7-27 显示大肠杆菌 $tRNA^{Tyr}$ 的加工过程。前体 tRNA 中的 tRNA 序列折叠成特征性的三叶草结构，两侧各有一个附加的发卡结构。开始，核酸内切酶 RNase E 或者 F 在 3′-端发卡结构的上游进行切割，切下一个侧翼序列，但在 3′-端会留下一个 9 核苷酸的拖尾序列。然后，核酸外切酶 RNase D 依次切去 3′-端的 7 个核苷酸。接着，RNase P 切去 5′-端侧翼序列，产生出成熟的 5′-末端，RNase D 再除去 3′-端剩余的两个核苷酸，产生出成熟的 3′-末端。

我们知道，所有的成熟 tRNA 分子的 3′-端均以 CCA 结尾。然而，原核生物有少数前体 tRNA 分子缺乏末端的 CCA 序列。对于这些 tRNA 分子来说，CCA 是通过 tRNA 核苷酰转移酶加上去的。

在原核生物中，RNase P 是一种由一个 RNA 分子和一个蛋白质分子组成的核酸内切酶，该酶在细胞中的作用是切除前体 tRNA 的 5′-侧翼区产生成熟的 5′-末端。RNase P 并非识别切割位点或其他位点的碱基序列，而是 tRNA 整体的三维构象，包括几个发卡结构。大肠杆菌的 RNase P 由一个 377 nt 的 RNA（称为 M1 RNA）和一个 13.7 kDa 的小分子碱性蛋白构成。M1 RNA 的二级结构在进化中高度保守。在体外，单独的 RNA 组分就具有核酸内切酶的活性，所以它也是一种核酶。RNase P 中的蛋白质组分保证 RNA 正确地折叠，从而产生最大的酶活。

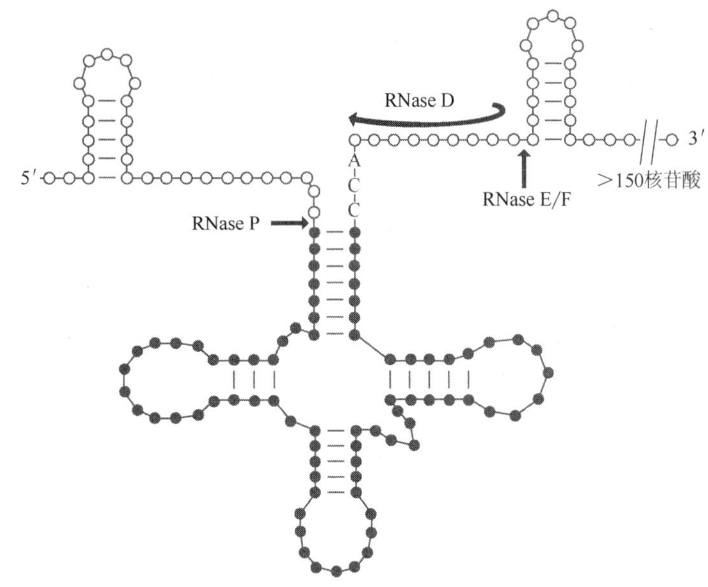

图 7-27　大肠杆菌 tRNA[Tyr] 的加工过程

最后，tRNA 的成熟还要经过一系列的碱基修饰，例如，特定位点的尿嘧啶核苷转化为假尿嘧啶核苷、胸腺嘧啶核苷、二氢尿嘧啶核苷以及硫尿核苷等，鸟嘌呤核苷转化成 2′-*O*-甲基鸟嘌呤核苷，腺嘌呤核苷转化成异戊烯腺苷。这些修饰的碱基对 tRNA 的功能至关重要，其作用包括氨基酸装载、密码子摆动、与酶和 RNA 的相互作用及构象的维持等，无修饰的 tRNA 是没有功能的。

7.3.4　真核生物前体 tRNA 的加工

真核生物初级转录产物中只含有一个 tRNA 序列，其 5′-端具有一前导序列，3′-端具有一拖尾序列。初生转录产物折叠成一个特征性的二级结构，核酸内切酶识别这种结构并切去前导序列和拖尾序列（图 7-28）。

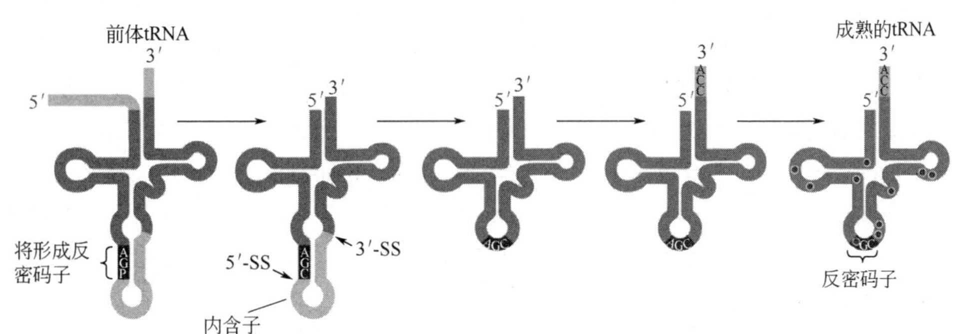

图 7-28　真核生物前体 tRNA 的加工

真核生物前体 tRNA 的 5′-前导序列由 RNase P 切除。真核生物的 RNase P 更加复杂，例如，人的 RNase P 由 1 条 RNA 和 10 个蛋白质组成，但没有发现其 RNA 本身具有催化活性。5′-前导序列被切除后，3′-拖尾序列被核酸酶移除，但相关的核酸酶仍未鉴定出来。拖尾序列被移除后的 RNA 分子的 3′-末端不带 CCA 序列，下一步由核苷酰转移酶将 CCA 添加到新产生的 3′-末端上。

有一些 tRNA 还含有非常短的内含子。例如，酵母的基因组含有 272 个 tRNA 基因，其中的 59 个基因含有内含子，这 59 个基因编码 10 种不同的 tRNA。tRNA 基因内含子的长度从 14bp 至 60 bp 不等，通常位于反密码子的 3′-端，并与反密码子碱基互补。在前体 tRNA 分子中，反密码子环不再存在，代之以内含子构成的环。内含子的剪接位点的序列并非保守，没有发现共有基序，但 3′-剪接位点总是位于一个凸环中。前体 tRNA 的剪接大多依赖于对 tRNA 中的一个共同的二级结构的识别，而不是对内含子共有序列的识别。前体 tRNA 的剪接不涉及转酯反应，首先由一个特殊的核酸内切酶切断内含子两侧的磷酸二酯键，除去内含子。由于前体 tRNA 已经形成三叶草形的二级结构，所以失去内含子的 2 个 tRNA 半分子仍然结合在一起。然后由连接酶把两个 tRNA 半分子连接成一个完整的 tRNA 分子。

真核生物前体 tRNA 的部分碱基也需要被修饰。一些修饰作用发生在新合成的前体 tRNA 分子上，而另一些修饰作用发生在末端序列被切除后或者内含子被剪切后。

一种特殊的受体蛋白称为 exportin-t 与成熟的 tRNA 结合，协作 tRNA 通过核孔复合体进入细胞质。exportin-t 不能够与 5′-端或 3′-端未成熟的 tRNA 结合，从而保证了只有成熟的 tRNA 分子才能进入细胞质。

7.4 四种内含子的比较

7.4.1 细胞核前体 mRNA 的 GU-AG 型内含子

根据内含子的结构和剪接机制可以将内含子分为四种类型。真核细胞绝大多数细胞核前体 mRNA 中的内含子为 GU-AG 型内含子，这类内含子的剪接反应由剪接体催化。

7.4.2 Ⅰ型内含子

Ⅰ型内含子主要存在于线粒体和叶绿体的基因组中。低等真核生物（例如单细胞原生动物四膜虫）的 rRNA 基因也含有Ⅰ型内含子。另外，这类内含子也会偶尔出现在原核生物和噬菌体基因组中。Ⅰ型内含子剪接的显著特征是自我剪接，RNA 本身具有酶的活性，不需要蛋白质来催化剪接反应。自我剪接的内含子必须折叠成精确的立体结构才能完成剪接反应［图 7-29 (a)］。该保守结构包括一个容纳鸟苷或鸟苷酸的结合口袋。除此之外，Ⅰ型自剪接内含子还含有一段“内在指导序列”与 5′-剪接位点序列配对，因而确定了鸟苷亲核攻击的精确位置。在体内，一些非催化活性蛋白质因子与内含子结合，协助其保持正确的立体结构。Ⅰ型内含子剪接反应的第一步是鸟苷或者鸟苷酸的 3′-OH 进攻 5′-SS。然后，游离出来的 5′-外显子的 3′-OH 进攻 3′-SS，导致外显子的连接和内含子的释放［图 7-29 (a)］。

有些Ⅰ型内含子为寻靶内含子（homing intron），编码一种极其特殊的核酸内切酶，它只能识别不含其编码内含子的靶基因上的特定序列，并在识别位点上产生交错切口。这种情况只发生在一个细胞含有两个拷贝的靶基因，其中一个拷贝具有一个寻靶内含子，而另一个拷贝没有相应的内含子。切割后，带有 3′-突出末端的双链断裂会诱发同源重组，使被切开的靶基因得以修复并整合进内含子。寻靶内含子编码的核酸内切酶的识别序列的长度达 18～20bp，这是目前已知核酸酶识别的最长、特异性最强的序列，这就保证了内含子只能插入到基因组的一个位点。

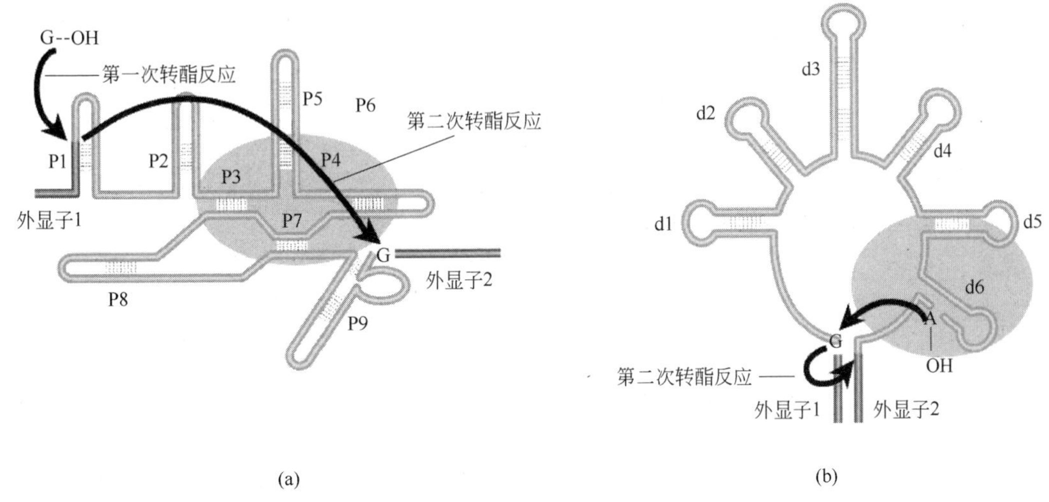

图 7-29　Ⅰ型和Ⅱ型内含子的自我剪接反应

7.4.3　Ⅱ型内含子

Ⅱ型内含子主要出现在真菌和植物的细胞器基因组中，少数出现在原核生物的基因组中，还没有在高等动物的核基因组中发现。Ⅱ型内含子的边界序列与核基因内含子的边界序列相同，符合 GT-AG 规律。在内含子的近 3′-端也具有分支位点序列。Ⅱ型内含子的剪接机制与细胞核前体 mRNA 内含子类似，也是由内部腺苷酸的 2′-OH 引发第一次转酯反应，内含子被转换成一种套索结构［图 7-29（b）］。剪接机制的相似性说明这两类内含子可能有共同的进化起源。

然而，Ⅱ型内含子的剪接属于自我剪接。这类内含子折叠成由六个结构域（结构域Ⅰ～Ⅵ）组成的保守的二级结构，分支位点 A 处于Ⅵ区［图 7-29（b）］。在体外，有 Mg^{2+}存在时，分支位点 A 的 2′-OH 对 5′-端外显子和内含子交界处的磷酸二酯键进行亲核攻击，发生第一次转酯反应，释放出 5′-外显子，并且形成套索状的内含子。接着 5′-外显子游离的 3′-OH 对内含子和 3′-外显子交界处的磷酸二酯键进行亲核攻击，发生第二次转酯反应，于是 5′-外显子和 3′-外显子连接起来，完成剪接反应，而内含子以套索的形式释放出来。

有些Ⅱ型内含子也具有编码能力，其编码产物有核酸内切酶和反转录酶的活性。核酸内切酶在识别序列的中间产生一个双链断裂。反转录酶以核酸内切酶切割产生的自由的 3′-OH 作为引物，以含有寻靶内含子的靶基因的初级转录产物作为模板，起始 DNA 的合成，产生内含子的 DNA 拷贝，连接后使内含子归巢。

7.4.4　真核生物前体 tRNA 内含子

真核生物前体 tRNA 内含子的剪接机制明显不同于上述三类内含子。酵母细胞的 tRNA 剪接由 4 步反应组成（图 7-30）。

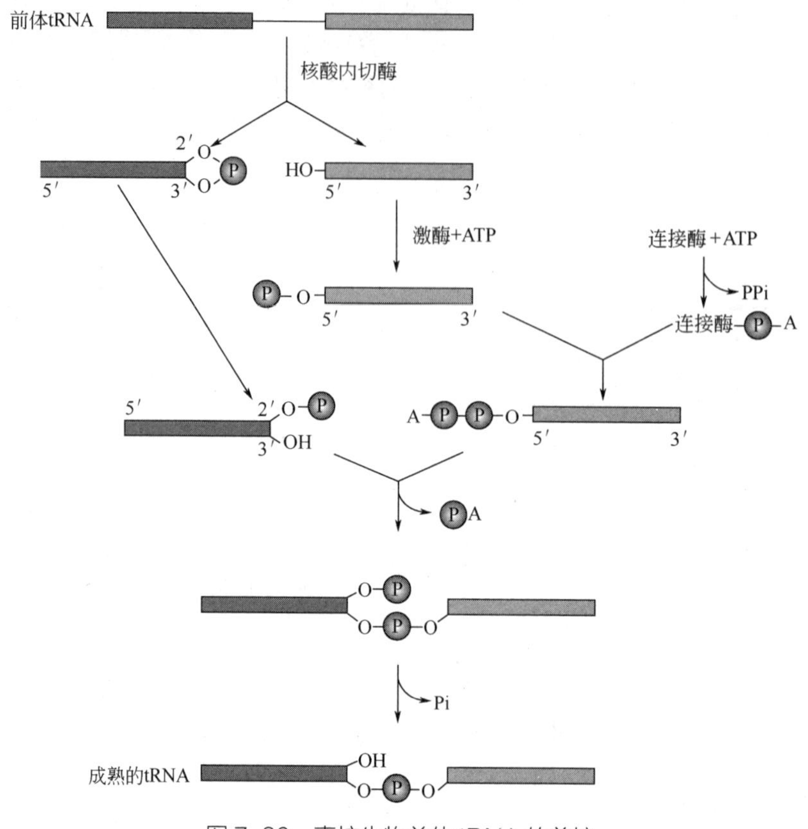

图 7-30　真核生物前体 tRNA 的剪接

① 内含子由特定的核酸内切酶切除，产生的 2 个 tRNA 半分子则通过碱基配对维系在一起，其中 5′-tRNA 半分子的 3′-端为 2′，3′-环磷酸基，3′-tRNA 半分子的 5′-端为羟基。

② 由于第一步反应产生的两个 tRNA 半分子不是连接酶的正常底物，因此需要对它们进行加工。2′，3′-环磷酸基在磷酸二酯酶催化下被打开，产生 2′-磷酸基和 3′-羟基。在有激酶和 ATP 存在时，5′-羟基被转换成 5′-磷酸基。

③ 由 RNA 连接酶将两个 tRNA 半分子连接在一起。连接反应首先由 ATP 活化连接酶，形成腺苷酰化蛋白质。AMP 的磷酸基团以共价键连接在酶蛋白的氨基酸上。然后，AMP 被转移到 tRNA 半分子的 5′-磷酸基上，形成 5′-5′磷酸连接。在另一 tRNA 半分子的 3′-羟基的攻击下，AMP 被取代，产生 3′，5′-磷酸二酯键。磷酸二酯酶、激酶和连接酶活性都是由同一种蛋白质提供的。

④ 多余的 2′-磷酸基团被一种依赖于 NAD^+ 的磷酸转移酶去除，产生正常的 tRNA 分子。

由于 tRNA 内含子的位置固定，tRNA 特定的空间结构决定了其内含子的去除，因而无需更多的因子参与。核酸内切酶在催化切割反应时，不识别特定的一级结构，也不依赖于核酶活性，由蛋白质的酶活性准确识别 tRNA 二级结构中内含子的两端，完成切割。

知识拓展　选择性剪接的生物学意义

1978 年，Gilbert 首先提出了选择性剪接的概念。在高等真核生物中，选择性剪接使一个基因能够产生多种不同转录本，从而增加了蛋白质组内蛋白质的数目。因此，选择性剪接被用来解释真核生物基因组中被注释的蛋白质编码基因的数目与细胞中蛋白质的数目不一致的原因。选择性剪接的发现使“一个基因，一条多肽链”，这一 19 世纪以来的生物学假设被彻底推翻了。

选择性剪接在生物系统中发挥着关键和基础的作用。例如，果蝇的性别决定就涉及一个选择性剪接级联。该级联包括 *sxl*、*tra* 和 *dsx* 三个基因，最终导致雄性特异和雌性特异的 DSX 蛋白的合成，而这两种蛋白质是果蝇性别决定的关键因素。

另一个例子是哺乳动物特异性转录因子 FOXP1 mRNA 的选择性剪接。该 mRNA 通过选择性剪接可以指导合成两种 FOXP1 蛋白亚型，一种包含外显子 18b，另外一种则包含外显子 18a（图 1）。含有外显子 18b 的 mRNA 可以激活靶基因 OCT4、NANOG 等，引起细胞去分化从而促进“诱导多能干细胞”的形成。含有 18a 的 FOXP1 蛋白则起到相反的分子作用，它不能激活 OCT4 和 NANOG 的转录，引起细胞的分化。因此，FOXP1 mRNA 的选择性剪接位于调控细胞多能性和分化转录链条的一系列分子事件的顶层。从上面的两个例子可以看出，选择性剪接在果蝇和哺乳动物中具有广泛的基因调控作用。

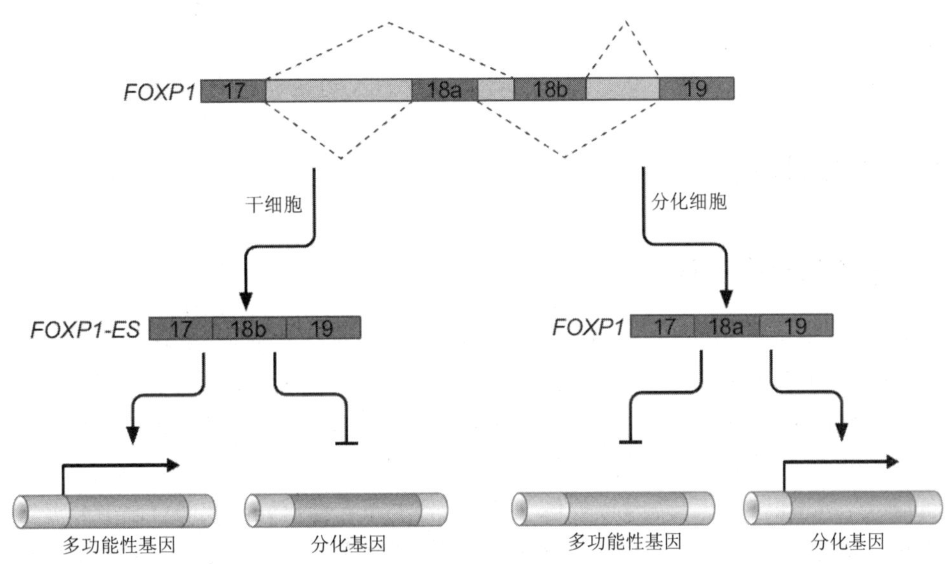

图 1　*FOXP1* 基因的选择性剪接决定着细胞的分化与去分化

选择性剪接的调控是一个复杂的过程，涉及许多相互作用的组分，包括顺式作用因子和反式作用元件。这一复杂过程出现的任何差错可能导致严重后果，并最终导致疾病的发生。例如，一种称为家族性孤立性生长素缺乏Ⅱ型（familial isolated growth hormone deficiency type Ⅱ）的遗传病是由于生长激素 pre-mRNA 的剪接错误造成的，导致患者身材矮小。Frasier 综合征（Frasier syndrome）是一种泌尿生殖系统疾病，是由对肾脏和生殖腺的发育起重要作用的一个基因的 pre-mRNA 剪接发生错误引起的。

第 8 章 蛋白质的合成与加工

蛋白质的生物合成即翻译（translation）是 mRNA 指导蛋白质合成的过程，分为氨基酸的激活,多肽链合成的起始、延伸、终止以及多肽链的折叠和翻译后修饰等过程。参与蛋白质合成的主要成分包括 mRNA、核糖体、tRNA、氨基酸、氨酰-tRNA 合成酶，以及参与翻译起始、延伸和终止过程的各种辅助因子，通过协同作用，它们将核酸分子中由 4 个字母（4 种核苷酸）编码的语言转换成蛋白质分子中由 20 个字母（20 种标准氨基酸）编码的语言。本章将介绍 mRNA 的碱基序列决定蛋白质的氨基酸序列的机理、翻译的化学过程、蛋白质翻译后加工，以及蛋白质的定向与分拣。

8.1 遗传密码

8.1.1 遗传密码是三联体

遗传密码是指核酸分子的碱基序列与多肽链的氨基酸序列之间的对应关系。RNA 只有 4 种核苷酸，而蛋白质中有 20 种氨基酸。如果以一对一的方式，即一个核苷酸决定一个氨基酸，RNA 只能决定 4 种氨基酸；若是 2 个核苷酸为一个氨基酸编码，则遗传密码只能代表 16 种氨基酸；如果以 3 个核苷酸编码一个氨基酸，则能形成 64 种密码子，完全可以满足编码 20 种氨基酸的需要。

Charles Yanofsky 发现了基因与多肽之间的共线关系。他首先从大肠杆菌中分离出大量影响色氨酸合成酶基因 A（*trpA*）功能的突变，并通过遗传重组对它们进行了定位，还确定了野生型蛋白和每一突变型蛋白的氨基酸顺序。该项研究表明基因和它编码的多肽链序列是共线的（图 8-1），即基因的突变位点与多肽链中发生改变的氨基酸残基之间存在对应关系。并且，遗传密码是不重叠的，因为一个突变只改变一种氨基酸。在 *trpA* 基因中还发现了两个不同的突变影响了同一种氨基酸，这是一个以上的核苷酸规定一种氨基酸的第一个证据。

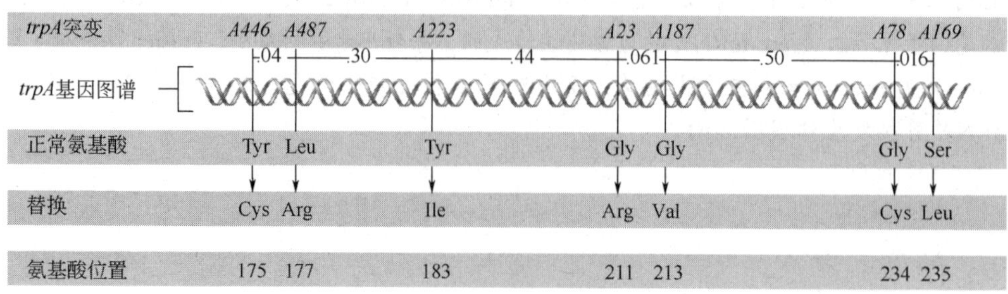

图 8-1 大肠杆菌 *trpA* 基因和它编码的多肽链之间的共线性

Crick 等人又利用 T4 噬菌体 *r II*突变型从遗传学的角度证实三联体密码的构想是正确的。他们所利用的 T4 噬菌体 *r II*突变型是由原黄素诱导产生的。用原黄素等吖啶类试剂处理细胞时，会在 DNA 分子上造成碱基的插入或缺失，引起移码突变。由碱基插入形成的突变体用“+”表示，由碱基缺失形成的突变体用“−”表示。开始用原黄素诱导产生的突变称为 FCO，它们只能在大肠杆菌 B 菌株上生长形成噬菌斑，而不能在 K12(λ)菌株上生长。

然后他们再用原黄素诱导产生回复突变，回复突变体可以在 K12(λ)菌株上生长形成噬菌斑。通过遗传分析发现，回复突变并非是突变位点又回复到原来的状态，而是在另一位点又发生了一次突变引起的，这次突变抵消或抑制了第一次突变的表型效应，因此被称为抑制突变(suppressor mutation)。通过遗传重组可以把抑制突变和正向突变分开。

假设基因从一端开始一个密码子接一个密码子地阅读，就可以解释这些实验结果。原黄素诱导的插入或缺失使阅读框发生改变，导致突变位点以后的密码子均被误读，从而指导生成一个完全不同的、没有功能的蛋白质。原黄素诱导产生的在另一位置上的插入或缺失会使突变基因恢复到正确的读码框，从而产生回复突变体。如果第一次突变是一个插入，那么第二次突变就是一个缺失，只有这样才能恢复正确的读码框，反之亦然。实验表明，一个插入不能抑制另一个插入的突变效应，同样一个缺失也不能抑制另一个缺失的突变效应。然而，三个插入突变和三个缺失突变常常导致拟回复突变的产生，因此遗传密码最有可能是三联体。

8.1.2　遗传密码的破译

一旦接受遗传密码是三联体，密码子不相互重叠，基因与其规定的蛋白质之间呈现共线性，研究者的注意力就转向了对密码子的阐明，破解 20 种氨基酸与 64 个密码子之间的对应关系。到了 20 世纪 60 年代中期全部 64 种密码子的含义就确定下来了。

8.1.2.1　大肠杆菌无细胞蛋白质合成系统

1961 年马里兰州美国国立卫生研究院的 Marshall Nirenberg 和 Heinrich Matthaei 率先利用大肠杆菌无细胞蛋白质合成系统（cell-free protein synthesizing system）开展遗传密码的破译工作。这种蛋白质合成系统实际上是用大肠杆菌细胞制备的提取物。在用 DNase 除去 DNA 模板后，提取物不再转录出新的 mRNA，原来的 mRNA 因其半衰期短，很快被降解，所以其中含有除 mRNA 之外进行翻译所需的所有成分。

8.1.2.2　以同聚物为模板指导多肽的合成

这个系统首先用仅由一种核苷酸串联而成的 RNA 作为模板指导蛋白质的合成。当把多聚（U）作为模板加入到无细胞体系时，发现新合成的多肽链是多聚苯丙氨酸，从而认定 UUU 代表苯丙氨酸。用同样的方法证明 AAA 编码赖氨酸，CCC 编码脯氨酸。以多聚（G）为模板时，未得到蛋白质产物，原因是 Poly(G)易于形成多股螺旋，不宜作为蛋白质合成的模板。

需要指出的是这种无细胞体系中的 Mg^{2+}浓度很高，人工合成的多聚核苷酸不需要起始密码子就能指导多肽链的合成，但是合成的起始位点是随机的。在生理 Mg^{2+}浓度下，没有起始密码子的多核苷酸链不能作为翻译的模板。

8.1.2.3　利用随机共聚物为模板指导多肽的合成

1963 年，Nirenberg 及 Ochoa 等人又发展了用两个碱基构成的随机共聚物（random copolymers）作为模板破译密码的方法。只含有 A、C 的随机共聚物可能出现 8 种三联体，即 CCC、CCA、CAC、ACC、CAA、ACA、AAC、AAA，由该共聚物作为模板指导合成的多肽链含有 6 种氨基酸，分别是 Asn、His、Pro、Gln、Thr 和 Lys。酶促合成共聚物时，可以依据一定的比例加入两种核苷酸，根据所加入的比例可以计算出各种三联体出现的相对频率，例如当 A 和 C 的比例等于 5∶1 时，AAA∶AAC 是 125∶25，依次类推。依据标记氨基酸掺入的相对量应与其密码子出现的频率相一致的原则，可以确定 20 种氨基酸密码子的碱基组成，但不知道它们的排列顺序（图 8-2）。

可能的碱基组成	可能的三联体	任一种三联体出现的频率	总频率
3A	AAA	$(1/6)^3=1/216=0.4\%$	0.4
1C∶2A	AAC ACA CAA	$(5/6)(1/6)^2=5/216=2.3\%$	3×2.3=6.9
2C∶1A	ACC CAC CCA	$(5/6)^2(1/6)=25/216=11.6\%$	3×11.6=34.8
3C	CCC	$(5/6)^3=125/216=57.9\%$	57.9
			100.0

信使的化学合成↓

RNA

C C C C C C C C A C C C C C C A A C C A C C C C C A C C C C C A C C C A A

信使翻译↓

Lys	<1	AAA
Gln	2	1C∶2A
Asn	2	1C∶2A
Thr	12	2C∶1A
His	14	2C∶1A，1C∶2A
Pro	69	CCC，2C∶1A

图 8-2　利用随机共聚物破译遗传密码

8.1.2.4　利用核糖体结合技术破译遗传密码

1964 年 Nirenberg 和 Leder 建立了利用核糖体结合技术破译密码的新方法。他们发现在体外翻译系统中与核糖体结合的核苷酸三联体能使与其对应的氨酰-tRNA 结合在核糖体上。将此反应混合物通过硝酸纤维素滤膜时，游离的氨酰-tRNA 由于分子量较小，能自由通过滤膜（图 8-3）。与三联体对应的氨酰-tRNA 因与核糖体结合，体积超过了膜上的微孔而留在膜上，这样就能把与三联体对应的氨酰-tRNA 与其他的氨酰-tRNA 分开。

实验制备了 20 份细菌抽提物，每一份含有 20 种氨酰-tRNA，其中一种用 ^{14}C 标记，其他 19 种未被标记。然后，用每一种三联体分别进行实验，检验它们究竟介导哪一种氨酰-tRNA 与核糖体结合。如果所加入的三联体使被标记的氨酰-tRNA 结合在核糖体上，在滤膜上就会检测到放射性信号，否则标记将会通过滤膜。虽然所有 64 个三联体都可按设想的序列合成，但并不是全部密码子均能以这种方法鉴定，因为有一些三核苷酸序列与核糖体结合并不像 UUU 或

GUU 等那样有效，不能确定它们是否能为特异的氨基酸编码。

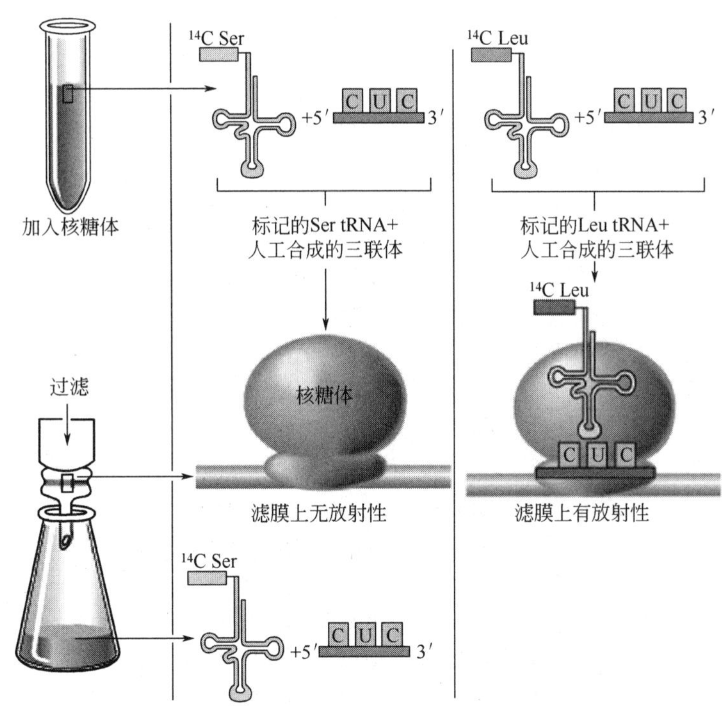

图 8-3　利用核糖体结合技术破译密码子的原理

8.1.2.5　利用重复共聚物破译遗传密码子

1965 年 Khorana 利用重复共聚物（repeating copolymers）进行密码子破译工作。所谓重复共聚物就是含有重复序列的多聚核苷酸，例如…ACACACACACAC…。该序列无论如何阅读只含有 ACA 和 CAC 两种密码子，指导合成的多肽也是由 Thr 和 His 交替组成。还需要进一步的实验来确定两种氨基酸的相应密码子。以 AAC 为单位构成的重复序列…AACAACAACAAC…指导合成三种不同的多肽，分别是多聚天冬酰胺、多聚苏氨酸和多聚谷氨酰胺。

显然，翻译可以从任何一个核苷酸开始来阅读 mRNA。该 mRNA 是以 AAC-AAC-…，还是以 ACA-ACA-…或者以 CAA-CAA-…的方式阅读取决于从哪一个核苷酸开始。上述讨论的两个人工合成的 mRNA 彼此共有的密码子是 ACA，由它们指导合成的多肽链中共有的氨基酸是苏氨酸，显然 ACA 为编码苏氨酸的密码子。Khorana 使用二核苷酸、三核苷酸和四核苷酸共聚物作为模板，将所有的遗传密码都破译了。阐明的核苷酸与氨基酸之间的对应关系见表 8-1。

与真正的 mRNA 相比，人工合成的 mRNA 指导体外蛋白质合成的效率要低得多，并且产生的多肽链的长度也不固定。虽然在破译遗传密码时，利用人工合成的 mRNA 得到了稳定的实验结果，但是真正的蛋白质是由细胞合成的 mRNA 编码的。人们把噬菌体 F2 的 mRNA 加入到无细胞蛋白质合成系统中，首次成功地合成了一种特定的蛋白质——噬菌体的衣壳蛋白。随着真正的 mRNA 的应用，很快发现，编码多肽链的第一个密码子是编码甲硫氨酸的密码子 AUG，而 UAA、UAG 和 UGA 不编码任何氨基酸，为终止密码子。

表 8-1 遗传密码表

第一个碱基	第二个碱基 U	第二个碱基 C	第二个碱基 A	第二个碱基 G	第三个碱基
U	UUU Phe (F)	UCU Ser (S)	UAU Tyr (Y)	UGU Cys (C)	U
U	UUC Phe (F)	UCC Ser (S)	UAC Tyr (Y)	UGC Cys (C)	C
U	UUA Leu (L)	UCA Ser (S)	UAA Stop	UGA Stop	A
U	UUG Leu (L)	UCG Ser (S)	UAG Stop	UGG Trp (W)	G
C	CUU Leu (L)	CCU Pro (P)	CAU His (H)	CGU Arg (R)	U
C	CUC Leu (L)	CCC Pro (P)	CAC His (H)	CGC Arg (R)	C
C	CUA Leu (L)	CCA Pro (P)	CAA Gln (Q)	CGA Arg (R)	A
C	CUG Leu (L)	CCG Pro (P)	CAG Gln (Q)	CGG Arg (R)	G
A	AUU Ile (I)	ACU Thr (T)	AAU Asn (N)	AGU Ser (S)	U
A	AUC Ile (I)	ACC Thr (T)	AAC Asn (N)	AGC Ser (S)	C
A	AUA Ile (I)	ACA Thr (T)	AAA Lys (K)	AGA Arg (R)	A
A	AUG Met (M)	ACG Thr (T)	AAG Lys (K)	AGG Arg (R)	G
G	GUU Val (V)	GCU Ala (A)	GAU Asp (D)	GGU Gly (G)	U
G	GUC Val (V)	GCC Ala (A)	GAC Asp (D)	GGC Gly (G)	C
G	GUA Val (V)	GCA Ala (A)	GAA Glu (E)	GGA Gly (G)	A
G	GUG Val (V)	GCG Ala (A)	GAG Glu (E)	GGG Gly (G)	G

8.1.3 密码子的特性

8.1.3.1 三联体密码与阅读框

基因通过其密码子序列决定所表达蛋白质的氨基酸序列。密码子为 3 个核苷酸构成的三联体，4 种核苷酸可组成 64 种密码子，其中的 61 种密码子对应于 20 种氨基酸， UAA、UAG 和 UGA 为终止密码子。在 61 种有义密码子中，AUG 除编码甲硫氨酸外兼做起始密码子。翻译时，要正确阅读 mRNA 分子的遗传密码，必须从起始密码子开始，按 5′→3′方向一个三联体接一个三联体地读下去，直至遇到终止密码子为止，从而形成一个阅读框。真核生物的 mRNA 通常只含有一个 ORF，编码一条多肽链，称为单顺反子 mRNA。相反，原核生物的 mRNA 常常含有多个 ORF，编码几条多肽链，称为多顺反子 mRNA。

8.1.3.2 密码子之间不重叠，也无标点隔开

在一个阅读框内，所有的密码子都是连续阅读的，两个相邻的密码子不共用一个或两个核苷酸，同时密码子与密码子之间也没有任何不参与编码的核苷酸，因此密码子是不重叠和无标点的。在少数病毒中，两个基因可以共用一段核苷酸序列，形成所谓的重叠基因（overlapping genes）。每一重叠基因都有自己的阅读框，各自的阅读框仍按三联体方式连续读码。

8.1.3.3 密码子的简并性与密码子偏倚

遗传密码具有简并性（degeneracy），除 Met(AUG)和 Trp(UGG)以外，每个氨基酸都有一个以上的密码子。从表 8-1 可以看出，有 9 种氨基酸有 2 个密码子，1 种氨基酸有 3 个密码子，5

种氨基酸有 4 个密码子，3 种氨基酸有 6 个密码子。这种一种以上的密码子编码一个氨基酸的现象称为简并。对应于同一个氨基酸的不同密码子称同义密码子（synonymous codon）。在密码子表中同义密码子不是随机分布的，它们的第一、第二位核苷酸往往是相同的，区别只表现在第三位核苷酸。

当前两位核苷酸确定以后，第三位无论是 C 还是 U，密码子编码同一个氨基酸，比如 Phe 的密码子是 UUU 和 UUC，His 的密码子是 CAU 和 CAC 等。在大多数情况下，第三位是嘌呤时，密码子也是同义的，如 Leu 的密码子是 UUA、UUG，Lys 的密码子是 AAA、AAG 等。还有一种情况是一个氨基酸的头两个核苷酸确定之后，第三个可以是 U、C、A 或 G，如 Ala 的密码子是 GCU、GCC、GCA 和 GCG。像这样，密码子最后一位碱基专一性降低的现象也称为第三位碱基简并（third-base degeneracy）。

密码子的这种编排方式可以最大限度地降低突变对生物体的影响。转换（transition）是指一个嘌呤被另一个嘌呤取代，或一个嘧啶被另一个嘧啶取代，为一种最常见的突变。颠换（transversion）指一个嘌呤被一个嘧啶取代，或者一个嘧啶被一个嘌呤取代。在第三位置上，转换除了导致 Met(AUG)和 Ile（AUA），以及 Trp（UGG）和终止密码子（UGA）之间的相互替代外，不会改变密码子的性质。第三位置上一半以上的颠换也不会导致编码氨基酸的变化，剩余的颠换通常导致一个氨基酸被另一个性质相似的氨基酸取代，比如 Asp 和 Glu 之间的代换。

密码子虽有简并性，但在所有的物种中，基因对密码子的使用频率不是随机的，而是优先使用其中的一些密码子，这种现象称为密码子偏倚（codon bias），而使用频率比较低的密码子称为稀有密码子。如亮氨酸可由 6 个密码子（UUA、UUG、CUU、CUC、CUA 和 CUG）编码，但是在人类基因中，大多被 CUG 编码，而且几乎不被 UUA 或 CUA 编码。

一种密码子的使用频率与其对应的同工受体 tRNA 在细胞内的丰度存在正相关。使用频率较高的密码子其对应的 tRNA 含量也较高，这些密码子被称为最优密码子，它们通过减少与对应的 tRNA 匹配时间而提高翻译的速度。一般而言，表达水平高的基因倾向于利用使用频率高的密码子，所以通过分析某一基因使用密码子的样式，可以预测其表达水平的高低。对于表达情况未知的基因，如果它倾向于使用最优密码子，则该基因有可能是高水平表达的基因。

8.1.3.4　密码子的通用性与例外

表 8-1 给出的遗传密码适用于绝大多数生物的绝大多数基因，所以密码子具有普遍性。高等生物和低等生物在很大程度上共用一套密码子，说明代表核酸中的核苷酸序列与蛋白质中的氨基酸序列之间对应关系的遗传密码在进化的早期就已确定下来了。但是，也存在一些例外的情况。在支原体（*Mycoplasma capricolum*)中，终止密码子 UGA 被用来编码 Trp，而 UGG 仍是 Trp 的密码子，但用得很少。有两种 Trp-tRNA 存在，它们的反密码子分别是 3′-ACU-5′（阅读 UGA 和 UGG）和 3′-ACC-5′（仅阅读 UGG）。

在一些纤毛虫（单细胞原生动物）中，终止密码子 UAA、UAG 被用来编码谷氨酰胺。所有这些变化都是零星的，也就是说在进化的过程中，它们独立地发生在不同的物种中。这些变化集中在终止密码子，因为这样不会引起氨基酸的替换。如果一些终止密码子很少使用，它们可能会被重新招募，回复成编码氨基酸的密码子。终止密码子获得编码功能要求 tRNA 必须突变以识别终止密码子。

一些物种的线粒体中，也存在着遗传密码的例外现象（表 8-2），说明在进化的过程中，通用密码子在一些位点发生了变化。最早的变化是用 UGA 编码色氨酸，这种变化存在于除植物外的所有生物的线粒体中。一些变化使密码子在密码子表中的分布变得更加规则，比如 UGA 和 UGG 都编码色氨酸，而不是一个为终止密码子，一个编码色氨酸。AUG 和 AUA 都编码甲硫氨酸，而不是一个编码甲硫氨酸，一个编码异亮氨酸。在哺乳动物线粒体中，AGA 和 AGG 并不是 Arg 的密码子，而是终止密码子。因此，哺乳动物线粒体的遗传密码中有 4 个终止密码子（UAA、UAG、AGA 和 AGG）。

表 8-2　人类线粒体遗传密码的例外

密码子	标准密码子	线粒体密码子
UGA	Stop	Trp
AUA	Ile	Met
AGA	Arg	Stop
AGG	Arg	Stop

8.2　tRNA

转运 RNA（tRNA）在翻译中具有重要作用。所有的 tRNA 都具有两种功能，一方面它与一种特定的氨基酸共价连接，另一方面又识别 mRNA 上的密码子。正是由于 tRNA 具有这两方面的作用才保证了多肽链的氨基酸顺序通过遗传密码与 mRNA 的核苷酸序列相对应。

8.2.1　tRNA 分子的二级结构

tRNA 分子的长度为 74～95 个核苷酸，但是大多数的 tRNA 由 76 个核苷酸构成。第一个被测序的 tRNA 分子是酵母的丙氨酸 tRNA。随着越来越多的 tRNA 被测序，人们逐渐清楚所有 tRNA 都通过链内碱基的互补配对形成一种特定的三叶草（cloverleaf）结构（图 8-4），包括 4 个主要的臂和一个可变臂。

受体臂（acceptor arm）：包括 tRNA 分子的 5′-端序列和 3′-端序列互补配对形成的 7 bp 长的双螺旋结构，以及 3′-末端由 4 个碱基构成的单链区，其中最后 3 个碱基序列永远是 CCA。

D 臂（D-arm）：由一个 3～4 bp 的茎和一个环构成，环中含有二氢尿嘧啶，因此又称 D 环（D 代表二氢尿嘧啶）。

反密码子臂（anticodon arm）：由一个 5 bp 的茎和 7nt 的环构成，环的中央为反密码子三联体，它借助碱基配对识别 mRNA 上的密码子三联体。

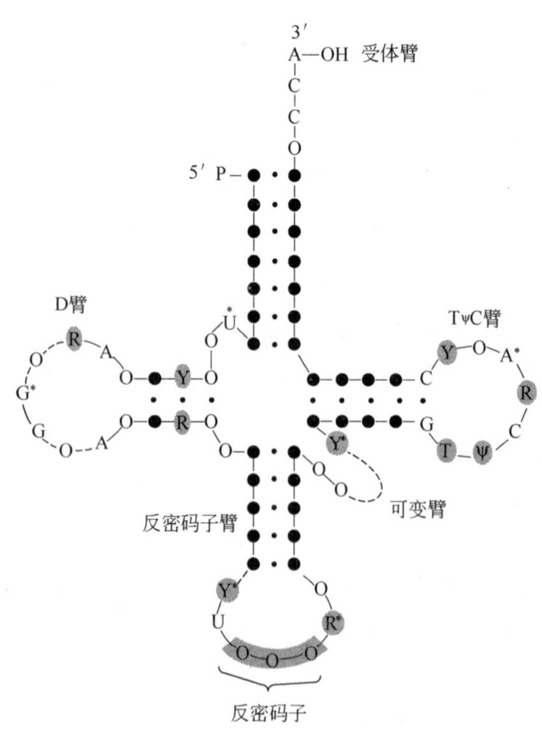

图 8-4　tRNA 的三叶草形二级结构

R 代表嘌呤核苷酸；Y 代表嘧啶核苷酸

可变臂（variable arm）：其长度在不同的 tRNA 分子之间变化最大。根据可变臂的大小，可把 tRNA 分为两大类：第一类 tRNA 可变臂由 3～5 个核苷酸组成，占所有 tRNA 的 75%；第二类 tRNA 的可变臂较长，包括茎区和环区两个部分。

TψC 臂：常常由一个 5 bp 的茎和 7nt 的环组成，环中包括 TψC 序列（ψ 代表假尿嘧啶）。

tRNA 含有很多修饰的碱基，碱基的修饰方式也是多种多样的，从最简单的甲基化到整个嘌呤环的重排都可以在 tRNA 分子上找到。一些修饰是所有 tRNA 所共有的，例如，D 环上的 D 残基，TψC 环序列中的 ψ 残基，另外，反密码子的 3′-端总有一个修饰的嘌呤。还有一些修饰方式是特异性的，只发生在特定的 tRNA 分子上。在目前研究过的几百种 tRNA 分子中，共发现了 70 余种不同类型的修饰碱基，所有这些碱基都是转录后加工形成的。通过比较 tRNA 分子的序列，发现 tRNA 分子上一些位置上的碱基是保守的，即在不同的 tRNA 分子中，这些位置上的碱基都一样。还有一些位置上的碱基是半保守的，它们或者是嘌呤或者是嘧啶。

8.2.2　tRNA 分子的三级结构

通过 X 衍射来研究几种酵母的 tRNA 晶体，发现各种 tRNA 存在共同的三维结构。由于 D 环和 TψC 环的核苷酸形成碱基配对，使 tRNA 三叶草形的二级结构折叠成致密的倒 L 形三级结构（图 8-5）。在三级结构中，二级结构中的双螺旋区仍然保持着，但是它们要形成两个连续、彼此垂直的双螺旋：接受臂的茎和 TψC 臂的茎形成一个连续的双螺旋；D 臂的茎和反密码子臂的茎形成另一个连续的双螺旋。D 环和 TψC 环形成了两个臂之间的转角。倒 L 形结构两条臂的长度约 7 nm，氨基酸接受位点和反密码子分别位于两个臂的末端。许多保守或半保守的碱基参与了三级结构氢键的形成，这也解释了它们保守的原因。

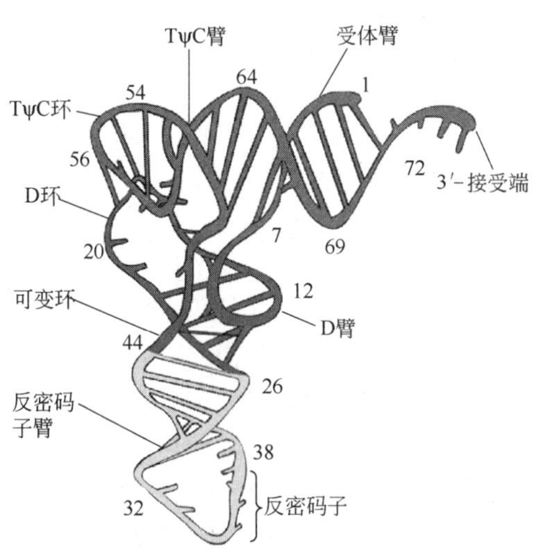

图 8-5　tRNA 的倒 L 形三级结构

8.2.3　密码子和反密码子的相互作用

tRNA 上的反密码子通过碱基配对识别 mRNA 上的密码子。mRNA 按 5′→3′方向读取，由于碱基配对发生在两个反向平行的多核苷酸链之间，故密码子的第 1、2 和 3 位核苷酸分别和反密码子的第 3、2 和 1 位核苷酸配对。

反密码子在 tRNA 的一个环上，所以这个三联体会有轻度的弯曲，结果造成密码子的第 3 个核苷酸和反密码子的第 1 个核苷酸之间允许形成非标准碱基对，这种现象称为摆动（wobble）。1966 年，Crick 根据立体化学原理首先提出了摆动假说，后来证明该假说是正确的。由于摆动，某些 tRNA 可以识别一个以上的密码子。一个 tRNA 究竟能够识别多少个密码子是由反密码子 5′-端的碱基决定的（表 8-3）。当反密码子 5′-端的碱基是 A 或 C 时，只能识别一种密码子；为 G 或 U 时可以识别两种密码子。例如，反密码子 3′-GAG-5′可解码 5′-CUC-3′和 5′-CUU-3′，二者都编码亮氨酸（图 8-6）；为次黄嘌呤（I）时可以识别三种密码子，例如，3′-UAI-5′可以解码异亮氨酸的所有三个密码子 5′-AUA-3′、5′-AUC-3′和 5′-AUU-3′。

表 8-3　摆动规则

反密码子第一位碱基	密码子第三位碱基	反密码子第一位碱基	密码子第三位碱基
C	G	G	U 或 C
A	U	I	U、C 或 A
U	A 或 G		

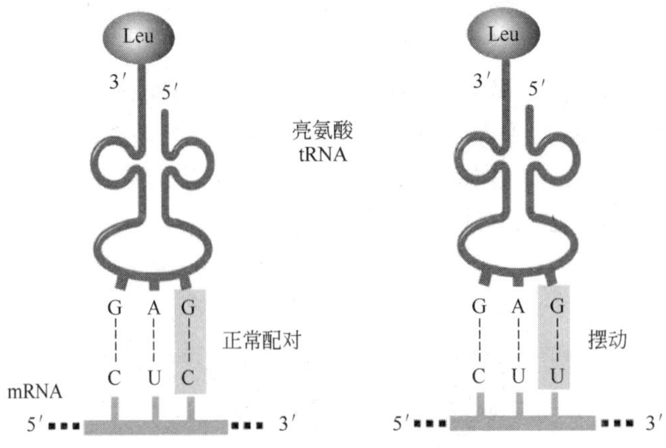

图 8-6　具有反密码子 GAG 的 tRNA 可以解读亮氨酸的两个密码子 5′-CUC-3′和 5′-CUU-3′

上述的摆动规则，细胞并非一定要严格遵守，因为如果严格遵守，一个细胞只需要 31 种 tRNA 就可以识别所有 61 个密码子。然而，事实上一个细胞内的 tRNA 往往超过 31 种。作为典型的高等生物，人类基因组有 48 种 tRNA。预计，其中 16 种利用摆动分别识别两种密码子，其余 32 种特异性地对应单个三联体。此外，线粒体的翻译系统使用一种更为宽松的摆动规则。人类的线粒体使用 22 种 tRNA，其中有些 tRNA 在其摆动位置的碱基可以与密码子的任一种碱基配对，使前两个碱基相同，第三位碱基不同的同义密码子可由同一种 tRNA 识别，这种现象称为超摆动。

8.3　氨酰-tRNA 合成酶

8.3.1　氨酰-tRNA 合成酶催化的化学反应

氨酰-tRNA 合成酶（aminoacyl-tRNA synthetase，aaRS）负责催化将氨基酸连接到相应的

tRNA 分子上形成氨酰-tRNA，这是由 ATP 驱动的两步反应（图 8-7）。

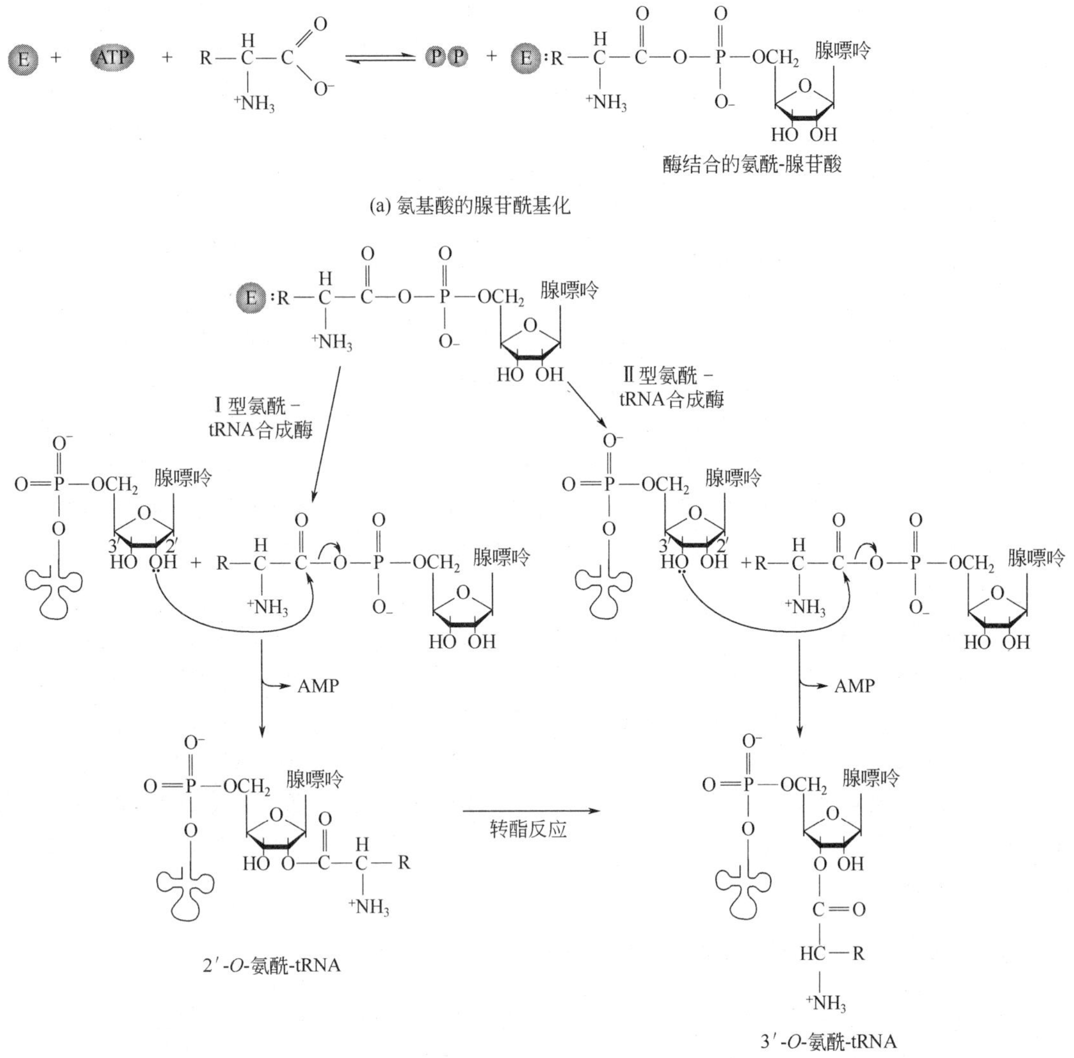

酶结合的氨酰-腺苷酸

(a) 氨基酸的腺苷酰基化

Ⅰ型氨酰-tRNA合成酶

Ⅱ型氨酰-tRNA合成酶

转酯反应

2′-*O*-氨酰-tRNA

3′-*O*-氨酰-tRNA

(b) 腺苷酰基化的氨基酸转移至tRNA上

图 8-7　氨酰-tRNA 合成酶的催化机理

第一步是氨基酸的腺苷酰基化。氨酰-tRNA 合成酶催化氨基酸的羧基与另一底物 ATP 上的 *α*-磷酸基团形成高能酯键，同时释放出一分子焦磷酸。释放的焦磷酸被迅速水解，导致氨基酸的活化在热力学上极为有利。

$$氨基酸+ATP \longrightarrow 氨酰\text{-}AMP+PPi$$

第二步是 tRNA 负载。氨酰-tRNA 合成酶把氨酰基转移到 tRNA 末端腺苷酸的 2′-羟基（Ⅰ型酶）或 3′-羟基（Ⅱ型酶）上，形成的氨酰-tRNA 保留了 ATP 的能量，这时可以说氨基酸被活化。高能磷酸酯键在翻译的延伸阶段被用来驱动肽键的形成。

8.3.2　氨酰-tRNA 合成酶的分类

很多氨酰-tRNA 合成酶的晶体结构被解析，发现所有的氨酰-tRNA 合成酶都是模块化的，大多数含有 2～4 个结构域。氨酰基化结构域的功能是激活氨基酸，并将氨酰基团转移至其关联的 tRNA 上。根据氨酰基化结构域的折叠模式，氨酰-tRNA 合成酶被分成 I 型和 II 型两种类型。无论来自哪一种生物，一种氨酰-tRNA 合成酶只属于同一种类型。属于 I 型酶的氨基酸有 Arg、Cys、Gln、Glu、Ile、Leu、Met、Trp、Tyr 和 Val；属于 II 型酶的氨基酸有 Ala、Asn、Asp、Gly、His、Lys、Phe、Pro、Ser 和 Thr。两种氨酰基化结构域在真核生物、细菌和古细菌中的保守性说明该结构域在进化过程中出现得最早，氨酰-tRNA 合成酶的其他结构域，包括对 tRNA 进行识别的结构域是后来嫁接上的。

两类氨酰-tRNA 合成酶的氨酰基化结构域与 ATP、氨基酸和 tRNA 以不同的方式发生相互作用。例如，ATP 以一种伸展的构象与 I 型合成酶结合，而以一种致密的构象与 II 型合成酶结合；I 型合成酶的氨基酸结合口袋是开放的，具有柔韧性，而 II 型合成酶口袋则比较僵硬；I 型合成酶从接受臂的小沟一侧与 tRNA 结合，可变臂朝向溶液，而 II 型合成酶从接受臂的大沟一侧与 tRNA 结合，可变臂朝向蛋白质。因此，I 型合成酶和 II 型合成酶以镜像对称的方式与接受臂和 CCA-OH 结合，结果导致氨酰基分别被转移至 3′-末端腺嘌呤核苷酸的 2′-OH 和 3′-OH。

I 型合成酶通常是单体，总是首先将氨基酸转移到 tRNA 3′-端腺苷酸的 2′-OH 上，然后再切换至 3′-OH，因为只有 3′-氨酰-tRNA 才能作为翻译的底物。II 型酶将氨基酸连接到 tRNA 的 3′-羟基，并且通常是二聚体或四聚体。

细菌细胞具有 30～45 种不同的 tRNA，真核生物有 50 余种，这就意味着一个氨基酸可能有几个不同的 tRNA 与之对应。携带同一个氨基酸的一组 tRNA 称为同工 tRNA（isoaccepting tRNA）。多肽链中有 20 种氨基酸，因此，所有的 tRNA 可以分为 20 个同工 tRNA 组。每一种生物大概含有 20 种氨酰-tRNA 合成酶，分别对应于 20 种氨基酸和 20 个同工 tRNA 组。*E.coli* 有 21 种 aaRS，仅 Lys 有 2 种，其他氨基酸都只有一种对应的 aaRS。某些细菌缺乏 Gln-tRNA^{Gln} 合成酶，作为替代，一种氨酰-tRNA 合成酶将 Glu 连接到 tRNA^{Gln} 上，生成的 Glu-tRNA^{Gln} 再转化为 Gln-tRNA^{Gln}。

8.3.3　氨酰-tRNA 合成酶对 tRNA 的识别

tRNA 上的反密码子负责把氨基酸插入到多肽链的正确位置，这一点可以通过改变反密码子上的一个碱基来证明。甘氨酸 tRNA 的反密码子是 5′-UCC-3′，通过化学修饰可以把 UCC 转化为 UCU，而 UCU 与赖氨酸的密码子 AGA 配对。此时，tRNA 的反密码子已经发生了改变，但其携带氨基酸的性质并未发生变化。在体外蛋白质合成系统中，这种反密码子发生变化的 tRNA 可以把甘氨酸插入到新合成的多肽链的赖氨酸位置上。在另一个实验中通过还原脱硫作用可以把半胱氨酰-tRNA^{Cys} 转变为丙氨酰-tRNA^{Cys}，然后用于体外蛋白质合成。结果多肽链上本该为半胱氨酸占据的位置变成了丙氨酸（图 8-8）。

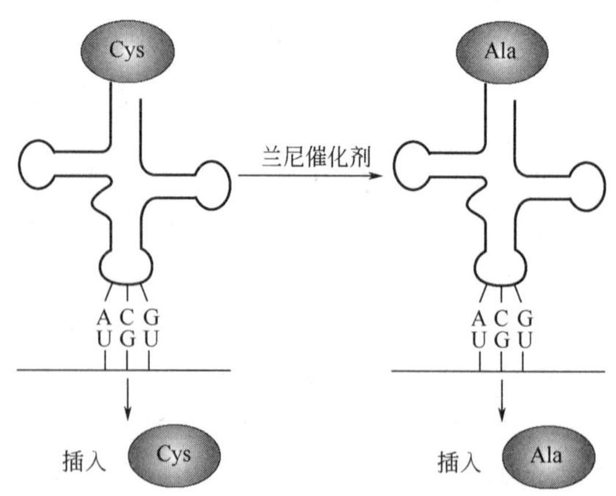

图 8-8　在体外蛋白质合成系统中，携带丙氨酸的 tRNA^{Cys} 仍识别半胱氨酸的密码子

上述两个实验说明密码子与反密码子的

结合只与二者之间的碱基识别有关，tRNA 分子上所携带的氨基酸并不影响这种识别。因此，要保证蛋白质合成的真实性，除了要求反密码子与密码子准确结合外，还要求氨酰-tRNA 合成酶把氨基酸连接到正确的 tRNA 上。

每一种 aaRS 对两种不同的底物即 tRNA 和氨基酸都具有高度的特异性，以确保正确的氨基酸与正确的 tRNA 相连，形成正确的氨酰-tRNA。如前所述，细胞内一般对应于一种氨基酸只有一种 aaRS，而针对一种氨基酸可能存在几种不同的同工 tRNA。那么，一种氨酰-tRNA 合成酶是如何识别一组同工 tRNA 的?

来自遗传学、生物化学和 X 射线衍射的证据表明，决定 tRNA 特异性的因素来自 tRNA 分子两个相距较远的位点——接受臂和反密码子环。可以设想，一种最直接的方法是通过鉴别 tRNA 的反密码子来识别 tRNA，因为每一种 tRNA 都有一个不同的反密码子，并且反密码子还决定着 tRNA 负责加入到多肽链上的氨基酸种类。一些 tRNA 确实是通过这种方式被识别的。人们通过交换 $tRNA^{Met}$ 和 $tRNA^{Val}$ 的反密码子发现反密码子是决定这两种 tRNA 负载何种氨基酸的主要因素。然而，对于多数 tRNA 来说，情况并非如此。人们早就发现了来源于少数 tRNA (minor tRNA)的抑制子 tRNA，尽管它们的反密码子已经改变（识别无义密码子），但它们携带氨基酸的性质并没有改变。

1988 年侯雅明和 Schimmel 首先在确定 tRNA 身份元件（identity element）方面获得了突破。他们选用一种大肠杆菌的色氨酸营养缺陷型来研究这一问题。该突变体的 *trpA* 基因发生了无义突变，它的 234 位的色氨酸密码子 UGG 突变成了无义密码子 UAG，因此必须在加有色氨酸的培养基中才能生长。丙氨酸抑制 tRNA 可以校正色氨酸的琥珀突变（产生终止密码子 UAG 的点突变）。这种 tRNA 携带 Ala，但它的反密码子突变成 CUA，因此可以和终止密码子 UAG 配对，在琥珀突变的对应位点加入 Ala。转化 *E.coli* 后只要校正率达到 3%，该 *trp* 菌株就可在普通培养基上生长。

他们先用点突变的方法来改变校正 $tRNA^{Ala}$ 上的各个位点上的碱基，然后观察这些突变对 tRNA 校对活性的影响，以此来确定 $tRNA^{Ala}$ 上 AlaRS 的识别位点。他们获得了 28 个突变体（14 种在接受臂上）。结果发现，许多突变体都不改变 tRNA 负载丙氨酸的性质，而只有改变 G3∶U70 这一碱基对的突变体才表现出明显的突变效应（不能抑制 *trpA* 基因中第 234 个琥珀突变）。这就说明，G3∶U70 是丙氨酰-tRNA 分子决定其性质（携带丙氨酸）的主要因素。进一步的证据是，如果把这对碱基插入到少数 $tRNA^{Phe}$ 的受体臂上，则这种突变的 tRNA 就会携带 Ala。已发现带有三种不同反密码子（CUA、GGC、UGC）的 $tRNA^{Ala}$ 都具有 G3∶U70 碱基对。

tRNA 分子的识别特征决定着其所携带的氨基酸的种类，有时也被称为“第二遗传密码”。如上所述，这套遗传密码远比“第一遗传密码”复杂。如果没有这套密码，合成酶不能将不同的 tRNA 分子区分开来，基因的核苷酸序列和多肽链的氨基酸序列之间固定的对应关系将不再存在。

8.3.4 氨酰-tRNA 合成酶的校正功能

氨基酸和 tRNA 的正确连接对于保证蛋白质合成的正确性至关重要。氨酰-tRNA 合成酶可以通过多级校对功能防止氨基酸和 tRNA 之间的错误连接。相关 tRNA 对合成酶上的结合位点有很高的亲和性，因此结合较快，解离较慢。随着 tRNA 的结合，合成酶要对其进行识别。若结合的是正确的 tRNA，那么酶的构象就会改变，使结合变得更为稳定，接着迅速发生氨酰基化反应；若是错误的 tRNA，构象不会发生改变，氨酰基化反应过程变得很慢，这样就增加了 tRNA 在负载前从酶中解离出来的机会。这种进入-识别-排除/接受控制类型称为动力学校对（Kinetic proofreading）（图 8-9）。

与 tRNA 相比，氨基酸是一种小分子，可供合成酶识别的结构特征很有限，例如，Ile 和 Val 之间，仅有一个亚甲基基团的差异［图 8-10（a）］。那么，aaRS 又是如何避免合成错误的氨酰-tRNA 的呢？缬氨酰-tRNA 合成酶可通过其催化口袋的空间位阻作用排斥 Ile，因为 Ile 的体积大于 Val。Val 能够进入异亮氨酰-tRNA 合成酶的催化口袋，与 ATP 反应，形成缬氨酰-AMP。然而，Ile 和 Val 对异亮氨酰-tRNA 合成酶的亲和力不一样，Ile 优先与异亮氨酰-tRNA 合成酶的催化口袋结合，进行腺苷酰基化反应［图 8-10（b）］。

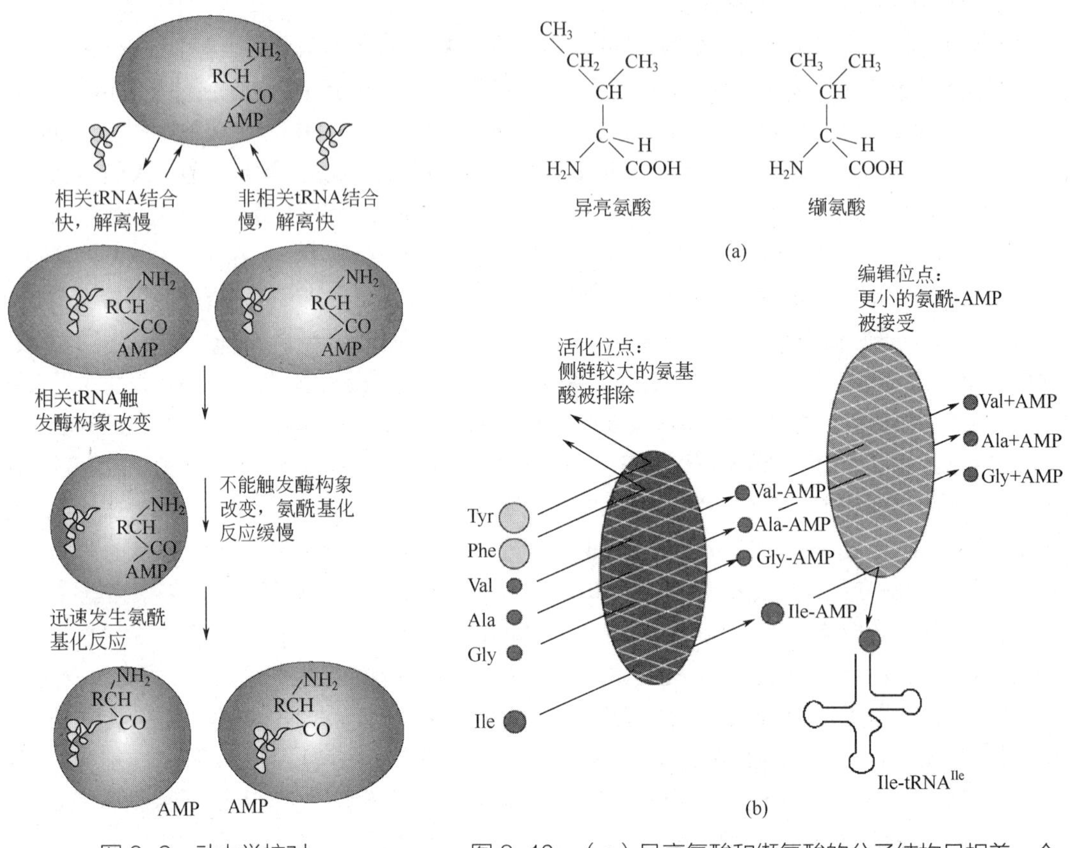

图 8-9　动力学校对

图 8-10　（a）异亮氨酸和缬氨酸的分子结构只相差一个亚甲基及（b）Ile-tRNA 合成酶的双筛模型

$tRNA^{Ile}$ 与合成酶·异亮氨酰-AMP 复合体结合后，迅速形成 Ile-tRNA，完成氨酰基化反应。但是，当向合成酶·缬氨酰-AMP 复合体中加入 $tRNA^{Ile}$ 后，会得到完全不同的结果，不是缬氨酰基团转移至 tRNA，而是缬氨酰-AMP 被分解成缬氨酸和 AMP。原因是异亮氨酰-tRNA 合成酶在催化口袋附近还有一个编辑口袋，对腺苷酰基化产物进行校对。当 $tRNA^{Ile}$ 与合成酶结合后，合成酶的构象发生改变，Val-AMP 通过新形成的通道进入编辑口袋，在那里被水解成 Val 和 AMP 而释放出来。相反，Ile-AMP 因太大而无法进入编辑口袋，因而不会被水解。这样，异亮氨酰-tRNA 合成酶能够对 Val 进行两次筛选：第一次发生在氨基酸结合与腺苷酰化过程中，第二次筛选发生在氨酰-AMP 的编辑过程中。两次筛选的结果使 Val 与异亮氨酰-tRNA 结合在一起的概率约为 0.01%。

1977 年，Alan Fersht 提出了双分子筛模型来解释氨酰基化反应的忠实性。根据这一模型，Ile-tRNA 合成酶有一个氨酰基化位点，作为一个粗筛，排除体积大于异亮氨酸的氨基酸，而编辑位点作为细筛，清除体积小于异亮氨酸的氨基酸，例如缬氨酸。

但是，并非所有的 aaRS 都需要校对活性中心。如果一种氨基酸（如 Met、Gly 和 Pro）的侧链基团很容易和所有其他氨基酸的侧链基团区分开来，那么针对这种氨基酸的 aaRS 的校对机制就显得多余。

8.4 核糖体

在细胞内，核糖体（ribosome）像一个能沿 mRNA 移动的工厂，执行着蛋白质合成的功能。它通过把 mRNA、氨酰-tRNA 和相关的蛋白质因子定位于核糖体上适当的位置来协调蛋白质的合成，并且翻译过程中一些重要的生物化学反应也是由核糖体中的成分催化完成的。

8.4.1 核糖体的结构

核糖体是由 RNA 和蛋白质构成的一种致密的核糖核蛋白颗粒。在所有的细胞中，每一个核糖体都包括大、小两个亚基。大亚基含有肽酰转移酶中心（peptidyl transferase center，PTC），催化肽键的形成。小亚基含有解码中心，氨酰-tRNA 在此阅读 mRNA 的密码子。

核糖体大、小亚基的命名是根据离心时的沉降速率而定的。真核细胞核糖体的沉降系数是 80S，细菌细胞中的核糖体是 70S。真核细胞中，核糖体的两个亚基分别是 60S 和 40S（表 8-4）；细菌细胞中的核糖体为 50S 和 30S。真核细胞大亚基含三种 rRNA（28S rRNA、5.8S rRNA 和 5S rRNA），而细菌细胞的大亚基只含有两种 rRNA（23S rRNA 和 5S rRNA）。真核细胞 5.8S rRNA 的对应物包含在 23S rRNA 中。两种生物的核糖体小亚基均只包含一种 rRNA，在真核生物中为 18S rRNA，在原核生物中为 16S rRNA。真核生物核糖体的大亚基含有 49 个蛋白质，小亚基大约有 33 个蛋白质。细菌核糖体的大亚基约有 31 个蛋白质，小亚基含有 21 个蛋白质。大亚基的蛋白质命名为 L1、L2 等，与之对应，小亚基的蛋白质命名为 S1、S2 等。

表 8-4 细菌和真核生物核糖体的各组成成分

细胞类型	核糖体类型	亚基	rRNA 组分	蛋白质组分
细菌	70S	大亚基（50S）	23S（2900nt），5S（120nt）	31
		小亚基（30S）	16S（1500nt）	21
真核生物	80S	大亚基（60S）	28S（4700nt），5.8S（160nt），5S（120nt）	49
		小亚基（40S）	18S（1900nt）	33

核糖体中的 rRNA 和蛋白质大概各占一半。在核糖体的亚基中 rRNA 广泛存在，可能绝大多数或者全部的核糖体蛋白质都附着于 rRNA 上。因此，主要的 rRNA 有时被看成是核糖体的骨架，它决定了核糖体的结构及核糖体蛋白质所在的位置。

然而，rRNA 不但决定着核糖体的结构，而且还直接承担着核糖体的关键功能。肽酰转移酶中心及解码中心是核糖体的两个核心功能结构域，主要由 RNA 组成。肽酰转移酶中心催化肽键的合成，由保守的 RNA 元件组成。解码中心是解码 mRNA 的位点，在解码中心氨酰-tRNA 的反密码子环和 mRNA 的密码子都与小亚基的 16S rRNA 相互作用，而不是与小亚基的蛋白质相互作用。大多数核糖体蛋白质位于核糖体的表面，而非内部。某些核糖体蛋白质的一部分也可以伸入到亚基的核心，但它们的作用似乎是通过屏蔽 rRNA 骨架上的负电荷来稳定 rRNA 的结构。

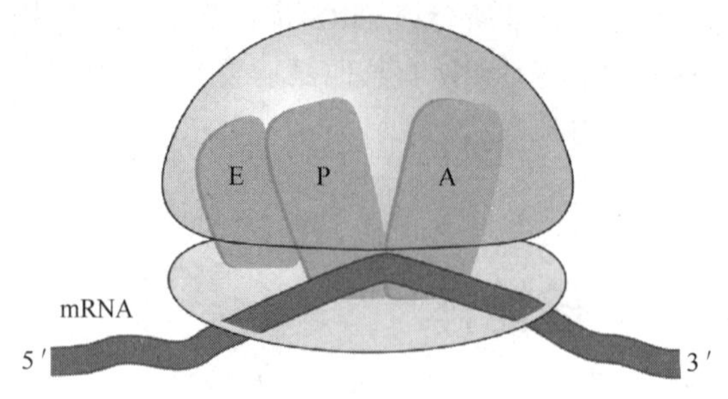

图 8-11 核糖体上的 3 个 tRNA 结合位点

图 8-11 显示出核糖体上有 3 个 tRNA 结合位点，分别称为 A、P 和 E 位点。A 位点是氨酰-tRNA 的结合位点，P 位点是肽酰- tRNA 的结合位点，E 位点是肽酰-tRNA 携带的多肽链转移到氨酰-tRNA 后，空载的 tRNA 在释放之前结合的位点。结合在 A 位和 P 位上的 tRNA 互相平行，反密码子环在 30S 亚基的一个凹陷处和 mRNA 结合，tRNA 的其余部分与 50S 亚基结合。因此，结合在核糖体上的 tRNA 能够横跨大亚基的肽酰转移酶中心和小亚基的解码中心。另外，位于 A 位点和 P 位点的两个密码子之间存在明显的扭结（kink），使 A 位点的密码子处于一个独特的位置，有利于维持正确的读码框。

8.4.2 肽酰转移酶反应

肽键的形成是核糖体催化的唯一的化学反应。这一反应发生在延伸中的多肽链羧基端的氨基酸残基和下一个将要加入的氨基酸之间。无论是生长中的多肽链还是将要加入的氨基酸都是通过酯键与 tRNA 的 3′-端结合的，分别称为肽酰-tRNA 和氨酰-tRNA。在核糖体上，肽酰-tRNA 的 3′-端和氨酰-tRNA 的 3′-端彼此靠近，使氨酰-tRNA 的氨基能够亲核进攻肽酰-tRNA 的羰基碳原子，形成一个新的肽键，并且导致多肽链从肽酰-tRNA 转移到氨酰-tRNA 上（图 8-12），因此多肽链的生物合成是由 N 端向 C 端延伸的。肽键的形成又称为转肽作用，而催化肽键形成的酶被称为肽酰转移酶（peptidyl transferase）。

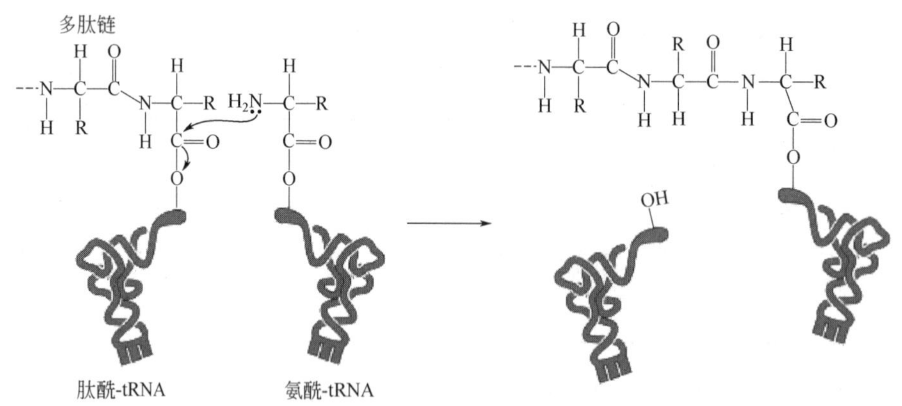

图 8-12 肽酰转移酶反应

8.4.3 核糖体循环与多聚核糖体

核糖体的大小亚基在蛋白质合成中分别执行各自的功能。在翻译的起始阶段，小亚基首先与 mRNA 结合。在起始的最后阶段，大亚基才与小亚基结合形成完整的、能进行蛋白质合成的核糖体。蛋白质合成完成以后，大、小亚基分离，又进入游离核糖体库中。尽管一个核糖体一次只能合成一条多肽链，但每个 mRNA 分子能同时被多个核糖体按顺序结合，同时进行翻译，形成所谓的多聚核糖体（polyribosome）。通过电子显微镜可以观察到多聚核糖体的存在（图 8-13）。多聚核糖体的形成使一个 mRNA 分子能利用大量核糖体指导多个多肽链的同时合成，提高翻译效率。

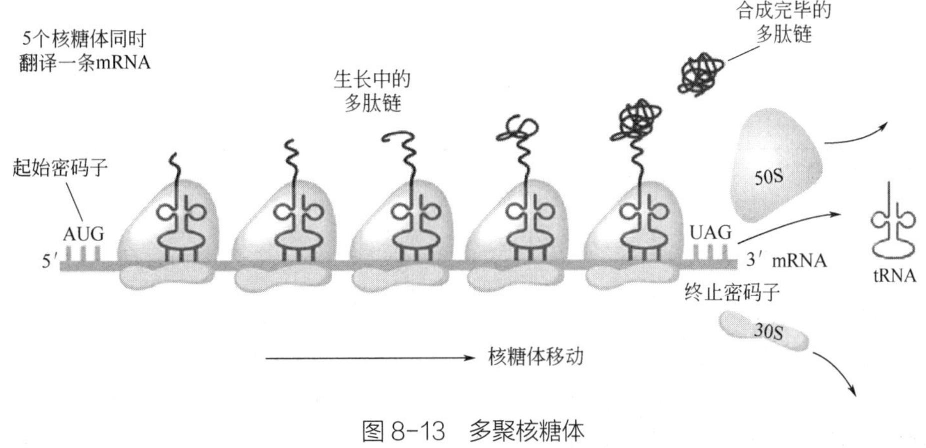

图 8-13　多聚核糖体

8.5　多肽链的合成

8.5.1　原核生物多肽链的合成

蛋白质的生物合成分为起始、延伸和终止三个阶段。在起始阶段，核糖体小亚基结合到 mRNA 上，构建一个由多种组分构成的起始复合体。延伸包括从第一个肽键形成开始到最后一个肽键形成结束的全部反应过程。终止包括释放翻译完成的肽链，核糖体解离成两个亚基，并从 mRNA 上释放出来。蛋白质合成的每一步都有一些辅助因子的参与，不同合成阶段所需的能量由 GTP 水解来提供。大肠杆菌翻译的几个阶段所需的蛋白质因子见表 8-5。

表 8-5　大肠杆菌参与翻译的起始因子、延伸因子和终止因子

因子	氨基酸残基的数目[①]	功能
起始因子		
IF1	71	在翻译的起始阶段，防止 tRNA 结合到小亚基的 A 位点
IF2	890	具有起始型 tRNA 和 GTP 结合活性，催化 fMet-$tRNA_f^{Met}$ 与核糖体小亚基的 P 位点结合
IF3	180	在翻译结束时与小亚基结合，协助 70S 核糖体分解为大、小亚基；在翻译起始阶段，使小亚基处于游离状态，并促进小亚基与 mRNA 结合
延伸因子		
EF-Tu	393	具有氨酰-tRNA 和 GTP 结合活性，促进氨酰-tRNA 的进位
EF-Ts	282	与 EF-Tu·GDP 结合，催化 EF-Tu 释放出 GDP 和 EF-Tu·GTP 的再生

续表

因子	氨基酸残基的数目[①]	功能
EF-G	703	具有 GTP 酶活性，促进核糖体移位
释放因子		
RF1	360	识别终止密码子 UAA 和 UAG
RF2	365	识别终止密码子 UAA 和 UGA
RF3	528	翻译终止后刺激 RF1 和 RF2 从核糖体解离
核糖体循环因子（RRF）	185	促进核糖体大、小亚基的分离

① 所有大肠杆菌的翻译因子都是单体。

8.5.1.1 翻译的起始

（1）起始型 tRNA

读码框的起始密码子通常是 AUG，但有时也用 GUG。这两个密码子都被同一个起始型 tRNA（$tRNA_f^{Met}$）所识别，但读码框内部的 AUG 和 GUG 分别被 $tRNA^{Met}$ 和 $tRNA^{Val}$ 所识别。在甲硫氨酰-tRNA 合成酶的催化下，甲硫氨酸与 $tRNA_f^{Met}$ 结合，生成甲硫氨酰-$tRNA_f^{Met}$。接着，在甲酰转移酶的作用下，甲酰基团由 N^{10}-甲酰四氢叶酸转移到甲硫氨酰-$tRNA_f^{Met}$ 的氨基上形成 *N*-甲酰甲硫氨酰-$tRNA_f^{Met}$（*N*-fMet-$tRNA_f^{Met}$）（图 8-14）。这种甲酰转移酶具有很高的选择性，它只能甲基化 $tRNA_f^{Met}$ 上的 Met 残基，而不能甲基化 $tRNA^{Met}$ 上的 Met 残基。*N*-甲酰化作用使得 fMet-$tRNA^{Met}$ 只能参与多肽链合成的起始，而不能将 fMet 插入到多肽链的中间。

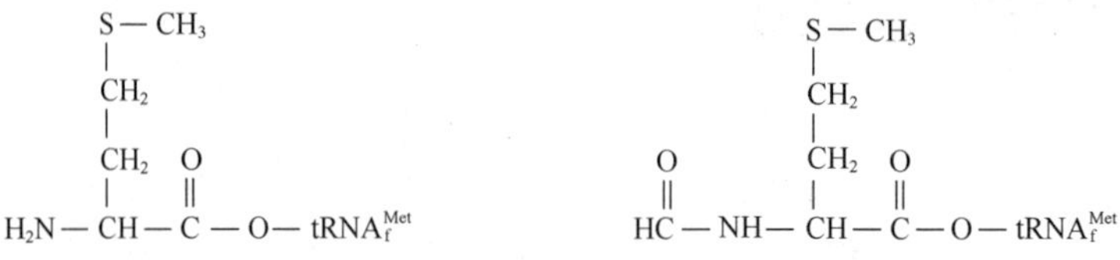

图 8-14 Met-$tRNA_f^{Met}$ 与 *N*-fMet-$tRNA_f^{Met}$

虽然，起始 tRNA 携带的是甲酰甲硫氨酸，但是原核生物的蛋白质的第一个氨基酸并非甲酰甲硫氨酸，因为去甲酰化酶（deformylase）在多肽链合成的过程中或之后会把这个甲酰基从氨基端去掉。许多原核生物的蛋白质甚至不是以 Met 开始的，这是因为氨肽酶（aminopeptidase）通常会在氨基端切除 Met 以及另外一两个氨基酸。

（2）翻译起始复合体的装配

在细菌中，翻译过程开始于一个核糖体小亚基与翻译起始因子 IF3 一同结合到 mRNA 上富含嘌呤的 Shine-Dalgarno 序列上，因此该序列又称为核糖体结合位点（ribosome binding site, RBS）。SD 序列位于起始密码子上游大约 3～10 个核苷酸处，其共有序列为 5′-AGGAGGU-3′。该序列与小亚基 16S rRNA 3′-末端一段富含嘧啶的区域互补，在翻译的起始阶段二者之间的碱基配对参与小亚基与 mRNA 的结合（图 8-15）。SD 序列与 rRNA 互补程度及其与起始密码子之间的距离决定着翻译的起始效率。

事实上，IF3 在上一轮蛋白质合成即将结束时开始与小亚基结合，并协助 70S 核糖体解离成大、小亚基。由此可看出，IF3 具有双重功能：一方面它与 30S 亚基结合后，阻止 30S 亚基与 50S 亚基重新结合成 70S 核糖体，使 30S 亚基处于游离状态；另一方面它还能辅助 30S 亚基与 mRNA 结合，30S 亚基必须有 IF3 的参与才可能与 mRNA 形成复合体。30S 亚基在 mRNA 上的结合位置，正好使起始密码子置于 30S 亚基 P 位上。而在 30S 亚基的 A 位上结合有 IF1，其作用是防止 tRNA 在翻译的起始阶段结合到 A 位上（图 8-16）。IF1 与小亚基 16S rRNA 之间的相互作用可以造成 16S rRNA 构象的改变，可能会促进 IF2 与小亚基的结合。

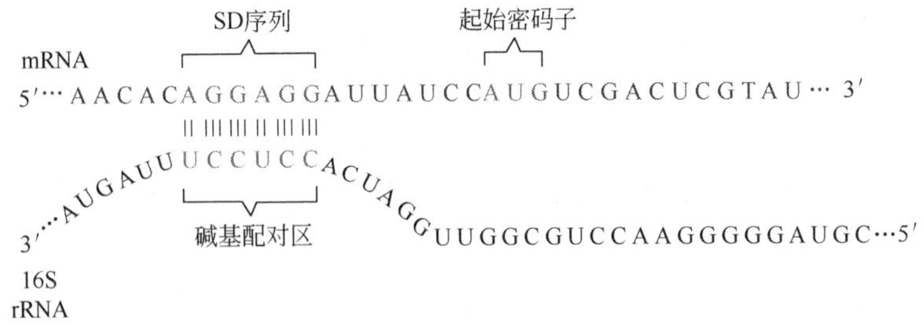

图 8-15　原核生物 mRNA 的 SD 序列与 16S rRNA3′-末端的一段序列互补配对

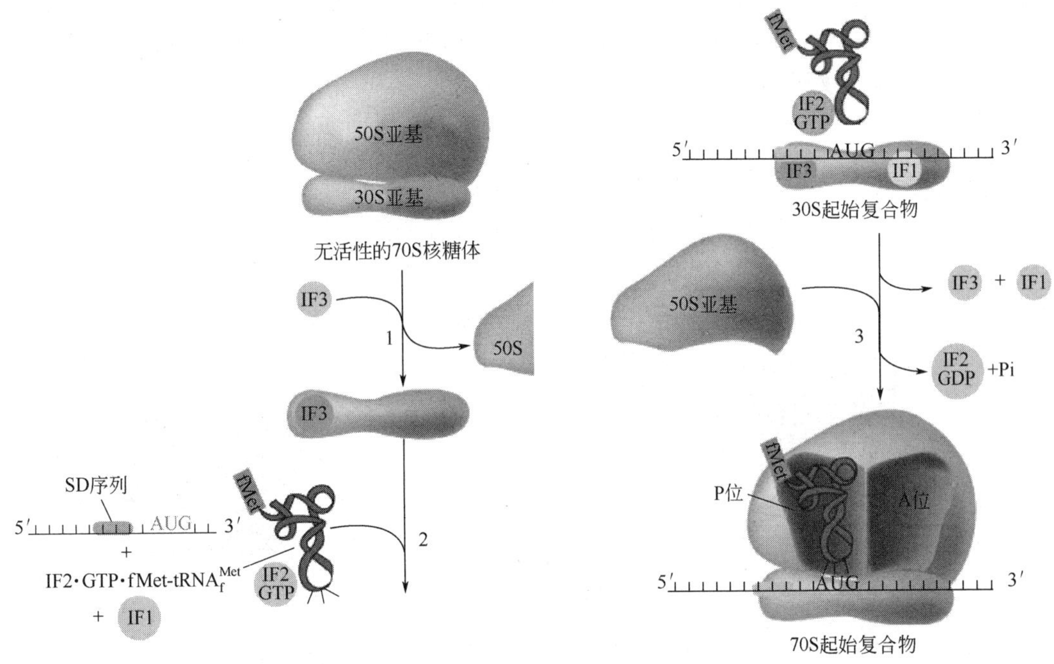

图 8-16　原核生物翻译起始复合物的形成

IF2 与 GTP 及 fMet-tRNA$_f^{Met}$ 结合形成 IF2·GTP·fMet-tRNA$_f^{Met}$ 三元复合物，IF2 与小亚基发生相互作用，促进 fMet-tRNA$_f^{Met}$ 进入小亚基的 P 位。这时，起始 tRNA 上的反密码子与 mRNA 上的密码子配对。IF2 只与 fMet-tRNA$_f^{Met}$ 结合保证了只有起始 tRNA，而不是其他普通的氨酰-tRNA 参与翻译的起始反应。

当 fMet-tRNA$_f^{Met}$ 的反密码子与起始密码子发生碱基配对后，小亚基的构象发生变化导致 IF3 的释放。在 IF3 离开的情况下，大亚基可以自由地与小亚基及其负载的 IF1、IF2、mRNA 和 fMet-tRNA$_f^{Met}$ 结合。IF2 是一种 GTP 酶，能够结合并水解 GTP，大亚基的结合激活了 IF2·GTP 的 GTP 酶活性，引起 GTP 水解。然后，IF2·GDP 和 IF1 从核糖体上释放出来。起始过程的最后产物是在读码框的起始位点组装了一个完整的 70S 核糖体。这时核糖体上的 P 位和 A 位都已处于正确的姿态，P 位已被携带有 *N*-甲酰甲硫氨酸的起始 $tRNA_f^{Met}$ 所占据，而 A 位是空的，并覆盖读码框的第二个密码子，准备接受一个能与第二密码子配对的 tRNA。

8.5.1.2 肽链的延伸

当起始复合物形成以后，翻译即进入延伸阶段。延伸过程的每一循环包括进位（entry）、转肽（transpeptidation）和移位（translocation）三个步骤。

（1）进位

进位是指正确的氨酰-tRNA 进入核糖体的 A 位。在大肠杆菌中，氨酰-tRNA 是由延伸因子（elongation factor）EF-Tu 携带进入 A 位的（图 8-17）。EF-Tu 是一种 G 蛋白，它首先与 GTP 结合，然后与氨酰-tRNA 结合形成三元复合物。这样的三元复合物在 A 位点上的密码子的指导下进入核糖体的 A 位。单独的 EF-Tu 或者与 GDP 结合的 EF-Tu 均不与氨酰-tRNA 结合。

当氨酰-tRNA 进入 A 位点，并且它的反密码子与密码子正确配对时，EF-Tu 的 GTP 酶活性被核糖体激活，EF-Tu 水解与其结合的 GTP，并从核糖体上释放出来。EF-Ts 与释放出来的 EF-Tu·GDP 结合，诱导 EF-Tu 释放出 GDP 并与 GTP 结合。EF-Tu 与 GTP 结合后发生构象的改变，引起 EF-Ts 与其解离（图 8-17）。

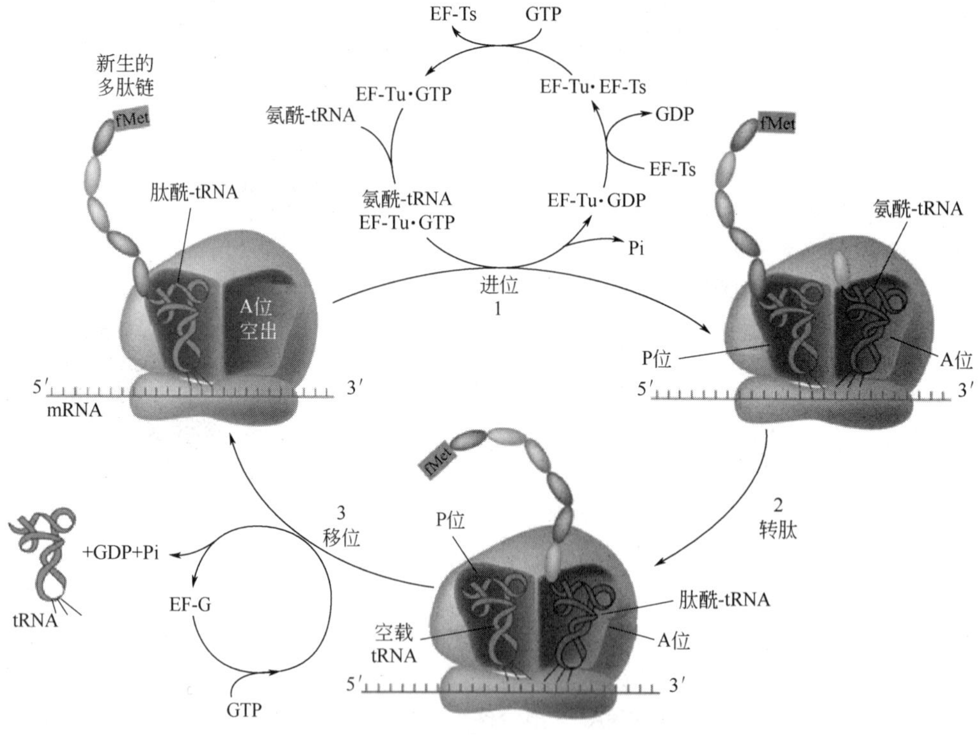

图 8-17 细菌多肽链合成的延伸过程

已经发现有三种机制保证密码子-反密码子的正确配对。第一种机制是只有当密码子-反密码子正确配对时，16S rRNA 上的两个相邻的腺嘌呤与密码子-反密码子正确配对时形成的小沟形成紧密的相互作用，使正确配对的 tRNA 不易从核糖体上脱落。第二种机制涉及 EF-Tu 的 GTP 酶活性的激活，只有当密码子和反密码子正确配对后，EF-Tu 的 GTP 酶活性才被核糖体激活，导致 GTP 的水解和 EF-Tu 的释放。第三种是 EF-Tu 释放后的一个校正机制。当负载 tRNA 与 EF-Tu·GTP 复合体进入 A 位点时，它的 3′-端远离肽酰转移酶中心。为了成功地进行转肽反应，氨酰-tRNA 必须经过旋转进入正确的位置，这一过程称为 tRNA 入位。非正确配对的 tRNA 在入位的过程中经常从核糖体上脱离下来。

（2）转肽

氨酰-tRNA 进入 A 位后，肽酰转移酶把 P 位上起始 $tRNA_f^{Met}$ 所携带的甲酰甲硫氨酰基团（或者肽酰基团）转移到 A 位的氨酰-tRNA 的氨基上，形成肽键（图 8-17）。在大肠杆菌中，肽酰转移酶活性位于大亚基的 23S rRNA 中。23S rRNA 与处于 A 位和 P 位上的 tRNA 的 CCA 末端之间的碱基配对，协助氨酰-tRNA 的 α-NH_2 攻击肽酰-tRNA 上酯键的羰基，使一个酯键转化成一个肽键。关于核糖体催化肽键形成的分子细节仍需要进一步研究。

（3）移位

移位指在 EF-G 和 GTP 的作用下，核糖体沿 mRNA 链（5′→3′）移动一个密码子的距离，使得下一个密码子能准确定位于 A 位点（图 8-17）。与此同时，原来处于 A 位点上的肽酰-tRNA 转移到 P 位点上，于是 A 位点被空出。P 位点上去酰基化的 tRNA 移到第三个位点，即 E 位点。延伸循环重复进行，直到抵达读码框的末端。上述过程是由 EF-G 引起的。EF-G 要先与 GTP 结合，形成 EF-G·GTP 复合体后才能进入核糖体。与核糖体结合以后，EF-G 与核糖体相互作用促进 GTP 水解，为移位提供能量。EF-G 与 EF-Tu 在核糖体上的结合部位彼此重叠，这就排除了两种因子同时与核糖体结合的可能性，从而保证了延伸作用按顺序进行。

EF-G·GDP 与核糖体解离后，同样需要重新转变成 EF-G·GTP 后，才能进入下一轮反应。对于 EF-G 而言，这是一个简单的反应，因为 GDP 与 EF-G 的亲和力远比 GTP 与 EF-G 的亲和力低，所以一旦 GTP 水解，GDP 便迅速释放。游离的 EF-G 可迅速地结合另一个 GTP 分子。

8.5.1.3　翻译的终止

翻译的终止可以分成三个阶段。

（1）Ⅰ型释放因子识别终止密码子并终止翻译

在肽链延伸过程中，当终止密码子进入核糖体的 A 位时，由释放因子（release factor）识别，肽链的延伸即告终止。细菌中有三种释放因子：RF1、RF2 和 RF3。RF1 和 RF2 有着类似的初级结构和功能，属于Ⅰ型释放因子，通过蛋白质上特定的区域识别终止密码子。其中，RF1 识别 UAG 和 UAA，RF2 识别 UGA 和 UAA。RF1 和 RF2 都是通过识别结构域的一个三肽与核糖体 A 位点的终止密码子发生相互作用（形成网络状的氢键）来识别终止密码子的，因此，该三肽序列又被称为肽反密码子。RF1 和 RF2 的肽反密码子分别是 Pro-Ala-Thr（PAT）和 Ser-Pro-Phe（SPF）。RF1 和 RF2 上另一个高度保守的三肽（Gly-Gly-Gln，GGQ）对释放因子的功能也是必不可少的。当释放因子遇到核糖体 A 位上的关联终止密码子，其构象发生改变，从一个致密的构象转变成一个充分伸展的构象，这时肽反密码子与 A 位点的终止密码子结合，同时 GGQ 与肽酰转移酶中心结合。这时，酶的活性从转肽作用改变为水解作用，切断多肽链与 tRNA 之间的酯键，使多肽链从核糖体及 tRNA 上释放出来（图 8-18）。所以说，RF1 和 RF2 有两种功能，识别终止密码子和介导多肽链的释放。

Ⅰ型释放因子在功能上模拟 tRNA，它具有一个与终止密码子相互作用的肽反密码子，以及能够进入肽酰转移酶中心的 GGQ 区域。并且，正如 tRNA3′-末端的 5′-CCA-3′和反密码子环分别占据 tRNA 的两个最远端，GGQ 和肽反密码子也占据着 RF1 的最远端。

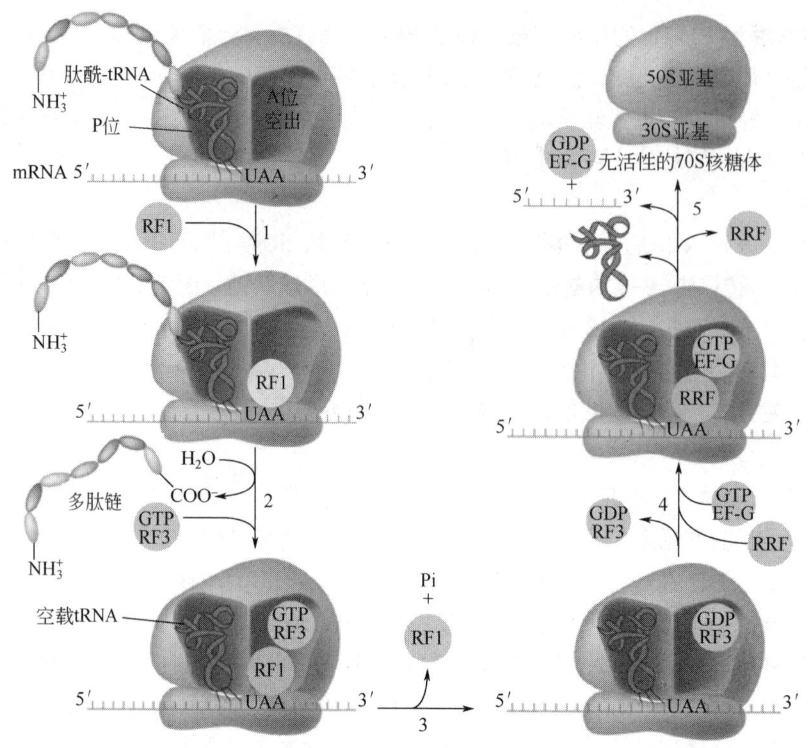

图 8-18　原核生物多肽链合成的终止与释放

（2）Ⅱ型释放因子促进Ⅰ型释放因子离开核糖体

RF3 的作用则是促进 RF1 和 RF2 在多肽链释放以后，离开核糖体。这一步反应需要 GTP 水解提供能量。RF3 也是一种 GTP 结合蛋白，但是它与 GDP 的亲和力大于与 GTP 的亲和力。因此，游离的 RF3 主要以与 GDP 结合的形式存在。在 RF1 和 RF2 刺激多肽链释放后，核糖体构象发生改变，诱导 RF3 释放出 GDP，而与 GTP 结合。RF3·GTP 与核糖体有很高的亲和力，并取代 RF1 或者 RF2 与核糖体结合（图 8-18）。而核糖体的大亚基刺激其 GTP 水解，形成 RF3·GDP。由于 RF3·GDP 与核糖体的亲和力较弱，很快从核糖体上释放出来。这一阶段结束时，空载的 tRNA 结合在 P 位，mRNA 仍与完整的核糖体结合在一起。

（3）核糖体的解离

虽然释放因子可以终止翻译过程，但是核糖体亚基的解离却需要核糖体循环因子（ribosome recycling factor，RRF）的参与，至少在细菌中是如此。RRF 进入核糖体的 A 位后，募集 EF-G·GTP 到核糖体上，从而引发结合在 P 位点和 E 位点上空载的 tRNA 的释放（图 8-18）。一旦 tRNA 脱离核糖体，EF-G·GDP 与 RRF 及 mRNA 也一同从核糖体上释放出来。IF3 参与了核糖体大、小亚基的解离，并与小亚基结合以防止两个亚基重新结合。解离后的核糖体进入胞浆池内，直到下一轮翻译再被启用。

8.5.2　真核生物多肽链的合成

8.5.2.1　翻译的起始

仅有一小部分真核 mRNA 有内部核糖体结合位点，大多数情况下，核糖体的小亚基首先结合在 mRNA 的 5′-端，然后沿着序列进行扫描，直到找到起始密码子。这就是 Kozak 提出的真核生物蛋白质合成起始的“扫描模式”。

支持这种扫描模式的主要证据包括：①与原核生物的核糖体不同，真核生物的核糖体不能与环状的 RNA 分子结合，因为环化的分子缺少 5′-末端；②mRNA 5′-UTR 形成的稳定的二级结构妨碍核糖体小亚基沿 mRNA 移动，从而降低了翻译起始的效率；③在 AUG 下游约 12 nt 处形成的稳定的发卡结构，可以提高起始的效率，原因是该结构可以使核糖体小亚基在起始密码子处停顿。

真核生物核糖体完成了一个翻译周期之后，就解离为游离的大、小亚基，此时，四个起始因子——eIF1、eIF1A、eIF3 和 eIF5 均结合于小亚基上。eIF1A 和 eIF3 与小亚基结合使平衡倾向于大、小亚基的解离。

如图 8-19 所示，真核生物翻译起始的第一步是 43S 前起始复合体的组装。首先，eIF2·GTP 与起始型 Met-$tRNA_i^{Met}$ 结合形成三元复合体（ternary complex）。在 eIF1A、eIF1 和 eIF3 的协助下，三元复合体与核糖体小亚基相互作用，形成 43S 起始复合体。和细菌细胞一样，起始 $tRNA_i^{Met}$ 不同于识别内部 AUG 密码子的 $tRNA^{Met}$。但是，与细菌不同的是，它携带的是正常的甲硫氨酸，而非其甲酰化形式。

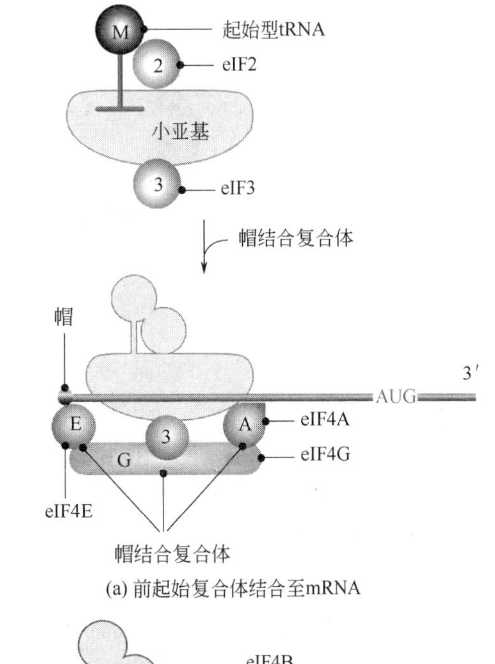

(a) 前起始复合体结合至mRNA

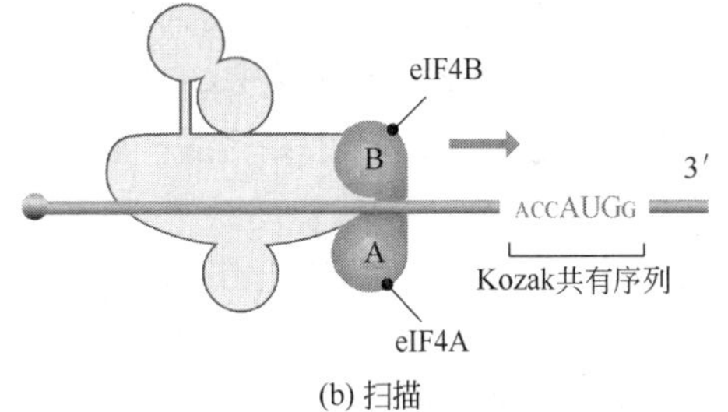

(b) 扫描

图 8-19　真核细胞翻译的起始

组装后，前起始复合体结合于 mRNA 的 5′-端。这一步需要帽结合复合体（cap binding complex）的介导。该复合体包括起始因子 eIF4A、eIF4E 和 eIF4G，其中 eIF4E 为帽结合蛋白，专门与 mRNA 5′-端的帽子结合；eIF4G 是一种接头分子，既能与 eIF4E 和 eIF4A 结合，又能与 Poly(A)结合蛋白相互作用，还能与 eIF3 结合。帽结合复合体与 mRNA 的 5′-端结合，形成蛋白质-mRNA 复合物，并利用该复合物对 eIF3 的亲和力与前起始复合体结合。另外，eIF4G 与 PABP 结合，使 mRNA 的 5′-端和 3′-端在空间上相互靠近成环。mRNA 的环化很好地解释了 Poly(A)尾巴为什么能够提高翻译的效率：一旦核糖体完成了翻译，mRNA 环化使新释放的核糖体被置于同一 mRNA 的翻译起点位置上（图 8-20）。mRNA 帽子和 Poly(A)可以提高 mRNA 的翻译效率，对细胞来说可能是有益的，表示 mRNA 是完整的，没有被降解。

起始复合体结合到 mRNA 5′-末端之后，需要沿着 mRNA 分子扫描并找到起始密码子。真核 mRNA 的 5′-UTR 的长度可以为数十到数百个核苷酸，并且常常含有可以形成发卡的区域。这种结构可被 eIF4A 除去，eIF4A 为一种 ATP 依赖型 RNA 解旋酶，能够打开 mRNA 分子内的氢键。eIF4B 对 eIF4A 的解旋酶活性具有促进作用。eIF1 和 eIF4A 对于保证扫描过程的精确性是必需的。

起始密码子在真核细胞中通常是 AUG，并且被包含在一段短的共有序列 5′-ACCAUGG-3′ 中，该共有序列称为 Kozak 序列。一旦起始复合体被定位在起始密码子上，Met-$tRNA_i^{Met}$ 的反密码子与起始密码子互补配对，eIF5 触发 eIF2 水解与之结合的 GTP。GTP 的水解促使起始因子被释放出来，然后 60S 亚基与 40S 亚基结合形成完整的翻译起始复合体。

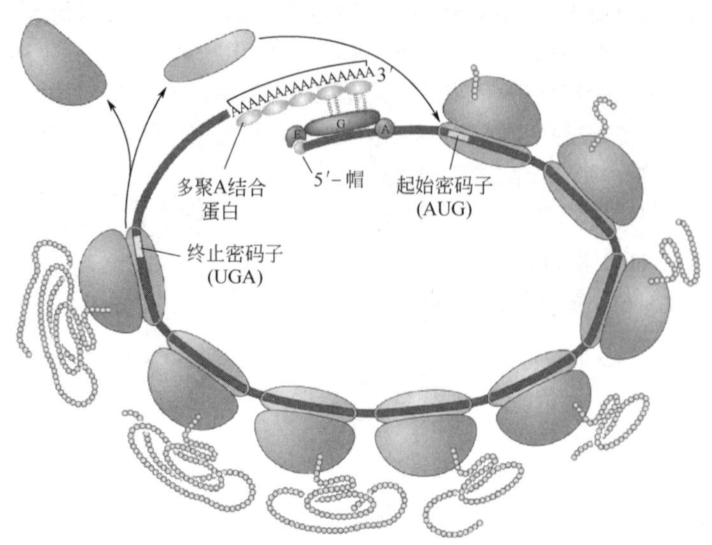

图 8-20 真核生物 mRNA 环化模型

8.5.2.2 肽链的延伸

真核生物肽链的延伸也是不断地经历进位、转肽和移位循环。在真核生物中，eEF1 复合体催化氨酰-tRNA 进入核糖体的 A 位。eEF1 由 eEF1A 和 eEF1B 组成，eEF1A 首先与 GTP 结合，再与氨酰-tRNA 结合，并将其运送到核糖体的 A 位。一旦密码子和反密码子正确配对，核糖体的构象发生改变，GTP 被水解成 GDP，eEF1A·GDP 从核糖体上被释放出来。eEF1B 作为鸟苷酸交换因子与 eEF1A·GDP 结合后，刺激 eEF1A 释放出 GDP，并与 GTP 结合，重新形成 eEF1A·GTP。

转肽反应发生后，在 eEF2·GTP 的介导下，核糖体沿 mRNA 移动一个密码子的距离，肽酰-tRNA 从核糖体的 A 位进入 P 位，而 P 位上空载的 tRNA 进入核糖体的 E 位。于是，开始下一个进位、转肽和移位循环。

8.5.2.3 多肽链的释放和翻译的终止

与原核生物一样，当终止密码子进入核糖体的 A 位时，没有一种 tRNA 能够识别终止密码子。这时，一种翻译释放因子进入核糖体的 A 位，引发翻译的终止反应。真核生物仅有 eRF1 和 eRF3 两种释放因子。eRF1 为Ⅰ型释放因子，其形状类似于氨酰-tRNA，能够识别所有三种终止密码子。

Ⅱ型释放因子 eRF3 是一种小分子 GTP 结合蛋白，与 GTP 结合形成 eRF3·GTP 复合体后，再与 eRF1 结合，并将其送至核糖体。在 eRF1 识别 A 位点的终止密码子后，eRF3 的 GTPase 活性被激活，与之结合的 GTP 被水解成 GDP，eRF3·GDP 快速脱离核糖体。伴随着 GTP 的水解，eRF1 发生某种形式的入位，其 GGQ 末端转入大亚基的活性中心，使其由转肽活性变成水解酶活性，切断肽酰基团与 tRNA 之间的酯键，导致多肽链的释放。

ABCE1/Rli1 与核糖体结合后，通过水解 ATP，驱动核糖体大小亚基的分离。最终，tRNA、mRNA 和 ABCE1/Rli1 与核糖体脱离，起始因子与小亚基结合，完成核糖体循环。

表 8-6　真核生物的翻译因子

因子	功能
起始因子	
eIF1	与 eIF1A 一起参与核糖体小亚基扫描 mRNA，以及密码子与反密码子之间的相互作用
eIF1A	与 eIF1 一起参与核糖体小亚基扫描 mRNA，以及密码子与反密码子之间的相互作用
eIF2	具有 GTP 和 Met-$tRNA_i^{Met}$ 结合活性；与 GTP 结合后，催化 Met-$tRNA_i^{Met}$ 与 40S 亚基结合；eIF2 磷酸化导致翻译的整体抑制
eIF2B	鸟嘌呤核苷酸交换因子，催化 eIF2·GDP 转化为 eIF2·GTP
eIF3	参与翻译起始的所有步骤，与 eIF1、eIF4G、eIF5 和 40S 小亚基发生互作；与 eIF4G 直接接触从而使前起始复合体结合至 mRNA 的 5′-端
eIF4A	帽结合复合体组分；具有解旋酶的活性；通过打开 mRNA 的链内氢键，帮助扫描
eIF4B	帽结合复合体组分；通过促进 eIF4A 的解旋酶活性，帮助扫描
eIF4E	帽结合复合体组分；直接与 mRNA 5′-端结合
eIF4F	帽结合复合体，包括 eIF4A、eIF4E 和 eIF4G
eIF4G	帽结合复合体组分，为一接头分子；通过和前起始复合体中的 eIF3 相互作用，介导前起始复合体与 mRNA 的 5′-端结合；eIF4G 与 PABP 结合，使 mRNA 的 5′-端和 3′-端在空间上相互靠近成环
eIF5	促进 eIF2 的 GTP 酶活性
eIF6	与核糖体大亚基结合，防止大亚基与细胞质中的小亚基结合
延伸因子	
eEF1	由 4 个亚基组成的复合体，指导氨酰-tRNA 结合到核糖体的 A 位点
eEF2	介导核糖体移位
释放因子	
eRF1	识别终止密码子
eRF3	通过刺激 eRF1 的活性，提高翻译终止的效率

8.6　反式翻译

在正常的翻译过程中，当终止密码子出现在核糖体的 A 位点时，便会启动翻译的终止过程，并最终导致多肽链的释放及核糖体大、小亚基的分离。但是，mRNA 的断裂、基因突变或转录错误等都可以导致 mRNA 丧失终止密码子。这一类型的 mRNA 的翻译可以正常启动和延伸，直至达到 mRNA 的 3′-末端。这时，由于缺少终止密码子启动终止反应，核糖体仍然会滞留在 mRNA 上。原核细胞专门有一种嵌合的 RNA 分子用来解救这些受困的核糖体，使它们能够脱离无终止密码子、有缺陷的 mRNA，重新进入核糖体循环，这种 RNA 分子兼有 tRNA 和 mRNA 的功能，称为转运-信使 RNA（transfer-messenger RNA，tmRNA）。

8.6.1　tmRNA 的结构与功能

tmRNA 是细菌细胞内一种稳定的 RNA，兼有转运 RNA 和信使 RNA 的特点，功能是标记由缺损 mRNA 翻译过来的多肽。大肠杆菌的 tmRNA 由 *ssrA* 基因编码，所以也称 SsrA RNA（图 8-21）。tmRNA 在结构上可分成两个部分。第一部分由 5′-端（约 50 个核苷酸）和 3′-端（约 70 个核苷酸）的核苷酸序列组成，形成类似于 tRNA 的结构。例如，tmRNA 的第一个双螺旋区由 7 个碱基对构成，相当于 tRNA 的氨基酸接受臂。双螺旋区上的第 3 个碱基对是 G-U，这正是原核生物 tRNA^{Ala} 的主要识别特征。在体外，tmRNA 可以被来源于 *E.coli* 或枯草杆菌的丙氨酰-tRNA 合成酶催化，形成丙氨酰-tmRNA。与 tRNA 一样，tmRNA 3′-端的最后 3 个碱基也是 CCA。在各种 tmRNA 分子中，第二部分的结构差异很大，但都有一个短的 ORF。

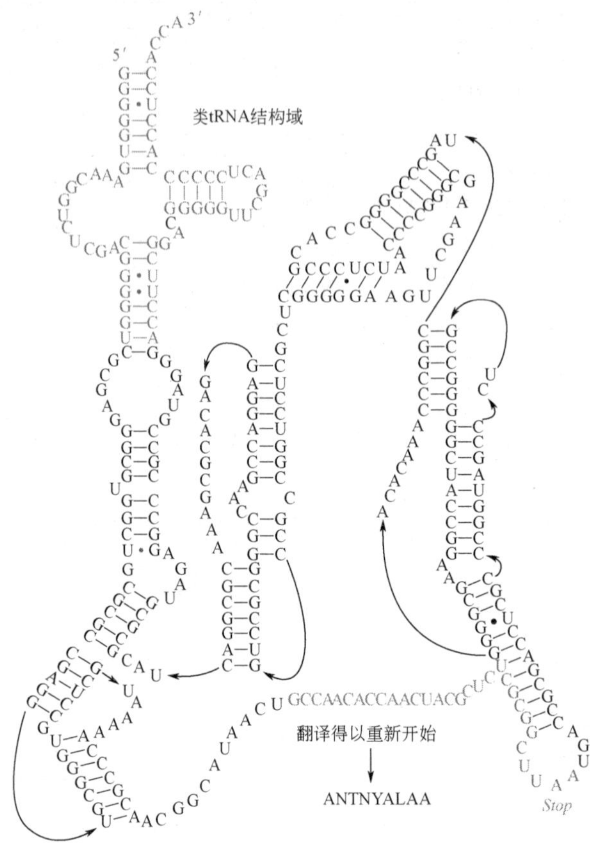

图 8-21　SsrA RNA 的结构

8.6.2　反式翻译的分子模型

tmRNA 是通过介导反式翻译发挥作用的。反式翻译不同于一般的顺式翻译，它将两个 mRNA 分子翻译成一条融合的多肽链，其中一个是无终止密码子的 mRNA 分子，另一个是 tmRNA。失去终止密码子的 mRNA 仍有起始密码子和 SD 序列，所以核糖体照样能够结合上去，启动翻译。但由于无终止密码子，翻译会一直持续到 mRNA 3′-端最后一个密码子。当核糖体停止于 mRNA 的 3′-端时，负载有 Ala 的 tmRNA 在 EF-Tu·GTP 和 SsrB 蛋白的帮助下进入 A 位。在转肽酶的催化下，肽酰-tRNA 与丙氨酰-tmRNA 之间发生转肽反应。通过移位作用，核糖体从 mRNA 进入 tmRNA 的读码框继续翻译，又延伸 10 个密码子后遇到终止密码子，于是翻译得以正常终止。所以，tmRNA 有两方面的功能：一方面它为以缺损 mRNA 为模板的翻译提供终止密码子，使翻译能够正常终止；另一方面作为模板向不完整的多肽链的 C 端添加一个由 10 个氨基酸残基构成的标记肽，该肽段通过 Ala 连接到多肽链的 C 端形成融合蛋白。标记肽实际上是一种降解标签，被胞内一些特殊的蛋白酶识别后发生水解。这样，断裂 mRNA 的多肽产物很快被清除，防止了它们对细胞可能带来的伤害。

8.7　程序性核糖体移码

通常，核糖体是严格按照 mRNA 的读码框合成蛋白质的。然而少数 mRNA 携带有特异性的序列信息和结构元件，使核糖体在抵达 mRNA 上特定的位置时，向上游（–1 位）或者下游（+1 位）滑动一个碱基的距离，然后继续蛋白质的合成，从而改变了 mRNA 的阅读框，这种现象称为程序性核糖体移码（programmed ribosomal frameshifting，PRF）。

通过程序性核糖体移码，核糖体能够通读 mRNA 前一个基因的终止密码子，紧接着翻译第二个基因，产生一个融合蛋白。例如，在反转录病毒 HIV 的基因组中，*gag* 基因的最后一个密码子是亮氨酸的密码子 UUU，后接一个终止密码子 UAG。在 95%的情况下，翻译在终止密码子处结束。然而，有 5%的概率核糖体向–1 位滑移一个碱基，UU-UUU-UAG 被读成 U-UUU-UUA-G，使终止密码子 UAG 不再被阅读，核糖体继续翻译 Pol 的编码区，产生 Gag-Pol 融合蛋白（图 8-22），并且 Gag 蛋白在数量上超过 Gag-Po1 蛋白约 20 倍。对于反转录病毒来说，程序性核糖体移码能够扩大病毒基因组的编码潜力，可以从一条 mRNA 分子上合成衣壳蛋白和 Pol 蛋白。另外，移码发生的频率还决定着合成的结构蛋白和酶蛋白之间的比例。

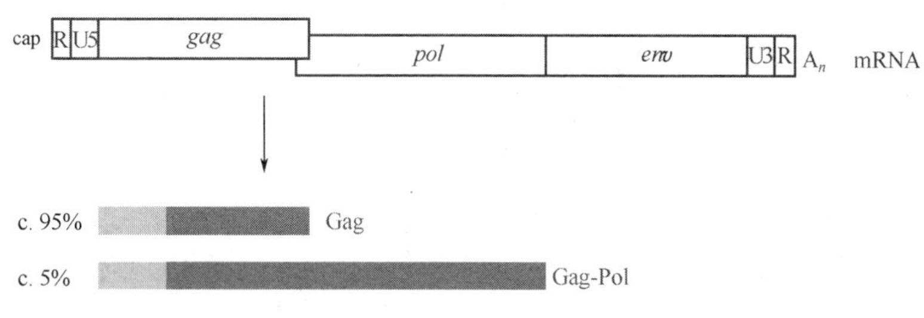

(a) 通过核糖体移码合成Gag-Pol融合蛋白

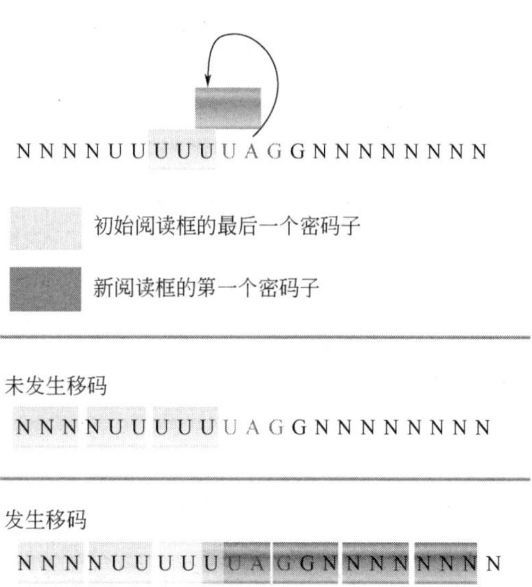

(b) 反转录病毒 HIV的–1位移码

图 8-22　程序性核糖体移码

大肠杆菌 RF2 的合成也需要核糖体框移。RF2 识别终止密码子 UAA 和 UGA。RF2 的编码框的内部含有一个同框的终止密码子 UGA，该终止密码子必须被绕过才能合成一个完整的 RF2。当细胞有足够的 RF2 时，终止反应能够有效发生，RF2 的合成被下调。细胞缺少 RF2 时，出现在核糖体 A 位上的 UGA 不能被有效识别，核糖体的移动出现停顿，诱导核糖体和 $tRNA^{Leu}$ 向+1 位滑动一个碱基，CUU-UGA-C 被读成 C-UUU-GAC。从而避开了 UGA 引发的终止作用。

大肠杆菌 DNA 聚合酶III的 τ 和 γ 亚基都是由 *dnaX* 基因编码的。τ 亚基由完整的基因编码，而 γ 亚基则是由于核糖体向–1 位滑动一个碱基，导致蛋白质合成的提前终止，产生的一个截短了的多肽链（图 8-23）。滑移位点序列为 5′-A-AAA-AAG-3′。

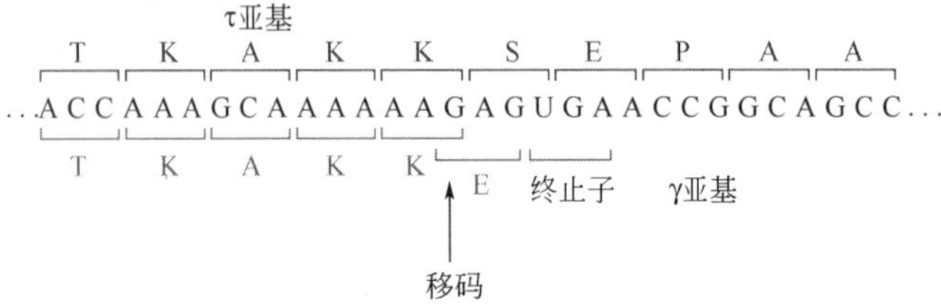

图 8-23　发生在 *dnaX* mRNA 上的程序性核糖体移码

8.8　硒代半胱氨酸

无论是原核生物还是真核生物，包括人类，都有一些蛋白质含有硒代半胱氨酸。硒代半胱氨酸是半胱氨酸的类似物，在硒代半胱氨酸中硒取代了硫。硒比硫更容易氧化，所以硒蛋白必须避免与氧气接触。在很多细菌中，参与无氧代谢的甲酸脱氢酶的活性部位含有硒代半胱氨酸。

硒代半胱氨酸是在 mRNA 的翻译过程中掺入到多肽链的。通过比较硒蛋白的氨基酸序列及其基因的碱基序列，发现硒代半胱氨酸由基因编码区内部的 UGA 翻译而成。UGA 通常是一个终止密码子，翻译时，UGA 被读成终止密码子还是硒代半胱氨酸的密码子取决于 mRNA 是否含有硒代半胱氨酸插入元件（selenocysteine insertion sequence，SECIS）。与构成蛋白质的其他氨基酸一样，硒代半胱氨酸有自己的 tRNA。硒代半胱氨酸-tRNA（$tRNA^{Sec}$）的一级结构和二级结构与其他氨基酸的 tRNA 有显著区别，例如它的受体臂由 8 个碱基对（细菌）或 9 个碱基对（真核生物）构成，几个保守位置上的碱基发生了替换。硒代半胱氨酸-tRNA 最初装载的是丝氨酸（图 8-24）。丝氨酰-$tRNA^{Sec}$ 不能直接参与蛋白质的合成，因为它不能被延伸因子 EF-Tu（原核生物）或者 eEF1α（真核生物）识别。$tRNA^{Sec}$ 携带的丝氨酸要被修饰成硒代半胱氨酸。

硒代半胱氨酸掺入到正在延伸的多肽链中，需要特异性的延伸因子和 mRNA 上的 SECIS（图 8-24）。在细菌中，SECIS 紧邻在 UGA 的下游，形成一个茎-环结构。Sec-$tRNA^{Sec}$ 被特殊的延伸因子 SelB 识别。SelB 一方面与 Sec-$tRNA^{Sec}$ 结合，另一方面与 SECIS 形成的茎-环结构结合，从而将 Sec-$tRNA^{Sec}$ 输送到正确的位置。在真核细胞中，SECIS 形成的茎-环结构位于 3′-非翻译区，而不是紧接在 UGA 的下游，能够使读码框内部的多个 UGA 编码硒代半胱氨酸。

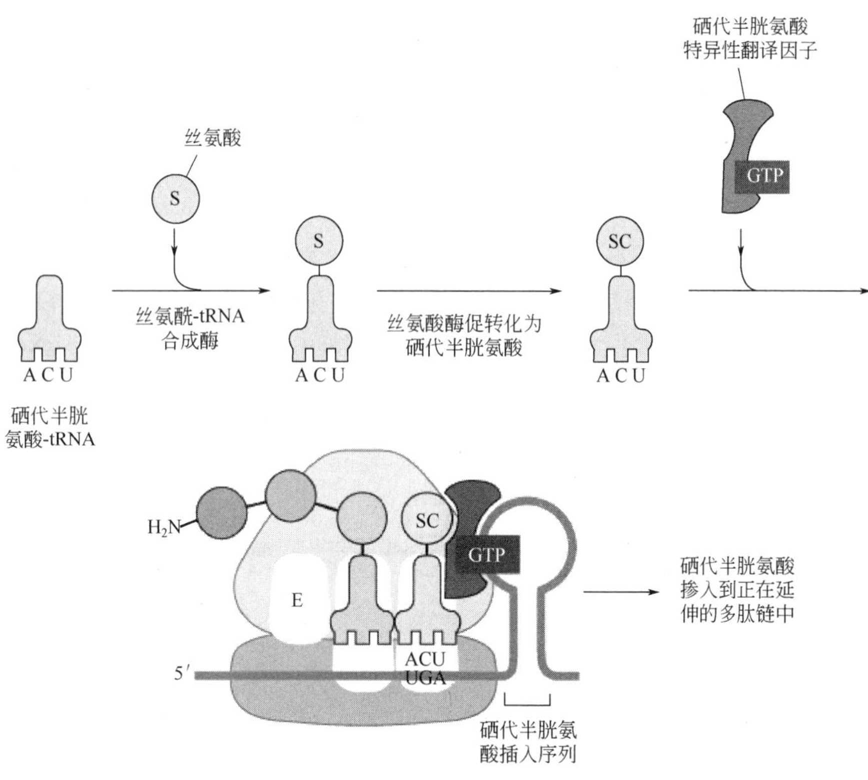

图 8-24　携带硒代半胱氨酸的 tRNA 识别读码框内部的 UGA

8.9　吡咯赖氨酸

吡咯赖氨酸是赖氨酸的衍生物，具有一个吡咯环，由 UAG 编码。人们首先在产甲烷古细菌的甲胺甲基转移酶的活性部位发现了吡咯赖氨酸。这类古细菌的基因组含有 *pylT* 和 *pylS* 基因，其中 *pylT* 编码一种特殊的吡咯赖氨酸-tRNA，它的反密码子是 CUA，识别吡咯赖氨酸的密码子 UAG。而 *pylS* 编码一种Ⅱ型氨酰-tRNA 合成酶，其作用是将吡咯赖氨酸添加到它的 tRNA 上。基因组序列分析发现 *pylT* 和 *pylS* 的同源序列也存在于几种真细菌中，但是它们的功能尚未确定。

8.10　依赖翻译的 mRNA 质量监控

8.10.1　无义介导的 mRNA 降解

真核细胞具有一种专门的 RNA 监控机制清除含有提前终止密码子（premature termination codon，PTC）的 mRNA。无义突变、移码突变、基因表达异常（例如，转录时错误碱基的插入、拼接错误等）是导致 PTC 产生的主要原因。清除这类异常 mRNA 的机制被称作无义介导的 mRNA 降解（nonsense-mediated decay，NMD）。

NMD 对保证真核细胞的正常功能具有重要意义。携带无义突变的 mRNA 由于翻译过程的过早终止会产生截短的、无功能的蛋白质。有时，细胞合成这样的蛋白质只是资源的一种浪费。但是，很多蛋白质是在一个多亚基复合体中起作用的。异常的多肽链会参与复合体的形成，干扰正常蛋白质的功能，影响细胞正常的生理活动。降解带有无义突变的 mRNA，阻止异常蛋白质的合成，可以保护细胞免受基因无义突变产生的伤害。

真核生物的基因大多为断裂基因，断裂基因的初始转录产物在加工的过程中需要进行拼接，除去外显子之间的内含子，并把外显子连接在一起。如果在距最后一个外显子-外显子连接位点（exon-exon junction，EEJ）的上游 50～55nt 或更远的地方出现了一个终止密码子，都会触发 NMD。这就要求成熟的 mRNA 上的 EEJ 要被标注出来。在动物细胞 mRNA 的拼接过程中每一 EEJ 上游 20～24nt 处都结合有一个蛋白质复合体，被称为外显子连接复合体（exon junction complex，EJC）。EJC 参与 mRNA 的转运、定位和降解。在第一轮翻译过程中，当核糖体沿着 mRNA 移动时，mRNA 上的 EJC 被置换下来（图 8-25）。

外显子连接复合体
AAAAAA 3′
翻译
5′
AAAAAA 3′

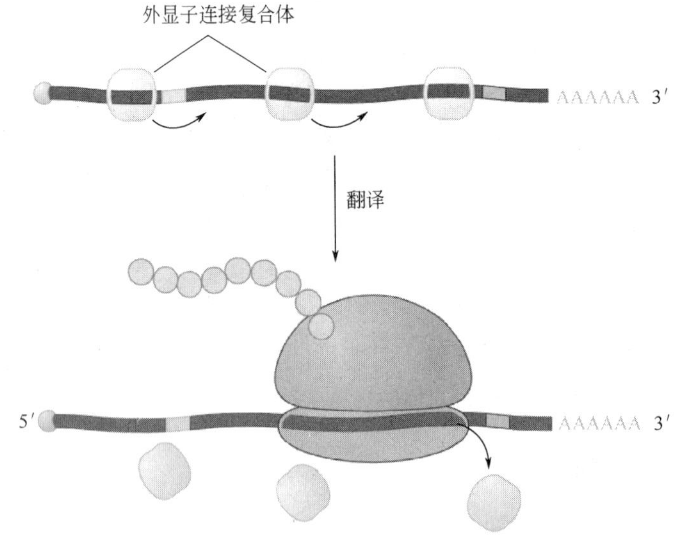

图 8-25 外显子连接复合体

有三种 Upf 蛋白质与 EJC 结合，参与无义介导的 mRNA 降解过程（图 8-26）。Upf3 首先在细胞核中与 EJC 结合。当 mRNA 被运出细胞核后，Upf2 再结合上去。如果 mRNA 上含有一个 PTC，在所有的 EJC 脱离 mRNA 之前，核糖体即完成翻译过程。在这种情况下，包括释放因子（eRF1/3 复合体）和 Upf1 在内的终止复合体与滞留在 mRNA 上的 EJC 发生相互作用，募集脱帽酶，除去 5′-端的帽子结构，然后，从裸露的 5′- 端降解 mRNA。也可以激活 mRNA 的去腺苷酰化反应，然后按 3′→5′方向降解 mRNA。或者，募集核酸内切酶，在 mRNA 内部进行切割。

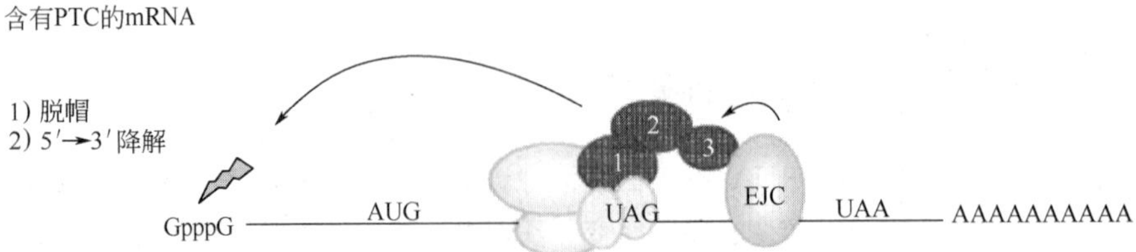

含有PTC的mRNA
1) 脱帽
2) 5′→3′降解
2
3
1
EJC
GpppG
AUG
UAG
UAA
AAAAAAAAAA

图 8-26 无义介导的 mRNA 降解

在酵母中，只有不到 5%的基因具有内含子。因此，大多数基因的初级转录产物的加工不需要拼接，mRNA 中也就不能利用 EEJ 作为识别 PTC 的标记。然而，大多数酵母 mRNA 含有下游序列元件（downstream sequence element，DSE）作为 PTC 的下游识别标记。DSE 的序列特征并不明显，但富含 AU。DSE 功能具有空间相关性特点，酵母 NMD 机制要求 PTC 与下游 DSE 之间的最大距离为 150～200nt。

8.10.2　无终止密码子介导的 mRNA 降解

真核生物的 mRNA 以 Poly(A)尾结束。当 mRNA 缺少终止密码子时，核糖体就会翻译 Poly(A)，产生多聚赖氨酸，并使核糖体停止在 mRNA 的 3′-末端。Ski7 蛋白的 C 端 GTPase 结构域与核糖体的 A 位结合，刺激核糖体的解离，并利用其 N 端结构域募集 3′→5′核酸外切酶（exosome）降解无终止密码子 mRNA（图 8-27）。另外，C 端含有多聚赖氨酸的蛋白质是不稳定的，被蛋白酶快速降解。

图 8-27　无终止密码子介导的 mRNA 降解

无义介导和无终止密码子介导的 mRNA 降解都需要 mRNA 的翻译。在没有翻译的情况下，受损的 mRNA 具有正常的稳定性，并不会很快被降解。因此，真核细胞要依赖翻译机制来校正它们的 mRNA。

8.11　蛋白质合成的抑制剂

很多人们熟知的抗生素都是蛋白质合成的抑制剂，它们中的大多数专一性地作用于原核生物的核糖体。在很高的浓度下，这些抗生素也能抑制线粒体和叶绿体中的核糖体，因为这两种细胞器均起源于原核细胞。

氨基糖苷类抗生素（aminoglycosides）作用于核糖体的 30S 亚基。链霉素（streptomycin）与 30S 亚基的 16S rRNA 结合，可以改变核糖体 A 位点的形状，导致负载的 tRNA 不能进入 A 位，尤其是 fMet-$tRNA_f^{Met}$ 的进位被抑制，使得蛋白质的合成不能起始。某些链霉素抗性突变体的 16S rRNA 第 523 位上的碱基发生了改变，或者是促进抗生素结合的 S12 蛋白质发生了突变。卡那霉素结合于小亚基的多个位点，阻止翻译的移位，链霉素和其他氨基糖苷类抗生素也会造成 mRNA 的错读。

氯霉素（chloramphenicol）和放线菌酮（cycloheximide）分别与原核生物和真核生物的大亚基结合，抑制核糖体的肽酰转移酶活性。红霉素（erythromycin）与细菌核糖体的 23S rRNA 结合阻止核糖体的移位。图 8-28 是几种常见的蛋白质合成抑制剂的化学结构式。

少数抑制剂既能抑制原核生物又能抑制真核生物的蛋白质合成。四环素（tetracycline）既抑制原核生物的核糖体也抑制真核生物的核糖体活性，它与核糖体小亚基的 16S（或 18S）rRNA 结合，阻止氨酰-tRNA 的结合。尽管能够抑制两种类型的核糖体，但是四环素优先抑制细菌的生长，这是因为细菌会主动吸收四环素，而真核细胞会将四环素主动排出。梭链孢酸（fusidic acid）为一种类固醇衍生物，它能够和原核生物的延伸因子 EF-G 结合，使 EF-G·GDP 不能与核糖体脱离。梭链孢酸也抑制真核生物相应的转录因子 eEF2。然而，动物细胞的蛋白质合成不会受梭链孢酸的影响，因为动物细胞不会吸收这种抗生素。嘌呤霉素的分子结构与酪氨酰-tRNA 的氨酰基末端非常相似，能够进入核糖体的 A 位参与肽键的形成（图 8-29）。然而，形成的肽酰嘌呤霉素不能进行移位反应，而是与核糖体脱离，造成多肽链合成的提前终止。再如潮霉素 B 能够阻止 tRNA 从 A 位点移位到 P 位点，抑制蛋白质的合成。

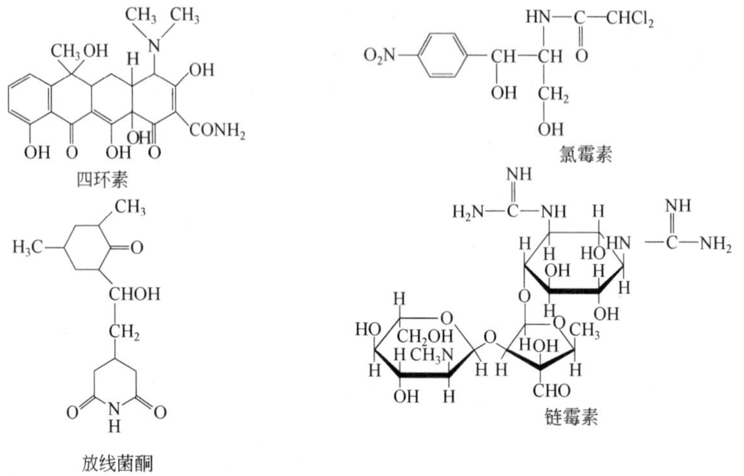

四环素

氯霉素

放线菌酮

链霉素

图 8-28　几种常见的蛋白质合成抑制剂

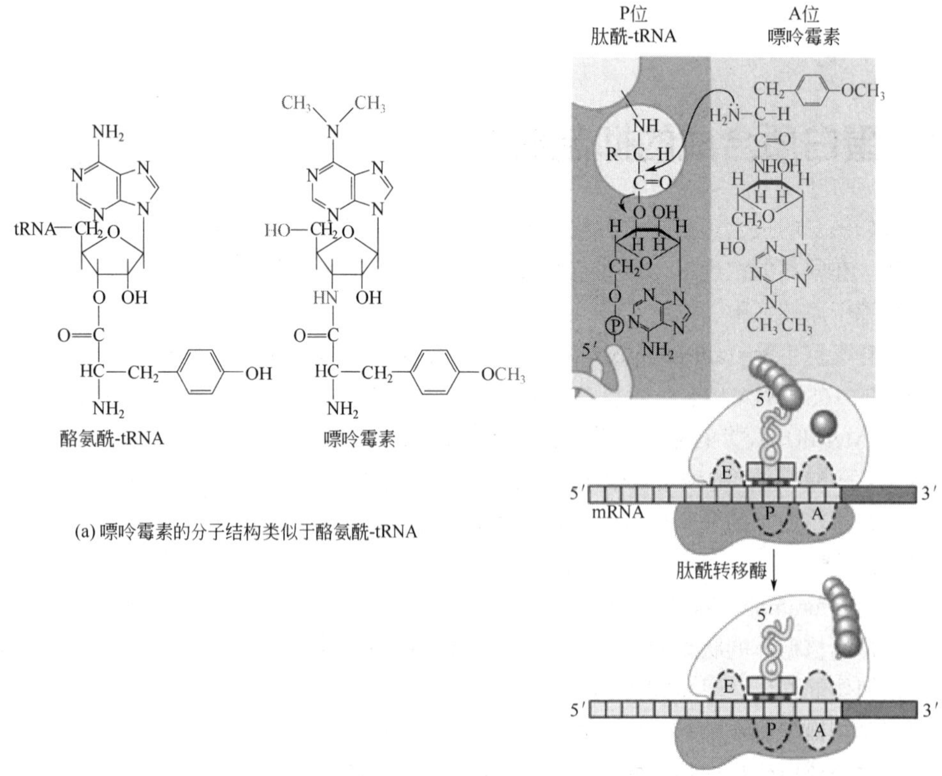

(a) 嘌呤霉素的分子结构类似于酪氨酰-tRNA

(b) 嘌呤霉素抑制蛋白质合成的机制

图 8-29　嘌呤霉素抑制蛋白质合成的分子机制

8.12　蛋白质翻译后加工

多肽链的合成并不意味着生成了有生物学功能的蛋白质，新生的多肽链需要折叠成正确的三维结构，有时还需要经过加工修饰后才能转变为有活性的蛋白质。

8.12.1　蛋白质的折叠

由核糖体合成的所有多肽链必须经过正确的折叠才能形成动力学和热力学稳定的三维构象，发挥其生物学功能。如果蛋白质折叠错误，其蛋白质的生物学功能就会丧失或者受到影响。

8.12.1.1　分子伴侣

1953 年，Anfinsen 所做的核糖核酸酶体外变性和复性实验表明，蛋白质的一级结构决定其高级结构，即一条多肽链正确折叠的信息包含在其一级结构之中。然而，细胞内新生多肽链的折叠是在较高的温度、较高的蛋白质浓度而又十分拥挤的环境中，以极快的速度和极高的保真度在进行着。在这种情况下，多肽链的折叠需要一类特殊蛋白质的帮助。这种能够在细胞内辅助多肽链正确折叠的蛋白质称为分子伴侣（molecular chaperone）。分子伴侣首先被 Ron Laskey 和他的同事用来描述核质蛋白（nucleoplasmin）在核小体装配中的作用。核质蛋白与组蛋白结合，并介导组蛋白和 DNA 装配成核小体，但是核质蛋白最终并不出现在核小体结构中。因此，分子伴侣类似于催化剂，促进蛋白质复合体的装配，但最终并不成为复合体的一部分。随后的研究拓展了分子伴侣的概念，包括介导多种组装过程，特别是介导多肽链折叠的蛋白质。

分子伴侣并非是为多肽链折叠成正确的三维结构提供所需的额外信息，一条多肽链折叠成正确的三维构象仅仅是由其氨基酸序列决定的，分子伴侣的作用仅是为蛋白质的正确折叠提供环境，创造条件。分子伴侣大致可以区分为两个不同的家族，它们通过两种不同的方式帮助蛋白质折叠。Hsp70 是细胞内一种主要的分子伴侣家族，结合于未折叠或者部分折叠的多肽链的疏水区，还包括核糖体上正在延伸的多肽链，防止它们发生错误折叠，避免不完全折叠蛋白质之间非特异性的聚合［图 8-30（a）］。分子伴侣被认为与所有的生长中的多肽链结合。

伴侣蛋白（chaperonin）为另外一类分子伴侣，它们在蛋白质合成完成以后发挥作用，重新折叠受到损伤或者错误折叠的蛋白质。GroEL/GroES 是 *E.coli* 的伴侣蛋白，由 14 个相同的亚基（Hsp60）构成的 GroEL，排列成两个垛叠在一起的环，每个环由 7 个亚基组成。GroEL 看起来像一个圆柱状结构，具有一个中央空腔［图 8-30（b）］。部分折叠或错误折叠的蛋白质从圆柱状结构的一端被运送到中央空腔，然后由 7 个相同亚基构成的 GroES 将多肽链盖在腔中，并导致圆柱状结构发生构象的改变，为多肽链的折叠创造一个疏水的环境。在腔内，多肽链与腔的内壁不断发生相互作用，最终折叠成正确的构象。在 GroES 离开圆柱状的 GroEL 后，折叠的多肽链被释放出来。

8.12.1.2　参与蛋白质折叠的酶

除了分子伴侣之外，细胞内至少含有两种酶通过催化共价键的断裂和重新连接参与蛋白质的折叠。一些分泌蛋白和膜蛋白含有二硫键，这是蛋白质合成后由两个半胱氨酸残基的侧链巯基氧化形成的一种肽链内或肽链间的共价交联。二硫键的形成对于稳定蛋白质的空间结构起着十分重要的作用。蛋白质二硫键异构酶（protein disulfide isomerase，PDI）的功能是催化二硫键的形成［图 8-31（a）］，或者催化二硫键断裂和重新连接使二硫键快速地发生重组，直至形成正确的二硫键［图 8-31（b）］。在图 8-31（b）中，PDI 的一个巯基与多肽链的一个半胱氨酸残基形成一个二硫键，随后发生二硫键的重排，最终使两对错误的二硫键转化为正确的二硫键。在真核细胞中，二硫键的形成主要在内质网腔中进行，其氧化性环境有利于二硫键的形成，更重要的是内质网腔中有蛋白质二硫键异构酶家族。

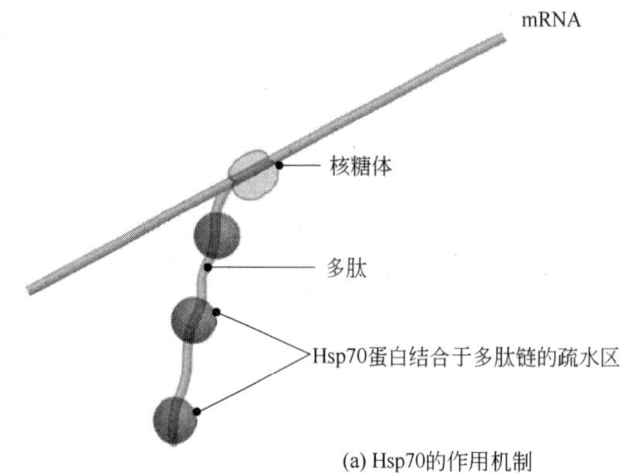

(a) Hsp70的作用机制

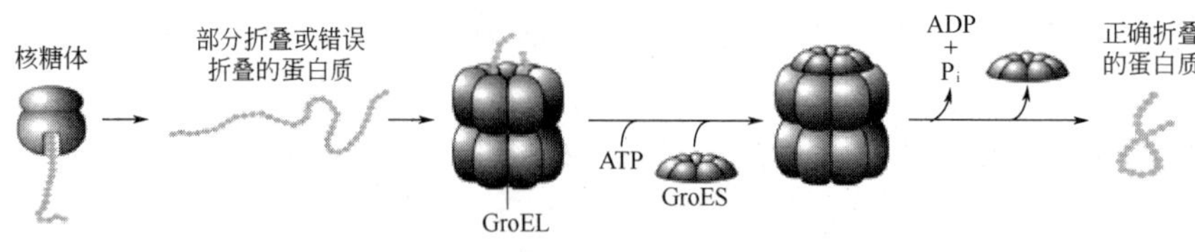

(b) GroEL/GroES的作用机制

图 8-30 分子伴侣的两种作用方式

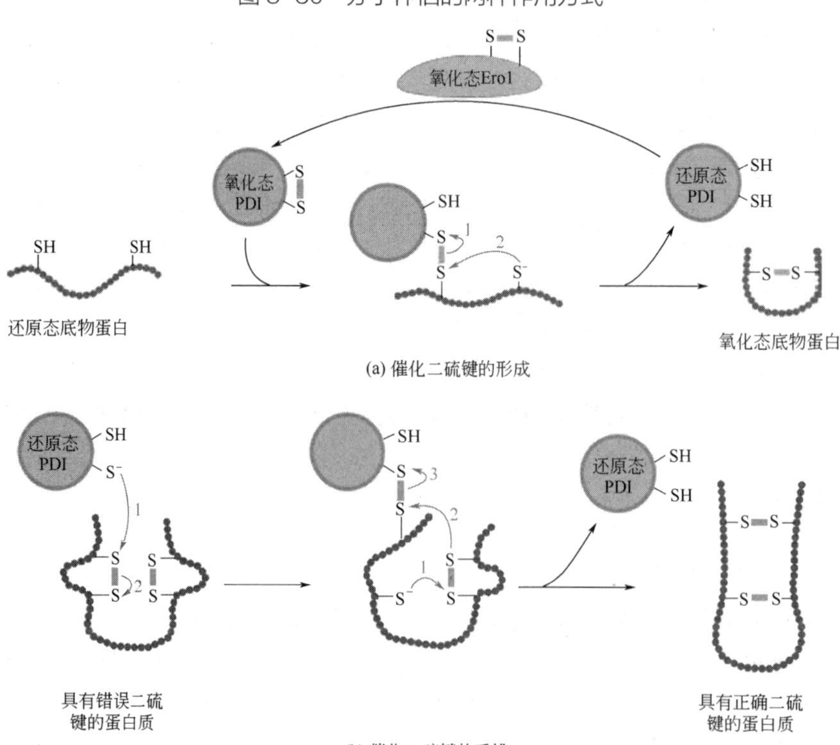

(a) 催化二硫键的形成

(b) 催化二硫键的重排

图 8-31 PDI 的作用机制

第二种在蛋白质折叠过程中发挥重要作用的酶是肽基脯氨酰异构酶（peptidyl prolyl isomerase，PPI），其作用是催化多肽链中 X-Pro 之间形成的肽键进行顺式与反式的转变（图 8-32）。一个蛋白质分子中绝大多数肽键为反式，因为反式肽键更为稳定，但是脯氨酸的氨基形成的肽键既可以是反式的，也可以是顺式的，它们之间的平衡略微有利于反式肽键的形成。顺式与反式之间的转换是许多蛋白质折叠的限速步骤，PPI 通过催化肽键顺式与反式的转换，推动肽链的快速折叠。

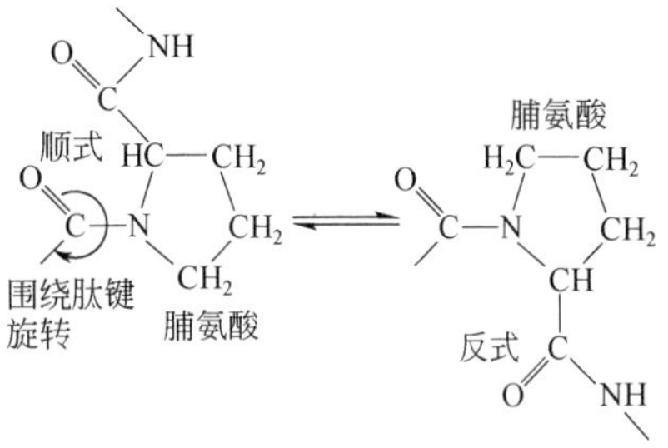

图 8-32　PPI 的作用机制

8.12.2　蛋白质的化学修饰

化学修饰涉及将化学基团添加到多肽链的末端氨基或羧基基团上，或者内部的氨基酸残基侧链上具有反应活性的基团上。已报道蛋白质有 150 多种不同的修饰方式，每种修饰都是高度特异的，表现为同一种蛋白质的每个拷贝的同一氨基酸都是以同一种方式修饰的。蛋白质的化学修饰具有许多重要的生理功能，在一些情况下，多肽链的化学修饰是可逆的。表 8-7 列举了蛋白质翻译后修饰的几种方式。

表 8-7　翻译后化学修饰举例

修饰	被修饰的氨基酸	蛋白质举例
添加小化学基团		
乙酰化	赖氨酸	组蛋白
甲基化	赖氨酸、精氨酸、组氨酸等	组蛋白
磷酸化	丝氨酸、苏氨酸、酪氨酸	参与信号转导的一些蛋白质
羟基化	脯氨酸、赖氨酸	胶原
N-甲酰化	N 端甘氨酸	蜂毒肽
添加糖侧链		
O-连接糖基化	丝氨酸、苏氨酸	多种膜蛋白和分泌蛋白
N-连接糖基化	天冬氨酸	多种膜蛋白和分泌蛋白
添加脂类侧链		
脂酰化	丝氨酸、苏氨酸、半胱氨酸	多种膜蛋白
N-豆蔻酰化	N 端甘氨酸	参与信号转导的一些蛋白质
添加生物素		
生物素化	赖氨酸	多种羧化酶

8.12.2.1　乙酰化

乙酰化是指乙酰基团添加到多肽链游离的末端氨基上，是一种最为常见的化学修饰。据估计大约有 80%的蛋白质发生乙酰化作用。乙酰化在控制蛋白质寿命方面发挥重要作用，因为不被乙酰化的蛋白质被细胞内的蛋白酶快速降解。另外，组蛋白 Lys 的乙酰化是真核生物调控基因表达的一种重要途径。

8.12.2.2 甲基化

蛋白质的甲基化主要发生在精氨酸、赖氨酸、组氨酸、脯氨酸及羧基末端上，参与许多生物学过程，例如，信号转导、基因表达调控、蛋白质-蛋白质相互作用、RNA剪接和运输等。组蛋白的甲基化主要包括精氨酸和赖氨酸的甲基化，与基因表达调控相关，是表观遗传学的重要研究领域之一。

8.12.2.3 磷酸化

Ser、Thr和Tyr的磷酸化是蛋白质一种最常见的修饰方式（图8-33）。真核生物借助于磷酸化和脱磷酸化来调节一系列蛋白质或酶的活性。对于微生物而言，磷酸化发生在His上。细菌通过His的磷酸化感应环境中的信号，并对信号刺激作出反应。

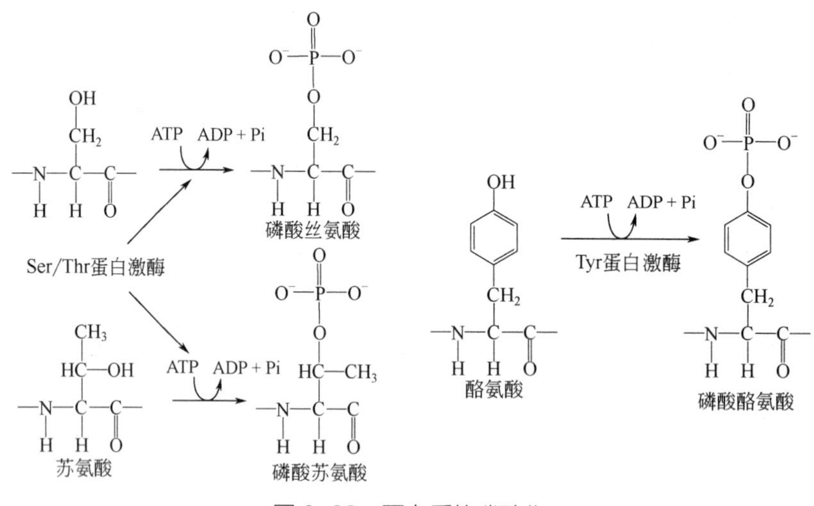

图8-33 蛋白质的磷酸化

8.12.2.4 羟基化

胶原蛋白分子中的脯氨酸变成羟脯氨酸是羟基化修饰的典型例子。脯氨酸的羟基化有助于胶原蛋白螺旋的稳定。

8.12.2.5 糖基化

Asn、Ser和Thr的侧链是糖基化的位点。糖蛋白通常是分泌蛋白，或者分布于细胞的表面。糖侧链对于糖蛋白在内质网中的折叠以及蛋白质在亚细胞结构中的定位发挥着重要作用，同时也是细胞间互作的识别位点。有两类糖基化形式，*O*-连接的糖基化是将糖侧链通过丝氨酸或苏氨酸的羟基连接到蛋白质上，而*N*-连接的糖基化是将糖侧链连接到天冬酰胺的侧链氨基上（图8-34）。

8.12.2.6 脂酰基化

一些膜蛋白含有共价修饰的脂酰基，这些蛋白质借助于疏水的脂肪酸链被锚定在膜上。在一些情况下，脂肪酸被共价连接到核糖体上正在延伸的多肽链的N末端上。例如，在*N*-豆蔻酰化的过程中，豆蔻酸（14碳脂肪酸）被连接到N末端的甘氨酸残基上（图8-35）。甘氨酸通常是第二个掺入到新生多肽链的氨基酸，而起始氨基酸在脂肪酸添加之前被酶解掉。*N*-豆蔻酰化的蛋白质通常与质膜的内表面结合。

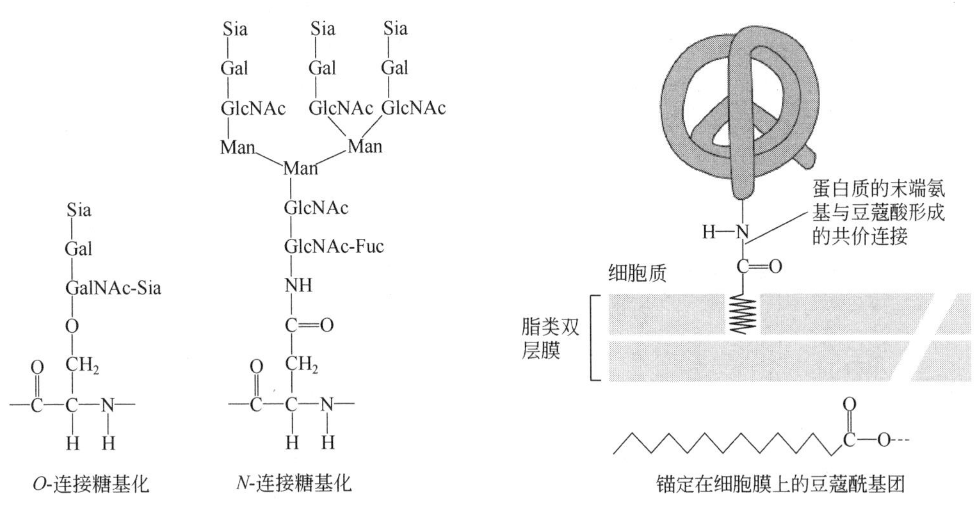

图 8-34　蛋白质的 *N*-连接糖基化和 *O*-连接糖基化　图 8-35　蛋白质通过脂肪酸链锚定在细胞膜上

8.12.3　蛋白质的酶解切割

蛋白质酶解切割是激活蛋白质和酶的常用手段，一个例子是前胰岛素原的加工。在胰岛的 β 细胞中，胰岛素首先被合成为无活性的前胰岛素原（preproinsulin）。前胰岛素原具有将多肽链定位到内质网的信号肽序列。在穿过内质网膜后不久，信号肽序列就被存在于内质网膜内侧的信号肽酶切下，形成的第二种前体，称为胰岛素原。胰岛素原由 N 端的 A 链、C 端的 C 链和中部的连接肽（即 B 链）组成。在内质网中，几种特异性的肽酶切去胰岛素原的连接肽，形成成熟的胰岛素（图 8-36）。成熟的胰岛素的 A 链和 C 链通过两个二硫键相连，C 链内部也形成一个二硫键。以类似的翻译后加工方式激活的蛋白质还包括蛋白酶以及凝血系统中的蛋白质等。

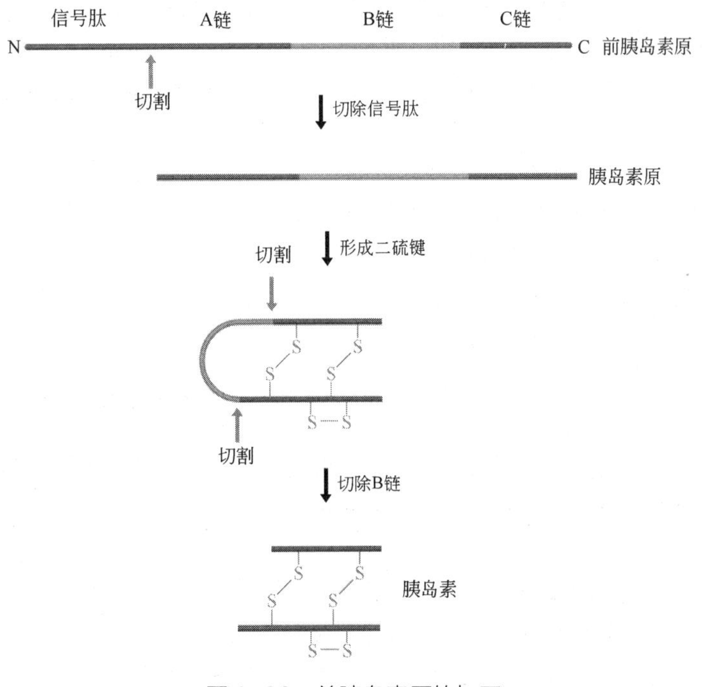

图 8-36　前胰岛素原的加工

蛋白质酶解切割还可以将多蛋白（polyprotein）切割成一系列独立的蛋白质。一些病毒可以合成这样的多蛋白。例如，反转录病毒的 *gag*、*gag-pol* 和 *env* 基因的多蛋白产物被蛋白酶切割产生单个的蛋白质（图 8-37），这些蛋白质都能在成熟的病毒颗粒中找到。显然，病毒通过合成多蛋白能够减小其基因组的大小。

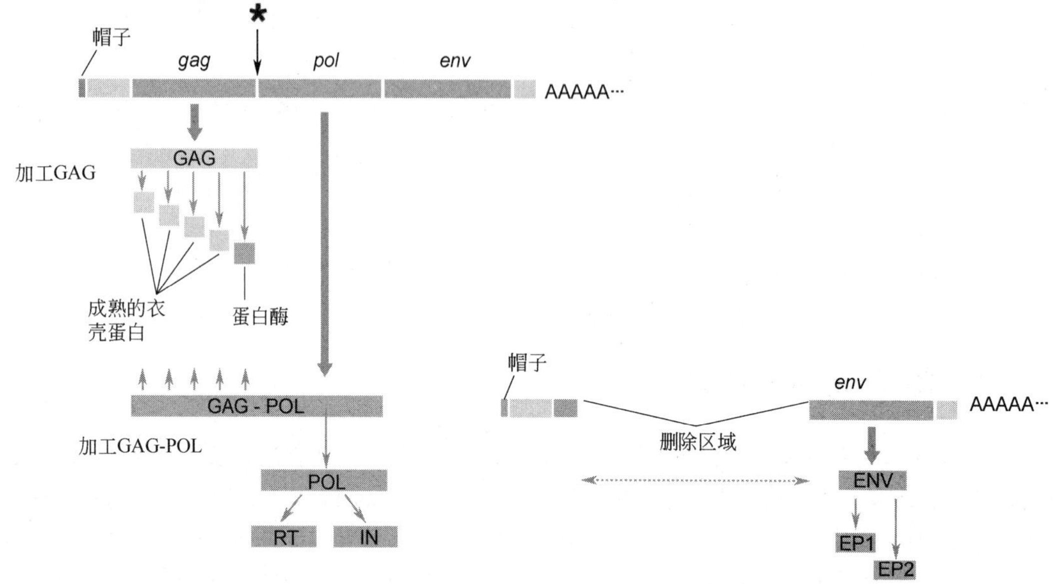

图 8-37　反转录病毒编码的多蛋白被切割成单个的蛋白质分子

8.12.4　内含肽与蛋白质拼接

不但 RNA 中存在间隔序列（内含子），蛋白质中也会有间隔序列。蛋白质中的间隔序列称为内含肽（intein），除去内含肽后保留下来的肽段称为外显肽（extein）。在蛋白质剪接过程中，内含肽要被切除，两侧的外显肽连接在一起（图 8-38）。在酵母、藻类、细菌和古细菌中都有内含肽的存在。

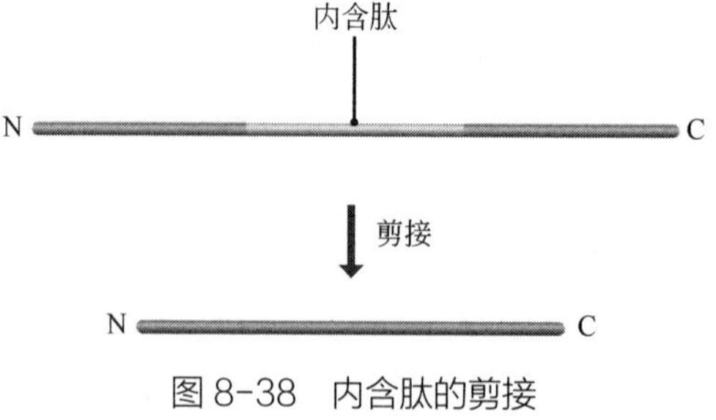

图 8-38　内含肽的剪接

内含肽的剪接不需要酶的参与，它催化自身作为一条独立的肽链被释放出来。内含肽与外显肽的交界处存在特异性的氨基酸残基。内含肽的 N 末端是一个半胱氨酸残基或者是一个丝氨酸残基，而它的 C 末端是一个碱性氨基酸残基。C 端外显肽的第一个氨基酸残基是丝氨酸或者半胱氨酸。剪接时，N 端外显肽被切下，并且与 C 端外显肽的第一个氨基酸残基的侧链共价连接，形成一个暂时的带分支的中间体。下一步，内含肽被切掉，两个外显肽被连接在一起（图 8-39）。

通常一个蛋白质只有一个内含肽，但也有例外，即在一个宿主蛋白中插入了两个内含肽。*Synechocystis* 的 *dnaZ* 基因的结构更加与众不同，它被分隔成两个独立的部分，每一部分均被独立转录和翻译，形成两个蛋白质，每一个蛋白质都由一个外显肽和一个内含肽组成。剪接时，两个外显肽被连接在一起，两个内含肽被删除。这一过程类似于内含子的反式剪接。

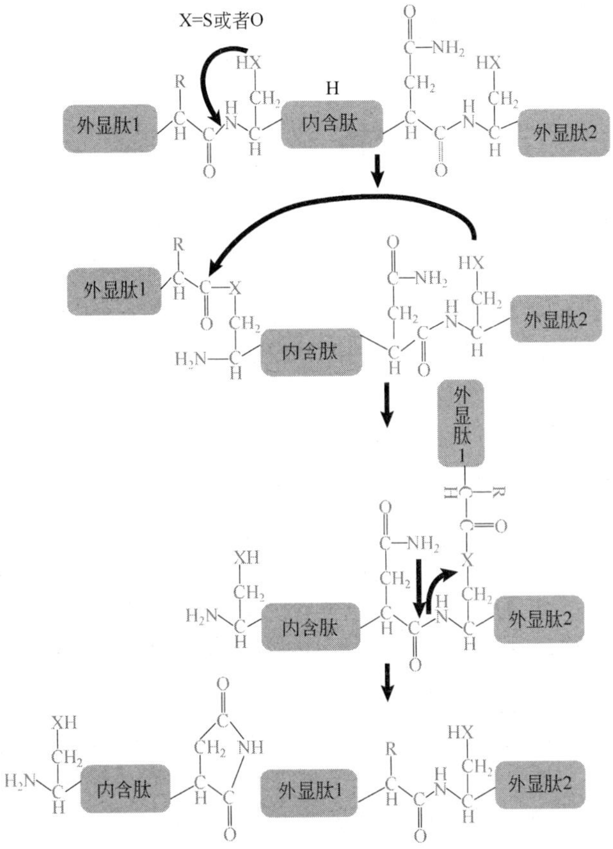

图 8-39　内含肽的剪接步骤

被剪接下来的内含肽并非只是一种没有功能的产物，它是一种位点专一性的 DNase，其作用是维持内含肽的生存。如果编码内含肽的 DNA 片段从基因中删除，先前形成的内含肽将在删除位点切断宿主 DNA。因此，任何具有单拷贝基因组的细胞在删除无用的内含肽编码序列后将被内含肽杀死，只有那些保存了内含肽 DNA 的细胞才能存活下来。与大多数内含肽不同，一些短的内含肽不具有 DNase 活性。很可能它们是一些带有缺陷的内含肽，丢失了编码核酸酶的序列。内含肽对细胞的生命活动似乎是无意义的，内含肽的编码序列被认为是自私 DNA 的一种形式。

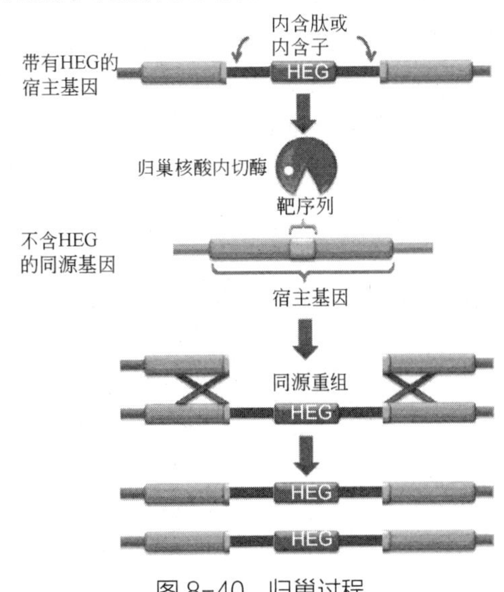

图 8-40　归巢过程

归巢核酸内切酶（内含肽）在不含内含肽的同源基因的靶位点上产生双链断裂，引发同源重组将空载的同源基因转变成带有 HEG 的拷贝。HEG 表示归巢核酸内切酶基因

在真核细胞中，每一个基因有两个拷贝。如果其中的一个拷贝丢失了内含肽的 DNA 序列，它将被内含肽切割成两段。酵母和其他真核细胞能够通过重组过程修复这种断裂的 DNA。在重组修复过程中，完整拷贝的序列和断裂拷贝的序列依靠碱基配对结合在一起，然后以完整拷贝为模板合成内含肽 DNA，填补断裂拷贝上的缺口。最后，两个 DNA 分子彼此分离，两个等位基因均有内含肽 DNA 的插入（图 8-40）。一些内含子也使用同样的生存技

巧。如果宿主基因丢失了内含子，内含子编码的 DNase 将把该基因切断。

8.13 蛋白质的定向与分拣

细胞质是蛋白质合成的主要场所，新合成的蛋白质必须被转移到其发挥功能的场所。例如，组蛋白进入细胞核，细胞色素 c 进入线粒体，抗体被分泌到血液中。蛋白质合成以后所经历的这种转移和定位的过程被称为蛋白质的定向与分拣。任何蛋白质的定向与分拣必须是精确无误的，否则会影响到细胞的正常功能，严重的可导致细胞死亡。

8.13.1 翻译-转运途径

真核细胞和原核细胞采用相似的蛋白质分泌机制。合成后，将要被分泌到细胞外的蛋白质在其 N 末端含有一段特殊的起信号向导作用的氨基酸序列，即信号序列（signal sequence）。该序列在引导新生的多肽链穿过细胞膜（原核细胞）或内质网膜（真核细胞）后被切除，所以不存在于成熟的蛋白质中。信号序列具有 3 个特点，靠近 N 末端为一段由 2～8 个氨基酸组成、带正电的序列，后接一段疏水性氨基酸（富含甘氨酸、亮氨酸和缬氨酸），蛋白酶切割位点前面的那个氨基酸侧链往往很短。

在细菌中，大多数分泌蛋白是通过 Sec 途径（secretion pathway）进行跨膜转运的。Sec 转运酶是一个多组分的蛋白质复合体，膜蛋白三聚体 SecYEG 及水解 ATP 的动力蛋白 SecA 构成了 Sec 转运酶的核心。SecYEG 三聚体再二聚化形成转运通道，这是一种由 6 个疏水性亚基围绕被转运的多肽形成的环形通道，能使前体蛋白在跨膜转运的过程中维持一个稳定的状态。SecA 是细菌特有的一种蛋白质，具有 ATP 酶活性，是 Sec 蛋白质转运途径中的“动力泵”，通过 ATP 的水解循环驱使多肽穿过通道。在图 8-41 中，分子伴侣 SecB 一方面通过其疏水的表面和新合成的多肽链结合，控制其折叠；另一方面与细胞膜上的 SecA 特异性结合。前体蛋白由 SecB 传递至 SecA 后，在 SecA 的驱动下穿越通道，开始由细胞内向细胞外的转移。信号序列穿过转位酶围成的通道不久，就被结合于细胞膜外表面的信号肽酶切下，而新生的多肽链继续延伸，并穿过转位酶向细胞外转运。

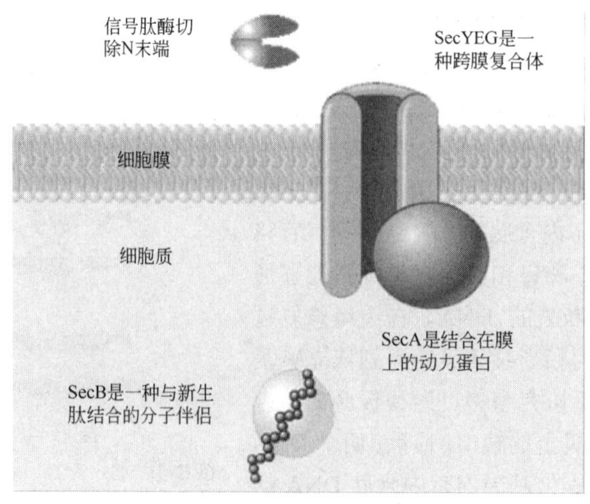

图 8-41 细菌的 Sec 转运系统

真核细胞的分泌蛋白是在内质网膜上合成的，并首先被转运至内质网腔。如图 8-42 所示，蛋白质先在细胞质基质游离核糖体上完成第一阶段的合成，当多肽链延伸至 80 个氨基酸左右时 N 端的信号肽暴露出核糖体，细胞质中游离的信号识别颗粒（signal recognition particle，SRP）识别并与之结合，导致肽链延伸暂时停止，直至信号识别颗粒与内质网膜上的 SRP 受体结合。SRP 是一种特殊的核糖核蛋白颗粒，由 6 种不同的多肽链和 1 分子长度为 300 个核苷酸的 7SL RNA 组成。内质网膜上的信号识别颗粒的受体，又称停泊蛋白（docking protein，DP），GTP 可以强化 SRP 与 SRP 受体的相互作用。

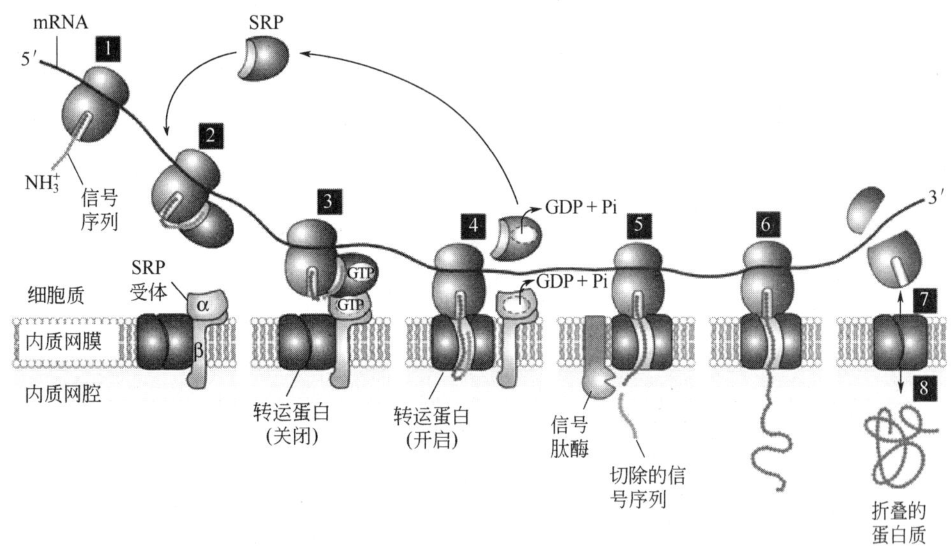

图 8-42　分泌蛋白的合成与跨内质网膜的共翻译转运

核糖体/新生肽与内质网膜上的多肽转运复合体结合后，GTP 水解，信号识别颗粒脱离核糖体和 SRP 受体，返回细胞质基质进入新一轮循环，而肽链又开始延伸。信号肽穿过多肽转运复合体中的孔道，引导多肽链不断向内质网腔延伸，这是一个耗能的过程。与此同时，腔面上的信号肽酶切除信号肽。肽链继续延伸，直至完成整个多肽链的合成，释放出核糖体。在内质网腔内，多肽链折叠成正确的构象。像这种多肽链边合成边跨膜转运的定向与分拣途径称为共翻译转运途径（cotranslational export）。

8.13.2　翻译后转运途径

细胞器基因组的大小依有机体的不同而不同。一般来说，生物体越高等，它的细胞器基因组就越小。哺乳动物的线粒体仅合成大约 10 种蛋白质，高等植物的叶绿体大约合成 50 种蛋白质。很多线粒体与叶绿体的蛋白质由核基因编码，在细胞质中合成后被运输到相应的细胞器中。

8.13.2.1　线粒体和叶绿体蛋白的转运

进入到线粒体的蛋白质的 N 端具有一个含 20～80 个氨基酸残基的导肽序列。导肽序列每 3～4 个残基中有一个带正电的氨基酸（赖氨酸或精氨酸），不含带负电的氨基酸残基，具有形成两亲 α 螺旋的能力，即 α 螺旋既有一个带正电荷、亲水的面，还有一个疏水的面。蛋白质进入线粒体需要连续通过两个转位酶复合体，一个是 TOM（translocase, out mitochondrial），另一个是 TIM（translocase, inner mitochondrial），它们分别位于线粒体的外膜和内膜。图 8-43 表示细胞核编码的线粒体基质蛋白的转运过程，胞质 Hsp70 与多肽链结合使其保持伸展状态，导肽序列将多肽链引导至线粒体。多肽链穿过 TOM 和 TIM 进入线粒体基质，基质中的一种蛋白酶切除导肽，线粒体基质 Hsp70 与多肽链结合，驱动多肽链向线粒体进一步转移。Hsp60 促使被转运至线粒体基质中的多肽链折叠成正确的构象。

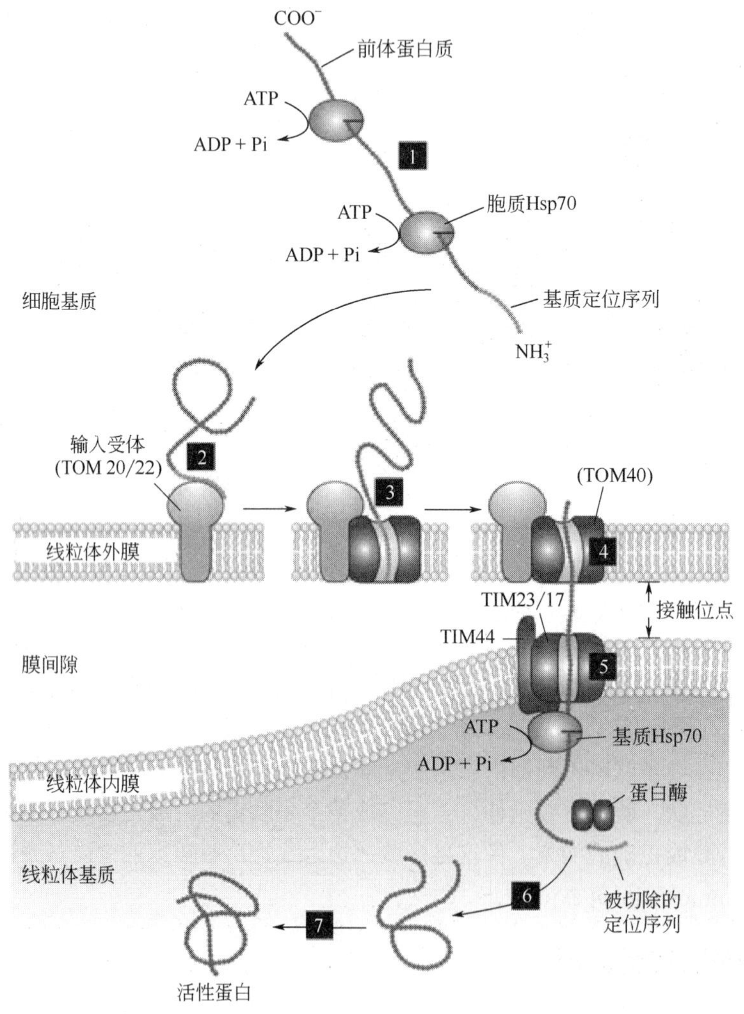

图 8-43　多肽链向线粒体基质的运输

蛋白质向叶绿体运送的机制与向线粒体运送的机制类似。进入叶绿体的蛋白质的导肽与进入线粒体的蛋白质的导肽相似，事实上只有植物细胞才能把它们区分开。如果把编码叶绿体蛋白质的基因导入到真菌细胞，基因的编码产物将被运送到线粒体中。目前，仍不清楚植物细胞是如何区分叶绿体和线粒体的导肽序列的。叶绿体也含有两个与 TIM 和 TOM 类似的转位酶，分别称为 TIC 和 TOC（C 代表叶绿体）。

蛋白质向细胞器的运输也需要分子伴侣的参与。向内运输的蛋白质必须以去折叠的形式穿过转位酶内部狭窄的管道。在细胞质中，伴侣蛋白与新合成的多肽链结合避免其过早折叠。当向线粒体和叶绿体内部转运的多肽链穿越转位酶出现在基质中时，暴露在基质中的肽段被基质中的伴侣蛋白结合。尤其是 Hsp70 型的伴侣蛋白，它们负责将多肽链拉向基质。

8.13.2.2　核定位蛋白的转运

指导蛋白质进入细胞核的信号序列被称为细胞核定位序列（nuclear localization sequence, NLS）。NLS 可以位于核蛋白的任何部位，一般不被切除。核蛋白是以完全折叠的形式通过核孔复合体（nuclear pore complex）转运的。NLS 通常暴露在核蛋白的表面，以方便与入核载体结合。如图 8-44 所示，在细胞质基质中，核蛋白与入核载体结合。入核载体为一异二聚体，包括 α 和 β 两个亚基，α 亚基与 NLS 结合，β 亚基与核孔结合。核蛋白-载体复合物通过核孔复合体被运送到细胞核。在那里，Ran-GTP 与载体的 β 亚基结合，随后，核蛋白-载体复合物解体，核蛋白被释放出来。

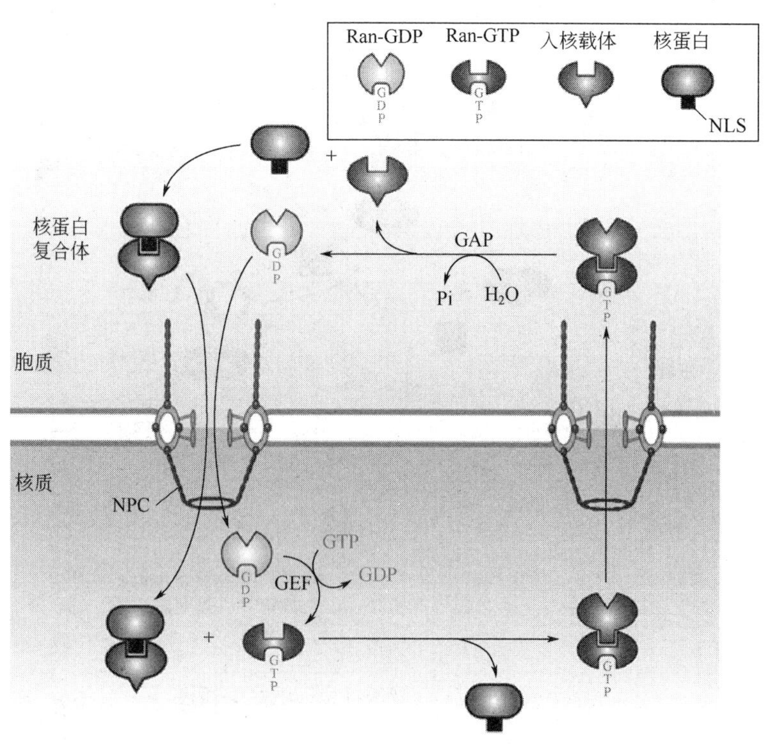

图 8-44　由 NLS 介导的核定位蛋白转运机制

为了继续执行转运功能，位于细胞核中的入核载体必须返回细胞质。与 Ran-GTP 结合的 β 亚基经过核孔复合体进入细胞质。Ran 是一种典型的单体 G 蛋白。Ran-GTP 在 GTP 酶激活蛋白（GAP）的作用下，其潜在的 GTP 酶活性被激活，将与它结合的 GTP 水解成 GDP 后，Ran-GDP 返回细胞核。在细胞核内，Ran-GDP 在核苷酸交换因子（GEF）的作用下，重新转换成 Ran-GTP（图 8-44）。在核输出载体的协助下，入核载体的 α 亚基返回细胞质，并与 β 亚基重新组装成入核载体，开始新一轮蛋白质转运。

8.13.2.3 过氧化物酶体蛋白的转运

过氧化物酶体（peroxisome）是单层膜包被的小细胞器，含有 50 种左右的酶参与多种代谢反应。过氧化物酶体没有自己的基因组，其中的蛋白质完全由核基因编码，在游离的核糖体上合成，折叠成有功能的形式后被转运进来。大多数过氧化物酶体蛋白的定向序列（peroxisome targeting sequences，PTS）位于多肽链的 C 端，被称为 PTS1，其一致序列为 SKL（Ser-Lys-Leu）或 SKF。少数过氧化物酶体蛋白的定向序列（PTS2）位于 N 末端，是一个九肽序列，有很高的多样性。PTS1 和 PTS2 分别被 Pex5 和 Pex7 受体识别。图 8-45 表示 Pex5 介导的过氧化物酶体蛋白的转运过程。Pex5 识别并结合蛋白质 C 端的 PTS1。随后，Pex5 与过氧化物酶体膜上的整合蛋白结合，将蛋白质停泊到过氧化物酶体的表面，其他几种整合蛋白则参与输入蛋白质的进腔过程，但具体转运过程还不清楚。

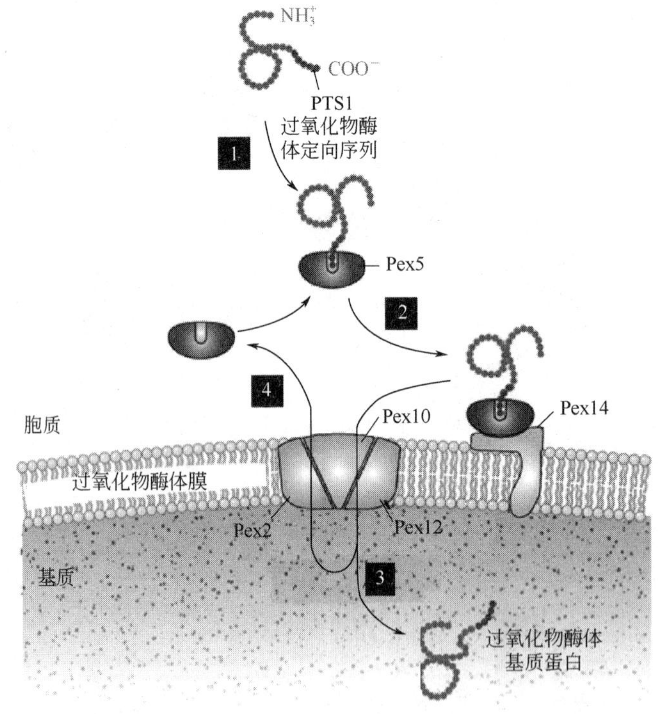

图 8-45 过氧化物酶体蛋白的定向转移

8.14 蛋白质的降解

细胞内负责降解蛋白质的酶称为蛋白酶（protease），所以在细胞内蛋白酶的作用受到精确的调控，以避免对细胞造成伤害。例如，蛋白酶常常被限制在发挥作用的位置，或者选择性地降解带有特殊标记的蛋白质。

动物细胞向消化道中分泌的蛋白酶常常是以无活性的前体形式合成的，只有被输送到细胞外以后才被激活。例如，胰蛋白酶的前体是胰蛋白酶原，胃蛋白酶的前体是胃蛋白酶原。植物细胞和真菌的蛋白酶也是以前体的形式被分泌到细胞外的。细胞内蛋白质的降解主要通过两条途径：溶酶体降解和泛素介导的降解。

8.14.1　溶酶体降解途径

溶酶体是真核细胞中由膜围成的细胞器，内含多种消化酶，包括蛋白酶，执行自我防御的功能。免疫细胞吞噬侵入动物体内的细菌和病毒，形成吞噬泡。然后，吞噬泡与溶酶体融合将细菌和病毒消化掉。当然，有些病原菌能够逃脱溶酶体中蛋白酶破坏，导致疾病的发生。

8.14.2　泛素-蛋白酶体途径

细胞质中的蛋白酶被用来降解受到损伤或者错误折叠的蛋白质，它们的活性要受到严格的控制，否则细胞会受到伤害。细菌中的蛋白酶倾向于形成环状结构，而酶的活性中心就位于环的内部，需要降解的蛋白质在辅助蛋白的作用下进入环的中央。

蛋白酶体（proteasome）是真核细胞内一种大的、多亚基蛋白酶复合体，其主要功能是降解细胞内不再需要的或者错误折叠的蛋白质。蛋白酶体的沉降系数为 26S，由一个 20S 的核心颗粒和两个具有调节功能 19S 的“帽子”组成［图 8-46（a)］。核心颗粒为一由 4 个垛叠在一起的环组成的中空的圆柱体。核心颗粒内部的两个环分别由 7 个 β 亚基组成，具有蛋白酶活性，活性部位在环的内部。外侧的两个环分别由 7 个 α 亚基组成，形成了进入核心颗粒的入口。19S 复合体结合在圆柱状核心颗粒的两端，识别并结合需要降解的蛋白质。

由蛋白酶体负责降解的蛋白质首先要被标记上泛素（ubiquitin）分子。泛素是一类存在于所有的真核生物、由 76 个氨基酸构成的小分子蛋白质。泛素在进化过程中高度保守，酵母和人类的泛素分子仅相差 3 个氨基酸残基。通过其 C 末端的甘氨酸，泛素分子与将要被降解的蛋白质分子的赖氨酸残基的 ε-氨基共价连接。发现有三种酶参与蛋白质底物的泛素化反应。首先，泛素激活酶（ubiquitin activating enzyme, E1）催化泛素 C 末端的甘氨酸（Gly）形成泛素蛋白-腺苷酸中间产物，该反应需要 ATP。然后激活的泛素分子被转移至 E1 酶的一个 Cys 残基的—SH 上，形成高能硫酯键。通过转酰基作用，泛素分子由 E1 转移至泛素结合酶（ubiquitin-conjugating enzyme，E2）的一个特定的半胱氨酸残基上。泛素结合酶又称泛素载体。在泛素连接酶（ubiquitin ligating enzyme，E3）的协助下，泛素分子被转移至底物蛋白 Lys 残基的 ε-氨基上［图 8-46（b)］。

连接到靶蛋白上的泛素分子也可以发生泛素化修饰，即后面的泛素分子连接到前一个泛素链特定的赖氨酸残基上，如 Lys48 和 Lys63 位点。如果这样的修饰作用反复发生，便在靶蛋白上形成由多个泛素分子共价连接的寡聚泛素链。被泛素分子标记的蛋白质被伸展开来，进入桶状的蛋白酶体，裂解成长度为 4～10 个氨基酸的短肽。这些短肽段离开蛋白酶体后，再降解成单个的氨基酸。在蛋白质降解过程中，泛素分子被释放出来重复利用。

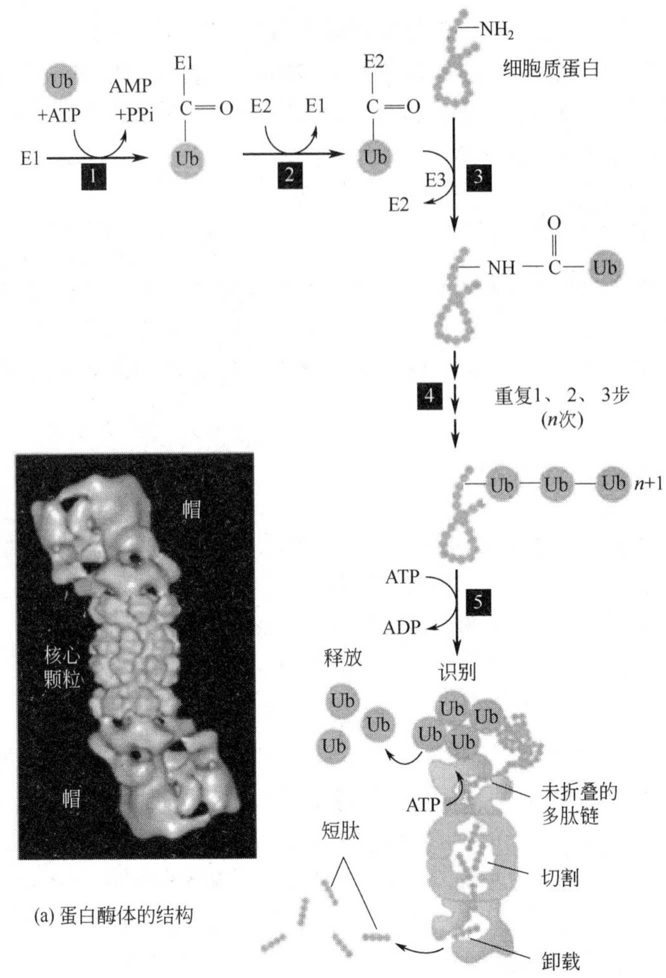

(a) 蛋白酶体的结构

(b) 蛋白质底物的泛素化反应及降解

图 8-46 泛素-蛋白酶体途径

E1—泛素激活酶；E2—泛素结合酶；E3—泛素连接酶；Ub—泛素

知识拓展 朊病毒——感染性蛋白质因子

传染性海绵状脑病（transmissible spongiform encephalopathies, TSE）是一类致死性中枢神经系统的慢性退化性疾病，包括疯牛病（牛海绵状脑病）、羊瘙痒病、人类克雅病等。其病理特征表现为脑组织的海绵体化、空泡化，星形胶质细胞增生以及致病蛋白的积累等，最终导致犯病个体死亡。研究发现 TSE 是由朊病毒蛋白（prion protein, PrP）引起的。PrP 具有 PrP^C 和 PrP^{Sc} 两种形式。PrP^C 是正常的细胞蛋白，由细胞基因编码；而 PrP^{Sc} 是 PrP^C 的异构体，具有致病性和传染性。大量的证据表明朊病毒是由 PrP^C 错误折叠转变而成的，朊病毒病的发生与发展与 PrP^C 转变成 PrP^{Sc} 密切相关，所以，朊病毒病属于蛋白质构象病。

PrP^C 和 PrP^{Sc} 具有相同的一级结构，修饰方式也未发生改变，都是糖基化的，都通过 GPI 连接到膜上。但是，它们的二级结构却十分不同：PrP^C 的 α 螺旋的含量约为 40%，几乎没有 β

片层结构；相反，PrP^{Sc} 含有高达 50%的片层，只有 20%的 α 螺旋（图 1）。这种结构上的差异导致 PrP^{C} 和 PrP^{Sc} 具有不同的蛋白酶抗性，PrP^{C} 可被蛋白酶完全水解，而 PrP^{Sc} 对蛋白酶水解具有抗性。朊病毒 PrP^{Sc} 能够募集正常折叠的 PrP^{C}，并通过自我催化，将其变构形成新的 PrP^{Sc}。因此，在被感染的细胞中，可能是由于 PrP^{Sc} 不断积聚和扩散，最终导致机体产生病理变化。敲除 PrP 编码基因（*PRNP*）的小鼠不能被感染上疯羊病，说明 PrP 对这种疾病是必需的。*PRNP* 的遗传突变也会导致家族性的克雅病。美国加州大学的 Stanley B. Prusiner 由于在朊病毒传染的分子机制方面做出的贡献，获得了 1997 年诺贝尔生理学或医学奖。

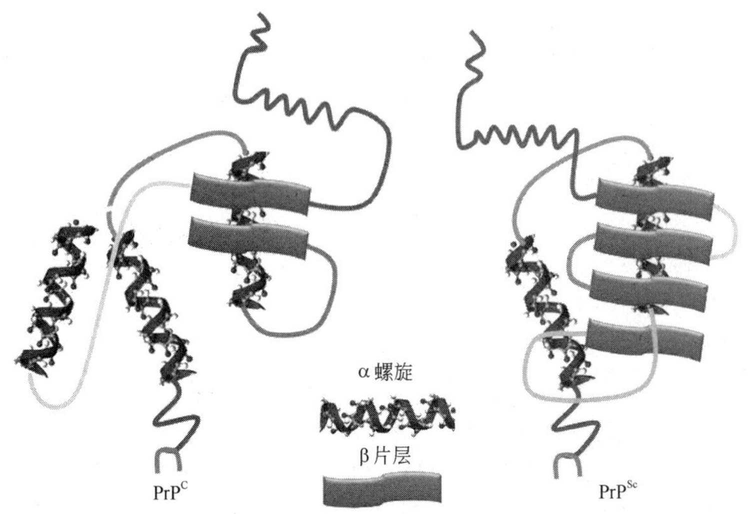

图 1　朊病毒 PrP 两种构象示意图

第 9 章
原核生物基因表达调控

所有的基因都必须通过表达来发挥作用。结构基因表达的产物是具有一定功能的蛋白质，基因表达调控就是对基因表达的过程进行控制的机制。基因表达是一个复杂的过程，在原核生物中主要包含以下步骤:

——基因被转录成 mRNA

——mRNA 的降解

——mRNA 的翻译

——多肽链的折叠和加工

——蛋白质的降解

尽管表达的每一步骤均可作为调控的位点，但它们受到调控的频率是不一样的，调控主要发生在转录水平上。以上列举的基因表达的各个步骤还可以做进一步的分解，例如，转录过程又可分为转录装置对启动子的识别以及 RNA 合成的起始、延伸和终止等步骤。同样地，转录的每一环节都可以作为调控的位点，但是细胞对转录起始的调控是最重要的调控方式。因为从节省能量的角度来看，对基因表达关闭得越早越好，这样不至于将能量浪费在 mRNA 和蛋白质合成上。

9.1 转录水平的基因表达调控

转录调控可以分为负调控和正调控两种主要类型。在负调控（negative regulation）系统中，调控蛋白与基因的调控区结合抑制转录，这时，调控蛋白被称为阻遏蛋白（repressor protein）[图 9-1（a）]。在某些情况下，阻遏蛋白能单独抑制转录的发生，要解除它对转录的抑制作用需要一种诱导物（inducer）。在另一些情况下，阻遏蛋白自身不能抑制转录的发生，它需要与一种信号分子构成一种复合体，才能与调控区结合发挥抑制转录的作用。在正调控（positive regulation）系统中，激活蛋白（activator）与基因的调控区结合促进转录［图 9-1（b）］，有时激活蛋白需要与一种信号分子结合才有活性。

细菌中在同一代谢途径中顺序起作用的一组酶的合成常常受到协同调控（coordinate regulation），它们的编码基因要么同时表达，要么同时关闭。发生协同调控的原因是酶的编码基因被组织成一个转录单位，转录成一条多顺反子 mRNA（polycistronic mRNA），所以它们受到同样的调控，一开俱开，一关全关（图 9-2）。在真核生物中不存在这种调控方式，因为真核生物的 mRNA 通常是单顺反子的。

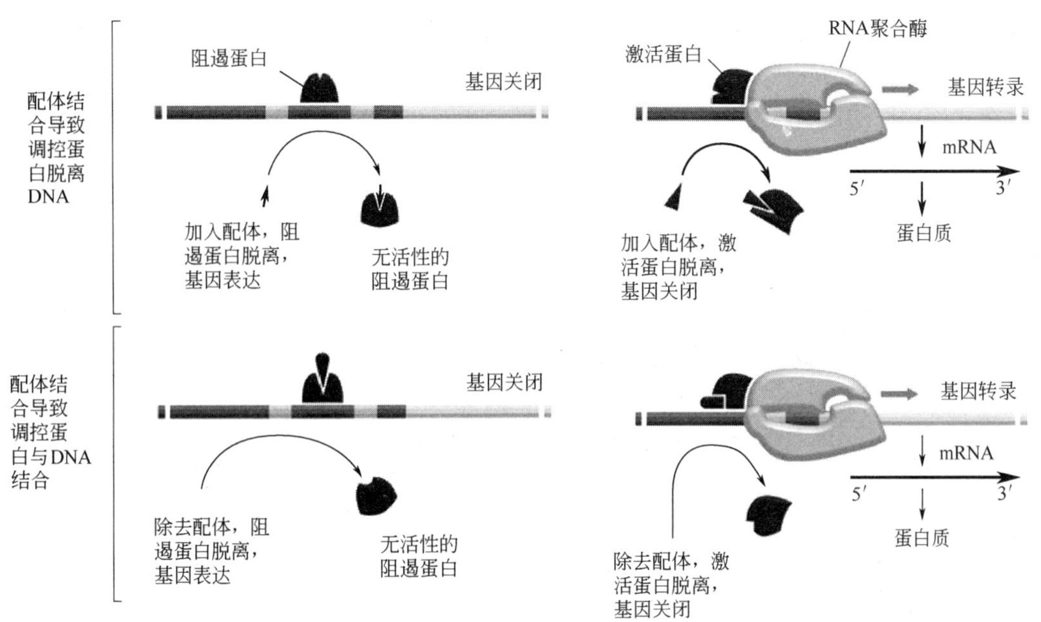

图 9-1 负调控与正调控

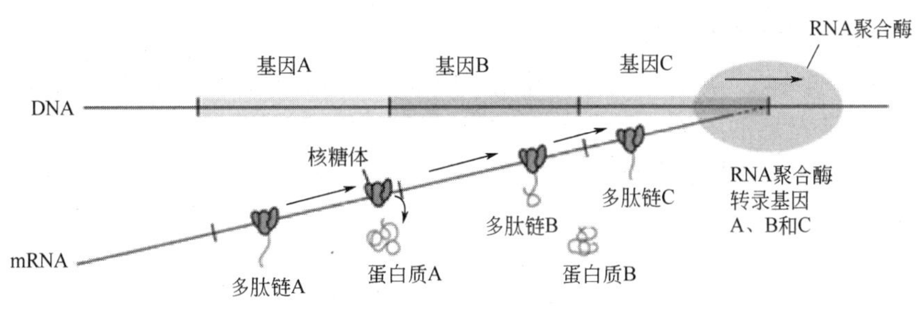

图 9-2 多顺反子 mRNA

9.1.1 转录起始调控

9.1.1.1 乳糖操纵子

1961 年 Jacob 和 Monod 提出了操纵子模型。操纵子是原核生物基因表达和调控的单元。一个典型的操纵子由一组结构基因和调节结构基因转录所需的顺式元件组成。操纵子的结构基因编码一组功能相关的蛋白质，例如在某一特定代谢途径中连续起作用的酶，它们被转录成一条多顺反子 mRNA。调控元件由启动子（promoter）、操纵基因（operator）及其他与转录调控有关的序列组成。一个操纵子的所有结构基因均由同一启动子起始转录并受到相同调控元件的调节，所以从结构上可以把它们看作一个整体。

（1）乳糖操纵子的结构

乳糖操纵子（lactose operon）具有三个与乳糖代谢有关的基因：*lacZ* 编码 β-半乳糖苷酶（β-galactosidase），它可将乳糖水解为半乳糖和葡萄糖，除此之外还能催化很少一部分乳糖异构化为异乳糖（图 9-3）；*lacY* 编码乳糖透过酶（permease），该蛋白质插入细胞膜中，将乳糖转运到细胞内；*lacA* 编码硫代半乳糖苷乙酰转移酶（transacetylase），该酶的作用是消除同时被乳糖转移酶转运到细胞内的硫代半乳糖苷对细胞造成的毒性。这三个结构基因构成一个转录单元。乳糖操纵子的调控元件包括转录激活蛋白 CAP 的结合位点、启动子 P_{lac} 和一个操纵基因 *lacO*。

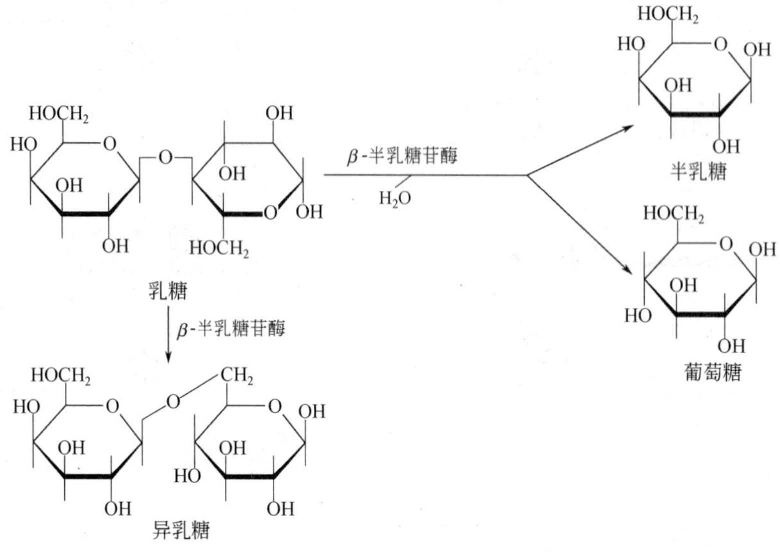

图 9-3　β-半乳糖苷酶的作用

（2）乳糖操纵子的阻遏与诱导

在没有乳糖的环境，调节基因 *lacI* 编码的阻遏蛋白以四聚体的形式与操纵基因结合，阻遏了 RNA 聚合酶与启动子 P_{lac} 的结合，从而关闭了结构基因的转录，*lac* 操纵子处于阻遏状态［图 9-4（a）］。*lacI* 基因有自己的启动子和终止子，在其启动子 P_I 的控制下，低水平、组成型表达，每个细胞中仅维持 20 个阻遏蛋白。

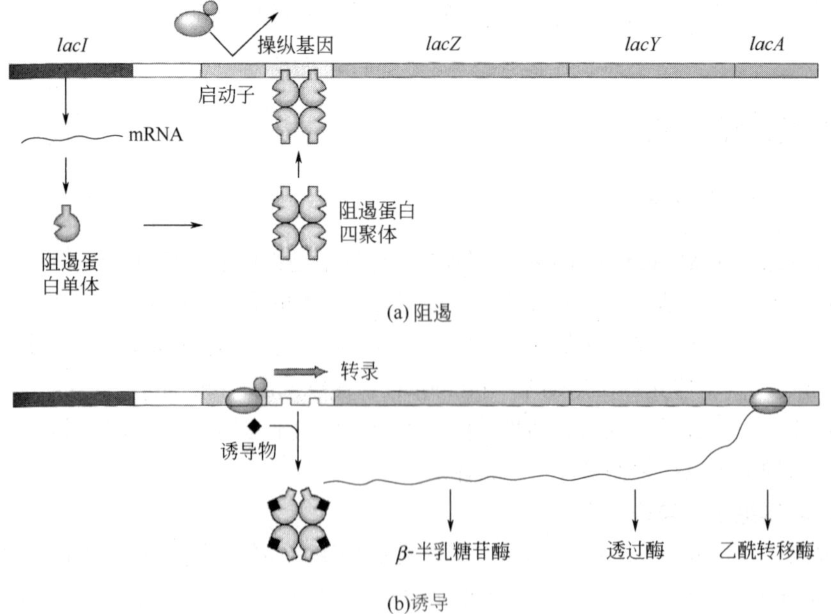

图 9-4　乳糖操纵子的阻遏与诱导

乳糖操纵子的表达具有渗漏性，在被阻遏时，RNA 聚合酶偶尔会取代阻遏蛋白结合到启动子上。这种渗漏性保证细胞中没有乳糖的时候，仍会合成几个分子的 *β*-半乳糖苷酶和透过酶。当培养基中加入乳糖后，细胞膜上少量的透过酶，使细胞能够吸收乳糖，*β*-半乳糖苷酶则催化一些乳糖转化为异乳糖。异乳糖可作为诱导物结合到阻遏蛋白上，引起阻遏蛋白构象的改变，降低了阻遏蛋白与操纵基因的亲和力，导致阻遏蛋白从操纵序列上脱离下来。RNA 聚合酶迅速起始 *lacZ*、*lacY* 和 *lacA* 基因的转录［图 9-4（b）］。

乳糖操纵子属于可诱导型操纵子，这类操纵子通常是关闭的，当受到效应物（比如乳糖）作用时被诱导开放。所以，可诱导型操纵子使细菌能很好地适应环境的变化，有效地利用环境提供的底物。当培养基中加有乳糖时，操纵子被诱导开放，合成分解乳糖所需要的酶。当乳糖被消耗完后，细胞不再需要分解乳糖的酶，操纵子重新关闭。然而，在研究工作中很少使用乳糖作为诱导剂，因为培养基中的乳糖会被诱导合成的 *β*-半乳糖苷酶催化降解，其浓度不断发生变化。实验室里常使用一种人工合成的诱导物——异丙基-*β*-D-硫代半乳糖苷（IPTG）（图 9-5），由于 IPTG 不是 *β*-半乳糖苷酶的底物，不被降解，所以又称作安慰诱导物。

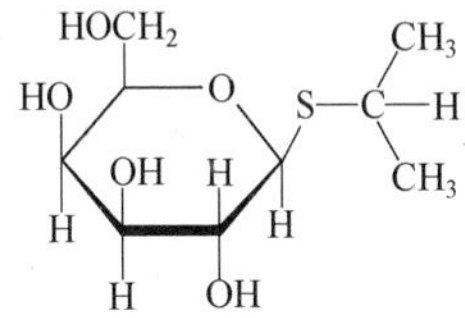

图 9-5　异丙基-*β*-D-硫代半乳糖苷的结构

（3）阻遏蛋白与操纵基因的相互作用

细致的遗传学分析和晶体学研究发现 Lac 阻遏蛋白与操纵基因的结合比原来的认识要复杂得多，乳糖操纵子实际上含有三个阻遏蛋白结合位点——O_1、O_2 和 O_3（图 9-6）。O_1 与启动子部分重叠，以+11 为序列中心；O_2 位于 *lacZ* 的内部，以+412 为序列中心；O_3 位于 *lacI* 基因内部，以–82 为序列中心。这三个位点都具有二重对称的结构，其中 O_1 要比 O_2 和 O_3 的对称性更好，因此阻遏蛋白与之结合得最为牢固，称为主操纵基因。

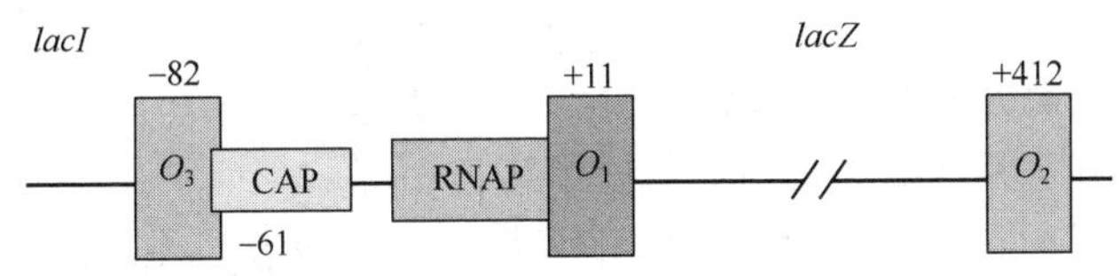

(a) 乳糖操纵子的三个阻遏蛋白结合位点

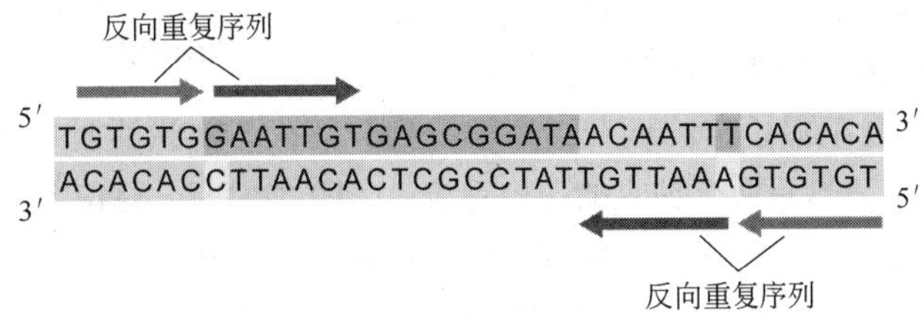

(b) O_1的序列特征

图 9-6　乳糖操纵子的阻遏蛋白结合位点

Lac 阻遏蛋白是以四聚体的形式与操纵基因结合的，每个阻遏蛋白单体形态上又分成 N 端的 DNA 结合域、蛋白质的核心结构域和 C 端螺旋三个部分，DNA 结合域和核心结构域之间为铰链区（图 9-7）。Lac 阻遏蛋白的 DNA 结合域形成一种特定的三维结构，包含一个保守的螺旋-转角-螺旋结构域（helix-turn-helix），其中的一个螺旋为识别螺旋（recognition helix），可以伸入到 DNA 的大沟之中，通过其表面的氨基酸残基与碱基对边缘的化学基团相互作用，参与对 DNA 序列的识别，第二个螺旋横跨 DNA 大沟与 DNA 骨架相联系。核心结构域又分为两个相似的亚结构域，在两个亚结构域之间是诱导物的结合位点。C 端螺旋负责四聚体的形成，当 4 个单体的 C 端 α 螺旋以相反的方向靠拢时就形成了四聚体。

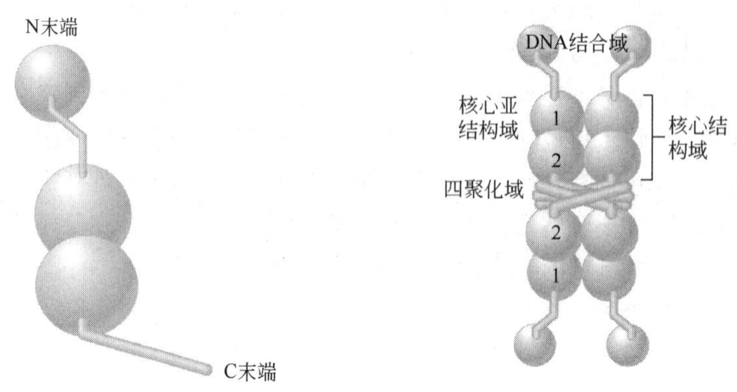

图 9-7 Lac 阻遏蛋白单体和四聚体

阻遏蛋白以二聚体的形式结合到一个由反向重复序列构成的结合位点上，每一单体与一个重复单位（半结合位点）结合。每一个阻遏蛋白二聚体结合一个操纵基因，所以四聚体阻遏蛋白结合两个操纵基因。阻遏蛋白四聚体可以同时与 O_1 和 O_3 结合，也可以同时与 O_1 和 O_2 结合，无论是哪一种情况，两个结合位点之间的 DNA 都弯曲成环（图 9-8）。如果缺乏 O_2 或 O_3，便不会达到最大的阻遏效应。

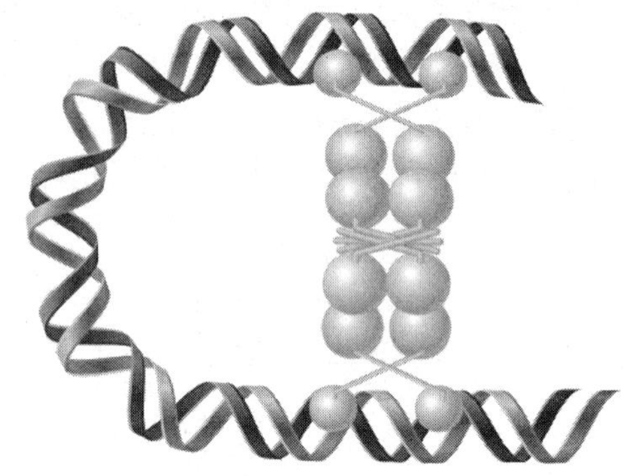
图 9-8 阻遏蛋白四聚体与 DNA 上的两个位点结合造成 DNA 弯曲

（4）葡萄糖对乳糖操纵子表达的影响

葡萄糖是细菌优先利用的糖类。当葡萄糖和其他糖类（比如乳糖）同时存在时，细菌只利用葡萄糖而不代谢别的糖类，这种现象称为分解代谢物阻遏（catabolite repression）。因此，乳糖操纵子只有在乳糖存在，同时葡萄糖缺乏时才会高水平表达。原因是乳糖操纵子除了受阻遏蛋白的调节，还要受到分解代谢物激活蛋白（catabolite activator protein，CAP）的调节，这是两个独立的调控系统。CAP 能够与 cAMP 结合形成一个复合体，所以 CAP 又称为 cAMP 受体蛋白（cAMP receptor protein，CRP）。

晶体结构解析表明 cAMP-CAP 是以二聚体的形式与 DNA 结合的。CAP 由一个 N 端结构域和一个 C 端结构域组成，两者之间通过由 4 个氨基酸残基组成的绞合区相连。N 端结构域通过一系列反向平行的 β 片层形成一个结合 cAMP 的口袋。C 端结构域含有一个负责与 DNA 结合的螺旋-转角-螺旋基序。cAMP 不存在时，CAP 与 DNA 只发生弱的相互作用，并且没有序列专一性。然而，cAMP-CAP 复合体会特异性地结合到转录起始位点上游大约 60bp 处，该位点含有倒转重复序列，每一个 CAP 亚基与其中的一个重复序列结合。因此，CAP 的 DNA 识别机制与 Lac 阻遏蛋白十分相似，也是以二聚体的形式结合到一个反向重复序列位点上（图 9-9）。

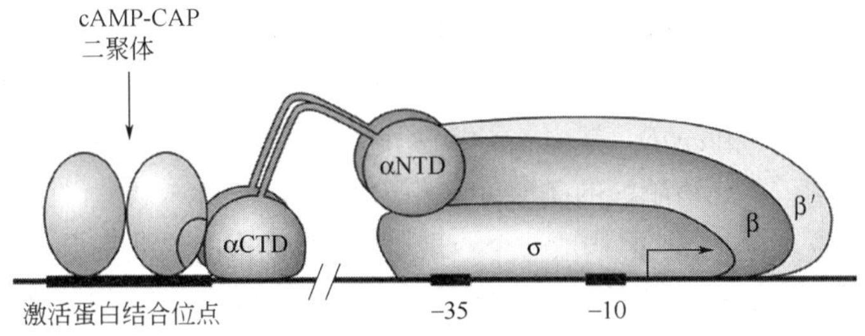

(a) CAP与α亚基的CTD相互作用，将RNA聚合酶募集到*lac*启动子上

5′ GTGAGTTAGCTCAC 3′
3′ CACTCAATCGAGTG 5′

(b) CAP结合位点序列特征

图 9-9　cAMP-CAP 二聚体对乳糖操纵子的激活作用

P_{lac} 不是强启动子，它没有典型的 −35 序列。为了实现高水平的转录，*lac* 操纵子需要 cAMP-CAP 复合物的激活作用。CAP 激活蛋白通过与 RNA 聚合酶 α 亚基的 C 端结构域相互作用，协助 RNA 聚合酶与启动子结合（图 9-9）。与之相反，阻遏蛋白通常结合在启动子的下游，阻止 RNA 聚合酶与启动子结合，或者阻止 RNA 聚合酶向前移动转录基因。

在细菌细胞内，cAMP 是在腺苷酸环化酶的催化下由 ATP 转化而来的（图 9-10）。在大肠杆菌中，cAMP 的浓度受葡萄糖代谢的调节。细胞中葡萄糖的水平高，腺苷酸环化酶受到抑制，cAMP 的浓度就低；葡萄糖的水平低，腺苷酸环化酶的抑制作用被解除，cAMP 的浓度就高。正是由 cAMP 把乳糖操纵子的活性和葡萄糖的代谢活动联系起来的。当缺乏葡萄糖时，细胞内的 cAMP 水平升高，cAMP 与 CAP 结合，形成有活性的激活蛋白。cAMP-CAP 复合物二聚体结合于启动子的上游，促进 RNA 聚合酶与启动子的结合。乳糖操纵子的表达需要 cAMP-CAP 复合物的激活作用，使大肠杆菌在葡萄糖和乳糖同时存在时优先利用葡萄糖，此时细胞不需要像乳糖这样的替代碳源。只有当葡萄糖被耗尽时，细胞才表达乳糖操纵子。

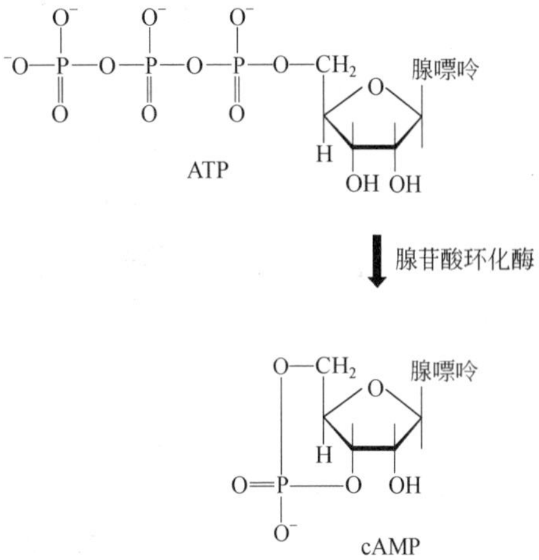

ATP
腺苷酸环化酶
cAMP

图 9-10　ATP 在腺苷酸环化酶的作用下转化为 cAMP

图 9-11 总结了乳糖操纵子的三种调控状态。当培养基中有葡萄糖，而没有乳糖时，阻遏蛋白与操纵基因结合，CAP 不能与启动子上游的结合位点结合，操纵子只有渗漏表达。当培养基中既有乳糖，又有葡萄糖时，阻遏蛋白与操纵基因脱离，但 CAP 不能与启动子上游的结合位点结合，操纵子低水平转录。当培养基中有乳糖，没有葡萄糖时，cAMP-CAP 复合物与启动子旁边的结合位点结合，阻遏蛋白离开操纵基因，乳糖操纵子高水平表达。

9.1.1.2　阿拉伯糖操纵子

大肠杆菌的阿拉伯糖操纵子（*araBAD* operon）编码的酶与 L-阿拉伯糖的利用有关。与乳糖操纵子一样，阿拉伯糖操纵子也属于可诱导型操纵子，通常情况下是关闭的，只有当环境中存在阿拉伯糖时，操纵子才开放，合成相应的酶参与阿拉伯糖分解代谢。阿拉伯糖操纵子含有三个结构基因：*araB*、*araA* 和 *araD*。其中 *araA* 编码阿拉伯糖异构酶，将阿拉伯糖转化为核酮糖；*araB* 编码核酮糖激酶，催化核酮糖的磷酸化；*araD* 编码核酮糖-5-磷酸激酶，将核酮糖-5-磷酸转化为木酮糖-5-磷酸。这 3 个基因构成一个转录单元，由共同的启动子 P_{BAD} 起始转录，形成一条多顺反子 mRNA。*araC* 是操纵子的调节基因（启动子为 P_C），编码产物既可以是阻遏蛋白，发挥负调控作用，但又可以是激活蛋白，起正调控作用。另外，阿拉伯糖操纵子还受到 cAMP-CAP 的正调节。

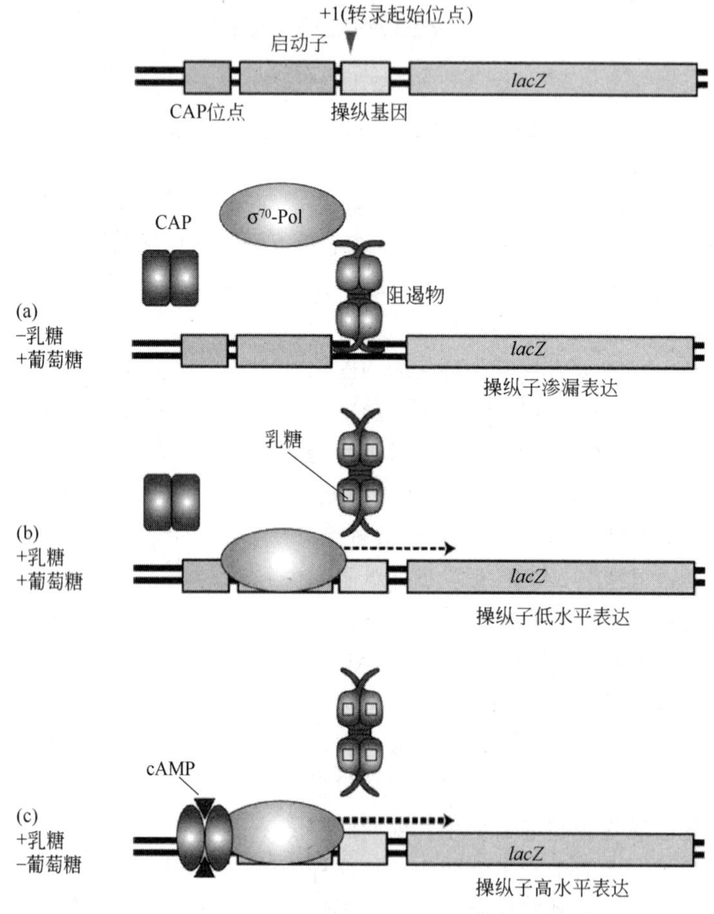

图 9-11　乳糖操纵子的三种调控状态

图 9-12 显示了阿拉伯糖操纵子的结构与表达调控。当没有阿拉伯糖存在时，不需要 *araBAD* 表达，AraC 作为负调控蛋白，以二聚体的形式同时与两个半位点 $araO_2$ 和 $araI_1$ 结合。$araO_2$ 和 $araI_1$ 之间相距 194 bp，所以当 AraC 以这种方式结合时，两个位点之间的 DNA 会发生环化。这种环化作用可以从空间上阻止 RNA 聚合酶全酶与 P_{BAD} 结合，使 *araBAD* 的本底表达维持在很低的水平，同时，还会干扰 cAMP-CAP 与 DNA 的结合。当有阿拉伯糖存在时，阿拉伯糖与 AraC 结合，导致其构象发生变化，与 O_2 位点结合的单体脱离该位点，并快速结合到 $araI_2$ 上，从而使环状结构重新打开。由于结合在 $araI_2$ 上的 AraC 靠近启动子，对转录有激活作用。这个时候如果没有葡萄糖存在，AraC 和 cAMP-CAP 协同促进 RNA 聚合酶与 P_{BAD} 结合，起始转录。由

于 AraC 对转录有激活作用，所以删除 *araC* 后，阿拉伯糖操纵子一直处于关闭状态，即便有阿拉伯糖的存在，也是如此。AraC 也可以进行自我调控，当细胞内 AraC 的水平升高时，AraC 与 $araO_1$ 结合，抑制自 $araP_C$ 开始的转录。

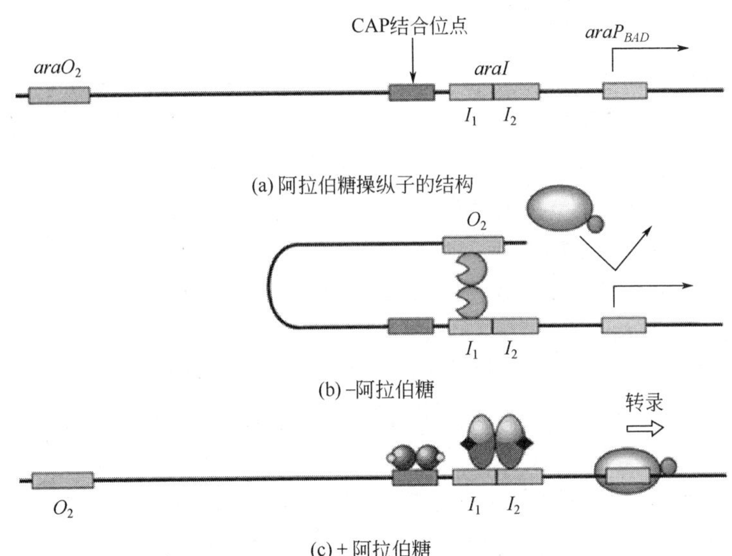

图 9-12　阿拉伯糖操纵子的结构与表达调控

9.1.1.3　半乳糖操纵子

大肠杆菌半乳糖操纵子（galactose operon）也是一个可诱导的系统，与乳糖操纵子一样，也受 cAMP-CAP 和阻遏蛋白的调节（图 9-13）。*gal* 操纵子有四个结构基因——*galE*、*galT*、*galK* 和 *galM*，分别编码半乳糖表异构酶、半乳糖转移酶、半乳糖激酶和变旋酶。半乳糖激酶、半乳糖转移酶和半乳糖表异构酶按顺序催化如下反应：

$$\text{半乳糖} + \text{ATP} \longrightarrow \text{半乳糖-1-磷酸} + \text{ADP} + \text{H}^+$$

$$\text{半乳糖-1-磷酸} + \text{UDPGlu} \longrightarrow \text{UDPGal} + \text{葡萄糖-1-磷酸}$$

$$\text{UDPGal} \longrightarrow \text{UDPGlu}$$

以上三个反应式的总反应是：

$$\text{半乳糖} + \text{ATP} \longrightarrow \text{葡萄糖-1-磷酸} + \text{ADP} + \text{H}^+$$

变旋酶将 β-D-半乳糖转化为 α-D-半乳糖，只有后者是半乳糖激酶的底物。

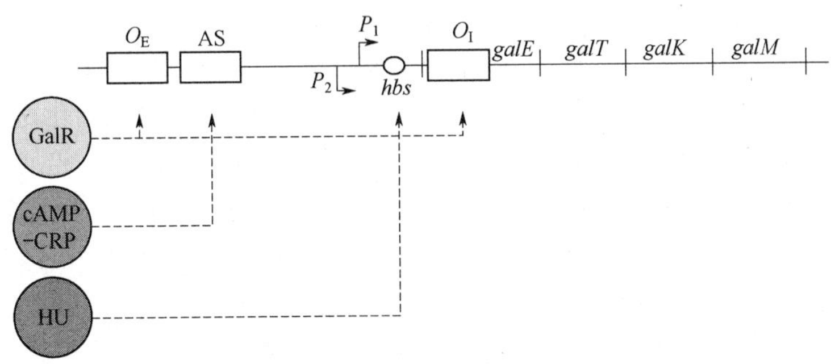

图 9-13　半乳糖操纵子的结构

与乳糖操纵子和阿拉伯糖操纵子一样，半乳糖操纵子也受到阻遏蛋白和 cAMP-CAP 的调控。半乳糖操纵子具有两个操纵基因（O_E和 O_I）、一个启动子区，以及一个 cAMP-CAP 结合位点（AS）（图 9-13）。操纵基因 O_E位于启动子区的上游；O_I位于启动子区的下游，*galE* 基因的内部。与乳糖操纵子不同的是半乳糖操纵子含有两个相互重叠的启动子区（P_1 和 P_2），二者相距 5 bp。

Gal 阻遏蛋白是 *galR* 的编码产物。与 *lacI* 不同，*galR* 与它所调控操纵子相距很远。Gal 阻遏蛋白的 C 末端结构域结合半乳糖，N 末端结构域具有螺旋-转角-螺旋基序，可以结合 O_E 和 O_I。尽管 Gal 阻遏蛋白与 Lac 阻遏蛋白有着相似的氨基酸序列，但是，二者之间有一个重要的区别，Gal 阻遏蛋白缺乏使 Lac 阻遏蛋白绞合在一起形成四聚体的结构域，因此 Gal 阻遏蛋白是以二聚体的形式与操纵基因结合的。

在缺少半乳糖时，两个 Gal 阻遏蛋白二聚体分别与 O_E和 O_I结合。在两个操纵基因分别被一个 Gal 阻遏蛋白二聚体占据的情况下，HU（一种类似于组蛋白的蛋白质）与调控区上特定的位点（*hbs*）结合使两个操纵基因之间的 DNA 环化，造成转录的抑制。当环境中有半乳糖时，半乳糖作为诱导物与阻遏蛋白结合，使阻遏蛋白不再与 O_E和 O_I结合，从而解除对操纵子的抑制作用。*galR* 或者两个操纵基因的突变都会导致操纵子的组成型表达。

葡萄糖通过 CAP 对半乳糖操纵子进行调节。当环境中没有葡萄糖时，细胞内的 cAMP 水平升高，cAMP-CAP 与操纵子的调控区结合，激活从 P_1 开始的转录，但是会抑制从 P_2 起始的转录。当环境中存在葡萄糖时，cAMP 的水平降低，转录从 P_2 启动子开始。为什么 *gal* 操纵子需要两个启动子？这是因为 *gal* 操纵子不仅用于半乳糖的分解利用，而且参与细胞壁脂多糖的合成。UDPGal 是大肠杆菌脂多糖合成的前体，在没有半乳糖存在的情况下，可以通过 *galE* 编码的半乳糖表异构酶的作用，由 UDPGlu 合成。

在有半乳糖，没有葡萄糖存在的情况下，操纵子由 P_1 起始高水平转录，合成代谢半乳糖的酶，为细胞的生长提供碳源和能源。在存在葡萄糖，不存在半乳糖的情况下，操纵子由 P_2 进行本底转录，合成所需之酶。因此，有了双启动子，既能满足经常的低水平表达的需要，又能满足特殊情况下的大量需求。

9.1.1.4 色氨酸操纵子

在一些操纵子中，阻遏蛋白自身并不能与操纵基因结合，它们需要首先与称作辅阻遏物（corepressor）的小分子物质结合后才能与操纵基因结合，关闭结构基因的转录。这种类型的操纵子为可阻遏型的，它们平时处于开启状态，由于合成产物的积累而将其关闭。在大肠杆菌中，很多参与氨基酸和维生素合成的操纵子表达就是以这种方式受到调控的。色氨酸操纵子（tryptophan operon）属于可阻遏型，作为辅阻遏物的是色氨酸。

trp 操纵子包括 5 个结构基因，分别是 *trpE*、*trpD*、*trpC*、*trpB* 和 *trpA*。这 5 个基因由共同的启动子起始转录，形成一条多顺反子 mRNA，编码的 5 种酶能够将分支酸转化为色氨酸。像许多氨基酸生物合成操纵子一样，当细胞缺乏生物合成途径的终产物色氨酸时，这些基因协同表达。

trp 操纵子负调控系统中的调控蛋白是由 *trpR* 基因编码的阻遏蛋白。阻遏蛋白必须与色氨酸相结合后才能与操纵基因结合关闭 *trp* mRNA 的转录（图 9-14）。因此，在这个系统中，起辅阻遏物作用的是 *trp* 操纵子所编码酶的终产物。当细胞中色氨酸含量较高时，它与阻遏蛋白结合，并使之与操纵区 DNA 紧密结合；当培养基中色氨酸供应不足时，阻遏蛋白失去色氨酸并从操纵区上解离，*trp* 操纵子去阻遏。

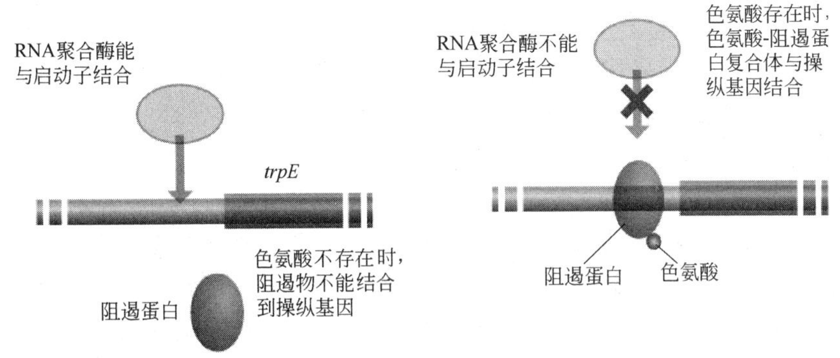

图 9-14　色氨酸操纵子的负调控

9.1.1.5　全局调节

CAP 是一种全局性的调节子，可以激活乳糖操纵子、半乳糖操纵子和阿拉伯糖操纵子等可诱导操纵子的表达。CAP 与 cAMP 结合形成的 cAMP-CAP 复合物结合至启动子的上游识别位点，促进 RNA 聚合酶与启动子结合。cAMP 是一种全局性的调节信号，当培养基中的葡萄糖被耗尽时，细胞内 cAMP 的水平升高，与 CAP 结合，激活代谢乳糖、半乳糖和阿拉伯糖的操纵子。因此，激活代谢某种糖分（比如乳糖）的基因既需要特异性的信号（乳糖的存在），也需要全局性的信号（cAMP）。受一种调节蛋白调控的一组基因或操纵子称为调节子（regulon），这些基因或操纵子可以位于一条染色体的不同位置上。

也有一些阻遏蛋白可以抑制几个不同操纵子的转录。Trp 阻遏蛋白就是一个很好的例子。Trp 阻遏蛋白除了可以抑制色氨酸操纵子外，还可以抑制一个单基因操纵子 *aroH* 的转录（图 9-15）。*aroH* 编码的蛋白质参与所有芳香族氨基酸的生物合成。不但如此，Trp 阻遏蛋白还能抑制自体合成。尽管上面的三个操纵子均受到 Trp 阻遏蛋白的抑制，但是它们受到抑制的程度区别很大，*aroH* 操纵子的表达大约被抑制两倍，*trp* 操纵子大约被抑制 70 倍。这种抑制程度上的差异是由 Trp 阻遏蛋白对每一操纵子的操纵基因的亲和力不同，操纵基因和每一启动子保守序列之间的相对位置不同，以及三个启动子的强度不同造成的。因此，在一个调节子中，启动子和操纵基因序列的特异性使同一个阻遏蛋白能够区别调节每一个操纵子。

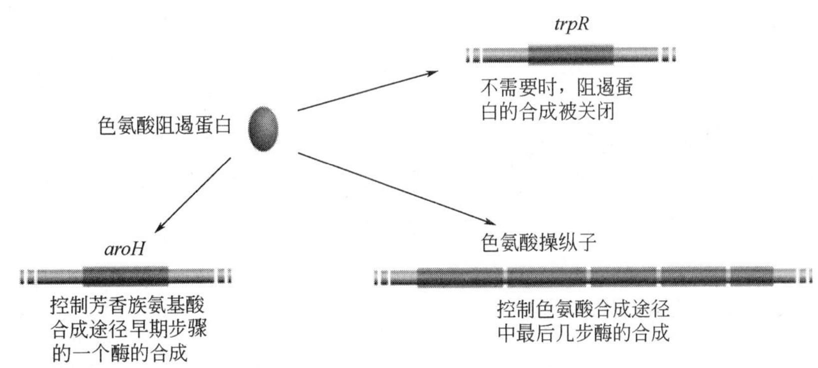

图 9-15　色氨酸阻遏蛋白的全局调节

9.1.1.6　不同 σ 因子对转录的调控

在转录起始过程中，σ 因子的作用是负责识别启动子的共有序列，并参与围绕启动子的–10

区打开 DNA 双链的过程。包括大肠杆菌在内的许多细菌能产生一系列识别不同类型启动子的 σ 因子。当环境条件需要基因表达模式发生较大改变时，细菌会利用一种特定的 σ 因子来指导转录一组特定的基因，以适应变化了的环境。

（1）热休克蛋白的表达

大肠杆菌的最适生长温度是 37℃，当环境温度升至 43℃左右时，细菌仍能正常生长。但是，当温度上升至 46℃时，大肠杆菌的生长几乎停止。在 46℃下，细胞合成的蛋白质大约 30%为一组相当保守的热休克蛋白（heat shock protein，HSP）。很多热休克蛋白是分子伴侣和蛋白酶，前者介导蛋白质正确折叠，后者降解受到热损伤而又不能修复的蛋白质。热休克蛋白的表达调控主要发生在转录水平上。HSP 基因的启动子由 σ^{32} 识别，而不是由标准的 σ^{70} 识别，同样地 σ^{32} 也不能识别 σ^{70} 启动子（图 9-16）。高温使细胞内的 σ^{32} 水平瞬间升高，启动 HSP 基因的表达。据估计，*E.coli* 约有 30 个以上的热休克基因的表达受 σ^{32} 的控制。

温度升高可以通过多种途径提高细胞内 σ^{32} 的水平。途径之一是高温导致 σ^{32} 的合成增加。在正常条件下，σ^{32} mRNA 的 SD 序列和起始密码子参与了二级结构的形成，妨碍了核糖体与 mRNA 的结合。在热休克条件下，二级结构被破坏，提高了翻译起始的效率。途径之二是，在热休克条件下，σ^{32} 的稳定性也增加了。当细胞内错误折叠的蛋白质的水平比较低时，分子伴侣 DnaK 和蛋白酶 HflB 是游离的，它们与 σ^{32} 结合并使之降解（图 9-17）。温度升高时，细胞内错误折叠的蛋白质的水平升高，使游离状态的 DnaK 和 HflB 被中和，于是 σ^{32} 的稳定性增加，与 RNA 聚合酶结合后，启动 HSP 的合成。随着 HSP 的积累，DnaK/HflB 的水平升高，促进 σ^{32} 的降解，并抑制其合成。

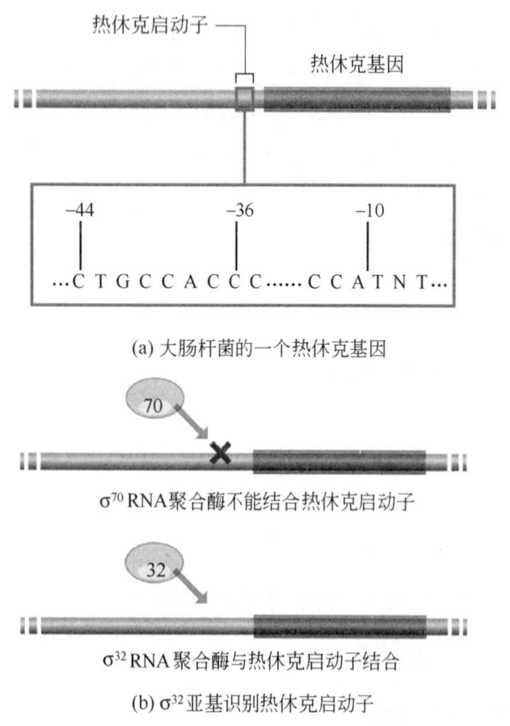

图 9-16 σ^{32} 亚基对大肠杆菌热休克基因启动子的识别

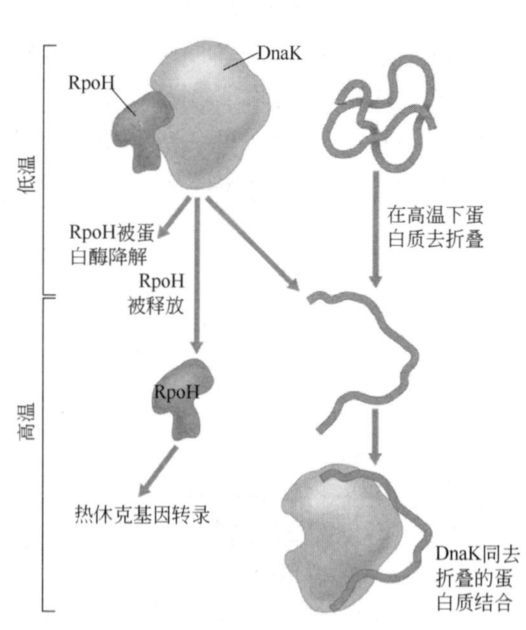

图 9-17 高温可以增加 RpoH 的稳定性

σ^{32} 由 *rpoH* 基因编码，*rpoH* 表达还受到转录水平的调控。该基因有两个启动子，从主要启

动子起始的转录由 σ^{70} 介导。当温度上升到 50℃以上时，σ^{70} 失活。这时，*rpoH* 基因可借助另一个由 σ^{24} 识别的启动子进行转录（图 9-18），使 σ^{32} 合成可以持续到 57℃，直到 RNA 聚合酶的核心酶失活。

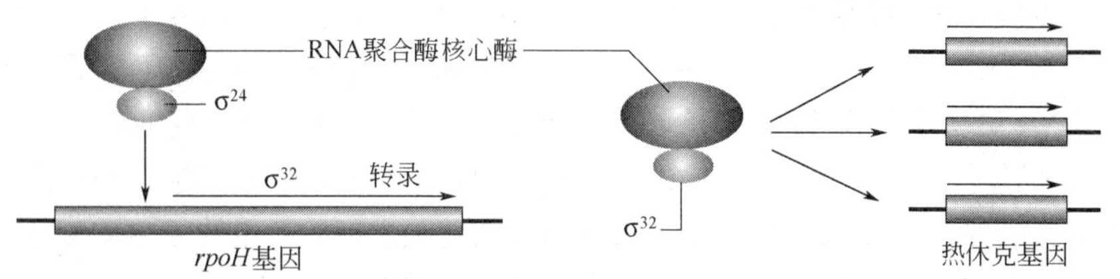

图 9-18　在高温条件下 *rpoH* 基因的转录由 σ^{24} 介导

（2）枯草杆菌芽孢形成过程中的级联调控

营养生长的枯草杆菌细胞遇到对生长不利的环境条件时会形成芽孢（spore）。芽孢对高温、辐射和化学物质有很强的抗性，能够抵抗不利的环境条件。在实验室中，芽孢通常是由营养物质缺乏诱导形成的。在芽孢形成（sporulation）的过程中，细菌细胞非对称地分成两个部分，较小的部分称为前芽孢（prespore），较大的称为母细胞（mother cell）。随着芽孢的发育，前芽孢被母细胞完全吞入。这时，前芽孢被两层膜包裹着，内膜是前芽孢自身的膜，外膜为母细胞膜。在这一阶段，母细胞不断向前芽孢提供营养，而前芽孢为休眠做准备。一旦芽孢完全成熟，母细胞就会裂解，芽孢被释放到环境中（图 9-19）。

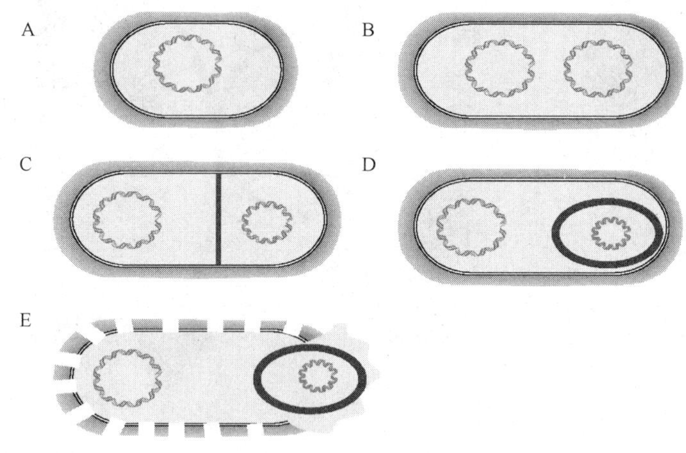

图 9-19　芽孢的形成与释放

在芽孢形成过程中，基因组的表达模式会发生较大改变，一些与营养生长有关的基因被关闭，而与芽孢形成相关的基因被诱导级联表达。这种变化主要通过合成特异性 σ 因子进行控制。细胞利用一个具有不同 DNA 结合特异性的 σ 因子代替另一个，可使一套不同的基因得以转录。我们已经讨论过大肠杆菌如何使用这一简单的控制系统对热激产生应答。在芽孢形成过程中，这一调控机制同样是改变基因组活性的关键。

处于营养生长的枯草芽孢杆菌合成的 σ 因子是 σ^{A} 和 σ^{H}，它们指导 RNA 聚合酶转录那些维持细胞正常生长和分裂所必需的基因。而芽孢的形成则需要另外 4 种 σ 因子，分别是在母细胞中起作用的 σ^{E} 和 σ^{K} 及在前芽孢中起作用的 σ^{F} 和 σ^{G}。在细胞从营养生长转向芽孢形成的过程中，

SpoOA 蛋白发挥关键作用，该蛋白质在营养性细胞中以非活性的形式存在。在应答胞外环境应激信号（例如营养物质缺乏）时，细胞通过蛋白激酶级联激活 SpoOA。作为一种转录因子，SpoOA 在被激活后调节一系列基因的表达，其中包括 σ^F 和 σ^E。

起初，σ^F 和 σ^E 在母细胞和前芽孢中都存在。但是在母细胞中抗 σ 因子（SpoⅡAB）与 σ^F 结合，使其处于失活状态，而 σ^E 以无活性的前体形式被合成。在前芽孢中，外部信号使磷酸化状态的 SpoⅡAA 失去磷酸基团后，与抗 σ 因子结合，促使其释放出 σ^F（图 9-20），所以 SpoⅡAA 又称为抗抗 σ 因子。游离出的 σ^F 使一组早期芽孢形成基因得以转录，其中包括 σ^G 的编码基因和 SpoⅡR 的编码基因。SpoⅡR 激活位于母细胞和前芽孢之间隔片上的蛋白酶 SpoⅡGA，在隔片的母细胞侧被激活的 SpoⅡGA 裂解前体 σ^E 生成有活性的 σ^E［图 9-21（a）］。σ^E 在母细胞中，介导一组特定基因的转录，这里面就包括编码 σ^K 前体的基因。在芽孢中，σ^G 使得晚期芽孢生成基因得以转录，其中一个编码 SpoⅣB。SpoⅣB 激活隔片上的蛋白酶 SpoⅣF，然后 SpoⅣF 切割 σ^K 前体［图 9-21（b）］，使其活化，指导母细胞后期分化基因的转录。

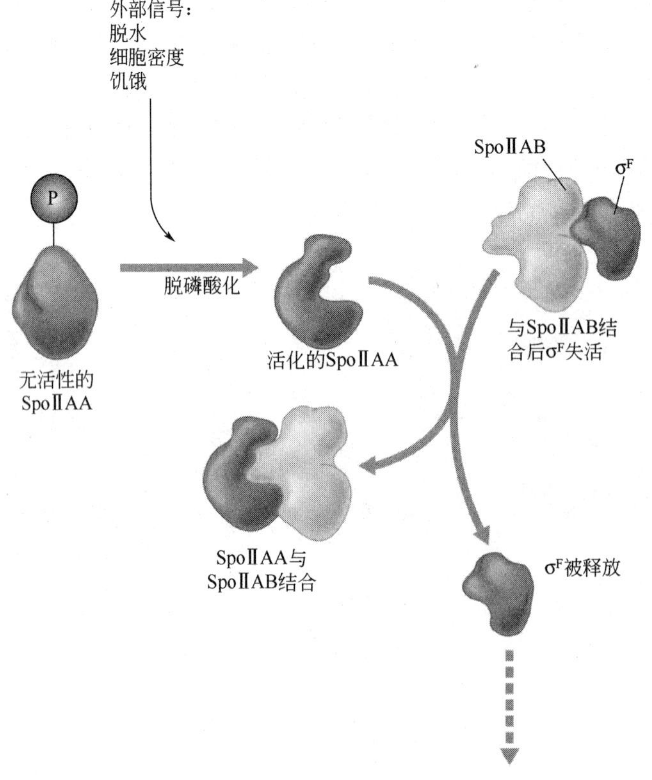

图 9-20　σ^F 的活化途径

因此，σ 因子级联保证了芽孢形成过程中各个步骤按正确的顺序发生。在 σ 因子级联中，每一 σ 因子控制着芽孢形成过程中某一阶段的基因表达，并且控制着在下一阶段发挥作用的 σ 因子合成。并且，在母细胞和前芽孢之间存在着信息交换，使前芽孢和母细胞中的基因表达相互协调。

9.1.1.7　双组分调节系统

双组分调节系统（two-component regulatory system）是由两个组分构成的基因表达调控系

统：第一种组分是应答调节子（response regulator），这是一种 DNA 结合蛋白，磷酸化后与 DNA 结合，激活或者抑制转录；第二种组分是跨膜的感应蛋白激酶（sensor kinase），当感受到一个特定信号（通常是环境刺激，有时也可以是内部信号）时，感应蛋白激酶的构象发生变化，导致蛋白质的自体磷酸化，并把磷酸基团传递给 DNA 结合蛋白（图 9-22）。

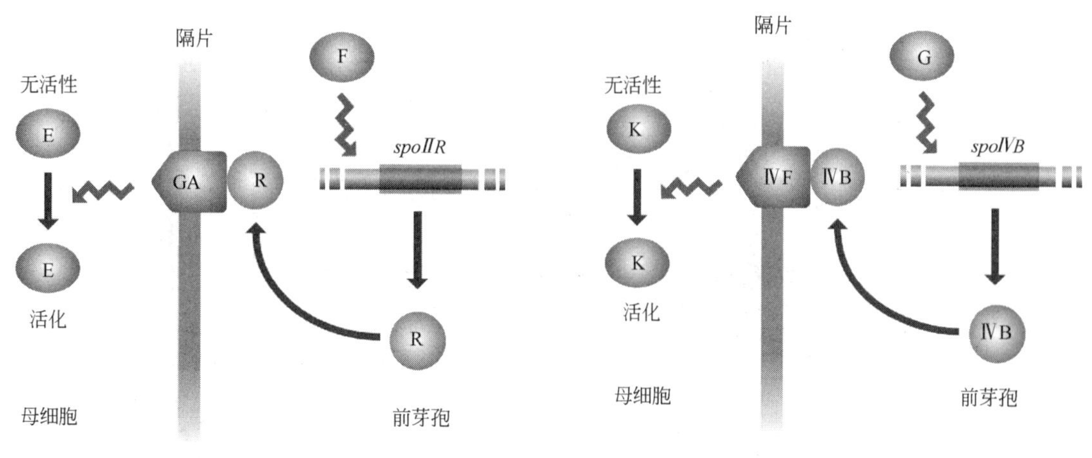

图 9-21　芽孢形成过程中 σ^E 和 σ^K 的活化

在大肠杆菌细胞中有多种不同的双组分调节系统。例如，由 PhoR 和 PhoB 构成的双组分调节系统可以通过对转录的调控使细胞对环境中游离磷酸盐浓度的变化产生应答反应（图 9-23）。PhoR 为一跨膜蛋白，定位于细胞膜上，它的周质结构域（periplasmic domain）对磷酸盐有中度的亲和力，它的胞质结构域具有蛋白激酶活性；PhoB 为应答调节子，位于胞质中。大肠杆菌外膜上的蛋白质通道允许离子在外部环境和周质腔之间自由扩散。当环境中磷酸盐浓度降低时，周质腔中的磷酸盐浓度也随之降低，导致磷酸盐与 PhoR 的周质结构域分离。这就造成了 PhoR 胞质结构域构象的变化，激活了其蛋白激酶活性。被激活的 PhoR 把 ATP 的 γ-磷酸基团转移至自身的激酶结构域的一个组氨酸残基上。然后，该磷酸基团又被转移至 PhoB 的一个特定的天冬氨酸侧链上，把无活性的 PhoB 转化为有活性的转录激活蛋白。磷酸化的 PhoB 诱导几个基因的转录帮助细胞应对低磷条件。

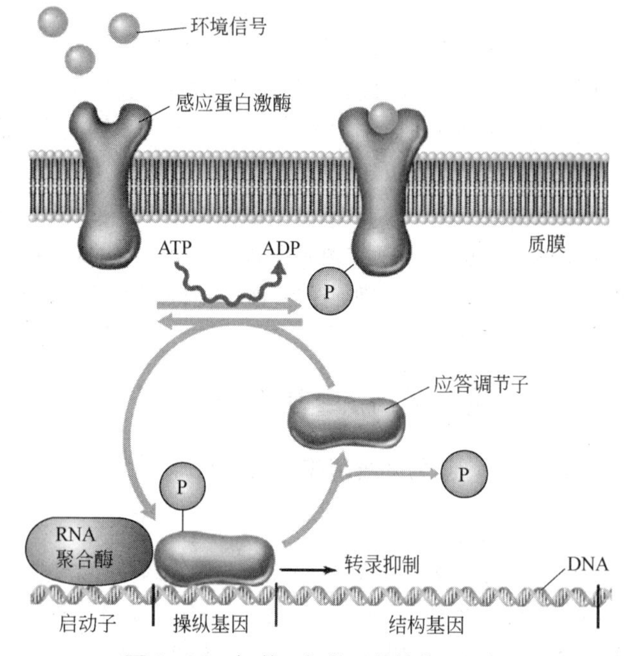

图 9-22　细菌双组分系统的作用图解

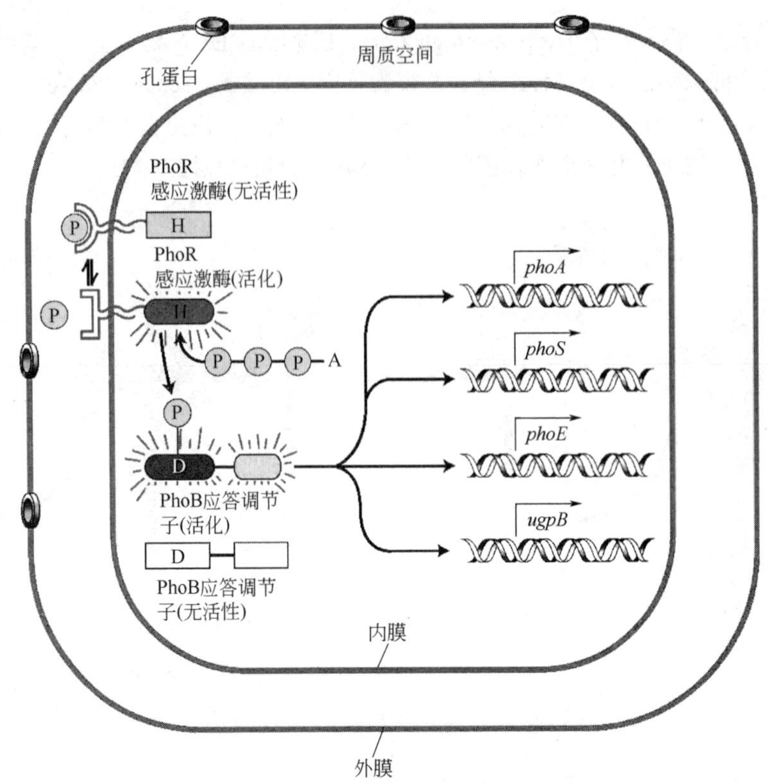

图 9-23　由 PhoR 和 PhoB 构成的双组分调节系统

很多双组分调节系统的感应蛋白激酶和应答调节子与 PhoR 和 PhoB 具有同源性。感应蛋白激酶具有一个与 PhoR 的蛋白激酶结构域同源的保守区，称为传递子（tansmitter），其中的一个组氨酸残基是激酶的自体磷酸化位点。传递子结构域的活性受到蛋白质上另一结构域的调节，该结构域相当于 PhoR 的周质结构域，能够感应环境的变化。应答调节子也含有一个保守的结构域，称为接受子（receiver），该结构域和 PhoB 的 N 端结构域具有同源性，含有一个磷酸化位点。磷酸化的接受子结构域激活应答调节子的功能结构域，该结构域决定着应答调节子对哪些基因进行调控。尽管所有的传递子结构域都是同源的，但一种特定感应蛋白激酶只能磷酸化一种特异的应答调节子的接受子结构域，介导细胞对不同的环境变化产生特异性反应。

9.1.2　弱化作用与抗终止作用

9.1.2.1　色氨酸操纵子的弱化作用

（1）弱化子

研究表明色氨酸操纵子受两种方式的调控。如果 *trp* 操纵子只受阻遏蛋白的调控，那么 *trpR* 基因发生突变将使 *trp* 操纵子组成型表达。也就是说，无论环境中有或者无色氨酸，*trp* 操纵子的表达水平都是一样的。可是，当培养基中缺乏色氨酸时，*trpR* 缺失突变体的色氨酸操纵子有更高的表达水平，说明除受阻遏蛋白调控外，操纵子还受另一机制的调控。研究表明，当阻遏蛋白对 *trp* 操纵子的阻遏作用被解除，但细胞内仍有一定浓度的色氨酸时，第二种调控机制使 *trp* 操纵子的转录在抵达 *trpE* 之前被提前终止。这种使转录提前终止的调控方式被称为弱化作用（attenuation），导致 mRNA 合成提前终止的一段核苷酸序列称为弱化子（attenuator）。弱化作用产生的关键在于 *trp* mRNA 的前导区。

在 *trp* mRNA5′-端，*trpE* 基因的起始密码子之前有一个长约 160bp 的序列被称作前导 RNA（leader RNA），该序列具有下列明显的特征：

① 含有一个小的阅读框，编码一个由 14 个氨基酸残基构成的前导肽（leader peptide）。阅读框第 10 位和第 11 位上有两个相邻的色氨酸密码子［图 9-24（a）］。

② 前导区有 4 个分别以 1、2、3 和 4 表示的序列，它们之间能够以两种不同的方式进行碱基配对。在没有其他因素介入的情况下，1 区和 2 区配对，3 区和 4 区配对形成两个茎环结构。第二种配对方式是 2 区和 3 区配对形成一个茎环结构［图 9-24（b）］。

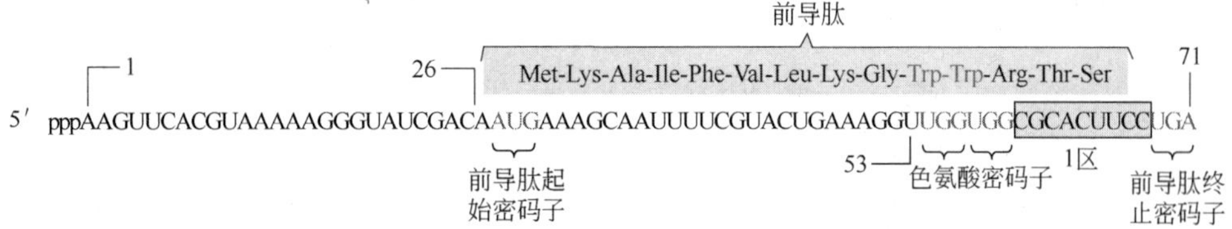

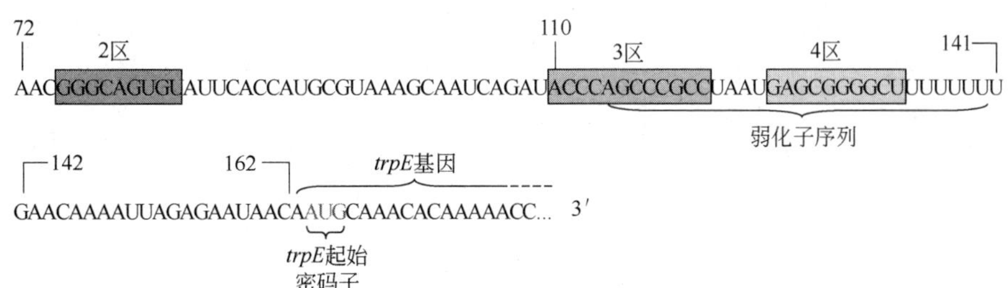

(a) *trp*操纵子前导RNA的核苷酸序列特征

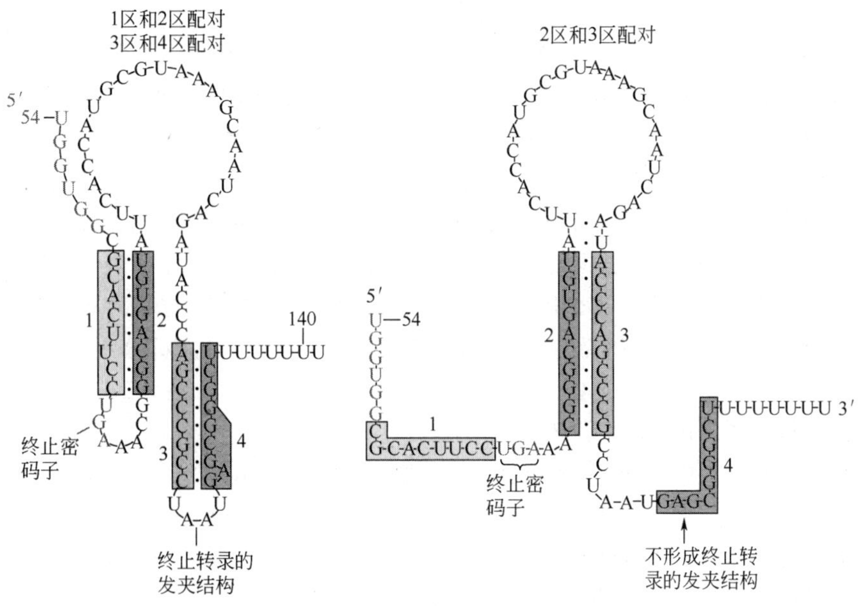

(b) *trp*操纵子前导RNA形成的两种茎环结构

图 9-24　前导 RNA 的结构

（2）弱化作用的机制

弱化作用与前导肽的翻译有关。细菌细胞由于没有核膜的阻隔，翻译和转录是紧密偶联的。可能 RNA 聚合酶刚转录出前导肽的部分密码子，核糖体就开始翻译了。在前导肽基因中有两个相邻的色氨酸密码子，所以前导肽的翻译必定对负载有色氨酸的 $tRNA^{Trp}$ 的浓度极度敏感。

当细胞中的色氨酸浓度较高时，核糖体会顺利通过两个相邻的色氨酸密码子，在 3 区未形成之前，抵达 2 区，1 区和 2 区被部分覆盖。于是 3 区和 4 区形成茎环结构，后面紧接着 7 个连续的 U，从而形成一个典型的终止子结构，导致转录提前终止［图 9-25（a）］。所以，弱化作用形成的原因是当细胞内的色氨酸水平较高时，*trp* mRNA 的前导区会形成一个终止子结构，导致转录在弱化子区结束，释放出一个约由 140 个核苷酸构成的先导序列。

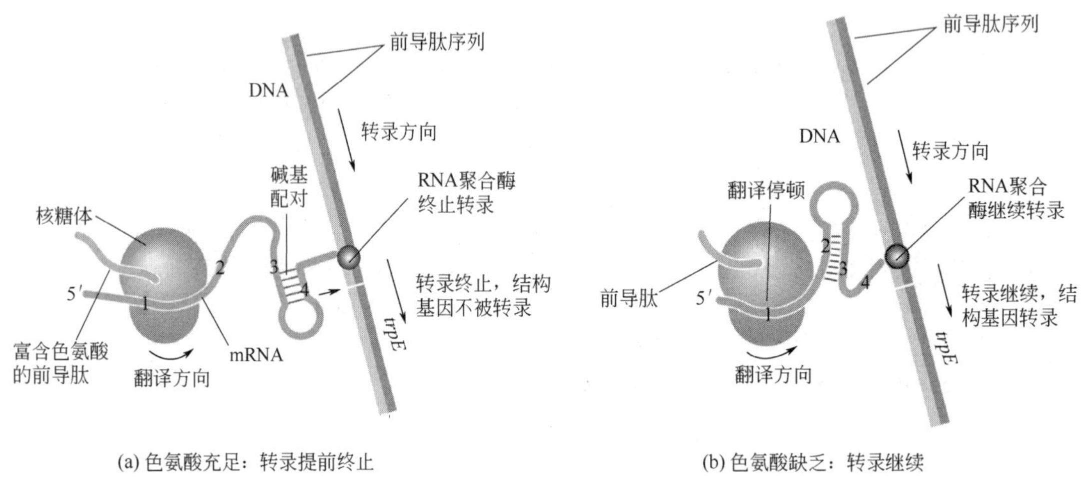

图 9-25 弱化作用机制

当色氨酸缺乏时，翻译将在两个色氨酸密码子处停顿，等待 $Trp\text{-}tRNA^{Trp}$ 进入核糖体的 A 位，这时 1 区被核糖体占据，无法与 2 区配对，于是 2 区和 3 区配对，形成 2-3 茎环结构。转录的终止子结构不能形成，转录可继续进行，直到将 *trp* 操纵子中的结构基因全部被转录［图 9-25（b）］。

弱化作用是对 *trp* 操纵子的精细调节。当环境中的色氨酸浓度逐渐下降时，最初的反应是解除阻遏蛋白对操纵子的抑制作用，但是 *trp* 操纵子仍受到弱化作用的调节。当色氨酸的浓度进一步降低时，弱化作用被解除。阻遏蛋白与操纵基因结合使色氨酸操纵子的转录水平下降约 70 倍，弱化作用又使其下降了 8～10 倍，两种机制的联合作用使操纵子的转录水平下降了 560～700 倍。

（3）色氨酸操纵子弱化机制的实验依据

转录弱化理论得到了大量实验证据的支持：①影响 mRNA3 区和 4 区二级结构稳定性的突变以及改变 4 区后面一串 U 的突变都会降低弱化子的终止作用，增加 *trp* 操纵子的表达，这与终止子的突变效应是一样的；②影响 2 区和 3 区配对的突变，则增加弱化子的弱化作用；③如果前导肽的起始密码子发生错义突变，前导肽的翻译就不能起始，有利于前导 RNA 形成 1-2、3-4 二级结构，则转录必定在弱化子处终止。

事实上，很多氨基酸合成操纵子的表达都可以通过弱化作用调控。在这些操纵子的前导区中，都存在着编码前导肽的读码框，也具有不依赖 Rho 因子的终止子序列。弱化作用是 *his* 操纵子唯一的调控机制。在 *his*（histidine）操纵子中，编码前导肽的序列含有 7 个连续的组氨酸密码子，这大大地提高了弱化作用的效率。在 *phe*（phenylalanine）操纵子的前导序列中含有 7 个苯丙氨酸密码子，并被分成了 3 组（图 9-26）。

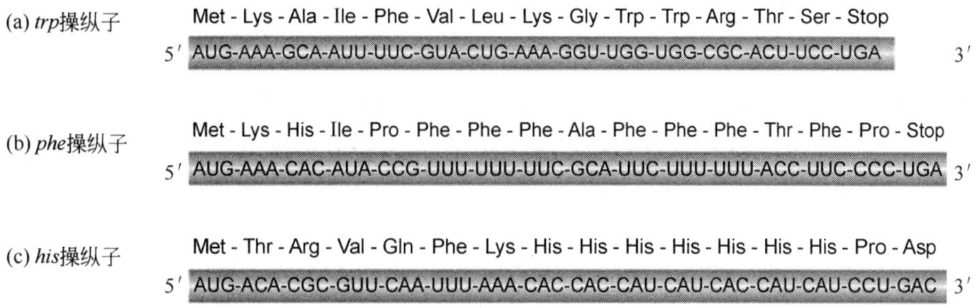

(a) *trp*操纵子
Met - Lys - Ala - Ile - Phe - Val - Leu - Lys - Gly - Trp - Trp - Arg - Thr - Ser - Stop
5′ AUG-AAA-GCA-AUU-UUC-GUA-CUG-AAA-GGU-UGG-UGG-CGC-ACU-UCC-UGA 3′
(b) *phe*操纵子
Met - Lys - His - Ile - Pro - Phe - Phe - Phe - Ala - Phe - Phe - Phe - Thr - Phe - Pro - Stop
5′ AUG-AAA-CAC-AUA-CCG-UUU-UUU-UUC-GCA-UUC-UUU-UUU-ACC-UUC-CCC-UGA 3′
(c) *his*操纵子
Met - Thr - Arg - Val - Gln - Phe - Lys - His - His - His - His - His - His - His - Pro - Asp
5′ AUG-ACA-CGC-GUU-CAA-UUU-AAA-CAC-CAC-CAU-CAU-CAC-CAU-CAU-CCU-GAC 3′

图 9-26　大肠杆菌 *trp*、*phe* 和 *his* 操纵子的前导肽序列

9.1.2.2　抗终止作用

抗终止作用是细菌调控基因表达的一种机制。其原理是抗终止蛋白阻止转录的终止作用，使 RNA 聚合酶能够越过终止子继续转录 DNA（图 9-27）。这种调控方式在噬菌体中比较常见，但是在细菌中，也有几个基因的表达受到抗终止作用的调控。在受控基因的转录起始位点和终止子之间存在抗终止蛋白的识别序列，当 RNA 聚合酶抵达该识别序列时，抗终止蛋白与 RNA 聚合酶的相互作用，改变了转录延伸复合体的性质，使其能够通读转录终止子。

RNA
聚合酶
DNA
启动子
识别位点
终止位点
(a) 转录起始
DNA
启动子
识别位点
终止位点
mRNA
(b) 缺少抗终止蛋白
启动子
识别位点
终止位点
抗终止蛋白
mRNA
(c) 存在抗终止蛋白

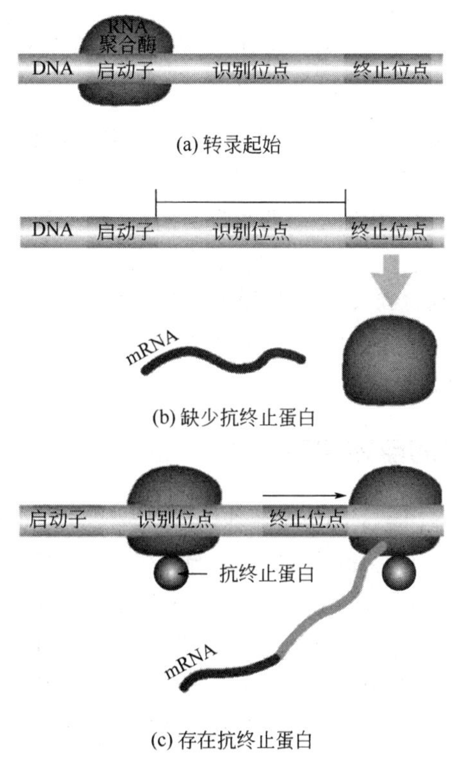

图 9-27　转录的抗终止作用

9.2 翻译水平的基因表达调控

9.2.1 反义 RNA

反义 RNA 是与 mRNA 互补的 RNA 分子，可被用于基因表达调控。反义 RNA 通常由独立的基因编码，合成后与 mRNA 的互补区退火，阻止 mRNA 与核糖体结合，因而阻断了 mRNA 的翻译（图 9-28）。

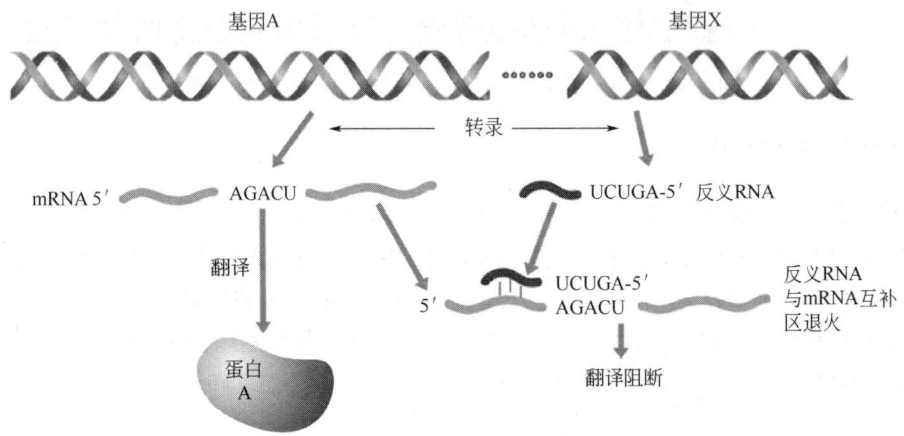

图 9-28 反义 RNA 调控基因表达的机制

细菌铁蛋白被细菌用来储存细胞中多余的铁元素，所以只有当细胞内的铁离子浓度升高时，细菌才需要合成铁蛋白。细菌铁蛋白由 *bfr* 基因编码，其表达受反义 *bfr* 基因编码的反义 RNA 的调控。*bfr* 基因的转录不受细胞内铁浓度的影响，但是反义 *bfr* 基因的转录受到调节蛋白 Fur（ferric uptake regulator）的控制。Fur 能够感应细胞内铁的水平。当细胞内有充足的铁时，Fur 作为抑制蛋白关闭一组使细胞能够适应缺铁环境的操纵子。另外，Fur 也关闭反义 *bfr* 基因，解除反义 *bfr* 对 *bfr* mRNA 的封阻，细胞产生细菌铁蛋白。在低铁条件下，反义 *bfr* 基因被转录，产生反义 RNA，阻止细菌铁蛋白的合成。

9.2.2 核糖体蛋白合成的自体控制

细菌 mRNA 起始密码子上游 3～10 个碱基处有一段保守的 6 核苷酸序列，被称为 Shine-Dalgarno 序列。核糖体小亚基 16S rRNA 的 3′-末端存在与 SD 序列互补的核苷酸序列。在翻译的起始阶段，正是二者之间的互补配对使起始密码子 AUG 正确定位于核糖体上。因此，mRNA 的 SD 序列与 16S rRNA 的相互作用常常作为翻译调控的作用位点。或通过 RNA 结合蛋白，或通过反义 RNA，细胞可以阻止 SD 序列与 16S rRNA 之间的相互作用，抑制翻译的起始。很多细菌 mRNA 都有专一性的翻译抑制蛋白，它们能够与翻译起始区（包括 SD 序列和起始密码子）结合，特异性地抑制 mRNA 的翻译。

这种翻译抑制作用也被用来调控核糖体蛋白的合成。细胞因生长速度不同，对核糖体的需求变化很大。快速生长的细胞需要大量的核糖体进行高水平的蛋白质合成以满足生长的需要。缓慢生长的细胞需要的核糖体的数量就少得多。研究表明，快速生长的大肠杆菌细胞含有的核糖体数目多达70000个，而生长速度慢的细胞只有不到20000个核糖体。

核糖体由蛋白质和RNA构成。大肠杆菌有54个编码核糖体蛋白的基因，这些基因被组织成若干个操纵子。每个操纵子除了含有若干个核糖体蛋白基因，有时还夹杂着其他参与大分子合成的基因。例如，β操纵子所含的4个结构基因中，有两个编码核糖体大亚基蛋白，另外两个分别编码RNA聚合酶β亚基和β′亚基；α操纵子除了含有4个编码核糖体蛋白的基因，还具有编码RNA聚合酶α亚基的基因（图9-29）。

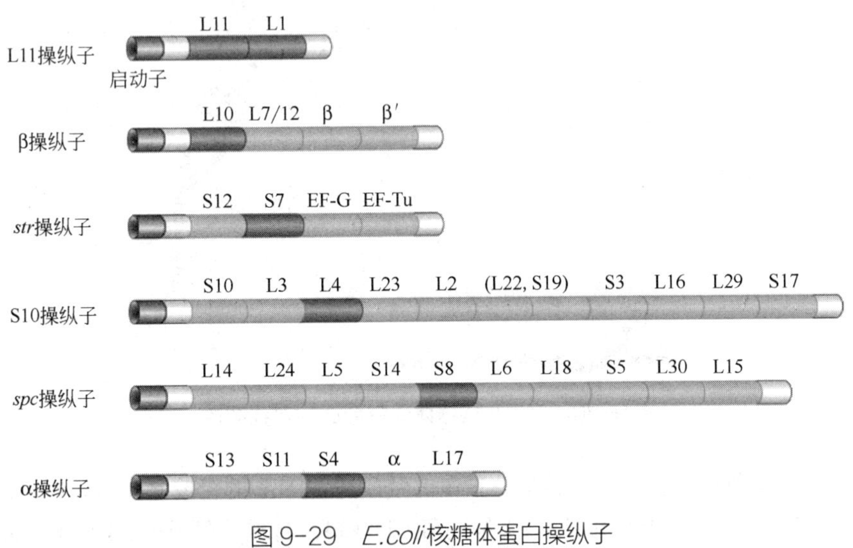

图9-29　*E.coli*核糖体蛋白操纵子

核糖体蛋白和rRNA的合成是独立进行的，合成以后，再组装成成熟的核糖体。在细胞中，核糖体蛋白的合成与rRNA的合成相互协同，细胞中不存在多余的核糖体蛋白，或者多余的rRNA。为了达到二者之间的平衡，细胞要么对核糖体蛋白的合成速度进行调节使之适应rRNA的合成速度；或者，反过来，对rRNA的合成速度进行调节使之适应核糖体蛋白的合成速度。事实是，细胞是根据rRNA的合成速度对核糖体蛋白的合成速度进行调节的。

核糖体蛋白合成速率的调控是一种自体调控（autoregulation）。基因表达的自体调控是指一个基因的表达产物反过来抑制自身基因的表达，这实际上也是一种反馈机制。自体调控可以在基因表达的不同水平上进行，但是对核糖体蛋白合成的调控主要是发生在翻译水平上的自体调控。操纵子的一个核糖体蛋白基因的编码产物与mRNA的翻译起始区结合以后就会抑制其自身以及操纵子上其他核糖体蛋白的翻译。然而，参与自体调控的核糖体蛋白对rRNA上结合位点的亲和力比其对mRNA上结合位点的亲和力更高。当存在游离rRNA时，最新合成的核糖体蛋白优先与rRNA结合从而开始装配核糖体，此时没有游离的核糖体蛋白与mRNA结合，mRNA继续翻译。一旦rRNA合成减慢或停止，游离核糖体蛋白开始富集，就能与其mRNA结合阻止其继续翻译（图9-30）。这种调控方式保证了每个核糖体蛋白操纵子应答同样水平的rRNA，只要相对于rRNA有多余的核糖体蛋白，核糖体蛋白的合成就会被阻止。

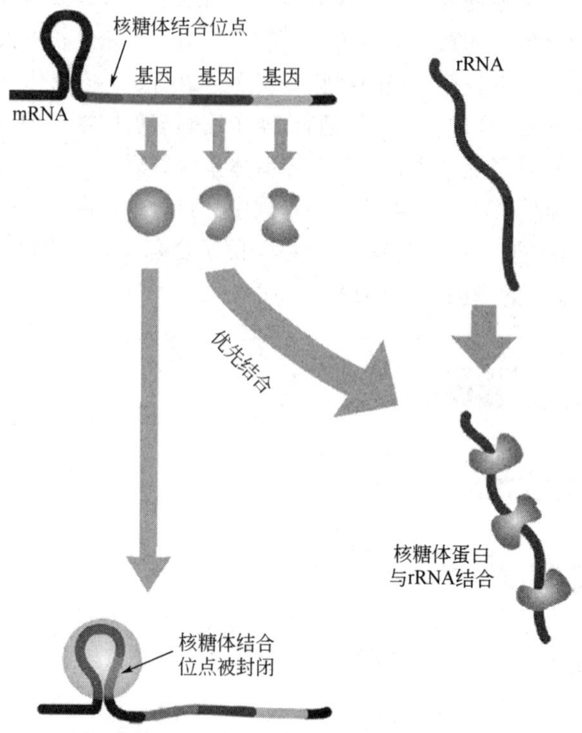

图 9-30 *E.coli* 核糖体蛋白合成的自我调控

下面以 L11 操纵子为例来说明核糖体蛋白的合成与 rRNA 的合成之间是如何协调的。L11 操纵子由编码 L1 和 L11 的基因组成。L1 是调节 L11 和 L1 合成的阻遏子。L1 蛋白既能结合在游离的 23S rRNA 上，又能结合到 L11 mRNA 的翻译起始区上。由于这两个基因在翻译上是偶联的，所以 L1 蛋白与 L11 mRNA 翻译起始区的结合，会同时抑制 L1 和 L11 基因的翻译。但是，如果细胞中有游离的 rRNA，L1 蛋白会优先同 rRNA 结合，使 L11 和 L1 的翻译得以进行。只有当细胞中的 rRNA 均参与了核糖体的形成，游离的 L1 蛋白开始积累，L1 蛋白才能结合到 L11 的翻译起始区，并抑制 L11 以及其自身的翻译。

9.2.3 一些 mRNA 分子必须经过切割才能被翻译

通常，原核生物的转录产物无需加工即可以成为翻译的模板。但是，在少数情况下原核生物的 mRNA 需要经过加工才能成为成熟的 mRNA。在大肠杆菌中，鸟氨酸脱羧酶基因 *speF* 的转录产物在被 RNase Ⅲ切割后，翻译效率要提高 4 倍左右。而 *adhE* 基因（编码乙醇脱氢酶）的转录产物必须经过加工才能被翻译。*adhE* 基因初始转录产物的前导序列折叠成复杂的二级结构，核糖体结合位点和起始密码子都被隐蔽起来，不能被核糖体识别（图 9-31）。RNase Ⅲ把核糖体结合位点上游的序列切割下来，使核糖体结合位点暴露出来。在缺失 RNase Ⅲ的 *rnc* 突变体中，*adhE* mRNA 不能被翻译，细胞不能依靠乙醇脱氢酶进行厌氧生长。成熟的 *adhE* mRNA 由 RNase G 专一性地降解。RNase G 的主要作用是加工 rRNA 前体。在缺乏 RNase G 的 *rng* 突变体中，*adhE* 的半寿期从 4min 提高到 10min，于是 mRNA 的水平升高，AdhE 蛋白过量合成。

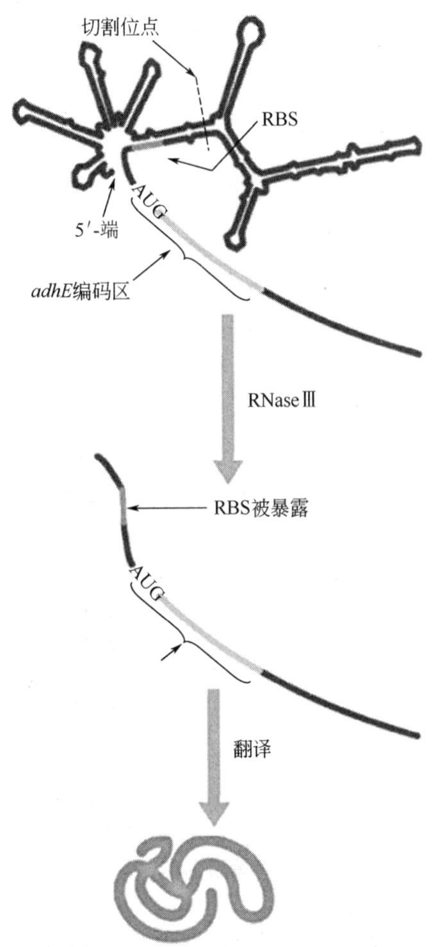

图 9-31　RNase Ⅲ对 *adhE* mRNA 的切割

9.2.4　严紧反应

大肠杆菌缺乏某种氨基酸时，不但会使蛋白质的合成终止，也会导致 DNA、rRNA、tRNA 及核糖体蛋白的合成受到抑制，而一些与氨基酸合成和运输有关的基因被诱导表达。这种由氨基酸饥饿引起的基因表达模式的变化称为严紧反应（stringent response）。严紧反应是由两种特殊的核苷酸（ppGpp 和 pppGpp）引发的，最初因它们的电泳迁移率和一般的核苷酸不同，被称为“魔斑Ⅰ”和“魔斑Ⅱ”，现在通称为(p)ppGpp。(p)ppGpp 改变了 RNA 聚合酶对一系列启动子的亲和力，致使细胞基因组的表达谱发生较大的改变，使细胞适应新的环境。

核糖体 A 位上出现的空载 tRNA 是导致(p)ppGpp 合成的原因。在正常情况下，空载 tRNA 不能由 E-Tu 引导进入核糖体的 A 位。但是，由于氨基酸饥饿，没有相应的氨酰-tRNA 进入 A 位时，空载的 tRNA 便能获准进入，激活结合于核糖体上的 RelA 蛋白。RelA 蛋白仅定位在 50S 核糖体亚基上，但每 200 个核糖体仅有一个结合有 RelA 蛋白。在 RelA 的催化下，ATP 的焦磷酸基团被转移至 GDP 或 GTP 的 3′-OH 生成(p)ppGpp（图 9-32）。(p)ppGpp 的合成引起空载的 tRNA 从 A 位点释放。核糖体是恢复多肽的合成，还是进行另一轮的空转反应合成一个新的(p)ppGpp 分子取决于细胞中是否有相应的氨酰-tRNA。细胞内(p)ppGpp 浓度还受 SpoT 蛋白的调节。SpoT 蛋白通常情况下是降解(p)ppGpp 的，但是缺乏氨基酸时，SpoT 水解(p)ppGpp 的功能被抑制，使(p)ppGpp 得到进一步积累。

(a) ppGpp的分子结构

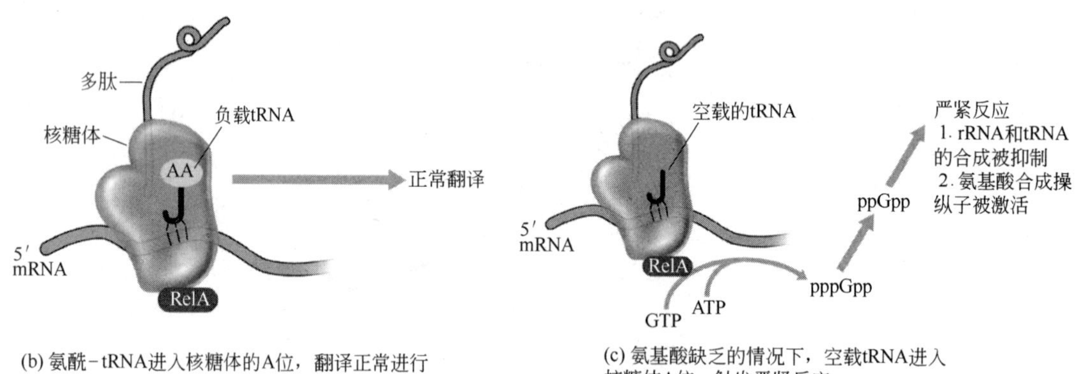

(b) 氨酰-tRNA进入核糖体的A位，翻译正常进行

(c) 氨基酸缺乏的情况下，空载tRNA进入核糖体A位，触发严紧反应

图 9-32　严紧反应的分子机制

人们在对大肠杆菌 *relA* 突变体进行研究时认识到是(p)ppGpp 的积累引发了严紧反应。*relA* 突变体即使在氨基酸饥饿时也不能积累(p)ppGpp，也不关闭 rRNA 和 tRNA 的合成。由于 *relA* 突变体的 rRNA 和 tRNA 的合成不与蛋白质的合成严紧偶联，带有 *relA* 突变的株系就被称为松弛型突变株（relaxed mutant），该基因也因此而得名。

9.3　核糖开关

核糖开关（riboswitch）是一类通过结合小分子代谢物调控基因表达的 mRNA 元件。它位于 mRNA 5′-端，可以不依赖任何蛋白质因子而直接结合小分子代谢物，继而发生构象重排，调节 mRNA 的延伸和翻译。核糖开关广泛存在于细菌中，枯草杆菌中大约 2%的基因的表达受核糖开关控制。在枯草杆菌中，很多与甲硫氨酸代谢有关的基因都有一个长 200nt 的前导序列，可以折叠成能够结合小分子配基的口袋。至今为止，所有已发现的核糖开关的效应分子结合域都是高度保守的，同小分子代谢物选择性结合后，通过改变 mRNA 5′-UTR 立体结构，调节基因的表达。核糖开关的存在意味着 RNA 分子有相当的能力形成类似蛋白质受体的复杂结构，与效应分子发生特异性结合。并且，核糖开关不需要额外的蛋白质因子来感知代谢产物的浓度，执行调控功能，因此它是一种非常经济的调控开关。

迄今为止，核糖开关都是在细菌中发现的，然而序列分析表明在某些真菌和植物中也含有与细菌核糖开关高度同源的序列，说明这些物种也可能具有调控基因表达的核糖开关。目前发现的核糖开关包括：维生素 B_{12} 核糖开关、TPP（硫胺素焦磷酸）核糖开关、FMN（黄素单核苷酸）核糖开关、SAM（*S*-腺苷甲硫氨酸）核糖开关、赖氨酸核糖开关、鸟嘌呤核糖开关和腺嘌呤核糖开关。

核糖开关可以通过弱化作用、翻译抑制作用或者其核酶活性控制基因的表达。图 9-33（a）所示，在弱化机制中，作为信号分子的代谢物与核糖开关结合导致 3 区和 4 区结合，形成转录终止子结构，RNA 聚合酶从 Poly(U)末端脱落，使 mRNA 的合成提前终止，结果是与代谢物合成有关的基因不表达。当缺少信号分子时，转录开始后，2 区和 3 区形成茎环结构，使终止子的发夹结构无法形成，于是转录继续进行，形成完整的 mRNA。

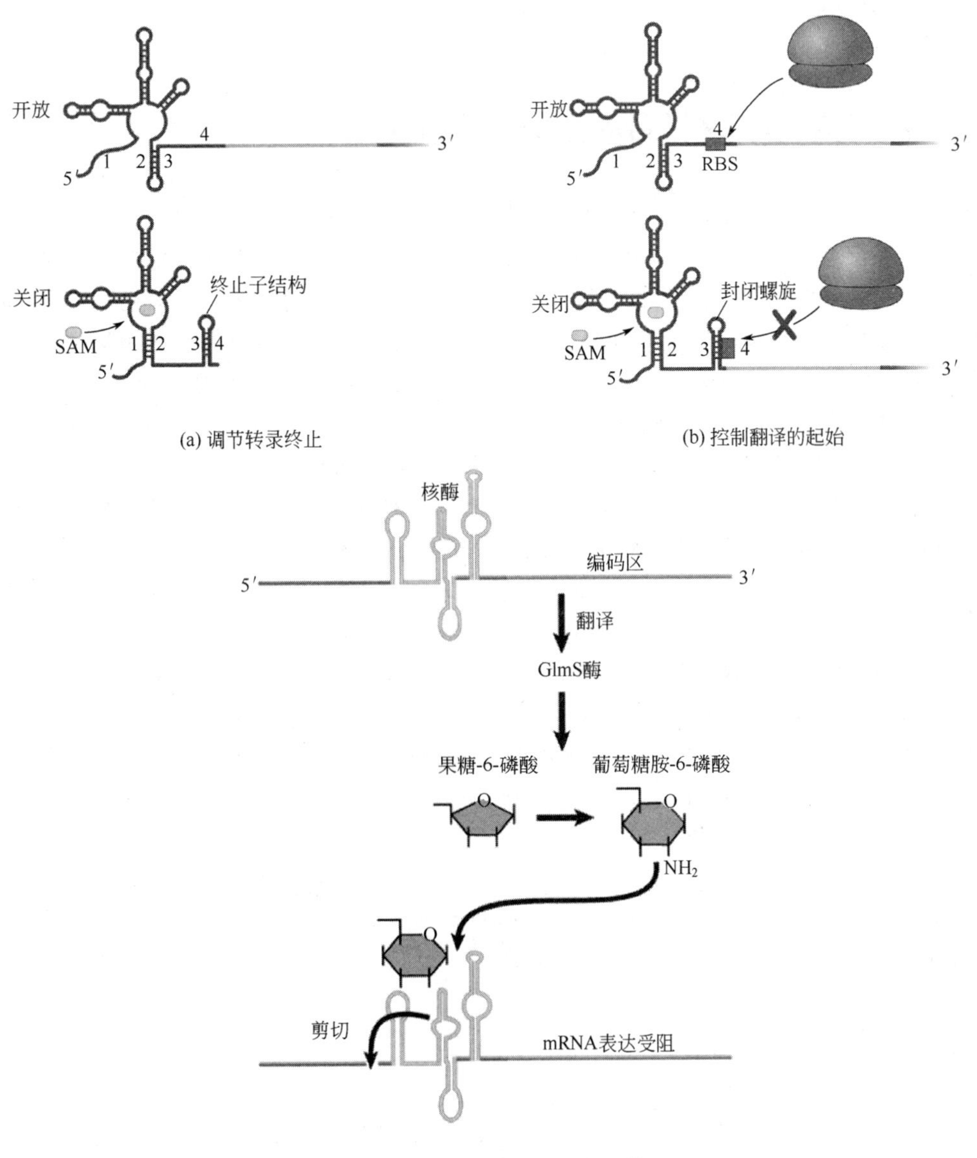

图 9-33　核开关的作用机制

在翻译抑制机制中［图 9-33（b）］，起始密码子上游分别有 SD 序列（4 区）、抗 SD 序列

（3 区）和抗抗 SD 序列（2 区）。若没有相应的小分子代谢物，抗 SD 序列和抗抗 SD 序列首先结合，抗 SD 序列无法与 SD 序列结合，核糖体能够正确附着在 SD-AUG 序列上，翻译正常进行。而目标配体（例如，SAM）的存在，能促使 SD 和抗 SD 序列结合，核糖体不能附着到 mRNA 上，翻译中止，即成熟 mRNA 的翻译由于配体的存在而被抑制。

有的核糖开关可以通过其核酶活性调节基因的表达，比如编码谷氨酰胺果糖-6-磷酸转氨酶（GlmS）mRNA 的核糖开关。GlmS 催化果糖-6-磷酸和谷氨酰胺生成葡萄糖胺-6-磷酸。当葡萄糖胺-6-磷酸在细胞内达到较高水平时，代谢物就与 GlmS 核糖开关结合，激活其核酶活性，造成 GlmS mRNA 发生自我切割。尽管 mRNA 被剪切的部位并不在编码区内，但仍能破坏基因的表达，使葡萄糖胺不再继续合成［图 9-33（c）］。

9.4 DNA 重排对基因转录的调控

DNA 重排可以改变调控元件与受控基因之间的距离和方向，因而可以成为控制基因表达的一种手段。鼠伤寒沙门氏菌（*Salmonella typhimurium*）是一种与大肠杆菌密切相关的细菌，被摄入后能够引起呕吐和腹泻。鞭毛蛋白是鼠伤寒沙门氏菌的一种主要抗原。鼠伤寒沙门氏菌能够表达两种类型的鞭毛蛋白——H1 和 H2。这两种鞭毛蛋白分别由染色体上相距甚远的两个基因编码，但是任何一个沙门氏菌细胞只会表达一种类型的鞭毛蛋白。当一群细胞生长、增殖时，其中的一些子代细胞会自发地改变其鞭毛蛋白的类型，即由 H1 型鞭毛转变成 H2 型鞭毛，或者由 H2 型鞭毛转变成 H1 型鞭毛，这一过程称为相变（phase variation）。相变可以保护细菌抵抗脊椎动物宿主免疫系统的进攻。如果宿主产生了针对一种鞭毛蛋白的抗体，发生相变的细菌仍能生存和增殖，直到免疫系统对新型的鞭毛蛋白产生免疫应答。

图 9-34 描述了鼠伤寒沙门氏菌相变的分子机制。*fljBA* 操纵子有两个结构基因——*fljB* 和 *fljA*，前者编码 H2 鞭毛蛋白，后者编码的 FljA 是 *fliC* 基因的转录阻遏蛋白，专一性地抑制 *fliC* 基因的表达。因此，当 *fljBA* 操纵子表达时，*fliC* 基因的转录被 FljA 阻遏蛋白抑制。*fljBA* 操纵子能否表达与其上游一段 995bp 序列的方向有关。这是一个可以翻转的 DNA 片段，含有一个完整的 *hin* 基因，以及 *fljBA* 启动子。片段的两端是 14bp 的倒转重复序列 *hixL* 和 *hixR*，它们是两个特异性重组位点。当 *fljBA* 启动子以 5′→3′方向存在时，*fljBA* 操纵子表达，产生 H2 鞭毛蛋白和 FljA 阻遏蛋白。大约细菌细胞每分裂 10^{-5}～10^{-3} 次，这一片段会发生一次翻转，*fljB* 和 *fljA* 基因都不能表达。由于细胞内不存在阻遏蛋白 FljA，*fliC* 鞭毛蛋白基因被转录，产生 H1 鞭毛蛋白。

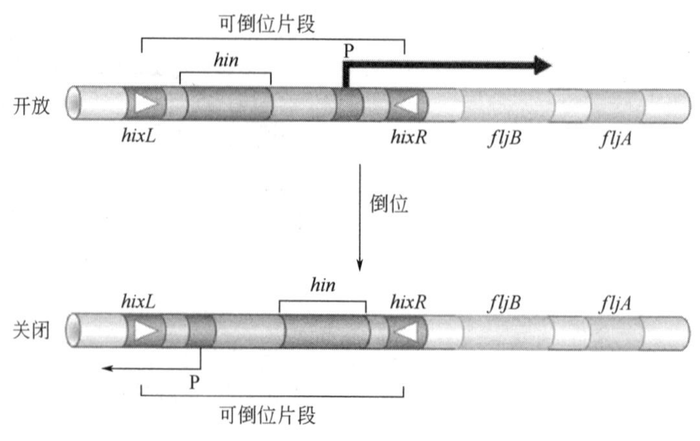

图 9-34 鼠伤寒沙门氏菌相变的分子机制

催化片段翻转的是一种丝氨酸重组酶，由 *hin* 基因编码，其工作原理见第 5 章。Hin 催化的位点特异性重组，导致两个 Hin 蛋白识别位点之间的序列发生倒位（图 9-35）。Hin 的表达水平非常低，相变是一种低频率事件。

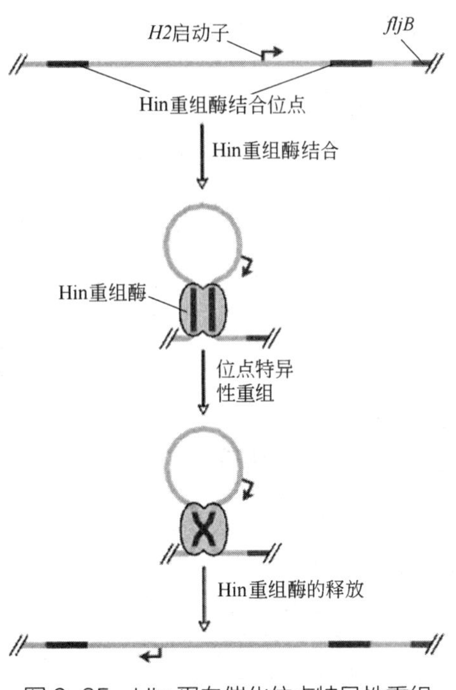

图 9-35 Hin 蛋白催化位点特异性重组

9.5 λ 噬菌体调控级联

λ噬菌体侵入大肠杆菌细胞后，可以通过裂解和溶原两种方式进行增殖。如果进入裂解途径（lytic pathway），病毒所有基因的表达导致子代病毒颗粒的形成和宿主细胞的裂解；如果进入溶原途径（lysogenic pathway），病毒基因组通过位点特异性重组整合到宿主细胞的基因组，保持静止状态，并随之同步复制。当野生型 λ 噬菌体侵染 *E.coli* 时，大部分细菌被病毒裂解，可是也会有一小部分细菌因噬菌体 DNA 整合而成为溶原菌。溶原化的细胞不会被再度感染（超感染），因为前噬菌体表达的唯一一种蛋白质——C Ⅰ 蛋白，会抑制超感染噬菌体裂解生长。这样，围绕最初被裂解的细胞将形成一个模糊的噬菌斑。

9.5.1 裂解周期中的级联调控

9.5.1.1 λ 基因组

λ 噬菌体基因组长 48502bp，共有 61 个基因，这些基因按照表达的时间顺序可以分为早早期基因（immediate early genes）、晚早期基因（delay early genes）和晚期基因（late genes）（图 9-36）。λ 噬菌体裂解生长的级联调控简单明了，早早期基因的一个编码产物是晚早期基因表达所需的调控因子（抗终止蛋白 N），而晚早期基因的一个编码产物又是晚期基因表达所需的一种调控因子（抗终止蛋白 Q），正是这种级联控制使 λ 噬菌体的基因按顺序表达，最终导致子代噬菌体颗粒的形成。

9.5.1.2　早早期基因表达

当 λ 噬菌体侵入大肠杆菌细胞后，宿主细胞的 RNA 聚合酶便开始从 P_L 向左转录 *N* 基因，从 P_R 向右转录 *cro* 基因，合成两种早早期 mRNA，它们的转录分别终止于 t_{L1} 和 t_{R1}（图 9-36）。从 P_R 至 t_{R1} 转录的 mRNA 编码的蛋白质 Cro 是一种主要的噬菌体侵染周期调节蛋白。从 P_L 至 t_{L1} 转录的 mRNA 编码的 N 蛋白是一种抗终止蛋白，它使 RNA 聚合酶能够通过 t_{L1} 和 t_{R1}，转录外侧的晚早期基因。*nut*（N-utilization）是抗终止蛋白的识别序列，位于启动子和终止子之间，包括两个序列元件——A 盒（box A）和 B 盒（box B）（图 9-37）。

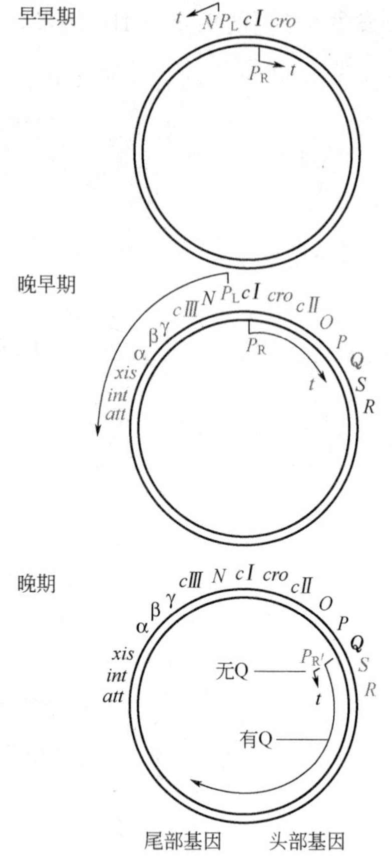

图 9-36　λ 噬菌体早早期基因、晚早期基因和晚期基因

9.5.1.3　N 蛋白的抗终止作用与晚早期基因表达

通过分析阻止 N 蛋白抗终止作用的大肠杆菌突变菌株，鉴定出了几种与抗终止作用有关的宿主蛋白质，以 Nus（N utilization substances）命名，分别是 NusA、NusB、NusE 和 NusG。在未被侵染的细胞中，这些蛋白质执行另外的功能。NusE 实际上是核糖体小亚基的一个蛋白质（S10）。NusA 是一种高度保守的转录因子，参与转录的暂停和终止作用。在转录起始不久，σ 因子从 RNA 聚合酶上解离下来后，NusA 就结合到核心酶上。实际上，NusA 的功能是通过增加 RNA 聚合酶在终止子发夹结构处停顿的时间，促进转录终止。NusA 和 σ 因子不能同时与聚合酶的核心酶结合。只要 RNA 聚合酶还结合在 DNA 上，NusA 就不会脱离聚合酶。然而，一旦 RNA 聚合酶脱离了 DNA 分子，σ 因子就会取代 NusA 与核心酶结合。因此，RNA 聚合酶存在两种形式，一种是与 σ 因子结合、能够起始转录的形式，另一种是与 NusA 结合、能够终止转录的形式。

图 9-37 描绘的是 N 蛋白介导的抗终止作用。当 *nut* 被转录成 RNA 后，box B 形成一个茎环结构，与 N 蛋白相互作用，而线形的 box A 是 NusB 和 NusE 异二聚体的结合位点。当 *nut* 出现在新生 RNA 链上时，N 蛋白与 *nut* 的 box B 结合，并与 RNA 聚合酶上的 NusA 相互作用，紧接着 NusB、NusE 和 NusG 快速结合上去形成一个稳定的抗终止作用复合体。这种复合体能够沿 DNA 移动，抑制在 Rho 依赖型和 Rho 非依赖型终止位点处发生的终止作用，向左、向右转录晚早期基因。

9.5.1.4　Q 蛋白的抗终止作用与晚期基因表达

晚早期基因包括 *cro*、*c*Ⅱ、*c*Ⅲ和 *Q* 等调控基因（图 9-36），其中 Q 蛋白也是一个抗终止蛋白，它抑制 t_{R3} 终止子的作用，使 RNA 聚合酶继续合成晚期基因。晚期基因包括编码噬菌体头部蛋白和尾部蛋白的基因，以及两个裂解基因，这些基因组成一个单独的转录单位。表达晚期基因的启动子（$P_{R'}$）位于基因 *Q* 和 *S* 之间，为一组成型启动子。但是当缺少 Q 蛋白时，转录终止于 t_{R3} 位点，产生一长度为 194 nt 的转录产物，称为 6S RNA。当有 Q 蛋白存在时，t_{R3} 的终止子作用被抑制，结果晚期基因得以表达。与 N 蛋白的作用机制不同，Q 蛋白的识别序列 QBE 位于晚期启动子 P_R–10 区和–35 区之间（图 9-38）。在无 Q 时，聚合酶从 $P_{R'}$起始转录，但很快出现暂停，接着它会继续转录至 t_{R3}。如果存在 Q 蛋白，聚合酶一旦离开启动子，Q 就会结合 QBE，当从 $P_{R'}$起始的转录出现暂停时，Q 蛋白就会转移至 RNA 聚合酶。一旦结合有 Q 蛋白，RNA 聚合酶就能够通过 t_{R3} 继续转录。

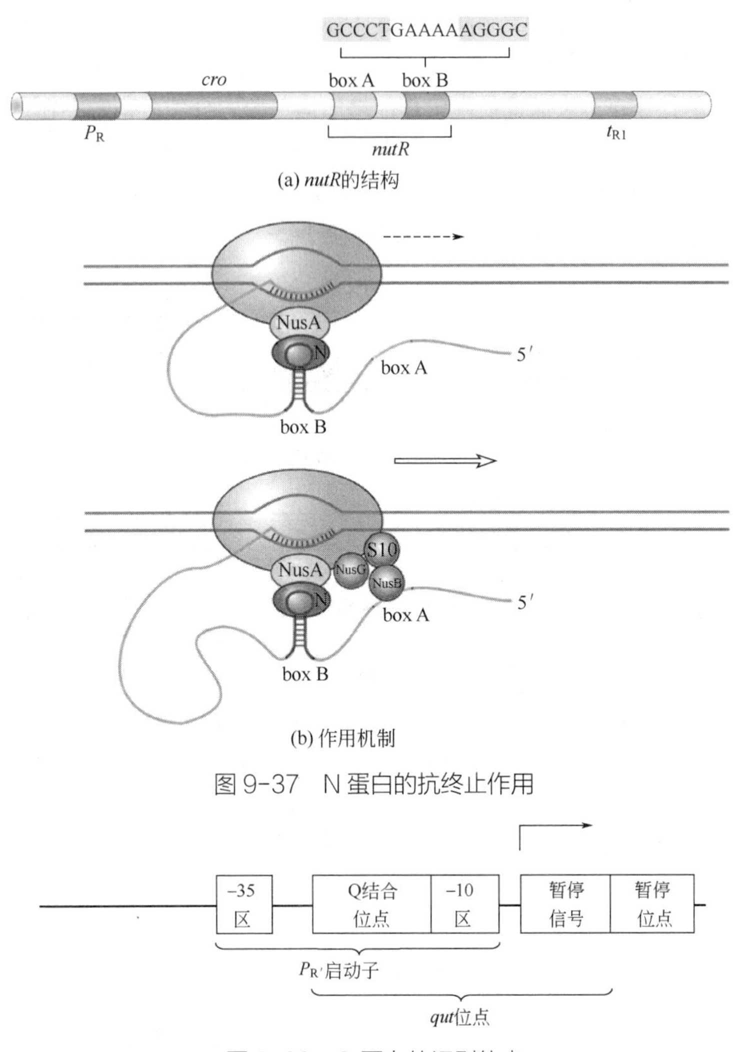

图 9-37　N 蛋白的抗终止作用

图 9-38　Q 蛋白的识别位点

9.5.2　溶原生长的自体调控

不能进行溶原生长的突变型噬菌体形成清亮的噬菌斑，这是因为所有被侵染的细胞都被裂解。这些突变可归属于 3 个互补群，它们是 *cI*、*cII*和 *cIII*。CI 蛋白抑制裂解途径，是溶原途径的建立和维持所必需的，又称为 λ 阻遏蛋白。CII和 CIII蛋白在溶原状态建立时激活 *cI* 基因的表达。CI 蛋白既参与溶原状态的形成又参与溶原状态的维持可以由 CI 温度敏感突变得到证明。在许可温度条件下，突变型噬菌体能够进行溶原生长。但是，如果将宿主细胞转移至非许可温度，噬菌体就进入裂解生长。

一旦溶原状态建立起来后，阻遏蛋白 CI 是唯一一个维持溶原状态所必需的蛋白质。那么，CI 是如何抑制裂解途径的？*cI* 基因的表达又是如何维持的？

如图 9-39 所示，P_L 和 P_R 分别负责左侧和右侧早早期基因和晚早期基因的转录，操纵基因

O_L和O_R与每个启动子相连。P_{RM}（promoter of repressor maintenance）是维持 *cI* 基因表达的启动子。O_L和O_R各有 3 个连续的 λ 阻遏蛋白结合位点。CI 蛋白与O_L和O_R结合后抑制P_L和P_R的转录。由于P_R与O_R的部分重叠，CI 与O_{R1}和O_{R2}结合在空间上阻遏了 RNA 聚合酶与启动子P_R的结合，这样就抑制了 *cro* 基因的转录。CI 蛋白又是一种活化子，结合到O_{R1}和O_{R2}上的 CI 蛋白刺激从P_{RM}启动子开始的左向转录。这是一种正自我调控机制（positive autoregulation），可以维持 *cI* 基因的持续表达，保证前噬菌体能够随溶原菌的分裂而稳定存在。P_R和P_L是强组成型启动子，它们能够有效结合 RNA 聚合酶，并不需要活化子的协助而指导转录。相反，P_{RM}是一个弱启动子，只在上游结合活化子后才会有效指导转录。在这方面，P_{RM}类似于 *lac* 启动子。P_R和P_L关闭而P_{RM}开放时，噬菌体处于溶原生长周期。

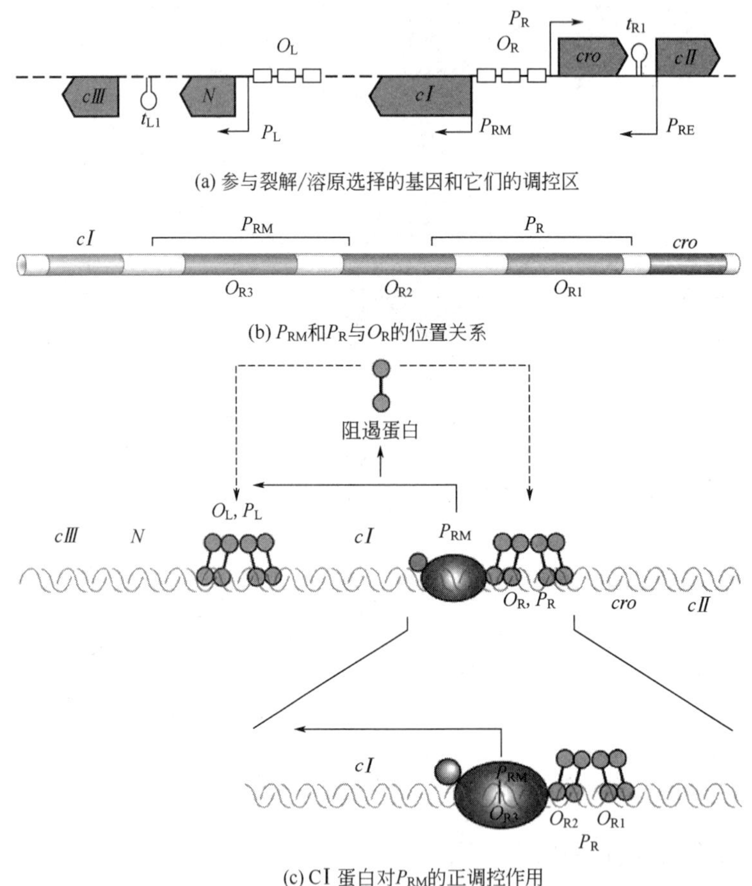

图 9-39　溶原生长的自体调控

CI 蛋白具有两个由一柔性衔接区连接的球状结构域，以二聚体的形式与 DNA 结合。它的 N 端结构域是螺旋-转角-螺旋式样的 DNA 结合域，与操纵基因结合；其 C 端结构域介导二聚体的形成。CI 二聚体对 3 个操纵基因的亲和力不同，顺序是$O_{R1}>O_{R2}>O_{R3}$。CI 蛋白对O_{R1}的亲和力比对O_{R2}的亲和力高 10 倍。然而由于二聚体间的相互作用，CI 与O_{R1}的结合会促进另一个 CI 二聚体与低亲和力位点O_{R2}结合（图 9-40）。这种协同作用使得 CI 蛋白的浓度在只能够单独结合O_{R1}时，可以同时结合O_{R1}和O_{R2}两个位点。当 CI 与所有 3 个位点都结合后，既抑制从P_R起始的转录，又抑制从 P_{RM} 起始的转录，防止 CI 蛋白过多合成，这是一种自我负调控机制

(negative autoregulation)。

O_{R1} 和 O_{R2} 上结合的阻遏蛋白二聚体与结合到 O_{L1} 和 O_{L2} 上的阻遏蛋白二聚体相互作用，形成一个八聚体，其中的每一个二聚体都独立地结合操纵基因。由于结合在 O_R 和 O_L 上的阻遏蛋白相互作用使左侧操纵基因和右侧操纵基因之间的 DNA，包括 *cI* 基因本身，形成一个环（图 9-41）。当环形成时，O_{R3} 和 O_{L3} 彼此靠近，允许另外两个阻遏蛋白二聚体协同结合到这两个位点。由于这一协同效应的存在，细胞中阻遏蛋白的浓度只需比结合 O_{R1} 和 O_{R2} 时所需的浓度高一点就能够结合到 O_{R3} 上。因此，阻遏蛋白的浓度是被严格控制的，很小的下降就会被其表达的升高所补偿，稍微升高，则会导致基因关闭。

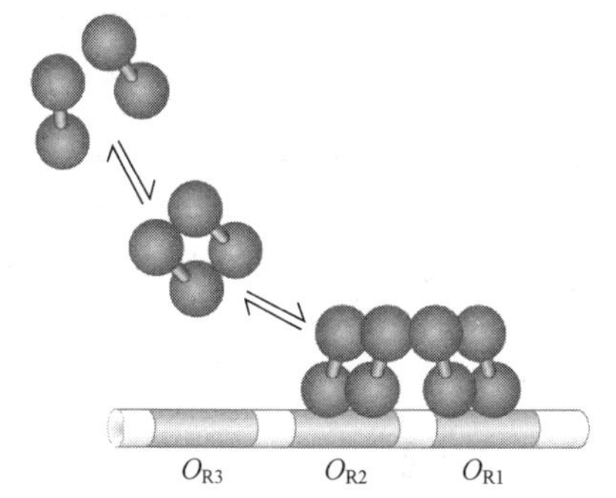

图 9-40 C I 蛋白协同与 O_{R1} 和 O_{R2} 结合

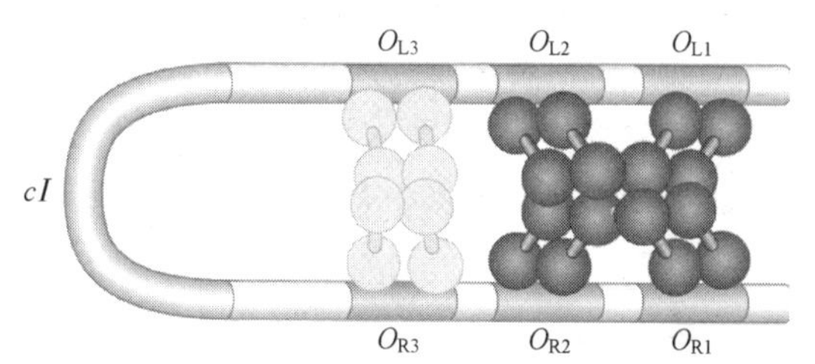

图 9-41 O_R 和 O_L 上阻遏蛋白的相互作用

9.5.3 溶原生长建立的分子机制

在讨论完溶原状态是如何维持的之后，我们考虑一下溶原生长建立的分子机制。当 λ 噬菌体侵入大肠杆菌细胞后，宿主细胞的 RNA 聚合酶开始从病毒基因组的 P_R 和 P_L 转录病毒的基因。起初，从 P_R 和 P_L 开始的转录终止于 t_R 和 t_L 位点。结果，产生了两种 RNA：一种编码 Cro 蛋白；另一种编码 N 蛋白。

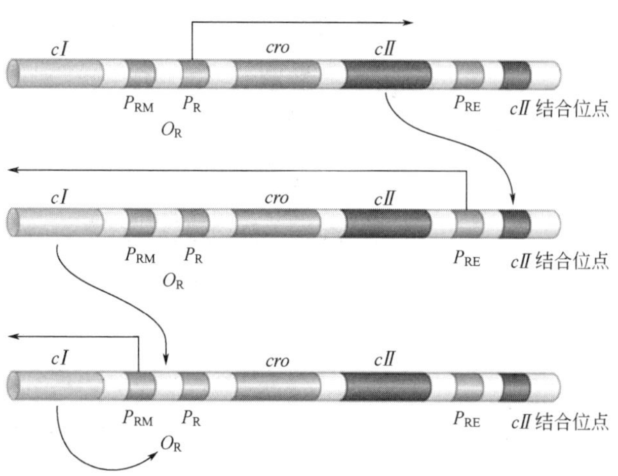

图 9-42 溶原性的建立

合成的 Cro 蛋白结合至 O_{R3}，直接抑制了 *cI* 基因从 P_{RM} 开始的转录。随着 N 蛋白水平的升高，N 蛋白结合到 t_L 和 t_R 上游的 *nut* 位点。RNA 聚合酶与结合于 *nut* 位点上的 N 蛋白相互作用，使转录越过 t_L 和 t_R，导致 CII 和 CIII 蛋白的生成，这两种蛋白质是建立溶原状态的关键因素。CII 蛋白是 *cI* 基因的正调控因子，但是 CII 蛋白激活 *cI* 基因的转录不是从 P_{RM} 开始的，而是从另外一启动子 P_{RE}（promoter of repressor establishment）开始的（图 9-42）。P_{RE} 是一个弱启动子，因为它有一个不完整的 −35 序列。通过与 RNA 聚合酶的直接作用，CII 协助聚合酶结合到启动子上。CI 蛋白合成后，随即与 O_{R1} 和 O_{R2} 结合，抑制从 P_R 起始的 *cro* 基因的转录，并激活从 P_{RM} 开始的转录（图 9-39）。

另外，CII 还能激活启动子 P_I（图 9-43），指导 *int* 基因的转录，*int* 基因编码的整合酶（integrase）催化 λDNA 整合到宿主细胞的染色体中。*int* 也可以从 P_L 转录，但是从 P_L 起始合成的 *int* mRNA 不稳定，会被细胞的核酸酶降解，而从 P_I 起始合成的 *int* mRNA 是稳定的，可以被翻译成整合酶。这是因为两种 mRNA 有着不同的 3′-末端结构［图 9-44（a）］。从 P_I 起始的转录终止于 t_I，合成的 mRNA 的 3′-末端具有典型的茎环结构，其后是 6 个 U。相反，当 RNA 的合成从 P_L 起始，并且 RNA 聚合酶被 N 蛋白修饰，转录将越过 *int* 基因的终止子 t_I，合成一条稍长的 mRNA，其 3′-末端形成的茎环结构是 RNase Ⅲ 的底物。RNase Ⅲ 首先切去 mRNA 3′-末端的茎环结构后，然后核酸外切酶沿 3′→5′方向降解 mRNA 至 *int* 的编码区［图 9-44（b）］。由于核酸酶切割的靶位点位于 *int* 基因的下游，同时降解沿着基因逆向进行，所以这一过程被称为逆向调控（retroregulation）。逆向调控具有重要的生物学功能。当 CⅡ 活性低，有利于裂解生长时，是不需要整合酶的，因此其 mRNA 被破坏掉。当 CⅡ 活性高，有利于溶原发育时，*int* 基因表达，合成整合酶。

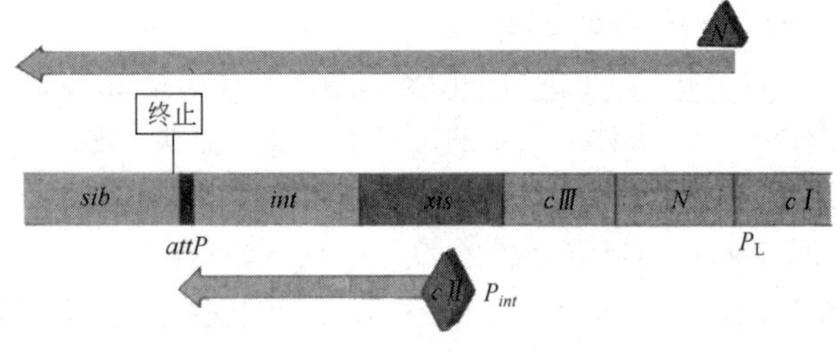

图 9-43　从 P_I 起始的转录

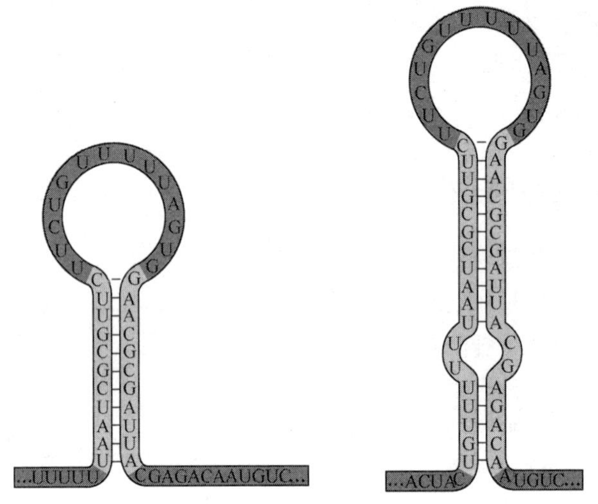

(a) 分别从 P_{int} 和 P_L 起始的转录本的3′-末端结构

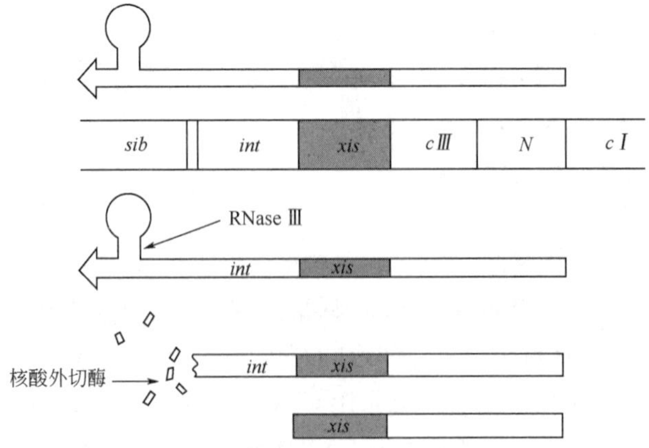

(b) RNase Ⅲ 切除RNA 3′-端的茎环结构

图 9-44　*int* 基因的逆向调控

9.5.4 裂解生长和溶原生长的选择

λ 噬菌体侵入细胞后启动的分子事件既可以使噬菌体进行溶原生长，也可以使之进行裂解生长，那么，决定噬菌体在一个宿主细胞内选择溶原生长或裂解生长途径的因素又是什么？现在人们对这一问题了解得还不十分清楚。当环境条件有利于宿主细胞生长时，噬菌体倾向于选择裂解生长；当环境条件对宿主细胞的生长不利时，噬菌体更多地选择溶原生长，其中的原因或许是处于饥饿状态的细胞不能够为裂解生长提供代谢需求。

宿主细胞 *hlf* 基因编码的一种特异的蛋白酶（FtsH）可降解 CⅡ蛋白。当营养丰富时，宿主细胞 FtsH 活性就高，CⅡ被有效降解，CⅠ蛋白不能合成，噬菌体倾向于裂解生长［图 9-45（a）］。在不利的环境条件下，情况相反，FtsH 活性低，CⅡ的降解速度慢，CⅡ积累，CI 占优，噬菌体倾向于溶原生长［图 9-45（b）］。缺少 *hfl* 基因的细胞几乎总是在被 λ 感染时形成溶原细胞。CⅡ的水平也受 CIII的调节，CIII能够保护 CⅡ免受 FtsH 的降解，这又增加了调控的复杂性。这些观察结果表明，溶原生长和裂解生长的选择取决于转录调控蛋白 CⅡ的稳定性，而 CⅡ的稳定性又取决于宿主细胞的生理状态。

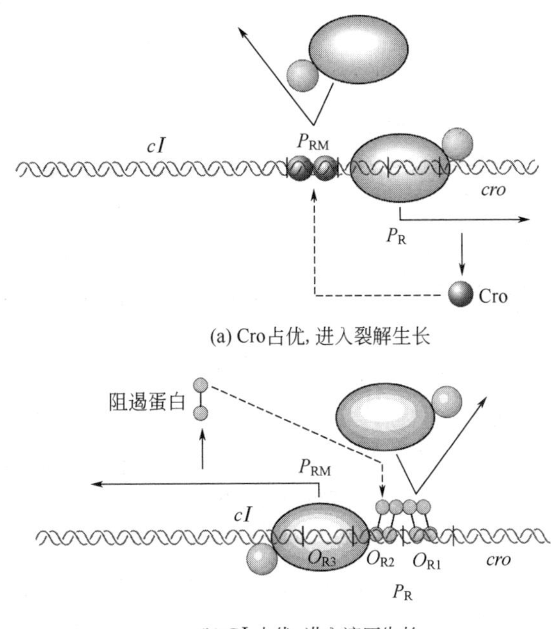

图 9-45 CⅠ和 Cro 竞争决定 λ 噬菌体进入溶原生长或裂解生长

9.5.5 前噬菌体的诱导

DNA 损伤可以诱导前噬菌体的释放。例如，当溶原菌受到紫外线照射时，DNA 损伤会激活 RecA 蛋白。被激活的 RecA 蛋白刺激几种蛋白质发生自我切割，这其中就包括 CI 蛋白。切割反应除去了阻遏蛋白 C 端结构域，阻遏蛋白就不能形成二聚体，并从 DNA 分子上脱落下来（图 9-46），从而就解除了对 *cro* 基因的抑制作用。与 CI 类似，Cro 蛋白以二聚体的形式结合于 λ 操纵位点。然而，Cro 二聚体对 3 个操纵位点的亲和力的顺序是 $O_{R3}>O_{R2}>O_{R1}$，刚好与 CI 的结合顺序相反。Cro 与 O_{R3} 结合关闭了 *cI* 基因从 P_{RM} 开始的转录。随着 CI 浓度的降低，它对 P_L 的抑制作用也被解除，于是 *N* 基因开始转录。N 蛋白允许转录越过 t_L 和 t_R 位点，合成裂解生长所需的蛋白质。

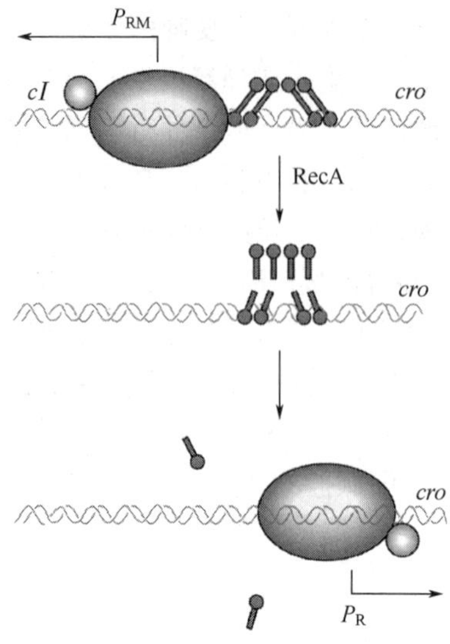

图 9-46 前噬菌体的诱导

知识拓展 CRISPR-Cas9——从细菌的防御系统到基因组编辑工具

CRISPR-Cas 系统是存在于细菌和古细菌中的一种能够识别并切割噬菌体或其他外源 DNA 的获得性免疫系统，由 CRISPR 簇（arrays of clustered, regularly interspaced short palindromic repeats）和 Cas（CRISPR associated genes）基因簇共同构成（图 1）。CRISPR 簇含有多个短而高度保守的重复序列，重复序列的长度一般为 21～47bp，大部分重复序列含有回文序列，可形成发卡结构。重复序列之间是长度相似的非重复间隔区。间隔序列来自于噬菌体和质粒的 DNA，长度一般为 26～72bp。正是由于 CRISPR 簇中携带有噬菌体和质粒的 DNA 序列，才使宿主菌免于受到噬菌体和质粒的侵染。Cas 基因簇位于 CRISPR 座位的附近，由若干个 CRISPR 相关基因（CRISPR-associated genes）组成，这些基因构成一个操纵子。

Barrangou 与其合作者发现，细菌在应对噬菌体侵染时，可以将来自噬菌体基因组的序列整合到 CRISPR 位点，形成重复序列之间的间隔区，细菌则利用这些间隔区来识别入侵的病毒。他们用两种不同的噬菌体感染 *Streptococcus thermophiles*，并获得了 7 个噬菌体抗性菌株。在对抗性菌株的 CRISPR 位点测序后发现，每一个抗性菌株在 CRISPR 位点的 5′-端都独立地获得了 1～4 个新的重复序列-间隔区单元，并且这些间隔区均来自于侵染的噬菌体。如果间隔区的碱基序列与噬菌体基因组上的对应序列完全一致，则细菌对噬菌体产生抗性；如果二者之间存在一个或几个碱基的差别，则细菌对噬菌体是敏感的。接着，Barrangou 和他的同事把这些导致细菌产生抗性的间隔区插入到敏感菌的 CRISPR 簇，敏感菌获得了对噬菌体的抗性。删除所添加的间隔区后，又导致菌株对噬菌体敏感。

在细菌和古细菌中存在多种类型的 CRISPR-Cas 系统，其中Ⅱ型 CRISPR-Cas 是一种最为简单的形式。如图 1 所示，Ⅱ 型 CRISPR-Cas 系统的 Cas 基因簇含有 *cas9*、*cas1* 和 *cas2*，有些Ⅱ型 CRISPR-Cas 系统的 Cas 基因簇还含有第 4 个基因，即 *cas4* 或者 *csn2*。Cas1 和 Cas2 参与新的间隔序列的获取；Cas9 含有两个独立的核酸酶结构域，负责切割靶 DNA；而 Cas4 和 Csn2 的功能尚不清楚。

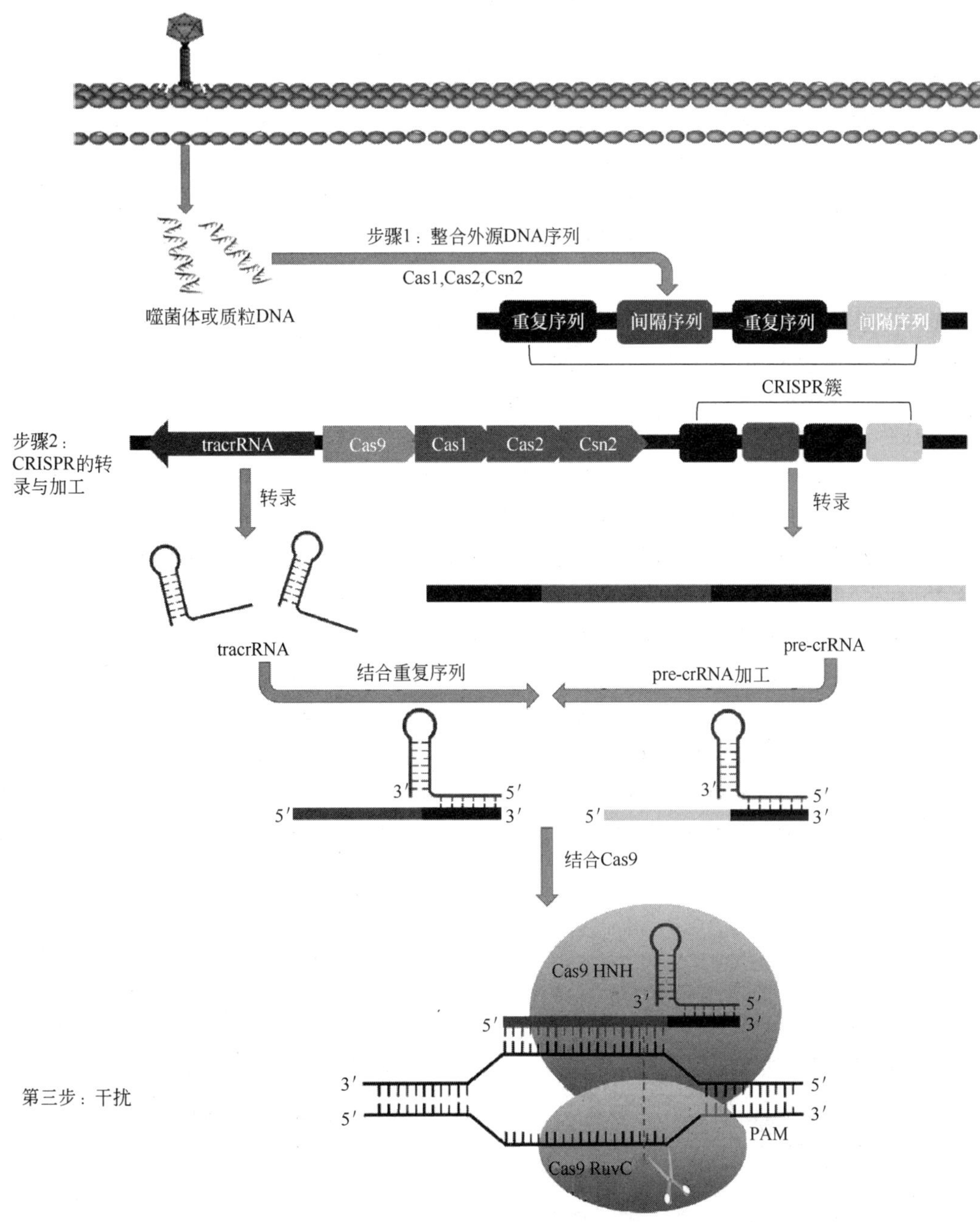

图1　CRISPR-Cas 的作用机制

CRISPR-Cas 抵御噬菌体侵染的作用机制可以分成三个阶段（图 1）。第一阶段为间隔区的获取，当外病毒入侵细菌时，将病毒 DNA 短片段整合到 CRISPR 序列的重复间隔子中，从而产生一个该病毒感染的遗传记录。外源 DNA 上的前间隔区（protospacer）紧接一个保守的基序，称为 PAM（protospacer adjacent motif），该基序是系统获得新的间隔序列所必需的，不同的

CRISPR-Cas 系统有不同的 PAM。

第二阶段是 crRNA 的转录与加工。当宿主菌受到噬菌体的侵染时，CRISPR 被转录成一条长的初级转录本，即前体 crRNA（precursor crRNA, pre-crRNA），pre-crRNA 需要被加工成一组短的 crRNA 后才能发挥作用，每一个成熟的 crRNA 只包含一个间隔序列。Ⅱ 型 CRISPR 系统 pre-crRNA 的加工需要反式激活 RNA（*trans*-activating CRISPR RNA, tracrRNA）和宿主细胞 RNase Ⅲ 的参与。tracrRNA 为一由细菌基因组编码的小分子 RNA，它有一段序列能够与 pre-crRNA 重复序列互补配对形成双螺旋区，RNase Ⅲ 对此双螺旋区进行切割，释放出一系列短的 crRNA。所释放出的 crRNA 的 3′-端保守序列与 tracrRNA 的 5′-端的序列通过碱基互补配对形成一个杂交分子，而 crRNA 5′-端的成熟还需要其他核酸酶的修剪。每一成熟的 crRNA 含有一 20 nt 的指导序列（guide sequence）和部分重复序列。

第三阶段即为干扰阶段。crRNA:tracrRNA 杂交分子通过其特殊的空间结构和 Cas9 相互结合形成 Cas9-crRNA:tracrRNA 复合体。这个复合体通过 crRNA 5′-指导序列侵入靶 DNA 分子中，并与靶序列的互补链形成双螺旋，同时置换出非互补链。复合体中的 Cas9 通过其两个内切酶活性中心切断双链 DNA。其中，HNH 活性中心切断与 crRNA 互补的一条链，RuvC 活性中心切断非互补链，造成双链断裂。Cas9 与 PAM 结合是 Cas9 与靶 DNA 结合的先决条件，或许也是靶 DNA 解旋、链的入侵和 R-loop 形成的先决条件。

如上所述，在自然界中 crRNA：tracrRNA 双链体可以引导 Cas9 高效切割靶 DNA。法国科学家 Emmanuelle Charpentier 和美国科学家 Jennifer A. Doudna 等又创造性地把 tracrRNA 的 5′-端与 crRNA 的 3′-端融合成一条嵌合的 RNA 链（图 2），使其同时具有 crRNA 和 tracrRNA 的特性，这种设计使系统省去了复杂的 crRNA 的成熟过程。切割实验表明，这条被称作 sgRNA(single guide RNA)的分子同样可以引导 Cas9 高效切割目标 DNA。通过设计引导 RNA，可以指导 Cas9 核酸内切酶对 DNA 进行位点特异性切割，并进而实现对基因组的编辑、插入和缺失。目前，CRISPR-Cas9 已发展成为一种高效的基因组编辑工具。Charpentier 和 Doudna 因阐明 CRISPR-Cas9 系统的作用机制，并把该系统发展成为一种强大的基因组编辑方法而获得 2020 年诺贝尔化学奖。

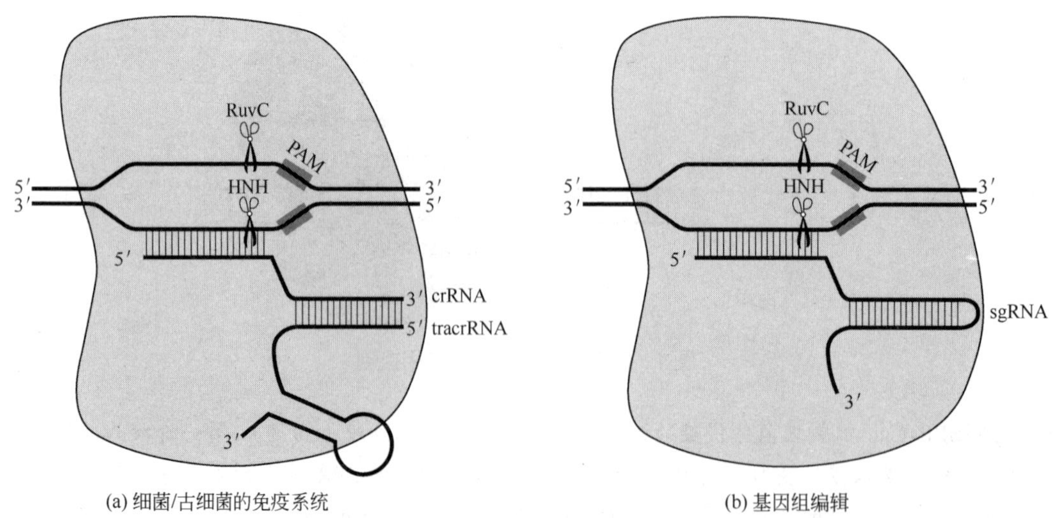

图 2　细菌/古细菌的免疫系统与 CRISPR-Cas9 基因组编辑工具

第10章 真核生物基因表达调控

与原核生物相比，真核生物的基因表达调控更加精细、复杂。真核生物 DNA 围绕着组蛋白缠绕形成核小体纤维，并进一步被包装成更高级的染色质结构。处于凝集染色质中的基因通常是没有转录活性的，基因的激活需要改变染色质的结构，从而使转录机器能够对基因进行转录。对染色质结构的调控是真核生物基因表达调控的重要方式。

真核细胞的基因比原核细胞拥有更多的调控元件。真核细胞基因的启动子包括基本启动子和上游启动子元件。基本启动子是通用转录因子和 RNA 聚合酶Ⅱ组装成前转录起始复合体的位点，而上游启动子元件则是调控蛋白的结合位点。多细胞真核细胞的基因的表达还会受增强子的调控。

调控蛋白与上游启动子元件或者增强子元件结合对基因的表达进行调控，而调控蛋白的活性也会受到信号分子的调节。调控蛋白被激活后，通过不同的途径调节基因的表达。调控元件的拓展以及更多数量的调控蛋白反映出在真核生物中存在的更加广泛的信号整合。

如第 7 章所述，真核生物 mRNA 初级转录本需要经过剪接才能转变成成熟的 mRNA。在很多情况下，一条初级转录产物可以通过不同的剪接方式产生几种不同的剪接产物。由于可变剪接的存在，真核生物的细胞可以产生更加多样化的蛋白质组，并且可变剪接是受到调控的。

RNA 分子也可以作为调控因子对基因的表达进行调控。20 世纪 90 年代初发现的小分子 RNA（microRNA）和 90 年代末发现的 RNA 干扰（RNA interference）现象，表明 RNA 分子可以在转录水平和翻译水平上调控基因表达。

10.1 染色质的结构与基因表达

染色质是细胞核中基因组 DNA 与蛋白质构成的复合体。染色质的基本结构单位是核小体。11nm 粗的核小体纤维可以进一步盘绕成 30nm 粗纤维。在细胞中，30nm 粗纤维是大部分 DNA 的存在形式，但是 30nm 粗纤维并非是一种简单的线性结构，而是围绕蛋白质骨架形成许多 50～200kb 的环。由大小不同的环排列成的纤维的直径大约 300nm。在分裂期，30nm 粗纤维进一步压缩形成具有一定形态结构的染色体。分裂期结束后，染色体又转化为染色质。

10.1.1 具有转录活性的染色质

在间期，染色质可以划分为常染色质和异染色质两种类型。常染色质包含细胞大多数的 DNA，以 30nm 纤维环的形式存在。常染色质中含有在特定的细胞类型，或者在特定的条件下被转录的区域，这些区域会形成更加开放的核小体纤维，使得转录得以发生。与之相反，细胞中大约 10%的染色体 DNA 被包装成更加致密的异染色质，这种染色质没有转录活性，30nm 纤维环排列得更加紧密。

DNase Ⅰ和微球菌核酸酶等非特异性核酸内切酶可用于检测染色质结构的变化，它们可降解染色质 DNA 可接近的区域，不能切割无法接近的 DNA，比如高度致密的染色质。易于被 DNase Ⅰ切割的位点常常位于染色质中具有转录活性的区域，比如被转录基因的内部或其调控区（图 10-1）。转录活性区的 DNA 仍然被包装成核小体结构，但不进一步形成 30nm 纤维。

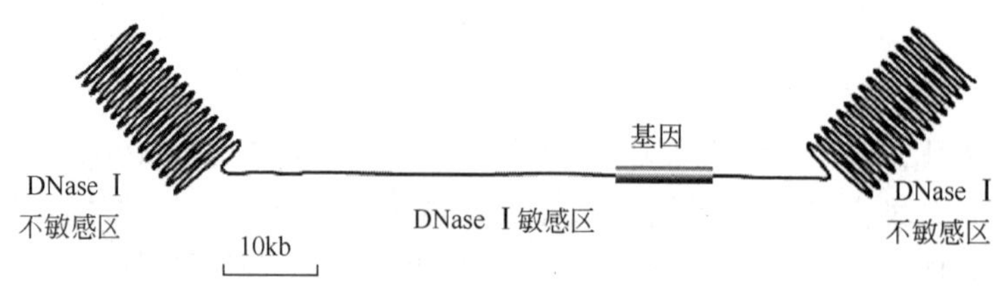

图 10-1　染色质中的 DNase Ⅰ 的敏感区

在染色质中还存在一些短的对 DNase Ⅰ 的消化十分敏感的区段，长度一般介于 50～200bp 之间，可被极微量的 DNase Ⅰ降解，被称为 DNase Ⅰ超敏感位点（DNase Ⅰ-hypersensitivity site）。DNase Ⅰ超敏感位点广泛存在，每个活跃表达的基因都有一个或几个超敏感位点，其中大部分位于基因的 5′-调控区，少数位于其他部位，如转录单位的下游。非活性基因的 5′-侧翼区的对应位点不会表现出对 DNase Ⅰ的敏感性。超敏感位点代表着开放的染色质区域，由于组蛋白八聚体的解离或缠绕方式的改变，这段区域中的 DNA 序列暴露出来，易受到核酸酶的攻击。

10.1.2　染色质结构的调节

在原核细胞中，RNA 聚合酶和调节蛋白可以自由地接近 DNA。在真核细胞中，由组蛋白和基因组 DNA 两部分组成的染色质结构限制了转录因子对 DNA 的接近与结合，实际上起着阻遏转录的作用。因此，基因转录需要染色质发生一系列重要的变化，如染色质去凝集化，变成一种开放式的疏松结构，使转录因子等更容易接近并结合核小体 DNA。组蛋白的 N 端尾的修饰作用和核小体重塑可以显著改变染色质的结构，调控基因的表达。

10.1.2.1　组蛋白 N 端尾的修饰对染色质结构及基因转录活性的影响

（1）组蛋白 N 端尾的化学修饰

每种核心组蛋白包括一个约 80 个氨基酸残基构成的保守的区域［称为组蛋白折叠域（histone fold domain）］和一个突出于核小体核心之外、由约 20 个氨基酸残基组成的 N 端尾。组蛋白折叠域由 3 个 α 螺旋组成，螺旋间由短的无规则的环隔开。N 端尾的相互作用对核小体的聚集和染色质折叠非常重要，同时也是组蛋白的主要修饰部位。组蛋白 N 端尾的修饰作用包括位点特异的磷酸化、乙酰化和甲基化（图 10-2）。在这里主要介绍组蛋白的乙酰化和甲基化对染色质的结构和基因表达的影响。

（2）组蛋白乙酰化

组蛋白的乙酰化主要发生在赖氨酸的 ε-氨基上，与染色质的结构和活性密切相关。异染色质中的组蛋白一般不被乙酰化，而具有转录活性的染色质常常是高度乙酰化的。由于组蛋白的 N 端尾从核小体核心颗粒上伸出，因此与相邻核小体组蛋白 N 端尾及非组蛋白之间可能存在相互作用，而 N 端尾的乙酰化可能会改变这种相互作用，促进染色质成为一种开放的结构。

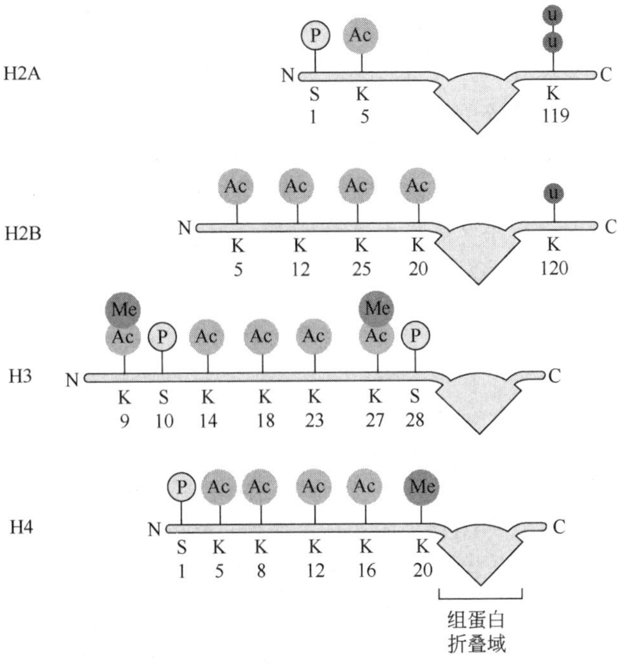

图 10-2 组蛋白 N 端尾的修饰作用

经过多年的努力，催化向组蛋白添加乙酰基的组蛋白乙酰转移酶（histone acetyl transferase, HAT）终于在 1996 年被分离出来。许多组蛋白乙酰转移酶被证明是以往鉴定过的辅激活蛋白（coactivator），比如酵母的 Gcn5。通过遗传分析，人们很早就知道酵母的 Gcn5 是一种辅激活蛋白，酵母 Gcn4 以及其他几种具有酸性激活域的激活蛋白在激活转录时都需要 Gcn5 的参与。四膜虫的 P^{55} 蛋白质是最先发现的一种乙酰转移酶。Gcn5 与 P^{55} 蛋白质具有同源性说明 Gcn5 本质上也是一种乙酰转移酶。随后的研究表明 Gcn5 存在于具有组蛋白乙酰转移酶活性的多蛋白复合体中，转录激活蛋白通过与复合体中的其他亚基相互作用募集 Gcn5 复合体，指导靶基因启动子区核小体的高度乙酰化，使染色质结构发生改变，刺激转录的发生（图 10-3）。

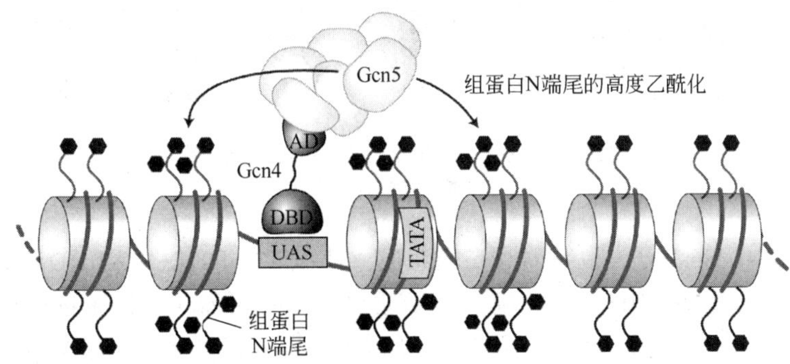

图 10-3 激活蛋白 Gcn4 的 DNA 结合域与靶基因上游的 UAS 结合，它的酸性激活域募集辅激活蛋白 Gcn5 复合体指导启动子处组蛋白 N 端尾的乙酰化

⬢—乙酰基团

越来越多的与 Gcn5 同源的蛋白质从多种不同的真核生物中被分离出来，说明在真核生物中 Gcn5 的功能是高度保守的。p300 和 CBP（CRE binding protein）是哺乳动物细胞十分重要的辅激活蛋白，参与细胞周期调控、细胞分化和细胞凋亡等多种生理过程。p300/CBP 具有组蛋白

乙酰转移酶活性，能通过催化组蛋白的乙酰化调控基因转录。同时，它们还能在转录因子和基本转录复合物之间起到桥梁作用，并且为多种转录辅助因子的整合提供支架。

组蛋白的修饰除了对核小体的结构产生直接影响外，还会产生新的调控蛋白的结合位点。含有溴区结构域（bromodomain）的蛋白质能够与乙酰化的组蛋白尾发生作用，促进更加开放的染色质结构的形成。许多具有溴区结构域的蛋白质还与组蛋白乙酰转移酶构成多蛋白复合体。这些复合体使组蛋白进一步发生乙酰化作用，有助于乙酰化染色质的维持。TFⅡD 复合体的一个组分具有溴区结构域。该结构域指导转录起始复合体在乙酰化位点的组装，使得与乙酰化的核小体结合的 DNA 的转录活性增加。

（3）组蛋白去乙酰化

组蛋白乙酰化为一可逆过程，乙酰化和去乙酰化的动态平衡控制着染色质的结构和基因表达。组蛋白去乙酰化酶（histone deacetylase，HDAC）可去除组蛋白上的乙酰基，抑制基因表达。当第一个组蛋白去乙酰化酶从人类细胞中被分离出来后，组蛋白的去乙酰化与基因转录抑制之间的关系就建立起来了。编码该 HDAC 的 cDNA 序列与酵母 *RPD3* 基因具有很高的同源性，而 *RPD3* 基因的编码产物可以抑制多种酵母基因。进一步的工作表明，Rpd3 蛋白是作为 Sin3 复合体的一个组分起作用的，并且它对一系列启动子的抑制作用还需要另一种蛋白质 Ume6 的参与。Ume6 是一种与上游调控序列 URS1 结合的抑制子。Sin3 与 Ume6 的转录抑制域相互作用使 Rpd3 组蛋白去乙酰化酶正确定位，除去组蛋白 N 末端上特定赖氨酸残基上的乙酰基团（图 10-4）。在酵母细胞中，与 Ume6 结合位点邻近的一个或两个核小体的乙酰化水平很低。这一 DNA 区域就包括了受 Ume6 抑制的启动子。

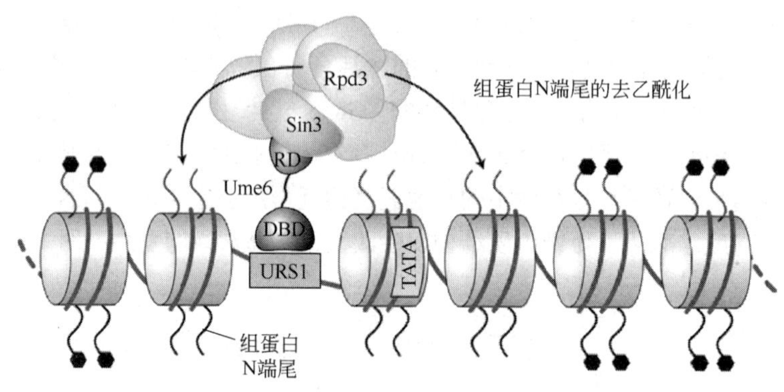

图 10-4　抑制子 Ume6 指导的去乙酰化作用

●—乙酰基团

在哺乳动物中，Sin3 至少由 7 种蛋白质组成，其中包括 HDAC1 和 HDAC2。复合体中的 RbAp46 和 RbAp48 最初是因与成视网膜细胞瘤蛋白（retinoblastoma protein，Rb）的结合而被分离的。成视网膜细胞瘤蛋白通过抑制不同基因的表达调控细胞增殖，Sin3 和这个癌症相关蛋白质之间的此种联系为基因沉默中去乙酰化的重要性提供了有力的证据。在 Sin3 复合体中，RbAp46/48 为组蛋白结合蛋白，其功能可能是稳定复合体与组蛋白的结合。Sin3 缺乏与 DNA 结合的活性，需要通过序列专一性 DNA 结合蛋白引导才能结合至基因组中的特定位置。

（4）组蛋白甲基化

组蛋白的甲基化既可以发生在赖氨酸残基上，也可以发生在精氨酸残基上。与组蛋白的乙酰化导致更加开放的染色质结构不同，组蛋白的甲基化对染色质结构的影响更加复杂。一些特定位点的精氨酸和赖氨酸的甲基化常常与更加开放的染色质结构的形成相关联，并最终导致转录的激活。例如，组蛋白 H3 第 4 位赖氨酸的甲基化与人类的转录活性基因，以及酵母交配型基因座（mating type locus）的转录活性区相关联。

然而，另外一些位点赖氨酸残基的甲基化则会产生更加紧密的染色质结构，抑制转录的发生。例如，在人类基因组中组蛋白 H3 第 9 位和第 27 位赖氨酸的甲基化与无转录活性的基因相关联，酵母交配型基因座相邻的转录非活性区与组蛋白 H3 第 27 位的赖氨酸的甲基化相关联。

参与转录抑制的多梳复合体（polycomb complex）含有组蛋白甲基转移酶（histone methyltransferase，HMT），能够甲基化组蛋白 H3 第 9 位和第 27 位的赖氨酸残基。与之相反，trithorax 蛋白的作用是建立开放的染色质结构，能够促进组蛋白 H3 第 4 位赖氨酸残基的甲基化以及第 9 位和第 27 位的赖氨酸去甲基化。

与组蛋白的乙酰化一样，组蛋白的甲基化可以影响调控蛋白与组蛋白的相互作用。例如，组蛋白 H3 第 9 位赖氨酸残基被甲基化后，能够被 HP1 蛋白所识别。HP1 与甲基化的赖氨酸残基结合后促进染色质包装成致密的异染色质结构。同时，HP1 又会募集组蛋白甲基转移酶，催化相邻核小体组蛋白 H3 第 9 位赖氨酸残基的甲基化。这样，被 HP1 介导的异染色质会沿着 DNA 不断扩散，产生大区域的异染色质结构，直至遇到绝缘子元件（图 10-5）。

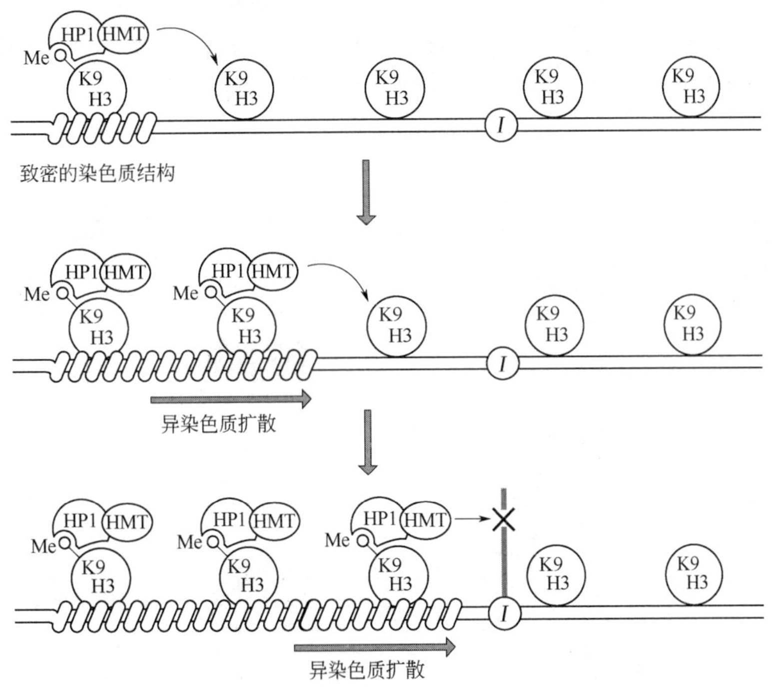

图 10-5　HP1 和 HMT 协同作用介导异染色质的扩散

HP1 是通过一个被称为克罗莫结构域（chromodomain）的结构域与甲基化的组蛋白结合的，这种结构域出现在许多抑制转录的蛋白质中。因此，含有克罗莫结构域的蛋白质与组蛋白 H3 第 9 位甲基化的赖氨酸残基的结合是形成致密的非活性染色质的关键事件。

10.1.2.2　染色质重塑

染色质重塑（chromatin remodeling）涉及在基因组一个较短的区域中核小体位置和结构的

改变，是一个能量依赖的过程，由染色质重塑复合体催化完成。重塑复合体利用 ATP 水解释放的能量，通过改变核小体的结构，消除核小体对转录的抑制作用。染色质重塑复合体主要的催化反应包括：①介导组蛋白八聚体沿 DNA 滑动，改变核小体的位置，使转录因子能够与原来无法靠近的启动子序列结合；②介导组蛋白重排，在不改变位置的情况下使核小体变成一种较为松散的结构，增加 DNA 的易接近性（图 10-6）。

大型重塑复合体 SWI/SNF 由 12 条多肽链构成，可以介导上述两种反应。SWI/SNF 是 20 世纪 90 年代初通过遗传学和生物化学的方法，首先在酿酒酵母中发现的，它因 *SWI*（yeast mating type switch）和 *SNF*（sucrose nonfermenting）基因突变而得名。后来的研究表明 *SWI* 和 *SNF* 是同一个基因，被称为 *SWI/SNF*，其编码的蛋白质是 SWI/SNF 复合体的一个组分。研究表明，酵母细胞中有接近 6%的基因的表达受其影响，其中包括 *HO* 基因（编码一种核酸内切酶，介导酵母的交配型转换）和 *SUC2* 基因（编码蔗糖酶）。较小的重塑复合体 ISWI（第一个字母 I 表示“imitation”）包括 2～6 条多肽链，只能介导核小体的滑动。高等动植物的染色质重塑复合体的作用方式类似于酵母的染色质重塑复合体。

转录因子、组蛋白乙酰转移酶和染色质重塑复合体的结合顺序因启动子的不同而不同，下面具体考察它们在激活 *HO* 基因转录过程中的作用。首先转录因子 SWI5 与 DNA 结合，募集 SWI/SNF 复合体，催化染色质重构。下一步是组蛋白乙酰转移酶 SAGA 与 SWI/SNF 结合催化启动子区域的组蛋白乙酰化，染色质变得松散，暴露出另一个激活蛋白 SBF 的结合位点（图 10-7）。在 SBF 的介导下转录装置与启动子结合，激活基因表达。

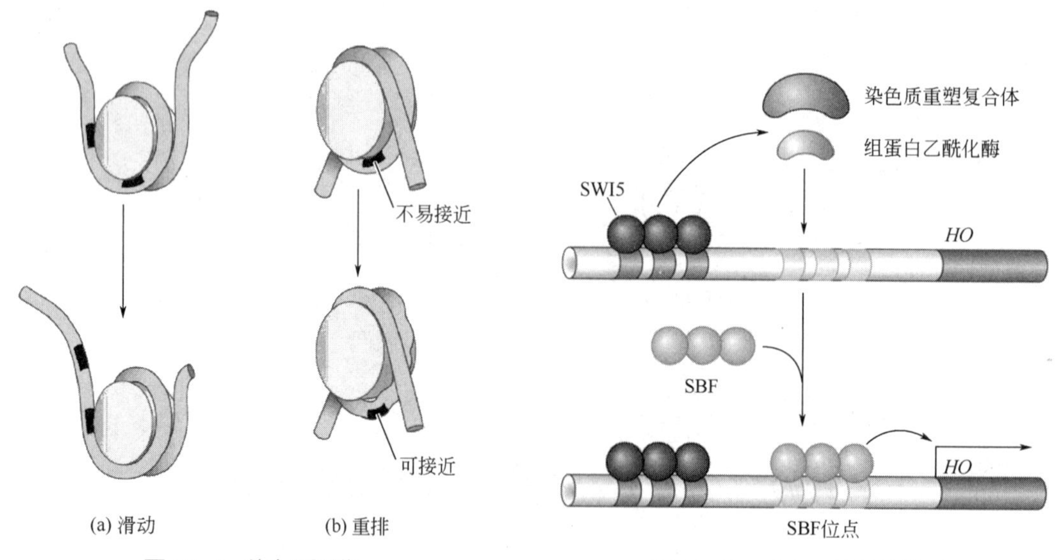

图 10-6 染色质重塑

图 10-7 对 *HO* 基因的控制

SWI5 只在母细胞中具有活性，能够独立与 DNA 结合，然而 SWI5 的结合位点距启动子都比较远，最近的一个距启动子也有 1kb 以上，不能直接激活转录。SBF 只在细胞周期的特定阶段（G_1/S 转换期）具有活性，它的几个结合位点距启动子都很近，与 DNA 结合后能够募集转录装置并激活基因的表达，但是 SBF 不能独立地与 DNA 结合。由于 *HO* 基因的表达受这两种调控蛋白的控制，所以 *HO* 基因仅在母细胞和细胞周期特定的阶段（G_1/S 转换期）表达。

10.1.3　染色质的结构和功能域

10.1.3.1　绝缘子

绝缘子（insulator）序列首先在果蝇中被发现，以后又在多种真核生物的基因组中被鉴定出来。1985 年，Udvadry 等在果蝇的基因组中检测出了 scs 和 scs′（specialized chromatin structure）两个绝缘子序列（图 10-8）。这两个序列元件分别位于果蝇多线染色体 S7A7 条带热激蛋白基因座的两侧，长度分别是 350bp 和 200bp。当受到热激时，*hsp70* 基因高水平转录，在多线染色体上形成一个膨泡。scs 和 scs′就位于膨泡的两端，是膨泡的边界元件。在 scs 和 scs′的外侧是异染色质区域，绝缘子能够抵挡异染色质对热激蛋白基因座的影响，使该座位在结构和功能上形成一个独立的区域。

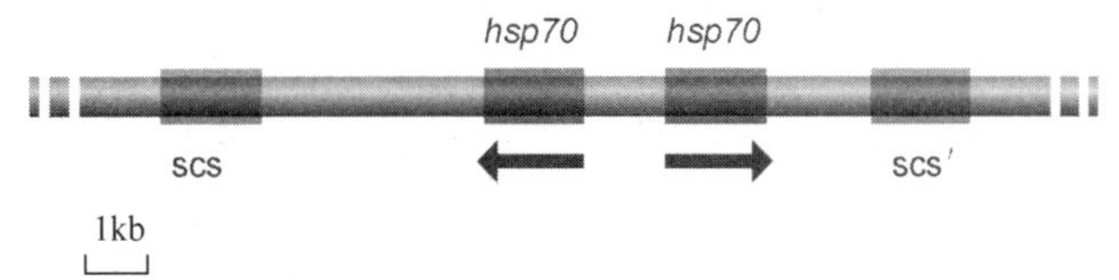

图 10-8　果蝇基因组中的两个绝缘子序列

因此，绝缘子是一组在真核生物基因组中建立独立转录活性区的调控元件，具有两种作用（图 10-9）：第一，绝缘子可以阻断染色质凝聚向其所界定的区域扩展，使其中的基因的表达不受位置效应的影响；第二，绝缘子是一种与位置相关的阻断元件，当绝缘子位于增强子或者沉默子与启动子之间时可以阻断它们对启动子的作用，如果位于其他位置，则不起作用。在转基因时，目的基因可整合到染色体上的不同位置，因位置效应，基因的表达水平差异很大。但是，如果在目的基因的两侧连接上绝缘子，目的基因的表达往往不受染色体位置效应的影响。

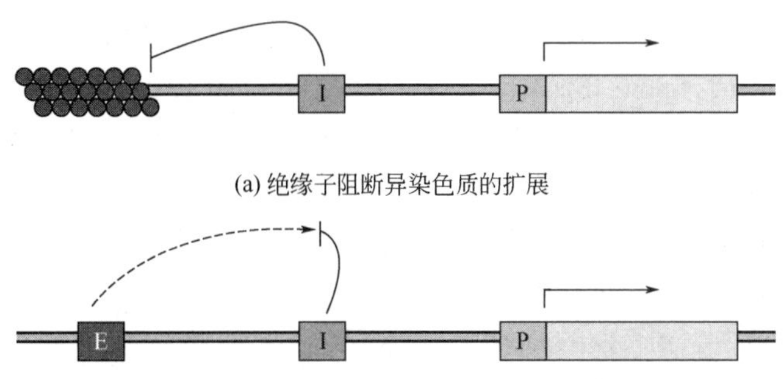

图 10-9　绝缘子的作用

在脊椎动物中，第一个被深入研究的绝缘子是鸡的 HS4 元件，它位于鸡 β-珠蛋白基因座的 5′-端。该基因座含有 β-珠蛋白基因家族的 4 个成员，它们分别在个体发育的不同阶段表达。基因座包含了一系列类红细胞特异性的 DNase Ⅰ 超敏感位点（HS），但是在座位的 5′-端有一个组成型的 HS 位点（5′HS4），存在于所有被检测的组织中。5′HS4 代表开放染色质（β-珠蛋白基因座）的 5′-边界（图 10-10）。在 5′HS4 位点的两侧，染色质的结构有着显著的不同，β－珠蛋白基因座的染色质对核酸酶的敏感性普遍增高，组蛋白乙酰化程度高；而上游是凝缩的染色质区域，对核酸酶有抗性，并且是去乙酰化的。

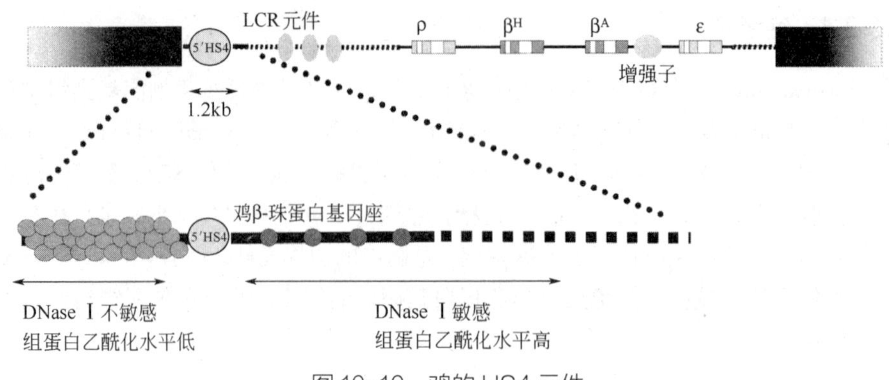

图 10-10　鸡的 HS4 元件

与启动子和增强子一样，绝缘子也需要与特异性的蛋白质因子发生相互作用才能实现其功能。通过遗传学和生物化学分析，已经鉴定出来了一些绝缘子所必需的蛋白质因子。与 scs 和 scs′有关的蛋白质因子包括 Zw-5 和边界元件相关因子（boundary element-associated factor，BEAF）。与果蝇的 scs 绝缘子类似，鸡 HS4 元件可以阻止增强子的作用，也可以使转基因不受位置效应的影响。鸡 HS4 的这两种功能，分别由 CCCTC 结合因子（CCCTC-binding factor，CTCF）和 USF（upstream stimulatory factor）介导。

10.1.3.2　基质附着区

无论是在原核细胞还是在真核细胞中，基因组 DNA 均形成巨大的环状结构，环的基部附着在染色体支架上。在细菌中，环的长度大概是 40kb，而真核生物的 DNA 环要长一些，大约为 60kb。

在细胞间期，由丝状蛋白构成的网络状的核基质附着于核膜的内表面。DNA 借着于基质附着区（matrix attachment region，MAR）与基质蛋白结合（图 10-11）。MAR 也被用于附着染色体支架，因此又称为支架附着区（scaffold attachment region，SAR）。这些 MAR/SAR 位点长度为 200～1000bp，富含 AT（占 70%），但是没有明显的一致序列。具有几个连续腺嘌呤的 DNA 序列有发生弯曲的趋势。与 MAR 位点结合的核蛋白识别弯曲的DNA，而不是特定的序列。在靠近 MAR 位点的地方经常有拓扑异构酶 II 的识别位点，意味着每一个巨大的环状 DNA 的超螺旋程度受到独立的调控。增强子以及其他调控元件也经常靠近 MAR 位点。在某些情况下，核小体重塑也是从 MAR 位点开始的，并且影响整个染色质环。

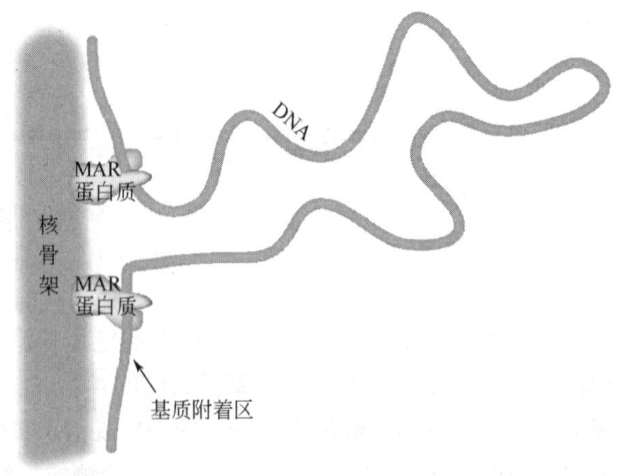

图 10-11　DNA 环通过 MAR 与核基质结合

在进行动、植物的转基因研究时，将外源基因置于两个 MAR 位点之间有助于外源基因的高效表达。这一区域的染色质更容易变得松散起来，有利于转录的进行。

10.1.3.3 基因座控制区

人类的 β-珠蛋白基因簇长约 60kb，含有 5 个功能基因，排列顺序是 5′-ε-Gγ-Aγ-δ-β-3′。其中 ε 在胚胎早期表达，Gγ 和 Aγ 在胎儿时期表达，δ 和 β 在成人期表达。每个 β－珠蛋白基因都有自己的一套调控系统，但它们的表达还要受到 ε 基因上游 6～22kb 区段的控制，该区段称为基因座控制区（locus control region，LCR）。LCR 最初是在研究地中海贫血病的过程中被发现的，地中海贫血是一种由 α-珠蛋白或 β-珠蛋白缺陷导致的血液病。许多地中海贫血是由珠蛋白基因编码区突变造成的，但是也有一些地中海贫血是因为 β-珠蛋白基因簇上游区段发生大范围缺失，导致了整个基因簇沉默。

人类 β-珠蛋白基因的 LCR 含有 5 个 DNase Ⅰ 超敏感位点（HS 位点）（图 10-12）。HS1～4 只出现在类红细胞系中，HS5 出现在多个细胞系中，但并不是组成型的。HS2、3 和 4 具有增强子活性，其中 HS2 为一个典型的增强子，在瞬时转染分析中，可以检测到 HS2 的活性。然而，HS3 和 HS4 只有在整合到染色质中时，才能检测到其增强转录的活性，说明这两个 HS 位点的增强子活性涉及染色质结构的改变。HS5 是一种绝缘子，将其置于增强子和作用基因之间时，可以阻断增强子的作用。HS2、3 和 4 的增强子活性具有组织特异性，但 HS5 的绝缘子活性无组织特异性。HS1 的功能尚不明了。

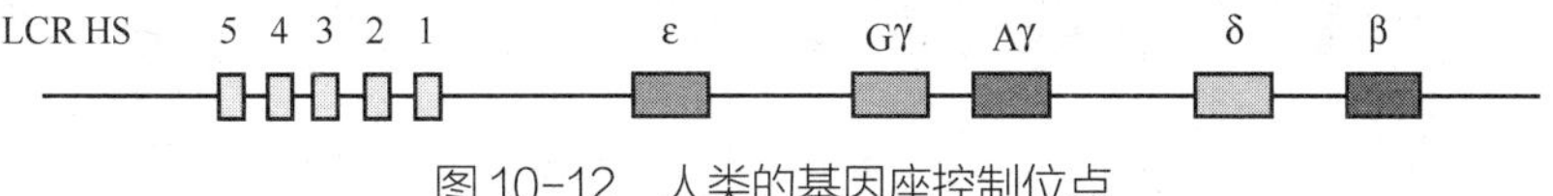

图 10-12 人类的基因座控制位点

对非珠蛋白 LCR 的研究使我们对 LCR 的结构和功能有了进一步的认识。LCR 由一系列组织特异性的 HS 位点组成，每一 HS 位点包含一个 150～300bp 的核心序列，其中有很多转录因子的结合位点，能够在特定的细胞类型中建立和维持开放的染色质结构，促进基因的组织特异性表达。LCR 中的 HS 位点并非必须像 β-珠蛋白 LCR 的 HS 位点那样分布在一段连续的 DNA 片段上。它们可以位于基因簇的上游、下游或者基因之间。

10.1.3.4 沉默子

在酿酒酵母中，*HML*（hidden MAT left）和 *HMR*（hidden MAT right）位点，以及接近端粒的染色质区域，形成一种抑制性染色质结构，因此在转录上是沉默的。*HM* 位点上的沉默效应是由位点两侧、短的被称为沉默子的特异序列起始的。*HML* 的沉默子分别是 *HML-E* 和 *HML-I*（图 10-13）；*HMR* 的沉默子是 *HMR-E* 和 *HMR-I*。沉默子中含有 Abf1、Rap1 和复制起始位点识别复合体（origin recognition complex for DNA replication，ORC）的结合位点。

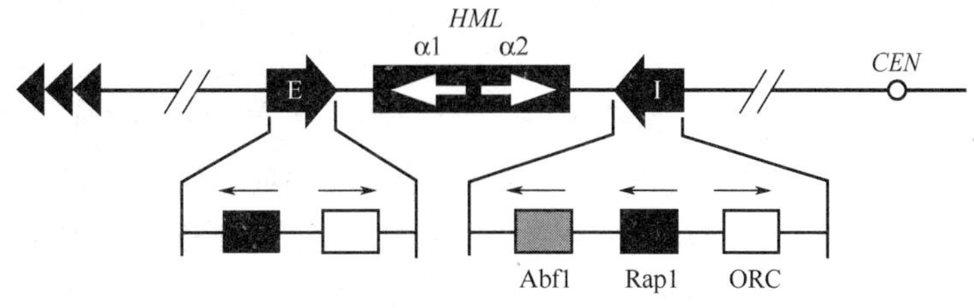

图 10-13 *HML* 位点的沉默子序列

沉默子结合蛋白通过募集 Sir（silent information regulator）沉默复合体起始沉默过程。Sir 沉默复合体由 Sir2、Sir3 和 Sir4 构成。Sir2 是一种 NAD-依赖型组蛋白去乙酰化酶，Sir3 和 Sir4 为组蛋白结合蛋白。一旦被募集到沉默子，Sir 复合体使附近的核小体脱乙酰化。由于 Sir 复合体自身的相互作用，以及 Sir 复合体优先与乙酰化程度低的组蛋白结合，使得新的 Sir 复合体被募集到刚刚脱去乙酰基团的核小体上。于是，新一轮的核小体去乙酰化、Sir 复合体与去乙酰化的核小体结合的过程又开始了。按照这种方式，Sir 复合体介导核小体的去乙酰化作用逐渐地沿染色质扩散，导致 *HM* 位点的异染色质化。

染色体的端粒重复序列含有一系列 Rap1 的结合位点。Rap1 募集 Sir 复合体，起始异染色质的生成和扩散，最终在染色体的近端粒区形成沉默的染色质结构（图 10-14）。

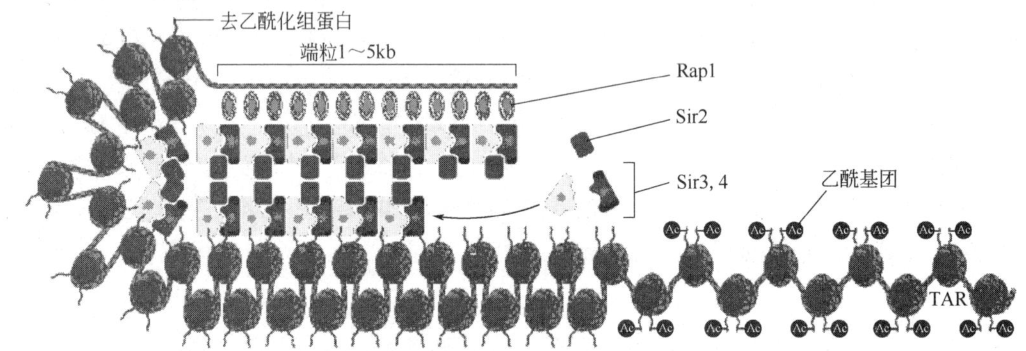

图 10-14 酵母端粒中的沉默效应

10.2 DNA 甲基化与基因组沉默

10.2.1 真核生物 DNA 的甲基化

DNA 甲基化是指在 DNA 甲基化酶的作用下，以 *S*-腺苷甲硫氨酸为甲基供体，将甲基转移到 DNA 分子的胞嘧啶上形成 5-甲基胞嘧啶的过程。胞嘧啶的甲基化作用不是随机的。在脊椎动物基因组中胞嘧啶甲基化仅限于 5′-CG-3′二核苷酸，植物中仅限于 5′-CG-3′二核苷酸和 5′-CNG-3′三核苷酸。

DNA 的甲基化反应分为维持甲基化（maintenance methylation）和从头合成甲基化（*de novo* methylation）两种类型（图 10-15）。当复制刚刚完成时，仅有亲本链上的 C 被甲基化，而子链的对应位点上的 C 未被甲基化。DNA 甲基转移酶 1（DNA methyltransferase 1，Dnmt1）结合子代 DNA 分子上的半甲基化位点，催化新合成链上的胞嘧啶甲基化，从而保证了子代细胞的基因组保持与亲本基因组相同的甲基化模式。

从头合成甲基化可在基因组新的位置上添加甲基基团，从而改变了基因组局部区域的甲基化模式。在哺乳动物细胞中，Dnmt3a 和 3b 是两个主要的催化从头合成甲基化的甲基转移酶。目前，还不清楚细胞是如何决定从头合成甲基化的靶位点，但是有证据表明 RNA 指导的 DNA 甲基化（RNA directed DNA methylation，RdDM）与很多从头合成甲基化位点的选择有关。

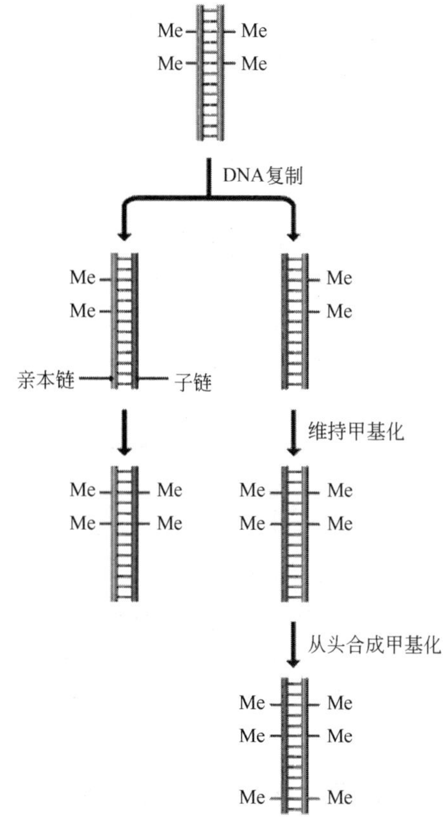

图 10-15 DNA 维持甲基化与从头合成甲基化

在脊椎动物的基因组中 CG 二核苷酸通常被甲基化，导致 CG 二核苷酸在整个基因组中的含量相对较低，这是由于 5-甲基胞嘧啶可以自发脱氨生成胸腺嘧啶，而这种错误又往往得不到修复，所以甲基化的 CG 突变成了 TG。脊椎动物基因组中仅有不到 1/4 的 CG 位点得以保留。基因组的 CG 二核苷酸并非随机分布，基因组的某些区域的 CG 二核苷酸的水平比平均值高 10～20 倍，这些 CG 富集区被定义为 CpG 岛（图 10-16）。脊椎动物基因组许多基因的上游都有 CpG 岛，尤其是在各种组织中都有表达的管家基因的启动子区域。

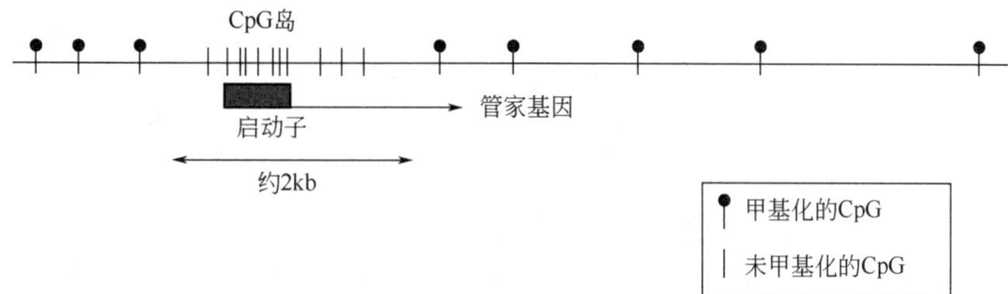

图 10-16 管家基因上游的 CpG 岛

10.2.2 DNA 甲基化与基因沉默

基因沉默是指细胞以相对非特异性的方式关闭基因的表达，可以影响一个基因、一个基因簇、染色体的一个区段甚至整条染色体。DNA 甲基化可以引起基因沉默。把甲基化的或未甲基化的基因引入细胞，检测它们的表达水平，结果显示甲基化的 DNA 不表达。另外，在检测染色体 DNA 的甲基化模式时，发现 DNA 甲基化水平与基因的表达水平呈负相关。例如，脊椎动物管家基因启动子中的 CpG 在各种组织都保持非甲基化状态，而组织特异性的基因仅在其表达的组织中才是去甲基化的。低水平的甲基化与染色质的 DNase Ⅰ 的高敏感区域以及缺乏 H1 组蛋白的区域相关联。

甲基化的生物学效应是由各种 ^{m}CpG 结合蛋白（methyl-CG-binding proteins，MeCP）介导的（图 10-17）。MeCP 与启动子区甲基化的 CpG 岛结合后，募集组蛋白去乙酰化酶和组蛋白甲基化酶，而这两种酶可以修饰邻近的染色质，于是松弛的 DNA 重新被包装成紧密的染色质结构，使相邻基因沉默。所以，DNA 甲基化可以标记随后异染色质形成的起点。

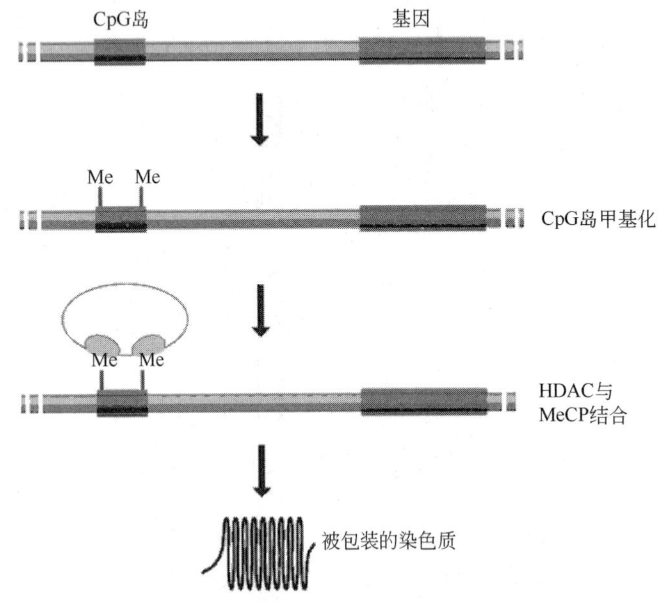

图 10-17 DNA 甲基化引起的基因沉默

10.2.3 DNA 甲基化与基因组印记

在一个二倍体细胞中，常染色体上的基因有两个拷贝，一个来自父本，一个来自母本。多数情况下，两个基因在功能上是等价的，它们在表达水平上具有可比性。但在少数情况下，二倍体细胞核中同源染色体上的一对等位基因，只有一个可以表达，另一个不表达，这种现象就是基因组印记（genomic imprinting），就如同基因被打上了亲代的印记。对一些印记基因来说，来源于父本的等位基因不表达，来源于母本的基因表达。对另一些印记基因来说，情况刚好相反。

在人类和小鼠中已经发现了 100 个印记基因。研究得比较透彻的两个例子是人类的 *Igf2*（insulin-like growth factor-2）基因和 *H19* 基因（编码一种非编码 RNA）。*Igf2* 编码胰岛素样生长因子 2，参与细胞间信号传递，它和 *H19* 位于人类第 11 号染色体上两个相邻的位置。在细胞内，父本来源的 *Igf2* 基因具有活性，母本来源的 *Igf2* 基因被关闭。*H19* 基因的情况则相反：来自母本的拷贝处于工作状态，来自父本的拷贝则处于关闭状态。

基因组印记与基因组甲基化模式有关。图 10-18 解释了只有父本染色体上的 *Igf2* 基因和母本染色体上的 *H19* 基因被活化的原因。在 *H19* 基因下游有一增强子序列，位于 *Igf2* 基因和 *H19* 基因之间有一绝缘子序列。增强子序列不能激活母本染色体上的 *Igf2* 基因，原因是绝缘子序列被 CTCF（CCCTC-binding factor）结合。CTCF 阻断转录激活蛋白在增强子序列处激活 *Igf2* 基因。在父本染色体上，绝缘子和 *H19* 启动子均被甲基化。在这种状态下，转录机器不能与 *H19* 结合，而 CTCF 也不能与绝缘子结合，所以增强子能够激活 *Igf2* 基因。在父本染色体上，Sin3 去乙酰化酶复合体通过 MeCP2 与甲基化的绝缘子和 *H19* 基因结合，导致 *H19* 基因受到进一步抑制。绝大多数哺乳动物的印记基因参与调控胚胎的生长和发育，其中包括胚盘的发育。另外一些印记基因参与个体出生后的发育过程。

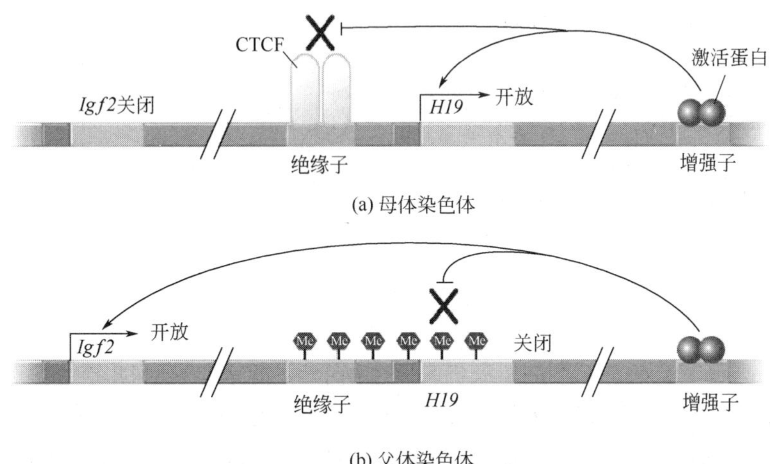

图 10-18 基因组甲基化与基因组印记

基因组印记是一个动态的过程。哺乳动物在配子形成的过程中，整个基因组要建立新的甲基化模式：首先，整个基因组去甲基化；然后，雌、雄配子再分别形成性别特异性的甲基化模式。因此，带有亲代基因组印记的子代个体，其自身产生的配子会消除原有的印记并产生新的印记。

10.2.4 X 染色体失活

雌性哺乳动物有两条 X 染色体，而雄性只有一条。如果雌性的两条 X 染色体都有活性，那么雌性个体中由 X 连锁基因编码的蛋白质的合成速率可能是雄性个体的两倍。为了避免这种不利事件的发生，雌性个体的一条 X 染色体处于失活状态。X 染色体失活发生在胚胎发育的早期，在雌性哺乳动物的间期细胞核中可见的被称为巴氏小体（Barr body）的结构就是失活的、完全由异染色质构成的 X 染色体。

胚胎期 X 染色体的失活与 X 染色体上一个被称为 X 染色体失活中心（X-inactivation center, XIC）的区域有关。如果这一特殊的区域发生缺失，X 染色体的失活就不会发生。哺乳动物 X 染色体的失活和定位于失活中心的 *Xist*（X-inactive-specific transcript）基因的表达有关。起初，两条 X 染色体都转录 *Xist* RNA（图 10-19）。但是，在胚胎发育过程中，一条 X 染色体上的 *Xist* 基因因甲基化而失活，并且这种甲基化模式一旦被建立将在每次细胞分裂过程中被保持下来。另一条 X 染色体的 *Xist* 基因则持续表达，造成携带该基因的 X 染色体失活。*Xist* 基因的转录产物是一种长链非编码 RNA（lncRNA），它与 X 染色体结合，引发被其包裹的 X 染色体异染色质化，形成巴氏小体。失活的 X 染色体除了 *Xist* 基因和几个异常的位点外，均被甲基化。在失活的 X 染色体上，*Xist* 基因是唯一保持活性的基因。在一种突变体小鼠中，两条 X 染色体的 *Xist* 基因均被转录，结果导致两条 X 染色体都发生失活。

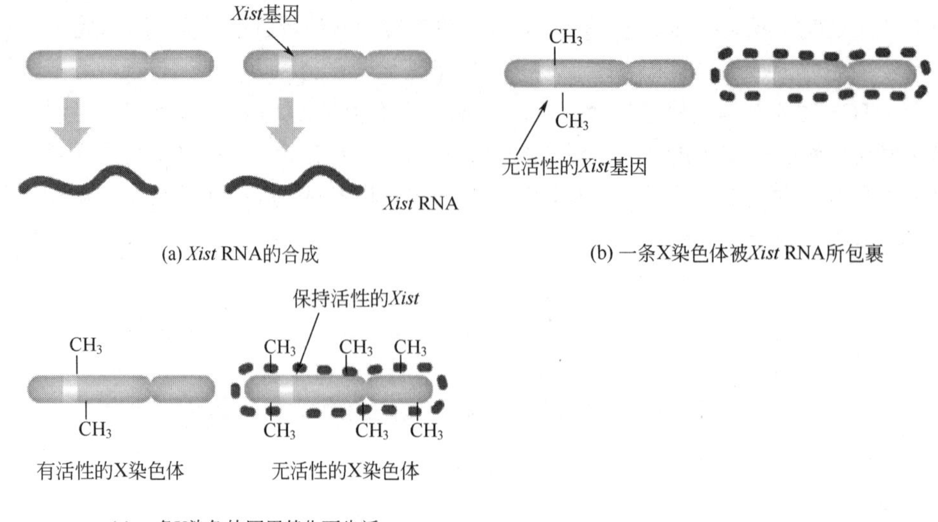

图 10-19　X 染色体失活

Xist RNA 诱导 X 染色体失活的机制仍未完全揭示，可能是 *Xist* RNA 结合到 X 染色体上后，募集介导基因沉默和异染色质形成的蛋白质，导致了 X 染色体发生一系列的变化：首先，组蛋白 H3 的 Lys9 和 Lys27 的甲基化，H2A 的泛素化；其次，组蛋白 H4 丢失它的大部分乙酰基团；随后，一种 H2A 组蛋白的变异体 macroH2A 取代 H2A 参与核小体的形成，这种变异体比 H2A 多了一个额外的 C 末端结构域，并且与转录抑制有关；最后，失活 X 染色体上的 CpG 岛发生甲基化。失活的 X 染色体发生的上述变化，均与染色质的浓缩相关联。X 染色体沉默一旦被形成，就不再需要 *Xist* RNA 来维持。

在有袋动物中，总是来自父本的 X 染色体失活。在其他动物中，X 染色体的失活是随机的，并且同一个体不同细胞系有活性的 X 染色体可以来自母本，也可以来自父本。所以，如果雌性哺乳动物的两条 X 染色体携带一对不同的等位基因，将会产生一个嵌合体。

10.3　真核生物的特异性转录因子

细胞内基因的表达不但需要通用转录因子，也需要特异性转录因子。特异性转录因子通过结合于启动子的上游元件，或者结合于远离启动子的增强子元件，对基因的表达进行调控。例如，Sp1（selective promoter factor 1）和 C/EBP（CAAT box and enhancer binding protein）分别结合 GC 盒及 CAAT 盒。一个典型的特异性转录因子具有下面 3 个基本特征：

① 应答一种特异性信号，激活一个或者一组基因；

② 与大多数蛋白质不同，转录因子能够进入细胞核，识别并结合于 DNA 分子上的特异性序列；

③ 直接或间接地与转录起始装置发生作用。

10.3.1　转录因子的分离与鉴定

对于像酵母、果蝇及其他在遗传上容易操作的真核生物，可以利用经典的遗传分析的方法鉴定编码转录因子的基因。然而，对于不适合进行遗传分析的脊椎动物来说，大多数转录因子是通过生物化学的方法纯化出来的。

10.3.1.1　利用生物化学的方法分离转录因子

转录因子的一个特征是能够与调控元件特异性结合，所以，一旦分离出基因的调控元件，就可以利用这一性质把转录因子从细胞核中分离出来。利用调控元件分离与之结合的转录因子，需要人工合成一段 DNA 序列，该序列含有几个拷贝的转录因子结合位点。然后，将这种人工合成的 DNA 片段连接到固体支持物上，形成一个序列专一性亲和柱（sequence-specific affinity column）。部分纯化的含有待分离转录因子的细胞核抽提物以低盐缓冲液上样（100mmol/L KCl）。不与 DNA 结合的蛋白质用低盐缓冲液从柱中洗出。与 DNA 结合不紧密的蛋白质用含有 300mmol/L KCl 的缓冲液洗出。高纯度的转录因子用含有 1mol/L KCl 的缓冲液洗脱。最后，还要利用体外转录技术检测所分离的蛋白质能否特异性地促进转录的起始。

接下来，通过蛋白质测序技术可以获得被纯化的转录因子的部分氨基酸序列，并根据所确定的氨基酸序列从基因文库中筛选出编码该转录因子的基因，或其 cDNA。有了编码转录因子的基因，就可以检测转录因子在细胞内刺激转录的能力。如图 10-20 所示，一个质粒载体携带有编码转录因子 X 的基因，另一个质粒载体携带有报告基因和该转录因子的结合位点。两种质粒同时被引入到缺少编码转录因子 X 和报告基因的受体细胞。如果在编码转录因子 X 的质粒存在时，报告基因的转录水平升高，说明蛋白质是一种激活蛋白；报告基因的转录水平下降，说明蛋白质是一种抑制蛋白。

10.3.1.2　利用遗传学的方法鉴定编码转录因子的基因

在酵母中，编码转录因子的基因是通过遗传分析的手段确定的。下面以 *GAL4* 基因的分离为例加以说明。当酵母菌在含有半乳糖的培养基上生长时，细胞内与半乳糖代谢有关的一组基因（*GAL1*、*GAL7* 和 *GAL10*）的表达水平升高 1000 倍以上。图 10-21 表示这三个基因编码的酶及它们催化的化学反应。

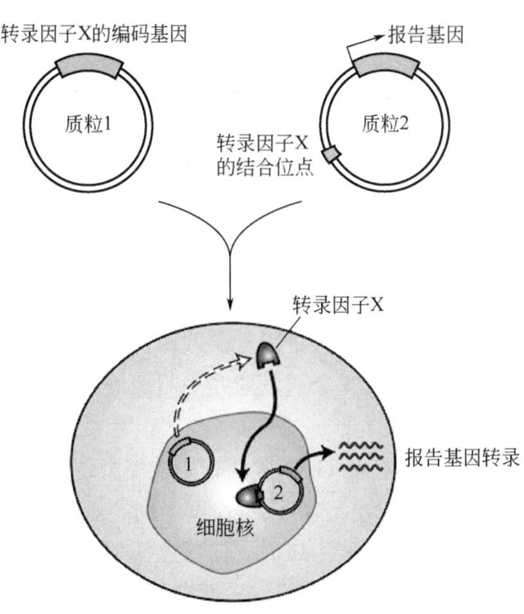

图 10-20　转录因子的活性鉴定

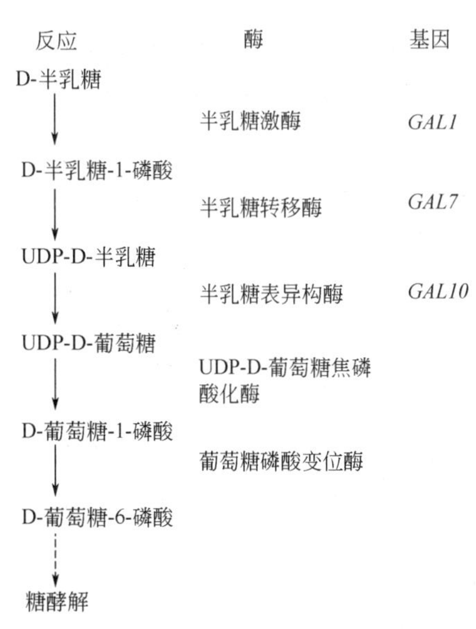

图 10-21　酵母细胞中的半乳糖代谢途径

在酵母基因 TATA 盒上游大都有一个能够提高基因转录水平的 DNA 元件，称作上游激活序列（upstream activation sequence，UAS）。在与基因的位置关系上，UAS 与高等真核生物的增强子不同，它的位置是固定的，只存在于 TATA 盒的上游。半乳糖诱导基因的 UAS 均含有一个或几个拷贝的 17bp 反转对称序列，该序列用 UAS_{GAL} 表示。*GAL1* 的上游激活序列距 TATA 盒 275bp，含有 4 个拷贝的 17bp 序列（图 10-22）。

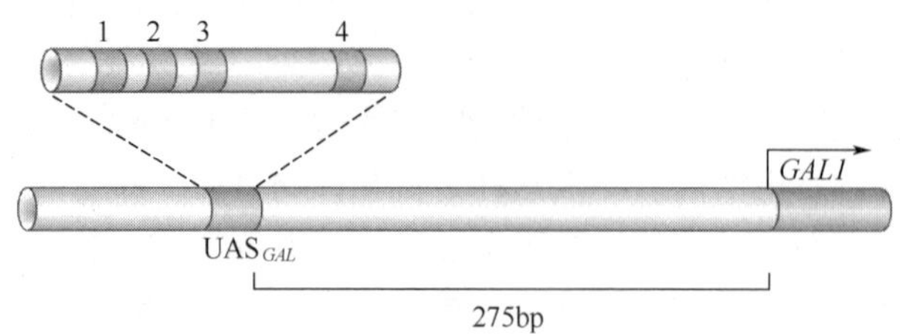

图 10-22　酵母 *GAL1* 基因的调控序列

GAL4 是另一个半乳糖代谢所必需的基因。在 *gal4* 突变体中，三个半乳糖代谢基因的表达水平均不升高。如果将一个拷贝的 UAS_{GAL} 插入到 TATA 盒上游，并在 TATA 盒下游连接一个 *lacZ* 报告基因（图 10-23），在野生型细胞中报告基因的表达受半乳糖的诱导，但在 *gal4* 突变体中，则不受半乳糖的诱导。这说明 *gal4* 可能编码一种转录因子，而 UAS_{GAL} 是 Gal4 激活转录的调控元件。通过互补实验，*GAL4* 基因被分离出来，它编码的蛋白质以二聚体的形式与 UAS_{GAL} 序列结合。

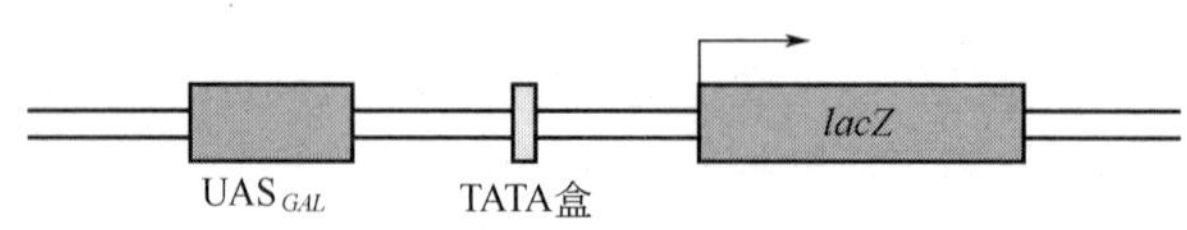

图 10-23　报告基因及其调控元件

10.3.2　转录因子的功能域

一系列研究表明，Gal4 蛋白有两种不同的功能域：DNA 结合域（DNA-binding domain）与特异性的 DNA 序列相互作用；激活域（activation domain）与其他的蛋白质相互作用，刺激从邻近启动子开始的转录。在这些实验中，研究人员检测了 *gal4* 的各种缺失突变对蛋白质的功能所产生的影响（图 10-24）。实验所用的受体细胞缺少 *GAL4* 基因，这样就可以排除内源的野生型 Gal4 蛋白对实验的干扰。

Gal4 蛋白 N 末端一段短的缺失便会破坏转录因子与 DNA 的结合能力。然而，一系列含有不同长度 C 末端缺失的 Gal4 蛋白，只要缺失的范围不越过第 74 个氨基酸残基，仍然会保持与 UAS_{GAL} 序列专一性结合的能力。因此，Gal4 蛋白 N 末端的 74 个氨基酸残基组成的结构域具有与 UAS_{GAL} 序列的结合能力。

C 末端缺失大约 125 或更多个氨基酸残基同样会彻底消除 Gal4 激活转录的能力，但是这些缺失并不影响它们的 DNA 结合能力。把 Gal4 的 N 末端 DNA 结合域与长度不同的 C 末端片段直接融合所形成的截短的蛋白质，尽管失去了大部分的中央区，却仍保持有激活报告基因转录的能力。因此，Gal4 蛋白 C 末端大约 100 个氨基酸区段含有激活域，当把它与 N 末端的 DNA 结合域融合后，同样能够激活报告基因的转录。

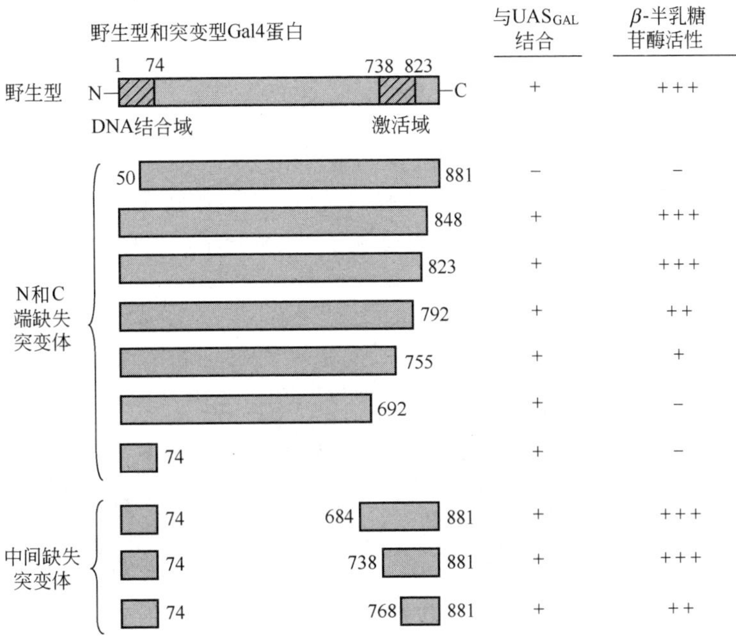

图 10-24　缺失实验证明 Gal4 具有 DNA 结合域与转录激活域

有关 Gal4 含有转录激活域进一步的证据来自结构域交换实验(domain swapping)，即把 Gal4 的激活域与大肠杆菌 LexA 阻遏蛋白的 DNA 结合域融合。LexA 的 N 末端 DNA 结合域专一性地与 *lexA* 操纵序列结合，抑制靶基因的表达。把一个带有 *lexA* 操纵区的报告基因引入酵母细胞，报告基因并不表达。接下来，把编码 LexA DNA 结合域的序列与编码 Gal4 激活域的序列连接在一起，构成一个融合基因，并把融合基因导入酵母细胞。在细胞内，融合基因表达，产生的融合蛋白由来自一个转录因子的 DNA 结合域和来自另一转录因子的激活域构成。融合蛋白的 DNA 结合域结合到 *lexA* 操纵基因上，它的激活域激活报告基因的转录（图 10-25）。所以，转录激活因子中的 DNA 结合域和转录激活域在序列上是彼此隔开的，独立地折叠成不同的三维结构，单独地发挥作用。

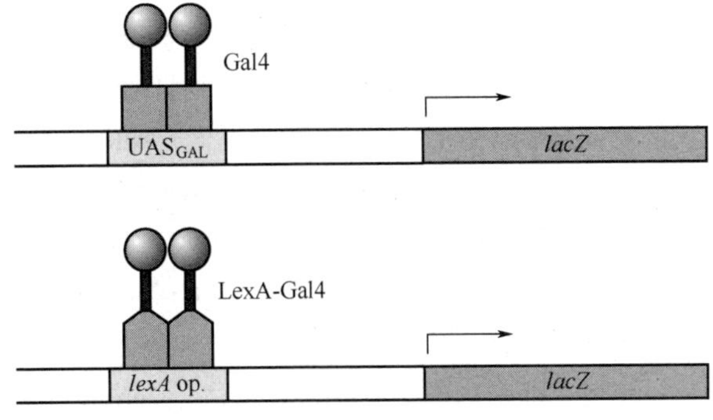

图 10-25　结构域交换实验

10.3.2.1　DNA 结合域

（1）螺旋-转角-螺旋

螺旋-转角-螺旋结构域（helix-turn-helix domain)是第一个被鉴定的 DNA 结合域。该结构域

具有两个 α 螺旋，中间为一短的 β 转角。靠近 C 末端的 α 螺旋为识别螺旋（recognition helix），其大小正好适合嵌入 DNA 的大沟，直接阅读 DNA 序列。螺旋-转角-螺旋的第二个螺旋横跨大沟与 DNA 主链相联，增强蛋白质与 DNA 之间的结合能。这个特殊的螺旋-转角-螺旋结构首先在原核细胞中被发现，出现在 λ 噬菌体的 Cro 阻遏物、乳糖和色氨酸操纵子的阻遏蛋白以及 cAMP 受体蛋白中。与很多序列特异性 DNA 结合蛋白一样，螺旋-转角-螺旋蛋白也是以二聚体的形式与 DNA 结合的。二聚体的结合位点通常为反向重复序列，两个对称的单体分别结合到一个“半位点”上（图 10-26）。

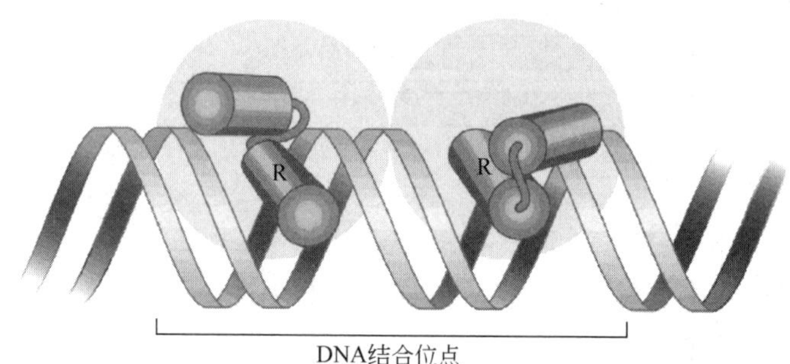

图 10-26　带有螺旋-转角-螺旋的 DNA 结合蛋白以二聚体的形式与 DNA 结合

果蝇的同源异型基因（homeotic genes）对果蝇的胚胎发育十分重要，如果发生突变，会使果蝇身体的一部分转变成另一部分。同源异型基因编码的蛋白质都有一段保守的由 60 个氨基酸残基构成的序列，可以形成螺旋-转角-螺旋，被称为同源异型域（homeodomain，HD）。具有 HD 的蛋白质是真核生物细胞中第一个被证实的螺旋-转角-螺旋蛋白，并且含 HD 结构的蛋白质存在于从酵母到人类几乎所有的真核细胞中。

（2）锌指

锌指（zinc finger）为蛋白质中一段相对较短的氨基酸序列围绕着中央锌离子折叠，形成的一种相对独立的 DNA 结合域。锌指得名于最初为阐明该结构域的外形而绘制的示意图：环形肽段围绕锌离子形成一手指状的结构，而锌离子则是形成和维持这一结构的关键。现在知道锌指有着不同的结构形式，也会出现在并不与 DNA 结合的蛋白质中。

C_2H_2 型锌指是一种最常见的锌指类型，由一对反向的 β 折叠后接一个 α 螺旋组成，形成一个独立的包含锌离子的指状结构域，它通过两个保守的半胱氨酸和两个保守的组氨酸与锌离子形成配位键，维持着指状的空间结构（图 10-27）。α 螺旋上含有保守的碱性氨基酸，负责与 DNA 的大沟结合。C_2H_2 型锌指蛋白通常有串联排列的锌指，TFⅢA 含有 9 个锌指，转录因子 Sp1 的 DNA 结合域由 3 个连续的锌指组成，每一锌指的 α 螺旋均嵌入 DNA 分子的大沟之中，以增强与 DNA 的亲和力。锌指的共有序列是：Cys-$X_{2\sim4}$-Cys-X_3-Phe-X_3-Leu-X_2-His-X_3-His。其中 X 代表任意氨基酸残基，下标为氨基酸残基的数目。

第二种锌指为 C_2C_2 型锌指。细胞内的类固醇激素受体（steroid receptor）首先被确定含有这种锌指，随后发现细胞内结构相似的非类固醇激素受体也含有这种锌指，这类转录因子又被通称为细胞核受体（nuclear receptor）。C_2C_2 型锌指的共有序列是 Cys-X_2-Cys-X_{13}-Cys-X_2-Cys-$X_{14\sim15}$-Cys-X_5-Cys-X_9-Cys-X_2-Cys，其中前 4 个半胱氨酸残基和后 4 个半胱氨酸残基分别与一个锌离子结合，形成两个连续的锌指。在两个锌离子的作用下，序列被装配成类似于螺旋-转角-螺旋的结构，其中一个锌离子稳定着 DNA 的识别螺旋，另一个锌离子稳定着环状结构（图 10-28）。

与螺旋-转角-螺旋蛋白一样，C_2C_2 型锌指蛋白也是以同源或异源二聚体的形式与 DNA 结合，二聚体的两个识别螺旋之间的距离相当于 DNA 双螺旋盘绕一圈的距离。

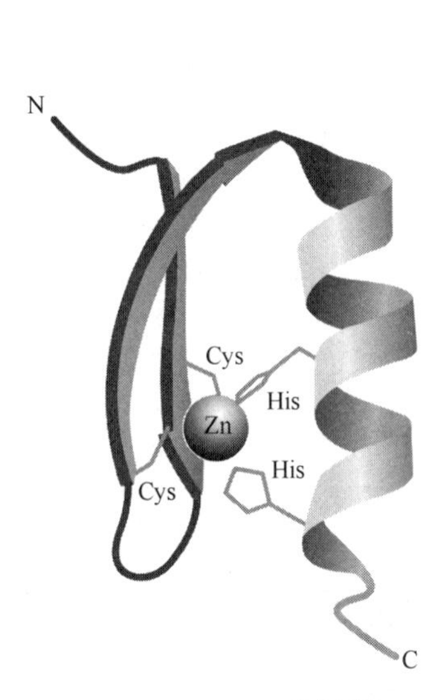

图 10-27　C_2H_2 型锌指

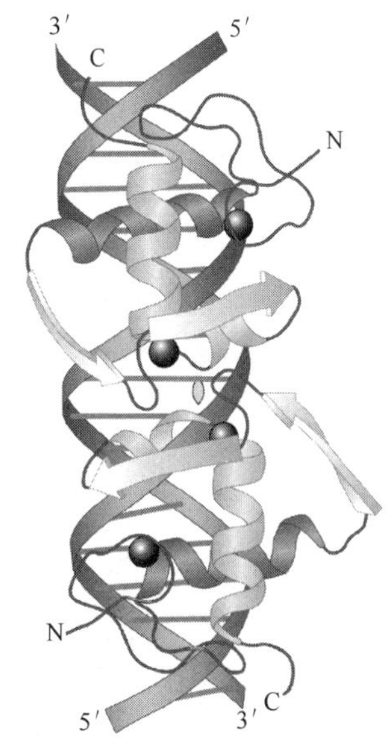

图 10-28　C_2C_2 型锌指

C_2H_2 型锌指和 C_2C_2 型锌指在结构上有很大的区别。C_2H_2 型锌指蛋白通常具有 3 个或 3 个以上的锌指，并且以单体的形式与 DNA 结合；而 C_2C_2 型锌指蛋白通常只有 2 个锌指，以同源或异源二聚体的方式与 DNA 结合。

酿酒酵母的转录激活因子 Gal4 含有一个称为锌簇（zinc cluster）的 DNA 结合域，其共有序列是 Cys-X_2-Cys-X_6-Cys-$X_{5\sim9}$-Cys-X_2-Cys-$X_{6\sim8}$-Cys，其中的六个半胱氨酸残基与两个锌离子结合形成一个锌簇。

（3）碱性亮氨酸拉链

亮氨酸拉链最初是比较酵母转录激活因子 Gcn4、哺乳动物转录因子 C/EBP（CAAT 框及 SV40 增强子核心序列结合蛋白）以及原癌基因（proto-oncogene）产物 Fos、Jun 和 Myc 的氨基酸序列时被发现的。这些调节蛋白的羧基端都存在一段富含亮氨酸的序列，易于形成 α 螺旋。在 α 螺旋中，每隔 6 个氨基酸残基就会有一个亮氨酸残基，结果 α 螺旋的某一侧面，每两圈就会出现一个亮氨酸（一个典型的 α 螺旋含有 3.6 个氨基酸残基），重复的亮氨酸数目一般为 4～5 个（图 10-29）。迄今发现的亮氨酸拉链蛋白都以同源或异源二聚体的形式存在。形成二聚体时，两个亚基的 α 螺旋平行排列并相互缠绕，轻微形成左手超螺旋。由于缠绕，α 螺旋的每一圈含有 3.5 个氨基酸残基。这样每一 α 螺旋一个侧面的亮氨酸残基的侧链与另一个 α 螺旋一个侧面的氨基酸残基的侧链彼此相对，通过疏水作用，相互齿合形成二聚体，所以说亮氨酸拉链是一种二聚化结构域。

具有亮氨酸拉链的 DNA 结合域位于拉链的 N 末端，富含碱性氨基酸，与亮氨酸拉链合称为 bZIP DNA 结合域。二聚体的两个 DNA 结合域在与 DNA 互作时，会形成 α 螺旋，并从两侧嵌入 DNA 结合位点上两个相邻的大沟之中。在未结合状态，结构域呈无序状。

（4）碱性螺旋-环-螺旋

螺旋-环-螺旋结构域（helix-loop-helix, HLH）包含 40～50 个氨基酸残基，形成两个 α 螺旋，中间为长短不一的非螺旋区（环）。含有螺旋-环-螺旋结构域的蛋白质通过 α 螺旋一侧的疏水残基的相互作用形成同源二聚体或异源二聚体（图 10-30）。HLH 的长螺旋包含与 DNA 结合的碱性结构域，因此也称 bHLH 蛋白。

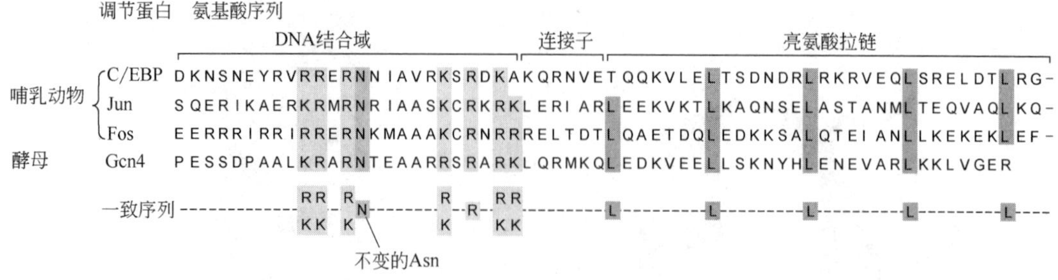

(a) 几种碱性亮氨酸拉链转录因子的部分氨基酸序列

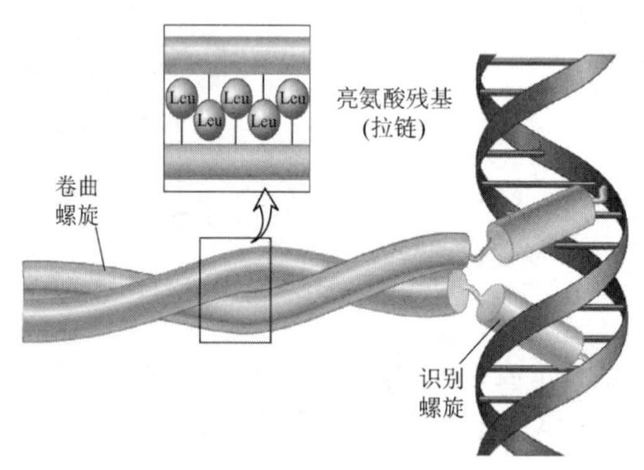

(b) bZIP结构示意图，示亮氨酸拉链与碱性结构域

图 10-29　碱性亮氨酸拉链

10.3.2.2　转录激活域

转录因子对转录的激活作用是由转录激活域所决定的。与折叠成特定三维结构的 DNA 结合域不同，激活域倾向于形成无规则螺旋，也可能在与转录机器的其他成分发生相互作用时，才呈现出特定的结构。目前，已鉴定出 3 种不同的转录激活域。

（1）酸性结构域

人们首先从酵母转录因子 Gcn4 和 Gal4 中鉴定出了转录激活域，发现它们富含酸性氨基酸，因此称为酸性结构域（acidic domain）。

（2）富含谷氨酰胺结构域

富含谷氨酰胺结构域（glutamine-rich domain）是在转录因子 Sp1 中首次发现的。Sp1 有 4 个彼此分开的激活结构域，其中两个活性最高的结构域大约含有 25%的谷氨酰胺。

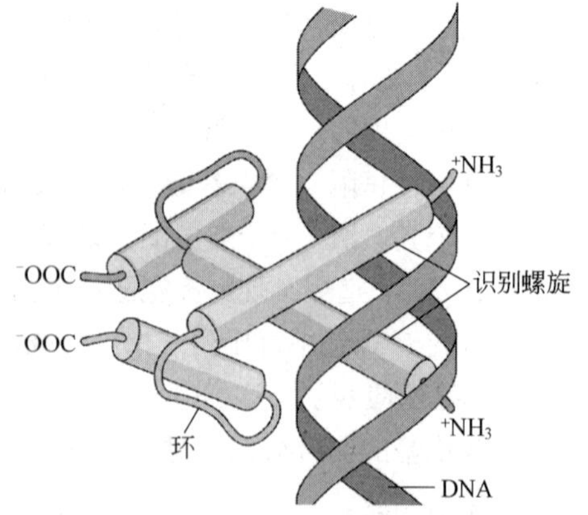

图 10-30　bHLH 与靶 DNA 结合

（3）富含脯氨酸结构域

富含脯氨酸结构域（proline-rich domain）包括一段连续的脯氨酸残基，能够激活转录，例

如转录因子 c-Jun 中有一个能够激活转录连续的脯氨酸残基。

10.4　转录因子的作用方式

10.4.1　转录激活因子

在第 6 章，已经描述了在体外 Pol Ⅱ 从一条裸露的 DNA 模板起始转录所需要的条件。但是细胞内高水平、受调控的转录还需要特异性的转录因子。转录因子按其对基因转录的影响，可以分为转录激活因子和转录抑制因子两种类型。转录激活因子又称为活化子（activator），是一种能够激活基因表达的 DNA 结合蛋白。真核生物的活化子可以通过不同的途径激活转录。

10.4.1.1　转录激活因子通过募集共活化子促进转录机器在启动子上的装配

在细菌细胞中，通常是活化子的一个表面与 DNA 结合，另一个表面与 RNA 聚合酶相互作用，将聚合酶募集至启动子，从而激活转录。但是，在真核细胞中活化子很少直接与 RNA 聚合酶相互作用。相反，它们是通过共活化子（coactivator）把 RNA 聚合酶募集至启动子的。共活化子是指参与基因表达调控、直接与活化子相互作用的蛋白质因子，被认为在活化子和基本转录机器之间起着桥梁作用。共活化子是作为活化子激活转录所必需的成分被鉴定出来的。

TFⅡD 是第一个被鉴定出来具有共活化子性质的蛋白质复合体，由 TBP 和 TBP 相关因子（TAF）构成。TBP 与启动子的 TATA 序列结合，TAF 的主要作用是建立基本转录机器与活化子之间的联系。TFⅡD 中不同的 TAF 与不同的活化子相互作用可以协作 TFⅡD 与启动子 TATA 序列的结合。TAF 具有细胞特异性，与活化子一起决定组织特异性转录。

中介蛋白（mediator）是另一类共活化子，这是一种由多种蛋白质组成的复合物，介导活化子与基本转录复合体之间的相互作用。中介蛋白通过一个表面与聚合酶大亚基的 CTD“尾巴”结合，而将其他表面用于与活化子的相互作用（图 10-31）。

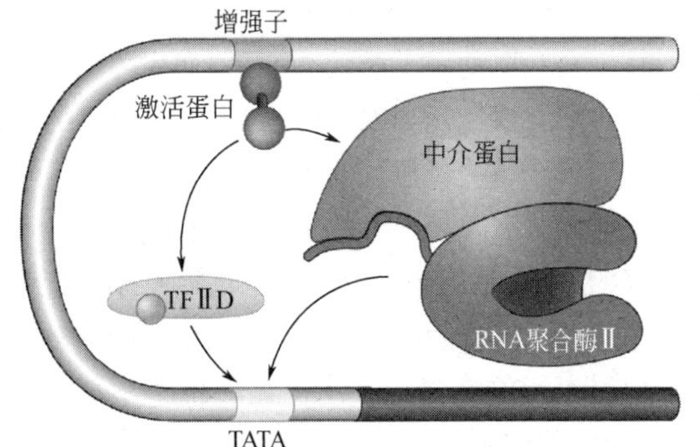

图 10-31　活化子通过募集中介蛋白和 TFⅡD 激活转录

TFⅡB、TFⅡF、TFⅡE 及 TFⅡH 可以和 RNA 聚合酶Ⅱ形成所谓的 RNA 聚合酶Ⅱ全酶（RNA polymerase Ⅱ holoenzyme），全酶通常不包括 TFⅡD 和 TFⅡA，这些转录因子被单独募集至启动子。中介蛋白可以与 RNA 聚合酶Ⅱ全酶结合，参与对全酶的募集。中介蛋白也可以单独存在。在转录激活过程中，游离的中介蛋白先被与 DNA 结合的活化子募集，然后它再招募 RNA 聚合酶。

10.4.1.2　转录激活因子募集核小体的修饰成分

除了直接指导转录机器在 DNA 分子上的装配以外，活化子还能够通过改变调控序列处的染色质结构促进转录的起始。通用转录因子似乎不能在被包装进核小体的启动子上进行装配。事实上，这种包装可以避免基本转录的发生。组蛋白共价修饰以及核小体重塑可以局部改变染色质结构。很多基因的活化子与调控序列结合后，募集组蛋白乙酰转移酶和 ATP 依赖性染色质重塑复合体作用于周围的染色质（图 10-32）。一般来说，局部染色质结构的变化增加了 DNA 的可接近性，有利于转录机器在启动子上的组装，以及其他调控蛋白与基因调控区的结合，从而刺激转录的起始。

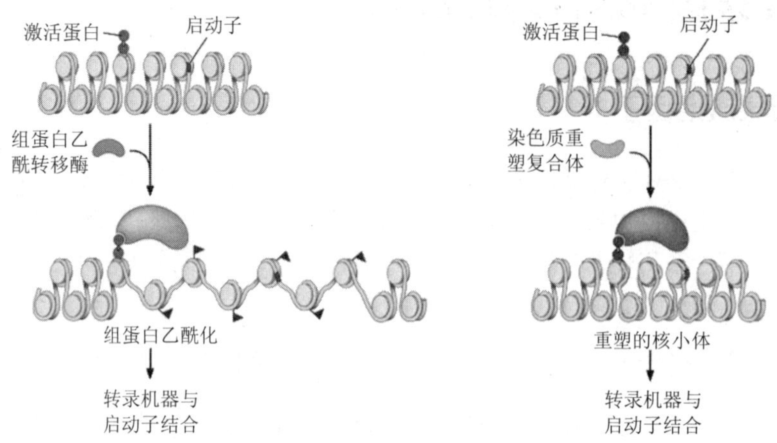

图 10-32　活化子通过募集组蛋白乙酰转移酶和染色质重塑复合体激活转录

既然转录激活是一个多步骤的过程，有多种活化子的参与，那么就有必要考虑激活转录的各种事件发生的先后顺序。例如，染色质重塑必须发生在组蛋白乙酰化之前还是之后？全酶的募集是发生在组蛋白修饰之前还是修饰之后？对于不同的基因答案是不一样的，即使是同一个基因，在不同的条件下，也会有不同的答案。但是，无论如何，一个基因最终的转录速率是由结合在转录起始位点上游和下游的调控蛋白谱决定的。

10.4.1.3　转录激活因子募集转录延伸因子

有些基因的表达调控发生在转录起始以后的延伸阶段。果蝇 *Hsp70* 的诱导表达依赖于两个转录激活蛋白 GAGA 和 HSF。GAGA 在热激之前，将转录装置募集到启动子上，起始转录，但转录会在启动子下游约 25bp 处产生停顿。*Hsp70* 的这种启动子近端停顿由 DSIF 和 NELE 介导。热激会快速诱导 HSF 与 *hsp70* 启动子结合，并募集 P-TEFb 结合到停滞的聚合酶上，从而促进了聚合酶的释放。

转录对 HIV-1 病毒的生活周期来说，是十分关键的一步。进入 CD_4^+ 淋巴细胞或巨噬细胞后，病毒的 RNA 基因组被反转录，然后，HIV 原病毒整合到宿主细胞的染色质中。宿主细胞的 Pol Ⅱ 能够成功起始病毒基因组从 LTR 开始的转录，但转录会在病毒启动子下游不远处停顿下来，产生一个短的病毒转录本，该转录本不能支持病毒的复制。为了克服这一限制，HIV-1 编码了一种调控蛋白——转录反式激活因子（transcriptional transactivator，Tat）。Tat 能够激活转录的延伸（图 10-33），产生一个全长转录本，这一过程需要宿主细胞 P-TEFb 的参与。病毒基因组转录起始后不久，在 DSIF 和 NELF 的联合作用下，出现启动子近端停顿。新生 RNA 的 5′-端会形成一个茎环结构，称为

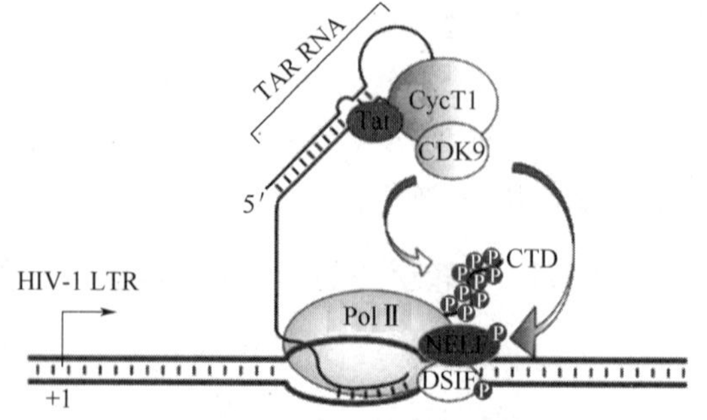

图 10-33　Tat 激活转录的延伸

反式作用应答元件。Tat 识别并结合 RNA 应答元件，并募集 P-TEFb，最终导致病毒基因组的有效转录，产生一个病毒复制所必需的全长转录本。所以说，RNA 聚合酶的暂停是一个重要的调控位点，RNA 聚合酶释放的效率被认为是决定基因表达水平的关键因素。

10.4.2　转录抑制因子

大多数真核生物的转录因子都是促进转录的活化子。然而，在真核细胞中也存在着对转录有抑制作用的转录因子。一些转录抑制因子在 DNA 分子上的结合位点与激活因子的结合位点存在重叠，也有一些抑制因子的结合位点与转录的起始位点重叠。因此，当它们与 DNA 结合时就会阻止与转录起始有关的蛋白质与 DNA 的结合。

然而，在很多情况下真核生物的转录抑制因子并非是通过直接干扰活化子或者转录因子与 DNA 的结合来发挥作用的。与转录激活因子一样，抑制因子可以通过招募核小体修饰酶或者与转录机器直接作用抑制转录。抑制因子和激活因子招募不同的核小体修饰酶。例如，抑制因子招募的组蛋白去乙酰化酶去除组蛋白 N 端的乙酰基来抑制转录。下面通过一个具体的例子来说明抑制子是如何发挥作用的。

同 *E.coli* 一样，酵母细胞只有在葡萄糖不存在时才能合成代谢半乳糖所需要的酶。那么，葡萄糖是如何抑制 *Gal* 基因的表达的呢？如图 10-34 所示，在 *GAL1* 和 UAS_{GAL} 之间有一抑制因子 Mig1 的结合位点。在葡萄糖存在时，Mig1 通过募集 Tup1 抑制复合体抑制 *GAL1* 基因的表达。Tup1 抑制复合体也能被多种抑制转录的酵母 DNA 结合蛋白所募集。在哺乳动物中也发现了 Tup1 抑制复合体的对应物。有两种假说来解释 Tup1 的抑制作用：其一，Tup1 募集组蛋白去乙酰化酶，使邻近的核小体脱乙酰化；其二，Tup1 在启动子部位与转录机器直接作用抑制转录。

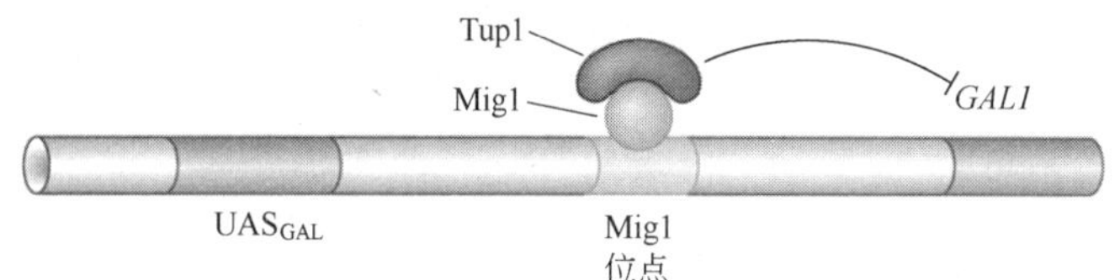

图 10-34　抑制子 Mig1 通过募集 Tup1 抑制复合体抑制 *GAL1* 基因的表达

10.5　细胞外信号与转录因子的控制

在多细胞有机体中，一个基因的表达与否通常取决于胞外信号，而基因的表达模式在很大程度又是由转录因子和基因调控元件之间的相互作用决定的。因此，我们有必要了解对基因组活性进行调控的细胞外信号分子是怎样控制转录因子活性的。胞外的信号以多种形式存在，其中一些胞外信号分子可以穿过细胞膜，进入细胞内与转录因子直接发生作用。然而，大多数信号分子不能穿过脂膜进入细胞，而是与细胞表面的受体结合，并沿着细胞内的信号传导通路进行传递，最终使一个或者多个转录因子激活或失活。

10.5.1　脂溶性激素对转录因子活性的调节

某些转录因子的活性受到激素的调节。激素由特定的细胞分泌，通过血液循环作用于有机体不同部位的靶细胞。有一类激素为脂溶性小分子，它们可以穿过细胞膜和核膜，与细胞内的受体结合。脂溶性激素，包括各种类固醇激素（steroid hormones）、类视黄醇（retinoid）、维生素 D 和甲状腺素（thyroid hormones）等。这些分子在结构上差别很大，但它们的作用机制相似。在细胞内，这些信号分子与它们的受体结合后，激活受体。然后，被激活的受体作为转录因子与 DNA 结合调节靶基因的转录。

糖皮质激素受体（glucocorticoid receptor, GR）是第一个被纯化，并被证明具有 DNA 结合能力的类固醇激素受体。糖皮质激素受体的纯化使人们能够克隆编码激素受体的 cDNA 和基因组 DNA。紧接着，又有多种脂溶性激素的受体基因被克隆，其中包括雌激素、孕酮、甲状腺素和维生素 D 的受体基因。比较各种受体的氨基酸序列后，发现它们有着相同的结构模式（图 10-35）：受体的 N 末端区为可变区，含有转录激活域，这一区域的氨基酸序列在不同的受体中没有相似性；中央为保守性很高的 DNA 结合域，具有 C_2C_2 锌指；激素结合域位于受体的 C 末端，中度保守。脂溶性激素的受体属于一个很大的核受体超家族（nuclear receptor superfamily），其中还包括被某些细胞内代谢物激活的受体。该超家族的一些成员是通过编码它们的基因得到鉴定的，它们的配体尚不明了，因此这些受体被称为孤儿核受体（orphan nuclear receptors）。

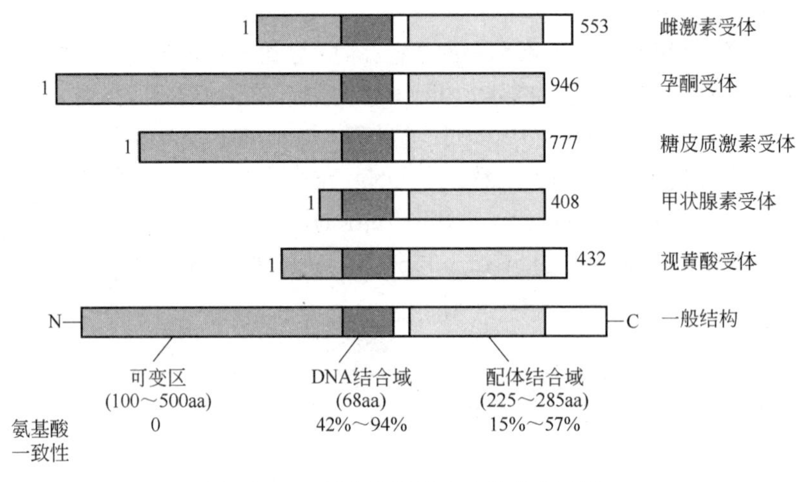

图 10-35　脂溶性激素受体的结构特征

DNA 分子上受体的结合位点被称为应答元件。糖皮质激素受体和雌激素受体应答元件的一致序列为 6bp 倒转重复序列，中间被 3 bp 的间隔区分开（图 10-36）。维生素 D_3 受体应答元件的一致序列为一正向重复序列，中间被 3～5 个碱基对隔开。所以，脂溶性激素受体是以二聚体的形式与 DNA 结合的。

有些脂溶性激素受体主要位于细胞质中，与配体结合后进入细胞核。而另一些脂溶性激素受体在没有配体的情况下也和核内的 DNA 结合。无论是哪一种情况，无活性的受体均与抑制蛋白结合。当配体与受体结合后，改变了受体的构象，使抑制蛋白解离，并使辅激活蛋白结合到受体蛋白上诱导基因表达（图 10-37）。

未与激素结合时，糖皮质激素受体与抑制蛋白结合，游离在细胞质中。当糖皮质激素穿过细胞膜，在细胞质中与受体结合后，导致受体与抑制蛋白分离，然后受体二聚化，并进入细胞核。受体上的 DNA 结合域与激素应答元件结合，激活目标基因。甲状腺素受体的作用方式不同于糖皮质激素受体，在未与激素结合时，受体与 DNA 分子上的应答元件结合，辅阻遏蛋白与受体结合抑制基因的转录。受体与甲状腺素结合后，构象发生改变，在释放出辅阻遏蛋白后，募集辅激活蛋白激活转录。

5′ AGAACA$(N)_3$TGTTCT 3′
3′ TCTTGT$(N)_3$ACAAGA 5′

(a) 糖皮质激素受体应答元件

5′ AGGTCA$(N)_3$TGACCT 3′
3′ TCCAGT$(N)_3$ACTGGA 5′

(b) 雌激素受体应答元件

5′ AGGTCA$(N)_3$AGGTCA 3′
3′ TCCAGT$(N)_3$TCCAGT 5′

(c) 维生素D_3受体应答元件

5′ AGGTCA$(N)_4$AGGTCA 3′
3′ TCCAGT$(N)_4$TCCAGT 5′

(d) 甲状腺素受体应答元件

5′ AGGTCA$(N)_5$AGGTCA 3′
3′ TCCAGT$(N)_5$TCCAGT 5′

(e) 视黄酸受体应答元件

图 10-36　脂溶性激素受体的 DNA 结合位点

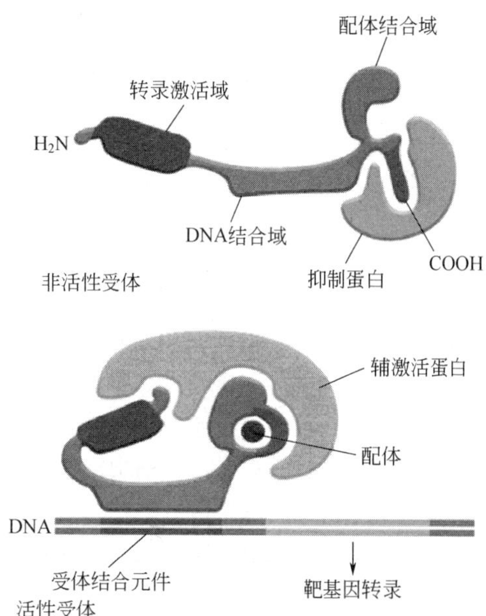

图 10-37　脂溶性激素受体的活化

10.5.2　信号转导对转录因子活性的调节

大多数信号是沿着信号转导通路将信息传递至基因的。这样的信号分子首先结合到细胞表面受体上。这些受体为跨膜蛋白，其胞外区有配体的结合点。信号分子的结合使受体的构象发生改变，常常导致以单体形式存在的受体蛋白形成二聚体。很多受体蛋白的胞内部分具有激酶活性，所以当两个受体蛋白因与信号分子结合而彼此靠近时，相互磷酸化，从而激活胞内生化事件，这是胞内信号转导途径的第一步，并且最终导致转录因子的活化和基因表达的变化。

10.5.2.1　STAT 参与的信号转导

干扰素和白细胞介素等许多细胞因子都是细胞外信号多肽，它们与细胞表面受体结合后可以激活转录因子 STAT（signal transducer and activator of transcription）。如果细胞表面受体是酪氨酸激酶家族的成员，配体与受体的结合，会导致两条受体链彼此靠近，同时激活受体的酪氨酸激酶活性。被激活的受体，使 STAT 靠近 C 末端的一个酪氨酸残基发生磷酸化作用。磷酸化的 STAT 二聚体进入细胞核，激活靶基因的转录。在这种类型的信号转导系统中，细胞表面受体与胞外信号结合直接激活了转录因子，这是胞外信号引起基因组应答反应最简单的系统。

如果受体是一个酪氨酸激酶相关受体，那么它自身没有磷酸化 STAT 的能力，而是通过 JAK 起作用。JAK 具有酪氨酸激酶活性，附着于受体的胞内区（图 10-38）。当配体与受体结合后，两条受体链会聚集在一起，并激活 JAK 的酪氨酸激酶活性，使细胞因子受体上的一个特定的酪氨酸残基磷酸化。STAT 通过其 SH2 结构域与受体上的磷酸酪氨酸残基结合。SH2 结构域是一段保守的氨基酸序列，约由100个氨基酸残基组成，该结构域首先被鉴定为原癌蛋白Src和Fps的保守序列，后来发现存在于许多参与细胞内信号传递的蛋白质中，特异性地结合蛋白质上的磷酸酪氨酸残基。一旦被募集至受体上，STAT也被JAK磷酸化。

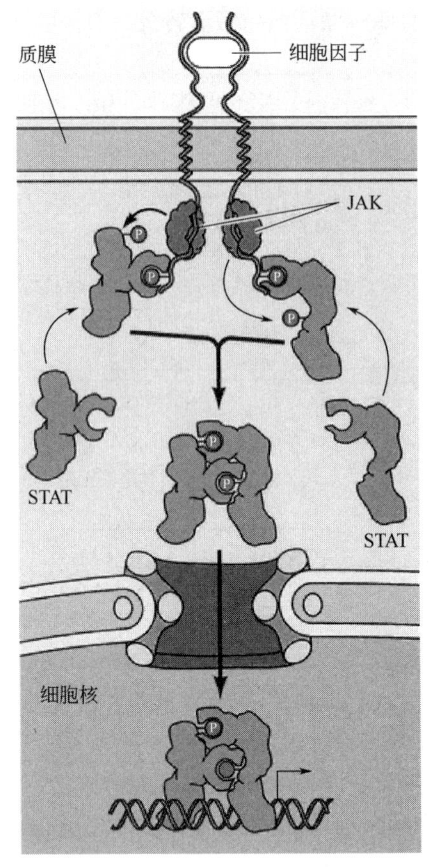

图10-38 JAK/STAT信号传导通路

10.5.2.2 受体酪氨酸激酶信号转导系统

受体酪氨酸激酶（receptor tyrosine kinase, RTK）是一组十分重要的细胞表面受体。RTK的配体是水溶性或是与细胞膜结合的多肽/蛋白质类激素，包括神经生长因子(nerve growth factor，NGF)、血小板衍生生长因子(platelet-derived growth factor，PDGF)、纤维细胞生长因子（fibroblast growth factor，FGF)、表皮生长因子(epidermal growth factor，EGF）和胰岛素（insulin）等。当配体与此类受体结合时，受体的蛋白酪氨酸激酶活性被激活，并引发信号转导级联，使细胞的生理活动和基因的表达模式发生改变。RTK信号通路有着广泛的生物学功能，包括调节细胞的增殖和分化，以及细胞的代谢活动等。

所有RTK都有相同的结构模式，包括一个胞外结构域、一个跨膜的疏水α螺旋和一个胞内结构域。胞外结构域含有一个配体结合位点，胞内区有一个具有蛋白酪氨酸激酶活性的区域。与配体结合会造成大多数以单体形式存在的RTK形成二聚体。在二聚体中，每一单体的蛋白激酶活性磷酸化另一单体上的一组特定的酪氨酸残基，这一过程被称为自体磷酸化（autophosphorylation)。有一些RTK亚基（例如胰岛素的受体）通过共价键连接在一起。尽管这些受体与配体结合以前是以二聚体或者四聚体的形式存在的，然而自身磷酸化的发生仍需要配体的存在。通常认为配体的结合所诱发的构象变化激活了受体的激酶活性。

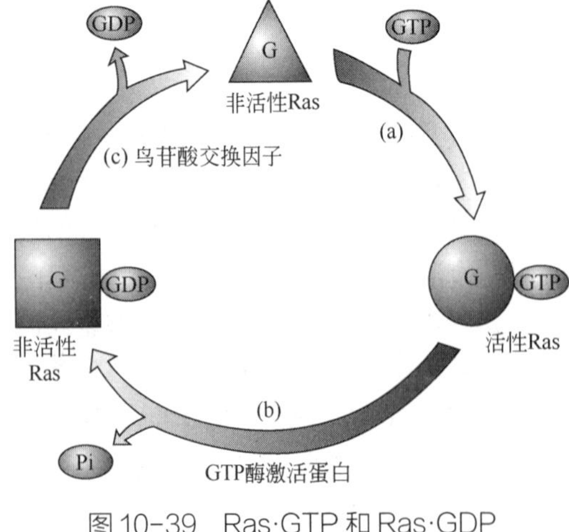

图10-39 Ras·GTP和Ras·GDP之间的相互转换

Ras是一种在RTK下游起作用的GTP结合开关蛋白，分布于质膜胞质一侧。它能够在结合GTP的活性状态与结合GDP的非活性状态之间相互转换，而这种转换需要鸟苷酸交换因子（guanine nucleotide-exchange factor，GEF）和GTP酶激活蛋白（GTPase-activating protein，GAP）的介导（图10-39)。GEF和Ras·GDP复合体结合，导致Ras的构象发生改变，释放出GDP。由于细胞内GTP的浓度远比GDP高，所以GTP就会自发地与Ras结合，形成有活性的Ras·GTP复合物，并释放出GEF。GAP与Ras·GTP结合后，使Ras自身的GTP酶活性提高了100倍，随后发生的 GTP 水解又使 Ras 回到失活状态。哺乳动物的 Ras 蛋白与人类的多种肿瘤有关。突变的 Ras 能够结合，但是却不能水解 GTP，因此处于一种永久的活化状态而造成细胞的转化。

RTK 和 Ras 是通过 GRB2 和 Sos 发生联系的（图 10-40）。GRB2 一方面通过其 SH2 结构域和 RTK 上一个特定的磷酸酪氨酸残基结合，另一方面通过两个 SH3 结构域与 Sos 蛋白结合。因此，当 RTK 被激活后，就会在细胞膜的胞质面上形成一个由 RTK、GRB2 和 Sos 构成的复合体，其中，GRB2 是一种衔接蛋白，Sos 是一种鸟嘌呤核苷酸交换因子。SH3 结构域大约由 55～70 个氨基酸残基组成，存在于许多与胞内信号传导有关的蛋白质中。复合体的形成导致 Sos 从细胞质转移至细胞膜，这样 Sos 就与膜结合的 Ras·GDP 彼此靠近。Sos 与 Ras·GDP 结合后造成 Ras 构象发生改变，使无活性与 GDP 结合的 Ras 释放出 GDP，然后与 GTP 结合，形成有活性的 Ras·GTP，激活下游的效应分子。

另外几种蛋白质（包括 GAP）也会结合到 RTK 特定的磷酸酪氨酸残基上，使得 GAP 能够靠近 Ras·GTP，促进 Ras 循环。

遗传学和生物化学的研究揭示了在酵母、秀丽线虫、果蝇和哺乳动物细胞中存在一个高度保守、在 Ras 下游发挥作用的 MAP 蛋白激酶级联。如图 10-41 所示，活化的 Ras 与 Raf 的 N 端结构域结合，激活 MAP 级联的最高一级激酶。Raf 是一种丝氨酸/苏氨酸激酶，被激活后，磷酸化下一级激酶 Mek 的苏氨酸和丝氨酸残基，激活 Mek。被激活的 Mek 进而磷酸化并激活 MAP 激酶（Erk）。该 MAP 激酶随后磷酸化一系列底物，包括转录活化子，调节多种基因的转录。

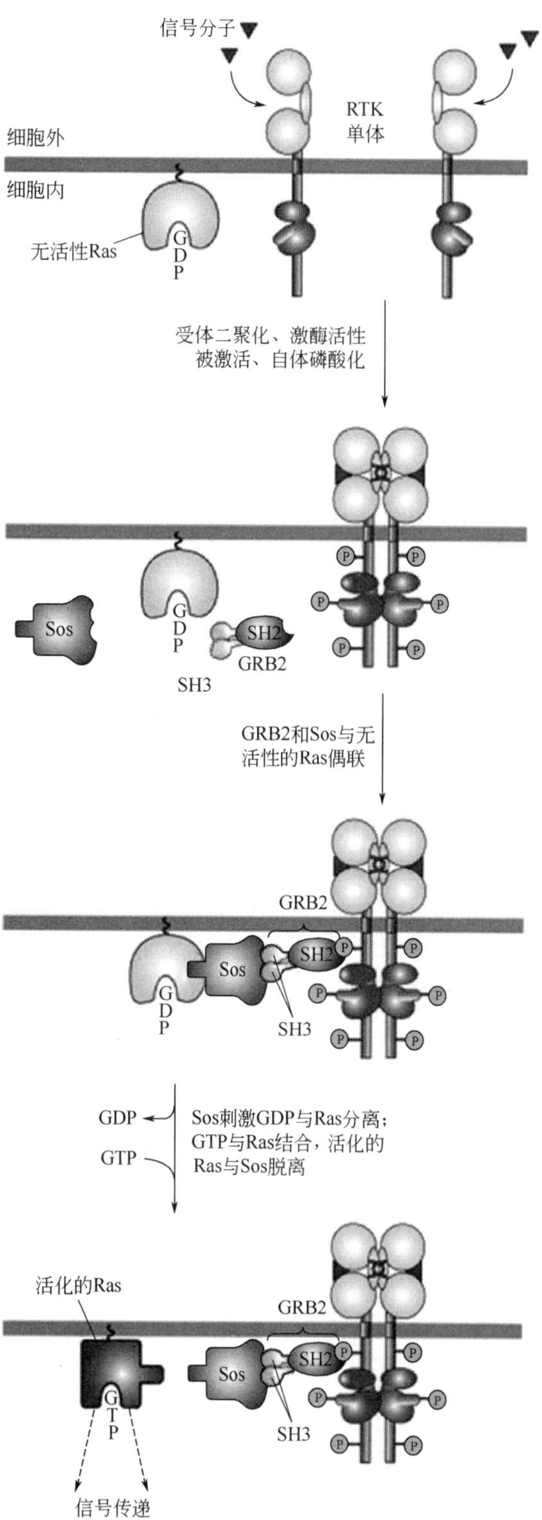

图 10-40　受体酪氨酸激酶信号转导系统

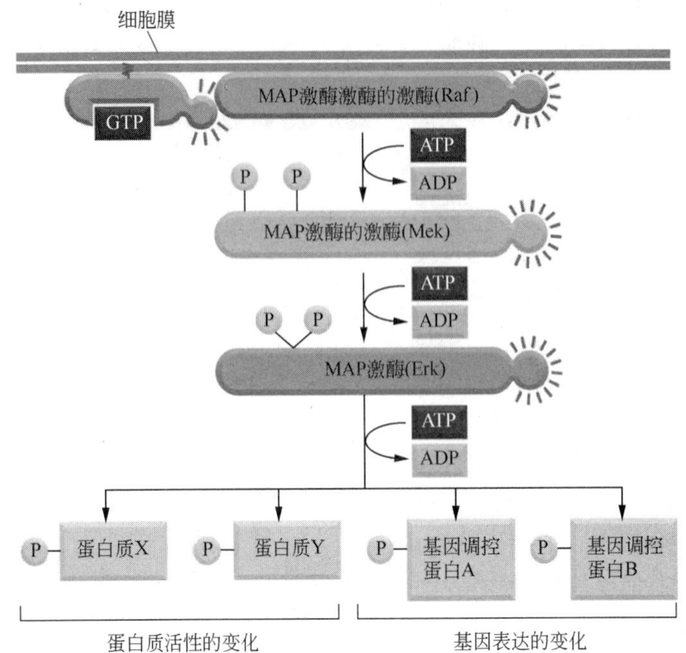

图 10-41　Ras 激活 MAP 蛋白激酶级联

10.5.2.3　G 蛋白偶联受体信号转导系统

许多不同类型的哺乳动物细胞表面受体与 G 蛋白相偶联。当配体与受体结合后，会激活与受体偶联的 G 蛋白，后者激活效应酶，再由效应酶催化产生第二信使。所有与 G 蛋白偶联的受体都有 7 个跨膜的 α 螺旋区，它的 N 末端朝向细胞外，C 末端位于细胞内（图 10-42）。多种激素和神经递质的受体属于 G 蛋白偶联受体。

G 蛋白含有 α、β 和 γ 三个亚基。当受体没与配体结合时，G 蛋白的 α 亚基与 GDP 结合，并且与 β 和 γ 构成复合体（图 10-42）。受体与配体结合后，构象发生改变，造成受体与 G 蛋白结合，诱发 G 蛋白发生构象的变化，结果是与 α 亚基结合的 GDP 被 GTP 取代，G 蛋白的 α 亚基与 βγ 亚基复合体分离。游离的 α·GTP 激活腺苷酸环化酶。腺苷酸环化酶是一种结合在细胞膜上的酶，它把 ATP 转化为 cAMP 和焦磷酸。这种激活状态只持续几秒钟，因为 α 亚基的 GTP 酶活性很快把 GTP 水解成 GDP。α·GDP 与腺苷酸环化酶脱离，重新与 βγ 亚基形成一个三聚体。

在哺乳动物细胞中，胞内 cAMP 水平的提高会刺激很多基因的表达。受 cAMP 调节的基因都含有一个顺式作用序列，称为 cAMP 应答元件（cAMP-response element, CRE）。神经递质和激素与 G 蛋白偶联的受体结合激活腺苷酸环化酶，导致细胞内 cAMP 水平的升高和 cAMP 依赖型蛋白激酶催化亚基的活化。cAMP 依赖型蛋白激酶又称蛋白激酶 A（protein kinases A，PKA），由两个调节亚基（R）和两个催化亚基（C）构成（图 10-42）。四聚体蛋白没有激酶活性，因为调节亚基上与底物相似的序列掩盖了催化亚基上的活性位点。cAMP 与调节亚基的结合，造成两个催化亚基与调节亚基脱离，然后，催化亚基转移至细胞核，磷酸化 cAMP 应答元件结合蛋白（cAMP response element-binding protein，CREB）的丝氨酸-133。

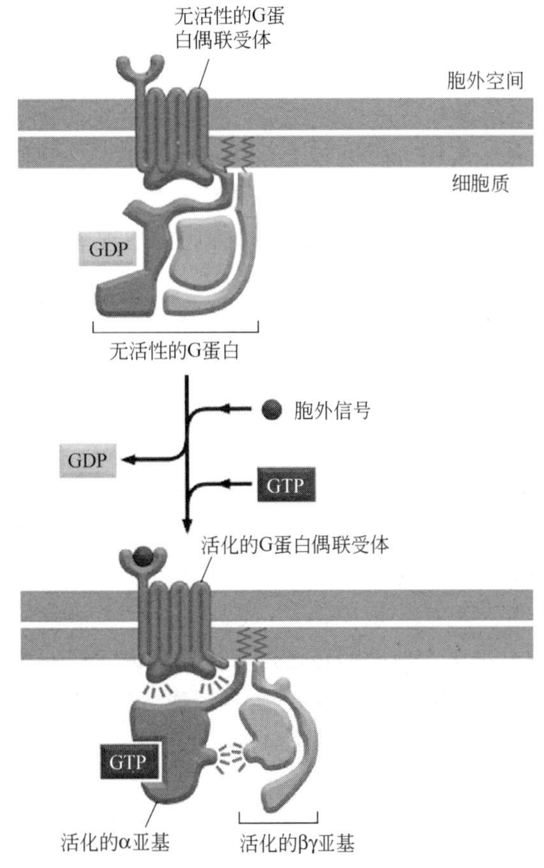

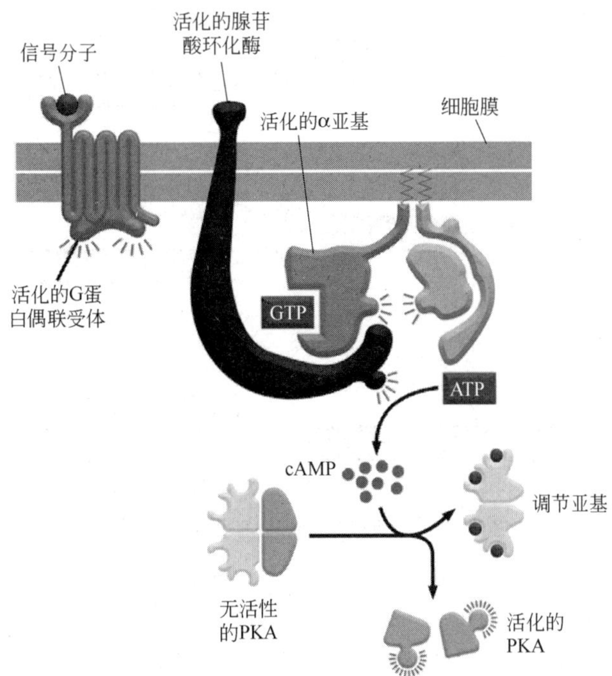

图 10-42　信号分子与 G 蛋白偶联的受体结合后激活腺苷酸环化酶

磷酸化的 CREB 蛋白与 cAMP 应答元件相结合，募集辅激活蛋白 CBP/P300。CBP/P300 可以通过两条途径激活转录：一是利用其自身的组蛋白乙酰转移酶活性使靶基因启动子区的染色质变得松弛；二是募集基本转录机器。类固醇激素与它的胞内受体结合以后也是利用 CBP/P300 激活转录的。因此，CBP/P300 可以整合多种信号通路，并把信号通路传递的信息转换成基因转录水平的变化。需要说明的是，第二信使为专一性较差的胞内信号分子，可将来自一种细胞表面受体的信号向几个方向传递，对细胞的生理活动产生多方面的影响，而不仅仅是转录。

10.6　转录后水平的基因表达调控

真核生物基因的转录和翻译分别发生在细胞核和细胞质中，在细胞核内转录产生的 mRNA 前体必须在核内经过 5′-端加帽、3′-端加尾、拼接、内部碱基修饰等一系列的加工过程，才能成为成熟的 mRNA，在这个过程中产生的大小不等的中间产物，称为核内不均一 RNA（heterogeneous nuclear RNA，hnRNA）。成熟的 mRNA 必须被转运至细胞质中才能被翻译成蛋白质。在 mRNA 加工、成熟和转运过程中对基因表达的调控属于转录后水平的基因表达调控。下面以果蝇性别决定所涉及的一个选择性剪接级联为例，说明生物体是如何通过选择性剪接对基因表达进行调节的（图 10-43）。

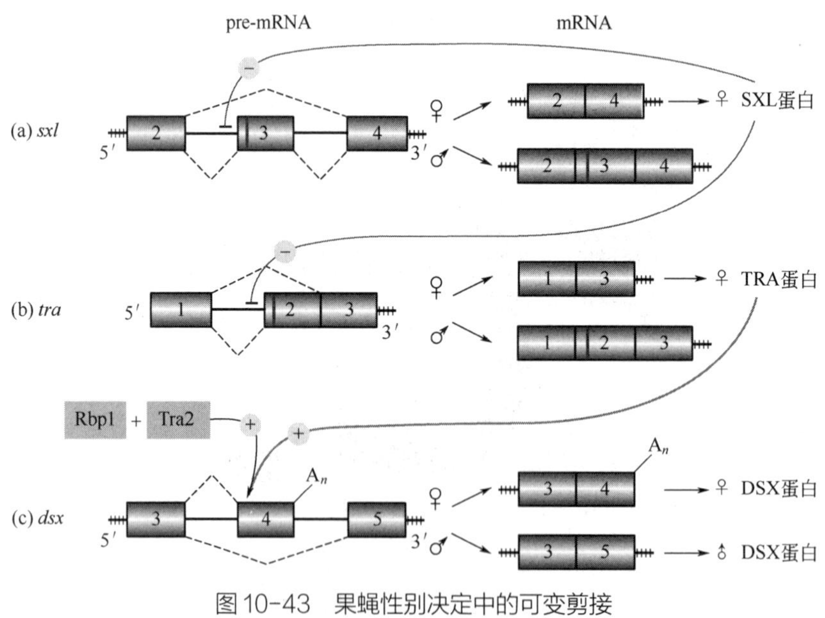

图 10-43　果蝇性别决定中的可变剪接

该级联的第一个基因 *sxl* 的转录产物中有一个可选择的外显子，该外显子中有一个终止密码子。在雄性果蝇中，该外显子保留，因此翻译产生截短的、没有活性的蛋白质产物。在雌性果蝇中，这一外显子被跳过，从而形成有功能的 SXL。SXL 是一个剪接抑制因子，在雌性果蝇中，它封闭了 *tra* 前体 mRNA 第一个内含子的 3′-剪接位点，使 U2AF 不能在该位点定位，于是剪接体选择第二外显子内部的一个隐形剪接位点催化剪接反应，由此产生的 mRNA 编码有功能的 TRA 蛋白。雄性个体因为没有 SXL 蛋白，所以 3′-剪接位点未被封闭，外显子 2 完全被保留。由于被保留下来的外显子序列也含有一个终止密码子，所以翻译产生一个截短的、无活性的蛋白质产物。TRA 蛋白是一个剪接增强因子，它使 *dsx* 前体 mRNA 的外显子 4 在雌性果蝇中被保留，产生的 mRNA 编码一个雌性特异的 DSX 蛋白。在雄性个体中，由于没有功能性 TRA 蛋白，*dsx* 前体 mRNA 的第 4 个外显子被剔除，产生的 mRNA 编码一个雄性特异的 DSX 蛋白。性别特异的 DSX 蛋白是果蝇性别决定的首要决定因素。

10.7 翻译水平的基因表达调控

真核生物可以在翻译水平上通过多种途径对基因表达进行调控，其中包括对 mRNA 稳定性和翻译的起始进行调控。

10.7.1 mRNA 结合蛋白对翻译的调控

铁是细胞必需的营养元素，是很多蛋白质（例如细胞色素和珠蛋白）的辅因子，然而过量的铁又会导致有害自由基的产生。因此，细胞内铁离子的浓度必须受到严格的控制。哺乳动物通过两种方式来调节细胞内铁离子的浓度。一是调节细胞内铁蛋白（ferritin）的含量，我们知道铁蛋白的作用是储存细胞内多余的铁离子。在真核细胞中，铁蛋白是一种由 20 个亚基组成的、中空的球形蛋白质。多达 5000 个铁原子以羟磷酸复合体的形式储存在球形的铁蛋白中。二是调节细胞表面转铁蛋白受体（transferrin receptor，TfR）的含量。携带铁离子的转铁蛋白通过细胞表面的转铁蛋白受体进入细胞。当细胞需要更多的铁离子的时候，就会增加转铁蛋白受体的数量，使更多的铁离子进入细胞；同时降低铁蛋白的含量，减少被贮存的铁离子，增加游离的铁离子的数量。当细胞内铁离子浓度过高时，则会降低转铁蛋白受体的数量，提高铁蛋白的含量。

在动物细胞内，铁蛋白的水平依赖于翻译调节。动物的铁蛋白 mRNA 的 5′-非翻译区具有一个呈茎环结构的铁应答元件（iron-responsive element，IRE）（图 10-44），当铁稀少时，铁调节蛋白（iron regulatory protein，IRP）结合至铁应答元件，阻止核糖体小亚基与 mRNA 的帽子结构结合，抑制 mRNA 的翻译。多余的铁原子会导致 IRP 离开 mRNA，解除其对翻译的抑制作用。在植物中，铁蛋白的表达调控发生在转录水平；细菌则是通过反义 RNA 来调节 *bfr* mRNA 的翻译（见 9.2.1）。

铁离子则是通过调控转铁蛋白受体 mRNA 的稳定性来调节 TfR 基因的表达。TfR mRNA 的 3′-UTR 会形成 5 个茎环结构，这些茎环结构，包括环上的碱基序列，与铁蛋白 mRNA 5′-UTR 中的铁应答元件非常相似，同样介导铁离子对 TfR 表达的调控。如果细胞缺乏铁离子，IRP 与 IRE 结合，保护 TfR mRNA 不被降解，增加 TfR mRNA 的稳定性。

细胞质中游离的铁离子浓度由铁调节蛋白直接监控。IRP1 是一种主要的铁调节蛋白，含有一个 Fe_4S_4 簇（图 10-45）。当细胞中的铁离子充足时，IRP1 是三羧酸循环中的顺乌头酸酶，催化柠檬酸转化为异柠檬酸。当铁稀少时，有一个铁原子从 Fe_4S_4 簇中脱落下来。顺乌头酸酶失去其酶活性，并且改变其构象暴露出 RNA 结合位点，结合 IRE。

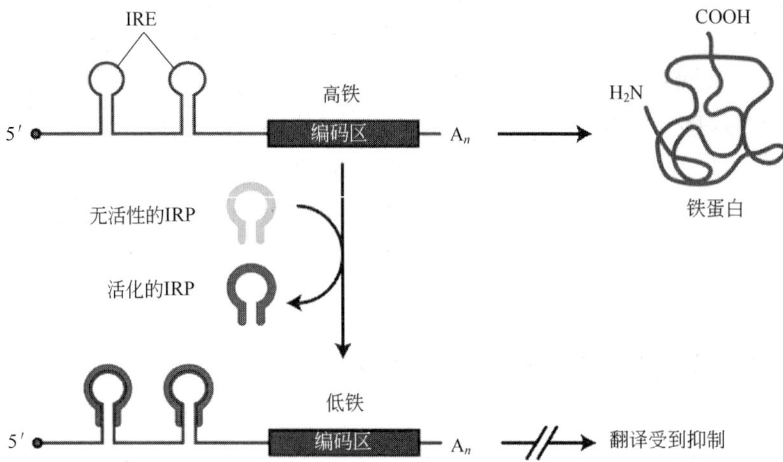

(a) IRP对铁蛋白mRNA翻译起始的调控

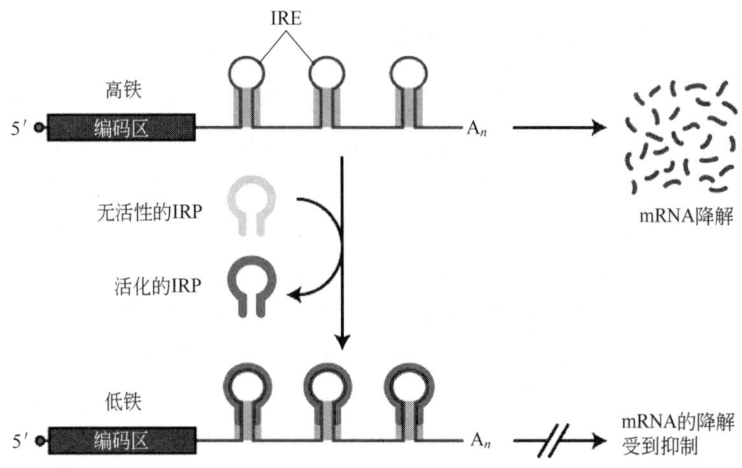

(b) IRP对转铁蛋白受体mRNA稳定性的调控

图 10-44　铁调节蛋白对铁蛋白和转铁蛋白受体的调控作用

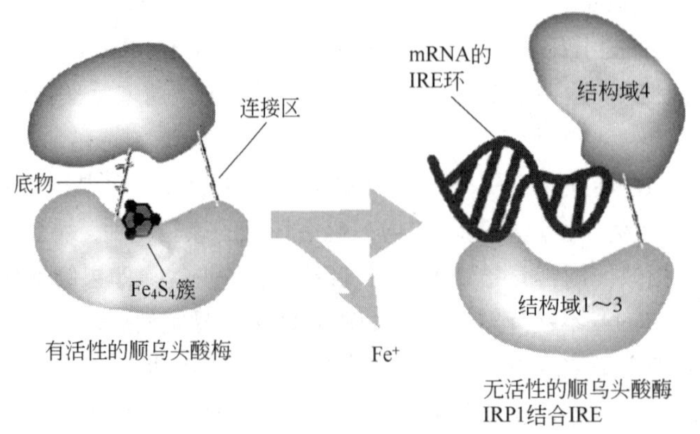

图 10-45　IRP 的顺乌头酸酶活性与 IRE 结合活性

10.7.2　翻译激活因子对翻译的激活作用

在叶绿体内，核基因编码的翻译激活因子（translational activators）能够与叶绿体编码的 mRNA 结合，促进 mRNA 的翻译。PsbA 是叶绿体光系统Ⅱ的一个组分。光照能够使翻译激活因子——叶绿体多聚腺苷酸结合蛋白（chloroplast polyadenylate binding protein，cPABP）结合至 PsbA mRNA 5′-UTR 中一段富含腺嘌呤的序列上，并激活翻译。在黑暗中，cPABP 不与 mRNA 结合，mRNA 形成一种不利于翻译的二级结构。cPABP 以两种构象形式存在，但是只有其中的一种构象能够结合 RNA。cPABP 在两种构象形式之间相互转变受到光的控制。来自光系统Ⅰ的高能电子通过一个短的电子传递链传递给 cPABP，使 cPABP 的二硫键还原，导致其构象发生改变。还原型的 cPABP 结合至 mRNA，激活转录。

10.8　RNA 介导的基因沉默

10.8.1　RNA 干扰

RNA 干扰（RNA interference，RNAi）是由双链 RNA 引起的转录后基因沉默过程。RNAi 具有序列专一性，降解那些与 dsRNA 同源的单链 RNA（通常为 mRNA）。一般认为 RNAi 起源于细胞的病毒清除机制。正常情况下，细胞含有 dsDNA 和 ssRNA，没有 dsRNA。然而，大多数 RNA 病毒在侵染细胞时，病毒的基因组通过双链 RNA 中间体（复制中间体）进行传递。所以，dsRNA 被细胞当作病毒侵染的信号，并诱导抗病毒反应。

RNA 干扰由 21～23bp 长、完全互补的 dsRNA 诱发。大分子双链 RNA 要被 Dicer 核酸内切酶逐步切割成 21～23bp 的 dsRNA 才能引发 RNA 干扰，因此，这种小 RNA 分子又被称为短干涉 RNA（short interfering RNA，siRNA）。Dicer 类似于 RNase Ⅲ，它的 PAZ 结构域和两个 RNase Ⅲ 结构域在产生 siRNA 的过程中发挥关键作用。PAZ 结构域专门结合 RNA 分子的末端，特别是双链 RNA 分子的 3′-拖尾（约 2nt）末端。在与 PAZ 结构域结合后，双链 RNA 沿着酶的表面延伸大约 2 个螺旋抵达酶的活性中心，每一个 RNase Ⅲ 结构域的活性位点负责切割一条链，所产生的短双链 siRNA 带有 5′-磷酸基团和约 2nt 的 3′-拖尾末端。

RNA 诱导沉默复合体（RNA-induced silencing complex，RISC）结合并解开 siRNA 双链，然后介导其中一条单链 RNA（向导 RNA）与目标 RNA 互补配对，形成双链体，另一条 RNA 单链则被丢弃。在 RISC 中，向导 RNA 和 Argonaute（Ago）蛋白发挥关键作用，Ago 利用其核酸内切酶活性在距 siRNA 3′-末端 12 个碱基处切断目标 RNA（图 10-46）。因此，Ago 经常被称做“切片机”（slicer）。

RNA 干扰具有很强的诱导基因沉默的能力。不到 50 个拷贝的 siRNA 可以导致数千拷贝的目标 RNA 的降解。在 RNA 依赖的 RNA 聚合酶（RNA-dependent RNA polymerase，RdRP）作用下，RNA 干扰的效应能够被放大。RISC 把目标 RNA 切成两段，一段具有帽子结构，但没有 Poly (A)尾；另一段具有 Poly(A)尾，但没有帽子结构。这两个异常的 RNA 分子可以作为 RdRP 的底物，形成 dsRNA。dsRNA 又可以作为 Dicer 的底物，从而产生更多的次生 siRNA（图 10-47）。

RNA 干扰的效应除了能够被有效放大以外，还能在细胞间扩散，并在有机体中传递很远的距离。这种扩散效应在植物体中尤其明显。siRNA 信号还能传递给下一代，例如，在线虫中 RNA

干扰效应能够传递好几代。哺乳动物不具有放大 RNA 干扰效应的 RdRP，因而 RNA 干扰表现出局部效应。据认为，哺乳动物特异性免疫系统的形成降低了 RNA 干扰的地位。

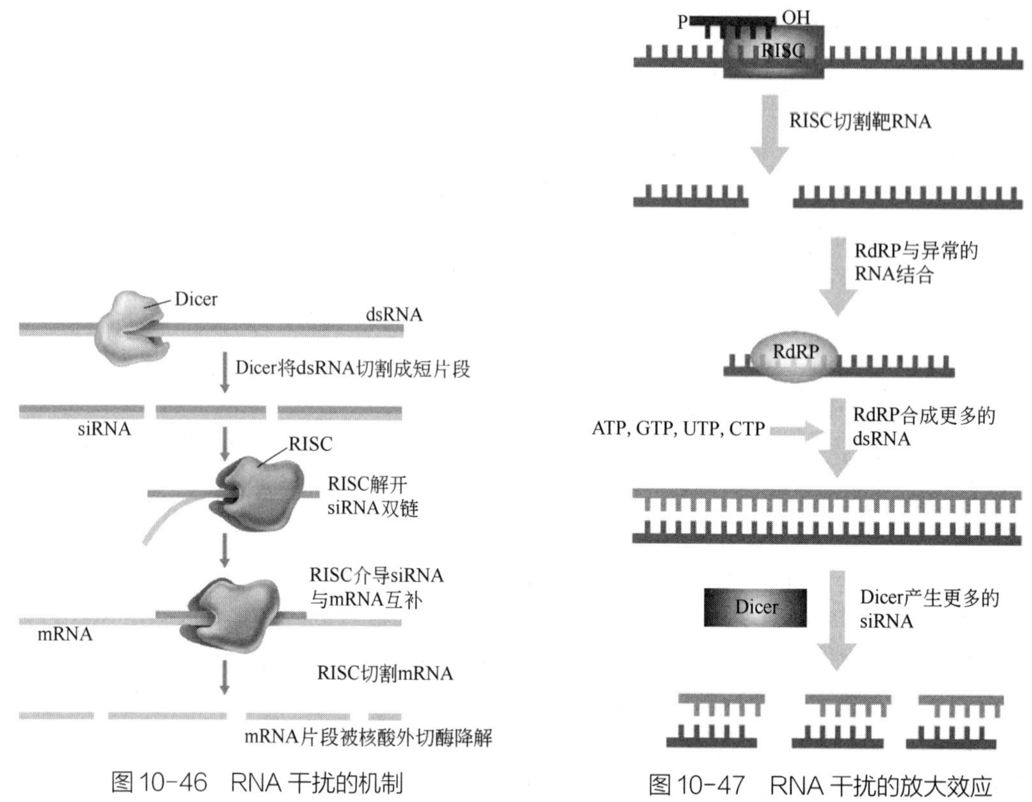

图 10-46 RNA 干扰的机制

图 10-47 RNA 干扰的放大效应

RNA 干扰普遍存在于真核生物中，包括原生动物、无脊椎动物、哺乳动物和植物，但在原核生物中，尚未发现这种机制。

10.8.2 转录后基因沉默

植物体中的转录后基因沉默（post-transcriptional gene silencing，PTGS）和动物中的 RNAi 是被独立发现的，但它们似乎使用了同一种保守的机制。植物中的转录后基因沉默比动物中的 RNA 干扰早几年被发现。当通过转基因技术把额外拷贝的植物基因导入到植物细胞后，与预期相反，基因的表达水平不是升高了，而是极大地降低了。例如，1990 年，Napoli 等将查耳酮合酶基因导入矮牵牛，试图加深花朵的颜色，结果却是部分花的颜色并非期待中的深紫色，而是呈花斑状甚至白色。造成转基因和内源基因同时被抑制的原因是相关的 mRNA 发生特异性降解，而降解的机制与上面描述的发生在动物体中的 RNA 干扰密切相关。与 RNAi 一样，PTGS 也需要形成 dsRNA。将能够产生 dsRNA 的表达载体导入植物细胞同样能够有效诱导 PTGS。在转基因植物中，RdRP 以高表达的有义链为模板，合成反义链，形成双链 RNA，最终产生 siRNA。拟南芥 PTGS 缺失突变体表现出对某些 RNA 病毒更高的敏感性。这也再次表明 PTGS/RNAi 的功能是保护有机体免受病毒的侵染。

反义 RNA 也能够介导基因沉默。在反义沉默的植株内，存在大量双链 siRNA。这表明正义和反义 RNA 在体内同源配对形成双链 RNA，是这些双链 RNA 引发了基因沉默。所以，反义介导的基因沉默发生在转录后。

10.8.3 siRNA 诱导的转录沉默

siRNA 还可以通过调节染色质的结构抑制基因的表达。在这种情况下，siRNA 与携带有 Argonaute 蛋白的 RITS（RNA induced transcriptional silencing）复合体结合。然后，siRNA-RITS 复合体与靶基因结合诱发转录的抑制。

在真核生物中，siRNA 在转录水平上抑制基因的表达是一种普遍存在的调控机制。siRNA 与靶基因的互补序列结合后，募集 HP1 蛋白（图 10-48）。HP1 在形成异染色质结构中发挥关键作用，它不仅能够催化组蛋白发生抑制性甲基化作用（例如，组蛋白 H3 第 9 位赖氨酸残基的甲基化），还能够募集 DNA 甲基转移酶（DNA methyltransferase, Dnmt）催化 DNA 胞嘧啶的甲基化，刺激异染色质的形成。

组蛋白 H3 第 9 位赖氨酸残基的甲基化会进一步募集 HP1，HP1 再催化临近组蛋白的甲基化，从而形成一个正反馈，建立和维持着异染色质的结构，以及异染色质沿染色体的扩展（图 10-48）。

siRNA 还可以通过结合 RNA 而不是 DNA 来启动转录的抑制作用（图 10-49）。siRNA 的许多靶基因会被转录成较长的反义 RNA。siRNA 与延伸中的反义 RNA 的互补序列结合，并募集染色质修饰复合体，最终改变染色质的结构，形成抑制性染色质。

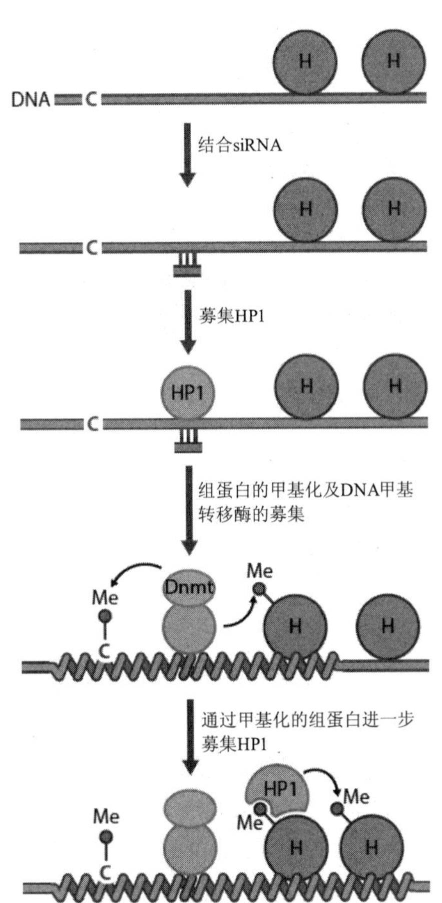

图 10-48 siRNA 与 DNA 结合诱导的转录沉默

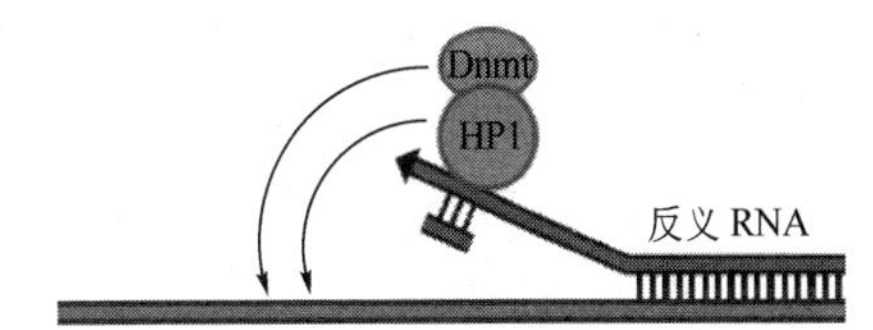

图 10-49 siRNA 与 RNA 结合诱导的转录沉默

10.8.4　微小 RNA

微小 RNA（micro RNA，miRNA）为长约 22nt 的单链小分子 RNA，通过阻止 mRNA 翻译，或者诱导 mRNA 的断裂对靶基因进行调控。与 siRNA 不同，miRNA 由内源基因编码，有些 miRNA 由独立的转录单位编码，更多的情况是几个 miRNA 基因构成一个转录单位，被转录成一条多顺反子转录本，加工后生成几种成熟的 miRNA。还有一部分 miRNA 则位于内含子之中，由内含子加工而来。miRNA 通常是由 RNA 聚合酶Ⅱ负责合成的，因此，miRNA 的初级转录产物（primary transcript of miRNA，pri-miRNA）的 5′-端会加帽，3′-端会发生多聚腺苷酰化反应。

miRNA 成熟的第一步发生在细胞核中。在哺乳动物细胞中，Drosha 核酸内切酶对 pri-miRNA 进行切割，释放出约 60～70nt 的茎环结构中间体，被称为前体 miRNA，或者 pre-miRNA。Drosha 酶属于 RNase Ⅲ家族的成员，在靠近茎环结构基部，切断双螺旋的两条链（图 10-50）。与 RNase Ⅲ核酸内切酶一样，Drosha 酶在 RNA 双螺旋上产生一个交错切口，切口的 5′-端为单磷酸基团，3′-端具有约 2 nt 的拖尾。然后，pre-miRNA 被运出细胞核。在细胞质中，Dicer 核酸内切酶通过对 5′-磷酸基团和 3′-拖尾末端的亲和作用，识别并结合 pre-miRNA 的末端，并在距末端大约两个螺旋的位置切开双螺旋的两条链，从而产生一个不完全配对的 RNA 双螺旋，其中一条链为 miRNA。所以，miRNA 的一个末端是在细胞核内由 Drosha 酶加工而成的，另一端是在细胞质中由 Dicer 酶切割而成的。

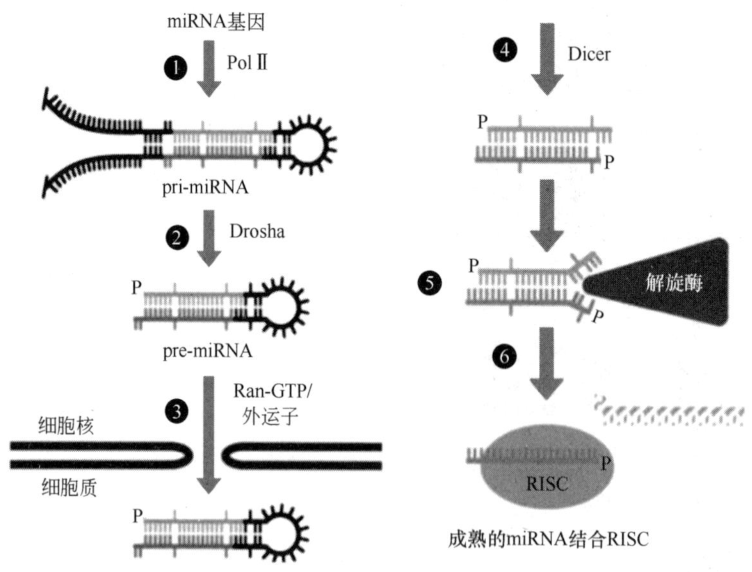

图 10-50　miRNA 的成熟过程

在细胞质中，通过 Dicer 酶产生的短双链 RNA 被整合进 miRISC，解旋后，单链 miRNA 被保留，其互补链被丢弃。miRNA 作为 miRISC 的适配子，特异性地识别靶 mRNA 并对其进行调控。利用 RISC，miRNA 可以介导两种类型的基因沉默——mRNA 降解和翻译抑制。

植物细胞的 miRNA 与靶 mRNA 的结合位点之间接近完全互补，与 siRNA 的作用机制一样，miRNA 指导 RISC 对 mRNA 进行切割［图 10-51（a）］。在这种情况下，miRNA 和 siRNA 途径之间主要差别是向导 RNA 的生物学来源。在 siRNA 途径中，向导 RNA 来自异源 RNA 分子、转座子或病毒；而在 miRNA 途径中，向导 RNA 来自 miRNA 基因。

在动物细胞中，miRNA 的结合位点位于靶 mRNA 的 3′-UTR。通常，两者之间的碱基配对是不完全的，在双螺旋的中部会存在错配，形成凸环。动物细胞 miRNA 既可以通过抑制翻译的起始［图 10-51（b）］，也可以降解 mRNA，诱导基因沉默。由于 miRNA 与靶序列不完全配对，RISC 不能利用其核酸内切酶活性对靶 mRNA 进行切割，但是，它可以通过募集脱腺苷酰化酶和脱帽酶促进 mRNA 的降解。

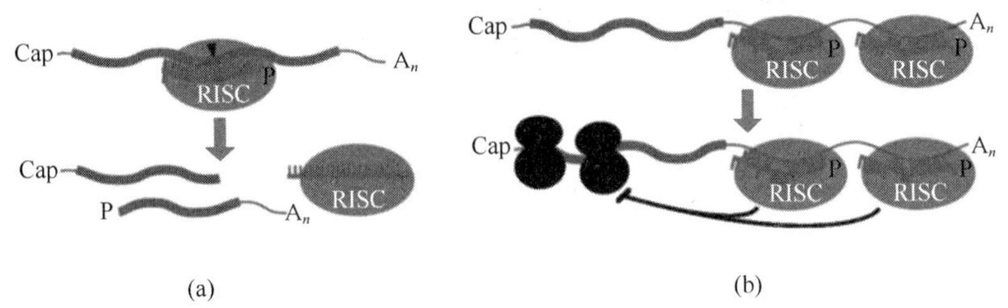

图 10-51 miRNA 的作用机制

（a）miRNA 与靶 mRNA 的结合位点之间高度互补，RISC 对靶 mRNA 进行切割；（b）miRNA 与靶 mRNA 的 3′-UTR 不完全配对，抑制 mRNA 的翻译

知识拓展 染色质免疫沉淀（ChIP）

真核生物基因表达涉及反式作用因子和顺式作用元件之间复杂的相互作用。染色质免疫沉淀（chromatin immunoprecipitation，ChIP）是一种研究细胞内蛋白质-DNA 相互作用的技术，可用于分离和检测与目标蛋白质结合的 DNA 序列。如图 1 所示，其大致过程如下：在生理状态下，利用甲醛把细胞内的 DNA 与蛋白质交联在一起，成为一种复合物，阻止细胞内各种组成成分的分散。裂解细胞后，通过超声波或核酸酶处理将染色质随机切成小片段。用针对目标蛋白质（如转录因子）的特异性抗体进行免疫沉淀（immunoprecipitation，IP）反应，可从细胞裂解物中将与目标蛋白质结合的特定 DNA 片段分离出来。完成免疫沉淀以后，解除蛋白质与 DNA 之间的偶联，就可以对 IP 下来的 DNA 序列进行分析。

通常可采用三种方法对免疫沉淀下来的 DNA 序列进行鉴定（图 1）。第一种方法是利用 PCR 技术验证特定的 DNA 序列是否与目标蛋白质相结合。如果与目标蛋白质结合，那么序列就会出现在沉淀物中，因此可以通过 PCR 反应扩增检测。

第二种鉴定方法需要将免疫沉淀的 DNA 和总 DNA 分离出来，并分别用两种不同的荧光染料（如发红色和绿色荧光的染料）进行标记。将这两种 DNA 混合后，与芯片杂交。那些杂交后出现较高红：绿比值的区域可以确定为与目标蛋白质结合的序列。这种方法对检测结合位点未知的序列尤其有效，而且能对全基因组同时进行检测。因为这是一种基于覆瓦式 DNA 芯片的 Chip 技术，所以又被称为 ChIP-Chip。

第三种技术是 ChIP-Seq。在这项技术中，把免疫沉淀的 DNA 直接进行 DNA 测序，然后把序列比对到基因组上。如果某个基因组位点的序列被反复鉴定到，就支持该位点可以同蛋白质结合。

ChIP 技术是在 20 世纪 80 年代初由 Solomon 和其同事所做的染色质甲醛交联实验的基础上逐步发展起来的。他们用甲醛作为固定剂，利用组蛋白抗体来研究果蝇 *hsp70* 基因转录时染色质结构的变化，从而形成了甲醛交联及染色质免疫沉淀的方法。由于 ChIP 能够在染色质水平上真实反映体内基因组 DNA 与蛋白质的结合情况，因此被广泛应用于研究体内转录调控因子、被修饰的核小体、RNA 聚合酶等在染色质环境下是如何与 DNA 相互作用的。另外，ChIP 技术与深度基因组测序相结合形成的 ChIP-Seq 技术，可以在基因组层面探索蛋白质与 DNA 的相互作用，已成为国际 ENCODE（DNA 元件百科全书）项目的基石。

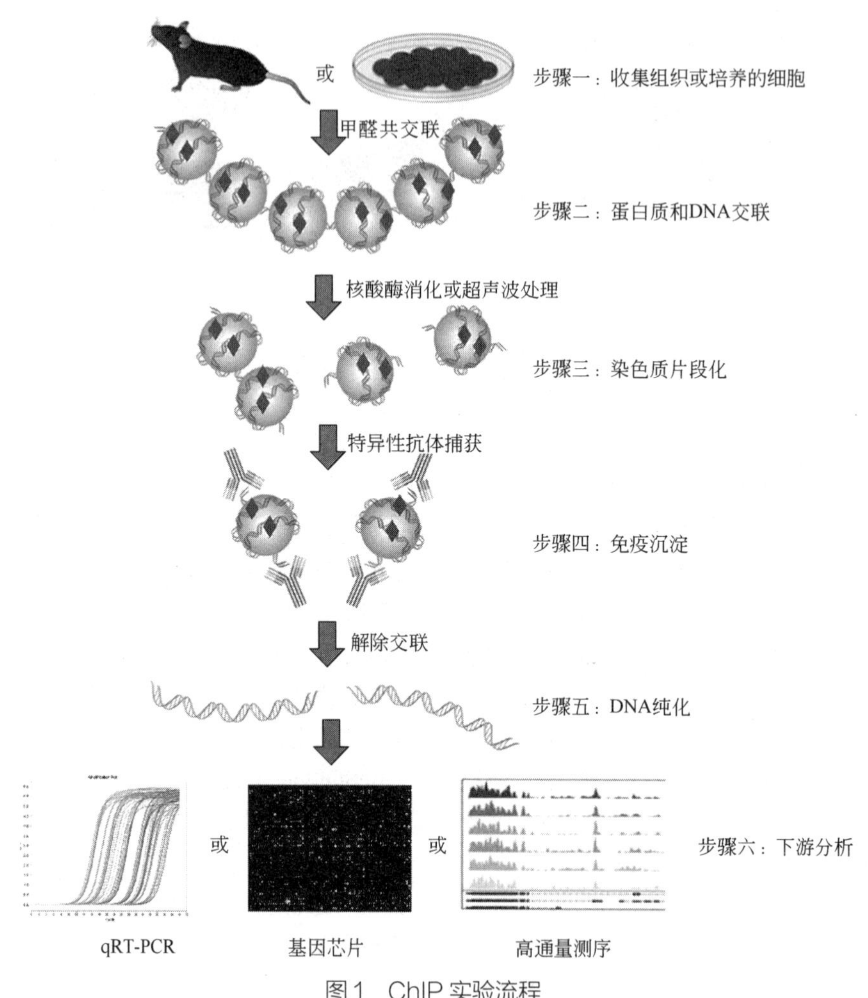

图1　ChIP 实验流程

参考文献

[1] Bruce Alberts, Alexander Johnson, Julian Lewis, et al. Molecular Biology of the Cell. 4th edition. New York: Garland Science, 2002.

[2] Burton E Tropp. Molecular Biology: Genes to Proteins. 3rd edition. 北京：高等教育出版社，2008.

[3] Clark D. Molecular Biology: Understanding the Genetic Revolution. 2nd edition. 北京：科学出版社，2007.

[4] David S Latchman. Gene Control. 2nd edition. New York and London: Garland Science, 2015.

[5] Jocelyn Krebs, Elliott Goldstein, Stephen Kilpatirck. Lewin 基因 X. 江松敏译. 北京：科学出版社，2013.

[6] Lodish H, Berk A, Zipursky S L, et al. Molecular Cell Biology. 4th edition. New York: W H Freeman and Company, 2000.

[7] Robert F Weaver. 分子生物学. 郑用琏，等译. 5 版. 北京：科学出版社，2016.

[8] Terry A Brown. Genome 3. Garland Science, 2006.

[9] Watson J D, Baker T A , Bell S P, et al. 基因的分子生物学. 杨焕明等译. 7 版. 北京：科学出版社，2015.

[10] 丁明孝，王喜忠，张传茂，陈建国. 细胞生物学. 5 版. 北京：高等教育出版社，2020.

[11] 聂理，等. 分子生物学导论. 北京：高等教育出版社，2016.

[12] 杨焕明. 基因组学. 北京：科学出版社，2020.

[13] 杨荣武，郑伟娟，张敏跃. 分子生物学. 南京：南京大学出版社，2017.

[14] 朱玉贤，李毅，郑晓峰，郭红卫. 现代分子生物学. 5 版. 北京：高等教育出版社，2019.